大竹久夫
・
小野寺真一
黒田　章夫
佐竹　研一
杉山　　茂
竹谷　　豊
橋本　光史
三島慎一郎
村上　孝雄
［編集］

朝倉書店

口絵 1　黄リン
リン製品の製造の起点となる一方，発火危険性や毒性も有する．［本文 p.170 参照］

口絵 2　リン鉱石
中国貴州省開陽県で採掘された高品位リン鉱石．リン鉱床は世界的に遍在しており，鉱石の供給国は限られている．［本文 p.61,166 参照］

口絵 3　リン鉱石中に見られる生物の化石
中国雲南省産の鉱石から産するカンブリア紀初期の小型有殻化石群．［本文 p.30 参照］

口絵 4　米国フロリダ州のリン鉱石採掘現場
大規模鉱床では露天掘りが行われる．（スティーブンス工科大学 D. Vaccari 教授提供）［本文 p.63 参照］

口絵 5　中国貴州省開陽県の黄リン製造工場
中国は世界の黄リン生産能力の約 80%を有する．［本文 p.169 参照］

口絵 6　焼成りん肥製造ロータリーキルン
化学肥料は世界の食料生産を支えている．（小野田化学工業株式会社提供）［本文 p.213 参照］

口絵 7　肥料効果の試験例（ジャガイモ）
リンは肥料の三要素の一つである．（小野田化学工業株式会社提供）［本文 p.192 参照］

口絵 8　ラッカセイ根のホスファターゼ活性
植物がリンを吸収・利用する機構の解明が進められている．［本文 p.305 参照］

口絵 9　下水処理汚泥からのリン回収プラント
国土技術政策総合研究所の実証研究施設［本文 p.285 参照］

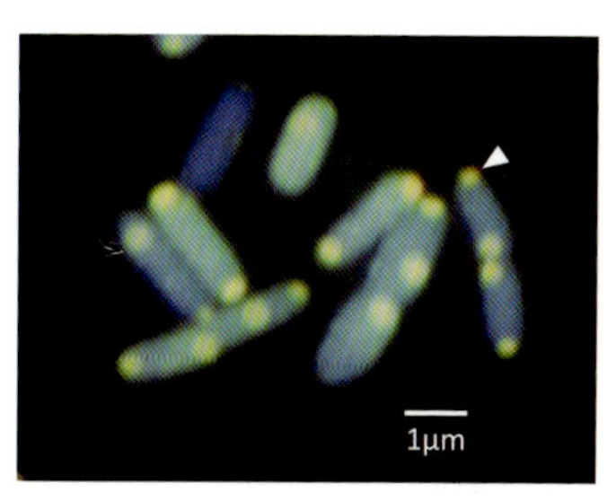

口絵 10　微生物が作るポリリン酸
（黄色蛍光の粒子）
細菌，珪藻などにはリンを蓄積・貯蔵するものがあり，これらをリン回収に活用する研究も行われている．［本文 p.106,117,199 参照］

口絵 11　モバイル型リン回収装置
トラックに搭載し，広く安価にリンを回収する装置が考案されている．［本文 p.323 参照］

口絵 12　バイオリン鉱石
汚泥中のリンを回収・資源化したもの．天然鉱石の代替原料として期待される．［本文 p.266 参照］

まえがき

リンは，すべての生命にとって欠くことのできない「いのちの元素」である．リンは人間の体の重要な構成成分として，体重の約１％を占めている．成人は１日に約１gのリンを摂取してほぼ同量のリンを排泄するから，人ひとりが80歳まで生きるためには約30kgものリンが必要となる．現代農業は，ほぼすべてのリンを天然資源のリン鉱石に頼っている．しかし，自然界でリン鉱石が生成するには何万年もの長い年月が必要であることを考えれば，人間にとりリン鉱石は事実上非再生可能な天然資源であるといわざるをえない．今，リン鉱石は安くて品質の良いものから枯渇が始まっており，ほぼすべてのリンを海外に依存しているわが国は，リン鉱石資源の今後の行方に無関心ではいられない．

わが国では，リンは肥料や家畜飼料添加物などの農業利用以外にも，鉄鋼業を除くほぼすべての製造業分野で使われており，リンはまさに「産業の栄養素」とも呼ぶべき重要な役割を果たしている．リンがこれほど広範な産業分野で使われているにもかかわらず，素材としての重要性があまりよく理解されてこなかったのには理由がある．リンは金属のように目に見えやすいものではなく，個々の製品でみれば使用量も特に多いものではないので，製造コストに占める割合が比較的小さい．また，「リンは安くいくらでも手に入る」時代がしばらく続いたため，リンはあって当然と多くの人が思い込んでしまったふしもある．しかし，製造コストに占める割合の大小にかかわらず，代替しがたい素材の供給の停止は製造業にとり深刻な打撃となる．特にリンのように全面的に海外に依存しながら広く薄く使われている素材では，誰も気がつかないまま突然の危機を迎えることがありうるので注意が必要である．

2007～2008年にかけて起きたリン鉱石の価格高騰と供給制限（いわゆるリンショック）の影響により，世界のリン事情はその後大きく様変わりした．すなわち，「リンがいつでも欲しいだけ手に入る」時代は過去のものとなり，「限られたリン資源を有効に使わざるをえない」時代が到来している．リンショック以降，肥料の節約などによりわが国のリン鉱石およびリン肥料の輸入量は大幅に減少した．しかし，その一方で工業用に使われるリン製品の輸入量はむしろ増加している．農業用に使われるリンと工業用に使われるリンとでは，求められる品質すなわち純度が異なり，両者は別ものといっても過言ではない．リンショック以降，わが国の輸入リン量に占める工業用リンの割合は増加しており，もはやリン＝肥料といった短絡的な考え方では，わが国のリン問題を正しく理解することが難しくなってきている．

リンは農業分野に限らず，きわめて広範な製造業分野で重要な素材として使われている．皮肉にも，リンを使う分野が肥料や飼料添加物から電子部品，金属加工，食品加工，医薬品や化成品まで多岐にわたっていることが，リンの重要性をわかりにくくしている．広範な産業分野をカバーしてリンの用途をわかりやすく解説した書物は出版されておらず，エレクトロニクスの専門家が食品添加物の種類や機能を理解するのは難しく，逆はさらに難しいかもしれない．

本書の出版は，「いのちの元素」であり「産業の栄養素」でありながら，管理を怠ると水域の富栄養化問題など環境破壊の元凶にもなりかねないリンの全体像を俯瞰する目的で企画された．本書はリンの化学（第1章），地球科学（第2章），生物学（第3章）および人体とリン（第4章）を含む自然科学篇と，リンの工業用素材（第5章），農業利用（第6章），工業利用（第7章），回収技術（第8章）およびリサイクル（第9章）を含む産業・社会篇から構成されている．各章で取り上げた項目は関連の深いいくつかの節にまとめられ，豊かな学識と経験をもつ大勢の執筆者が分担してわかりやすく解説している．本書の出版が，人びとのリン資源問題への関心と理解を高め，「リンのない」日本にとり重要な持続的リン利用の実現に貢献することを願っている．

2017年10月

『リンの事典』編集委員長　大竹久夫

編 集 者（五十音順）

大竹久夫	早稲田大学総合研究機構 リンアトラス研究所 大阪大学名誉教授，広島大学名誉教授	［編集委員長，5,7,9章担当］
小野寺真一	広島大学 大学院総合科学研究科	［2章担当］
黒田章夫	広島大学 大学院先端物質科学研究科	［3章担当］
佐竹研一	元 立正大学地球環境科学部	［2章担当］
杉山 茂	徳島大学 大学院社会産業理工学研究部	［1,7章担当］
竹谷 豊	徳島大学 大学院医歯薬学研究部	［4章担当］
橋本光史	早稲田大学総合研究機構 リンアトラス研究所	［6章担当］
三島慎一郎	農業・食品産業技術総合研究機構 農業環境変動研究センター	［6章担当］
村上孝雄	株式会社日水コン	［8章担当］

執 筆 者（五十音順）

相澤 守	明治大学 理工学部
秋 庸裕	広島大学 大学院先端物質科学研究科
秋山 堯	東京家政大学名誉教授
安部佑美	小野田化学工業株式会社
新井英一	静岡県立大学 食品栄養科学部
荒川史博	日本ハム株式会社
飯塚 淳	東北大学 多元物質科学研究所
伊川英市	片山化学工業株式会社
石井 均	日本パーカライジング株式会社
石黒瑛一	(一財)日本食品分析センター
伊丹良治	神戸大学 大学院海事科学研究科
一瀬正秋	日立造船株式会社
伊藤美紀子	兵庫県立大学 環境人間学部
稲生吉一	燐化学工業株式会社
稲垣昌宏	森林研究・整備機構 森林総合研究所
犬伏和之	千葉大学 大学院園芸学研究科
井上 譲	ジェイエイ北九州くみあい飼料株式会社
今井一郎	北海道大学 大学院水産科学研究院
今井敏夫	太平洋セメント株式会社
今村博臣	京都大学 大学院生命科学研究科
岩井良博	三機工業株式会社
岩崎一弘	国立環境研究所
岩田智也	山梨大学 生命環境学部
上田浩三	日立造船株式会社
上西一弘	女子栄養大学 栄養学部
梅澤 有	東京農工大学 大学院農学研究院
大倉利典	工学院大学 先進工学部
大竹久夫	早稲田大学総合研究機構 リンアトラス研究所

大田修平　国立環境研究所
太田啓之　東京工業大学 生命理工学院
大野智之　日本合成アルコール株式会社
大屋博義　旭化成株式会社
小笠原洋治　東京慈恵会医科大学 臨床検査医学講座
岡田芳治　近畿大学 工学部
岡野憲司　大阪大学 大学院工学研究科
奥田昇　総合地球環境学研究所
小野伴忠　岩手大学名誉教授
小野寺真一　広島大学 大学院総合科学研究科
小尾佳嗣　カリフォルニア大学アーバイン校
織田信博　前 栗田工業株式会社
柏原輝彦　海洋研究開発機構 海底資源研究開発センター
片井加奈子　同志社女子大学 生活科学部
勝見英正　京都薬科大学
加藤浩司　築野ライスファインケミカルズ株式会社
加藤純一　広島大学 大学院先端物質科学研究科
金古博文　日本無機薬品協会
金子嘉信　大阪大学 大学院工学研究科
川口真一　佐賀大学 農学部
河窪義男　早稲田大学総合研究機構 リンアトラス研究所
河野重行　東京大学 フューチャーセンター推進機構
神田康晴　室蘭工業大学 大学院工学研究科
韓立彪　産業技術総合研究所 触媒化学融合研究センター
木ノ瀬豊　前 日本化学工業株式会社
國貞眞司　三國製薬工業株式会社
熊谷将吾　東北大学 大学院環境科学研究科
倉科昌　徳島大学 大学院社会産業理工学研究部
黒尾誠　自治医科大学
黒田章夫　広島大学 大学院先端物質科学研究科
古賀大輔　水ing 株式会社
後藤逸男　東京農業大学名誉教授
後藤耕一郎　オリオン技術事務所
後藤幸造　前 岐阜市上下水道事業管理者
小林新　JA 全農
齋藤雅典　東北大学 大学院農学研究科
坂尾耕作　ラサ工業株式会社
佐久間理英　椙山女学園大学 生活科学部
櫻井誠　中部大学 工学部
佐竹研一　元 立正大学地球環境科学部
佐藤和明　早稲田大学総合研究機構 リンアトラス研究所
佐藤友彦　東京工業大学 地球生命研究所
佐藤英俊　下関三井化学株式会社
実岡寛文　広島大学 大学院生物圏科学研究科
重松隆　和歌山県立医科大学
下嶋美恵　東京工業大学 生命理工学院
菅原和夫　小野田化学工業株式会社
菅原龍江　(地独)岩手県工業技術センター
菅原良　(一社)日本有機資源協会
杉山茂　徳島大学 大学院社会産業理工学研究部

杉山雅人　京都大学 大学院人間・環境学研究科
杉山峰崇　大阪大学 大学院工学研究科
祐森誠司　東京農業大学 農学部
鈴木敦詞　藤田保健衛生大学 医学部
鈴木一好　農業・食品産業技術総合研究機構 畜産研究部門
鈴木千明　ゼリア新薬工業株式会社
鈴木秀男　環境プランナーER
鈴村昌弘　産業技術総合研究所 環境管理研究部門
瀬川博子　徳島大学 大学院医歯薬学研究部
薗田健一　メタウォーター株式会社
高橋賢　農林水産消費安全技術センター
滝口昇　金沢大学 理工研究域
竹谷豊　徳島大学 大学院医歯薬学研究部
田中秀和　島根大学 大学院総合理工学研究科
田中秀治　徳島大学 大学院医歯薬学研究部
谷昌幸　帯広畜産大学 グローバルアグロメディシン研究センター
谷口正智　福岡腎臓内科クリニック
津下修　株式会社神戸製鋼所
常田聡　早稲田大学 先進理工学部
遠山岳史　日本大学 理工学部
中尾淳　京都府立大学 大学院生命環境科学研究科
長坂徹也　東北大学 大学院工学研究科
中島謙一　国立環境研究所 資源循環・廃棄物研究センター
中山尋量　神戸薬科大学
成田義貞　日本肥料アンモニア協会
西倉宏　多木化学株式会社
野口智弘　東京農業大学 応用生物科学部
橋本和明　千葉工業大学 工学部
橋本光史　早稲田大学総合研究機構 リンアトラス研究所
橋本洋平　東京農工大学 大学院農学研究院
花房規男　東京女子医科大学
濱野高行　大阪大学 大学院医学系研究科 腎疾患統合医療学
早川敦　秋田県立大学 生物資源科学部
原島俊　崇城大学 生物生命学部
原田康晃　三井物産アグロビジネス株式会社
日高寛真　協和発酵バイオ株式会社
平舘俊太郎　九州大学 大学院農学研究院
広瀬祐　早稲田大学総合研究機構 リンアトラス研究所
廣田隆一　広島大学 大学院先端物質科学研究科
深川雅史　東海大学 医学部
福本誠二　徳島大学 先端酵素学研究所
藤井理　徳島大学 大学院医歯薬学研究部
寳正史樹　株式会社クボタ
前田秀子　神戸薬科大学
牧秀志　神戸大学 環境保全推進センター
松尾真紀子　東京大学 公共政策大学院
松田信之　太平化学産業株式会社
松八重一代　東北大学 大学院環境科学研究科
真名垣聡　武蔵野大学 工学部
三木貴博　東北大学 大学院工学研究科

三島慎一郎	農業・食品産業技術総合研究機構 農業環境変動研究センター
道上敏美	(地独)大阪府立病院機構 大阪母子医療センター
南山瑞彦	土木研究所
三原康博	味の素株式会社
宮本賢一	徳島大学 大学院医歯薬学研究部
三好恵真子	大阪大学 大学院人間科学研究科
棟方裕一	首都大学東京 大学院都市環境科学研究科
村上孝雄	株式会社日水コン
用山徳美	日本燐酸株式会社
森田洋	信州大学 総合健康安全センター
矢木修身	東京大学名誉教授
矢野勝也	名古屋大学 大学院生命農学研究科
矢野健児	みやざきバイオマスリサイクル株式会社
薮谷智規	愛媛大学 紙産業イノベーションセンター
山浦健	南国興産株式会社
山口典生	パナソニック環境エンジニアリング株式会社
山下仁大	東京医科歯科大学 生体材料工学研究所
山末英嗣	立命館大学 理工学部
山本浩範	仁愛大学 人間生活学部
山本昌	京都薬科大学
山本裕美子	ゼリア新薬工業株式会社
鎗目雅	School of Enrgy and Environment, City University of Hong Kong
横山啓太郎	東京慈恵会医科大学 内科学講座
吉岡敏明	東北大学 大学院環境科学研究科
吉子裕二	広島大学 大学院医歯薬保健学研究科
吉田浩之	日本コンクリート工業株式会社
吉田吉明	デンカ株式会社
吉村彩	愛媛大学 大学院理工学研究科
和穎朗太	農業・食品産業技術総合研究機構 農業環境変動研究センター
和崎淳	広島大学 大学院生物圏科学研究科

目　次

第1章　リンの化学

第2章　リンの地球科学

第4章　人体とリン

第5章　工業用素材

第6章　農　業　利　用

第7章　工　業　利　用

第 8 章　リン回収技術

第9章　リンリサイクル

第1章
リンの化学

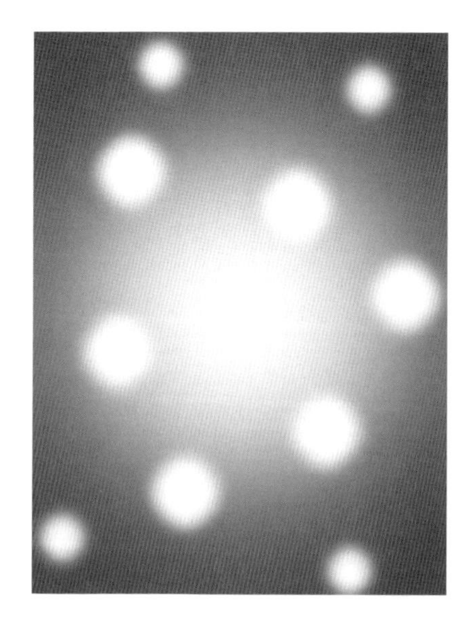

1-1　リンとは何か
1-2　リン化合物
1-3　リンの分析方法

1章　概説

いのちの元素リン

◆ 毒としてのリン・人類に不可欠なリン

今一般に知られているリンは，河川の富栄養化に代表される環境汚染物質，サリンで知られている猛毒，人魂はリン由来成分の自然発火かもしれないというような負の面が多いかもしれない．しかし，このような負の面も，富栄養化＝栄養の面では優れた機能材料・肥料，サリン＝毒性を制御できれば優れた農薬・薬剤，人魂がリン由来の物質によるのであれば，リン＝発光もする機能材料ということになる．なお，人魂については，光化学の分野でリン光という言葉もあるため，本書で取り扱うリンと関係するように感じるかもしれないが，無関係であることに注意願いたい．

さらに，リンを身近なところから具体的にみていくと，その重要性が認知できる．人間の骨格の主構成成分はカルシウムヒドロキシアパタイト（$Ca_{10}(PO_4)_6(OH)_2$）というリン酸塩であるとともに，リンは神経，筋肉，脳にも存在する．遺伝子の本体を構成するデオキシリボヌクレオチド（DNA）やリボヌクレオチド（RNA），さらには筋肉を動かすためのエネルギー代謝に必要なアデノシン三リン酸（ATP）中に，リン酸塩（PO_4^{3-}）という形で存在する．また，リンは体内の糖質や脂質の代謝を促進，血液や体液のpHを制御する役割なども担う．このように生命活動の基幹をなすリンは，体重が70 kgの人には，0.7～0.8 kg含まれているといわれている．

また，人類に必要な食糧生産に不可欠な肥料の三大栄養素（窒素，リン，カリウム）の一つである．土壌に三大栄養素の一つでも入っていない場合，植物の生育は著しく抑えられるか，もしくはまったく成長しないため（巻頭カラー口絵7参照），人類の恒久的繁栄のためには，三大栄養素を占めるリンの重要性は非常に高く，“いのちの元素リン”ということが容易に理解できる．

◆ リンの発見から重要性の認知まで

リンの発見は，元素発見の歴史の記録のある元素のなかで最も発見の古い元素の一つとされ，ロシアのメンデレーエフ（Dmitrij Mendelejev）が周期律表を1869年に提唱した当初から周期律表には入っていた元素である．一般には，錬金術の時代，ドイツのブラント（Henning Brandt）という医師によって1669年に発見されたといわれている．

ブラントは，金色を帯び，豊かな植物の生育を促す尿に注目し，尿のなかに金取得に関わる重要な因子があるに違いないと考えたようである．新鮮な人の尿を大量に集め，腐敗させた後に火にかけ，得られた黒いペースト状のものを水洗し，最終的には白いろう状のものを得たとされている．このろう状のものは，室温の闇夜のなかでも青白く穏やかに発光しており，リンの名前の由来ともなっている．

発見当初は発光現象もあり，卑金属を金に変えることができるかもしれないと思われ，錬金術の分野では熱狂的に取り扱われたが，容易に発火するなど危険であるとの理由から錬金術の対象から外れていった．その後，リンの実用的利用が検討されるようになり，1805年のフランスにおける浸酸マッチ（即席発火器），さらには1827年の英国における摩擦マッチを経て，1855年には赤リンを使ったスウェーデン式安全マッチが開発された．その後は，本書でも取り上げる高機能性材料など，金を超える性能を活かした材料開発が進み，錬金術師の夢がまったく別の意味で実現されたといえよう．

“いのちの元素リン”の歴史をみるには，肥料の進歩をみることがわかりやすい．ヨーロッパでは従来農業肥料として主に動物性の堆廐肥が用いられてきたが，19世紀に入ると，無機肥料の利用が始まった．それまで植

図 1 “いのちの元素リン”を確立させたリービッヒ

物の養分は腐植，つまり土壌中に存在する有機物のうち，生きている微生物や新鮮な植物遺体を除くすべての土壌有機物であると考えられていた．しかし，スイスのド・ソシュール（Nicolas-Théodore de Saussure）は，1804 年に出版された『植物の化学的研究』のなかで，植物は太陽の下で空気中の炭酸ガスと土中の水や無機塩類を摂取して生育することを示し，無機肥料の可能性を示した．さらに，植物の生育に関する窒素，リン，カリウムの 3 要素説を提唱し，ドイツの農芸化学の父ともいわれるリービッヒ（Justus Freiherr von Liebig）は，1840 年の論文「農業および生理学への化学の応用」で，植物は有機物を必要とせず無機物だけで成長すると指摘した．さらに 1841 年には植物が土のなかのカリウムやリンを成長に必要とすることを明らかにし，土のなかで最も少ない必須元素によって植物の成長速度が決定されるというリービッヒの最小律を提唱した．それに基づいて従来の農業は土壌中の栄養を吸い上げてしまうと考え，それを補うための化学肥料を開発した．

◆ リン資源

これらのリービッヒの説は，1860 年頃に水耕法によって証明され，この新しい説と合わせるように肥料となる鉱物が発見され，ヨーロッパで利用され始めた．リンの原料となる良質なリン鉱石として知られている海鳥の糞からなるグアノがヨーロッパで注目されたのもこの頃であり，その後は人類の食糧生産のために不可欠な“いのちの元素リン”として広く認知された．

リンの原料鉱物はリン鉱石である．わが国にはリン鉱石は産出せず，以前は米国や中国から輸入されていた．しかし，これらの国々は，リン鉱石を自国民の食糧生産のために不可欠な戦略物質ととらえ，輸出を停止したり規制したりしている．よく知られているように，グアノを産出することによって繁栄を謳歌したナウル共和国では，グアノを掘り尽くしてしまい，現在では経済的な危機に陥っていることからもわかるように，良質なリン鉱石資源は枯渇の危機にある．現状では，わが国はモロッコなどから質の劣るリン鉱石を輸入し，リン資源を維持している．“いのちの元素リン”の原料となるリン鉱石が枯渇の危機にあることは真剣に対応しなければならない．同じく枯渇の危機にある石油関連物質は，燃焼してしまうと二酸化炭素として消滅してしまう．しかし，幸い一度利用したリン製品は，さまざまな形で人類の生活圏に排出される．したがって，排出される含リン廃棄物を，リン鉱石に代わる新たなリン資源としてとらえる動きがグローバルに展開されている．

◆ リンという名称について

リンの名前の由来も上記の発光に関する性質に由来している．リンの英語名称は“phosphorus”であるが，これはギリシア語で“phos＝光”および“phoros＝運ぶもの”に由来している．また，中国語では，本来鬼火を表す“燐”が由来といわれている．現在は，火偏を石偏に置き換えた“磷”が使われている．“磷”はもともと，水の流れや玉石の輝きを表現する漢字であるため，リンが青白く穏やかに発光することをイメージして，またはリンの原料であるリン鉱石に由来して置き換えられたとも考えられる．日本語の“リン”は中国語に由来している．現在は，文部省学術用語集化学編や学会関係では“リン”，政府刊行物等では“りん”が用いられる傾向が強い．

（杉山　茂）

1-1 リンとは何か

リンの性質

1-1-1

◆ はじめに

リン(燐)は，生体内において，ヒドロキシアパタイトのようなリン酸カルシウムの形で脊椎動物の骨格を形成するほか，生体内の遺伝情報物質であるDNAやRNAのポリリン酸エステル鎖などとして存在する．また，化学工業の分野では，リンは化学肥料や農薬，殺虫剤の原料としても利用されている．

上記のように，リンは生命活動に欠かせない元素の一つである．リンは周期表の「第3周期・15族」に帰属され，その元素記号は“P”，原子番号は15であり，原子量は30.97である．基底状態の電子配置は $1s^2 2s^2 2p^6 3s^2 3p^3$ であり，3p軌道に3つの不対電子をもつ．リンにはいくつかの同素体が存在する．その代表的なものが「白リン」「赤リン」「黒リン」である．以前は「黄リン」も同素体とされていたが，これは赤リンなどの不純物を含んだ粗製白リンであり，同素体ではない．

◆ 周期表15族の元素としてのリン

リンの同素体の説明は［1.2.1 リンの同素体］に譲り，ここでは周期表15族の元素として「リン」の性質を考えてみたい．表1に15族元素の単体の融点および沸点を記載する．15族では，第2周期から第6周期に進むについて，非金属性から金属性に変化し，一部例外はあるものの，融点と沸点は高くなっていく．窒素とリンは「非金属」であるが，ヒ素は「半金属」であり，アンチモンとビスマスは「金属」に位置づけられる．窒素分子 N_2 は分子間に弱い分散力しかもたず，極端に低い融点および沸点となっている．表中のリンの融点および沸点は白リン (P_4) のものである．1原子あたりの電子数が多く，

表1 15族元素の各単体の融点および沸点

元素		周期	融点(℃)	沸点(℃)
窒素	N	第2周期	−210	−196
リン	P	第3周期	44	284
ヒ素	As	第4周期	615(昇華)	615(昇華)
アンチモン	Sb	第5周期	631	1387
ビスマス	Bi	第6周期	271	1564

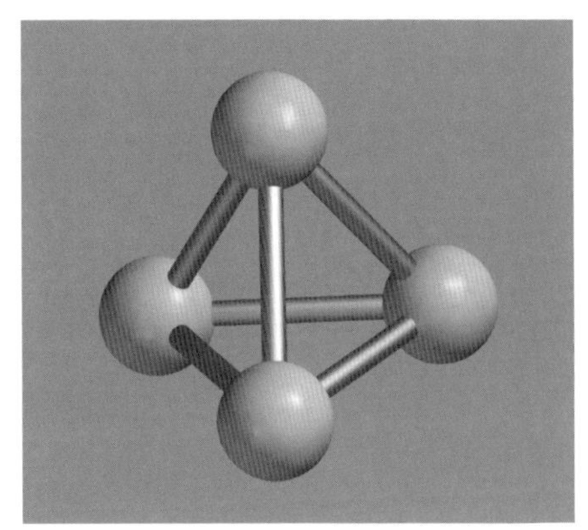

図1 白リン (P_4) の分子構造(Spartan'14により作成)

また図1で示したように四量体を形成していることから，窒素よりも高い数値を示している．ヒ素，アンチモン，ビスマスはすべて灰色固体であり，周期が第2周期から第6周期に進むにつれて，電気伝導性と熱伝導性が高くなる．すなわち，金属性がより強く発現する．ヒ素は共有結合ネットワークを含む層状構造をもっており，固体状態を脱するには高温が必要となる．実際，ヒ素を強熱すると，白リンと同様に As_4 四量体を形成し，昇華して気体となる．アンチモンとビスマスは，ヒ素と同様に層状構造をとるが，その層間の相互作用はヒ素の場合よりも強く，より金属結合的性質が支配的となっている．

窒素とリンは同じ非金属で，周期表上では上下に隣接しているが，それらの酸化還元挙動はまったく異なっており，その性質も興味

深い．リンは，−3，0，+1，+3，+5の5つの酸化状態をとりうる．対応する化合物をそれぞれ列記すると，ホスフィン（PH_3），リン（P_4），ホスフィン酸（H_3PO_2；次亜リン酸ともいう），ホスホン酸（H_3PO_3；亜リン酸ともいう），リン酸（H_3PO_4）となる．リンの場合，最も高い酸化状態にあるH_3PO_4が熱力学的に最安定であり，最も低い酸化状態にあるPH_3が最も不安定である．これに対し，窒素は，−3，0，+3，+5の4つの酸化状態をとり，それぞれ対応する化合物は，アンモニウムイオン（NH_4^+），窒素（N_2），亜硝酸（HNO_2），硝酸（HNO_3）となる．窒素の場合は，最も高い酸化状態にあるHNO_3が熱力学的に最安定であり，最も低い酸化状態にあるNH_4^+が最も不安定である．すなわち，高酸化状態の窒素は酸性溶液中で強い酸化剤となるが，高酸化状態のリンは非常に安定ということになる．

◆ 第3周期元素のなかのリン

次に，第3周期元素のなかの「リン」について眺めてみたい．表2は第3周期の元素の単体の融点を示している．原子番号順に最初のナトリウム，マグネシウム，アルミニウムは金属結合をもつ．これらの最高酸化数をもつ酸化物であるNa_2O，MgO，Al_2O_3はイオン性であり，それらの酸塩基特性は塩基性，塩基性，中性となっている．次のケイ素は半導体であり，その最高酸化数の酸化物であるSiO_2は共有結合性ネットワークをもち，その酸塩基特性は弱酸性である．ケイ素以降のリンや硫黄，塩素は共有結合性であるが，ケイ素のような多重共有結合はもたず，たとえばリンは図1に示したような4個の原子が単結合で結合した構造（P_4）を呈する．硫黄は原子が互いに単結合でつながったS_8の環状構造を呈し，ハロゲンの一つである塩素は二原子分子のかたちをとる．リン，硫黄，塩素の最高酸化数の酸化物はそれぞれP_4O_{10}，$(SO_3)_3$，Cl_2O_7であり，それらの酸塩基特性はいずれも酸性である．希ガスの一つであるアルゴンは単原子分子の気体である．塩素とアルゴンは常温常圧で気体であり，それらの融点は低くなっている．

表2　第3周期元素の各単体の融点

元素		族	融点（℃）
ナトリウム	Na	1族	98
マグネシウム	Mg	2族	649
アルミニウム	Al	13族	660
ケイ素	Si	14族	1240
リン	P_4	15族	44
硫黄	S_8	16族	119
塩素	Cl_2	17族	−101
アルゴン	Ar	18族	−189

「リン」を第3周期元素としてみる場合，両隣にある「ケイ素」と「硫黄」で比較すると興味深いことがしばしば指摘されている．第3周期元素をみると，「ケイ素」「リン」「硫黄」の順で並んでいるが，いずれも酸素と結合すると「SiO_4^{4-}」「PO_4^{3-}」「SO_4^{2-}」という電荷の異なる四面体構造をとるようになる．「SiO_4^{4-}」では4本のSi-Oの結合の長さは同じであるが，「PO_4^{3-}」では3本のP-O，1本のP=O，「SO_4^{2-}」では2本のS-O，2本のS=Oというように，「PO_4^{3-}」は「SiO_4^{4-}」と「SO_4^{2-}」の中間的な性質を示すことが多い．たとえば，S-Oが結合したポリマーは生成しにくく，できたとしてもポリマーは不安定であるため直ちに分解する．一方，Si-Oが結合したポリマーは縮合ケイ酸塩またはケイ酸塩ガラス，P-Oが結合したポリマーは縮合リン酸塩またはリン酸塩ガラスとなる．ただし，このP-Oが結合したポリマーのP-O-P結合は切れやすく，一方Si-Oが結合したポリマーのSi-O-Si結合は切れにくいことが指摘されており，ポリマーの分解という点からみても，「PO_4^{3-}」は「SiO_4^{4-}」と「SO_4^{2-}」の中間的な性質をもつことがわかる．

（相澤　守）

リンの存在状態

リンには23種類の同位体 (^{24}P から ^{46}P まで) が知られているが，1/2の核スピンをもつ ^{31}P だけが安定で，そのため ^{31}P の同位体存在度は100％である．放射性同位体である ^{32}P は14.3日の半減期を，^{33}P は25.3日の半減期をもち，両者はともにβ線を放出して崩壊する．リンの単体には，数種類の同素体が存在する．白リン (P_4) は四面体形の分子からなり，これを250℃に加熱すると赤リンとなり，白リンを加圧下 (1.2GPa) で200℃に加熱すると黒リンとなる．

リンは地殻中に広く存在し，その存在量は0.105％である．自然環境中では，そのほぼ全量がリン酸 (酸化数+5) として存在する．したがって，その存在状態は，酸化数の違いにより分類することはできず，水溶液中にイオンの形で存在する「溶存態」，土壌や堆積岩などに含まれる「鉱物態」，生物体中などに有機化合物として存在する「有機態」に分類される．

◆ 溶存態リン (dissolved form)

水中のリン化合物は，無機態と有機態，溶解性と粒子性に区別され，無機態リンはさらにオルトリン酸塩 (orthophosphate) と重合リン酸塩 (polyphosphate) に分けられる．オルトリン酸態リン (正リン酸あるいは単にリン酸ともいう) は，(オルト) リン酸イオン (orthophosphoric ion：PO_4^{3-}) として存在するリンで，実際の水溶液中では他の金属イオンの存在や，pHの変化に応じてさまざまな形態で存在する．一般的に海水のpHは8前後であるため，溶解している多くのアルカリ金属イオンと塩を生じて，$NaHPO_4$，$MgHPO_4^-$，HPO_4^{2-} などとして存在する．しかし，淡水ではpHが6～7であるので，ほとんどが $H_2PO_4^-$ として存在する．このように，酸–塩基反応は水溶液中でのリンの反応性に大きな影響を与える．もう一つの重要な水溶態リンの化学種としては重合リン酸 (酸加水分解性リン) があげられる．これはリン酸イオンがP–O–P結合によって重合したものであり，鎖状・環状の化合物である．薄い酸を加えて煮沸することによってオルトリン酸に分解されるもので，環状構造をとるメタリン酸 [$(PO_3^-)_n$]，ピロリン酸 [$P_2O_3^{4-}$]，トリポリリン酸 [$P_3O_{10}^{5-}$] などがある．これらは自然水中に存在しないが，合成洗剤や下水処理剤，工場排水などに由来して含まれることがある．

◆ 鉱物態リン (particulate form)

リンは多くの造岩鉱物中に構成・置換成分として含まれるほか，鉱物表面へ吸着された成分としても存在する．しかし，地殻中に存在するリンの大部分 (95％) はアパタイト ($Ca_{10}(PO_4)_6X_2$) として存在する．Caサイトにはさまざまな2価陽イオンが，Xサイトには OH^- や Cl^- などの1価陰イオンが入りうる．アパタイトの成因は多様であり，マグマや火成岩の生成，活動によって，また，生物によっても骨や歯，貝殻として作られる．しかし，地表で最もリンが集積しているのは堆積物中のアパタイトであり，リン酸 (PO_4^{3-}) の世界総生産量の82％が堆積岩に由来する．

◆ 有機態リン (organic form)

有機態リンは，総リン (全リンともいい，水中のすべてのリン化合物を，強酸あるいは酸化剤によってオルトリン酸態リンに分解して定量したもの) と無機態リンの差として定量される．溶解性のものには，有機リン系農薬類のほかに，工場排水および動植物の死骸や排泄物などに起因するさまざまな含リン有機化合物 (エステル類，リン脂質など) がある．粒子性有機態リンは，藻類をはじめとする水中の微生物体またはその死骸の成分として存在するものが主体なので，藻類の発生状況の指標として用いられることがある．

表 1　リンを含む無機物質の種類

分類例				実例	参考文献
元素				P	C
化合物	水素化およびハロゲン化物	ホスフィン		PH_3	
		ハロゲン化物	フッ素	PF_3, PF_5	
			塩素	PCl_3, PCl_5, $POCl_3$	
			臭素	PBr_3, PBr_5	
	酸 酸化数 5	オルトリン酸		H_3PO_4	A
		縮合リン酸		$(HPO_3)_n$	
		五酸化二リン		P_2O_5	
		ペルオキソ一リン酸		H_3PO_5	
	リン酸塩 酸化数 5	オルト塩	酸性塩	$Ca(H_2PO_4)_2$	
			中性塩	$CaHPO_4$	
			アルカリ性塩	$Ca_{10}(PO_4)_6(OH)_2$	
		縮合塩	ピロ	$Na_4P_2O_7$	
				$Na_2H_2P_2O_7$	
			ポリ（鎖状）	$Na_5P_3O_{10}$	
				$(NaPO_3)_n$	
			メタ（環状）	$(NaPO_3)_3$	
			ウルトラ	枝分かれ構造	
		含窒素リン酸塩		$(NH_4PO_3)_n$	
	金属リン化合物	二成分系	MP 型化合物	TiP, GaP, AlP	B
			M_2P 型化合物	Ti_2P, FeP_2, Ni_2P	
			M_3P 型化合物	Ti_3P, Mo_3P, V_3P	
			MP_2 型化合物	CoP_2, RuP_2, NiP_2	
			MP_3 型化合物	CoP_3, NiP_3, PdP_3	
		二成分系	MM'P 型化合物	ZrRuP	
			MM'_4P_{12} 型化合物	$CeFe_4P_{12}$	
			MM'_2P_2 型化合物	$SrMn_2P_2$	
非晶物	リン酸塩ガラス				A
	その他の非晶物	ゲル スパッタリングなど		ACP NASICON	
複合物	固溶体				
	インターカレーション化合物	層状リン酸塩＋有機物		$AlH_2P_3O_{10} \cdot 2H_2O$ $Zr(HPO_4)_2$	
酸化数 1	次亜リン酸・塩			HPH_2O_2	
酸化数 3	亜リン酸・塩			H_2PHO_3	
酸化数 3	ピロ亜リン酸・塩			$H_2P_2H_2O_5$	
酸化数 4	次リン酸・塩			$H_4P_2O_6$	
酸化数2,4	P-P 酸・塩			$H_3P_2HO_5$	

A：金澤孝文編：無機リン化学．講談社，1985．
B：城谷一民：リン合物．実験化学講座 5 版．丸善，2005．
C：木野村暢一：無機リン化合物．実験化学講座 5 版．丸善，2005．

◆ リンを含む無機物質の種類

（大倉利典）

表 1 にリンを含む無機物質の種類を示す[1]．5 価のリン化合物を中心に，酸・リン酸塩・金属リン化合物などに分類している．そのほか，非晶物や複合物，さらに，酸化数が＋4 以下の物質についても記載している．

◆ 参考文献

1) 松田信之，相澤守：*PHOSPHORUS LETTER*, No. 84：46-58, 2016.

1-2 リン化合物

リンの同素体

1-2-1

一般的にリンの同素体といわれているのは，黄リン（白リン），赤リン，黒リン，紫リン，紅リンなどである．ただし，紫リンは赤リンと黒リンの混合物であり，紅リンは赤リンの微粒子状のものといわれている．

◆ 黄リン（白リン）

黄リンは白リンの表面を赤リンが薄く覆ったものであり（巻頭口絵1参照），黄リンを窒素気流中で分別蒸留すると無色透明な結晶（白リン）が得られる．黄リン（P_4）は正四面体型の分子からなり，密度が 1.82 g/cm^3，融点が 44.1℃，沸点が 280℃の常温・常圧で黄白色ろう状の固体である．発火点は約 60℃，空気中で自然発火するため，水中で保管される．黄リンを原料とする化学工業薬品としては，赤リン，五硫化二リン，乾式リン酸，無水リン酸（五酸化二リン），三塩化リン，次亜リン酸ソーダなどである．

◆ 赤リン

赤リンは黄リンを加熱重合して得られる重合体であり，黄リンの熱転化により製造される．一般的には蓋付きの鉄製の転化釜に黄リンを入れ，外気を遮断して内部を常圧に保ちつつ 280℃付近の温度で 3～5 日間加熱すると赤リンに転化する．赤リンは密度が 2.2～2.34 g/cm^3，融点が 431℃（昇華），沸点が 585～600℃，発火点が 260℃の赤色固体である．赤リンは用途によりそのまま使用する場合と，赤リン表面に被覆処理を行う場合がある．そのまま使用する用途としては，マッチの側薬，発炎筒，リン青銅の原料，有機合成反応の原料（臭化メチルの合成）などである．近年はリチウムイオン電池用電解液に使われる六フッ化リン酸リチウムの合成原料にも使用される．赤リン表面に被覆処理を行ったものは合成樹脂の難燃剤として使用される．赤リンの難燃機構としては，合成樹脂の表面が燃焼すると赤リンは燃えてリン酸から縮合リン酸になり，縮合リン酸は合成樹脂から水素と酸素を取って，樹脂を炭化させる．この縮合リン酸と炭化された樹脂層が断熱層となり，それ以上の燃焼を防止する．したがって酸素を骨格に有する合成樹脂に対して，より有効に難燃効果を発揮する．

赤リンの純度が 5 ナイン（99.999 %）以上のものは「高純度赤リン」として，ガリウムリンやインジウムリンなどの化合物半導体の材料に使用される．高純度赤リンの製造方法には，高純度ホスフィンガスを熱分解して高純度黄リンを得て，赤リンに加熱転化する方法と，工業用黄リンを蒸留により精製したのち赤リンに転化する方法がある．

◆ 黒リン

黒リンは黄リンまたは赤リンから高温，高圧下で合成され，合成温度の低いときには非晶質が，高いときには結晶質が得られる．1914 年に黄リンを出発物質として 1 万 2000 気圧，200℃で黒リンの多結晶を得たのが最初であり，1981 年には超高圧溶融法により数 mm 角の結晶成長に成功している[1]．黒リンの密度は非晶質が 2.25 g/cm^3，結晶質が 2.69 g/cm^3，融点が 610℃の黒色固体であり，光沢を有する．新しい黒リンの製造方法として，赤リンをメカニカルミリング処理する方法[2]などが提案されている．黒リンは黒鉛と同様の層状構造を有する良導体であり，リチウムイオンの吸蔵放出が可能なことから，次世代半導体材料やリチウムイオン電池の電極材料としての応用が検討されている．

（木ノ瀬豊）

◆ 参考文献

1）城谷一民ほか：日本化学会誌，10：1604-1609, 1981.
2）P. Cheol-Min *et al.*：*Advanced Materials*, 19：2465-2468, 2007.

トピックス ◇1◆ リンショック

2008年，日本にリン資源がないことを痛いほど思い知らされる出来事が起きた．世界市場でリン鉱石の価格が暴騰するとともに，黄リンやリン酸などのリン製品が深刻な供給不足に陥って，世界中でリンが手に入らなくなったのだ．危機への予兆はすでに数年前からあった．世界の人口増に伴う穀物需要の増大にバイオ燃料ブームが重なり，穀物生産に必要な肥料の値段がじりじりと上がり続けて，農家は不安を募らせていた．工業分野でも，国内のリンメーカーが原料となる黄リンの中国への過度な依存に不安を感じ始めていた．

そして2008年5月12日，中国の四川省をマグニチュード8.0の大地震が襲った．四川省は中国におけるリン鉱石の一大産地であり，リン鉱石の採掘場が震源地周辺に集中していた．被害は深刻で，四川省におけるリン鉱石の生産がほぼ全面的に停止したばかりか，中国最大のリン鉱石産地である雲南省からの輸送網も完全に絶たれてしまった．地震直後の5月20日，中国財政部はリン製品の特別輸出関税の大幅上乗せを突如実施し，輸出を厳しく制限し世界に衝撃が走る．中国による前代未聞の特別関税措置は，実質的なリン製品の禁輸以外のなにものでもない．米国が，1997年からリン鉱石の輸出を事実上停止したことに加えて，中国が厳しい輸出規制を実施したことにより，世界のリン需給のバランスの乱れが一気に噴出する．

世界の肥料価格は2007年にも前年に比べて約2倍になっていたが，中国の事実上の禁輸措置によりさらに2倍も値上がりをする．日本の化学肥料の約6割のシェアをもつJA全農もついに7月，主要な肥料の販売価格の値上げに踏み切る．農産物価格が全般的に低迷するなかでの肥料値上げは，農家経営に大きな影響を及ぼさずにはいられない．一方，工業用リンの価格も信じられない値動きで上昇し，国内リンメーカー各社はかつてない大幅値上げを打ち出して市場は混乱状態に陥いる．もはや価格転嫁などといった次元の話ではなくなり，リンを使用する企業や問屋筋は在庫確保に奔走し，メーカーは古くからの顧客のニーズに応えるのが精一杯で新規の注文には一切受け入れられない状況に陥った．特に黄リンの確保は困難を極めた．海外企業が多額の前金を持参して買付け，一時黄リン価格はオークション同様にまでなってしまった．

しかし幸か不幸か，わずか数か月後の2008年9月，米国発の金融危機リーマンショックを契機に実体経済が急降下する．とりわけ，自動車，IT，エレクトロニクスなどのドラスティックな生産ダウンの影響で，リン製品の需要は一転し減少し始める．需要減少は日本だけでなくアジアや欧米各国に共通して起こり，国内リンメーカーは今度は前年に緊急時に貯めこんだ高値在庫を抱え，中国からの安値リン酸輸入の大量増加による厳しい価格競争という二重苦を強制されることになる．肥料メーカーも2008年10月以降には需要の急激な冷え込みで在庫が積み上がり，一転して在庫整理が進まず混迷を深めた．この間，国はほとんど何もすることができず，リンショックの最中においても，中国のリン鉱石生産の復活を期待して事態の推移を見守るばかりだった．わが国をリンショックの危機から救った最大のヒーローは，皮肉にも世界の金融危機であった．（大竹久夫）

◆ 参考文献

1）化学工業日報2008-2009年関連記事ほか．

1-2 リン化合物

リンのオキシ酸

1-2-2

◆ 代表的なリンのオキシ酸

IUPAC 無機化学命名法（1990 年勧告）によると，オキシ酸（オキソ酸）を「酸素原子を含み，酸素以外の元素を少なくとも 1 個以上含み，酸素に結合する水素原子を少なくとも 1 個以上含み，プロトンを失って共役塩基を生成する化合物」と定義している．すなわち中心原子にオキシ基（=O）または水酸基（−OH）が結合している無機酸となる．具体的には，次亜塩素酸から過塩素酸に至る塩素酸類などのハロゲンオキシ酸，ホウ酸，炭酸，硝酸，硫酸など多岐にわたる．特にリンは多様な酸化数を取ることが可能なため，オキシ酸の種類も多種多様である．代表的なリンの単核オキシ酸（分子中に 1 個の中心原子を含むオキシ酸）を表 1 に示した．一方，分子中に複数の中心原子を含むオキシ酸をポリオキシ酸と呼ぶ．次項以下に述べるように，種々のリン酸の脱水縮合などでさまざまなポリオキシ酸となるだけでなく，短鎖状，長鎖状，環状，網目状など多様な分子形状をとるため，リンにはきわめて多種類のポリオキシ酸が存在する．

表 1　代表的なリンの単核オキシ酸

慣用名	化学式
オルトリン酸 (orthophosphoric acid)	H_3PO_4
亜リン酸 (phosphorous acid)	H_3PO_3 $(P(OH)_3)$
ホスホン酸 (phosphonic acid)	H_3PO_3 $(HP(=O)(OH)_2)$
亜ホスホン酸 (phosphonous acid)	H_3PO_2 $(HP(OH)_2)$
ホスフィン酸 (phosphinic acid)	H_3PO_2 $(H_2P(=O)(OH))$
亜ホスフィン酸 (phosphinous acid)	H_3PO $(H_2P(OH))$
ホスフェン酸 (phosphenic acid)	HPO_3 $(P(=O)_2(OH))$
亜ホスフェン酸 (phosphenous acid)	HPO_2 $(P(=O)(OH))$
ペルオキシリン酸 (peroxomonophosphoric acid)	H_3PO_5

◆ 短鎖状のリンのポリオキシ酸

最も単純で一般的なリンのオキシ酸はオルトリン酸（H_3PO_4）であるが，このオルトリン酸を加熱していくと，約 150 ℃で無水物となり，さらに 200 ℃付近で 2 個のオルトリン酸分子が脱水縮合して徐々にポリオキシ酸である二リン酸（ピロリン酸，$H_4P_2O_7$，図 1）が生成する．短鎖状のリンのポリオキシ酸としてはほかに，3 個のリン酸基からなる三リン酸（トリリン酸，$H_5P_3O_{10}$，図 1）が知られている．二リン酸，三リン酸はともに固体の Na 塩，K 塩の状態では安定であるが，水溶液中では比較的容易に加水分解し，最終的にオルトリン酸へと分解する．多価金属イオンとは水溶液中で容易に錯イオンを形成する．この場合，中心リン原子核近傍の電荷密度の低下によって，水分子による求核攻撃が促進され，加水分解速度が上昇することが知られている．一方，4 個以上のリン酸基からなる短鎖状のポリオキシ酸は水溶液中で大変不安定であり，研究・応用例ともに非常に少ない．

◆ 長鎖状のリンのポリオキシ酸

長鎖ポリリン酸あるいは単にポリリン酸と呼ばれるものが相当する．一般的には 20 〜 150 個程度のリン酸基が枝分かれせずに直鎖状に共有結合した構造であり，Na 塩や K 塩

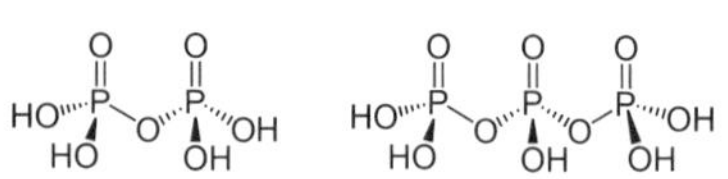

図 1　二リン酸（左）と三リン酸（右）の構造式

が安定である．H^+型のイオン交換樹脂カラムを通すことでポリ酸水溶液が得られるが，加水分解しやすい．溶解性や耐加水分解性が高く，食品添加物や水処理剤，粉体分散剤，金属防錆剤など，工業的にきわめて広範に利用されている．学術研究レベルでは，NaH_2PO_4を1000℃で2時間程度加熱後，急冷することで容易に得られる．鎖長によって水に対する溶解度が異なるため，水–有機混合溶媒比を利用して，鎖長の分画が可能である．また原料のNaH_2PO_4にNa_2HPO_4を混ぜるに従って鎖長の短いポリリン酸ナトリウムが合成できる．鎖長が5～20以下のオリゴマー領域では加水分解性が急激に増大し，安定に存在しえない．市販品でこの領域の鎖長を謳っている場合でも，二リン酸や三リン酸と鎖長50程度の長鎖ポリリン酸の混合物であり，あくまでもその単なる平均鎖長である場合が多いので注意を要する．

◆ 環状のリンのポリオキシ酸

環状ポリリン酸あるいはメタリン酸と呼ばれるものが相当する．3～8個程度のリン酸基が環状に共有結合しており，Na塩やK塩が安定である．分子を構成するリン酸基数が増えるほど酸性が弱くなり，また加水分解しやすくなる．3個のリン酸基からなる六員環構造のトリメタリン酸（$H_3P_3O_9$，図2）が工業的に最も利用されており，研究例も多い．用途は長鎖ポリリン酸とほぼ同様である．学術研究レベルでは，NaH_2PO_4を1000℃で2時間程度加熱後，数時間かけて徐冷することでNa塩が容易に得られる．H^+型のイオン交換樹脂カラムを通すことでポリリン酸水溶液が得られる．二リン酸，三リン酸と比較して，末端のリン酸基が存在しないために酸性が強く，加水分解に対しても比較的安定である．4個のリン酸基からなるテトラメタリン酸ナトリウムは，蒸留水を氷冷しながらP_4O_{10}を徐々に加えて溶解させた後NaOH水溶液で中和し，アセトンで沈殿させることで得られる．

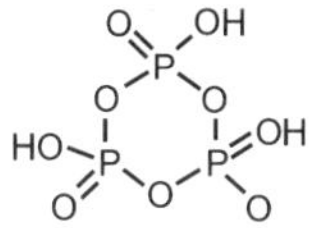

図2　トリメタリン酸の構造式

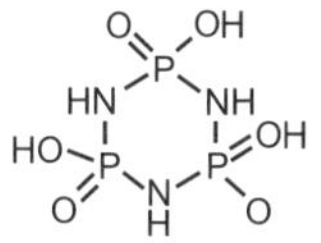

図3　環状トリイミドリン酸の構造式

◆ その他のリンのオキシ酸

その他としては，網目状のポリリン酸であるウルトラリン酸がある．これは長鎖ポリリン酸が枝分かれして網目状構造になったもので，その枝分かれ点がきわめて不安定で加水分解しやすい．その一方で活性OH基を有することから，高性能の金属防錆剤や新規触媒材料の開発に有効であると考えられる．さらに，H，P，O原子以外を含むオキシ酸としては，窒素原子を含むアミドリン酸（$H_2PNH_2O_3$），環状イミドリン酸（$H_3P_3(NH)_3O_6$，$H_4P_4(NH)_4O_8$），硫黄原子を含むチオリン酸（$H_3PO_{(4-n)}S_n(n=1\sim4)$）があげられる．分子を構成するアミド基やイミド基の数が増えるほど酸性が減少し，硫黄原子の数が増えるほど酸性は増大する．チオリン酸は加水分解しやすい一方，アミドリン酸，環状イミドリン酸は比較的安定である．特に環状イミドリン酸はトリメタリン酸およびテトラメタリン酸の架橋酸素原子をイミノ基に置換した構造を有し，ラクタム–ラクチム互変異性を示すため，特異的な物性を有する．環状トリイミドリン酸（$H_3P_3(NH)_3O_6$）の構造式を図3に示した．　　　　（牧　秀志）

リン酸塩

◆ オルトリン酸の構造

リン酸塩は，1個のPと4個のOから構成される多原子イオンまたは基から形成される物質である．オルトリン酸イオンはPO_4^{3-}と書き表される．この場合，P^{5+}イオンのまわりに4個のO^{2-}イオンが最も対称性の高い正四面体構造をとるように結合している．もし，この結合が単結合だけで構成されているとすると図1(A)のような状態になる．しかし，Oの非結合性の2pのπ軌道（電子が詰まっている）とPの3d軌道（電子が詰まっていない）との間にπ結合することによって電子の一部はOからPに移動する．その結果，中心のPは電気的にほぼ中性に近い状態になり，P-O結合は図1(B)に示すような5/4重結合をとると考えられている．

◆ オルトリン酸塩の調製と性質

リンの酸化物にはP_2O_5が知られている．P_2O_5はリンを空気存在下で燃焼させることで得られる．P_2O_5は水と反応してメタリン酸となり，水を加えて加熱するとオルトリン酸となる．

$$P_2O_5 + H_2O \longrightarrow 2HPO_3 \quad (1)$$

$$HPO_3 + H_2O \longrightarrow H_3PO_4 \quad (2)$$

一方，P_2O_5の脱水作用は強く，硫酸を脱水して無水物（SO_3）にする．

$$H_2SO_4 + P_2O_5 \longrightarrow SO_3 + 2HPO_3 \quad (3)$$

オルトリン酸（H_3PO_4）は，一般的にはリン酸と呼ばれている．工業的には粉砕したリン鉱石と硫酸の直接反応によって得られる（湿式法）．

$$Ca_{10}(PO_4)_6F_2 + 10H_2SO_4 + nH_2O \longrightarrow 10CaSO_4 \cdot nH_2O\ (n = 0, 1/2 \text{ または } 2) + 2HF + 6H_3PO_4 \quad (4)$$

一般的には，リン酸イオンは強酸性条件では遊離リン酸$H_3PO_4(aq)$として存在する．弱酸性条件ではリン酸二水素イオン$H_2PO_4^-$として，弱塩基性条件ではリン酸水素イオンHPO_4^{2-}として，そして強塩基性条件では，PO_4^{3-}の状態で存在する．

そのほかのオルトリン酸塩には，リン酸とアルカリとの中和反応によって得られる無機塩類がある．リン酸水溶液に対して水酸化ナトリウム溶液で中和滴定した場合のpH変化を図2に示す．最初はpH1～2を示し，ここに水酸化ナトリウム溶液を添加すると，pHは3～4の値を示す．さらに水酸化ナトリウム溶液を添加し続けると，pHが6に急変する．この部分が第一変曲点であり，式(5)の中和反応が進行し，溶液中にはNaH_2PO_4のみが存在する．

$$H_3PO_4 + NaOH \longrightarrow NaH_2PO_4 + H_2O \quad (5)$$

さらに水酸化ナトリウム溶液を添加すると式(6)の中和反応が起こり，第二変曲点まで続く．溶液中にNa_2HPO_4のみが生成する．

(A) O^-–P^+(O^-)$_3$　(B) $[PO_4]^{3-}$

図1　オルトリン酸イオンの構造

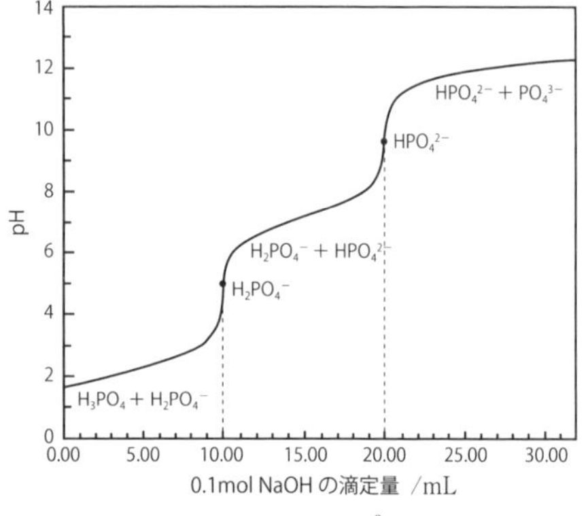

図2　リン酸水溶液（0.1 mol/dm³）の中和滴定曲線

$$NaH_2PO_4 + NaOH \longrightarrow Na_2HPO_4 + H_2O \quad (6)$$

さらに水酸化ナトリウム溶液を添加すると以下の反応が進み，Na_3PO_4 が生成する.

$$Na_2HPO_4 + NaOH \longrightarrow Na_3PO_4 + H_2O \quad (7)$$

◆ オルトリン酸塩の用途

このようなナトリウム塩のように，カリウム塩やアンモニウム塩なども中和反応によって合成される．また，代表的なリン酸塩には，この他にもカルシウム塩およびアルミニウムなどの金属塩があり，食品添加剤，肥料や飼料をはじめとする多種多様な用途に使用されている．表1にオルトリン酸塩の用途例を示す.

その他の金属リン酸塩としては，リチウムイオン電池の正極材料としてリン酸鉄リチウム（$FeLiPO_4$）などがある．また，結晶構造に着目した層状構造のイオン交換体にリン酸ジルコニウム（α-$Zr(HPO_4)_2 \cdot H_2O$ および γ-$Zr(HPO_4)_2 \cdot 2H_2O$）がある.

表1 オルトリン酸塩の用途例

オルトリン酸塩	用途例
NaH_2PO_4	食品添加剤，清缶剤，電解研磨，表面処理
Na_2HPO_4	食品添加剤，清缶剤，洗剤，染色
Na_3PO_4	食品添加剤，清缶剤，アルカリ洗浄剤
KH_2PO_4	醸造用，医薬品，ほうろう
$NH_4H_2PO_4$	防火剤，醸造用，ほうろう，染色
$(NH_4)_2HPO_4$	防火剤，醸造用，ほうろう，染色
$Ca(H_2PO_4)_2 \cdot H_2O$	食品添加剤，醸造用
$CaHPO_4 \cdot 2H_2O$	歯磨き，医薬品，飼料
$Ca_3(PO_4)_2$	歯磨き，研磨剤，飼料，ガラス原料
$Ca_{10}(PO_4)_6(OH)_2$	歯磨き，人工骨，分離カラム，イオン交換体，湿度センサー
$Al(H_2PO_4)_3$	材料結合材

◆ 縮合リン酸塩の性質と用途

リン酸塩はオルトリン酸が2つ以上重合化した縮合リン酸イオンとしても存在する．オルトリン酸が2つ重合した $P_2O_7^{4-}$ は二リン酸（diphosphate）またはピロリン酸（pyrophosphate），3つ重合した $P_3O_{10}^{5-}$ は三リン酸（triphosphate）というように呼称される．また，3つ以上重合したもので直鎖状のものはポリ，環状のものはメタと呼ばれている．たとえば，トリポリリン酸やシクロメタリン酸などがある.

縮合リン酸塩の特徴には，金属イオンのマスキングがある．これは溶液中で遊離金属イオンと結合し，その金属イオンを沈殿しないようにする.

この特徴を活用した具体例に，洗剤ビルダーとしてのトリポリリン酸がある．これは不都合な水中の金属イオンをマスキングして洗浄能力を高めるのに利用される．しかし，排水として河川に流出すると，内湾や湖沼などに富栄養化を引き起こすとされ，近年，洗剤の無リン化が行われた.

縮合リン酸塩の用途例を表2に示す．特に縮合リン酸塩は食品の保水力や結着力を高め，食感を変えるための食品添加剤に使用されている.

（橋本和明）

表2 縮合リン酸塩の用途例

縮合リン酸塩	用途例
$Na_4P_2O_7$	合成洗剤，清缶剤，食品添加剤，硬水軟水剤
$Na_2H_2P_2O_7$	食品添加剤
$Na_5P_3O_{10}$	合成洗剤，清缶剤，食品添加剤，耐火物
$(NaPO_3)_n$	合成洗剤，食品添加剤，印刷，皮革加工
$K_4P_2O_7$	液体洗剤，合成ゴム触媒
$(NH_4PO_3)_n$	防火剤

1-2 リン化合物

塩化リン

1-2-4

本項では，三塩化リン (PCl_3)・オキシ塩化リン (塩化ホスホリル) ($POCl_3$)・五塩化リン (PCl_5)・硫塩化リン ($PSCl_3$) を総称して「塩化リン」と呼ぶこととする．塩化リンは黄リンを原料に製造される重要な工業原料であり，難燃剤，可塑剤，安定剤，医薬・農薬，界面活性剤，食品，電池，触媒，半導体などの原料・中間体として使用され，多種多様な含リン製品が製造されている．一部の難燃剤や農薬を除けば年間生産量は数百トン以下のものがほとんどであり，少量多品種な製品がさまざまな用途で幅広く使用されている．また，生産量の多い難燃剤や可塑剤のような樹脂添加剤用途でも，樹脂中に練り込まれてしまうために含リン化合物が使用されていることは認識されにくい．このように塩化リンから誘導される含リン化合物は身近な製品中で幅広く利用されているにもかかわらず，その重要性が理解されているとはいえない．

塩化リンのうち，国内において最も需要が多いものはオキシ塩化リンである．次いで三塩化リン，硫塩化リン，五塩化リンの順になっている．ただし，［5-2 リン化合物］で述べるように，三塩化リンはオキシ塩化リン，硫塩化リンおよび五塩化リンの原料としても使用されるため，統計上に表れない潜在的な製造量がある．

塩化リンを出発物質として誘導される含リン製品を図1にまとめる．

◆ オキシ塩化リン

オキシ塩化リンの最も需要の多い用途は樹脂添加剤向けのリン酸エステル類の原料で，主に難燃剤向けである．防災上および安全上の面から，難燃化への要求が高まっている趨勢により，難燃剤は必要不可欠な商材になっている．難燃剤のなかでもリン系の難燃剤はその効能が認められており，環境にやさしい (ダイオキシンを発生しない) ノンハロゲン系難燃剤として，以前より使用されてきた臭素を含むハロゲン系難燃剤としのぎを削っている．難燃剤が添加されている商品は，IT商品 (パソコン，タブレット，プリンターなどの筐体) や，日本の基幹産業である自動車のインパネ，シート，さらに家電，ゲーム機など多岐にわたっている．また，住宅用の壁紙などにも難燃剤が添加されている．

リン酸エステル類は置換基の種類により多様な物性をもった製品が製造され，使い分けられている．製品によって，難燃剤，可塑剤や安定剤などの分類がなされているが，これらの用途は限定的ではなく，難燃剤でもあり可塑剤としても機能するといったように複合的な用途で使用される．

樹脂添加剤以外の用途としては，農薬 (主に除草剤，殺虫剤)，医薬 (抗生物質)，界面活性剤 (洗剤，シャンプー，化粧品関係)，金属抽出剤，食品分野では化学調味料用原料 (うま味調味料)，繊維 (カーテン，緞帳，衣服の難燃用途) 用等々多方面でリン酸エステル類が使用されている．また，オキシ塩化リンそのものが半導体ドーピングにも使用されている．

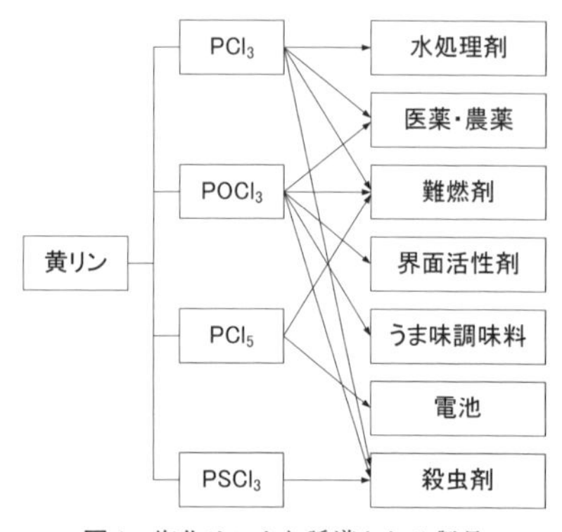

図1 塩化リンより誘導される製品

◆ 三塩化リン

三塩化リンの代表的な用途は，オキシ塩化リンと同様に樹脂添加剤である．三塩化リンを原料として製造される亜リン酸エステル類は，難燃剤，可塑剤，酸化防止剤として，IT 商品，自動車，農業用ビニルハウスなどに使用されている．また，三塩化リンから誘導されるホスホン酸エステル類も樹脂添加剤用途に用いられるほか，フリーのホスホン酸類は洗剤，シャンプーなど化粧品分野や水処理（キレート剤），表面処理剤などの工業分野にも使用されている．三塩化リンとグリニャール試薬などとの反応により製造されるホスフィン類およびそれらを酸化・硫化したホスフィンオキシド類・ホスフィンスルフィド類は潤滑油添加剤や有機合成用の金属配位子としても有用である．ホスフィン類から誘導されるホスホニウム塩などの 4 級塩類も相間移動触媒，帯電防止剤，イオン液体などの用途に使用される．その他にも医薬品合成原料や合成中間体として三塩化リンが用いられ，製品骨格中にリンが導入されている．また，三塩化リンの加水分解によって亜リン酸が製造されている．

◆ 五塩化リン

五塩化リンは，リチウムイオン二次電池の主要な電解質である六フッ化リン酸リチウムの原料となるほか，ホスファゼン類の原料としても利用されている．ホスファゼン類とは，−P=N− 結合の繰り返しを有する化合物で，難燃剤などとして使用される環状のシクロホスファゼン類と，機能性高分子である直鎖状のポリホスファゼン類などがある．五塩化リンと塩化アンモニウムの反応で得られる，リン上の置換基が塩素であるホスファゼンを原料に，アルコキシ基やアミノ基を導入することでさまざまな物性をもったホスファゼン類が製造される．また，ホスファゼン単位が平面状につながった化合物は非局在化した陽イオン種を生成するため，求核性のない強塩基として，重合触媒や塩基性触媒として特異な反応性を示すことが知られている（図 2）．

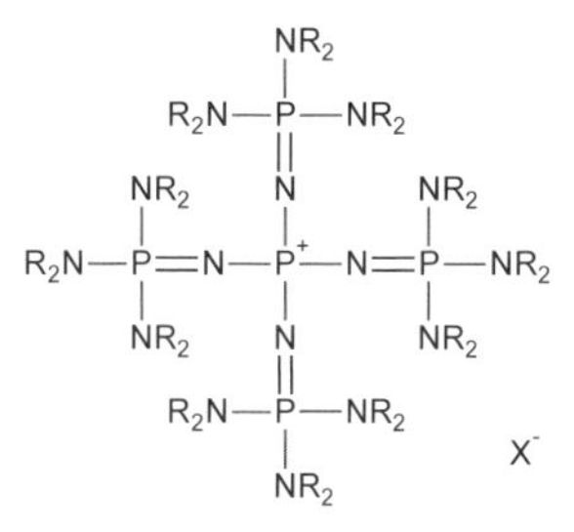

図 2　ホスファゼン触媒の一例

◆ 硫塩化リン

硫塩化リンは，チオリン酸エステル系の農薬（殺虫剤）の原料となる以外はほとんど使用されていない．

◆ 塩化リンを用いるが製品中にはリンが残らない用途

以上のように，塩化リンはリン原子の特色を生かしたさまざまな化合物の原料として利用されるが，製品中にリンを残さない反応試薬としても大量に使用されている．

三塩化リンや五塩化リンは塩素化剤として酸クロリドの製造や水酸基の塩素化などに利用される．酸クロリドの製造においては，五塩化リンを使用する場合には副生物として塩化水素とともにオキシ塩化リンが生成する．オキシ塩化リンは加水分解することでリン酸となるため，回収リン酸あるいは肥料へのリサイクルの道筋が開けている．しかしながら，塩素化剤として三塩化リンを使用した場合には，塩化水素とともに亜リン酸が副生してくる．回収亜リン酸については大量にリサイクルするシステムが確立しておらず，リン資源回収の観点から廃亜リン酸の回収システムの開発が期待される［➡トピックス 12 亜リン酸の利用（p.186）］．（國貞眞司）

1-2 リン化合物

金属リン化物

1-2-5

金属リン化物は金属とセラミックスの特徴を併せもつ高融点かつ強固な物質であり，電気伝導性，磁気特性，触媒特性に特徴的な性質がみられる．ここでは，半導体およびめっきとしてわれわれの生活に広く活用される金属リン化物について説明し，さらに現在，研究されている金属リン化物の触媒特性についても解説する．

◆ 半導体に用いられる金属リン化物

金属リン化物の半導体としての特性を利用することで省電力かつ高効率な発光ダイオード（LED：light emitting diode）が製造され，われわれの生活が支えられている．1990年代に窒化ガリウム（GaN）の単結晶化が可能になったことから，青色LEDが開発された．これにより，白色光をLEDにより作ることができるようになり，赤﨑勇名城大学終身教授，天野浩名古屋大学教授，中村修二カリフォルニア大学サンタバーバラ校教授がノーベル物理学賞を受賞したのは記憶に新しい．

LEDの発光色はバンドギャップにより決まり，バンドギャップは半導体の格子定数が大きくなると小さくなる[1]．金属リン化物において代表的な半導体であるリン化ガリウム（ガリウムリン，GaP）のバンドギャップは2.25 eVであり，赤と緑の発光が可能である．GaPに関する研究は古くから行われており，1968年に原と赤﨑は，ガリウム（Ga）と三塩化リン（PCl_3）を原料にし，水素中でヒ化ガリウム（GaAs）基板上にエピタキシャル成長（ヘテロエピタキシー）させる気相成長（VPE：vaper phase epitaxy）法により，GaPが得られることを報告した[2]．エピタキシャル成長はホモエピタキシーとヘテロエピタキシーに分けることができ，前者は基板と同一の結晶を成長させる方法であり，後者は基板と異なる結晶を成長させる方法である．なお，ヘテロエピタキシーでは，可能な限り基盤と成長層の格子定数および熱膨張係数を整合させる必要がある．

さらに，原料としてトリメチルガリウム（$Ga(CH_3)_3$）のような有機金属が使用されることもあり，この場合は有機金属気相成長法（MOVPE：metal organic vaper phase epitaxy）と呼ばれる．MOVPEでは液相成長法（LPE：liquid phase epitaxy）およびVPEと比較して，反応温度，圧力，時間，供給ガスの速度などの結晶成長パラメータを広範囲に設定できる．なお，青色LEDとして使用されるGaNはMOVPE法により製造される[3]．リン（P）の原料にはホスフィン（PH_3）も用いられるが，毒性が高く，自然発火しやすいため，ターシャリーブチルホスフィン（$P(CH_3C(CH_3)CH_3)_3$）が代用されることもある．最近はGaPとリン化インジウム（インジウムリン，InP）の混晶であるInGaPが赤色LEDに用いられる[1]．

LEDの用途は照明灯具，信号機，スマートフォンや液晶テレビなどのバックライト，さらには自動車のブレーキランプやヘッドライトなどにも拡大している．

◆ めっきに用いられる金属リン化物

耐腐食性が高く，熱処理により高硬度が得られる無電解ニッケル-リン（Ni-P）系合金めっきは自動車・機械や電子部品などの部品の表面加工に広く用いられる．一般に，硫酸ニッケル（$NiSO_4$）と次亜リン酸ナトリウム（NaH_2PO_2）が無電解めっきに用いられており，以下のような反応が起こることでNi-P系無電解めっきが生成する[4]．

①還元剤であるNaH_2PO_2がニッケル塩を還元し，ニッケル（Ni）と水素（H_2）が生成する．

$$NiSO_4 + NaH_2PO_2 + H_2O \longrightarrow Ni + NaH_2PO_3 + H_2 + H_2SO_4$$

② H_2によりNaH_2PO_2が還元され，Pが析出する．

$$2NaH_2PO_2 + H_2 \rightarrow 2P + 2NaOH + 2H_2O$$

③ NiおよびPと同時に副生する硫酸（H_2SO_4）と水酸化ナトリウム（NaOH）は中和反応により，硫酸ナトリウム（Na_2SO_4）となる．

$$H_2SO_4 + 2NaOH \rightarrow Na_2SO_4 + 2H_2O$$

よって，この反応を行うとめっき浴にNa_2SO_4が蓄積され，皮膜の析出速度が低下することが知られている．これを解消するために次亜リン酸ニッケル（$Ni(H_2PO_2)_2$）が用いられることもあるが，高価であり，溶解度も低いことから主流とはなっていない[4]．さらに，めっき浴のpHを低下させることで析出する被膜中のP含有量を増加させることも可能であり，これによりめっきの結晶性，硬度，磁気特性，比抵抗を制御できる[4]．なお，皮膜に含まれるPが多くなると，アモルファス化が進み，比抵抗値は増加する傾向にある．

なお，上記のNi-P系めっきと同様の反応によりパラジウム-リン（Pd-P）系めっきを施すことも可能である．このPd-P系めっきは金に準ずる特性を有していながら安価であるため，金めっきの代替に使用されるようになっている．

◆ 金属リン化物の触媒特性

近年，新たな触媒材料として金属リン化物が注目されており，リン化ニッケル（Ni_2P）が石油精製で重要な位置を占める水素化脱硫（hydrodesulfurization：HDS）反応の触媒として高い性能を示すことが知られている．金属リン化物触媒の最も簡便な調製法は，シリカ（SiO_2）に担持した金属とリン酸塩を水素中高温下で還元する方法である．Oyamaは種々の遷移金属リン化物触媒のHDS活性の序列はNi_2P ＞ WP（リン化タングステン）＞ MoP（リン化モリブデン）＞ CoP（リン化コバルト）＞ Fe_2P（リン化鉄）[5]となり，Ni_2Pは他の金属リン化物よりも高い触媒活性を示すことを明らかにした．さらに，神田らは貴金属（ロジウム（Rh），パラジウム（Pd），ルテニウム（Ru））触媒をリン化することでHDS活性が向上し，特にリン化ロジウム（Rh_2P）触媒の活性はNi_2P触媒よりも高いことを報告している[6]．このように金属をリン化した触媒が高いHDS活性を示すのは，生成した金属リン化物が安定であり，高い耐硫黄性を有するためと考えられている．また，触媒調製時のリンと金属の仕込み比を変えることで生成する金属リン化物相を制御することも可能である[6]．

当初，金属リン化物はHDS反応の触媒として研究されていたが，現在では水素化脱窒素（hydrodenitrogenation：HDN），水素化脱酸素（hydrodeoxygenetion：HDO），水素化脱塩素（hydrodechlorination：HDC）などの新たな反応への触媒特性について検討されている．今後，金属リン化物触媒のさらなる研究の進展が期待される．　（神田康晴）

◆ 参考文献

1) 天野浩：化学と教育，60(8)：344-347，2012.
2) 原　徹，赤﨑勇：応用物理，37(11)：1064-1070，1968.
3) 中村修二：応用物理，64(7)：717-718，1995.
4) 橋爪佳ほか：表面技術，58(2)：87-91，2007.
5) S. T. Oyama：*Journal of Catalysis*, 216：343-352, 2003.
6) Y. Kanda and Y Uemichi：*Journal of the Japan Petroleum Institute*, 58(1)：20-32, 2015.

有機リン化合物

有機リン化合物とは，学術的には，リン原子が炭素原子と直接結合している化合物を指すが，世間一般では，リン原子を含む有機化合物の総称である．有機リン化合物は，古くから農薬，除草剤として用いられてきた．たとえば，スミチオンの商品名で知られるフェニトロチオンは，日本で50年以上にわたって用いられている代表的な殺虫剤である（図1）．また，農薬，除草剤のみならず，医薬品，安定剤，触媒，難燃剤，金属抽出剤，界面活性剤，可塑剤，各種添加剤としても幅広く用いられており，最近では半導体や含リン電解液といった電子材料分野にまでその用途は広がっている．たとえば，ソバルディと呼ばれる有機リン化合物はC型肝炎治療薬に，リン酸トリフェニルは難燃剤に利用されている．

有機リン化合物の種類は，リンの原子価によって分類される．たとえばトリフェニルホスフィン（PPh_3）（Ph：フェニル基）のような三置換化合物は3価，トリフェニルホスフィンオキシド（$Ph_3P(O)$）は5価である．一方，IUPAC命名法では，配位数σと結合数λを用いた分類方法が提唱されており，最近ではこの表記法が用いられることも多い．配位数σが，1，2，3，4，5と6までのリン化合物は知られている．

◆ 実用化されている有機リン化合物

有機リン化合物のうち，実用化されているもののほとんどは3価と5価の有機リン化合物である．IUPAC命名法に従うと，配位数3（σ^3，λ^3）および配位数4（σ^4，λ^4）のものである．有機リン化合物の効率的製造法の研究は，他の元素化合物に比して遅れをとってきたが，近年世界的に盛んに検討されるようになっている．製造方法に関しては第5章を参照されたい．本項では，代表的な有機リン化合物の特徴と利用例について述べる．

3価の有機リン化合物であるホスフィン類R_3P（σ^3，λ^3）は，ホスフィン（PH_3）を母体とする化合物である．なかでも，トリフェニルホスフィン（PPh_3）は，最も広く使われている．これらのホスフィン類は，空気により酸化され，ホスフィンオキシドになる（$R_3P(O)$）．三級ホスフィン化合物は合成化学的に非常に有用な化合物であり，ウィルキンソン（Wilkinson）触媒や不斉反応触媒の配位子として，また，ウィッティヒ（Wittig）反応やアルコールの立体反転法である光延反応の試薬として広く用いられている（図2）．工業的には，プラスチックの安定剤や酸化防止剤として利用されている．

4価の有機リン化合物であるホスホニウム塩（σ^4，λ^4）は，上述のホスフィン類の求核反応によって得られる$R^1{}_3R^2P^+X^-$で表記される化合物である．ホスホニウム塩の最も代表的な用途は，アルケン類合成に広く用い

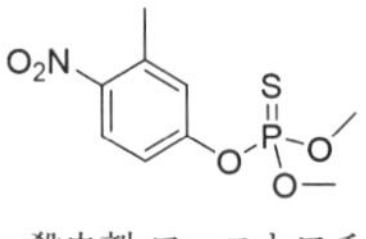

図1 殺虫剤 フェニトロチオン
商品名：スミチオン（住友化学株式会社）．

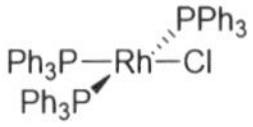

ウィルキンソン触媒

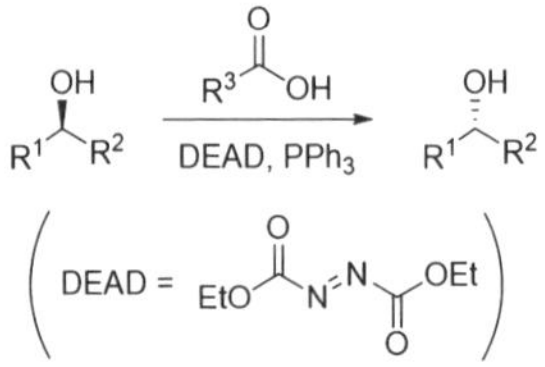

光延反応

図2 3価有機リン化合物の利用例

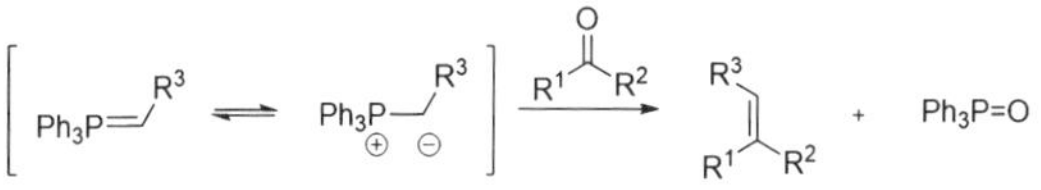

図3　ウィッティヒ反応

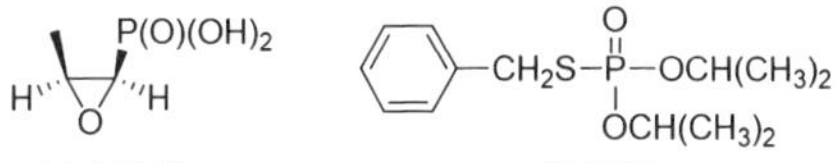

抗生物質
ホスホマイシン

殺菌剤
イプロベンホス

図4　5価有機リン化合物の利用例

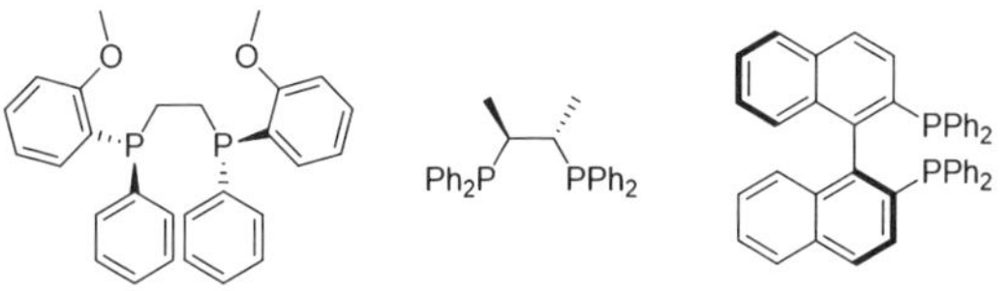

DIPAMP　CHIRAPHOS　BINAP

図5　不斉ホスフィン配位子

られているウィッティヒ反応の試剤である．ビタミンAのような天然物の合成にも利用されている（図3）．また，工業的には，抗菌剤や帯電防止剤，相間移動触媒，樹脂硬化剤として利用されている．

5価（σ^4，λ^4）の有機リン化合物である，ホスホン酸エステル類 $(RO)_2P(O)R$，ホスフィン酸エステル類 $(RO)P(O)R_2$ とホスフィンオキシド類 $R_3P=O$ は，われわれの非常に身近なところに用いられている化合物である．たとえば，ホスホマイシンは抗生物質に，イプロベンホスは殺菌剤に利用されている（図4）．これらの化合物の工業的な用途としては，難燃剤や金属抽出剤，金属の表面処理剤があげられる．

◆ 有機リン化合物の不斉合成への応用

われわれの生体内では，構造を完全に制御した光学活性分子が常に合成されている．したがって，医農薬の分野において効率的な不斉触媒反応の実現は非常に重要な研究課題である．リン原子を分子内に有するホスフィン類は，遷移金属触媒に対する優れた配位子として働き，多様な結合形成反応を非常に効果的に進行させる．不斉を有するホスフィン配位子を用いると，不斉合成を達成することが可能であり，現在までに多くの不斉ホスフィン配位子が開発されている．不斉ホスフィン配位子は，リン原子上に不斉中心を有するものと，リン原子上に不斉中心を有さないものに分類される．たとえば，DIPAMP（図5，左）はリン原子上に不斉中心を有するホスフィン化合物であり，Rh触媒とともに用いることでパーキンソン病の治療薬であるL-dopaの簡便な合成が可能である．一方で，CHIRAPHOS（図5，中央）やBINAP（図5，右）はリン原子上に不斉中心を有さない．CHIRAPHOSは炭素原子上に不斉中心を有し，BINAPは軸不斉をもつ（BINAPに関する詳細は，［7-4-1 その他の触媒］を参照）．これまで，CHIRAPHOSやBINAPのようなものは，精力的に研究され，広く利用されているが，リン原子上に不斉中心を有するホスフィン配位子は，合成方法が難しいために研究は限定的であった．しかし，最近，その有用性に再び注目が集まり，盛んに研究されるようになっている．　（韓　立彪・吉村　彩）

1-3 リンの分析方法

比色分析

1-3-1

リンの一般的な比色分析法は，オルトリン酸イオンPO_4^{3-}とモリブデン酸との反応に基づく．特に，モリブデンブルー法は，JIS[1]などにも採用され，広く用いられている．他の化学形態のリンを定量するためには，これをPO_4^{3-}に変換するための前処理（縮合リン酸に対しては酸加水分解，難加水分解性の有機リンにはペルオキソ二硫酸カリウムなどによる酸化分解）が必要である．

◆ モリブデンブルー法

酸性条件下でPO_4^{3-}が七モリブデン酸六アンモニウム$(NH_4)_6Mo_7O_{24}\cdot 4H_2O$と反応すると，黄色のモリブドリン酸が生成する．

$$PO_4^{3-}+12MoO_4^{2-}+27H^+ \longrightarrow H_3PO_4(MoO_3)_{12}+12H_2O$$

このヘテロポリ酸を還元すると，濃青色のモリブデンブルーが生成する．

$$H_3PO_4(MoO_3)_{12}+ne^- \longrightarrow [H_3PMo(VI)_{12-n}Mo(V)_nO_{40}]^{n-},\quad (n=2,\ 4)$$

この呈色はMo(VI)・Mo(V)間の原子価間電荷移動に基づき，吸収極大波長λ_{max}は還元剤の種類や反応条件に依存する[2]．AsO_4^{3-}はPO_4^{3-}と同様に呈色し正の誤差を与えるので，As(III)への還元前処理を行う．

タルトラトアンチモン(III)酸カリウムの共存下，L-アスコルビン酸で還元した場合，λ_{max}は880 nm，モル吸光係数εは約20000 dm^3/mol/cmである．呈色反応は迅速（＜10分）で，呈色物は数時間にわたって安定である[2]．塩化スズ(II)で還元する方法（λ_{max}=700～720 nm）に比べてCl^-による干渉を受けにくい．呈色物の構造については諸説があるが，最近の研究では，ケギン型構造（$[X^{n+}M_{12}O_{40}]^{(8-n)-}$で表される，四面体対称をもつ構造）のモリブドリン酸が還元された後にSbが2原子付加した構造が示唆されている．JIS「モリブデン青吸光光度法」[1]での定量範囲は，PO_4^{3-}として0.1～3 mg/dm^3（1.05～31.59 μmol/dm^3）である．リン濃度が低い場合には，モリブデンブルーを有機溶媒に抽出し，その吸光度を測定する．

近年では，試薬との混合，反応，検出を一連の流れ系のなかで行うフロー分析法が研究されており，JIS[3]にも採用された．そこでは，フローインジェクション分析法と連続流れ分析法が規定されている．

一方，現場で簡易に行える比色分析法への期待も高く，モリブデンブルーの呈色を目視で標準色と比較することによりリン濃度を大まかに知ることができるキットが市販されている．

◆ マラカイトグリーン法

モリブドリン酸と塩基性色素のマラカイトグリーン（HMG^{2+}）から生じるイオン会合体（イオン対）を吸光光度測定する方法である．酸性条件下ではHMG^{2+}は黄色を呈しているが，イオン会合により緑色（λ_{max}=625 nm）に変化する．

$$H_3PO_4(MoO_3)_{12}+HMG^{2+} \longrightarrow (MG^+)(H_2PO_4(MoO_3)_{12}^-)+2H^+$$

呈色は迅速であり，モリブデンブルーの数倍のモル吸光係数を有する．イオン会合体が光学セル窓に吸着しやすい短所があるが，分散剤としてポリビニルアルコールを添加することで抑制できる[4]．（田中秀治）

◆ 参考文献

1）K0102　工業排水試験法．
2）E.A. Nagul *et al.*: *Anal. Chim. Acta.*, 890：60-82, 2015.
3）JIS0170-4 流れ分析法による水質試験方法－第4部：りん酸イオン及び全りん．
4）S. Motomizu, *et al.*：*Anlalyst*, 108：361-367, 1983.

NMR 分析

1-3-2

◆ 核磁気共鳴の原理

化合物を強い磁石（最近ではほとんどの場合，超電導磁石を用いる）中に置き，ある周波数のラジオ波を当てると，化合物中のある元素の原子核にラジオ波が吸収される．その吸収の様子を分析することにより，化合物中でのその元素の状態を知ることができ，これを核磁気共鳴（nuclear magnetic resonance：NMR）法という．ラジオ波の周波数を選択することによってラジオの放送局を選ぶように，別の元素の状態を知ることもできる．したがって，一つの化合物中の元素の情報を分離して得ることができるのが大きな利点である．

たとえば，有機化合物中の ^{1}H の状態は，7.4 T（テスラ）の磁石のなかに試料を置き，500 MHz のラジオ波を当てることによって観測できる．また，125 MHz のラジオ波を当てることによって ^{13}C の状態（通常天然の最も多く存在する ^{12}C ではなく ^{13}C）も知ることができる．つまり，それぞれの元素の状態を別々に知ることができる．同じ元素であっても化合物中の状態が異なる原子の吸収するラジオ波の周波数はわずかに異なっており，この違いにより原子の状態を区別できる．このわずかな違いを化学シフトという．たとえば，^{1}H を例にとると，化学シフトの値からアルデヒド基の ^{1}H であるかアルカンの ^{1}H であるか区別ができる．この情報を駆使すると教科書に描かれているような化合物の構造を決めることができる．最近では非常に複雑で分子量の大きなタンパク質の構造ですら決定が可能となっている．

◆ ^{31}P NMR

リン化合物中の ^{31}P の状態は，先ほどの 7.4 T 磁石中では 202 MHz のラジオ波によって観測できる．^{31}P は天然存在比 100 % なので，非常に感度よく調べることが可能である．リン原子はほとんどの元素と共有結合を形成でき，さまざまな酸化数（−3，−1，0，+1，+3，+5）や配位数（1 ～ 6）をとる．また，その化合物は中性分子ばかりでなく，陰イオンや陽イオンの状態の物まで多岐にわたる．そのため，化学シフトの範囲は，−200 ～ +400 ppm と ^{1}H などと比べると非常に幅広い範囲にわたっている．たとえば，リン酸（酸化数 +5）は 0 ppm（基準物質），有機化学でよく用いられるトリフェニルホスフィン（酸化数 −3）は +5.6 ppm，PCl_3 は −219.4 ppm のように，酸化数だけでなく配位数などさまざまな要因で大きく変化する．代表的なリン化合物の化学シフトは，膨大な表やチャートとしてまとめられており，共鳴吸収のピークがシャープで分離能も高いので化合物の同定は容易である．また，リン酸やリン酸エステルなどでは，溶液の pH によって水素イオンが解離するが，その変化の様子も化学シフトのシフトにより調べることが可能である．このような化合物では化合物のイオン状態も知ることができる．

測定は通常，化合物を水や有機溶媒に溶かして行うが，無機リン酸塩のアパタイトなどの水に溶けない化合物に関しても，固体 NMR の手法を用いることで測定が可能である．溶液の測定では高分解能のスペクトルが得られ，化学シフトだけではなく，スピン–スピン結合のデータも駆使すると化合物の構造を決定できる．一方，固体 NMR では，近年の技術の進歩により高分解能スペクトルが得られるようになったが，溶液ほどではないので，構造決定はできない．しかしながら，原子の状態の違いを化学シフトから識別することは可能である．固体中の原子の状態を調べる方法は限られていることから，貴重な手法として近年駆使されている．（中山尋量）

1-3 リンの分析方法

ラマン分析

1-3-3

◆ ラマン分光法の原理

単一の振動数 ν_i をもつレーザー光を物質に照射し，入射方向と異なる方向に散乱されてくる微弱な光について，入射光と同じ振動数を与える光散乱をレイリー散乱（Rayleigh scattering），$\nu_i \pm \nu_R$（$\nu_R > 0$）を与える光散乱をラマン散乱（Raman scattering）と呼ぶ．ラマン散乱のうち $\nu_i - \nu_R$ の成分をストークス（Stokes）散乱，$\nu_i + \nu_R$ の成分をアンチストークス（anti-Stokes）散乱と呼び，入射光とラマン散乱光の振動数差 $\pm\nu_R$ をラマンシフト（Raman shift）という[1,2]（図1）．

一般的に，同一電子状態の異なる振動準位間の遷移による振動ラマン散乱がラマンスペクトルとして示される．アンチストークス散乱のほうが強度は弱いためストークス散乱のみを表示し，ラマンシフトは普通，振動数 ν を光速度 c で割った波数 $\tilde{\nu}$（単位は cm^{-1}）で表される．

◆ ラマン分光法の特徴

試料の形態による制限が少なく，固体，液体，気体，溶液，薄膜などをそのままスペクトル測定できる．強い赤外吸収を示す水溶液中でも，水のラマン散乱は弱いので測定が容易である．また時間分解測定や顕微鏡と組み合わせた顕微ラマンおよび二次元ラマン分光イメージ測定が比較的容易である．一方でラマン散乱は本質的に弱いため，より高感度の測定には共鳴ラマン散乱，表面増強ラマン散乱（surface enhanced Raman scattering：SERS）などの工夫が必要である．また蛍光など強い発光が存在する場合にも検出できないため，励起波長を可視から近赤外域にするなどして回避する．強いレーザー光照射により試料が変質する可能性も考慮しておく．

◆ リンのラマン分析

赤外線吸収と同様にリン化合物の定性分析，分子構造の同定に利用できる[3]（表1）．標準物質のラマンバンド面積から検量線を作成し，水溶液中のリン酸濃度の定量分析もされている．骨，歯，あるいは結石の二次元イメージ測定から，ヒドロキシアパタイトなどのリン酸塩の分布を調べることができる．また酵母の細胞1つについても，リン脂質の分布の測定例がある．（倉科　昌）

◆ 参考文献

1）濵口宏夫，平川暁子編：ラマン分光法．日本分光学会測定法シリーズ17，学会出版センター，1988.
2）濵口宏夫，岩田耕一編著：分光法シリーズ第1巻　ラマン分光法，講談社，2015.
3）日本化学会編：化学便覧 基礎編 改訂5版，丸善出版，2004.

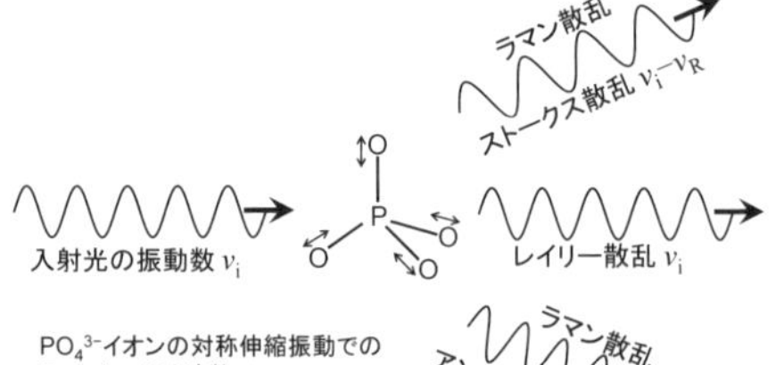

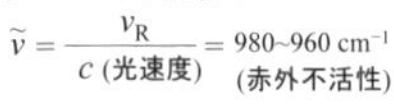

図1　ラマン散乱の概要

表1　リン化合物の特性振動数

原子団	波数領域 (cm^{-1})	強度	振動の型
		赤外，ラマン	
PO_4^{3-}	1090 ～ 1010	強，弱	PO_4^{3-} 非対称伸縮
	980 ～ 960	—，特に強	PO_4^{3-} 対称伸縮
	580 ～ 490	中，中	PO_4^{3-} 変角
	370 ～ 350	—，中	PO_4^{3-} 変角
－POH	2700 ～ 2100	弱～中，弱	OH 伸縮
	1040 ～ 910	強，強～中	PO 伸縮
≧P=O	1300 ～ 1140	強，強～中	P=O 伸縮

1-3 リンの分析方法

IR 分析

1-3-4

物質に赤外光を照射すると，物質を構成している原子間の振動エネルギーに相当する赤外光を吸収する．吸収される赤外光の波長と吸光度は原子間の結合状態や官能基により異なるため，透過あるいは反射した光を測定すると，物質の分子構造や官能基の定性・定量に関するさまざまな情報を得ることができる．この方法は，赤外分光法（infrared spectroscopy：IR）と呼ばれている．試料は，気体，液体，固体を問わず測定できることも大きな特徴である．さらに，測定原理，方法は確立されており，スペクトルや固有振動数に関するデータベースも充実している[1-3]．そのため，無機リン化合物や有機リン化合物中のリン，特に，リン酸イオン（PO_4^{3-}）の結合状態を調査する方法として広く用いられている．現在では，高感度かつ高速で測定することができるフーリエ変換赤外分光（FTIR：fourier transform infrared spectroscopy）装置が，主に使用されている．

リン酸イオンの立体構造は，図1に示すように正四面体型で，その重心にはリン原子（●）が，各頂点には酸素原子（○）が位置している．リン酸イオンには4つ振動モードが存在する．これらのうち，三重縮重伸縮振動帯（ν_3）と三重縮重変角振動帯（ν_4）は赤外活性であるが，全対称伸縮振動（ν_1）と二重縮重変角振動（ν_2）は双極子モーメントが変化しないため，赤外不活性である．スペクトルの一例として図2に非化学量論性カルシウムヒドロキシアパタイト（HAp）のIRスペクトルをあげると，1025 cm^{-1} にリン酸イオンの鋭い三重縮重伸縮振動帯が，558 cm^{-1} および 601 cm^{-1} に三重縮重変角振動帯がみられる．一方，全対称伸縮振動帯，二重縮重変角振動帯はそれぞれ 958 cm^{-1}，465 cm^{-1} に現れるが，吸光度は非常に弱い．また，863 cm^{-1} の吸収帯は，HPO_4^{2-} による P-OH 変角振動帯と帰属されている．

赤外分光法は物質の分子構造や官能基を調査するうえで必要不可欠な分析法であるが，相補的な関係にあるラマン分光法を併用すると，より詳細に理解することが可能になる．

（田中秀和）

◆ 参考文献

1) 水島三一朗，島内武彦：赤外線吸収とラマン効果，共立出版，1958.
2) 田中誠之，寺前紀夫：赤外分光法，共立出版，1993.
3) 日本化学会編：化学便覧（基礎編 II）改訂5版，p. 612，丸善出版，2004.

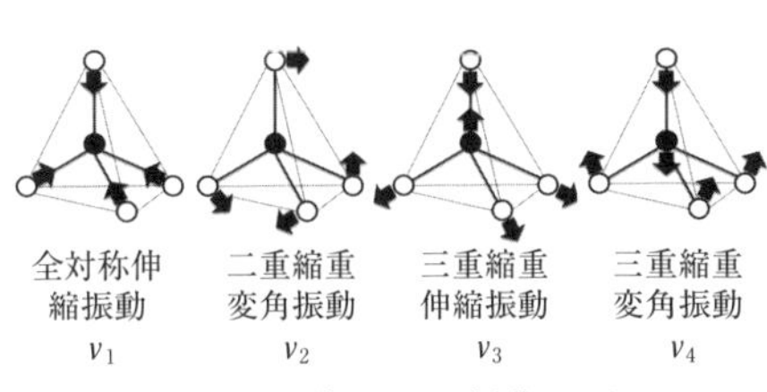

図1 リン酸イオンの振動モード

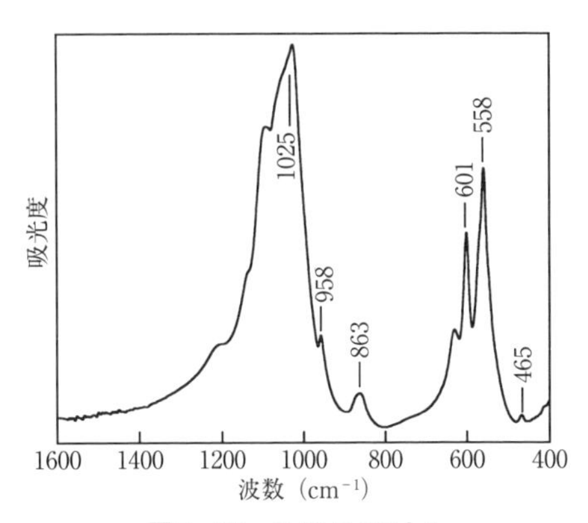

図2 HAp の IR スペクトル

1-3 リンの分析方法

クロマト分析

1-3-5

高速液体クロマトグラフィー (high performance liquid chromatography：HPLC) は，揮発性や安定性にかかわらず液体の試料であれば分析可能で，低分子量から高分子量の物質にも適応できる．しかしながら無機リン酸塩は，可視および紫外領域に吸収をもたないため，一般的な可視および紫外吸収法では検出できない．また，有機リン酸塩においても，有機化合物自身に紫外吸収をもたないリン酸塩の検出はできない．そこで，リン酸塩を分析するために流れ分析法 (flow injection analysis：FIA 法) と HPLC を組み合わせた HPLC-FIA 法が開発された．

◆ HPLC-FIA 法の原理

図1 に HPLC-FIA システムの概略を示す．

装置は，送液ポンプ (P_1，P_2)，サンプルインジェクター (S)，分離カラム (SC)，三方ジョイント (M)，反応コイル (C_1)，冷却コイル (C_2)，検出器 (D)，背圧コイル (C_3) などからなっている．コイルはテフロン製で，内径が 0.5 mm (C_1，C_2) および 0.25 mm (C_3) のものを使用している．

溶離液は，微量の金属イオンの影響を避けるため 0.1 %エチレンジアミン四ナトリウム (EDTA-4Na) を含んだ 0.2 ～ 0.3 M 塩化カリウム (KCl) 水溶液，反応試液 (モリブデン試液) は，モリブデン酸アンモニウム ($(NH_4)_6Mo_7O_{24}\cdot 4H_2O$) 15.9 g を 2000 mL の超純水に溶解し，それに濃硫酸 300 mL を加える．これに，金属亜鉛 1.96 g を加え，溶解後，超純水で溶液を 3000 mL とする．

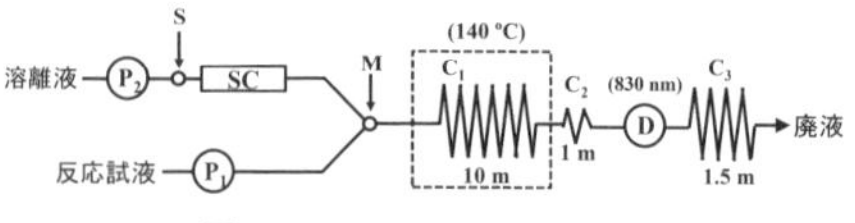

図1 HPLC-FIA システム

このモリブデン試液は，酸化数が V と VI のモリブデンが混在している混合試液 (Mo(V)-Mo(VI) 混合試液) である．

試料溶液が S からインジェクションされると，ポンプ P_2 を用いて送液された溶離液 (0.2 mol/L KCl + 0.1 %EDTA-4Na) により，分離カラム SC で各種リン酸塩が分離される．なお SC は，陰イオン交換体が充塡されたカラムを用いる．

分離されたリン酸塩はポンプ P_1 から送液された Mo(V)-Mo(VI) 混合試液と三方ジョイント M で混合される．リン酸塩と Mo(V)-Mo(VI) 試液の混合溶液は，140 ℃に保たれた C_1 中で反応し，式 (1) および (2) の反応によりヘテロポリブルー錯体を生成する．

$$RO\text{-}PO_3H_2 + H_2O \longrightarrow H_3PO_4 + ROH \quad (1)$$

(R はアルキル基)

$$P_1 + Mo(V)\text{-}Mo(VI) \longrightarrow P_1\text{-}Mo(V)\text{-}Mo(VI) \quad (2)$$

この錯体の吸光度を 830 nm で紫外可視分光光度計 (D) を用いて，連続的に測定する．140 ℃に保たれた C_1 中に気泡が発生するのを防ぐために，内径の小さい C_3 を接続し背圧 (5 kg/cm^2) をかけることで，気泡の発生を防ぐ．

◆ HPLC-FIA 法の特徴

数種類のリン酸塩を含むサンプルを分離分析する場合，1980 年代には陰イオン交換カラムクロマトグラフィーとモリブデンブルー発色法が用いられた．この方法では，一つのクロマトグラムを描くために，150 ～ 200 本のフラクションをモリブデンブルー法で発色させなければならず，数日間要した．一方，HPLC-FIA 法による分析時間は，数十分と迅速化され，リン酸塩の分析は自動化された．また，サンプル量も 10 ～ 100 μL (従来は数 mL) 程度ですむなど，微量化，高精度化された．

(前田秀子)

1-3 リンの分析方法

ICP 分析

1-3-6

誘導結合プラズマ (inductively coupled plasma：ICP) は非常に高温 (6000～10000 K) であり，多くの元素が原子化，イオン化できるため，発光分析および質量分析において優れた励起源である．一般的には，ICP 発光分析法 (ICP-AES あるいは ICP-OES)，ICP 質量分析法 (ICP-MS) など励起源と検出装置の並びで装置名を記述することが多い．ICP は試料の導入効率に優れるとともに，発光の自己吸収が抑制されるため ICP-AES の検量線の直線範囲 (ppb から % オーダー) が広い特長も有している[1]．

リンについては，ICP-AES で強度の高い発光線として真空紫外域で 178.290, 177.499, 178.768 nm，紫外域で 213.618, 214.914, 185.941 nm がある[2]．真空紫外域では，酸素分子に発光が吸収されるため，真空排気やパージガスなどで分光器内から酸素を排除して測定する必要がある．

ICP-MS は ICP-AES に比較してより高感度 (検出限界値：ppt から ppb オーダー) である．ただ，リンは安定同位体として質量数 31 を有するのみであり，この質量数 31 には溶媒起因の多原子イオン種がバックグラウンドとして検出されるため，通常の四重極質量分析装置では感度よく測定することはできない．現在ではそのようなスペクトル干渉を軽減するために，質量分析計にリアクションセルやコリジョンセルを搭載した装置が開発されており，リンの ICP-MS 分析にとって有用である．ここでは，セル内にガスを導入することで，スペクトル干渉のイオン種を分析対象の質量数と異なるものに変換したり，質量分析装置内でのエネルギー障壁を越えさせないことでスペクトルの重なりを低減できる[3]．

試料の分析にあたり，ICP-MS，ICP-AES ともに注意を要する点としては，分光干渉と物理干渉があげられる[2]．分光干渉は妨害となる元素の発光や質量スペクトルが分析対象のスペクトルに重なることである．たとえば，試料に高濃度の銅が共存する場合に，リンの最も強度の高い発光線である 213.618 nm に対して銅のイオン線である 213.598 nm からの分光干渉が発生する (図 1)．分光干渉を低減するには，発光線や質量の適切な選択と共存物質の除去，濃度の低減が有効である．物理干渉は試料の粘性や噴霧効率の変化による感度の変化である[4]．高濃度の主成分や酸 (特に粘性の高いリン酸や硫酸) などが試料の粘性に影響するため，検出に影響のない範囲での測定試料の希釈，検量線用の溶液と液性 (溶媒の種類や濃度) を合わせること，あるいは内標準法，マトリックスマッチング法などの対応が必要である．

(藪谷智規)

参考文献

1) 河口広司ほか：分析化学，27：53-57, 1978.
2) 内川浩ほか：分析化学，32：291-295, 1983.
3) 高橋純一，山田憲幸：分析化学，53：1257-1277, 2003.
4) 藤野治ほか：分析化学，40：19-24, 1991.

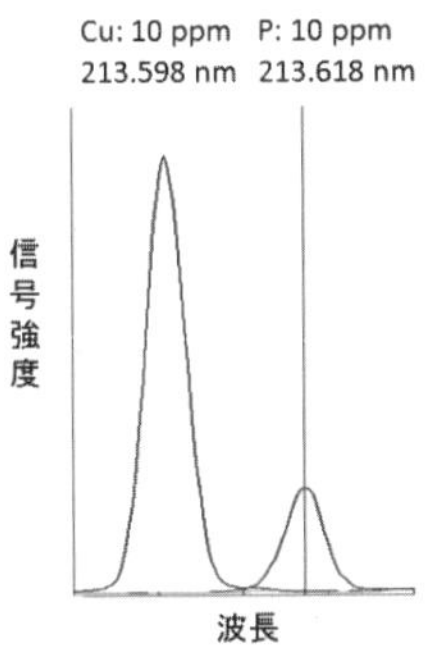

図 1 P，Cu 共存下の ICP-AES スペクトル

1-3 リンの分析方法

XAFS 分析

1-3-7

◆ XAFS 法の原理とスペクトルからわかること

XAFS 法 と は，X-ray absorption fine structure analysis（X 線吸収微細構造法）の略であり，X 線の吸収スペクトルに現れる振動構造から，目的元素の化学状態や局所構造を調べる手法である．スペクトルは，試料に照射する入射 X 線のエネルギーを連続的に変化させ，X 線の吸収量（吸光度）の変化，または吸収に付随して発生する蛍光 X 線やオージェ電子などの収量変化を測定することで得られる．

XAFS 測定における吸光度のエネルギー変化をみると，ある臨界エネルギーで急激な増加が現れ，これを吸収端と呼ぶ．この吸光度の増加は X 線のエネルギーが内殻電子の励起・放出に使われたことを反映しており，特に目的原子の K 殻や L 殻にある軌道電子を励起した場合，それぞれ K 吸収端，L 吸収端と呼ぶ．この吸収端に続く～100 eV 程度の領域にみられる吸光度の変動は XANES（X-ray absorption near-edge structure：X 線吸収端近傍構造），さらにそれ以降のおよそ 1000 eV にわたってみられる振動構造は EXAFS（extended x-ray absorption fine structure：広域 X 線吸収微細構造）と呼ばれ，両者を総称したものが XAFS である．XANES は，吸収原子の価数や分子の対称性に敏感であるのに対し，EXAFS は目的元素の周囲の元素の種類や配位数，結合距離などの局所構造に敏感である．

図 1 はいくつかの化合物に関するリンの K 吸収端 XANES スペクトルの一例である．これらは X 線の吸収によって起こるリンの 1s 電子の非占有軌道への遷移に対応する．

まず，一連のリン酸塩のスペクトル（図 1a～c）の吸収端が，ホスホン酸（図 1d）に比べて高エネルギー側にシフトしているのがわかる．これは 5 価であるアパタイト（図 1a～c）のほうが，3 価であるホスホン酸よりも 1s 電子の束縛エネルギーが高いことを反映し，吸収端のエネルギー位置がリンの価数を明確に反映することを示している．また，5 価であるアパタイトどうしを見比べれば，結晶構造の違いによってメインピークの後ろの形状に違いがあることもわかる．このように，スペクトル上にみられる吸収端のエネルギー位置や形状の違いは，リンの価数や周辺の局所構造などの違いを敏感に反映する．したがって，組成・価数・結晶構造などが既知の標準試料と未知試料との間で得られたスペクトルを指紋的に比較することで，未知試料中のリンの化学状態が判別できる．さらに，試料中に複数の化学種が存在する場合，構成成分の存在比を変えてスペクトルを再現してやることで，それぞれの化学種の存在比を求めることも可能である．

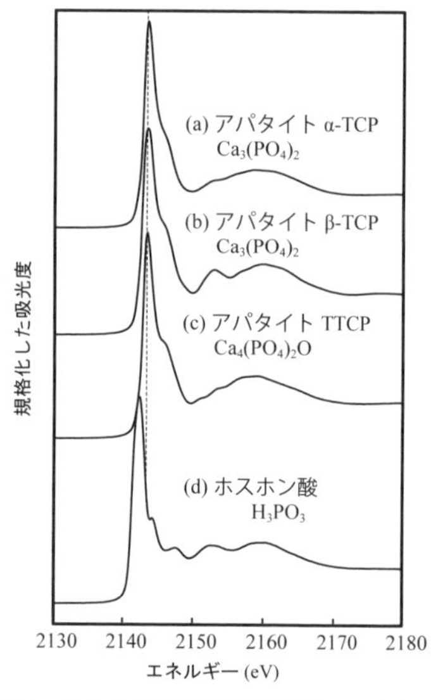

図 1 リンの K 吸収端 XANES スペクトル

◆ XAFS法の利点・他の分析法との比較

XAFS法の特徴として，①吸収端のエネルギーが元素固有であることから，複数の元素が混在する天然試料においても着目元素の情報が選択的に得られること，②X線と電子の相互作用を扱うため，元素の化学状態に関する直接的な情報が得られること，③測定において，試料はX線の光路に保持されていればよく，煩雑な前処理がいらない非破壊分析であること，などがあげられる．これらの特徴は，これまで天然試料中のリンのスペシエーションにもっぱら用いられてきた段階的抽出法やNMR法などと比較した場合，しばしば大きな利点となることがある．また，X線を用いた物質同定法の一つとしてX線回折法があるが，この場合は原子が規則正しく並んだ結晶全体からの散乱X線どうしの干渉効果を利用するのに対して，XAFS法の場合は，物質中で着目する原子とその周辺原子との間で生じる光電子波の干渉効果を利用して着目元素周辺の局所構造を調べる手法ともいえる．したがって，気体，液体，固体などの物質の状態を問わずに幅広い試料が測定でき，天然環境においてしばしば重要となる非晶質試料に適用できることも，特筆すべき点である．

一方で，XAFSの測定にはエネルギー可変のX線を利用する必要があるため，測定の多くは放射光施設で行われている．特に軽元素であるリンの場合には，大気による減衰が激しい低エネルギー領域のX線を利用するため，大強度かつ試料周りまで高真空を備えたビームラインの利用が必須である．汎用性という点において，XAFSによるリンのスペシエーションは一般的に普及しているとはいいがたく，その応用例はむしろこれから増加すると予想される．

◆ どのような系に応用されているか

天然系のなかでも，土壌試料へのXAFS法の適用は特に盛んである．リンは植物にとって三大栄養素の一つであり，土壌中でどのように保持され，どのようなプロセスで溶出するかを理解することは，農作物の生産性に大きく影響を与える一方，その供給過多は周辺の水質汚染などを引き起こすため，環境保護の観点からも重要である．ただし，複雑系である土壌の場合，リンの挙動は土壌や肥料の特性やその組み合わせ，および周囲の気候などに大きく依存するため，さまざまな環境因子を包括的にとらえる必要がある．非破壊分析であるXAFS法は，その場の条件に沿った測定が可能であるとともに，リン酸の結合する陽イオン種，化合物の結晶性や固液界面での存在状態など，溶解性を支配する化学的情報を直接的に与えることができるため，土壌中でのリンの溶解性の変化を長期間にわたって評価することもできる．

入射X線を集光することで得られるマイクロ・ナノビームを利用した分析も海底堆積物などに応用され，海洋中でのリンの挙動に対して，特定の微小鉱物や微生物などの関与が示唆されている．このアプローチはSEM/TEM-EDXなどの電子線を用いる局所分析と比較して，試料中の構造に沿って組成分析と化学状態分析を同等の空間分解で組み合わせられる点でユニークであり，試料中の不均一性そのものから関連するプロセスを知るための手がかりを得たり，バルクでは検出しづらいプロセスを同定する際にも有効である．また，X線照射による試料損傷・変質が少ないこと，厚みのある試料の分析が可能であることなどから，最小限の前処理で細胞試料などを分析するのに適しており，いくつかの植物プランクトンの細胞について，リンの細胞内分布が明瞭に可視化され，化学形態分析も試みられている．（柏原輝彦）

◆ 参考文献

1）柏原輝彦，高橋嘉夫：地球環境，20：89-96, 2015.

リン酸–酸素安定同位体分析

1-3-8

炭素・窒素安定同位体比を天然トレーサーとして用いる分析技術・方法論の革新は，生物地球化学的循環プロセスに対するわれわれの理解を飛躍的に前進させた．一方，安定同位体が1種類しか存在しないリンの循環プロセスには未解明な点が多い．リンの主要形態であるリン酸（PO_4^{3-}）に含まれる酸素には，3種類の安定同位体が存在する．このリン酸の酸素安定同位体比（$\delta^{18}O_p$）を用いて，リンの循環プロセスを解明する手法について解説する．

◆ リン酸–酸素安定同位体分析の歴史

リン酸-酸素安定同位体分析は，古環境水温を復元する古生物学や古気候学のツールとして1970年代に開発された．生物由来のアパタイト（リン灰石）が形成される際，リン酸と環境水の酸素同位体の間に温度依存的な交換平衡が生じる．この同位体効果を利用することによって，化石生物が生息していた当時の水温を復元することが可能となる．アパタイトは化学的に安定なため，炭酸カルシウムの酸素同位体を用いる従来の手法より環境復元性が高いという利点をもつ．この温度依存的同位体交換平衡は，さまざまな海産無脊椎動物のアパタイト骨格と環境水の酸素安定同位体比，および環境水温のデータから演繹的に以下のように定式化される（図1）[1]．

$$T(^\circ C) = 111.4 - 4.3 \times (\delta^{18}O_p - \delta^{18}O_w) \quad (1)$$

ここで，Tは環境水温，$\delta^{18}O_p$と$\delta^{18}O_w$はそれぞれ生物由来アパタイトのリン酸と環境水の酸素安定同位体比を表す．この関係式は，海産生物に限らず，淡水生物や陸上生物など幅広い分類群に当てはまる．この同位体効果の普遍性は，後述するように，すべての生物がリン代謝の生化学的メカニズムを共有することに起因する．

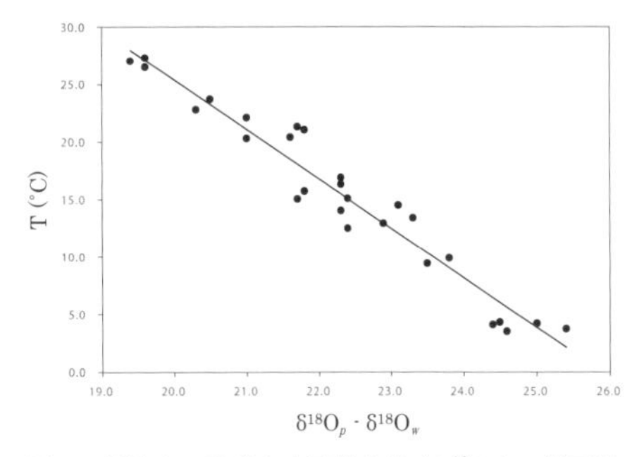

図1 環境水の酸素安定同位体比（$\delta^{18}O_w$）で補正後の海産無脊椎動物の外骨格のリン酸–酸素安定同位体比（$\delta^{18}O_p$）と環境水温（T）の関係（文献[1]を改変）

◆ リン酸–酸素安定同位体手法の原理

すべての生物が利用可能なリン酸の形態は，溶存無機態のオルトリン酸（以下，リン酸）である．リン酸分子中のリン原子と酸素原子の結合力は非常に強く，自然条件下で安定なため，リン酸の酸素安定同位体情報は化学的に保存されやすいという特徴をもつ．したがって，環境中に存在するリン酸の酸素安定同位体比（$\delta^{18}O_p$）は，生物によって代謝されない限り，負荷源となるリン酸の同位体情報を反映する．

リン酸を細胞膜からの拡散によって選択的に細胞内に取り込んで代謝するには，環境中に存在するポリリン酸やピロリン酸をオルトリン酸に変換する必要がある．無機ピロホスファターゼは，オルトリン酸2分子の縮合体であるピロリン酸をオルトリン酸に加水分解する働きを担う．この酵素反応によって，P–O結合が開裂する際にオルトリン酸の酸素原子と環境水の酸素原子が置換する．この反応は可逆的に起こるため，PO_4^{3-}の4か所のP–O結合のすべての部位において水の酸素同位体と迅速に交換平衡が生じる．この酵素反応によって交換平衡に到達したリン酸の酸素同位体比は，式(1)の経験式から予測される値とよく一致することが実験的に検証されている．これは，すべての生物のリン代謝にピロホスファターゼが関与し，同位体交換平衡反応が共通の生化学的基盤をもつことを示唆する．

このような同位体特性を踏まえると，生物によるリン代謝活性が無視できるほど低く，リン酸が外部から負荷される環境では，安定同位体混合モデルを用いてリン負荷源の寄与率を推定することができる．他方，生物活性が高く，リン制限が生じやすい環境では，生物がどの程度，リンをリサイクルしているか評価することもできる．環境温度と環境水の酸素同位体比が既知であれば，式(1)に基づいて，$\delta^{18}O_p$の交換平衡値が予測可能である．すべてのリン酸が生物によってリサイクルされた場合，この理論値と実測値は一致するはずである．逆に，理論値からのズレは，環境中に負荷されたリン酸の一部が生物によってリサイクルされずに残存していることを意味する．これら2つのリン循環プロセスを組み込んだ変則型混合モデルも提案されている[2)]．しかし，リン負荷源が複数存在する場合，それらの混合率と生物によるリサイクル率を同時に求めるには確率分布モデルが必要である．

◆ リン酸–酸素安定同位体分析のプロトコル

本分析手法は，固形化したリン酸試料が分解される過程で生じる酸素の安定同位体比を安定同位体質量分析計にて測定することを基本とする．最初に考案されたプロトコルでは，リン酸ビスマス($BiPO_4$)試料を五フッ化臭素で溶解処理することによって生成した酸素を二酸化炭素に変換し，その酸素同位体比を測定していた．このプロトコルは，酸素の生成量が少ないため多量の試料を要すること，試料調製に多大な時間を要すること，リン酸ビスマスの吸湿性が高い(水分子由来の酸素が混入する)こと，そして，難分解なリン酸ビスマスの溶解に危険物の五フッ化臭素を用いねばならないことなど多くの難点があり，あまり普及しなかった．近年では，化学的安定性が高く，調製が容易なリン酸銀(Ag_3PO_4)試料を熱分解型元素分析装置つき安定同位体比質量分析計(TC/EA-IRMS)に導入し，熱分解により生じた酸素をガラス状炭素もしくはニッケル・グラファイトと反応させて得られた一酸化炭素の酸素安定同位体比を分析するプロトコルが主流となっている．

リン酸銀試料を調製するプロトコルは，対象とする環境試料の性状や研究者によって大きく異なるが，それぞれの方法を比較して分析値の妥当性を相互に検討した研究はまだない．リン酸濃度が潜在的に低い水系では，試水中のリン酸を濃縮・精製する過程が不可欠である．この前処理で汎用されているのが，マグネシウム誘導共沈法(MagIC)である．特に，各種の鉱物粒子・イオンや懸濁態・溶存態有機物が豊富に存在する陸水では，これらの夾雑物を除去するろ過やカラム処理を施さないと，夾雑物に由来する酸素の混入によって$\delta^{18}O_p$の正確な値を得ることができないため，細心の注意が必要である．

本分析手法の未解決な問題は，国際標準物質が存在しないことである．IAEAやNISTなど国際機関によって承認された標準物質の提供が待たれるが，当面は，内部標準物質を研究室間で共有するなど，分析値の品質保証に努める必要がある．　（奥田　昇）

◆ 参考文献

1) A. Longinelli and S. Nuti：*Earth and Planetary Science Letters*, 19：373–376, 1973.
2) 奥田昇：地球環境，20：103–110, 2015.

トピックス ◇2◆ カンブリア爆発とリン

46億年の地球史で最大の生物進化として知られる「カンブリア爆発（Cambrian Explosion）」（約5.4～5.2億年前）により，現存する生物のほぼすべての門が出そろったとされる．一連の生物進化がどのような場所・環境で起きたかは，地質学者・生物学者にとってきわめて重要な課題である．アノマロカリスに代表されるバージェス頁岩型の大型動物化石は，世界の数か所から産出が報告されており，なかでも中国・雲南省の澄江（チェンジャン）化石群が最も早い時期に出現する．それ以前についても，小型有殻化石群（small shelly fossils：SSF）が最大の多様性を示す中国・雲南省は，カンブリア爆発の中心であったと指摘されている．SSFは，文字通り小さな（1 mm程度）殻をもつ化石の総称であり，軟体動物・腕足動物・棘皮動物などさまざまな分類群が含まれ，カンブリア爆発の先駆けとして急激な多様化を遂げた．SSFは，カンブリア紀初期のリン鉱石から多産し，初生的には炭酸塩であった殻がリン酸塩により置換されている．カンブリア紀初期には，世界各地で史上最大規模のリン鉱石堆積事件（総量140億トン）が起こり，なかでも中国・雲南省が最大の埋蔵量（40億トン）を誇る．地球史において特異な「カンブリア爆発」と「リン鉱石大量堆積」が，中国・雲南省を中心として同時に起こったことから，リンが生物進化に果たした役割が注目されている．

カンブリア爆発とリンの関係を解明する鍵を握るのは，リン鉱石の堆積場である．現在の地球上でのリン鉱石の形成メカニズムは，①リンに富む深層水の湧昇，②鳥の糞＝グアノの堆積，③火山性鉱床に大別される．カンブリア紀のリン鉱石は，化石を多く含む堆積岩であるため，湧昇由来であると従来考えられてきた．しかし，湧昇のみでカンブリア紀の莫大なリン埋蔵量を説明することは難しい．近年，中国・雲南省における地質調査の結果，リン鉱石の堆積場は当時の大陸棚のなかでも陸地に囲まれたきわめて浅い海域であったことが明らかになった．これは，深層水の湧昇というより，むしろ陸地からリンが供給されたことを示唆する．そのリンの供給源について，次のような仮説が提唱されている．約7億年前，地球内部からのスーパープルーム上昇により超大陸ロディニアが分裂する際，その中心に位置していた南中国地塊でリフト帯が形成され，プルーム起源のリンに富む強アルカリ火成活動が起きた．カンブリア紀初期に，陸上の強アルカリ火成岩が風化・削剥され，陸に囲まれた半閉鎖的浅海にリンを大量に供給した結果，栄養塩に富む特異な海水中で生物進化が促進されると同時にリン鉱石が堆積した．数億年に一度のスーパープルーム上昇により地球表層にもたらされたリンが，カンブリア爆発の引き金となったのである．

（佐藤友彦）

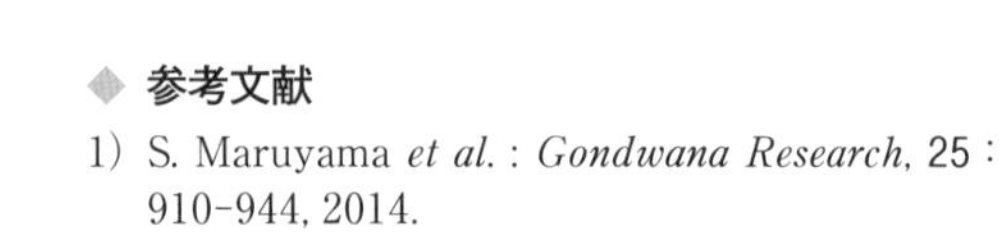

◆ 参考文献

1）S. Maruyama *et al.*：*Gondwana Research*, 25：910–944, 2014.

図1　中国・雲南省のカンブリア紀初期のリン鉱石から産する小型有殻化石群（SSF）［巻頭口絵3］

第2章

リンの地球科学

2章　概説

地球におけるリン循環

地球表層の生物圏に分布する「大気，水，生物，土壌・岩石」は，リンを含む生元素（必須元素）と非生元素によって構成されている．諸元素は「大気-水-生物-土壌・岩石」の間を絶え間なく循環し，濃縮，蓄積，偏在，希釈・拡散，そして元素間の化学反応が繰り返されている．

地球における諸元素の循環には，大気の循環，水の循環，そして人類を含む生物の活動が大きく関与している．このなかで生物の関与する循環は，生物地球化学的物質循環（biogeochemical cycles）と呼ばれている（図1）．

本章ではまず地球環境を構成する水（湖沼・河川・海洋）や土壌や砂漠（黄砂）におけるリンの分布を述べ，黄砂については大気によるリン輸送の重要性にもふれる．次に森林生態系や湖沼生態系，河川生態系，沿岸域生態系，貧栄養海域生態系におけるリンの循環などについて述べ，さらに富栄養化や青潮の原因となる人間活動の影響を述べる．続けて農工業を支えるリン鉱石について説明する．

◆ 大気の循環・水の循環

地球が受け取る太陽の放射エネルギーは緯度により大きく異なる．このため，放射エネルギーを多く受ける低緯度地域は熱源に，高緯度地域は冷源となり大気の大循環が生じる．地域的に生じるさまざまな風と貿易風やジェット気流や偏西風などによる大気の大循環は，リンを含む陸域の粒子の大気への舞い上げ・輸送や火山起原の粒子の拡散に大きく関与している．砂漠地帯で生じる砂塵嵐は大気への粒子巻き上げの典型例である．大気中に移行した微小粒子は，大気とともに地球上を循環し，リンの乏しい遠隔の海域や陸域にも降下する．降下したリンを含む粒子は，窒素や鉄などの生元素とともに，陸上植物や植物プランクトンなどの光合成による生産活動を支える．生産された有機物は動物や微生物を支え，食物連鎖でつながる海域や陸域の生態系を豊かにする．たとえば，黄砂は太平洋のハワイ諸島にまで運ばれ，マグマ由来のリンが流亡した後に森林生態系を支えている．

水の循環はリンの循環に大きく関与している．さまざまな気体・液体・固体として姿を変える水の循環は岩石の風化と土壌の侵食・運搬・堆積をもたらし，土壌・岩石起源のリンと農地や都市起源のリンは，河川に，湖沼に，そして海へと運ばれる．河川によって運搬されるリンの量は特に洪水時に量を増す．

一般に河川水中のリンは河川の源流部では濃度が低い．しかし，流下に伴って農地や都市から流入したリンも付加され濃度を増し，内湾や沿岸域では全リンの濃度は高くなる．しかし，外洋の表層では，陸地からの供給量の減少と表層での植物プランクトンによ

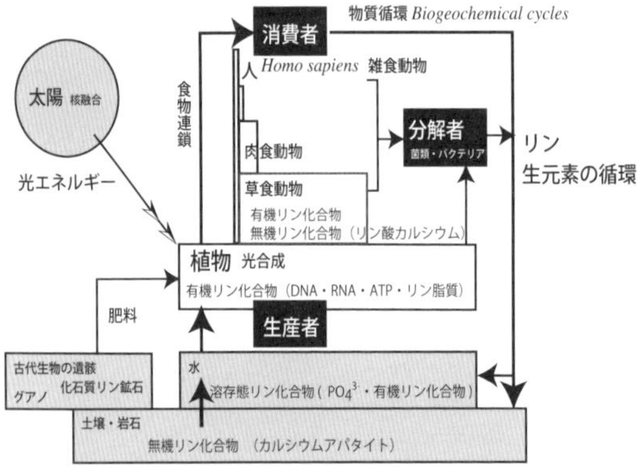

図1　生態系の構造とリンの生物地球化学的物質循環

る消費によって，リンの濃度はきわめて低下し貧栄養となる．対照的に海洋の深層では表層から移送された生物遺骸が微生物によって分解され，リンが溶出・蓄積し，リンの濃度が高い．このため，海洋の深層水が循環して湧昇流とともに表層に運ばれる海域では，供給されたリンを含む栄養塩のため動植物プランクトンと魚類の生産量が高く，豊かな漁場を生み出す．

◆ 岩石・土壌・水のなかのリンの化学形態と生物地球化学的物質循環

陸地や海洋を含めた地球の表層10マイル（18 km）における諸元素の分布割合（クラーク数）のなかで，地球生態系を支えるリンはきわめて少なく，約0.08～0.12％（80～120 ppm）である．地殻中に存在するリンは，火成岩では難容性の無機化合物カルシウムフルオロアパタイト $Ca_{10}(PO_4)_6F_2$ として存在する．堆積岩ではこの他にヒドロキシアパタイトやクロロアパタイトも存在する．土壌中ではリンは各種のアパタイトのほか有機リン化合物を含む多くの化学形態で存在する．水中では溶存態のリン（主にリン酸イオン）のほか，有機リン化合物を含む多くの化学形態で存在する．

生物地球化学的物質循環を支える植物は主にリン酸イオンとして存在するリンを土壌や水から吸収蓄積しDNAやRNAやATPやリン脂質など生命活動に欠かすことのできないリン化合物に変えていく．その量はたとえば植物プランクトンでは乾燥重量あたり0.4％，維管束植物では0.23％である．

土壌や水から直接リンを摂取できない動物は，植物からリンを得て成長する．その量は貝類では0.6％，昆虫では1.7％，リン酸カルシウムの骨格や歯をもつ哺乳動物ではその乾燥重量あたりの量は約4％に達する．

生物地球化学的物質循環系のなかでは，大気と水と土壌から供給される生元素に支えられた植物は動物と食物連鎖で結ばれ，動植物の遺骸は微生物によって分解され元素が回帰している．食物連鎖はエネルギーと物質の流れのうえに構築されたリンの深く関係する人類を含む生物間の相互関係である．

◆ 人間活動とリンの循環

人間活動とリンの循環への影響は人口の増加に伴う食料生産量の増加に顕著に現れている．第6章「農業利用」で述べるように農業生産で用いられるリン肥料の使用量は人口の増加も相まって近年著しく，農地から流出するリンは河川・湖沼そして海洋の富栄養化をもたらしている．富栄養化した湖沼や内湾では，植物プランクトンや動物プランクトンの大増殖が起こる．これは赤潮と呼ばれる．これら動植物の遺骸の分解は底質を無酸素化する．そして，無酸素の環境下では硫酸還元菌の活動で硫酸イオンは還元され，有毒な硫化水素が発生する．富栄養化は水域の生物生産量を増大させる効果もある．しかし過栄養（distrophic）になると，生物生産量は著しく増加し，かつ動植物遺骸の分解に伴う酸素の消費も増大して，底質の無酸素化と硫化水素の発生・蓄積が促進され硫化水素は魚介類の大量死滅をもたらす．この際，硫化水素は表層に含まれる酸素で酸化され黄色のコロイド硫黄を生じ，海水は青白い色を呈し青潮と呼ばれる．青潮は漁業関係者の最も恐れる潮の状態である．

人間活動のリン循環に及ぼす影響で一つ注目すべき点は過去の生物遺骸が堆積して生じた化石質リン肥料（リン鉱石）の利用である．人類による化石質肥料の利用は，物質循環系から外れて地下に埋没し，生物活動を支える役割を失ったリンを再び地上に登場させ，物質循環系に組み入れている活動である．地球に登場した生物のなかで人 *Homo sapiens* だけが化石化したリンを地表の生態系に戻す役割を果たし，リンの物質循環が続いているのである．（佐竹研一）

2-1　地球上での存在

湖　沼

2-1-1

◆ 巨大湖でのリンの分布

バイカル湖（水深1632 m，ロシア）のような水深の深い巨大湖では，リンは外洋と類似の鉛直分布を示し（図1），溶存態リン酸（DPO_4）濃度は水深とともに増加する[1]．溶存態の硝酸とケイ酸もDPO_4と同様の分布にある．このような鉛直分布は，湖でもリンの分布が外洋と同じ【表層での生物による摂取・固化】⟶【深層への粒子の沈降】⟶【深層での粒子の分解に伴う再溶解】という生物地球化学過程によっていることを示している．外洋に比べ，表層から深層へのDPO_4の濃度増加が少ないのは，バイカル湖深層水の平均滞留時間が約8年と海洋深層水のそれに比べ格段に短いためである[2]．

◆ 湖水の鉛直全循環と成層が起こる湖でのリンの分布

巨大湖ほど深くはないが，ある程度の水深があり1年のうちに湖水の鉛直全循環と水温成層が起こる湖では，季節によってリンの鉛直分布に違いが現れる．その例として，琵琶湖でのDPO_4濃度の鉛直分布を図1に示した[2]．循環期には湖水が活発に鉛直循環するので，DPO_4は表層から湖底までほぼ均一な分布を示す（4月）．夏季に湖が水温成層すると，湖水は暖かい表水層と冷たい深水層に分断される．表水層では活発な生物生産によってDPO_4は枯渇状態になる．一方，深水層では表水層から沈降した生物粒子や湖底堆積物中の生物粒子の分解によりDPO_4が湖水相に負荷される．このため水深とともに，また停滞期の進行とともにDPO_4濃度が増加する．ただし，水深とともにDPO_4濃度が増加するのは巨大湖と同じでも，鉛直分布の様式は異なっている．巨大湖では湖底付近で少し濃度減少するが，琵琶湖では湖底に向かって大きく濃度増加している．巨大湖では表水層から沈降する生物粒子の分解がDPO_4の主な供給源であるが，琵琶湖では湖底堆積物表面での生物粒子の分解，湖水相へのDPO_4の供給と上層への拡散が主要となるからである．

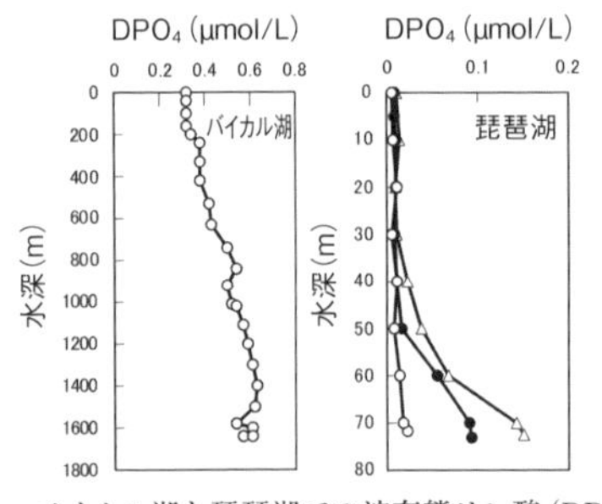

図1　バイカル湖と琵琶湖での溶存態リン酸（DPO_4）の鉛直分布[1,2]

バイカル湖：1988年7月．琵琶湖：○2005年4月，●8月，△11月（一部筆者改変）．

湖でのリン濃度は水平方向にも大きな違いを示す．一般に全リン濃度は湖水より河川水，湖中央より周辺で高い．これには集水域からの流入負荷，湖での生物による摂取と粒子の沈降，湖底堆積物からの内部負荷などの事象が複雑に関係している[2]．

◆ 無酸素深水層でのリンの分布

水温成層した富栄養湖や塩分成層した汽水湖では，深水層が無酸素になる．このような水域では湖底堆積物中の水和鉄酸化物やリン酸鉄の還元溶解が起こって，有酸素な水域とは異なるリンの分布が形成される．

図2は富栄養湖のEsthwaite Water（水深15.5 m，英国）での溶存酸素（DO），DPO_4，溶存態鉄（DFe），湖内の生物・化学反応により生じた懸濁粒子中の成分である自生画分懸濁態のリン（$P_{auto}P$）と鉄（$P_{auto}Fe$）の鉛直分布である[3]．水深8 m以深でDOは枯渇し，水深10 m以深でDPO_4とDFeの濃度がともに増加している．これらの分布は，堆積物中のリン含有水和鉄酸化物・リン酸鉄の還元

溶解に伴う鉄とリンの溶出，上層へのイオンの拡散により起こっている．

$P_{auto}P$ と $P_{auto}Fe$ の濃度は水深8～10mで高く，それ以深では減少し，湖底付近で再び増加している．水深8～10mでの $P_{auto}Fe$ の高濃度は，いわゆる Fe_2O_3/Fe^{2+} 酸化還元フロントに形成される ferrous wheel によるものである[2]．ferrous wheel は底層から拡散してきた Fe^{2+} が水深8～10mに存在する酸化還元フロントで Fe^{3+} に酸化され Fe_2O_3 の水和鉄酸化物として沈殿析出すること，析出した酸化物粒子が沈降すると下層で還元され Fe^{2+} として再び溶存することによる湖水中での鉄循環機構を指す．このとき生成した水和鉄酸化物粒子にリン酸イオンが特異的に吸着するため，$P_{auto}P$ も8～10mで高濃度になる．湖底付近での $P_{auto}P$ と $P_{auto}Fe$ の濃度増加は，硫化鉄沈殿の生成とそれへのリン酸の吸着によっている．

◆ 塩湖でのリンの分布

乾燥地域の内陸部には，総塩分濃度が数～数百 g/L の塩湖が存在する．蒸発濃縮された湖水からまず $CaCO_3$ の沈殿が析出することに基づいて，これらの塩湖は，流入水の水質が① $2[Ca^{2+}] < [HCO_3^-] + 2[CO_3^{2-}]$ であるものと② $2[Ca^{2+}] > [HCO_3^-] + 2[CO_3^{2-}]$ であるものの2つに分けられる．①の湖では Ca^{2+} が涸渇し炭酸化学種に富む湖水が，②の湖からは逆に炭酸化学種が涸渇し Ca^{2+} に富む湖水が生成する．図3には①，②それぞれの代表的湖であるワン湖[4]（トルコ，塩分：約23g/L）と死海[5]（ヨルダンほか，塩分：約340g/L）での DPO_4 の鉛直分布を示した．どちらの湖でも DPO_4 濃度が高い．湖水の蒸発によって，河川由来の DPO_4 が濃縮されたためと考えられる．しかし，塩濃度がワン湖より10倍以上高い死海で，逆に DPO_4 濃度は低い．これには，ワン湖，死海ともに $Ca_3(PO_4)_2$ や $Ca_5OH(PO_4)_3$ のようなカルシウム塩の沈殿が飽和に近い状態にあるが，カルシウム濃度がワン湖では約0.1mmol/L[4] であるのに対し，死海では約0.43mol/L[5] と格段に高いことが関係している．（杉山雅人）

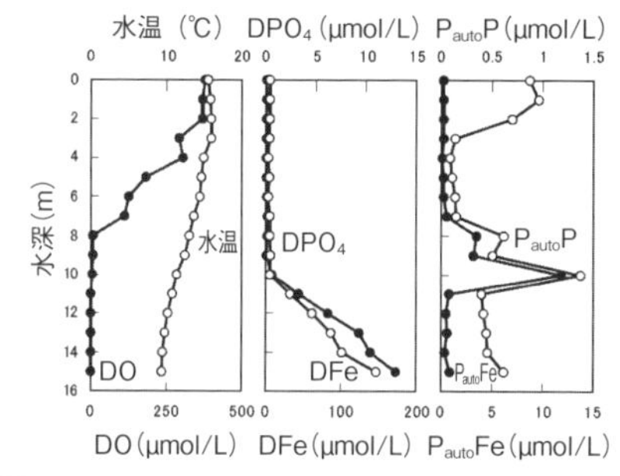

図2 Esthwaite Water での水温，溶存酸素（DO），溶存態リン酸（DPO_4），溶存態鉄（DFe），自生画分懸濁態リン（$P_{auto}P$），自生画分懸濁態鉄（$P_{auto}Fe$）の鉛直分布[3]
1979年9月．一部筆者改変．

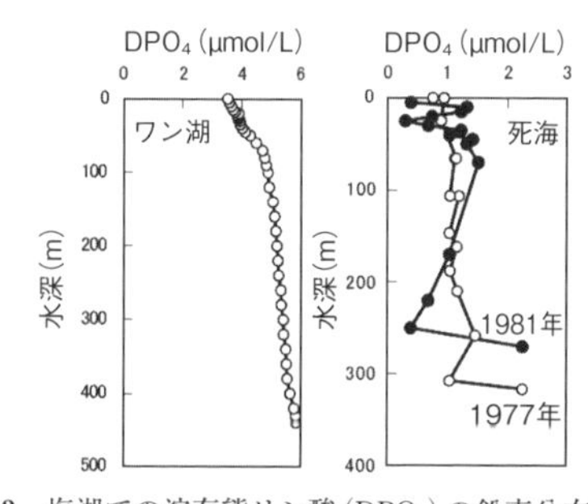

図3 塩湖での溶存態リン酸（DPO_4）の鉛直分布[4,5]
ワン湖：1989年6月．死海：○1977年3月，●1981年11月（一部筆者改変）．

◆ 参考文献

1） R. F. Weiss *et al.*：*Nature*, 349：665-669, 1991.
2） 杉山雅人，望月陽人：地球環境，20：35-46, 2015.
3） E. R. Sholkovitz and D. Copland：*Geochimica et Cosmochimica Acta*, 46：393-410, 1982.
4） A. Reimer *et al.*：*Aquatic Geochemistry*, 15：195-222, 2009.
5） M. Stiller and A. Nissenbaum：*Geochimica et Cosmochimica Acta*, 63：3467-3475, 1999.

2-1 地球上での存在

河 川

2-1-2

大気経由の少ない沈積性の循環経路をたどるリンにおいて，河川は，陸域リンを海洋へ供給する最大の輸送経路として位置づけられる．陸域リンの河川輸送は，化学風化作用による岩石中のリンの溶解に始まり，中・下流域での人間活動によるリンの加入と陸域水循環の素過程（浸透，流出，蒸発散，地下水流動など）および河川による侵食・運搬・堆積作用によってもたらされる．鉱物粒子との親和性が高いリンは，大部分（～90％以上）が粒子状として輸送され，河川内での循環・保持作用を経て，最終的に河口・沿岸域の堆積物に移行する．人間活動の増大は河川が輸送するリン量を増加させ，リンの形態や水圏生態系の食物網にも影響を及ぼしている．河川によるリン輸送量とその制御プロセスの推定は，全球のリン循環および海洋のリン収支を理解するうえで役立つほか，人間活動の影響を評価するうえでも重要である．

◆ 河川水中のリンの形態

河川水中のリンの存在形態には溶存態と粒子状（懸濁態）があり，それぞれに無機態と有機態の化学形態がある．すなわち，溶存無機態リン（dissolved inorganic P：DIP）および溶存有機態リン（dissolved organic P：DOP），粒子状無機態リン（particulate inorganic P：PIP）および粒子状有機態リン（particulate organic P：POP）に大別される．DIPのうち溶存オルトリン酸が水圏生態系の食物網の起点となる植物プランクトンによって摂取される主要な形態である．PIPには，岩石や鉱物中に安定的に存在するリンのほか，鉄やアルミニウムの酸化物や水和酸化物への吸着態，カルシウム結合態として比較的可溶化しやすい形態で存在するものがある．粒子表面への吸着は，河川水中のDIP濃度を制御する重要なプロセスである．一方，有機態リンには，プランクトンなどの生体やデトリタス（生物遺体や有機物片），核酸やリン脂質などの生体高分子，陸上植物の種子に貯蔵されるフィチン酸などに含まれるリンがあり，サイズによってDOPとPOPに分別される．河川水中のリンの有機態画分についての情報は不足している．

◆ 陸域から河川へのリンの給源・輸送経路と循環・保持作用

陸域から河川へ輸送されるリンの量と形態は，リンの供給（起源，輸送経路）と流域内での循環・保持により制御される．陸域リンの三大プールは基岩，土壌，バイオマスであり，基岩が河川水に対する第一義的なリンの供給源である．日本の河川源流域では，DIP濃度は堆積岩＞火成岩＞変成岩を主体とする集水域の順に高かったとされる．河川へ流入するリンは，降水，細粒の岩石片，土壌表層の粘土鉱物，リターなどの有機物片や腐植物質などに含まれるリン，土壌溶液に溶解したリンであり，表面流去水，中間流出水，あるいは浅層地下水流を輸送媒体として斜面下部に移行し，河畔域を経由して河川へ到達すると考えられる．降雨や融雪に伴って生じる表面流去水が，表層に濃集した溶存態および粒子状リンの河川への主要な輸送経路である．一般に土壌溶液中のリン濃度は下層ほど低いため，遅い中間流出水や浅層地下水による流出は少ないと考えられるが，地下水のリン流出寄与の情報は少ない．増水に伴う河川バンクの侵食や河床の細粒堆積物の巻き上げも下流へのリン流出を増大させる．

リンの循環・保持は，生物および非生物による動的なプロセス，すなわち，吸収／分解，吸着／脱着，沈殿／溶解，移流／拡散に制御され，土壌内，河川内の双方で起こる．リンの供給と循環・保持をもたらすプロセスの強弱とそれらのバランスが河川流域ごとで異なるため，河川から輸送されるリンの量と形態も時空間的に大きく変動する．しかし，人為影響の少ない陸域生態系では，土壌の高いリン保持能と，基岩の風化由来のリンを土壌と植物の間で効率よく循環させる内部循環が卓越しているため，河川源流域のリン濃度は低く DIP で＜1～100μg/L 程度であり，リン流出量（TP）は～1kg/ha/年程度である．

◆ 河畔域と河川内におけるリンの保持と流出

陸域と河川の境界に位置する河畔域や河川内におけるリンの保持は，リンの移動を制限し，下流へのリン輸送を制御している．河畔域での下層植生によるリンの吸収や表面流去水中の粒子の捕捉，酸化的な土壌によるリンの吸着は，河川へ流入する直前の緩衝作用としてリンの移動を抑制しうる．一方，河川の氾濫などで河畔域が浸水し土層内が還元状態になると，鉄（III）水和酸化物の還元溶解に伴うリンの溶出が起きたり，また，リンの捕捉能を上回るほどの強度の高い地表面流去水が発生したりすると，河畔域は河川へのリンの給源となりうる．

河川内のリンの保持は特に水の滞留時間に依存する．たとえば，低流量時には生物による取り込みや河床堆積物への吸着・沈殿などによる保持量が増大する．一方，降雨などの出水時にはこうした保持プロセスを経ずにリンの大部分は河川を通過することになり，さらに，河床堆積物の巻き上げが起こると，保持されたリンの下流への輸送を増大させることになる．河畔域や河川内におけるリンの保持の大小は，下流へのリンの輸送量とタイミングを変化させるだけでなく，生物利用度の高い形態（DIP）から低い形態（PIP や POP）あるいはその逆の形態変化をもたらす場合がある．

◆ 人間活動とリンの流出

人間活動に由来するリンの流域への加入量の増大は，河川のリン輸送量を自然河川の数倍に増大させ，水圏の富栄養化の要因となっている．河川への人為起源のリンの給源には，工業廃水や下水処理場排水などの点源と農地などの面源があり，その中間的な性質をもつ都市部の道路や集約的な畜産農場などもある．近年は化石燃料の燃焼などで増大したリン降下物の加入も起こりうる．

河川への人為起源のリンの制御は，一般に点源に比べて面源で困難である．排水の質や量を制御しやすい点源に対して，面源のリン流出は主に出水時の地表面流去水に起因して広範囲にわたり，リンの濃度と輸送量に大きな時空間変動をもたらすためである．この変動は，降雨の頻度・強度のほか，土地利用の状態，たとえば，土壌の状態と管理（土壌型，リン肥沃度，肥料の種類と施用方法，収穫の方法と時期，暗渠の有無など），作物や家畜の管理（作物種，作物残渣，家畜頭数・密度など）を反映する．農地のリンの給源は化学肥料や家畜糞堆肥などの有機肥料であり，作物の吸収量以上に施用されたリンは農地土壌の表層に蓄積する．リン酸保持能の高い土壌が広く分布する日本ではリン肥料を多量施用する傾向があり，その結果，農地のリン収支は過剰状態を示し，農地土壌に蓄積したリンの河川への流出増大が懸念されている．

人間活動の影響が顕在化してきた現在，陸域リンの適切な管理や加入したリンに対する水圏生態系の応答評価のために，河川から輸送されるリン量と形態の変化をとらえることの重要性は高まっているといえよう．

（早川　敦）

2-1 地球上での存在

海　洋

2-1-3

有史以前から現在に至るまで，人類は海洋生態系から計り知れない恩恵を受けてきた．世界の漁業生産量は8000万トン（2010年，内水面・養殖業生産は除く）に達している[1]．海洋光合成は地球上の一次生産の約50％を占め，膨大な酸素を作り出している．さらに人間活動に伴い大気に排出される温室効果ガス（CO_2）の約30％は海洋に取り込まれ[2]，その一部は植物プランクトンにより固定され深層へと輸送される．海洋生態系は主に植物プランクトンを出発点とする光合成生産（一次生産）によって維持されている．そして地球上に存在する数多くの元素のなかでも，リンは窒素とともに海洋の一次生産を支える最も重要な栄養塩元素である．本項では海洋における，リンの重要性，存在形態，そして循環過程について概説する．

◆ 海洋におけるリンの重要性

海洋の一次生産における元素の重要性は，海水中の平均濃度と植物プランクトンの細胞中の平均濃度の比率をその元素の可用性の指標として相対的に評価できる[3]．生物の代謝に特に重要な元素（親生物元素）のうち有機物の骨格を形成する炭素と酸素は，細胞内の濃度が高くその要求量も大きいが，海水中に十分に高い濃度で存在するため可用性の高い元素といえる．一方，リンと窒素はプランクトンの細胞内濃度は比較的低いものの，海水中の濃度が相対的にさらに低いため，可用性指標は炭素や酸素よりも2桁小さくなる．これは銅や亜鉛などの微量金属元素と比較しても低い値であり，植物プランクトンの成長においてリンと窒素が際立った制限因子となっていることを示すものである．なお陸上で制限因子としてあげられるカリウムは海水の主要成分であり，海洋では枯渇することがない．

このように海洋生態系全体の平均像としてみた場合は，リンの制限因子としての役割が顕著である．しかし，河口域や内湾のように陸起源および人為起源のリンや窒素が豊富に供給される沿岸海域では，プランクトンは栄養塩の制限を解かれて高い生産性を示し，ときには赤潮や有機汚濁が引き起こされるに至る．「全体では希少であり局所的には過剰」「海洋生態系の生産性を維持しながらも水質汚染を引き起こしうる」といったリンの二面性は，海洋におけるこの元素の特異性を語るうえで特筆すべき点である．

◆ 海洋のリンの存在形態

海洋におけるリンの挙動や役割を評価するうえで，その存在形態は重要な情報である．まず，そのサイズによって「粒子」と「溶存成分」に分画される．通常，孔径0.1～1μm程度のフィルター（ろ紙）を用いて海水をろ過し，フィルターに捕捉されるものを粒子状成分，通過するものを溶存成分として定義している．次に，化学種に応じて無機態リンと有機態リンに分画される．溶存無機態リンの大部分を占めるオルトリン酸（リン酸態リン）は植物プランクトンにとって最も利用しやすいリンの形態である．またプランクトンは加水分解酵素による無機化作用で溶存有機態リンを潜在的なリンソースとして利用可能にする [➡2-2-4 貧栄養海域生態系]．

粒子状無機態リンの大部分はカルシウムや鉄などとの不溶性塩や粘土鉱物の結晶構造に組み込まれた形で存在する．一方，海洋の有機態リンの大部分は，詳細な化学形が明らかにされていない．核酸，ヌクレオチド，リン脂質，ホスホン酸などの有機態リン化合物が海水や堆積物中で同定・定量されているが，いずれも全体に占める割合は高くない．陸上土壌中で有機態リンの最大数十％を占めるフィチン酸（イノシトール六リン酸）も，河川経由で沿岸域に流入することが実証されているものの，海底堆積物中で速やかに分解・

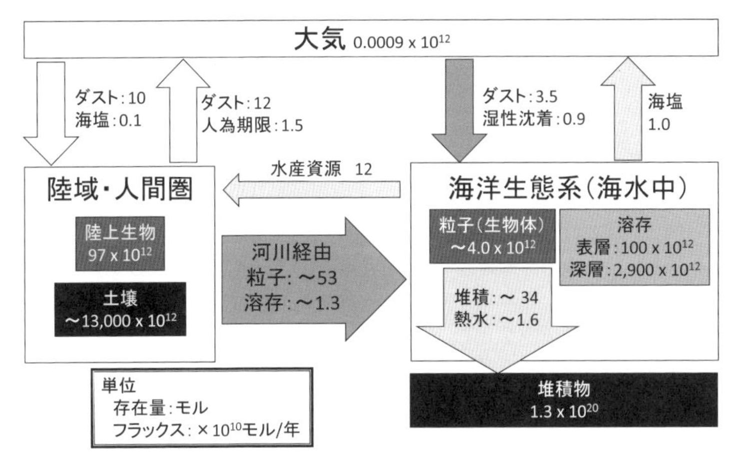

図1　リンの循環過程

消失してしまう.

なお，有機リン系農薬など環境中に存在する人工化学物質のリン（およびその化合物）は「有機リン（organophosphorus）」と呼ばれるが，生物由来の有機物に含まれるリンを対象とする海洋生物地球化学の分野では，これと区別して「有機態リン（organic phosphorus）」が用いられる傾向が強い.

◆ 海洋におけるリンの循環

地球上のリンの循環過程の概略を図1にまとめた．ボックス内がリンの存在量，矢印がリンのフラックスを示している．天然には揮発性のリン化合物はほとんど存在しない．そのためガス成分も豊富に存在する炭素や窒素と比較すると，リンの場合は大気を経由するプロセスが極端に小さい．海洋への流入源としては河川経由が突出しているが，沿岸から大陸棚にかけて除去される割合が大きく，特に粒子状リンは99％が除去されるとされている[4]．そのため陸から隔絶された外洋域では大気経由のリンも貴重なリンソースとなる場合がある.

海水中に存在するリンの圧倒的な部分が溶存態リンであるが，光合成が可能な表層には溶存態リン全体の数％程度しか存在しない．分解を免れた沈降粒子が最終的に堆積物に取り込まれていくことで，リンは海洋生態系の循環から除去される．海底からさまざまな物質を大量に噴出する熱水鉱床はリンの供給源と考えられがちであるが，熱水に含まれる多量の鉄が海水中で酸化され，コロイドとなる過程で周囲のリン酸を取り込んでいくため，結果的には除去源となる.

海洋でのリンの平均滞留時間は主要元素ほど長くはないものの2万～10万年と見積もられている．長期間海洋環境にとどまるからといって，リンが反応性に乏しいわけではない．実際には効率的な利用と再生が繰り返され，海洋生態系内できわめて高速に再循環していると考えられる.　（鈴村昌弘）

◆ 参考文献

1）FAO 世界漁業・養殖業白書，2010.
2）IPCC 第1作業部会第5次評価報告書，2013.
3）F. J. Millero：Chemical Oceanography, p. 469, CRC Press, 1996.
4）A. Paytan and K. McLaughlin：*Chemical Reviews*, 107：563–567, 2007.

2-1 地球上での存在

地下水

2-1-4

地下水中でのリンは，溶存状態で存在していてその分布は多様である．一般に，溶存形態はほとんどが無機態リン（リン酸）であるが，場所によっては溶存有機態リンもみられる．特に，溶存濃度の点で，陸上の地表水（河川，湖沼）に比べて高濃度である点が特徴である．これは，リンのもともとの起源が岩石であり，微量であるもののリンを含有する鉱物の化学的風化作用（水–岩石反応）に伴い地下水中に溶脱し輸送されるためである．すなわち，岩石および堆積物の構成物質とその地下水化学環境が地下水中の溶存状態を左右することになり，地下水化学環境は地下水流動およびそれに至る地下水涵養過程によって決まってくることになる．ここでは，リンが岩石中から溶脱し輸送され循環する際に重要な地下水について紹介する．

◆ 地下水の存在状態と流動特性との関係

地下水とは地下に存在する水のことであり，厳密には地下水面上の地中水を含まない[1]．ここで，流域スケールでの地下水の存在状態と流動について図1に示す．地下水面（図1中の太い破線）は大気圧と等しい水圧面であり[1]，地表面から地下に向けて井戸のような空洞を掘削した際に現れる水面である．地下水は地球全体の水に対してわずか0.6％にすぎない（97％が海洋であるため）が，陸域では河川や湖沼などの地表水に比べると100倍以上も蓄えている[1]．具体的には，図1に示すように上流域の山地は間隙率の低い（0.1～数％）岩盤が浅い深度から分布するため多くの水を貯留できないが，下流域の低地では間隙率の高い（10～40％）堆積物や第三紀以降の新しい堆積層が厚く（数十～数百 m）分布するため大量の水を貯留している．また，図1に示したように，地下水は地形的に高い上流域（地下水涵養域）から低い下流域（地下水流出域）に，そして最終的に海洋に向けて，地下水の水圧（標高値）勾配に従って流動している．山地森林流域では降雨のほとんどが一旦地下に浸透するが，前述の通り岩盤が地表近くに存在するため水の貯留容量が小さく，多くは河川に流出し排水される．また，地下の地質媒体中の間隙は大きくなく抵抗もあるため，地下水の循環速度は河川に比べて圧倒的に小さく，10^4 km^2 を超えるような大きな流域で比べると地下水流動量は河川流量の1％程度であり[1,2]，10^3 km^2 以下で地形勾配の大きい流域でも10％程度である[2,3]．

一方で，このゆっくりとした流動は，地下での環境の多様性を作り出している（図1）．日本のような湿潤地域において，地下水の滞留時間は源流域でも数年，いわゆる浅層地下水では数十年，深層地下水では万年オーダーにも達する[1]．地下水涵養域（上流域）では，より酸化的で二酸化炭素を含む弱酸性な水が存在するため岩石の化学的風化反応が生じやすい．また，一般に地下水は流動とともに化学変化を経て酸素や酸を消費していくため，徐々に還元的かつ弱アルカリ性へと変化していく．そのため，特に滞留時間の長い水である地下水流出域や深層地下水においては，その傾向が強くなる．このような還元環境下においては，堆積物中の有機物からの無機化や鉱物からの溶脱が生じやすい[3,4]．

◆ 地下水中の溶存リンの起源

地下でリンを供給する可能性のあるものは①有機物や生物化石を含む堆積物，②酸化物（鉄に関連する酸化物；水酸化鉄（III）（Fe$(OH)_3$），針鉄鉱（$FeO(OH)$）など）の吸着成分，③鉄鉱物（ストレンジャイト／リン鉄鉱；$FePO_4 \cdot 2H_2O$，藍鉄鉱；$Fe_3(PO_4)_2 \cdot 8H_2O$），④カルシウム鉱物（リン灰石；$Ca_5(PO_4)_3(F, Cl, OH)_2$），⑤人為的負荷物質（下水・廃棄物由来，農業肥料由

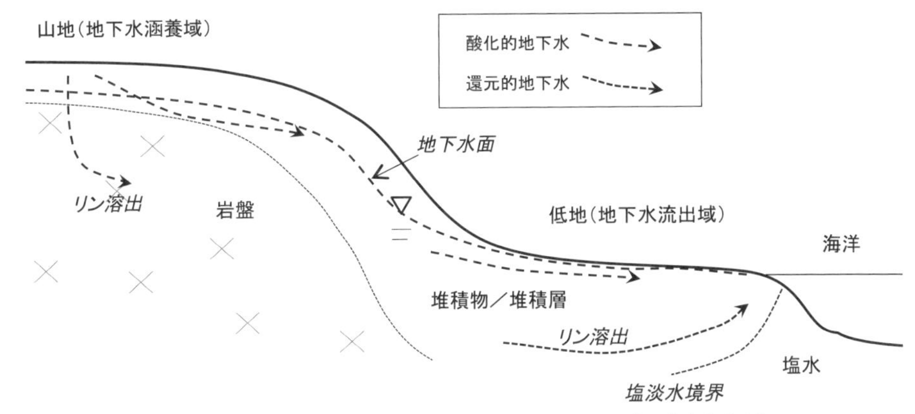

図1 流域スケール(山地から低地そして海洋まで)での地下水の存在状態(太い破線の地下水面より下部)と流動およびリン溶出との関係の模式図

来) などがある．①については，湿地・湖沼や沿岸域などにおける現成の堆積物や沖積平野などの堆積地形下における過去の堆積物中に存在し，②については，酸化的な環境下の土壌や沿岸堆積物や浅層地下水媒体中などに分布し，③や④については，花崗岩質ペグマタイトや海成堆積物の粘土や有機物などとともに産出する[3,4]．

図1に示した上流域でのリンの溶出については，花崗岩などの岩盤中に産出するリン鉱物の風化に伴うものであり，酸化的な環境下で進行する．しかし，鉱物自体微量であるため低濃度であり，さらに酸化物による吸着作用により濃度が低下する可能性もある[3,4]．一方，下流域のリンの溶出について，還元環境下での①の無機化反応，②の脱着や③および④の溶解反応が生じ，リン酸を供給する[3,4]．⑤の場合は，主に農地土壌のような酸化的な環境では酸化物への吸着に伴い溶脱輸送する場合は少ないが，下水などの漏水については還元的な場合には起源となりうる．

◆ 地下水中での高濃度の溶存環境

地下水流出域や沿岸域では，地下水の滞留時間も長く還元環境下にある場合が多いため，高濃度に至る場合がみられる．特に，沿岸沖積平野における過去1万年間(完新統)の新しい堆積物は，有機物を大量に含みその起源となりうるため，リン濃度で1 ppmを超える高濃度を形成しやすい．北海道の沿岸湿原地帯や大阪平野，関東平野でも確認されている[4]．また，塩水が混合するような地下水流出域でも前述した起源が複数ある場合には高濃度となることが多く確認されている[3]．

(小野寺真一)

◆ 参考文献

1) 榧根　勇：水と気象，p.180，朝倉書店，1989.
2) 小野寺真一ほか：瀬戸内海，60：62-65，2010.
3) 齋藤光代，小野寺真一：地球環境，20：55-62, 2015.
4) 井岡聖一郎ほか：地球環境，20：55-62，2015.

2-1 地球上での存在

土　壌

2-1-5

◆ 土壌中のリンの状態

土壌中に存在しているリンは，有機態と無機態の2つに大別される．両者の存在比は土壌によって大きく異なるため，一律に決めることはできないが，有機態リンは土壌の表層15 cmに含まれるリンの20～80％を占めている．土壌中の有機態リンは，イノシトールリン酸（あるいはリン酸エステル），核酸，リン脂質の3群に大別される．このうち，イノシトールリン酸は土壌に最も普遍的に存在しており，有機態リンの10～50％を占める．イノシトールリン酸が有機態リンの支配的な形態である要因には，土壌の粘土鉱物や有機物（腐植）と結合して存在し，広範囲のpH条件下で安定な特徴を有していることが関係している．土壌中で最も一般的なイノシトールリン酸は，フィチン酸（$C_6H_{18}O_{24}P_6$）であり，この形態で植物の種子にも蓄積される．核酸やリン脂質は，イノシトールリン酸と比較すると土壌中の有機態リンとしては副次的な形態であり，両者を合わせても有機態リンの数％程度しか存在しない．いずれの有機態リンも，単独で存在しているのではなく，土壌中の粘土鉱物などと結合して存在していると考えられている．

土壌中に存在する無機態リンは，カルシウムを含む形態ならびに鉄およびアルミニウムを含む形態の2つに大別される（表1）．カルシウムを含むリン酸カルシウム態は，土壌のpHが低い場合に溶解するが，pHの上昇とともに溶解性が低下するため，中性からアルカリ性のpHをもつ土壌においては主要な蓄積形態となる（図1）．土壌中で最も普遍的にみられるリン酸カルシウム態は，アパタイト（apatite；リン灰石）と呼ばれる鉱物であり，最も溶解性が低く，そのため植物にも利用されにくいという特徴を有する．同じリン酸カルシウム態でも，より単純な構造を有するブラッシュ石は，比較的溶解しやすいため，植

表1　土壌にみられる主な無機態リン

鉱物	組成式
【鉄・アルミニウム態】	
ストレンガイト strengite	$FePO_4 \cdot 2H_2O$
バリシア石 variscite	$AlPO_4 \cdot 2H_2O$
【カルシウム態】	
フッ素リン灰石 fluorapatite	$Ca_{10}(PO_4)_6F_2$
水酸リン灰石 hydroxyapatite	$Ca_{10}(PO_4)_6(OH)_2$
リン酸三カルシウム tricalcium phosphate	$Ca_3(PO_4)_2$
リン酸八カルシウム octacalcium phosphate	$Ca_8H_2(PO_4)_6 \cdot 5H_2O$
ブラッシュ石 brushite	$CaHPO_4 \cdot 2H_2O$
リン酸二水素カルシウム一水和物 monocalcium phosphate	$Ca(H_2PO_4)_2 \cdot H_2O$

各形態の鉱物は下にあるものほど溶解性が高くなる順に並べてある．

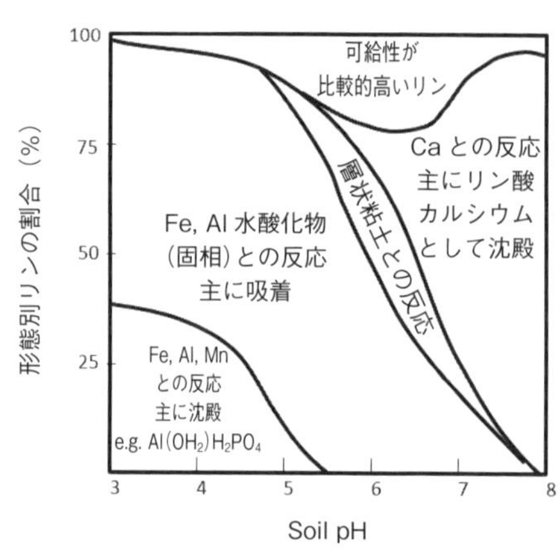

図1　土壌中での無機態リンの主な形態と土壌pHの関係（文献[1]より作図）

一般的な土壌を想定した場合の模式図．実際には有機態リンも存在する．

物や生物への利用性も高いといえる．一方，リン酸鉄ならびにリン酸アルミニウムは，酸性の土壌できわめて溶解性が低く，主要な無機態リンの蓄積形態であることが知られている（図 1）．これは pH が酸性になると，土壌の粘土鉱物を構成している鉄やアルミニウムが溶解し，これらとリン酸が結合して難溶性のストレンガイトならびにバリシア石と呼ばれる化合物が形成するためである．

◆ 土壌中のリンの蓄積

陰電荷を有するリン酸イオン（オルトリン酸）は，粘土鉱物のもつ陽電荷に吸着する．土壌の鉱物組成や pH が同じ場合，粘土含有率が大きいほどリンの潜在的な吸着量は大きくなる傾向がある．また，土壌のリンの吸着は，粘土鉱物の種類によっても顕著に異なり，一般に陽電荷を多くもつ粘土鉱物がリン酸イオンとの親和性が高い．特にアロフェンのリン酸イオンの吸着量は，他の粘土鉱物と比較して顕著に多い．このことは，アロフェンに富む日本の典型的な土壌である黒ボク土に，リン酸イオンが蓄積しやすい要因となっている．鉄およびアルミニウム（水）酸化物鉱物であるゲータイトやギブサイトも，リン酸イオンの吸着量が多い．一方，これらの粘土鉱物と比較して，層状ケイ酸塩鉱物のリン酸の吸着量は小さいことが知られている．土壌の粘土鉱物に対するリン酸イオンの親和性の序列は，フェリハイドライト（水酸化鉄）＞ギブサイト＞ゲータイト＞層状ケイ酸塩鉱物の順になる．

◆ 土壌の生成過程とリンの動態

数千から数百万年の時間スケールにおける母材の風化，つまり土壌の生成過程において，土壌および陸上生態系に貯留するリンの全量は減少していき，また残存するリンの化学形態も変化していく（図 1）．岩石を母材とする理想的な土壌生成を例にすると，鉱物の化学的風化に伴い一次鉱物中のリンが溶出し，一部は生物に利用され有機態リンとなり，また一部はリン酸として土壌下層から河川や地下水へ溶脱する．さらに詳しくみると，有機態リンは植物根や微生物の生産するホスファターゼ酵素によってオルトリン酸に無機化され，生物に再利用されるが，その過程でオルトリン酸の一部は土壌鉱物表面に結合し，植物が利用しにくい形態として土壌に蓄積する．実験操作上の定義では，土壌無機成分と強固に結合し，化学的に抽出困難な土壌リンを吸蔵態と呼ぶが，土壌の風化過程でこの吸蔵態リンが増加する．土壌風化に伴い，鉱物組成は一次鉱物からより微細で反応性の高い二次鉱物（特に，鉄・アルミニウム（水）酸化物）に変化するが，後者は特にオルトリン酸を強く吸着する．また，一部の土壌リンは，主に懸濁態として陸上生態系外へ移行する．

まとめると，土壌リンの全量および植物への可給性の長期的な変化は，主に以下の 2 つのプロセスによって引き起こされる．最も重要となるのは，鉱物風化および降雨に伴う溶脱や表層流出による土壌リンの全量の低下であり，第二には，土壌鉱物と強固に結合した吸蔵態リンの増加である．しかし，初期の母材以外から土壌へのリンの供給がある陸上生態系では，この一般則が当てはまらないため，注意が必要になる．たとえば，断続的な火山灰や黄砂の供給，鳥の糞やリンを含むエアロゾル（工業地域からの煙や農業地域からのリン酸肥料）の降下量が大きい地域である．多くの自然生態系の生物群集は土壌の低リン環境に適応して進化してきたと考えられる．よって，産業の発展に伴い地球表層環境に加入するリンが著しく増大し続ける現在，生物や生態系に及ぼす影響を注視する必要があるだろう．

（橋本洋平・和穎朗太）

◆ 参考文献

1）N. C. Brady and R. R. Weil：The Nature and Properties of Soils, pp. 594-621, Prentice Hall：2008 / Elsevier：2010.

2-1　地球上での存在

黄　砂

2-1-6

黄砂とは，中国大陸内陸部の乾燥地帯で巻き上げられ，偏西風によって広域輸送された土壌・鉱物粒子（広域風成塵）が，空中に飛揚しながら徐々に沈降する気象現象のことであり，中国では「砂塵暴天気」とも呼ばれる．沈降する粒子そのものを指す用語としては黄砂粒子が一般的であるほか，国際的にはアジアン・ダストのように，サハラ砂漠起源の広域風成塵（サハラ・ダスト）などと区別して表すことが多い．黄砂を意味する季語として「霾（ばい・つちふる）」が伝統的に用いられてきたように，日本では，黄砂は古くから春の風物詩として身近な存在であった．しかし近年，黄砂の発生頻度および黄砂粒子の飛来量が増加するに伴い，大気汚染物質としての側面が強調されるようになってきている．

一方で黄砂には，リン，鉄，カルシウムなどの必須元素の運搬者としての役割があることは意外と知られていない．特にリンは，すべての生物にとって必須かつ要求量が多いにもかかわらず，大気中の気体分子からの獲得経路をもつ炭素や窒素，または地殻存在比が高く水に溶けやすいカリウムなどと比べると，生態系から枯渇しやすい元素である．

ここでは，地球上で生物活動が維持されるために欠かせないピースの一つである，黄砂を介したリンの移動について紹介する．

◆ 黄砂粒子の組成とリンの存在形態

黄砂粒子は，主に数～数十 μm 程度の粒径を示す微細な鉱物粒子の集合体であり，その表面にはさまざまな有機・無機物質が付着している．主な鉱物組成は，石英，長石，雲母，緑泥石，方解石などの造岩鉱物やイライト，カオリナイトなどの粘土鉱物，ゲータイトなどの酸化鉄であり，リン含有鉱物が検出されることはまれである．

しかし元素組成を調べてみると，黄砂粒子中にはおよそ0.1 %程度リンは含まれている．また，その2割程度が水に溶けやすく，比較的速やかに生物に利用される．この水溶性リンの正体については諸説あるが，最近のサハラ・ダストを対象とした研究から，生物の骨を構成する低結晶性のフルオロアパタイトの可能性が指摘されている[1]．残りのリンには，岩砕性の結晶性アパタイトや有機態のリンも存在するものの，その大半がゲータイトなどの酸化鉄と配位結合したリン酸イオンである．この形態のリンは，菌根菌などを介して生物的に利用される資源となりうるものの，基本的には難溶性である．

◆ 黄砂の発生源と飛来状況

黄砂の発生源は，主にゴビ砂漠とタクラマカン砂漠である．これらの地域では，冬～早春（3～5月）に空気が乾燥するとともに地表植生がとりわけ貧弱な状態となる．ここに低気圧が重なり大規模な砂塵嵐が発生すると，地表の微細な粒子が上空5～10 km に巻き上げられ，偏西風によって主に東側の広域に運ばれる．日本に到達した黄砂粒子の一部は，降雪の氷晶核として主に日本海側の陸地に速やかに沈降し，一部は黄砂として空中に飛揚しながら日本列島のほぼ全域に徐々に沈降し，残りは日本列島を越えて北太平洋一帯から北米大陸まで到達する．なお同位体分析などによると，日本列島周辺や太平洋中・高緯度地域に飛来する黄砂の主な起源はゴビ砂漠である一方，黄土高原や太平洋低緯度地域の場合はタクラマカン砂漠がその起源である可能性が高い．

黄砂粒子の飛来量は場所によって大きく異なり，発生源から離れるほど減少する．現在では，日本列島周辺での黄砂粒子の沈降速度がおおむね 10 g/m^2/年以上であるのに対し，北太平洋遠洋域では 1～10 g/m^2/年，ハワイ諸島周辺では 0.1～1 g/m^2/年となる[2]（図1）．

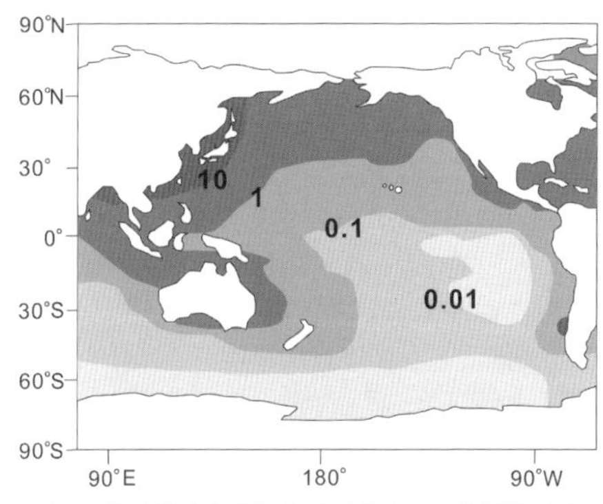

図1　黄砂粒子を含む広域風成塵の平均沈降速度（g/m^2/年）（文献[2]を参考に作成）

一方，黄砂粒子の飛来量は時代によっても大きく異なる．海底コアの解析などによると，黄砂の発生は少なくとも数十万年前には始まっており，氷期における黄砂粒子の沈降速度は現在を含む間氷期と比べて数倍大きい[3]．氷期–間氷期での飛来量の違いを生む主な原因としてあげられるのが，氷期における気温低下に伴う乾燥の強まりや植生の衰退，風速の増加などである．つまり，地球史的な視点から考えると，黄砂を介して運搬されたリンなどの養分元素の量は，現在観測される飛来状況から推測されるよりもはるかに多いことがわかる．

◆ 黄砂リンに依存する生態系

海洋に供給される水溶性リンの主な給源は河川水であり，その総量は年間あたり 1.7 ~ 2.0×10^{12} g と試算されている．これに対し，黄砂粒子を含めた広域風成塵からの水溶性リンの総供給量は，およそ 1/10 の 0.2×10^{12} g であるため，平均的な影響は必ずしも大きくない[4]．ただし，河川水から供給されるリンの影響は沿岸域から離れるにつれ急激に減少し，遠洋海域ではほぼゼロとなるのに対して，黄砂リンの影響は発生源から離れるにつれて低下しつつも太平洋一帯に及ぶ．そのため，特に遠洋海域では黄砂がリンの給源として重要な役割を占めるようになる．

一方で陸域に目を移すと，岩石から変化し始めて間もない若い土壌では，比較的溶けやすい岩砕性のアパタイトが豊富に存在するため，リンが生物活動の制限となることはほとんどない．しかし，土壌生成開始から時間が経過するほどアパタイトの溶解が進み，全リン量の減少とともに，鉄やアルミニウムと結合した難溶態リンの割合が増加する．これに対して黄砂は，常に水溶性リンを一定割合含んだ状態で毎年供給される．そのため，古い土壌の上に成立した生態系では，リンが生物活動の主な制限因子となり，黄砂リンへの依存性が大きくなる．たとえば土壌生成開始から 400 万年以上が経過したハワイ・カウアイ島の土壌では，黄砂粒子の飛来量が日本列島周辺のおよそ１％程度であるにもかかわらず，植物が利用するリンの半分以上が黄砂由来であることが報告されている[4]．

このような事例は，リンの供給源としての黄砂の重要性を明示するとともに，地球上に外部から完全に隔離された養分循環システムは存在しないことを示している．（中尾　淳）

◆ 参考文献

1）K. A. Hudson-Edwards *et al.*：*Chemical Geology*, 384：16–26, 2014.
2）O. A. Chadwick *et al.*：*Nature*, 397：491–497, 1999.
3）D. K. Rea：*Review of Geophysics*, 32：159–195.
4）W. F. Graham and R. A. Duce：*Geochimica et Cosmochimica Acta*, 43：1195–1208, 1979.

2-2 生物圏でのリン循環

湖沼生態系

2-2-1

◆ 生物生産制限因子としてのリン

湖沼でのリンは窒素とともにその水域における生物生産の制限因子として働く．このことは，湖沼の植物プランクトン量の指標であるクロロフィル-*a*(Chl-*a*) 濃度が全リン (TP) 濃度，全窒素 (TN) 濃度とよい相関にあることによって示される[1]．図1は日本の24湖沼[2]におけるそれらの年平均値の相関を示したものである．TP濃度，TN濃度の年平均値が高いほど年平均Chl-*a*濃度が高くなり，湖は貧栄養から過栄養へと変化することがわかる．日本や世界の他のさまざまな湖でも，同様のことが報告されている[1]．

TN/TP比 (mol/mol) の違いを表しながら図1と同様なプロットをすると，水域の生物生産におけるリン制限，窒素制限についての情報を得ることができる．図2は図1と同じプロットであるが，TN/TP比の違いによって記号を変えている[2]．TN/TP比が24以下の湖沼は○，24～63は●，63以上は□で表している．図中の回帰直線は対象とした24の湖沼におけるChl-*a*濃度とTP濃度，Chl-*a*濃度とTN濃度の平均的な関係を示している．○で示すTN/TP比≦24の湖はTP濃度に比べてTN濃度が相対的に低いために，TP濃度から予想されるChl-*a*濃度よりも実際の濃度のほうが低い値となっている．すなわち生物生産がTP濃度ではなくTN濃度によって制限されている．一方，□で示すTN/TP比≧63の湖はTN濃度に比べてTP濃度が低いために，TN濃度から予想されるChl-*a*濃度よりも実際の濃度のほうが低い値にある．すなわち，このような湖では生物生産がTN濃度ではなくTP濃度によって制限されていることを示している．これらのことをまとめるなら，TN/TP比が24～63を境にして湖沼は窒素制限からリン

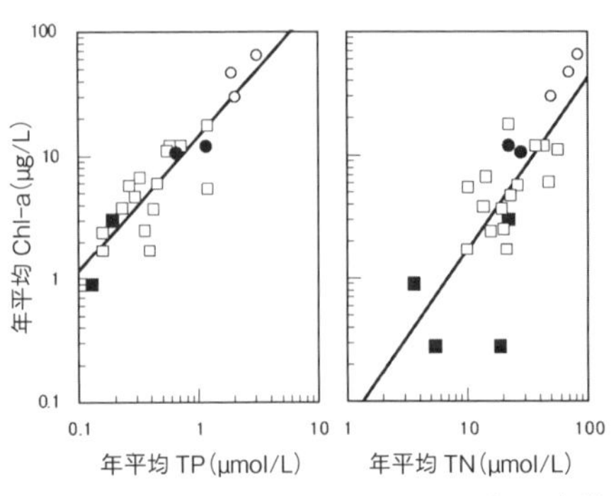

図1 日本湖沼におけるクロロフィル-*a* (Chl-*a*) 濃度と全リン (TP) 濃度，全窒素 (TN) 濃度の相関

○：過栄養湖，●：富栄養湖，□：中栄養湖，■：貧栄養湖．測定値は1993年または1994年の年平均値．採水深度：過栄養湖・富栄養湖，0.5 m；中栄養湖，2 m；貧栄養湖，5 m．採水地点：原則として水域の中心部．図中の直線は，すべての値を用いて最小二乗法により求めた．文献[2]をもとに筆者作図．

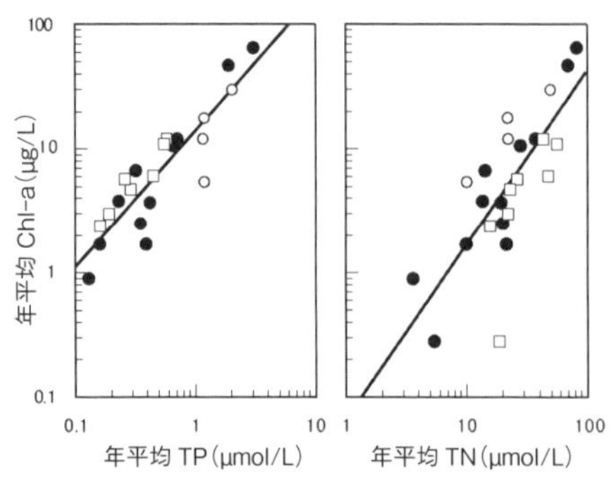

図2 日本湖沼におけるクロロフィル-*a* (Chl-*a*) 濃度と全リン (TP) 濃度，全窒素 (TN) 濃度の相関

TN/TP比：○≦24，●＝24～63，□≧63．測定値は1993年または1994年の年平均値．採水深度：過栄養湖・富栄養湖，0.5 m；中栄養湖，2 m；貧栄養湖，5 m．採水地点：原則として水域の中心部．図中の直線は，すべての値を用いて最小二乗法により求めた．文献[2]をもとに筆者作図．

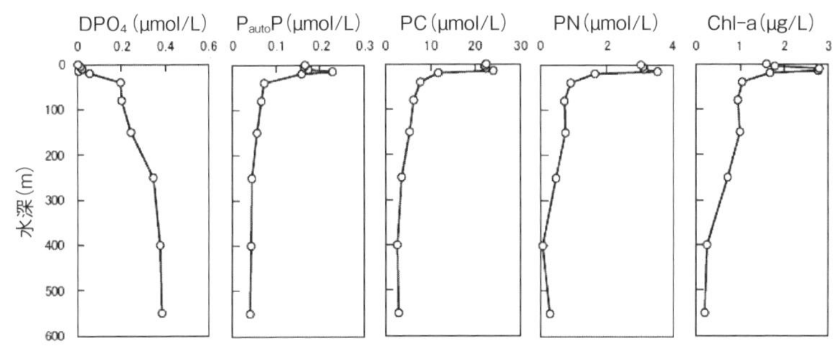

図3 バイカル湖での溶存態リン酸（DPO_4），自生画分懸濁態リン（$P_{auto}P$）の鉛直分布
1999年7月31日．文献[4]をもとに筆者改変．
PC：懸濁態炭素，PN：懸濁態窒素，Chl-*a*：クロロフィル-*a*.

制限に変わるといえる．このことは，いわゆるレッドフィールド（Redfield）比[3]（C：N：Pモル比＝106：16：1，$(CH_2O)_{106}(NH_3)_{16}(H_3PO_4)$）でのN/P比が16であることとよく対応している．

◆ 湖での生物によるリンの摂取と分解

バイカル湖（水深1632 m，ロシア）のような巨大湖の沖域では，陸域からの影響が比較的小さく，地殻起源粒子の寄与が少ない．このため，湖内での生物活動などにより生産される自生画分の懸濁態リン（$P_{auto}P$）の鉛直分布を明瞭に観測できる．図3には，バイカル湖水深740 mの地点での溶存態リン酸（DPO_4）と$P_{auto}P$ならびに懸濁態炭素（PC）や懸濁態窒素（PN），Chl-*a*の鉛直分布を示した[4]．DPO_4は水深とともに濃度が増加している．一方，$P_{auto}P$は表面近傍の水深10 mで極大値を示している．この水深ではPC，PN，Chl-*a*の鉛直分布も同様に極大となる．$P_{auto}P$が急激に減少する水深ではDPO_4濃度の急激な増加がみられる．また，表層0～15 mでのPC/$P_{auto}P$比，PN/$P_{auto}P$比はそれぞれ106～138 mol/mol，15.7～19.4 mol/molとレッドフィールド比[3]に近い値にある．これらのことは，リンの分布と循環が【表層での生物による摂取・固化】→【表層から深層への粒子の沈降】→【深層での粒子の分解に伴う再溶解】という生物地球化学過程によって基本的に支配されていることを明確に示している．

一方，水深が80 mより深い水域でのPC/$P_{auto}P$比，PN/$P_{auto}P$比はそれぞれ68～95 mol/mol，6.7～13.3 mol/molとレッドフィールド比や表層0～15 mでの値に比べ小さな値となっている[4]．このことは，生物粒子の分解過程において，リンを多く含む部分は炭素や窒素を多く含む部分に比べて分解されにくいこと，言い換えれば固相から水相へのリンの回帰速度は炭素や窒素のそれに比べて遅いことを示している．（杉山雅人）

◆ 参考文献

1）杉山雅人，望月陽人：地球環境，20：35-46, 2015.
2）高村典子ほか：陸水学雑誌，57：245-259, 1996.
3）A. C. Redfield *et al.*：*The Sea*, 2：26-77, 1963.
4）杉山雅人ほか：海洋化学研究，14：77-103, 2001.

河川生態系

リンは河川生態系に大きな影響を及ぼす栄養元素である．汚染されていない河川のリン濃度はおおむね 10^0 ～ 10^1µg/L と低く，生物の要求量に対して不足する傾向にある．そのため，リンはしばしば河川生物の増殖を律速する制限栄養元素となる．

◆ リンの供給源

リンは気体としてほとんど存在しないため，大気から河川への流入は少ない．河川に流入するリンの多くは，岩石の風化により土壌に供給され，陸域での循環を経て運ばれたものである．風化によって溶出したリン酸は土壌粒子に吸着したり，金属（鉄，アルミニウム，カルシウムなど）と結合して難溶化する．残されたわずかなリン酸も，植物や微生物に取り込まれて有機態に変換されるため，土壌中のリン酸濃度は低い．そのため，河川に流入するのは主に粒子状リン（吸着態，結合態，有機態など）である．河川は地球全体で 2.1×10^{13} g/年のリンを海洋へ輸送していると推定されているが，その多くは土壌鉱物に結合した粒子状リンとみられている．これ以外に，河畔からの落葉落枝の供給や移動性生物（水鳥やサケなど）の排泄と遺骸の分解も，系外から河川への重要なリン供給源となることがある．

◆ 河川におけるリンの動態

河川水中ではリンは溶存態または粒子状態として存在する．通常，孔径 0.45 ～ 1.0µm のろ紙を通過する画分を溶存態とし，それより大きな画分を粒子状態とすることが多い．また，溶存リンと粒子状リンにはそれぞれ無機物（溶存無機態リン：DIP，粒子状無機態リン：PIP）と有機物（溶存有機態リン：DOP，粒子状有機態リン：POP）がある．各画分は流域の水文過程や河川の水理環境，堆積物の特性，生物代謝などにより増減し，河川内で形態を変えながら下流へ運ばれる．なかでも，降雨や融雪に伴う出水は河川の粒子状リン濃度に強い影響を及ぼす．出水時には土砂輸送に伴い河川の粒子状リン濃度が急激に増加し，ハイドログラフの上昇時にピークに達することが多い．

河川内における生物プロセス（取り込みと無機化，デトリタスの堆積，動物の排泄など）や非生物プロセス（無機物への吸脱着や結合，粒子状物の沈殿や剥離，溶解など）もリン濃度に影響する（図 1）．河川生物によるリンの取り込みは，主に藻類や藍藻，水生植物などの一次生産者と従属栄養微生物（細菌や真菌類）による．川底に付着する藻類や微生物は水中から，水生植物は堆積物中から，直接利用可能なリン酸（溶存無機態リン）を吸収して細胞の構成物質（粒子状有機態リン）に変換する（図 1）．主な一次生産者である藻類は，細胞中のリンに対する窒素の原子比（N/P 比）が 16 前後を示すことが多い．ところが，多くの河川では水中の N/P 比が 16 を上回ることから，藻類細胞はリン欠乏状態となりやすい．そのため，リン酸が藻類の主な生長制限因子となる．リン酸が不足した河川では，藻類や微生物は細胞内に蓄積したポリリン酸を利用したり，アルカリホスファターゼを産生して細胞外のリン酸エステル化合物を分解しリン酸を獲得することもある．

河川生物の同化により生成した粒子状有機態リンの一部は他の生物に消費され，一部はデトリタスとして堆積し，一部は出水時に下流に流される．残りは微生物による無機化を経てリン酸となり，再び河川生物にリサイクルされる（図 1）．無脊椎動物や魚類などの大型動物も，河川のリン循環に影響する．大型植食動物はグレイジングによって川底の生物膜を消費し河川のリン取り込みを抑制する一方で，排泄による栄養塩回帰により藻類や微生物の成長を促進する．また，コイなどの底

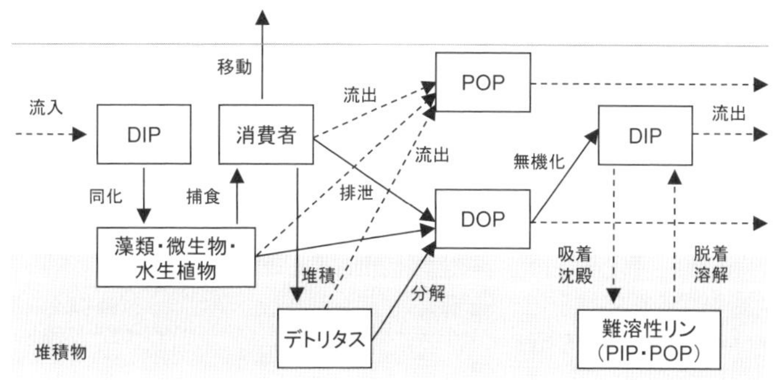

図1 河川におけるリンの形態変化と流れ
生物プロセスを実線，非生物プロセスを破線で示した．

生採餌魚類は堆積物を攪拌し，底泥から水中へのリンの移動を促進する．さらに，水生昆虫の羽化に伴う河川から陸上へのリン輸送も生じている．

河川内プロセスによるリン循環は，水の滞留域で加速する．河川には淵などの緩流域，倒流木，水生植物群落，河床間隙域など，物質の流下を遅延させる滞留地形が多く存在する．ここでは栄養塩と河床との接触時間が長くなり，リンの取り込み量が増加する．堆積物や河床間隙域では，非生物プロセスも重要である．好気的な堆積物環境では，リン酸は堆積物中の鉄などと結合して減少する．一方，有機物分解により嫌気環境が発達した堆積物では，不溶性のリン酸塩化合物（$FePO_4$など）に含まれるリンが金属の還元に伴ってリン酸となり，水中へと溶出する（図1）．

◆ リンのスパイラル

このように，河川を流下する溶存無機態リンは河川内プロセスによって河床に固定され，微生物分解や脱着などにより再び水中へと回帰する．リンが溶存態として水中を流下するフェーズと粒状態として河床に保持されるフェーズを交互に繰り返しながら下流に運ばれる過程を，栄養塩のスパイラルと呼ぶ．リンが1回のスパイラルを完了するのに要する流下距離をスパイラル長（S）と呼び，溶存無機態リンが河床に取り込まれるまでの流下距離S_Wと河床から水中に回帰するまでの間の移動距離S_Bの和（$S=S_W+S_B$）で表す．一般に，S_WはS_Bよりはるかに長い．

リンのスパイラル長Sや取り込み距離S_Wは，河川に投入したトレーサーの下流方向への減少率から推定することができる．この長さは河川地形や水文過程，河川内プロセスによって変化するものの，1～5次河川の多くではS_Wが30～400 mの範囲にあり，リンが短い距離で取り込まれることを示している．河川は高いリン取り込み容量を有しており，平水時には溶存無機態リンを活発に取り込んで下流への輸送を調節していると考えられている．

◆ 人間活動の影響

流域の人間活動は，河川のリン循環に大きな影響を及ぼす．特に都市部では生活排水や工業排水から大量のリンが河川に流入する．かつては，合成洗剤に含まれる縮合リン酸が河川生態系に深刻な影響を与えてきた．現在では洗剤中のリン含量は減少しているが，河川の自浄能力を上回るリンの流入が依然続いている．農地からのリンの流入も多く，国内では水田の代かき時や田植え期における粒状リンの流入が著しい．河川への過剰のリンの流入は，藻類の大増殖の引き金となる．さらに，人為的な河川環境の改変と生物多様性の喪失は河川生態系によるリン取り込み機能を低下させ，河川や下流の湖沼・沿岸域の富栄養化に相乗的に寄与していると考えられている．

（岩田智也）

2-2　生物圏でのリン循環

沿岸域生態系

2-2-3

東京湾のリン酸態リンは，湾奥部表層で1970年代前半には5.0 μMを超えピークに達した[1]．その後，陸域からのリン負荷量の減少の影響を受けてリン酸濃度は減少し，1980年代以降，1～2 μM程度を維持している[1,2]．この傾向は都市域に隣接する内湾において特徴的な傾向だが，依然として過剰な栄養塩の負荷に伴う植物プランクトンの増加（赤潮など）が各地で起きている．この要因の一つとしては，沿岸域への栄養塩の供給源が河川だけでなく，外洋底層水や海底堆積物から回帰する栄養塩，水柱の有機物からの無機化で生じる栄養塩など多種多様であることがあげられる（図1）．沿岸域のリンの動態には，湖沼のリンの動態と類似した側面も多いが，本項では，沿岸海域に特徴的な塩分勾配に着目し，①陸域から河川水を経て沿岸海域に流入するリンの動態，②湾内での各形態リンの分布とその要因，③リンの供給量変化と生態系への影響，について概説する．

◆ 河口域でのリンの動態

河川経由によるリンの流入の内訳をみると，溶存無機態リン（DIP）の流入量（0.6～1.3×10^{10} mol/年）よりも，粒子状リン（PP）の流入量（30～53×10^{10} mol/年）が圧倒的に大きい[3]．陸起源の粒子状無機態リン（PIP）は，安定した鉱物に加えて，鉄，アルミニウムなどと結合した比較的容易に可溶化する成分から構成されている．そのため，河口域での塩分増加につれて凝析・塩析作用によって沈降した粒子からは，海水中に高濃度に存在する陰イオンとの競合によって，リン酸態リンが急速に遊離されて，その量は河川からのDIPの直接的なフラックスの5倍に相当すると見積もられている[4]．

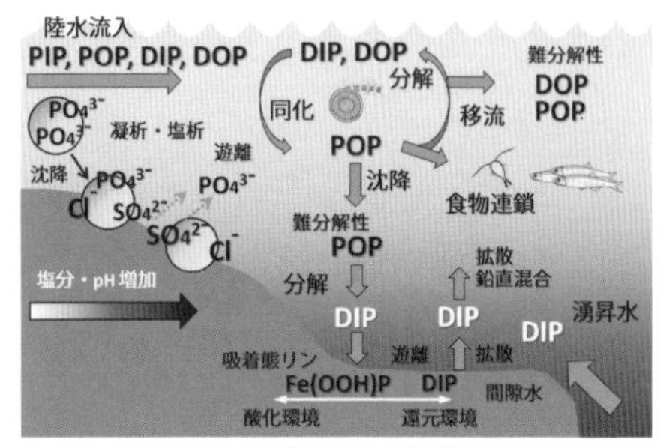

図1　沿岸域リン循環概略

◆ 湾内での各形態別リンの分布（表層）

河口域から湾奥部での陸域由来のリンの運搬は，エスチュアリー循環や，反時計回りの循環流などの海洋構造によって支配され，表層の全リン（TP）の分布は，塩分分布と似た挙動を示す．溶存有機態リン（DOP）のうち，リン酸モノエステルなどの一部のリン化合物は，植物プランクトン種にとって利用可能な形態であり，DIPと共に，生物に活発に利用される．したがって，DIPやDOPといったリンの溶存態成分（TDP）は水塊の流動に伴って移動する過程で，植物プランクトンなどに取り込まれて粒子状有機態リン（POP）へと形態を変え，湾奥部に高濃度で存在した表層のDIPは湾央に向かって速やかに減少する（図1，2）．溶存態から懸濁態となったリン成分は，従属栄養生物の餌となり食物連鎖の流れに取り込まれるほか，凝集して沈降し，堆積物–水柱境界層での物質循環に取り込まれることになる（後述）．また，一部の易分解性の有機態リン（OP）は従属栄養生物の働きによって無機化し，再びDIPとして海水中に放出されるため，湾奥から湾口に向かうにつれて，OPは難分解性のリンの割合を増加させながら濃度を減少させていく．湾口から湾外へと出て，DIPが検出限界以下となり，POPも内湾域の1/10以下となるなかで，DOP濃度の減少割合は相対的には低く，結果としてTPに占める割合が増加するのが通例である（図2）．

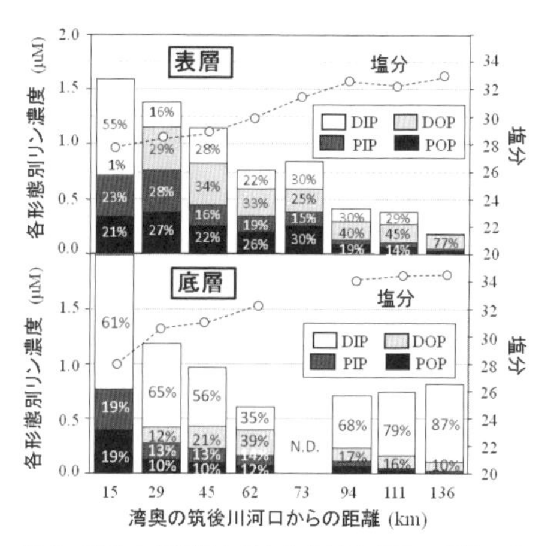

図2　夏季の有明海を例とした湾内表層・底層の各形態リンの分布

◆ 湾内での各形態別リンの分布（底層）

表層から下層へのPPの沈降量が外洋に向かうにつれて減少するにもかかわらず，底層水のDIP濃度が増加することは，高濃度のDIPを含む湾外の底層水が湾内へと貫入してくる現象を反映している．一方で，夏季成層期の湾奥部底層でのDIPの増加は，底層水の見かけの酸素消費量の増加と同調することが多く，従属栄養生物によるOPの分解によってDIPの増加が起きていることが示唆される．海底堆積物の間隙水中のDIP濃度は，水温や堆積物の有機物量に比例して増加するほか，貧酸素水塊のように還元的な環境では，鉄酸化物などに吸着して堆積物中にとどまっていたDIPが遊離して間隙水のDIP濃度を増加させる（図1）．間隙水中のDIPは，濃度勾配に従って底層の直上水へ拡散するため，これらのDIPは躍層付近の一次生産に寄与するだけでなく，台風の通過などによって海水が鉛直混合されると，表層の一次生産にも大きく寄与することになる．

◆ リンの動態の生態系への影響

陸域流入水の湾内での滞留時間が増加すると，生物による溶存態成分の利用機会が増加し，粒子状に姿を変えたリンは，沈降や埋積・吸着，生物による捕食など，海水流動とは半

表1　日本の代表的な内湾における淡水・全リン（TP）の滞留時間（日）の見積もり[5]

湾	時期	滞留時間（日）淡水：τ_f	滞留時間（日）TP：τ_P	τ_P/τ_f
東京湾	年平均	30	39	1.3
伊勢湾	年平均	27	45	1.7
大阪湾	年平均	57	66	1.2

独立的に挙動するようになるため，湾内でのリン滞留時間が淡水の滞留時間に比べて増加することになる．海水交換量の小さい大阪湾では，伊勢湾や東京湾より長い滞留時間をもつこととなり（表1），リンの内部循環が活発に起きていると推測される．

近年，リンの流入量が窒素と比較して相対的に減少し，河川中のTN/TP比が高い値をとることが報告されている．このような栄養塩流入環境の変化に対する生態系の応答として，体内構造のリン要求量に対してリンの取り込み量や貯蔵量が大きい植物プランクトン種や，日周鉛直移動によって下層の栄養塩も取り込むことができる種が優先して増加しやすいと考えられる[4]．二枚貝などの高次捕食者は，餌としての植物プランクトン種に対する種選択性をもつため，リンを含む栄養塩供給環境の変化は，一次生産者である植物プランクトン種だけでなく，生態系の栄養段階の上位の生物にも影響を及ぼす可能性がある．

（梅澤　有）

◆ 参考文献

1）高田秀重：水質．小倉紀雄編，東京湾―100年の環境変遷―，pp.39-44，恒星社厚生閣，1993.
2）東京湾水質調査報告書（平成26年度）東京湾岸自治体環境保全会議，p.70, 2016.
3）A. Paytan and K. McLaughlin：*Oceanography*, 20：200-206, 2007.
4）梅澤有ほか：地球環境，20：63-76, 2015.
5）柳哲雄：沿岸海洋研究，35：93-97, 1997.

2-2 生物圏でのリン循環

貧栄養海域生態系

2-2-4

貧栄養海域と特徴づけられる亜熱帯海域は海の砂漠とも称され，全海洋のおよそ7割を占める．このような海域は，陸（河川）から隔離され，大気からの物質供給もきわめて限られる．さらに年間を通じて安定な成層構造が，中深層から表層への栄養塩の供給を阻み，表層の栄養塩類は極低濃度に維持されることになる．本項では，貧栄養海域において，栄養塩の枯渇した環境にさらされた生物がどのような戦略で生態系を維持しているのか，リンの動態を軸に概説する．

◆ 検出限界の向こう側

本章［2-1-3 海洋］で述べられているように，リンは海水中でさまざまな形態をとり，なかでも溶存無機態リンの主要成分であるオルトリン酸（リン酸態リン）は植物プランクトンにとって最も利用性が高い化学種である．一般的に，海水中のリン酸態リンは比色分析（モリブデンブルー法）により測定される．光路長が5～10 cm程度のガラスセルを用いることが多く，リン酸態リンの検出限界は～20 nmol P/L（0.6 μg P/Lに相当）程度である（比色分析については［1-3-1 比色分析］を参照）．

このような一般的な比色分析法では，貧栄養海域を代表する亜熱帯海域の表層海水のリン酸態リン濃度はしばしば検出限界以下となる．さまざまな微生物群集が活動しているにもかかわらず，「検出限界以下」では，そこに物質動態は見出せず，見かけ上は何も起こっていない希薄で均一な世界である．しかし，リン酸態リンの高感度分析手法が海洋観測に導入されると，この状況は一変した．初めに海水に添加したマグネシウムによりリン酸を共沈・濃縮する手法（略称MAGIC法）が，亜熱帯貧栄養海域の2か所で実施されている長期連続定点観測（Hawaii Ocean Time-seriesおよびBermuda Atlantic Time-series Study）に導入され，ナノモルレベルでリン酸態リンの時間変動が評価可能になった．さらに，光路長が1～2 mの液相ウェーブガイド毛管セルを用いた高感度連続観測システムが導入され，航走中の船上で広範囲の表層水のリン酸態リン濃度がリアルタイムで計測されるようになると[1]，これまで「検出限界以下」という均一なイメージでくくられてきた貧栄養海域において，ナノモルレベルのリン酸態リンがきわめてダイナミックな動態を示すことがわかってきた．たとえば，西部北大西洋および西部北太平洋において，鉄を豊富に含んだ陸起源のダスト供給が貧栄養海域の窒素固定速度を向上させ，固定された窒素を植物プランクトンが利用する際にリン酸態リンを枯渇させるといったメカニズムが解明されている[1]．

◆ リン制限下での微生物群集の成長戦略

「成長戦略」と題したが，むしろ「生存戦略」が適切かもしれない．生存に必須なリンが枯渇状態にあるなかで，貧栄養海域に生息する植物プランクトンや細菌など微生物群集はさまざまな戦略により，その状況を乗り越えている[2]．まずリンの節約策として，代謝や細胞構造の維持に不可欠なリン含有成分を高度に抑制する戦略である．たとえば一部の微小藍藻類は，細胞膜の主成分であるリン脂質の合成を最小限に抑え，硫脂質（硫黄を含む糖脂質）をもってこれに代える．さらに一部の海洋微生物群集は，遺伝情報を最小限にすることでDNAの合成量とそれに必要なリンの需要を少なくするという究極的ともいえるリンの節約戦術を行使しているようである．

リンの消費節約に加えて，極低濃度のリンの獲得における種々の戦略もみえてきた．リン酸に高い親和性をもつリン結合タンパクの遺伝子が種々の海洋微生物から見つかっており，リンの取り込み効率の向上が図られていると推測される．興味深いのは，リン結合タンパクやリン輸送システムの遺伝子情報をもつウイルスの存在と，そのホスト生物（感染動物）の藍藻類や円石藻類との関係である．ウイルス感染が，ホスト生物のリン取り込み効率を格段に向上させている可能性が指摘されている[3]．海洋微生物はリン制限環境に適応するために，単一あるいは群集レベルでのさまざまな戦略・手段を講じていると考えられる．

◆ 溶存有機態リン：潜在的なリンソース

リン酸態リンが枯渇レベルにある貧栄養海域においても 0.1 ～ 0.3 μmol P/L（3.1 ～ 9.3 μg P/L）程度存在している溶存有機態リン（DOP：dissolved organic phosphorus）は，潜在的なリンソースとして重要である．海水中の DOP のうち，既知の化合物の占める割合は小さく全体像は未解明の部分が多いが，核磁気共鳴分析法（^{31}P NMR 分析法）によりリン酸エステル化合物と C–P 結合（ホスホン酸類）の存在が確認されている．リン酸エステル類はさらにモノエステルとジエステルに分類可能である．

海洋の微生物群集による DOP の利用には 2 つの経路が考えられる[4]．ヌクレオチドなど分子量が比較的小さい化合物は細胞内に直接取り込まれ，細胞内でリン酸態リンに加水分解されるか，あるいはそのまま生体物質前駆体として利用される．また，微生物の細胞外酵素によりエステル類が加水分解された後，生成物であるリン酸態リンが取り込まれるプロセスは，他の生物も利用可能なリンが海水中に供給されるという点で生態学的に重要である．DOP の酵素分解で重要な役割を果たすのが，モノエステルからリン酸態リンを生成するホスファターゼと，ジエステルをモノエステルに加水分解するホスホジエステラーゼ（PDEase）である[5]．特に前者として，海水の弱アルカリ条件で活性の高いアルカリホスファターゼ（APase）は，蛍光基質を用いた高感度な活性測定により，さまざまな海域で計測と解析が行われている．リン酸態リンが枯渇した貧栄養海域の表層では，APase の働きにより DOP の一部がきわめて高速に循環していることがわかっている．さらに近年，蛍光基質とフローサイトメーターを組み合わせることで，微生物ごとの APase 活性やその役割を評価する試みが進んでいる．

ホスホン酸類の炭素–リン結合を切断する C–P リアーゼ関連遺伝子は，一部の藍藻類（窒素固定能も有する）に見つかっている．しかし，細胞外酵素による加水分解は機能しておらず，リンソースとしてのホスホン酸類の役割や利用プロセスはきわめて複雑と考えられている．

貧栄養海域生態系に生息する微生物群集は，リンの取り込みや細胞内での代謝において，その効率を最大限向上させるさまざまな戦略を細胞単位，あるいは群集レベルで講じている．貧栄養海域生態系は，見かけ上，生物に利用可能なリンの絶対量がきわめて少なく，リン資源に枯渇した環境にある．しかしその実態は，生物–海水，有機物–無機物において高速で複雑なリンの生化学的フローが生物生産を支えるダイナミックな世界である．

（鈴村昌弘）

◆ 参考文献

1）橋濱史典：海の研究，22：169–185, 2013.
2）S. T. Dyhrman *et al.*：*Oceanography*, 20(2)：110–116, 2007.
3）M. B. Sullivan *et al.*：*PLoS Biology*, 3(5)：e144, 2005.
4）D. M. Karl and K. M. Björkman：Biogeochemistry of Marine Dissolved Organic Matter, pp.250–366, Academic Press, 2002.
5）鈴村昌弘ほか：地球環境，20：77–88, 2015.

森林生態系

2-2-5

リンは樹木をはじめとする森林生態系中の生物にとって主要な必須元素の一つである．森林生態系におけるリン循環の特徴として，生物的要因および非生物的要因がともに動態に強く影響を及ぼしている点があげられる．さらに，リンは水を介しての移動が，窒素などと比べると制限されており，流入流出の量よりも内部循環量のほうが大きい傾向にある．通常，森林生態系内では，リンは酸素原子と結合した無機リン酸を基本単位として，循環系のなかで他の分子と結合，分離を行う．土壌中でリン酸は金属酸化物と結合しやすい特徴があり，移動や植物吸収に大きな制限を受ける．本項ではこれらの特徴が，森林生態系のリン循環においてどのような意味をもつかについて説明する．

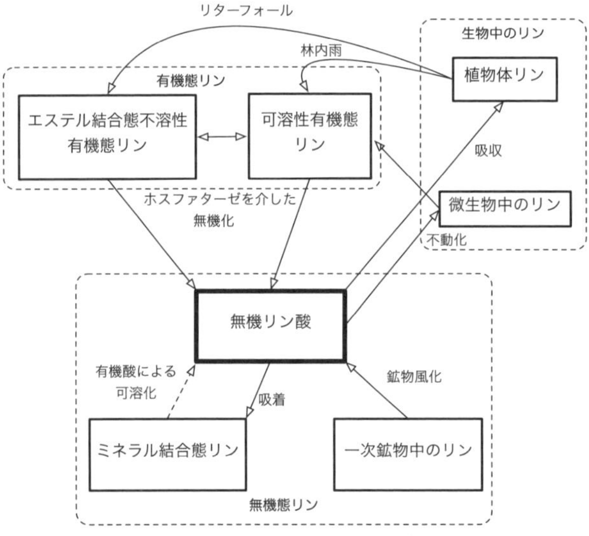

図1　森林生態系内のリン循環（文献[1]を改変）

リターフォール
林内雨
生物中のリン
植物体リン
有機態リン
エステル結合態不溶性有機態リン
可溶性有機態リン
吸収
ホスファターゼを介した無機化
微生物中のリン
不動化
無機リン酸
有機酸による可溶化
吸着
鉱物風化
ミネラル結合態リン
一次鉱物中のリン
無機態リン

◆ 森林生態系におけるリンの生物地球化学的循環

リンは他のミネラル類と同様に鉱物風化が森林生態系内への主要な流入経路となっている（図1）．他のミネラル類と異なり，リンは降水中にほとんど含まれていない．東アジア地域では風成塵の移動に伴うリン流入の寄与が大きい．

リン酸カルシウムなどの一次鉱物から風化によって可溶化したリン酸は植物や微生物に吸収されることによって有機態になる．有機態リンは枯死に伴うリターフォール（落葉落枝）を介して，土壌中に戻る．この過程は同じく主要な必須元素である窒素と同じであるが，土壌中で窒素の大半が有機態で存在するのに対し，土壌中のリンは有機態のほか風化を受ける前の一次鉱物中のリンや後述する結合態のリンが存在する．そのため，土壌中の有機態リンの割合は気候区や土壌の性質，および森林のタイプによって大きく異なる．

土壌中の有機態リンの多くはモノエステルおよびジエステル態として存在する．これらの分解にはリン酸分解酵素（ホスファターゼ）による寄与が大きい．ホスファターゼは微生物や植物根から放出され，植生や土壌のリン可給性によって活性が大きく異なっている．

土壌中での分解後，有機態リンは一時的にリン酸に戻される．ところが，リン酸吸着能が高い土壌条件ではリンは結合態となるため，瞬時に植物吸収を含む移動が制限される．非晶質分子を多く含む火山灰由来土壌や，熱帯の鉄やアルミニウムを主体とする金属酸化物やその水和酸化物を多く含む土壌は，配位子交換によってリン酸を吸着する能力がきわめて高い．

このような結合態となったリンに対して，微生物（菌根を含む）や植物は体外に有機酸を放出することによってリンを獲得する戦略をとっている．有機酸は酸によってリンを可溶化させるのではなく，金属分子をキレート化することによってリン酸を解放していると考えられている．有機酸の放出も植生や土壌のリン可給性によって活性が大きく異なっている．

土壌中のリン結合の強弱を実験室内で調べる方法として，逐次抽出法がある[2]．これは，同じ土壌に対して段階的に強度の高い抽出液を用いることによって，結合の弱いリンから強いリンを抽出していく方法である．結合の弱い順に，イオン交換樹脂，炭酸水素ナトリウム，水酸化ナトリウム，塩酸によって抽出されたリン，そして残滓中のリンとなる．それぞれの量的な割合からリン量を画分ごとに明らかにすることができる．炭酸水素ナトリウム抽出液中のリンまでが植物にとって利用しやすいリンであり，それ以後の画分は比較的強い結合によって保持されているリンに該当すると考えられている．イオン交換樹脂から無機リン酸が抽出され，それ以外の画分からは，有機，無機両方の化合物が抽出される．

森林生態系からリンは水を介して流出する．可溶性のリン酸で存在することが少ないことから粒子状や懸濁態が主体となる．そのため，平水時のリン濃度は硝酸などと比較するときわめて低い．さらに，出水時のリン流出量は流出量全体の大部分を占めている．

◆ 植物体内でのリン

植物体内で，リン酸は無機リン酸，糖リン酸エステルのようなモノエステル態，核酸やATPを構成するポリリン酸エステル態のいずれかの形態で存在する[2]．リンの可給性に制限がある場合，葉中のリンは20％がリン脂質，40％が核酸，20％がモノエステル態，20％が無機リン酸に振り分けられる．リンの可給性が上がった場合，主に無機リン酸の割合が上がり，核酸は最も影響を受けない．

土壌中でのリンの移動に制限があるため，植物がリンを吸収するためには上述したようにホスファターゼや有機酸生産のための投資が必要となる．そのため植物は，獲得したリンを有効に利用するため，植物体内で組織の老化に伴ってリン酸を転流することにより，吸収によるリンの獲得を調節している．一般に養分の獲得に制限がある場合，落葉前の転流が促進される．

植物の生葉と落葉中の窒素：リン濃度比（N：P比）を比較すると，リンの獲得に制限がある土壌条件下では生葉に対して落葉のN：P比が高くなる傾向にある．通常，植物は落葉前に元素間で一律に転流するが，このような場合リンを選択的に転流していることを示している．リンの転流が行われる程度は，植物種や土壌中のリンの条件によって大きく異なる．また，葉のみならず木質部分についても，木化の程度が進むと養分の転流が促進される．

植物体中のリンが比較的高濃度になる器官として，生殖器官があげられる．種子中のリンの形態は主としてイノシトールリン酸の一種であるフィチン（フィチン酸塩）である．

造林地の樹木による地上部のリンの年平均蓄積量は数kg/haから十数kg/haであり，地上部リターフォールで林床に戻されるリン量も年間数kg/haから十数kg/ha程度である．リンの年間吸収量は，地下部を含めたそれらの値の合計値に相当する．風化によるリンの供給は年間1kg/ha以下であり，流出量は森林では通常，それより1～2桁低い．森林生態系内で樹木は，限られたリンを効率的に内部循環させている．（稲垣昌宏）

◆ 参考文献

1）D. Binkley and R. F. Fisher：Ecology and Management of Forest Soils 4th ed., Wiley-Blackwell, 2013.

2）M. J. Hedley *et al.*：*Soil Sci. Soc. Am. J.*, 46：970-976, 1982.

2-2 生物圏でのリン循環

人間活動のリン循環への影響

2-2-6

自然のリン循環は，岩石由来のリンが土壌–陸域生態系に取り込まれ，一部が土壌侵食により水域から海洋まで輸送され堆積物として蓄積され，さらにその一部が海洋生態系にたどり着くという，陸域から海域への一方的な輸送構造（図1）であるのが特徴である[1]．海洋堆積物が地殻変動とともに続成作用を受け岩石（たとえば堆積岩など）となり再び高地に戻る循環は，長い年月を要するため無視される（たとえば，地殻変動の激しい日本列島西側の太平洋沿岸高地に分布する四万十層群で，10万年から100万年オーダーである）．この自然のリン循環に対して人間活動の影響が作用した場合，陸域から海域への輸送がさらに加速することになる[1-4]．ここでは，特に自然循環系を加速させてきた人間活動について整理する．具体的には，①物質の大量消費活動（農業活動および都市活動）に伴うリン放出と②人間活動による水循環過程の変化（地表流の発生と下水道の放出）に伴うリン輸送である（図1）．特に①においては，地下資源の採掘が出発点となっている．

◆ 地下資源の採掘と利用

人間活動の物質循環への影響のなかで，注目すべき一つの活動は，地下資源の採掘と利用である．地表の物質循環系のなかで蓄積し偏在し，やがて地下に埋没した資源を採掘し再び地表の物質循環系に組み入れている生物は，これまでに地球上に登場した数多くの生物種のなかで唯一 *Homo sapiens*（以下，Hs）だけである．地表の資源は有限であり，有限の資源がやがて地下に埋没してしまったのでは資源の枯渇を招き，地表の物質循環系は成り立たなくなる．このため Hs の活動は資源の再循環という意味で，物質循環系の維持という意味で重要である．このことはリンの物質循環についても当てはまる．生物の体のなかに吸収・蓄積されたリンが，やがてアパタイトなどのさまざまなリン化合物として地下に埋没しているのを採掘して，リン肥料として，あるいはさまざまな工業原料として利用し，地表の物質循環系に組み入れているのが Hs の活動である．そして地表の物質循環系に組み入れられたリン化合物はやがて食物連鎖・食物網のなかに組み入れられて地球生態系を維持していくのである．

◆ 大量消費活動に伴うリン放出

食糧増産のために農地にリン肥料を散布してきたことは，陸域のリン循環に対して大きな影響を及ぼしてきた[1,2]．図1にこれまでのいくつかの研究成果[2,4]に基づく数値を示

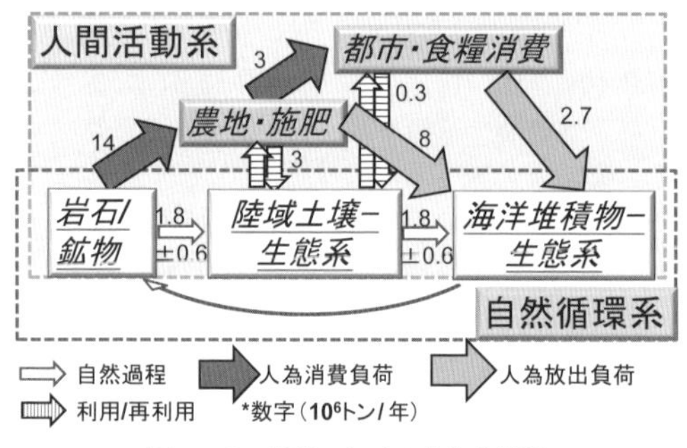

図1 リン循環における人為的影響

したが，農地への肥料の投入負荷量は，自然循環量（河川経由で輸送されるものに加えて大気経由で輸送されるものも含む[4]）に比べて約10倍である．さらに，農地で生産された農作物は人口の集中する都市に大量に収束し消費される[3]．これもリン循環にとっては大きな影響を及ぼしてきた点である．以上のように，リン循環において人間活動の影響範囲は，農地から都市へとさらには世界の食糧輸出入という形で，流域スケールからグローバルスケールまでスケールアップしてきたといえる．

ただし，一部は農地や都市と土壌–生態系との間で，自然植生を家畜の餌や人間の食糧として利用し，その排泄物を農地などで再利用/廃棄する農地～都市での利用・再利用のフローや，農作物が生態系の食物連鎖に取り込まれ，農業残渣が廃棄されるなど土壌–生態系での利用・プールのフローが相互にある（図1）．

◆ 水循環過程の変化に伴うリン輸送

人間活動の影響は，同時に流域の水文過程を変化させ，そのことが海洋への流出をきわめて加速させることにつながった．一般に農地では，森林流域に比べて地表面の浸透能が低く（土壌動物の活動度が低く，雨滴衝撃による圧縮を受けるため，土壌間隙が小さい），降雨時に地表流が発生しやすい．地表流の発生は，表面土壌の侵食を引き起こす．沖縄の農地からの顕著な赤土流出などは，典型的な例であろう．このように，土壌侵食が生じると，農地に散布されたリン肥料も流亡する可能性が高い．このリンのロスについては，農地に散布される肥料の5割以上に達すると見積もられている[2]（図1）．また，人為的な森林伐採や山火事などの森林の消失は，同様に降雨流出経路をより地表流優先へと変化させることになる．この結果，長期にわたる自然の循環により土壌に蓄積された栄養分（リンを含む）が系外に流亡する[5]．砂漠化や土壌劣化という地球環境問題を抱える地域は，20世紀後半に陸域の3割以上に拡大したが，過剰な農業活動や森林伐採による土壌侵食を伴うことから，同時にリンの流亡が増加した地域でもあるといえる．すなわち，人間活動によって20世紀後半にリン循環の大きな変化が起きたということがいえる．

また，都市では，建築構造物や道路などのインフラ整備により不浸透面が拡大する一方で，下水道が整備されるという流出特性の顕著な変化が作り出されてきた．その結果，降雨時に雨水は地表を速やかに流れ，排水路や河川に集中し洪水を引き起こすようになった．また，下水は処理場において処理されたのち，汚泥は処分場に，処理水は河川や海洋などにポイントソースとして排水されている．さらに，雨水と下水を共有して排水している旧来の合流式下水道では，降雨時，下水管に雨水が集中した際には，処理場を経由せず未処理な状態で直接河川や海洋に放出されている．この状況は，ゲリラ豪雨のような降雨強度の強い降雨時には発生するため，今後多発していく可能性を秘めており，今後リン流出に及ぼす下水道の影響を明らかにすることが必要である．　（小野寺真一・佐竹研一）

◆ 参考文献

1) 小野寺真一：地球環境，20：1–2, 2015.
2) D. Cordell *et al.*：*Global Environmental Change*, 19：292–305, 2009.
3) S. Onodera：Subsurface pollution in Asian megacities, In M. Taniguchi (ed.), Groundwater & Subsurface Environment in Asia, pp.159–184, Springer, 2011.
4) A. Paytan and K. McLaughlin：*Chem. Rev.*, 107：563–576, 2007.
5) S. Onodera and J. T. II Van Stan：Effect of Forest Fires on Hydrology and Biogeochemistry of Watersheds, In D. F. Levia (ed.), Forest Hydrology and Biogeochemistry, pp.599–621, Springer, 2011.

2-3 リン鉱石

リン資源の歴史

2-3-1

◆ リン資源の発見

人類が農耕を始めたのが1万2000年頃とされているが，人為的に肥料成分を含む物質投入を耕地に行うようになってから生産効率が上がり，その後の食糧安定供給と人口増大に大きく貢献したといわれる．たとえば北アフリカでは紀元前200年より鳥糞を施肥していたとされ，動物の糞のほかに，泥灰岩，木灰などもヨーロッパで用いられていた記録がある．肥料原料として，骨の肥効は17世紀頃から着目されており，中国では2000年前から動物の骨を焼いて肥料として用いていたという[1]．英国でも18世紀後半から肥料として骨の利用が拡大してきた．わが国においても，18世紀後半に薩摩で獣骨肥料の使用が始まり，19世紀には獣骨を求めて中国にまで調達を伸ばしたという[1,2]．

しかしながら，これらはリンの肥効を意識して用いていたものではなかった．リンの元素としての発見は，1669年ブラントによるもので，尿を蒸発乾固して黄リンを得た．17世紀末にはフランスのアカデミーにより初めてリンの製法が公表され，1770年頃スウェーデンのシェーレはリン灰石からリンを単体分離する方法を発表した[2,3]．

◆ 有機物から無機物への転換

獣骨や下肥の利用は，その需要に対する供給が不足しており，農業の単位土地面積あたりの生産効率改善にはさらなるリン酸源が必要とされた．1829年に発見された糞石は，大型の哺乳類，爬虫類などの排泄物が風雨にさらされ，窒素その他の有機成分が分解流出し，リン酸分が石灰と反応してカルシウム塩として固結，石化したものである[4]．1847年，英国のサフォーク州で産出するコプロライト（糞石）が利用されるようになり，1909年に採掘が中止されるまでに約200万トンが採掘されたといわれる[4]．

珊瑚礁の上に海鳥の糞が堆積し，長期にわたる風化を受けて残留したリン酸分が珊瑚礁の石灰分と結合して不溶化濃縮したリン酸質グアノは，1850年代には太平洋島嶼地域で採掘が行われるようになり，獣骨に代わるリン供給源として用いられるようになった．19世紀後半には米国で海成リン鉱石，ロシアのコラ半島で火成源リン鉱石が相次いで発見採掘され[4]，リン酸源は有機物の動物の排泄物や骨といった有機物から，無機物のリン鉱石に転換していった．

火成岩質リン鉱石であるリン灰石はマグマに含まれたリン酸が高温高圧下でアパタイトを形成したもので，地殻変動に伴い地表近くに鉱床が形成されたものであり，フッ素を3～4％含有し，鉱物組成はフッ素アパタイト（フルオロアパタイト）が主体である．

堆積岩質リン鉱石として，内陸型と島嶼型がある．成因にはいくつかの説があるが，海洋中のリン酸と海底鉱物の化学反応による生成，地殻変動によって陸地化したもの，海鳥糞中のリン酸と珊瑚礁のカルシウム分が反応して生成したもの，動物遺体および排泄物の化石化したものなどがあるとされる[5]．現在流通しているリンの一次資源は米国やモロッコに主に埋蔵される海成系リン鉱石と中国に代表されるリン灰石，太平洋島嶼地域から供給されるグアノに大きく分類される．

海成リン鉱石とグアノは，時間軸は違えど食物連鎖によってリンが濃縮されたものに起因している．非生物起源のリン灰石はロシア，ブラジル，南アフリカなどで産出されるが，埋蔵量は海成リン鉱石と比較すると小さい．モロッコ，チュニジア，ヨルダンなどで世界のリン鉱石埋蔵量の大部分を有しており，他の鉱物資源と同様に資源分布の偏在による地政学的リスクの増大が懸念されている．

◆ 過渡期におけるグアノラッシュ

19世紀前半にペルーでグアノがヨーロッパに紹介されてから，獣骨や下肥に代わる肥料原料としてリン酸質グアノは大きな注目を集めた．グアノには窒素分の多い窒素質グアノとリン酸分の多いリン酸質グアノに分類される．窒素質グアノはリン酸分の可溶性が高く，そのまま肥料として使用されるが，リン酸質グアノは珊瑚などの石灰質成分と結合して不溶性のリン酸三カルシウムになっているため，加工処理を行って肥料として用いられることが多い．

ペルーで採掘されたグアノはヨーロッパ，米国で肥料原料として需要が高まり，それを受けて開発投機が各地で進んだ．カリブ海，太平洋の島々で発見，採掘されたグアノは窒素とリン酸を供給する鉱物肥料として米国の農作物生産効率向上に大きく貢献した[4]．

1850年代から60年代にかけてグアノラッシュと呼ばれる大きな需要が起こり，その間にグアノを保有する利権者は莫大な利益を得た一方で，加速度的なグアノ採掘が行われた．1851～72年の間に1000万トン以上のグアノがペルーの島々から採掘され，島の形状が大きく変化するまでの土地改変が発生したという[1,3,5]．

わが国では，明治2(1869)年頃に中国を通じてペルーグアノが初めて輸入されて以来，20世紀後半に年間500トンを超えない量のグアノ輸入があり，複合肥料の原料として利用されてきた．

しかしながらグアノラッシュは，フロリダのリン鉱石の発見，チリの硝石が世界に供給されることで終焉を迎え，グアノ採掘は衰退していった．グアノ採掘に依存していた経済は急激な需要変化と，採掘コストの増大に対応できずに経済破綻をした国もあった[6]．

◆ その他のリン資源

西欧ではリンの含有量が多い鉄鉱石が産出し，これを原料とした鋼はもろくなることから，トーマス製鋼法が考案された．トーマス転炉中で鉄鉱石を塩基性スラグと接触，酸化させることで，鉄鉱石中のリンをスラグ中に除去できリンの少ない鋼の生産を可能にした．トーマス製鋼法の普及に伴い，製鋼の副産物としてのスラグはトーマスリン肥と呼ばれ，農地に施用された．1960年代の最盛期には100万トンを超えるトーマスリン肥の生産があった[1,2]．　（松八重一代）

◆ 参考文献

1) 小野田廣男：リン鉱石とリン資源，pp.1-3，日本燐資源研究所，1997.
2) K. A. Wyant *et al.*：Phosphorus, Food and Our Future, Oxford University Press, 2013.
3) K. Ashley *et al.*：*Chemosphere*, **84**(6)：737-746, 2011.
4) 高橋英一：肥料になった鉱物の物語，pp.1-3，研成社，2004.
5) 大竹久夫監修：リン資源の回収と有効利用，サイエンス&テクノロジー，2009.
6) リュック・フォリエ：ユートピアの崩壊ナウル共和国，新見社，2011.

2-3 リン鉱石

リン鉱石の分類

2-3-2

リン酸およびリン化合物を製造するための出発原料として,リン鉱石が使用されている.リン鉱石は成因で分類されるが,その成因について,無機源と有機源に分け,無機源は鉱物由来,有機源は生物由来に分ける方法がある.もう少し詳細に大別すると,火成岩などを成因とする火成岩質リン鉱石,生物起源のリン酸分が海底で堆積したものを成因とする堆積岩質リン鉱石,および鳥類の糞が島に堆積したものを成因とするグアノ質リン鉱石の3種類に分類される.この3種類での分類方法が,現在では一般的に使用されている方法と思われる.以下にそれぞれの詳細を解説する.

◆ 火成岩質リン鉱石

リンを含む地下の溶融したマグマが噴出し,そのなかのリン分が気体,あるいは液体として,石灰やフッ素と結合し,生成したものを火成岩質リン鉱石と呼ぶ.これらの鉱物はリン灰石(アパタイト apatite)を主成分としている.リン灰石は一般的に$Ca_{10}(PO_4)_6X_2$で表される.XはF,Cl,OHがあり,それぞれ,フルオロ(フッ素),クロロ(塩素),ヒドロキシの名を冠して呼ばれる.火成岩質リン鉱石は,これらのリン灰石成分中でフルオロアパタイト(fluorapatite)の比率が多いことが知られている.火成岩質リン鉱石には,産状(岩盤や地層や鉱床が分布しているところの性状)により種々の鉱物を伴う.たとえば,正マグマ鉱床(マグマの主成分であるケイ酸塩が固化し,火成岩を形成する際,有用な金属を含む鉱物が晶出,濃集して形成された鉱床)においては,磁鉄鉱とともに(例えばスウェーデンのキルナ鉱),正マグマ鉱床と気成鉱床(マグマから分離された高温高圧流体が既存の岩石に作用することによって生じる鉱床)の中間のものとして,霞石(ケイ酸塩鉱物の一種で,強酸に浸すと白濁することから名づけられた.ナトリウムに富み,ケイ酸の少ない火成岩中に生成する)とともに(例えばロシアのコラ鉱)産出されることが知られている[1].火成岩質リン鉱石の結晶は,構造が細密のため硬質であり,かつ大きい.リン鉱石を肥料として使用するために,硫酸による分解を施すが,このタイプは硫酸あるいはリン酸を加えてもなかなか十分に分解しないといわれている.

火成岩質リン鉱石の産地としては,ロシアのコラ鉱が有名である.品位を表す一つとして,リン酸含有量(P_2O_5)が用いられるが,コラ鉱は後述するグアノ質リン鉱石とともに,リン酸含有量が高いことで知られている.コラ鉱に含有する微量元素として,ストロンチウムや希土類を含むことが知られている.有機物含有量はきわめて少ない.その他の産地として,南アフリカおよびブラジルがあげられる.南アフリカのリン鉱石は,コラ鉱とともに,カドミウム含量が低いことが特徴である.

◆ 堆積岩質リン鉱石

海水中の生物の死骸,あるいはなんらかの要因で海水に溶解したリン分が,長い年月の間に,生化学的,および簡単な化学的作用を受けて炭酸カルシウムと結合して,リン酸の溶解度が減少して粒状となったものが,次第に成長して沈降堆積し,その後,地殻の変動や隆起により,巨大なリン鉱石鉱床を形成した.このようにして生成したものは堆積岩質リン鉱石と呼ばれている.別名として海成系リン鉱石(marine phosphorite)と呼ばれている.化学組成について,主成分はフッ素炭酸アパタイト(carbonate fluorapatite)である[2].堆積岩質リン鉱石の結晶は微細であり,かつ軟質であるので,硫酸あるいはリン酸を加えて肥料を生産する際,分解が容易である.この鉱石に含有する微量元素として,バナジウム，クロム，銅，ニッケル，モリブデン，希土類などを含むことが知られている．

資源量としては，最も多く，かつ広範囲にわたって分布している．主たる産地としては世界最大の埋蔵量を誇るモロッコ，米国のフロリダ，中国，ヨルダン，シリア，イスラエル，トーゴ，アルジェリア，サウジアラビアなどがあげられる．米国のフロリダ鉱床はリン分を含む小石，砂および粘土からなることが知られている．中国鉱について，ここでは堆積岩質リン鉱石として分類したが，火成岩質リン鉱石も存在する．中国国内における主な産地として，雲南省，湖北省，貴州省，湖南省および四川省が有名である．ベトナムのラオカイリン鉱石も海底堆積物が成因であるが，高温・高圧のもとで変成作用を受け，さらに再結晶作用を受けた変成鉱床である[3]．

◆ グアノ質リン鉱石

グアノとは，海鳥の排泄物や死骸などがサンゴ礁に長期間堆積したものを指す．やわらかい土粉状および土塊状である．この堆積物であるグアノから雨水や海水によって窒素成分や有機物が流出し，岩石化したものをグアノ質リン鉱石と呼ぶ．主成分はリン酸三カルシウムであるが，リン酸二カルシウムを多く含むものも多くみられる[4]．グアノ質リン鉱石は他のリン鉱石に比べて，リン酸含有量が高いが，産地が一定地域に極限されているので，埋蔵量は他のリン鉱石に比べてはるかに少なく，かつての採掘地の多くはすでに掘り尽くされ，ほとんど枯渇している．グアノ質リン鉱石の主要な産地はナウル，クリスマス島，マカテアなどの太平洋諸国である．

◆ リン鉱石以外のリン資源

前出のグアノそのものがリン資源であり，最も古くから肥料の資源として利用されていた．グアノには「窒素質グアノ」と「リン酸質グアノ」の2種類がある．窒素質グアノは降雨量が少なく，乾燥した地帯に形成されたもので，多くの窒素鉱物を含有する．リン酸分の可溶性が高く，そのまま有機質肥料として使用される．産地としては，ペルーが有名である．リン酸質グアノは熱帯などの降雨量が多い地帯に形成され，雨水などによって窒素分が流出してリン酸分が濃縮されたものである．リン酸質グアノはリン鉱石が発見されるまで，最も主要なリン資源であった．リン酸質グアノが，さらに堆積年数が経過し，窒素や有機物がほとんど失われ，鉱石となったものが，前出のグアノ質リン鉱石である．リン酸質グアノとグアノ質リン鉱石において，本質的な区別はないとされている[5]．

その他のリン資源として，糞化石（coprolite：中世代の爬虫類，魚類あるいは哺乳類などの排泄物や死体が化石となったもので，主成分はリン酸カルシウムと炭酸カルシウムの混合物）および骨灰などがある[4,5]．

（佐藤英俊）

◆ 参考文献

1）化学大辞典編集委員会：化学大辞典，第9巻，p.789，共立出版，1987.
2）日本化学会：化学便覧　応用化学編Ⅰ　第5版，p.631，丸善，1995.
3）岸本文男：地質ニュース，No.284：55，1978.
4）堀省一郎，村上恵一：リン酸，pp.86–88，誠文堂新光社，1965.
5）金澤孝文：無機リン化学，pp.8–11，講談社，1985.

リン鉱石の形成年代

世界には多くのリン鉱床があるが，陸上にリン鉱床をもつ国は20か国程度に限られており，世界の約90％の国にはリン鉱床が存在していない．リン鉱床は，南米の大陸棚や日本近海からハワイ諸島にかけての深海にも見つかっているが，これらの海底にあるリン鉱床は主に経済的理由から採掘が行われていない．リン鉱床の形成年代は，ウラン238（半減期約45億年）や235（半減期約7億年）などの半減期の長い天然放射性核種のγ線測定により推定することができる．これまでに世界で見つかっているリン鉱床のほとんどは，今から約20億年前（原生代）から250万年前頃（新生代）の間に形成されたものである．20世紀末に新しいリン鉱床を求めて世界中の海域で探索が行われたものの，70万年より新しいものは南西アフリカのナミビア沖とチリ–ペルー沖の大陸棚およびオーストラリアの東海岸の海底などわずか数か所でしか発見されなかった．

地球の46億年の歴史において，最初に形成されたリン鉱石は火山性のものであったと考えられている．たとえば，南アフリカのPhalaborwa鉱床やスリランカのEppawella鉱床などの火山性のリン鉱石は，約20億年前の火山活動に由来している．火山性のリン鉱石は，地下のマントル上部から噴出したマグマが地殻表層付近で冷却されたときに，リンを多く含む部分が集まってできたものである．その後はしばらくリン鉱床の形成はみられず，顕生代（約6億年前から現代）になって海成性のリン鉱床が出現する．地球上のリン鉱床のほとんどは海成性のものであり，地球が誕生して海洋で生物活動が盛んになる顕生代になるまで約40億年の間には，リン鉱床の形成はほとんど行われなかったものと思われる．

面白いことに海成性のリン鉱床は，主に次の5つの時期に集中して出現している．すなわち，古生代のカンブリア紀–オルドビス紀（約5.4～4.4億年前），デボン紀（約4.2～3.6億年前），ペルム紀（約3.0～2.5億年前），中生代のジュラ紀–白亜紀（約2.0～0.7億年前）および新生代の旧成紀（約0.7億年～0.2億年前）に，リン鉱床の形成年代が集中している．世界の主要なリン鉱床のなかでは，中国の南部（雲南，四川，貴州および湖北省）のリン鉱床が比較的古く，新原生代末のエディアカラ紀（約6.3～5.4億年前）から続くカンブリア紀（約5.4～4.8億年前）に形成されたものと，デボン紀（4.2～3.6億年前）のものとが約半分ずつを占めている．

ロシアのKaratauリン鉱床も古く，古生代カンブリア紀に形成されたようである．これに比べて，モロッコ，イスラエル，ヨルダンやサウジアラビアなどの中東から北アフリカに広がる世界最大の地中海リン鉱床帯は比較的新しく，中生代の白亜紀後期（約1.0～0.7億年前）から新生代旧成紀の始新世（約0.5～0.3億年前）に形成されたものである．この地中海リン鉱床帯は，現在の地中海の前身であるテーチス（Tethys）海の南岸に形成されたもので，大陸移動によりその一部は南米コロンビアやベネズエラにまで広がっている．また，米国北西部のアイダホ州などにはホスホリアと呼ばれる大きなリン鉱床があり，これはペルム紀に形成されたものである．一方，カリフォルニア州やフロリダ州のリン鉱床は世界でも最も新しく，新生代の中新世–鮮新世（0.2～0.03億年前）に形成されたといわれている．ニュージーランド沖の海底リン鉱床もこの時期に形成されている．

海底にリン鉱床が形成されるためには，いくつかの好条件がそろう必要があり，今世界で採掘されているリン鉱床は多くの幸運に恵まれてできた自然の恵みである．（大竹久夫）

トピックス ◇3◆ 米国におけるリン鉱石の発見

米国は，世界第2位（第1位は中国）のリン鉱石の産出国である．現在，米国内のリン鉱石の産地はフロリダ州とノースカロライナ州であり，両州で全米の生産量の約80％を占めている．残りの約20％はアイダホ州とユタ州で掘られている．ノースカロライナ州からフロリダ州にかけての米国東南部に存在するリン鉱床は，今から2300～500万年前の中新世の頃に当時の大陸棚で形成されたものであり，最初に発見されたのはサウスカロライナ州のチャールストンである．チャールストンでのリン鉱石の発見は，米国がまさに南北戦争に突入しようとしていた1859年のことであるから，今から約150年ほど前の話になる．

その石は，チャールストンならどこにでもあり，この地域の主要産物である綿花の栽培に邪魔になるばかりか，砕くといやなにおいを放つことから，「臭い石」と呼ばれる厄介者であった．その石の価値に気づくものは誰もおらず，特に農民には一番の嫌われ者であった．この頃，チャールストンをはじめ米国東南部の農民たちは，ペルー産のグアノ（珊瑚礁に堆積した海鳥の糞）を肥料に使用していたが，グアノの資源量はもともと限られており，米国への輸入量も1856年をピークに減り始めていた．

一方ヨーロッパでは，1843年にドイツの化学者リービッヒ（J. F. Liebig）が，骨に含まれるリンが農作物の生育に効果を発揮することを実証し，骨から得られるリンが後からリン鉱石と呼ばれるようになる石からも得られることを発見する．このリービッヒの発見は，肥料会社を掻き立て世界中でリン鉱石捜しが始まることになる．そしてペルーのグアノが枯渇を始めた1855年，サウスカロライナ州の農学者シェパード（C. U. Shepherd）は，たまたま手に入れたカリブ海モング島産のリン鉱石の化学成分を分析して，それがチャールストンならどこにでもあるあの臭い石と成分がよく似ていることを発見する．

1859年にシェパードが，チャールストンの臭い石が価値の高い肥料資源であることを発表すると，たちまち厄介な石は一転して農民の救世主となった．チャールストンでは，南北戦争の終了後直ちに，リン鉱石を原料に肥料産業がつくられ，その後大きく発展を遂げる．しかし，サウスカロライナ州のリン肥料産業は1890年代まで世界をリードするものの，次第に資源の枯渇により採掘コストが増加して急速に衰退する．特にリン鉱石採掘に伴う環境の破壊は深刻で，今やサウスカロライナの採掘場は米国環境庁により米国で最も荒廃した土地に指定されるまでに至っている．

1883年にはフロリダ州でもリン鉱石が発見され，やがてフロリダ州はサウスカロライナ州に代わって，米国最大のリン鉱石の産地となる（巻頭口絵4参照）．最盛期には，フロリダ州は全米の約75％のリン鉱石を産出したものの，サウスカロライナ州と同様に次第に資源の枯渇や環境問題が目立つようになる．その結果，1997年に至り米国は，ついにリン鉱石の海外輸出を停止することになる．チャールストンでリン鉱石が発見されてから，わずか140年余りの出来事であった．

（大竹久夫）

◆ 参考文献

1）S. W. McKinley：Stinking Stones and Rocks of Gold, University Press of Florida, 2014.

リン鉱石の化学組成と品質

◆ リン鉱石の化学組成

表1に示すように，リン鉱石は一般に大陸周辺で海底生物の遺骸などが堆積してできた堆積岩質と大陸性の火成岩質とに大別される．これらのリン鉱石の主体はいずれもアパタイトである．理論組成のフッ素アパタイト（フルオロアパタイト）は，リン酸カルシウム $Ca_3(PO_4)_2$ 3モルとフッ化カルシウム CaF_2 1モルの複塩で，分子式で示すと $Ca_{10}F_2(PO_4)_6$ または $Ca_5F(PO_4)_3$ で表される．この場合，F/P_2O_5 モル比は0.66であるが，実際のリン鉱石はさまざまで，フッ素不足のものは不足分を水酸基（OH）で補い，フッ素ヒドロキシアパタイト $Ca_5(F, OH)(PO_4)_3$ となっている．

アパタイト以外の不純物成分としては，多くの鉱石で微量の炭酸カルシウムが認められる．ケイ酸分（SiO_2）は主としてケイ砂（石英）や粘土などの形で含まれている．ケイ酸分の含有量が著しく多い高ケイ酸質の鉱石はリン酸分（P_2O_5）が少ないことから低品位鉱と称し，鉄やアルミニウムの著しく多い鉱石は低品質鉱として区別されている．

低品位鉱や低品質鉱は使用されずに多量に山積みまたは未開発の状態にあり，これらの未利用資源を有効に活用するための技術開発が待たれる．

◆ リン鉱石の溶解性

火成岩質のリン鉱石中のアパタイトはよく成長した短柱状または菱形の結晶で，大きさはほとんどが0.5～100 μmである．他方，堆積岩質のリン鉱石は粒状または短柱状の結晶で，大きさは多くが1 μm以下でかなり微細である．

これらのリン鉱石をそれぞれ150メッシュ全通に粉砕し，肥料公定分析法に基づいて，各1 gを2 %クエン酸液150 mL中に加えて1時間振とうして溶解性を測定すると，その値は堆積岩質の鉱石で35 %前後でかなり高く，火成岩質では10 %前後でかなり低く，アパタイトの結晶の大きさが溶解性に大きく関与していることを示す．溶解率の値はまた，比表面積の大きな堆積岩質で高く，比表面積の著しく低い火成岩質で低い．

なお，合成物では，フッ素アパタイト，ヒドロキシアパタイトおよびフッ素ヒドロキシアパタイトのいずれも結晶の大きさに大差がないが，溶解率はフッ素アパタイトとフッ素ヒドロキシアパタイトでおおむね50～60 %程度で，ヒドロキシアパタイトではほぼ100 %で，アパタイト中の水酸基が多くなるにつれて溶解率が高くなることを示唆している．

（秋山　堯）

◆ 参考文献

1）安藤淳平：化学肥料の研究，日新出版，1965.
2）秋山堯：日土肥誌，59(3)：260，1968.
3）日本化成肥料協会：湿式リン酸製造業の原料対策に関する調査研究報告書，1980.
4）秋山堯ほか：日土肥誌，63(6)：658，1992.

表1　主なリン鉱石の化学組成と性質

	産地	化学成分 (%)							モル比		溶解率*1 (%)	結晶の大きさ (μm)	鉱石の比表面積*2 (m^2/g)
		P_2O_5	CaO	Al_2O_3	Fe_2O_3	MgO	SiO_2	F	CaO/P_2O_5	F/P_2O_5			
堆積岩質	フロリダA	35.3	51.1	1	1	0.2	3.9	3.9	3.67	0.88	36.4	0.05 ～0.5	15.7
	フロリダB	32	46	1	1.2	0.8	8.6	3.7	3.64	0.86	34.7	0.05 ～0.5	—
	ヨルダン	35.1	50.8	0.5	0.3	0.1	3.2	3.6	3.67	0.77	—	—	—
	モロッコ	36.7	51.9	0.3	0.1	0.1	3.4	3.9	3.59	0.79	35.6	0.1 ～0.5	14.6
	マカテア	37	52	0.5	0.4	0.1	0.4	3.2	3.56	0.65	36.7	0.05 ～1	18
火成岩質	コラ（ロシア）	39.1	51.5	1	0.8	0.1	3.2	2.8	3.34	0.53	10.7	0.5 ～100	0.9
	カタロン（ブラジル）	36	48.9	2.2	1.3	1	4.3	3.2	3.44	0.66	10	—	—
	貴州（中国）	35	51.7	0.8	1.3	1	4.3	3.2	3.75	0.68	10.4	—	—
	フォスコー（南アフリカ）	39.7	54.1	0	0.2	0.6	0.2	2.3	3.45	0.43	—	—	—
	ラオカイ（ベトナム）	40.2	52.1	0.5	0.4	0.1	2.6	3.7	3.29	0.69	11.7	0.5 ～100	1.1
合成物	フッ素アパタイト	41.9	55.1	0	0	0	0	3.7	3.33	0.66	57.5	0.02 ～0.5	—
	フッ素ヒドロキシアパタイト	41.1	53.9	0	0	0	0	1.8	3.33	0.32	62.3	0.02 ～1.0	—
	ヒドロキシアパタイト	42.1	55.3	0	0	0	0	0	3.33	0	97.8	0.05 ～1.5	—

*1 試料1gを150mLの2%クエン酸液に溶解させた場合の値でク溶率という.
*2 試料を150メッシュ全通に粉砕して窒素ガス吸着法で測定.

リン鉱石の産地と埋蔵量

2-3-5

世界ではこれまでに，1600を超えるリン鉱床が見つかっている．現在採掘が行われているリン鉱床はいずれも陸上のものに限られており，その約75％が露天掘りでリン鉱石の採掘が行われている．太平洋および大西洋の大陸棚などにも海底のリン鉱床が見つかっているが，採掘するにはコストがかかりすぎる．今後リン需要が増加してリン鉱石の価格が上昇すれば，将来的には海底のリン鉱床も採掘が行われる可能性はある．

現在の技術水準で採掘して採算のとれる資源量を経済埋蔵量と呼ぶ．経済埋蔵量は動的な数値であり，需要が増え鉱石価格が上昇したり技術が進歩して採掘コストが減れば増加する．現在の経済埋蔵量ベースで資源が枯渇するとは，物理的に資源がなくなってしまうことではなく，品質がよく採掘しやすい鉱石の量が減少して，現在の価格と品質が維持できなくなる事態と理解する必要がある．リン鉱石が人間にとって価値があり，鉱床により鉱石の品質に違いがあって，採掘にコストと時間がかかる限り，安くて品質のよいリン鉱石に需要が集中して品不足になることは避けられず，価格上昇により採算ラインが引き上げられることで経済埋蔵量は変化する．

米国の地質調査所（USGS）は，毎年世界のリン鉱石の経済埋蔵量について情報を公開している．USGSが発表した最新のデータによれば，2016年現在で，世界のリン鉱石の経済埋蔵量は約690億トンある．驚くことに，その約75％は旧スペイン領西サハラを含むモロッコ王国一国に集中している．もっとも，リン鉱石の経済埋蔵量なるものはかなり曖昧な情報であり，USGSも各国から聞き取った数値を積み上げて発表しているにすぎない．たとえばUSGSは，2010年まで世界の経済埋蔵量を約160億トンと見積もっていたが，突然2011年にモロッコの経済埋蔵量を前年の57億トンから500億トンへと一挙に約9倍も増やし，そのため世界の経済埋蔵量が一気に約4.5倍も増えている．USGSによれば，米国アラバマ州にある国際肥料開発センター（IFDC）が2010年に行ったリン鉱石に関する資源調査の結果をもとに，埋蔵量の大幅な修正を行ったとのことである．中国のリン鉱石の経済埋蔵量についても，中国政府が世界貿易機関（WTO）に加盟した際に，埋蔵量が1日で倍になったことが知られている．

リン鉱石の経済埋蔵量を額面通りに受けとって，リン資源枯渇の時期を議論するのは大変危険である．今のところ，リン鉱石資源の経済埋蔵量については，専門家の間でもコンセンサスが得られておらず，ピークリンと呼ばれるリン鉱石の供給ピークがいつ来るかについても意見が分かれている．

前述のように，世界のリン鉱石埋蔵量の約75％は，旧スペイン領西サハラを含むモロッコ王国に偏在している．その他の埋蔵量も，中国，アルジェリア，シリア，南アフリカ，ヨルダン，ロシア，米国およびオーストラリアに集中している．日本やヨーロッパには，リン鉱石はほとんど存在しない．世界のリン鉱石年間産出量は約2.2億トンであり，国別にみると中国，モロッコ，米国，ロシア，ヨルダン，ブラジルおよびエジプトの順に多く，アルジェリアやシリアなどは政情不安もあり生産量が少ない．世界のリン鉱石の経済埋蔵量を年間産出量で割って得られる耐用年数は約310年であるが，国ごとにみるとベトナムが約11年，中国が約37年，米国が約39年と比較的短い．耐用年数の長い国はいずれも中東のモロッコ，アルジェリア，イラクやシリアなどに限られており，長期的にはこれらの国に世界のリン鉱石市場が支配される可能性も十分考えられる．（大竹久夫）

トピックス ◇4◆ リン資源の枯渇とは

元素であるリンは，水や土壌に拡散することはあっても分解して消えうせるわけではないから，リン資源の枯渇はある意味で錯覚だという人がいる．「リン資源の枯渇」や「リン鉱石資源の枯渇」を「リンの枯渇」と誤解してしまうと，とんでもない間違いを犯してしまうことになるので注意が必要だ．もちろんリンは元素であるから，煮ても焼いてもリンであることに変わりはない．石油のように燃えてなくなることもない．しかし，使っても拡散するだけで分解して消えうせることがないから資源の枯渇が錯覚というのであれば，銅などのベースメタルやレアアースなどの金属資源の枯渇もみな錯覚ということになってしまう．いったいどこが間違っているのだろうか．

まず言葉の使い方に問題がある．枯渇が懸念されているのは「リン」ではなく「リン資源」であり，もっと正確にいえば「リン鉱石資源」である．それでは「リン」と「リン資源」では何が違うのだろうか．そもそも鉱物資源とは，人間が経済活動において価値を生み出せるレベルまで元素が濃縮されたものでなければならない．濃度が低いと運搬にコストがかかるばかりか元素の抽出と不純物の除去に多くのエネルギーや薬品が必要となりコストがかさむ．たとえば，日本はオーストラリアやブラジルなどから鉄鉱石を輸入しているが，日本中どこでも磁石に紐をつけて地面を引っ張れば，たくさん鉄粉が磁石に張りついてくる．しかし，日本中にいくら鉄粉があっても，まとまって大量にしかも安く手に入らなければ製鉄の原料にはならない．

「鉱物資源を消費する」とは，自然が長い年月をかけて鉱石にまで濃縮したリンやメタルを，人間が水や土のなかなどに低い濃度で分散させる行為のことである．ひとたび分散してしまったリンやメタルを再び鉱石の濃度にまで濃縮しようとすると，膨大なエネルギーとお金がかかる．物理学の言葉でいえば，鉱物資源を消費することはエントロピーを増大させる行為である．したがって，「鉱物資源の枯渇」とはリンやメタルなどの元素が消えうせることではなく，人間の経済活動に価値を生み出せるレベルまで元素を濃縮した鉱石が枯渇することを意味する．水や土壌に拡散するだけで分解して消えうせるわけではないからリン資源の枯渇が錯覚だというのは，リン鉱石とリン元素を混同したそれこそ錯覚といわざるをえない．

鉱物資源の埋蔵量は，人間の経済活動において価値を生み出せるレベルまで元素を濃縮した鉱石の量で定義できる．特に現在の技術水準で採掘して採算のとれる鉱石の賦存量を経済埋蔵量と呼ぶ．経済埋蔵量は動的な数値であり，需要が増え鉱石の価格が上昇したり採掘技術が進歩すれば増加する．経済埋蔵量ベースで資源が枯渇するとは，物理的に鉱石が100％なくなることではなく，品質がよく採掘しやすい鉱石の量が減少して，現在の価格と品質が維持できなくなる事態を意味する．リン資源の枯渇は錯覚でもなんでもなく，リン鉱石が人間活動に不可欠であり掘り出されるリン鉱石の品質や販売価格に違いがある限り避けることはできない．なお，人類にとりリンは食料生産に欠くことができず，食料の値段は国民の生活に直結するから，リン鉱石資源の枯渇はレアメタルなど代替が可能な金属資源の枯渇とは意味が異なることも理解しておかねばならない．　（大竹久夫）

2-3 リン鉱石

リン鉱石の採掘量と枯渇問題

2-3-6

リンは植物の必須元素であり，その機能は他の栄養素で補うことはできない．リン資源は有限であり，リン資源の枯渇（あるいは供給制約）は，食糧の生産と安定供給，さらには，人類の経済活動にも影響を与えることが懸念される．このことから，ヨーロッパを中心に，リン資源の持続的利用への関心（たとえば，European Sustainable Phosphorus Platform など）が高まっている．無論，十分なリン資源の確保ができなければ，食糧生産はもとより，自動車や食料産業などの工業分野，さらには，低炭素型社会の実現のために期待されているバイオマス燃料などの生産にも影を落とす．

◆ リン鉱石の採掘量と埋蔵量

リン鉱石の発見については，諸説あるが，小野田[1]はその発見を1769年以前と紹介している．その後，1800年代半ばまでに，肥料利用を目的としてリン鉱石の研究と鉱床探査が活発になり，19世紀半ばに商業利用が開始されると，世界人口の増加に伴いリン鉱石の需要は増大し，リン鉱石の採掘量は増加の一途をたどる．U.S. Geological Survey（USGS）の調査によると1945年には11370 × 10^3 トンであったリン鉱石の生産量は，1950年には21250 × 10^3 トン，1970年には93635 × 10^3 トン，1990年には161528 × 10^3 トン，そして，2012年には217000 × 10^3 トン（P_2O_5 換算：65900 × 10^3 トン）に達した[2]．特に中国の生産量の拡大が顕著であり，1970には1900 × 10^3 トンであった生産量は，1990年には21550 × 10^3 トン，2012年には95300 × 10^3 トンに達した[2]．リン鉱石の採掘量は，およそ半世紀あまりで約20倍に拡大したことを意味する．

◆ リン鉱石の枯渇問題

リン鉱石は有限であり，人類にとって事実上の非再生可能資源である．近年，リン鉱石の枯渇問題という警笛を鳴らした議論の一つに，“peak phosphorus”（ピークリン）と呼ばれるリン鉱石の供給のピーク時期に関する議論[3]がある．peak phosphorus は，経済埋蔵量と年間産出量をもとに議論が行われているが，経済埋蔵量については動的な数値であることなどに起因して，ピークの時期については専門家でも意見が分かれる[4]．しかしながら，人類は，これらの議論の根底にあるリン鉱石の有限性を再認識するとともに，現代社会がリン資源の持続的利用に向けた社会の転換期に立たされていると自覚するべきであろう．

旧スペイン領西サハラを含むモロッコ王国

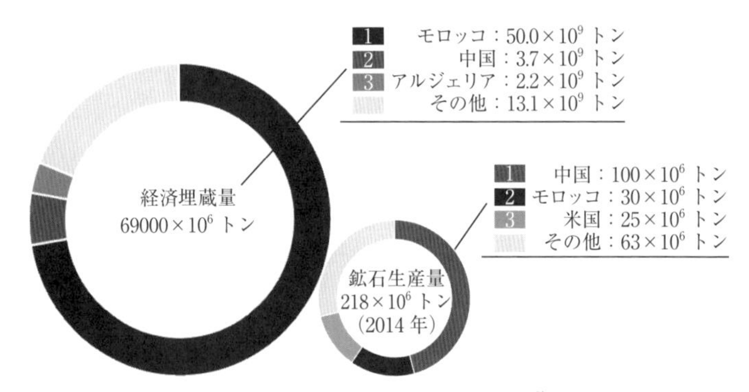

図1 リン鉱石の経済埋蔵量と生産量[5]

（以下，モロッコ）におけるリン鉱石の経済埋蔵量の修正（2011年のUSGSの調査により実施）により，大幅な上方修正となったリン鉱石の経済埋蔵量ではあるが，リン鉱石の利用は，資源の偏在性，さらには，環境汚染という問題を抱えている．

USGSの2016年の調査[5]によると，世界全体でのリン鉱石の経済埋蔵量（69000 × 10^6 トン）に対するモロッコの埋蔵量（50000 × 10^6 トン）が占める割合は約7割であり，その他の国・地域の埋蔵量も，中国（3700 × 10^6 トン），アルジェリア（2200 × 10^6 トン），シリア（1800 × 10^6 トン），南アフリカ（1500 × 10^6 トン），ヨルダン（1300 × 10^6 トン），ロシア（1300 × 10^6 トン）などに集中しており，日本やヨーロッパなどには，ほとんど存在していない．同様に，生産量については，中国，モロッコ，米国の3か国で世界全体の生産量の約7割を占める（図1参照）．このうち，中国では輸出関税の引き上げの措置，米国では実質的な輸出停止などに至っている．今後もこの傾向が続けば，世界のリン鉱石の市場は，きわめて少数の国・地域からのリン鉱石の供給に依存することとなり，寡占化による影響が危惧される状況ともいえる．

他方，資源産出国でのリン鉱石の採掘に伴う環境影響もリン資源の持続的利用に影響を及ぼしている．リン鉱石にはカドミウムなどの重金属や自然起源放射性物質（NORMs）のウランなどが含まれており[4,6,7]，リン鉱石の利用は環境汚染を誘発する可能性を潜在的に有する．具体的には，採掘や抽出工程における脈石を含めた残渣物などの不適切な管理による汚染[7]，肥料へのカドミウムの混入による土壌や水などの汚染[4,6]，副産物である石膏に含まれる有害物質（カドミウムやNORMs）による周辺環境の汚染[7]などがリン鉱石の利用により誘発が懸念される環境影響である．リン鉱石の枯渇という観点では，カドミウムなどの含有率は地域により異なるものの，カドミウム含有率の低いリン鉱石は，枯渇が進んでおり調達の難化も指摘[4]されている．また，リン鉱石の低品位化が進むことにより，これらの処理や管理がより強く求められることが懸念されるため，リン資源の持続的利用を考えるうえでは，環境的側面は無視できない問題といえる．　（中島謙一）

◆ 参考文献

1）小野田廣男：リン鉱石とリン資源，pp.1–3, 日本燐資源研究所，1997.

2）S. M. Jasinski：Phosphate Rock, 2013 Minerals Year Book, p.56.9, U.S. Geological Survey, 2015.

3）D. Cordell and S. White：*Sustainability*, 3：2027–2049, 2011.

4）M. de Ridder *et al.*：Risks and Opportunities in the Global Phosphate Rock Market, pp.22–25, The Hague Centre for Strategic Studies, 2012.

5）S. M. Jasinski：Phosphate Rock, Minerals Commodity Summaries, p.124, U.S. Geological Survey, 2016.

6）J. J. Mortvedt and J. D. Beaton：Heavy metal and radionuclide contaminants in phosphate fertilizers, 1995.
http：//www.scopenvironment.org/downloadpubs/scope54/6mortvedt.htm (accessed July 1, 2017)

7）M. Chen and T. E. Graedel：*Journal of Cleaner Production*, 91：337–346, 2015.

リン鉱石の採掘と環境問題

リン鉱石には種々の形態があるが，人間活動に利用できるのは鉱石として採掘されるリン（リン鉱石）である．水，海水，土壌中にもリンは含まれており，その総量を地球規模でみると膨大な量になるが，個々のリン濃度は低すぎるため経済的に利用することはできない．

◆ 採掘と環境問題

リン鉱石は，米国，モロッコ，ヨルダン，ロシア，中国などで採掘されるがほぼ例外なく大規模な採掘活動（土地の改変）を通じてしか得ることができない．採掘活動が環境に与えた影響で有名な例がナウル共和国におけるグアノの採掘である．

グアノはカツオドリといった海鳥の糞が堆積したものであり，これが数十万〜数百万年をかけて大量に蓄積されると島嶼となる．有名なグアノ島嶼はペルー沖合から南太平洋（アンガウル，マカテア，オーシャン，ナウル，クリスマス）に集中しているが，なかでも有名なのがナウル（島）である．ナウル島（旧名プレザント島）は珊瑚礁であるが，ほぼ全土がリン鉱石から構成されており1906年から採掘が始まったとされている．その良質で豊富なリン鉱石は島民の優雅な生活を支え，世界で最も高い生活水準の源泉となったが，約90年の採掘活動により1億トン以上が採掘された20世紀後半，ついに枯渇が始まった．ナウルは最盛期には年間200万トン以上のリン鉱石を輸出していたが，2000年代初頭には数万〜数千トン規模まで減少している．現在は細々と採掘活動が行われているものの，その掘削跡は石灰岩が露出しており，さらに風化と侵食で農業もできない荒廃した土地のみが残るのみである．無計画な開発と環境破壊により，ついには資源を消費し尽くしてしまった例がナウルである．

ナウルは極端な例だとしても，鉱石の採掘活動は枯渇問題だけでなく大きな環境問題を誘発する可能性が高い．それは，そこに含まれる目的物質（ここではリン）のみを掘り出すことは事実上不可能なためである．たとえばヨルダンでは露天掘り形式でリン鉱石が採掘されているが，1 kgのリン精鉱を得るために8.7倍の重さのボタ石やずりなどを含む粗鉱を採掘しなければならない[1]．モロッコも同様に露天掘り形式であるが，筆者の調査によるとリン精鉱の2.8〜3.5倍の採掘活動

図1　雲南省昆明市の露天掘りリン鉱山（2016年8月筆者撮影）

が必要となる．中国南部の四川省，湖北省，貴州省は坑内掘り形式で採掘できる鉱床が多く，比較的採掘活動によるインパクトは小さく，採掘された鉱石はほぼリン精鉱として使用できるか，調査の範囲で最大で2.5倍程度の採掘量でリン精鉱が得られる．雲南省のリン鉱山は露天掘り形式が見られ（図1），最大で5倍程度の採掘量によりリン精鉱が得られる．その意味で，採掘活動に伴う環境影響は他国に比べて比較的小さいといえよう．しかし，このような高品位なリン鉱石が無尽蔵に得られるという保証はなく，長年にわたる採掘はいずれ環境問題を誘発する可能性が高いことに注意しなければならない．

◆ 資源起源放射性元素

ここでリンの採掘活動に付随するもう一つの重要な問題として自然起源放射性物質（natural occurring radio isotope materials：NORMs）による被曝問題がある[2]．NORMsは，有意に人工放射性物質を含まない，自然起源放射性物質を含む原材料・中間製品・製品のことであり[3]，一般に，原子核の種類のことを「核種」と呼ぶ．核種は陽子と中性子の数により決定される．そして核種のうち放射線を放出するものを放射性核種という．ほとんどのリン鉱石はNORMsを含んでいる．リン鉱石から肥料を精製する過程で，副産物として生じるリン酸石膏に放射性核種が濃縮するとの報告もあり[4]，リン酸石膏もNORMsとして扱われる．リン酸石膏は道路，肥料，建材などに使用されるが米国では被曝影響を考慮して建材には使用されていない．特に米国フロリダ州では，リン鉱山付近で精製されたリン酸石膏に多量の放射性核種が含まれているとして問題となり，US-EPAは1992年，全米のリン酸石膏の放射能リスクに関して網羅的な報告を行った[5]．

他の既存研究も海外では多く行われている．Abrilら[6]はスペインにおいて，スタックされたリン酸石膏の放射能濃度を行った．それによれば，対象となったリン酸石膏サンプルには特にラジウム226が濃縮し，平均して730±60 Bq/kg含有していることを明らかにし，これはUS-EPAが定める370 Bq/kgの限度量を上回っていた．またPerez-Lopezら[7]は，同様にスペインにおけるリン酸石膏の放射性核種も含めた環境汚染物質による土壌汚染を問題視し，いかなる元素が肥料精製に伴う廃棄物に含有されているかを調査し，土壌利用のリスク分析を行っている．英国でもリン酸石膏の利用は規制されている[8]．わが国では，他の方法で作成された石膏で希釈されてセメントや石膏ボードとして使用されている．根本的な問題の解決とはなっていないのが現状である．

なお，一部のリン鉱石は例外的にNORMsを含んでいない．その一つに中国のリン鉱石がある．中国の南部（貴州，四川，湖北など）におけるリン鉱床の一部はカンブリア紀に形成されたもので大変古い．カンブリア紀は約5億年前であり，長期にわたってほとんどの放射性元素が崩壊し安定元素になった可能性がある．（山末英嗣）

◆ 参考文献

1) 小林久，佐合隆一：農作業研究，36(3)：141-151, 2001.
2) 放射線審議会基本部会：自然放射性物質の規制免除について，2003.
3) 古田悦子，増田優：化学生物総合管理，5(2)：119-126, 2009.
4) C. Papastefanou *et al.*：*Journal of Environmental Radioactivity*, 89：188-198, 2006.
5) United States Environmental Protection Agency：Potential Uses Of Phosphogypsum And Associated Risks, 1992.
6) J-M. Abril *et al.*：*Journal of Hazardous Materials*, 164(2-3)：790-797, 2009.
7) R. Perez-Lopez *et al.*,：*Applied Geochemistry*, 25：705-715, 2010.
8) C. Papastefanou *et al.*：*Journal of Environmental Radioactivity*, 89：188-198, 2006.

2-3　リン鉱石

リン鉱石の輸入

2-3-8

◆ 明治期―リン鉱石輸入の黎明期

明治初期欧米列強に伍すべく歩み始めた日本にとり食料生産を担う農業の発展も大きな課題だった．農業分野も欧米に後れをとっており，まず文献から先進知識が導入された．英国では1840年代に骨粉を硫酸で反応させたリン酸肥料の合成が始まり，1867年以降リン鉱床の発見が続きリン酸肥料の生産が拡大していた．

1887年，米国より過リン酸石灰の製法を携えて帰国した高峰譲吉が東京人造肥料会社を起こし，同じ頃関西では多木久米次郎が骨粉由来のリン酸肥料製造に乗り出している．リン酸肥料の時代の幕は開いたが，リン鉱石供給の確保は容易ではなかったようである．そんな折に南太平洋，オーストラリアの島々でリン鉱石が発見される．クリスマス島，ナウル島で発見されたリン鉱石は品質のよさに加えて埋蔵量の規模で群を抜いており，太平洋リン鉱会社（Pacific Phosphate Company, 1902年設立）は英国，ドイツの合弁としてナウル島とそれに近いバナバ（オーシャン）島で採掘を開始する．

日本への輸入は，1902年の約1万4900トンから1907年に約12万8000トンへと急拡大している．肥料会社も多木製肥所，東京人造肥料のほか大阪硫曹など10社が数えられ，過りん酸石灰の生産増加も著しかった．太平洋リン鉱会社設立後2年にして三井物産が日本向け一手販売契約を締結しており，日本企業が自力で海外調達を図った最初の例と思われる．20世紀初頭，肥料輸入は多数の外商の手にあった時代である．

明治から大正初めにかけての産地別平均輸入量を図1Aに示す．太平洋諸島にはバナバ（オーシャン）島，クリスマス島，アンガウル島（ドイツ領），マカテア島（フランス領）が含まれ，北アフリカはエジプト，チュニジア，アルジェリアである．太平洋諸島，米国（フロリダ），北アフリカが拮抗しながら第二次世界大戦まで日本へのリン鉱石供給を支えた．

1898年，英国科学会会長のクロックス（Sir William Crookes）は食料確保を人類全体の普遍的な問題として提議しており，人口増の圧力に見合う食料確保は現代よりも深刻な課題であった．そんな時代に比較的距離の近い太平洋諸島からリン鉱石を調達できた日本は幸運だったといえよう．

◆ 大正期―リン鉱石輸入の拡大

第一次世界大戦（1914～18年）は日本のリン鉱石調達に変化をもたらした．日本軍はドイツ領アンガウル島を占領（1914年）し，同島を含むパラオ諸島は日本の委任統治領となる．一方ナウル，バナバは英国の単独権益となり，1922年英国リン委員会（British Phosphate Commission）が設置される．その後オーストラリアの需要を優先し日本向け供給を止めるとの決定を打ち出した．国内では合従連衡が進む肥料会社がアンガウル島も含めリン鉱石権益をめぐって激しく争っていた．リン鉱石という資源をめぐって国際間，国内ともに大きな波風が立っていたのである．なお，明治末に沖大東島（ラサ島）でリ

A. 1910～14（明治43～大正3）年
平均輸入量：252276トン

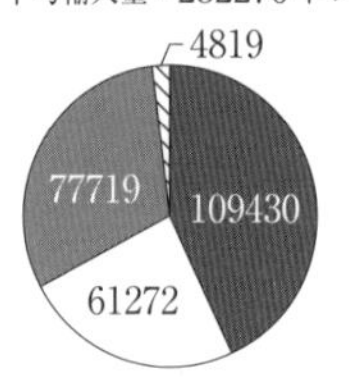

B. 2014（平成26）年
平均輸入量：258221トン

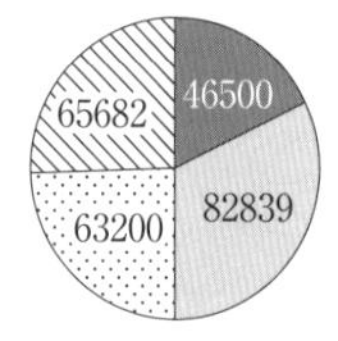

■太平洋諸島　□米国　■北アフリカ
□中国・ベトナム　□ヨルダン・イスラエル
□その他

図1　産地別輸入量

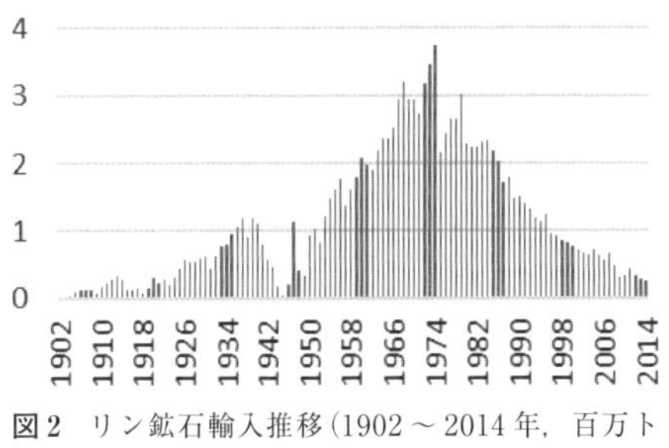

図2　リン鉱石輸入推移（1902～2014年，百万トン）

ン鉱石が発見され，以後年間6～7万トンが採掘された．この時期には三井物産のほかに三菱商事，鈴木商店なども肥料貿易に参入し，日本商社が台頭するようになった．1925年の輸入は44万トン余りへと拡大している．

◆ 昭和期―供給の多様化と変遷

昭和初期から戦時下1939年の肥料統制開始へとリン鉱石の調達先には大きな変化がある．大日本燐礦株式会社が統制機関として設立され，輸入，販売が一元的に管理された．同年の輸入量は120万トンだったが，英仏国権益，米国からの供給は1939年から41年にかけて途絶え，代わりに日本軍が占領した太平洋諸島，フランス領インドシナ，海州（中国江蘇省）がリン鉱石の供給源となった．日米開戦後の1942年，輸入は60万トンを切り，1945年には3.5万トンへと激減した．終戦時過リン酸石灰の生産能力は戦前の約210万トンからその3割弱にまで減少した．

戦後は食料確保が最重要課題であり，1945年10月には「食料増産確保に関する緊急措置」，翌年3月には「化学肥料の生産増強に関する件」が閣議決定され素早い対応がとられた．1947年，米国からの輸入は96万トンに上り，米国の強い支援があったことがうかがえる．国内肥料生産が戦前の水準を回復し，食糧難の最悪期は脱したと認められた1950年7月末に肥料統制は廃止され，リン鉱石輸入も自由化された．しかしその直前には朝鮮動乱が勃発し，戦後肥料貿易に取り組み始めたばかりの日本は市況の乱高下に翻弄される．経験の乏しい企業も多く，貿易上の問題を協議するために商社など33社が参加し肥料輸出入協議会が設立された（1951年2月）．創設時には輸入（カリウム，リン），輸出に加えて金融を扱う委員会がおかれた．肥料原料輸入において，貿易金融が大きな意味をもっていたのである．

以後日本は加工貿易立国を目指し，肥料においてもアジアへの輸出国として歩むこととなった．自由貿易が成長を支えた．高度成長期に入った1960年，輸入量は200万トンを超えた．米国の割合が大きく伸び，モロッコ，西アフリカ，イスラエル，ヨルダンなど新たな供給元が加わった．太平洋諸島からの輸入は1966年にマカテア島を最後に終焉した．1973年の第一次石油ショックを契機に肥料産業は一部を除いてその競争力を失い，国内需要に焦点をあてた構造改革へと舵を切った．輸入は1974年に376万トンとピークを迎えた（図2）が，製品輸出の減少，工業用需要の減退，リン安など肥料製品輸入の増加に伴い大幅に縮小して現在に至っている．近年は戦後の主役だった米国も輸出を止め，モロッコ，中国，ベトナム，ヨルダン，イスラエル，南アフリカからの調達に変わっている（図1B）．

リン酸肥料を国産化した明治期以来のリン鉱石輸入を概観すると，時代に翻弄されつつも新たな調達先を開拓してきた先人たちの姿が浮かんでくる．直近では2008年リーマンショック前後に資源価格騰貴があった．十分なリン資源をもたない日本が多様な輸入へのアクセスを保ち続ける意義に変化はないといえよう．

（原田康晃）

2-3 リン鉱石

日本のリン鉱石

2-3-9

日本におけるリン鉱石の歴史は，1884年に高峰譲吉が米国チャールストンからリン鉱石を持ち帰ってから始まる．

1888年に東京人造肥料会社により，リン鉱石を原料とした過リン酸石灰が製造され，その肥料効果が認められるとともに需要が高まり，各地に生産工場が立てられるようになる．原料を海外に依存する危機感から，1901年4月に肥料鉱物調査所が設立されリン鉱石の資源調査研究が開始されたが，十分な供給源を発見できず1903年閉鎖された．

その後，第一次世界大戦を契機に国防上の理由から食糧の自給自足が問題となった．

食糧確保に必要な肥料の生産が旺盛になるにつれ，肥料原料，特にリン鉱石の確保のため官民で資源調査が行われた[1]．

海外からのリン鉱石輸入が途絶えた第二次世界大戦中には，再び内地のリン鉱石資源調査が開始された．同時期ベトナムの老開（ラオカイ）および中国の海州なども調査された．

現在，国内には経済的に採掘可能なリン鉱石はないとされるが，歴史的に探索，採掘された調査場所を表1に示した[2]．

◆ ラサ島（沖大東島；沖縄県）

日本のリン鉱石採掘としては最も古い歴史をもち，面積は1147 km^2．ラサ島という名称は英国の海図にも示され，ラサとは救助を意味するともいわれている．リン鉱石の発見は，当時肥料鉱物調査所の所長であった恒藤規隆博士が当時航海中の水谷新六氏に依頼して鉱石見本を採取したことが始まりとされ，1906年にリン鉱石として確認され，1911年から採掘が開始された．

それまで海外のリン鉱石を原料としていた過リン酸石灰の工場がこぞって使用したが，現在は米軍の射爆場となっている．

リン鉱石は褐色多孔質の塊状で粉砕しやすく，フッ素の含有率は少ない．露天掘りにより採掘された鉱石は，その後水分2％程度まで乾燥され，積み出された．1912～29年に移入されたリン鉱石は116万トンに達した．

◆ 北大東島（沖縄県）

面積約13 km^{2}で隆起環礁の島．リン鉱石が発見されたのは，ラサ島とほぼ同時期の1908年だが，鉱質は鉄アルミが多く，水分を10～20％含むリン酸礬土鉱である．

採掘は容易で火薬を使用せず採掘でき，水洗，ふるい分け乾燥後，島の西にある貯蔵庫から桟橋より艀で本船に積み込まれた．設備はほぼラサ島と同規模であった．

1950年まで操業され，最盛期には2千人が働いていた．1923～49年にリン鉱石は6万1700トンが移入された．現在は当時のレンガ造りの建物が残され登録有形文化財に指定されている．

1919年頃にはリン酸礬土鉱の研究も盛んになり，肥料用途について米国に調査依頼した結果，焙焼法によりク溶性リン酸の向上が有利なことが報告されている．

◆ 波照間島（沖縄県）

面積12.73 km^{2}の島で有人島では日本最南端に位置する．

リン鉱石が発見されたのは，1921年頃とされるが確実なところは明確ではなく，官報によると最初の試掘願許可は，1930年に恒藤規隆氏が得たようである．試掘願許可は何人かに出されたが，主に恒藤氏と塩谷栄二氏が試掘し，絶対確定埋蔵量42万トン（品位25％以上）との調査結果を得て，1934年以降は朝日肥料株式会社によって本格的な採掘が行われた．リン鉱石は主に島の西部と北部で採掘され，約6千トンのリン鉱石が搬出された．しかし，戦争の影響で1943年に中止された．採掘の最盛期には「リン鉱景気」が湧き上がり，島は活気に満ちたが，今では島北部に坑口が見られるのみである．

採掘現場や港に放置された大量のリン鉱石は，その後道路の補修整備などに利用されたとのことである[3]．

◆ 南鳥島（東京都）

日本最東端の島で面積 1.52 km^2，三角形の島で東京から南東 1950 km に位置し，現在は気象庁と海上自衛隊，関東地方整備局の職員が常駐している．

リン鉱石は，1897 年水谷新六氏と岡村鴻三郎氏が補鳥の際に発見し，1899 年に鳥糞燐鉱会社を設立して採掘したが，採算が合わず廃坑となった．1907 ～ 20 年までの搬出量は 6113 トンであった．

鉱質は黒色の粉状と砂粒状の 2 種類があり，黒色のものは 2 %程度の窒素を含んだグアノ質で，砂粒状のものはリン酸含有量が 30 %以上と高く，2 %クエン酸に対する溶解率が 60 %以上と高かった．

◆ 能登島（石川県）

七尾湾に浮かぶ 46.78 km^2 の島で，能登半島のほぼ中央に位置する．リン鉱石は，1903 年雲井庄太郎氏によって発見された．

リン鉱石は，能登島半浦町を中心に南西の高浜町から北東の能登町までの海底を含む約 40 km の帯状の地域で確認されている．

能登リン鉱石は 1907 ～ 21 年に約 10 万トンが採掘されたが，良質の輸入リン鉱石が途絶えた戦中，戦後に再開され，1962 年頃まで採掘された．

1905 年には，多木製肥所（現在の多木化学株式会社）が採掘した能登リン鉱石からわが国初の国産リン鉱石による過リン酸石灰が製造された[4]．

◆ 南那珂郡（宮崎県）

1894 年農商務省地質調査所の恒藤規隆氏が土性調査中に油津港付近で，国内で初めてリン鉱石（リン含有鉱物）を発見した．

産地が散在しているために一定の採掘量を確保することが困難であった．　（橋本光史）

◆ 参考文献

1) 阿曾八和太：燐鉱事情，東洋精糖株式会社東京出張所，1926.
2) 阿曾八和太：燐鉱，丸善，1940.
3) 情報やいま，No.87，1999.
4) 小田部廣男：リン鉱石とリン資源，日本燐資源研究所，1997.

表 1　国内リン鉱石（含リン鉱物）調査一覧

場所		リン酸含有量 [P_2O_5 %]			分析点数
都道府県	調査地 [（ ）内は現在]	平均	最大	最小	
北海道	宗谷郡（稚内市）	6.00			1
	浦川（浦河郡浦河町）	7.00			1
青森県	東津軽郡	14.24			1
	西津軽郡	14.63			1
秋田県	山本郡（能代市）	9.15	20.00	1.90	4
	山本郡（藤里町）	7.92	12.00	2.92	3
	雄勝郡	8.84	9.55	8.12	2
山形県	最上郡鮭川村	21.04	22.08	20.00	2
岩手県	二戸郡（二戸市）	17.46			1
	和賀郡	23.16	28.85	17.46	2
茨城県	多賀郡（北茨城市）	12.64	21.77	3.50	2
福島県	石城郡（いわき市）	3.33	5.00	1.00	3

長野県	更級郡（千曲市）	11.72	25.00	2.50	8
	小県郡（上田市）	17.80	30.77	4.07	7
	上水内郡（小川村）	8.22	10.90	4.07	3
	下水内郡（長野市）	9.42	15.59	3.30	3
山梨県	西八代郡（南巨摩郡身延町）	8.99	16.86	3.21	4
新潟県	東頸城郡（十日町市）	25.59	30.00	17.16	3
	東頸城郡（上越市）	16.09			1
	西頸城郡（糸魚川市）	10.00			1
	中頸城郡	15.00			1
	三島郡（出雲崎町）	21.49			1
	刈羽郡（柏崎市）	11.65	15.88	6.73	6
	東蒲原郡	10.20	18.11	4.50	6
石川県	能登半島（七尾市）陸上	18.38	27.12	8.71	5
	能登半島（七尾市）海底	24.34	30.21	16.66	5
東京都	南鳥島（小笠原村）	31.02			1
神奈川県	足柄上郡（松田町）	29.00			
静岡県	小笠郡（掛川市）	11.17	19.00	6.50	3
	榛原郡（牧之原市）	8.49	10.02	6.95	2
三重県	志摩郡（鳥羽市）	17.33	29.21	4.43	12
	度會郡（度会郡度会町）	18.78	31.93	4.20	8
岐阜県	可児郡（可児市）	8.43	19.20	1.50	8
京都府	船井郡（南丹市）	2.48	3.24	1.70	3
	竹野郡（京丹後市）	4.82	6.74	2.90	2
兵庫県	三原郡（南あわじ市）	6.59	12.10	1.07	2
	美方郡（香美町村岡区）	4.66	7.00	1.99	3
岡山県	苫田郡（津山市）	14.08			1
長崎県	北松浦郡（佐世保市）	9.48	10.95	8.00	2
	南松浦郡（五島市）	6.09	7.25	5.38	4
宮崎県	宮崎郡（宮崎市）	9.72	10.00	9.43	2
	南那珂郡（日南市）	16.00			1
	東諸懸郡（宮崎市）	14.85	17.71	11.99	2
鹿児島県	日置郡久多島（日置市）	28.95			1
	与論島（大島郡与論町）	26.01	30.05	18.23	4
	喜界島（大島郡），草垣島（南さつま市）	5.89	17.17	1.81	6
沖縄県	沖大東島（島尻郡北大東村ラサ）	31.22	34.40	29.08	4
	北大東島（島尻郡）	30.93	34.32	27.53	2
	宮古島（宮古市	30.43	38.00	20.27	9
	多良間島（宮古郡）		35.00	10.00	
	波照間島（八重山郡）	24.75	30.00	18.00	6
	鳥島（島尻郡）		17.00	8.00	
	沖縄本島（国頭郡）	含有低い			

第3章
リンの生物学

3章　概説

生物とリン

◆ 生物中のリンと機能

リン（phosphorus）は，すべての生命にとって必須な元素である．動物の体を構成する元素の重量比で比較すると，リンは酸素，炭素，水素，窒素の主要4元素のほか，カルシウムに次いで，6番目に多く存在している．リンは，生物の体のなかで骨や歯の主要元素であるほか，体を構成する各細胞内では，核酸（nucleic acid），リン脂質（phospholipid），そしてわずかにタンパク質（protein）や糖（saccharide）にも含まれる．

核酸とは，塩基と糖（リボース）とリン酸からなるヌクレオチドがリン酸ジエステル結合で連なった生体高分子で，遺伝情報を担うデオキシリボヌクレオチド（DNA）と，DNAを鋳型に転写（合成）されるリボヌクレオチド（RNA）がある．DNAに書き込まれた遺伝情報は，RNAを介してタンパク質を合成する際のアミノ酸の配列に反映される．RNAは，骨の成分であるリン酸カルシウムを除けば，生体内で最も多いリン化合物である．

アデノシン三リン酸（ATP）は，ヌクレオチドの一種である．生物の体のなかで起こる反応のほとんどは，自発的には進まない（非自発的）．しかし，ATPのリン酸無水結合の分解反応が同時に起こる（共役する）ことで非自発的な反応が進む．あたかもATPのリン酸無水結合の分解が，多くの生体内の化学反応の実質的な推進力となっているようにみえるため，生命のエネルギー通貨とも呼ばれる（ATPのリン酸無水結合は高エネルギーリン酸結合と呼ばれる）．高エネルギーリン酸結合を介して生体内の化学反応を進めることは，リン酸の最も重要な生体内の役割の一つといえる．ATPに加え，高等生物のエネルギー物質として重要な分子として，クレアチンリン酸がある．クレアチンリン酸は脳や筋肉など多くのエネルギーを消費する組織で重要な役割を果たすエネルギー貯蔵物質で，ATPの再生に使われる．この反応は可逆でATP濃度の調整にも役立っている（図1）．

リン脂質は，構造中にリン酸エステル部位をもつ脂質の総称である．リン脂質は，脂質二重層を形成して細胞膜の主要な構成成分となる．細胞膜によって細胞は内部環境を一定に保つことができる．細胞膜にはタンパク質が含まれ，特定のイオンや低分子を透過させることができる．また，受容体を介して細胞外からの情報（シグナル）を受け取る機能をもつなど，細胞膜は細胞にとって重要な機能を担っている．

タンパク質のリン酸化はタンパク質のセリン，トレオニン，チロシン，ヒスチジン，アルギニン，リシンといったアミノ酸の側鎖に起こる．タンパク質のリン酸化は，多くの酵素と受容体に構造変化をもたらす．リン酸化による構造変化は，酵素や受容体の活性のオン・オフのような役割を果たし，生体内でのシグナル伝達のなかで大きな役割を担っている．また，糖のリン酸化は，糖を細胞内に取

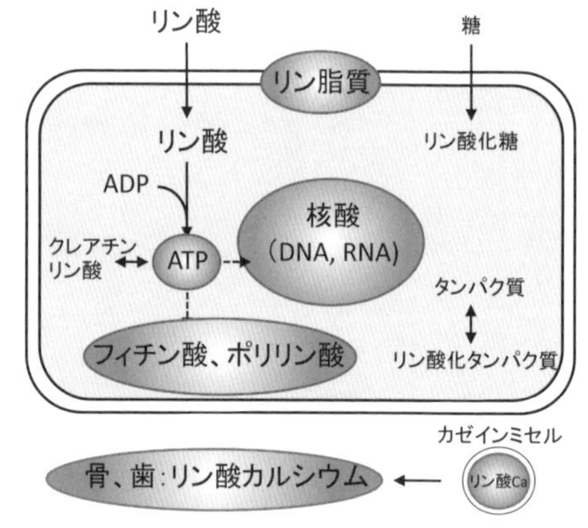

図1　細胞の中のリン酸化合物

り込むと同時に，あるいは糖代謝の初期で起こる．リン酸化された糖は，その電荷により容易に細胞膜を通過することができないため，取り込んだ糖を細胞内にとどめる役割を担う．

リンは生命にとって枯渇しやすい栄養素なので，細胞は時としてリンを蓄積する．植物では，種子のなかにフィチン酸として，微生物ではポリリン酸として蓄積する．種子のなかに蓄えられたフィチン酸は生育に必須な金属イオンと強く結合するため，リン貯蔵物質としてだけでなく金属の貯蔵物質としての役割を併せもつ．微生物のポリリン酸は，クレアチンリン酸のように可逆的にATPに変換されるので，エネルギー貯蔵物質としての役割がある．動物の骨ももとはリン貯蔵物質から進化したと考えられる．動物の子育てにおいて，リン酸カルシウムの安定供給は骨の成長に欠かせない．母乳中のリン酸カルシウムを安定供給する仕組みとして，カゼインミセルのなかにリン酸カルシウムを取り込むという方法が進化した．ミセルの内側にリン酸カルシウムを大量に包み込んでいるために水に溶けないリン酸カルシウムを子どもに与えることができる．

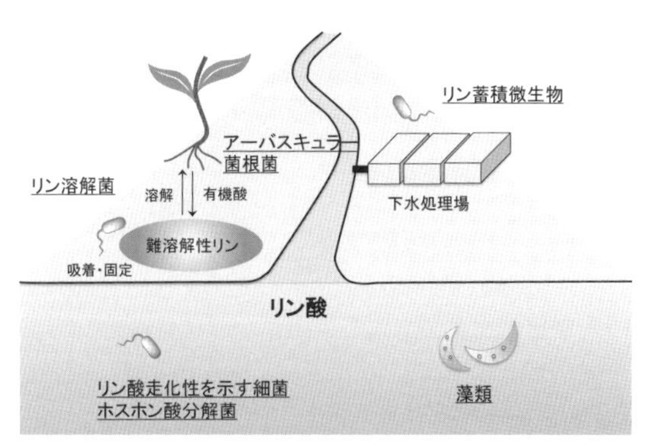

図2　リン循環に関わる環境微生物

◆ リン循環に重要な環境微生物（図2）

環境中では一般にリンが不足している．湖沼や内湾にリン酸が流れ込んでリンの濃度が上昇すると，藻類が異常に繁殖して，アオコ，赤潮が発生する．藻類が産生する毒素が水源の価値を低下させるほか，毒素が貝類の体内に蓄積し，それを食べた人間に健康被害を及ぼすこともある．従来，排水に含まれているリン酸塩が原因とされたが，近年では護岸工事による干潟の減少も原因として指摘されている．

リン蓄積微生物とは，下水処理に用いられている生物学的リン除去プロセス中に優占する細菌群のことを示す．リン蓄積微生物は，細胞内にポリリン酸を乾燥重量の数%程度蓄積する．微生物にさらに多くのポリリン酸を蓄積させることができれば，排水から効率よくリンを除去できる．

アーバスキュラー菌根菌は，植物の根に共生する．アーバスキュラー菌根菌の機能としては，植物のリン酸の吸収を促進し，肥料分の乏しい地でも効率よく養分を吸収してよく育つようになることが知られている．

生物中に見出されるリンのほとんどは，酸化数が+5のリン酸，およびリン酸化合物の形態を取っている．一部の生物は，酸化価+3のホスホン酸（R-P(=O)$(OH)_2$，Rが炭素の場合は有機リン化合物，Rが水素の場合は亜リン酸）を合成することができる．また，生物がホスホン酸をリン源として利用するには，化学的に安定なC-P結合を切断したり，亜リン酸を酸化したりしなければならない．ある種の微生物は，リン酸飢餓状態になると，C-P結合を切断する酵素を作り出し，リンを獲得することが知られている．そのほか，わずかなリン酸を感知して泳いで集まる（リン酸走化性を示す）微生物や，リン酸鉄などの難溶解性のリン化合物を分解する微生物も存在し，リン循環に大きく関わる環境微生物が存在する．（黒田章夫）

3-1 生物中のリン

核　酸

3-1-1

動物や植物，微生物を含む地球上のすべての生き物は，遺伝情報をデオキシリボ核酸（deoxyribonucleic acid：DNA）に託している．リンは，親から子へと命をつなぐために必要なDNAの重要な構成元素の一つであることから，そのこと自体，いのちの元素であることを如実に示している．核酸とは，DNAとリボ核酸（ribonucleic acid：RNA）を合わせた総称であり，その名前は細胞の核から見つかったことに由来する．

◆ DNAとRNAの構成成分

核酸は，糖，窒素原子を含む塩基およびリン酸基の3つの成分から構成されたヌクレオチドと呼ばれる化合物が繰り返し結合したものである．ヌクレオチドには，糖や塩基の種類やリン酸の数などによってさまざまな種類が存在するが，糖がデオキシリボースの場合DNA，リボースの場合RNAとなる．DNAを構成するヌクレオチドは，五炭糖であるデオキシリボースの1′位に塩基がグリコシド結合し，5′位にリン酸がエステル結合したデオキシリボヌクレオチドに属する化合物である（図1）．DNAの塩基としては，主に，プリン塩基であるアデニン（A），グアニン（G）とピリミジン塩基であるチミン（T），シトシン（C）の4つが利用される．

一方，RNAを構成するヌクレオチドは，リボヌクレオチドに属する化合物であり，五炭糖であるリボースと塩基およびリン酸基からなる（図2）．RNAの塩基としては，主に，DNAと同じA，G，Cに加えて，Tの代わりにピリミジン塩基であるウラシル（U）が利用される．リボースにアデニンとリン酸が3つ結合したアデノシン三リン酸（adenosine triphosphate：ATP）は，2個の高エネルギー

デオキシリボース	塩基	
	プリン	ピリミジン
	アデニン	チミン
リン酸基	グアニン	シトシン

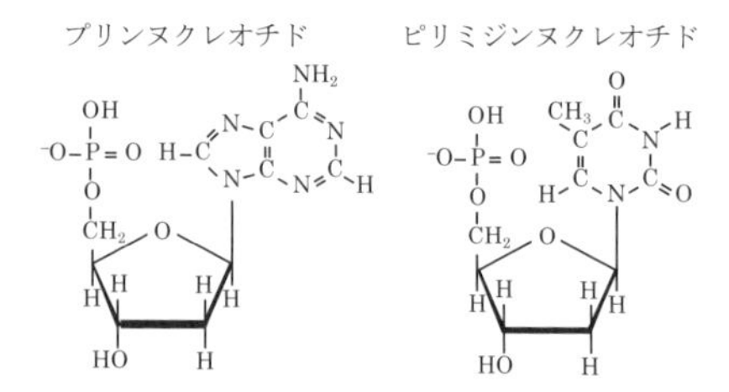

図1　DNAの構成成分

DNAを構成するヌクレオチドの例として，アデニンを塩基とするプリンヌクレオチドとチミンを塩基とするピリミジンヌクレオチドを示す．

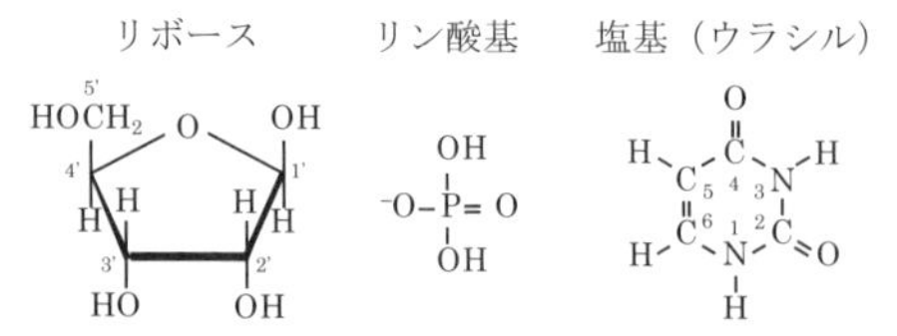

図2　RNAを構成するヌクレオチドの成分

塩基としては，U以外にA，G，Cが利用される．

結合をもち，その分解によってエネルギーを放出する．細胞内では，エネルギーを必要とする反応の多くがATPの高エネルギーリン酸結合の分解と共役することで推し進められることから，細胞のエネルギー通貨と呼ばれる．

◆ DNAとRNAの構造

DNAの基本的な分子構造は，1953年に，ワトソン（James D. Watson）とクリック（Francis H. C. Crick）によって報告された[1]．一本鎖DNAは，ヌクレオチドが繰り返し結合した鎖であることからポリヌクレオ

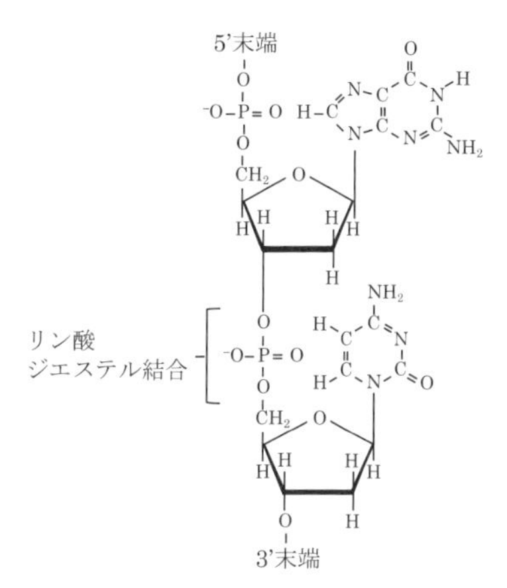

図3　一本鎖DNAの化学構造

チドとも呼ばれる．ヌクレオチド間を連結しているのは，リン酸ジエステル結合である（図3）．リン酸ジエステル結合は，通常1つのヌクレオチド中のデオキシリボースの3'炭素と次のヌクレオチド中のデオキシリボースの5'炭素の間に形成される．この結合によって一本鎖には5'末端と3'末端が生じ，方向性が与えられる．ワトソン–クリックモデルでは，方向性が互いに逆向きになった2本のポリヌクレオチド鎖がそれぞれ外側に糖–リン酸骨格を向け，塩基を内側に向けて結びつき二重らせんを形成する．塩基は必ず決まった相手と対になり（A–TとG–C），水素結合を形成することから，それぞれの鎖は，相補的な塩基対の形成によって結びつく．このようにして，10塩基おきに1巻する直径2 nmの右巻きの二重らせんが形成される（図4）．DNAの複製の際には，二本鎖が解かれ，一本鎖がそれぞれ鋳型となり，相補的な塩基対形成を利用して新しい一本鎖がそれぞれ合成される．これによって，同じ二重らせんが2本できる．DNA分子は，真核生物の核内では，主に直鎖状の二重らせんであるが，原核生物などでは主に環状の二重らせん構造をとる．一方，RNAもリボヌクレオチドがリン酸ジエステル結合によってポリヌクレオチドとなったものであるが，ほとんどのRNA分子は一本鎖で存在し，DNA分子よりもかなり短い．

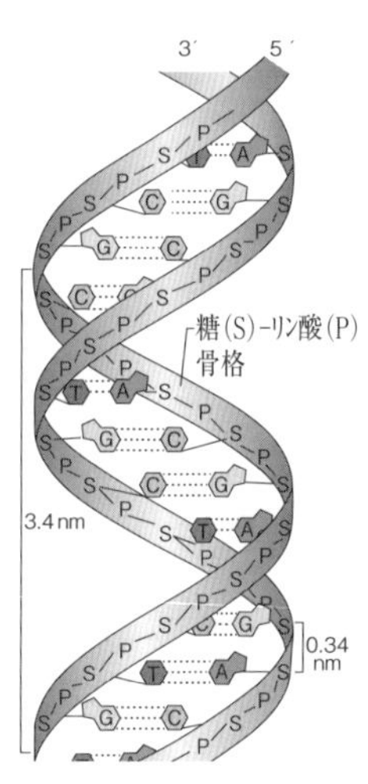

図4　DNAの二重らせん構造
塩基対間の点線は水素結合を表す．

◆ タンパク質の設計図としてのDNAとRNA

生体を構成するために必要なタンパク質の情報は，暗号としてDNAの塩基配列の順序に隠されている．タンパク質は約20種類のアミノ酸が多数連結したものであり，3個の塩基の組み合わせが特定の1個のアミノ酸を指定する．タンパク質のアミノ酸配列などをコードしているDNA配列を遺伝子と呼び，DNAは遺伝子の発現，複製，運搬，組み換えにとても重要である．タンパク質を合成する際には，まず遺伝子の塩基配列情報が伝令RNAに写し取られる（DNAのTはRNAではUに置き換えられる）．その後，伝令RNAの塩基情報が解読され，タンパク質が合成される．この過程を翻訳と呼ぶが，翻訳には，上述した伝令RNAに加えて，3つの塩基に対応するアミノ酸を運んでくる運搬RNAや運ばれてきたアミノ酸を連結する反応において中心的な役割を担うリボソームRNAもとても重要な働きをしている．

（杉山峰崇）

◆ 参考文献

1）J. D. Watson and F. H. C. Crick：*Nature*, 171：737–738, 1953.

3-1 生物中のリン

リン脂質

3-1-2

リン脂質（phospholipid）は，脂肪酸およびリン酸，塩基，ポリオールなどがアルコール類に結合した複合脂質である．グリセロールを含むものをグリセロリン脂質，長鎖アミノアルコールを含むものをスフィンゴリン脂質という（図1）．さらにリン原子の結合様式として，それぞれリン酸エステル（C-O-P結合）とホスホン酸（C-P結合）がある．アルキル基などの疎水部分とリン酸などの極性基を含む親水部分を合わせもつことから両親媒性を示し，界面活性作用をもつとともに，生体膜を構成する脂質二重膜や細胞内外の物質輸送に用いられる輸送小胞を形成する．

◆ グリセロリン脂質

生体膜の主要な構成成分であり，基本骨格となるグリセロール3-リン酸（G3P）に脂肪酸が1個結合したリゾホスファチジン酸（LPA）や2個結合したホスファチジン酸（PA）を経て生合成される（図2）．リン酸基には各種アルコール（塩基）がエステル結合して機能的に分化している．卵黄に多く含まれることからレシチンとも呼ばれ，生体膜のリン脂質として存在量が最も多いホスファチジルコリン（PC）と，セファリンとも呼ばれるホスファチジルエタノールアミン（PE）は，ジアシルグリセロール（DAG）とシチジン5'-二リン酸（CDP）-塩基の反応で生じる．赤血球膜に多く含まれて血液凝固に関係するホスファチジルセリン（PS），糖鎖修飾を受けてタンパク質アンカーとなるホスファチジルイノシトール（PI）およびホスファチジルグリセロール（PG）はCDP-DAGから生成される．いずれもホスホリパーゼ群の作用を受け，エイコサノイドの前駆体脂肪酸やイノシトールリン酸などの情報伝達物質になる．この他に，PGにさらに1分子のグリセロールが付加したカルジオリピン，エノールエーテル構造をもつプラズマローゲン，アルキルエーテル型の血小板活性化因子などがある．

◆ スフィンゴリン脂質

N-アシルスフィンゴシン（セラミド）にリン酸がエステル結合した構造をもつ．スフィンゴミエリン（SM）は動物の脳・神経組織に多くみられ，スフィンゴエタノールアミンは下等動物や細菌に広く分布する．

（秋　庸裕）

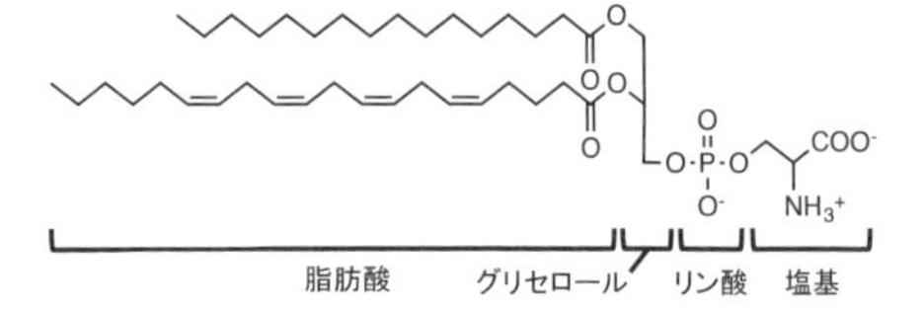

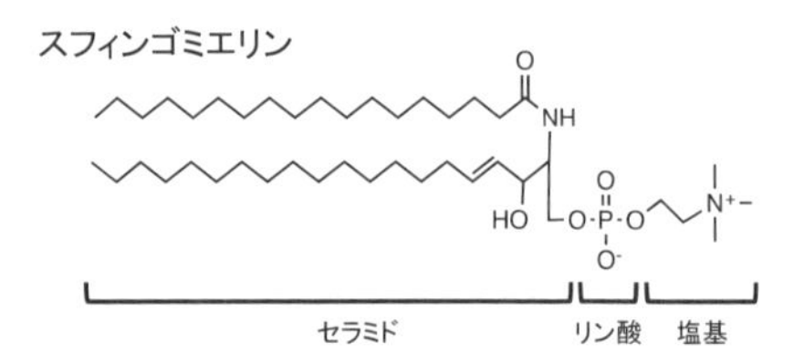

図1 リン脂質の化学構造
上はグリセロリン脂質，下はスフィンゴリン脂質の一例を示す．

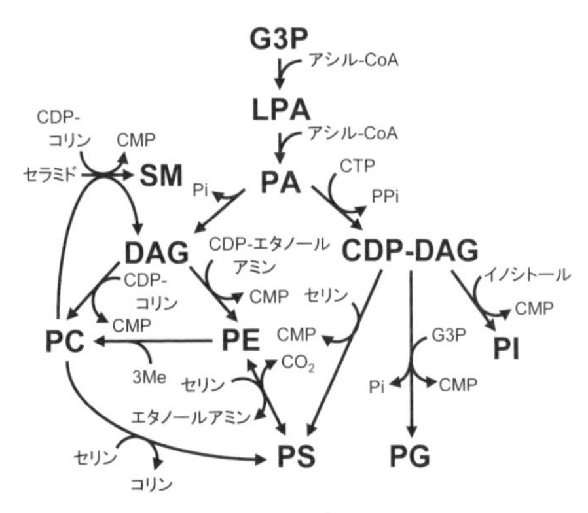

図2 リン脂質の生合成

フィチン酸

フィチン酸は，ミオイノシトールの水酸基にリン酸基が配位したリン酸エステル化合物であり，イノシトール六リン酸（IP_6）とも呼ばれる（図1）.

◆ フィチン酸のはたらき

フィチン酸は，キレート作用が強く，多くの金属イオンと強く結合する．フィチン酸と金属イオンが結合した塩をフィチンと呼び難溶性である．食品や飼料にフィチン酸が多いとCa^{2+}，Mg^{2+}，K^{+}，Fe^{2+}，Zn^{2+}などの必須な元素の吸収が阻害されるため「抗栄養成分」として知られている一方で，抗酸化力があり機能性物質の一つでもある[1].

フィチンは，植物種子リン酸の主な貯蔵形態であり，発芽および発芽後の初期生育に必要なリン酸やミネラルの供給源である．特に，穀類，ナッツ類，豆類，油料種子類にはフィチン酸が豊富に含まれている.

◆ フィチン酸の合成

高等植物では，根で吸収したリン酸は種子に輸送されフィチンの合成に利用される．また，生長の過程で葉や茎などの栄養器官に蓄えたリン酸の一部も開花後種子に転流し利用される．フィチン酸は，開花時の花にはほとんどみられないが，種子の成熟とともに急増する（図2）[2]．種子に蓄積されるフィチン酸は金属イオンと塩を形成し，グロボイドと呼ばれる貯蔵性タンパク質とともに液胞中に蓄積される．フィチン酸の主な貯蔵器官は，トウモロコシでは胚，イネ，コムギでは糊粉層，ダイズなど豆類では子葉であり，植物によって蓄積する部位が異なる.

フィチン酸の合成は，まず，ミオイノシトールー リン酸合成酵素（MIPS）によって，グルコース6−リン酸からイノシトールーリン酸（IP_1）が合成されイノシトール環が形成される．それに続くフィチン酸合成経路は，イノシトールリン脂質を経てリン酸が付加されるlipid dependent経路とリン脂質を介さないlipid independent経路の2通りに大別される．いずれの経路においてもイノシトール三リン酸（IP_3）まで合成され，キナーゼによってイノシトール四リン酸（IP_4），五リン酸（IP_5），六リン酸（IP_6）へと連続的にリン酸化が進み，最終的に液胞に貯蔵される[3].

（実岡寛文）

◆ 参考文献

1) V. Raboy：*Plant Science*, 177, 281-296, 2009.
2) 福田泰子ほか：土壌肥料学雑誌，83：381-388, 2012.
3) V. Raboy：*Trends in Plant Science*, 6：458-462, 2001.

ミオイノシトール　　+$6H_3PO_4$　　フィチン酸 ミオイノシトール（六リン酸）

図1　ミオイノシトールとフィチン酸の構造式

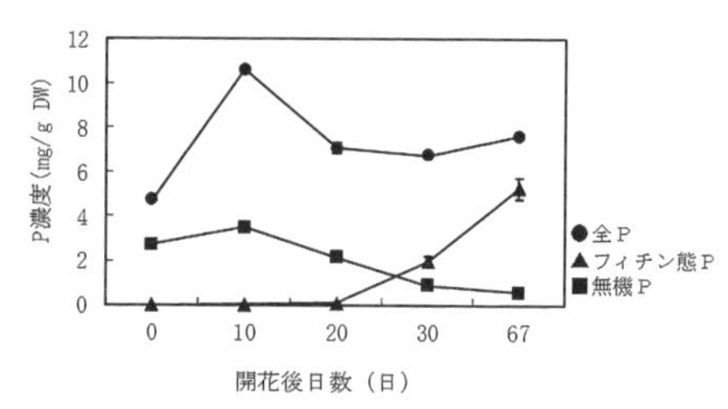

図2　ダイズの開花後の花，子実の全リン，フィチン態リン，無機態リン濃度の変動（供試品種：西日本栽培品種エンレイ）

ピロリン酸とポリリン酸

ピロリン酸（pyrophosphate）はリン酸が2つ結合した化合物であり，ポリリン酸（polyphosphate）は3つ以上のリン酸が結合した化合物を総称する．両者ともリン酸の縮合体であるが，生体内での生成過程が違う．ポリリン酸はその生成自体を目的として合成されるが，ピロリン酸は主にATPのエネルギーを利用したときや，DNAあるいはRNAを合成するときの副産物として生成する．

◆ ピロリン酸

ピロリン酸は生体内で多量に生じるものの，すぐさま分解されるため，物質としての機能はあまり知られていない．例外として，ピロリン酸はヒドロキシアパタイトの成長を阻害するので，血中の石灰化を阻害する機能があるとされている．また，高エネルギーリン酸結合をもつので，一部の微生物ではピロリン酸を使って糖をリン酸化する酵素も報告されている．植物ではピロリン酸の分解による液胞の酸性化が重要であるともいわれていたが，最近の研究によると，ピロリン酸が蓄積することで発芽が抑制されることから，分解除去すること自体が重要であるとも考えられている．

それでは，なぜピロリン酸が生体内で多量に生じるのであろうか．その理由は，ATPのもつエネルギーで説明されている［➡3-2-2 エネルギー代謝］．ATP ⟶ ADP＋リン酸への分解時に大きな負の自由エネルギー変化（−7.3 kcal/mol）をもたらすことが知られているが，分解時にピロリン酸が生じる反応時（ATP ⟶ AMP＋ピロリン酸）には，さらに大きな負の自由エネルギー変化（−10.9 kcal/mol）をもたらすため，より大きな正の自由エネルギー変化をもつ反応（より起こりにくい反応）を共役反応によって推し進めることができる．たとえば，アミノ酸の活性化（アミノアシルtRNAの合成）や脂肪酸CoAエステルの合成など多くの結合反応は反応が起こりにくく，ATP ⟶ AMP＋ピロリン酸の反応が共役することで反応が起こる．また，DNAあるいはRNA合成時にヌクレオチド三リン酸がポリメラーゼによって取り込まれるとき，ピロリン酸が放出されることで反応を進めることができる．このようにATPのもつエネルギーをより多く使う場合に，ピロリン酸が生じるのである．生じたピロリン酸は，ピロホスファターゼなどによって，分解されてリン酸になる．

◆ ポリリン酸

生体内のポリリン酸は，数十のリン酸が結合したものから，1000個近くのリン酸が重合したものまで，さまざまな分子量をもつ．ポリリン酸は，ATPを基質として，ポリリン酸キナーゼによって合成される（図2）．多くの微生物は，ポリリン酸をATPの代わりにリン酸化の基質にする酵素をもつ．また，ポリリン酸キナーゼの逆反応によってATPを作り出すことができることから，エネルギーの貯蔵物質であると考えられている．この反応は一段階なので早く，しかも量論的に起こる（わかりやすくいえば1000個のリン酸がつながったポリリン酸からは，999個のATPができる，最後の1つはリン酸）ことから，緊急のエネルギー源として好都合といえる．

現在実用化されている生物脱リン法では，ポリリン酸蓄積細菌というバクテリアが主要な役割を果たしている［➡3-3-1 リン蓄積微生物，8-2-2 下水からのリン除去技術］．ポリリン酸蓄積細菌は，嫌気槽で最初に有機酸と接触し，細胞内に蓄えていたポリリン酸のエネルギーを使って酢酸やプロピオン酸などの有機酸を他の菌よりも早く取り込むので，まさしくポリリン酸はエネルギーの貯蔵物質であるといえる．生物脱リン法は，このポリリン酸の性質をうまく利用した方法といえる．PPK2という酵素はポリリン酸とAMPからADPを作るもの，ポリリン酸とADPからATPを作るもの，ポリリン酸とAMPからATPを作るものからなる．ポリリン酸蓄積細菌のゲノムが解読された結果，PPK2を5種類ももっていることがわかり，効率的にAMPからATPを再生していることが予想できる．

一方，酵母では多量のポリリン酸を作るものの，ポリリン酸によるATP合成はほとんど起こらないことが知られている．このことから，酵母ではおそらくエネルギー貯蔵の意味はないと考えられる．その代わり，リン酸が足らなくなると，ポリリン酸がなくなることから，酵母でのポリリン酸の役割は主にリン酸の貯蔵ではないかと考えられる．酵母以外の多くの微生物でも，リン酸の飢餓にさらした後にリン酸を加えると，ポリリン酸の蓄積がみられることからリン酸の貯蔵物質としても働くようである．微生物によるポリリン酸の蓄積は，リン鉱石の生成に関与したとも考えられている［➡トピックス13 リン鉱石の起源とポリリン酸（p.199）］．

大腸菌はポリリン酸から効率的にエネルギーを引き出すPPK2をもっていない．また，リン酸の飢餓にさらした後にリン酸を加えても，ポリリン酸の蓄積はみられない．大腸菌のポリリン酸の役割は上記とは違うようである．1990年代以降に研究が進められた結果，大腸菌のポリリン酸はアミノ酸飢餓で働くプロテアーゼの活性化に関与したり，定常期のシグマ因子の発現に関与したりすることがわかってきた．ポリリン酸によるプロテアーゼ活性化機能はバクテリアの一部にのみ存在すると考えられていたが，ヒトのなかでもプロテアーゼの活性化に関与していることがわかってきている．ポリリン酸はヒトの血小板に含まれるが，出血により血小板がなんらかの理由で壊れると，ポリリン酸が放出される．このポリリン酸は，血液中のFactor XIIというプロテアーゼを活性化して，最終的に凝固反応へと導く．血液の凝固は，怪我をしたときに重要な役割を担うが，そのようなところにも関与しているとは驚きである．

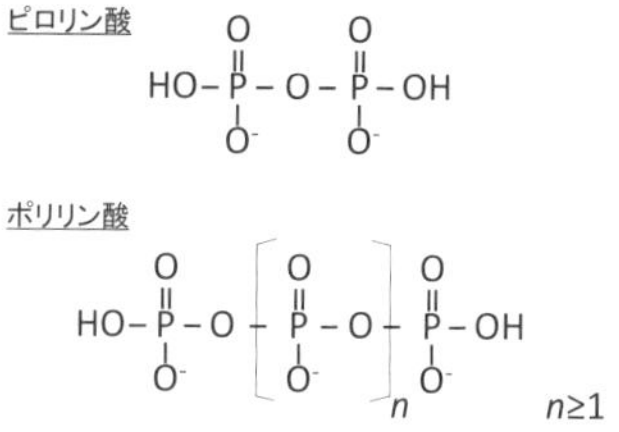

（黒田章夫）

図1　ピロリン酸とポリリン酸の構造

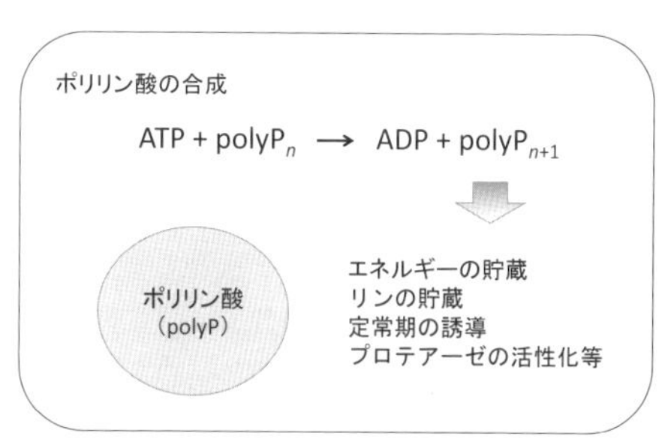

図2　ポリリン酸の合成と役割

ポリリン酸キナーゼはATPのリン酸基をポリリン酸（polyP$_n$）に転移する酵素である．この反応が連続して起こることで，長いポリリン酸が合成される．

◆ 参考文献

1）黒田章夫ほか：微生物のポリリン酸蓄積機構解明とリン濃縮への利用，大竹久夫編，リン資源の回収と有効利用，pp. 63-75，サイエンス&テクノロジー，2009.

2）野村和孝ほか：蛋白質核酸酵素，49：1069-1070，2004.

3-1　生物中のリン

ホスホン酸

3-1-5

◆ ホスホン酸の一般的性質

ホスホン酸（phosphonates, phosphonic acid）とは，リンと炭素の直接結合（C–P結合）を分子内に有する有機リン化合物の総称である（図1）．類似の化合物群として，ホスフィン酸（phosphonic acid）というC–P–C結合をもつ有機リン化合物も存在し，これらを総称して「C–P化合物」と呼ぶ．ホスホン酸とホスフィン酸のリンの酸化数は，それぞれ+3と+1であり，酸化数が+5のリン酸に比べ還元された状態にある（図1）．

ホスホン酸は古くから有機化学の分野で使用され，キレート剤や農薬，化学合成の原料として使用されてきた．その特筆すべき化学的性質としてC–P結合がきわめて安定である点があげられ，反応性の高いC–O–P結合とは大きく異なる．C–P結合の結合エネルギーは63～65 kcal/molで，C–C結合やC–S結合のそれに匹敵する[1]．C–P結合は，水溶液中で強酸や強アルカリで加熱しても開裂せず，この高い安定性を利用して酸/アルカリ処理後に生じる正リン酸と全リンの差をもってC–P態リンとする測定が行われていた．現在は核磁気共鳴（NMR）による定性，定量的な解析が主に用いられている［➡1-3 リンの分析方法］．

◆ 生物におけるホスホン酸の発見と生化学

ホスホン酸の生物における存在は，1959年に日本人の堀口雅昭らによって初めて確認された[1]．堀口らは原生生物 *Tetrahymena* から2-amino-ethylphosphonic acid（AEP）を検出し，以降，原生動物や軟体動物をはじめとする下等生物やアーキア，細菌などさまざまな生物においてAEP以外のホスホン酸の分布が確認されている．イソギンチャク類やゾウリムシは特に多くホスホン酸を含み，最大で全リンの約50%に相当する量のリンをホスホン酸としてもつ．高等動物の組織にも主にホスホノリン脂質の形態でC–P態のリンが検出されるが，これはホスホン酸を含む生物を食餌により摂取した結果，蓄積したものとされる．つまり，ホスホン酸の生合成能は，一部の下等生物と細菌にのみ存在する能力と考えられている．

生物が利用するリンは酸化数が+5のリン酸のみであり，生物的な酸化還元状態の変化は起こらないと考えられていた．そのため，

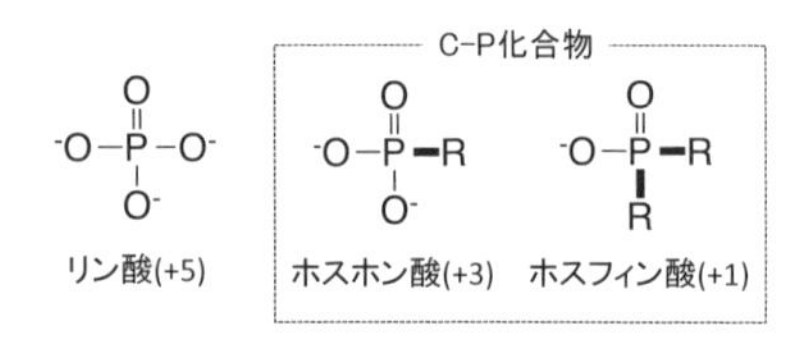

図1　ホスホン酸，ホスフィン酸の構造
化合物名横の数字はリンの酸化数を表す．分子中のRは炭素鎖，太線はC–P結合を表す．

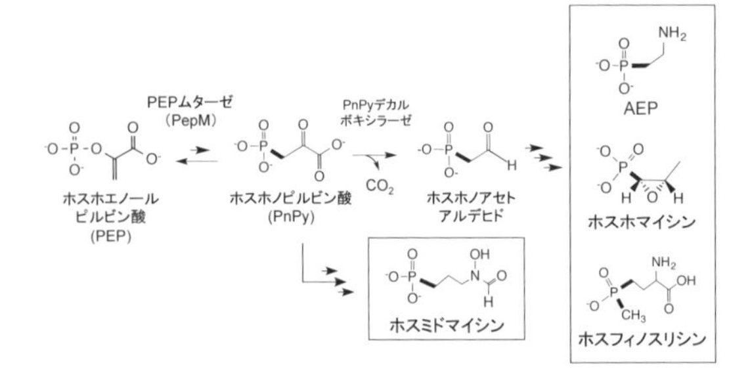

図2　ホスホン酸生合成の初期反応と各種ホスホン酸の構造
PnPyデカルボキシラーゼによる脱炭酸反応経路では，20種類以上のホスホン酸が合成される．

生物におけるAEPの生合成すなわち生物におけるリン酸還元反応の発見は，非常に大きな驚きをもたらすと同時に，多くの注目を集めた．AEPの発見から遅れることおよそ30年，ホスホエノールピルビン酸ムターゼ（PepM）という酵素によって，高エネルギーリン化合物であるホスホエノールピルビン酸（PEP）のリン酸基が分子内転移してC-P結合が生じ，ホスホノピルビン酸（PnPy）が生成することが明らかにされた（図2）[1]．この反応の平衡は大きくPEP側に傾いているので，反応を進行させるためには熱力学的に進行しやすい第二段階目の反応と共役する必要がある．PnPyデカルボキシラーゼによる脱炭酸はその代表的な反応である[1]．これ以降の反応は多様性に富んでおり，多数の化合物の生合成経路が明らかにされている．ホスホン酸合成経路は細菌の5％程度がもつことがわかっている．

◆ ホスホン酸の生理機能と代謝

高等生物において，AEPとその誘導体はホスホノリン脂質として細胞膜に検出されるが，その生理機能はまだよくわかっていない．加水分解抵抗性や膜流動性の調節など，どちらかというと静的な機能が提唱されているが，これらを明確に裏づける根拠は現在のところ乏しい．一方，放線菌を中心とした細菌類から発見されたホスホン酸には多様な生理活性を示すものが発見されている．ホスホマイシン（抗生物質），ホスフィノスリシン（除草剤），ホスミドマイシン（抗マラリア薬）などはその代表である（図2）[2]．天然化合物のなかで実際に医薬品として上市される割合はおよそ0.1％といわれるが，ホスホン酸における割合は約6％であり，創薬研究における重要なターゲット化合物の一つとなっている．

多くの生物はホスホン酸のC-P結合を切断することはできないが，一部の細菌はリン酸欠乏条件にさらされると，C-P結合を切断するC-Pリアーゼを誘導して，ホスホン酸をリン源として利用する．大腸菌の場合，C-Pリアーゼは14個の遺伝子（*phnCDEFGHIJKLMNOP*）中にコードされている．C-Pリアーゼによるホスホン酸の分解は少なくとも6段階の酵素反応が関与しており，2分子のATPと1分子の*S*-アデノシルメチオニンを必要とする複雑な反応機構で構成される[3]．

◆ ホスホン酸とリンの生物循環

ホスホン酸の分解は，ホスホン酸の生合成と合わせて，リンの生物循環を構成する重要な生物現象の一部であるとの見方が強まっている．海洋表層は好気条件にもかかわらずメタンが過飽和状態となっているが，このメタンの生成源は不明であった．しかし，海洋性アーキア *Nitrosopumilus maritimus* がメチルホスホン酸を産生し，このホスホン酸が他の海洋性微生物によってC-P開裂された後にメタンが発生するという現象が発見され，このパラドックスを説明する有力な説となっている[3]．また，ある種の海洋光合成微生物は，陸域から海洋に流入するリンの量をしのぐ規模（10^{11} mol P/年）のリン酸を還元してホスホン酸を生成することが示されている[3]．ホスホン酸を中心とした還元型のリン化合物の合成と代謝は，微生物にのみみられる活性である．これらの微生物は土壌・水圏を中心にかなりの量が存在するため，リンの生物循環における重要な役割があると考えられている．（廣田隆一）

◆ 参考文献

1）堀口雅昭：蛋白質核酸酵素，36：2461-2479, 1991.
2）A. K. White and W. W. Metcalf：*Annual Review of Microbiology*, 61：379-400, 2007.
3）J. P. Chin *et al.*：*Current Opinion in Chemical Biology*, 31：50-57, 2016.

骨と歯

◆ 骨と歯

骨（bone）は身体の支持，歯（tooth：エナメル質（enamel），象牙質（dentin），セメント質（cementum））は咀嚼に適応した硬組織である．いずれも内部には細胞成分に富む組織（それぞれ骨髄，歯髄という）を保有する．硬組織の主成分は水酸化リン酸カルシウム（ヒドロキシアパタイト（hydroxyapatite：HA））である．生体では，HAのCa^{2+}はZ^{2+}，Fe^{2+}，Mg^{2+}と，OH^-，PO_4^{3-}はCO_3^{2-}などと一部交換される．骨は生涯にわたって形成と吸収を繰り返し，さまざまな局面で多くの器官と連携して生命活動を支えている．歯は通常代謝されることはない．低リン血症性の骨疾患では，歯の形成障害を認めることがある．このことは骨形成と歯の形成が共通した分子基盤で成り立つことと関係している．

骨形成は骨芽細胞（osteoblasts），歯の形成はエナメル芽細胞（ameloblasts），象牙芽細胞（odontoblasts），セメント芽細胞（cementoblasts）によって営まれる．エナメル芽細胞を除くこれらの細胞はI型コラーゲンを主体とする基質（それぞれ類骨，象牙前質，類セメント質という）を形成し，その後，直径～300 nmの膜小胞（基質小胞（matrix vesicle：MV））を放出する．MVは石灰化の要である．低リン血症では類骨や球間象牙質（石灰化の低い象牙質）が増加することから，リン（無機リン酸（inorganic phosphate：Pi））は石灰化（calcification）に不可欠であることがわかる．エナメル芽細胞もまた固有の有機質を構築するが，大部分は成熟過程で脱却され，エナメル芽細胞も消失する．その結果，エナメル質は95％以上をHAとする人体で最も硬い組織となる．

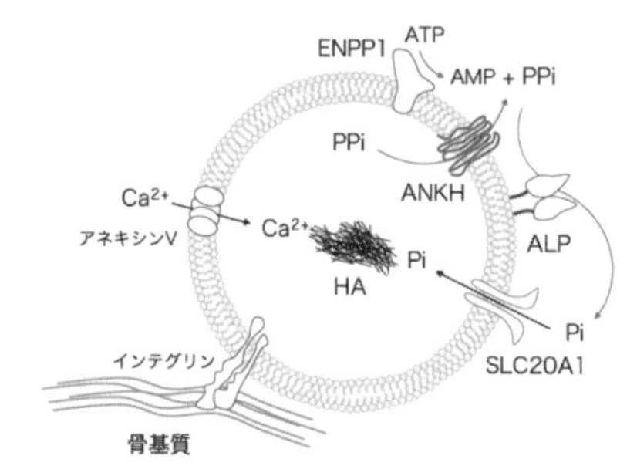

図1　MVの構造

MVは膜上に石灰化に必要な複数の機能分子を保有する（図1）．ectonucleotide pyrophosphatase/phosphodiesterase 1（ENPP1）は細胞外ATPを無機ピロリン酸inorganic pyrophosphate（PPi）とAMPに分解する．PPiはまたDNA合成時の副産物として生じ，ANKH Pi transport regulator（ANKH）はこれを膜外に汲み出す．PPiはアルカリホスファターゼ（alkaline phosphatase：ALP）によりPiに加水分解される．Piは専用のトランスポーターによって輸送される．そのうち，骨と歯の石灰化にはsolute carrier family 20 member 1（SLC20A1）が強く関わっている[1,2]．SLC20A1によってMV内に取り込まれたPiはCa^{2+}とともにHAの結晶形成に寄与し，結晶はやがて非細胞性に成長し，石灰化を完結させる．SLC20A1は骨や歯の細胞のみならず，ほとんどの細胞に広く分布し，細胞内へのPi輸送を調節して多彩な生命活動を支えている．このように，骨と歯は普遍的なPi輸送の仕組みと，MVを介した固有の仕組みを併用し，ミネラルを貯蔵するのである．

（吉子裕二）

◆ 参考文献

1）H. Yoshioka *et al.*：*Calcif. Tissue Int.*, 89：192-202, 2011.
2）Y. Yoshiko *et al.*：*Mol. Cell. Bio.*, 27：4465-4474, 2007.

トピックス ◇5◆ 低フィチン穀類によるリンの有効利用

家畜用飼料原料であるトウモロコシ，ダイズなどの穀類にはフィチンが多く含まれている．牛などの反芻家畜はフィチン分解酵素（フィターゼ）をもつのに対して，フィターゼをもたない人間，豚，鶏などの単胃動物はフィチンを分解，吸収できない．そのため，家畜のリン酸要求量を満たす目的で餌にリン鉱石由来の無機リン酸を添加し不足するリン酸を補っている．しかし，リン資源は枯渇が心配されている．一方，家畜に吸収されずに排泄物中に残ったフィチンは農耕地に蓄積され，さらに，土壌微生物により分解され無機リンとなり，雨水などとともに河川や湖沼へ流入し水質汚染の原因となっている．そこで，これらの問題を解決することを目的に，餌のフィチン酸含量を減らす研究が進められている．その一つが，餌にフィターゼを添加する方法である．フィターゼを餌に添加するとリンの消化性が改善され，糞へのリン排泄量が軽減できることが報告されている[1]．しかし，フィターゼはコストが高いことが課題となっている．それに対して，餌にフィターゼと無機リンを添加することなく家畜を飼育し，リン資源の節約と環境へのリンの流出を低減することを目的に，低フィチン穀類の開発が進められている．その結果，これまでにトウモロコシ，イネ，オオムギ，ダイズなど，主要な穀物の種子を突然変異誘発剤（エチルメタンスルホン酸など）処理して得られた変異体から多くの低フィチン系統が選抜されている[2]．たとえば，ダイズの普通栽培品種のフィチン酸含量は全リンの70～90％であるが，開発された低フィチン系統では20～30％であり，リン酸の多くが家畜の吸収可能な無機リンとなっている[3]（図1）．

低フィチン穀類を使った豚，鶏などの家畜の飼養実験では，低フィチン穀類で調整した餌では普通の餌に比べて家畜のリン吸収率が増加し，逆に環境へ排泄されるリンが30～40％減少することが報告されている．また単胃動物である魚の養殖においても低フィチン穀類がリン酸の節約とリンの海洋への排出量を軽減することが明らかとなっている．

多くの変異体は，発芽率や収量が減少することが報告されている．しかし，筆者が育成した低フィチン系統ダイズのなかには発芽率と子実の生産性が高い系統もみられる．今後，①施肥反応性，②環境ストレス耐性などさまざまな観点から解析し，収量性のより高い系統を選抜することが重要である．（実岡寛文）

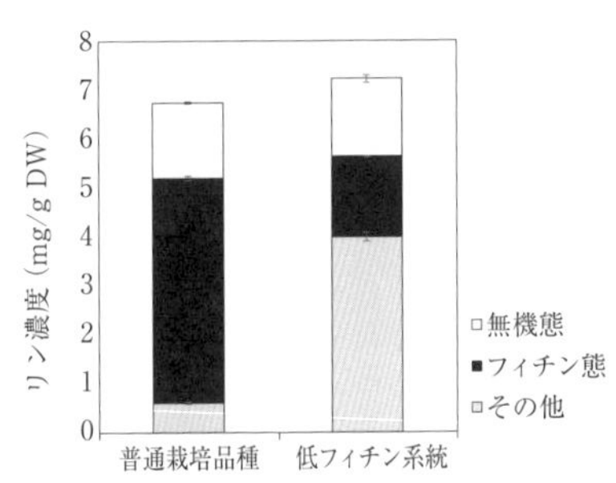

図1 低フィチン系統ダイズと普通栽培品種の全リン，フィチン態リン，無機態リン濃度の違い

◆ 参考文献

1) 矢野史子：栄養生理研究会報，42：117-126, 1998.
2) V. Raboy：*Trends in Plant Science*, 6：458-462, 2001.
3) 上田晃弘，実岡寛文：土壌肥料学雑誌，84：118-124, 2013.

3-1 生物中のリン

カゼインミセル

3-1-7

◆ 幼動物の成長を助けるカゼインミセル

哺乳類は乳を分泌することにより幼動物の生育を可能にした動物である．乳には生育のためのすべてが含まれている．哺乳類は移動可能な動物であり，身体を維持するための骨格と動かすための筋肉が必須である．乳には骨の成分であるリン酸カルシウムと筋肉の成分であるタンパク質が含まれている．リンは骨形成のための必須元素である．タンパク質は消化の容易なカゼイン（casein）というタンパク質と生体調節作用に関与する乳清タンパク質からなる．乳は母胎で血液を材料として作られ，液状で分泌され幼動物に与えられる．骨格成分であるリン酸カルシウムは中性域の乳では溶解度が小さく，大量に溶解することはできないが，幼動物の早い成長を支えるには，大量のリン酸カルシウムが必要である．この矛盾を解決するためリン酸カルシウムは，カゼインとカゼインミセルという複合体を作り，乳汁中で安定となり分泌可能となっている．乳は動物の成長速度に合わせて作られ，成長速度の早い動物ほどタンパク質，リン，カルシウム含量の高い乳が分泌される．種々の哺乳動物について乳中のタンパク質とリンの関係を図1に示す[1)]．この関係はカルシウムについても同様である．体重が2倍になるのに180日かかる成長の遅い人間（図1の6）ではカゼイン含量が少なく，カルシウム，リンともほぼ溶解可能含量に等しい．約6.5日で2倍になるウサギ（図1の4）では人乳の約10倍のカゼイン，リン，カルシウムを含んでいる．

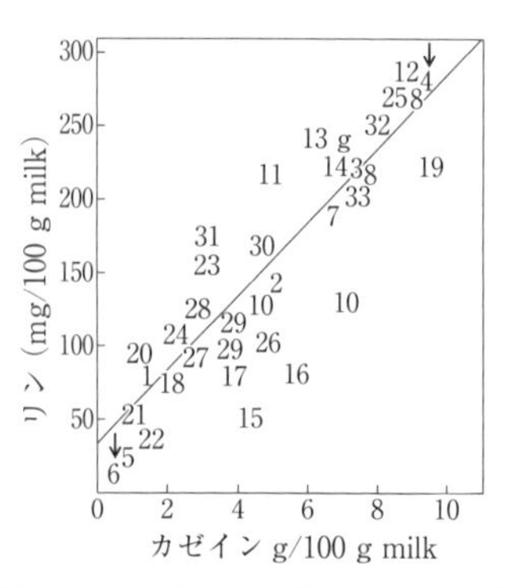

図1　種々の哺乳動物の乳中リンとタンパク質含量の関係[1)]

主なものについて量順に記す．6：ヒト，18：インドゾウ，27：ウシ，29：ヤギ，30：ヒツジ，7：ハムスター，8：ネズミ，32：ナガスクジラ，25：トナカイ，4：ウサギ．

◆ 骨成分を分泌可能にしたミセル構造

溶解できないリン酸カルシウムを溶液中で安定に保つカゼインミセルとはいかなるものか紹介する[2,3)]．カゼイン（CN）は哺乳類の乳中に含まれるタンパク質で牛乳では α_{s1}-，α_{s2}-，β-，κ-CN，人乳では主に β-，κ-CN からなっている．カゼインはセリン残基（Ser）のいくつかがリン酸エステル化したリンタンパク質であり，α_{s1}-，α_{s2}-，β-，κ-CN はそれぞれ8，13，5，1個／分子のホスホセリン残基（SerP）をもっている．ここでは牛乳を主体に述べる．α_{s1}-，α_{s2}-，β-CN はカルシウムで沈殿するが，κ-CN は糖鎖をもつタンパク質でカルシウムでは沈殿しない．κ-CN はリン酸カルシウムで凝集した α_{s1}-，α_{s2}-，β-CN の表面に結合し，さらなる凝集を阻止し，安定化する働きをもっている．ここで結合したリン酸カルシウムは溶解度以上に集積しミセル形成するのでミセル性リン酸カルシウム（MCP）という．いかに多くのリン酸カルシウムを安定に結合するかは，カゼインのリン酸基の数と並びによる．リン酸エステル化でリン酸基を増やすと MCP は少なめになり，脱リンし，リン酸基を減少させると MCP は多くなるが不安定となる．結局，乳中のカゼインのリン酸基の数と並びが，最も安定に MCP を安定化していることがわかった．MCP は溶解しているカルシウムやリン酸と平衡関係にあるが，交換容易なものとなかなか交換しないものとがある．このMCP の結合の仕方について Dijk[4] は図 2 のような結合方式を提案した．溶解相のリン酸カルシウムと平衡関係にある unstable armと，強く結合し簡単には溶解しない stable armからなることで説明している．カゼインミセルの構造については多くのモデルが提案されたが，多くの現象や観察結果をすべて満たすものはいまだに提出されていない[5]．ほぼ共通しているのは α_{s1}-，α_{s2}-，β-CN のSerP を通してリン酸カルシウムが集積し凝集するが，その表面に糖鎖を外に出した形でκ-CN が結合すると凝集が阻止され安定化することである．κ-CN が表面にあると他との結合が阻止されることから，κ-CN 含量が高いほどミセルの粒度は小さくなることが示されている．

◆ 骨成分の吸収を助けるカゼイン

母体の乳腺細胞で溶解度以上に集積したリン酸カルシウムは，タンパク質と結合し析出することなくカゼインミセルの形で乳汁として分泌され，幼動物の成長を支えている．摂取された乳は，胃に入り，pH 低下でカードを形成し，徐々に消化される．タンパク質はペプチドへ，MCP は低 pH のためリン酸とカルシウムイオンとなり可溶化し，腸へと運ばれる．腸内の pH は中性付近にあり，胃で一旦可溶化したリン酸カルシウムは不溶化し排出される恐れがあるが，カゼインから消化でできたカゼインホスホペプチド（CPP）とミセル様に結合し可溶化される．カゼインのSerP をもつペプチド部分は消化されにくく，CPP の形で腸内に残存する．カゼインのリン酸基の並びは，SerP-SerP-SerP-Glu-Gluの基本構造に C あるいは N 末側に直接または数残基おいてさらに SerP をもった構造を取り，これらの部分を含むペプチドが CPPとして機能する．カゼインのリン酸カルシウム保持能は SerP が多い順に α_{s2}- > α_{s1}- >

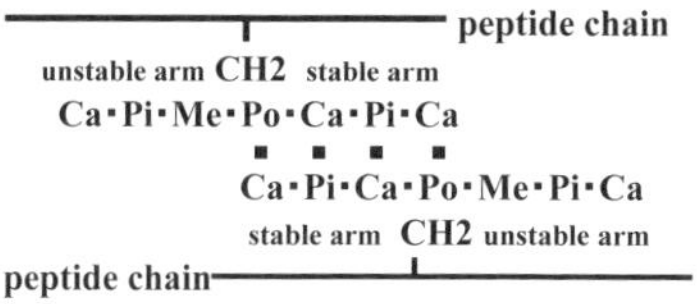

peptide chain
unstable arm CH2 stable arm
Ca・Pi・Me・Po・Ca・Pi・Ca
■ ■ ■ ■
Ca・Pi・Ca・Po・Me・Pi・Ca
stable arm CH2 unstable arm
peptide chain

図 2　Dijk[4] 提案の SerP を介したリン酸カルシウムによる結合の模式図
Me は Ca あるいは Mg，Po は SerP，Ca と Pi は無機のカルシウムとリン酸．

β-CN となっているが，これらから生じたCPP のリン酸カルシウム保持能も同様の順となる．幼動物の成長にはリン酸カルシウムとタンパク質が大量に必要となるが，リン酸基をもつカゼインそしてカゼインホスホペプチドが，分泌，運搬，吸収を巧妙に支えている．（小野伴忠）

◆ 参考文献

1）R. Jeness：*J. Dairy Res.*, 46：197-210, 1979.
2）小野伴忠：酪農科学・食品の研究，43(4)：A65-A71, 1994.
3）小野伴忠：*Milk Science*, 54：53-62，2005.
4）H. J. M. van Dijk：*Neth. Milk Dairy J.*, 44：65-81, 1990.
5）青木孝良：乳業技術，65：1-22，2015.

3-2 リンの機能と代謝

遺　伝

3-2-1

リンは遺伝子（gene）であるデオキシリボ核酸（DNA）のヌクレオシド間を連結するリン酸として含まれている．ここでは特に真核生物の遺伝子とその集合体である染色体，遺伝子に担われている遺伝情報の流れを示すセントラルドグマ，そして親細胞と同じ娘細胞が生じる体細胞分裂（有糸分裂）と配偶子が形成される生殖細胞の分裂（減数分裂）について説明する．

◆ 遺伝子と染色体

日本が明治維新を迎えようとしていた幕末の1865年のヨーロッパでは，メンデルがエンドウを使った交配実験結果の解釈に形質を決定する因子というものを想定し，遺伝の法則を報告していた．このメンデルの想定した形質決定因子が現在では「遺伝子」と呼ばれているものである．遺伝子は集合して1本の長いDNA分子として染色体を構成し，さらに生物種によってその染色体の数とサイズは決まっている．細胞に含まれる最小限の染色体セットをその生物の全遺伝情報を担うものとして「ゲノム」と呼んでいる．ヒトゲノムは22本の常染色体とXおよびYの2本の性染色体から構成されており，2～3万個の遺伝子が存在すると推定されている．

染色体のDNA分子は約150bpの単位で4種のヒストンタンパク質（H2A，H2B，H3，H4）からなるヒストン八量体に巻きついてヌクレオソームを形成し，ヌクレオソーム間の約50 bpにはリンカーヒストンが結合している．ヒストンはリン酸化を受けることが知られており，アセチル化やメチル化，ユビキチン化といった化学修飾とともに遺伝子発現やクロマチン機能の制御に関わっている．顕微鏡下で観察されるような染色体の高次構造の詳細については，いまだにほとんどわかっていない．染色体には，セントロメアと呼ばれる分裂時に紡錘糸が結合する領域が1つとテロメアと呼ばれる特徴的な反復配列をもつ末端領域があり，染色体の分配に重要な機能を果たしている．

◆ セントラルドグマ

遺伝情報はDNAの塩基配列として存在し，DNAはDNAポリメラーゼにより複製されて2分子となった後，細胞分裂時に1分子ずつ娘細胞に分配される．二重らせん構造をしたDNAは半保存的に複製される．つまり，DNAを構成する4種類の塩基のうち，アデニン（A）とチミン（T），グアニン（G）とシトシン（C）が水素結合で必ず対をなすことで二重らせんの片鎖を鋳型にして新しい相補鎖が合成され，片鎖が新生の同一DNAが2分子できあがるわけである．1つの遺伝子の遺伝情報は通常1つのポリペプチド（タンパク質）の情報に対応している．それではDNAの塩基配列情報がどのようにタンパク質の情報へと変換されるのだろうか．この問題に対してDNAの二重らせん構造を解明した研究者の一人であるクリックが1957年にDNAの遺伝情報はリボ核酸（RNA）分子に変換されて最終的にタンパク質分子へと一方向的に変わるという考えを「セントラルドグマ（central dogma）」として提唱した．

DNAの遺伝情報がRNAポリメラーゼによってRNAの塩基配列情報に変換されることを「転写」と呼んでいる．転写された遺伝情報はA，G，C，そしてTの代わりに使用されるウラシル（U）からなるRNAの塩基配列に置き換わっている．高等生物では転写されたRNA分子の切断と再結合が起こる場合が多く，このRNAの加工を「スプライシング」と呼んでいる．転写された遺伝情報を担うRNAは伝令RNA（mRNA）と呼ばれ，その情報はタンパク質とリボソームRNA（rRNA）の巨大複合体であるリボソーム上でタンパク質のアミノ酸配列情報へと変換さ

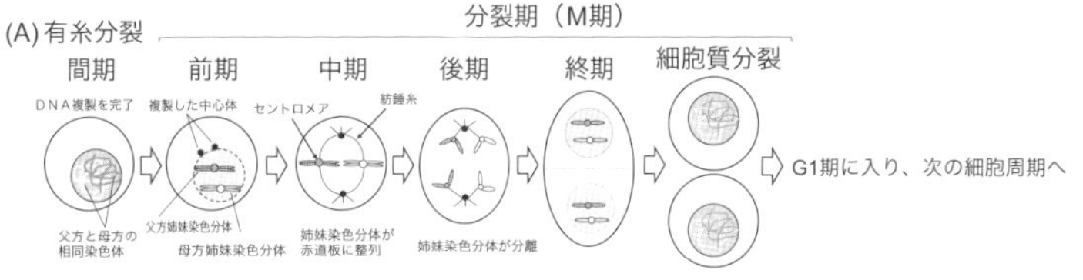

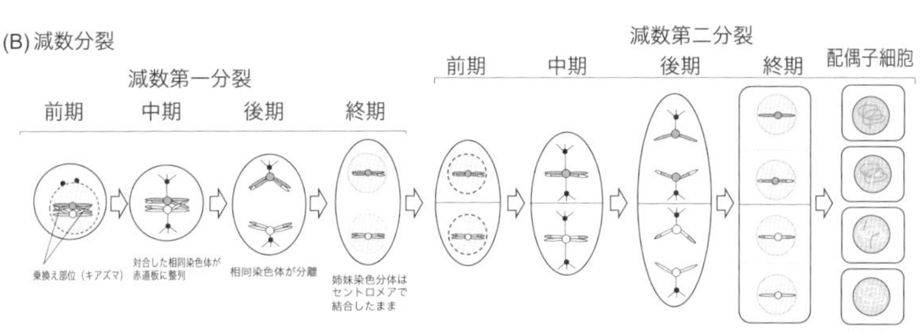

図1　有糸分裂(A)と減数分裂(B)の概略模式図

れる．この過程を「翻訳」と呼んでいる．mRNAの3塩基単位（コドンと呼ばれる）が特定のアミノ酸に対応して翻訳されるが，64種のコドンのうち3つのコドン（UAA, UAG, UGA）は翻訳終了の信号となる終止コドンである．翻訳開始はmRNAの最初に出現するメチオニンに対応するAUGコドンから起こる．コドンとアミノ酸の対応表を遺伝暗号表と呼んでいる．コドンとアミノ酸を実際に関連づけるのはアミノ酸を結合した運搬RNA（tRNA）である．tRNAは運ぶアミノ酸のコドンに相補的なアンチコドン配列をもち，mRNAの対応コドン部分に結合して，アミノ酸への変換を行う．

遺伝子の情報は多くがタンパク質へ変換されるが，rRNAやtRNAのようにRNA分子として機能する遺伝子もある．さらに，RNAからDNAを合成する逆転写酵素の発見があり，「逆転写」という遺伝情報の逆流が起こることも知られている．

◆ 細胞周期と有糸分裂

親細胞と同じ染色体セットをもつ2つの娘細胞が生じる分裂を有糸分裂（体細胞分裂）という．分裂前の細胞は間期と呼ばれる状態にあり，DNA複製が起こるS期かその前後のG1期かG2期のいずれかの状態である．細胞はG2期の後に分裂期（M期）に進行する．M期は前期，中期，後期，終期，細胞質分裂に区切ることができる．M期での染色体の挙動の概略を図1Aに示す．このG1→S→G2→Mというサイクルを細胞周期と呼び，1回転で細胞が2つになる．細胞周期の進行はサイクリン依存性タンパク質キナーゼが関わるタンパク質のリン酸化などによってG1-S期，G2-M期，分裂中期の段階で巧妙に制御されている．この制御が乱れ，異常増殖することが細胞の癌化である．

◆ 生殖細胞形成の減数分裂

減数分裂は生殖細胞が配偶子（精子，卵子）を形成する細胞分裂様式である．DNA複製の後に連続して2回の分裂が起こる．最初の分裂を減数第一分裂，2回目の分裂を減数第二分裂と呼んでいる（図1B参照）．減数第一分裂の前期では父方と母方の相同染色体間で乗り換えが起こり，続く後期でその相同染色体が分離する．減数第二分裂は有糸分裂と同じで，セントロメア部分で結合していた姉妹染色分体が分離する．その結果，最終的に4細胞となり，細胞の核相は二倍体ではなく，一倍体となる．

メンデルは遺伝の法則によってこの減数分裂の重要な役割を予言していたともいえる．

（金子嘉信）

3-2 リンの機能と代謝

エネルギー代謝（ATP, クレアチンリン酸）

3-2-2

生命活動にエネルギーは欠かすことができない．細胞においてエネルギーの担体としての役割を果たしているのがアデノシン5′-三リン酸（adenosine 5′-triphosphate：ATP）である．ATPは，アデノシンの5′位から1つのリン酸エステル結合と2つのリン酸無水結合を介して3つのリン酸が直鎖状に連結した構造を有しており，各リン酸基はアデノシンに近いほうからαリン酸，βリン酸，γリン酸と呼ばれる．αリン酸とβリン酸，およびβリン酸とγリン酸の間の2つのリン酸無水結合は，分解反応の自由エネルギー変化が大きな負の値を示すため，しばしば「高エネルギーリン酸結合」と称される．ATPのβリン酸とγリン酸の間の結合が加水分解され，アデノシン5′-二リン酸（ADP）と無機リン酸が生じる化学反応の自由エネルギー変化は，細胞内の生理的な条件で約-12 kcal/molとなっている．生物は，このATPの分解に伴う自由エネルギー変化をさまざまなかたちで利用している．代表的な例として，筋肉の収縮があげられる．筋肉においては，ミオシン線維がATPの加水分解と共役してアクチン線維上を一方向に動くことにより筋線維を収縮させ，力を発生している．ATPはまた，濃度勾配に逆らった物質輸送にも利用されている．たとえば，細胞膜のNa^+/K^+-ATPaseは，濃度勾配に逆らってカリウムイオンとナトリウムイオンを対向輸送し，細胞膜電位を作り出している．ニューロンの活動には膜電位の維持が非常に重要であり，ニューロンにおけるエネルギー消費の半分以上を，Na^+/K^+-ATPaseによるATP加水分解が占めていると見積もられている．さらに，ATPの分解反応は，さまざまな吸エルゴン反応と共役して反応全体の自由エネルギー変化を負にすることで，エネルギー的に自発的には起こりにくい多数の細胞内代謝反応を効率よく進めるために利用されている．ATPは，こうしたエネルギー供与体としての役割以外の機能も有している．たとえば，種々のタンパク質リン酸化酵素によってATPのγリン酸がタンパク質中のアミノ酸残基に転移されることで，タンパク質の機能が調節される．また，ATPは細胞外に放出されて細胞表面にある受容体に認識されることで，神経伝達物質や走化性因子として働くことも知られている．

ATPの分解によって生じたADPの大部分はATPへと再生される．しかし，ADPからATPを合成する反応はATP分解の逆反応であるため，自発的には進行しない．そのためすべての生物はATPの再生に必要なエネルギーを外部から取り込む必要がある．植物などの光合成生物は光からエネルギーを得る一方，動物や大部分の細菌などの光合成できない生物は化学物質からエネルギーを獲得する．動物の場合，グルコースなどの糖，およびトリグリセリドなどの脂質が主たるエネルギー源であり，これらを分解した際に放出される自由エネルギーがATP合成に利用される．動物細胞に取り込まれたグルコースは，まず細胞質に存在する解糖系酵素群による10段階の代謝反応によってピルビン酸にまで分解される．解糖系酵素であるホスホグリセリン酸キナーゼおよびピルビン酸キナーゼは，それぞれ，グルコース代謝中間体である1, 3-ビスホスホグリセリン酸およびホスホエノールピルビン酸のリン酸基をADPに転移することによって，ATPを合成する．ピルビン酸はミトコンドリアに取り込まれ，アセチルCoAに変換される．脂質から生じる脂肪酸もミトコンドリア内に輸送され，β酸化によってアセチルCoAに変換される．アセチルCoAは，クエン酸サイクルによって最終的に水と二酸化炭素にまで酸化される．この過程でミトコンドリア内膜にプロトン濃度勾配と膜電位が形成されるため，ミトコンドリア内膜の外側にあるプロトンには，内膜の内側（マトリックス）へ流れようとする強い力（プロトン駆動力）がかかる．ミトコンドリア内膜に局在するATP合成酵素は，プロトン駆動力を利用してADPとリン酸からATPを合成する．このATP合成反応は，栄養素の酸化を伴ったADPのリン酸化反応であるため「酸化的リン酸化」と呼ばれる．ATP合成酵素は非常に精巧な分子機械である．まず，プロトンがATP合成酵素の内部を通り内膜の外側からマトリックス側へ移動する際に，ATP合成酵素の中心軸が回転するエネルギーが供給される．この中心軸の回転により，ATP合成酵素の3つの触媒部位の立体構造は，① ADPと無機リン酸の結合に適した構造，②ヌクレオチドが解離できない構造，③ ATPの解離に適した構造，の順序で変化したのち再度①の構造に戻るということを繰り返し，その結果ADPと無機リン酸からATPが合成される（図1）．すなわち，ミトコンドリアATP合成酵素は，プロトン駆動力という電気化学的エネルギーから回転運動エネルギー，そして回転運動エネルギーからATPの化学エネルギーという2段階のエネルギー変換を行っている．葉緑体のチラコイド膜や細菌の細胞膜にも同様のATP合成酵素が存在してATPの合成を行っている．葉緑体の場合，光合成中心が光を受容し，そのエネルギーを使って水から電子を引き抜いて$NADP^+$を還元する過程で，ATP合成に必要なプロトン駆動力が形成される．

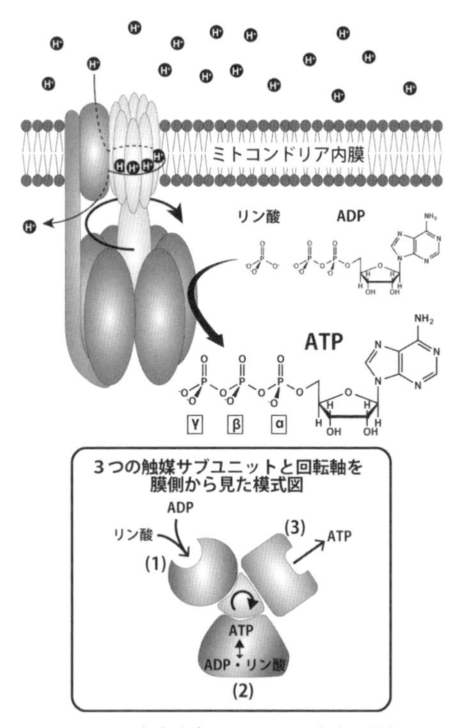

図1 ATP合成酵素によるATP合成の仕組み
プロトンがATP合成酵素内部を通り膜の外側から内側へ運ばれる際に，ATP合成酵素の中心軸（薄いグレー）が回転する．中心軸が回転することによって，それを取り囲む3つの触媒サブユニットの立体構造が連続的に変化し，ADPとリン酸からATPが合成される．

細胞内にATPが豊富に存在するときは，クレアチンキナーゼによって，一部のATPのγリン酸がクレアチンへと転移し，クレアチンリン酸が生成する．クレアチンキナーゼの反応は可逆的であり，細胞内のATPが不足した際には，逆反応によってクレアチンリン酸からADPにリン酸基が転移してATPが合成される．すなわち，クレアチンリン酸は，細胞内エネルギーのリザーバーとして機能すると考えられている．クレアチンリン酸は，筋肉や脳に豊富に存在していることから，特にこれらの組織で急激なATP消費が起こった際の細胞内ATP濃度の恒常性維持に重要だと考えられている．また，クレアチンリン酸は，細胞内に結合あるいは分解タンパク質が多く存在するATPと比較し，より長い距離をより速く拡散できると予想されるため，細胞内の隅々までエネルギーを行き渡らせるために必要であるとも考えられている．

（今村博臣）

リン脂質の膜機能

親水性のリン酸および塩基部分と疎水性の脂肪酸部分をもつリン脂質は界面活性作用を示し，臨界ミセル濃度を超えると自己組織化して，ミセルを形成する．また，水環境下で親水部分が外側に，疎水部分が内側になるように多数の分子が並んで二重層を形成すると膜ができる．このリン脂質二重層（phospholipid bilayer）は酸素分子などの電気的に中性で小さい分子は通過できるが，小さくても極性をもつ水分子やイオン，大きな分子は通過できない．

◆ ダイナミックな脂質膜

生体膜（biological membrane）を形成する脂質二重層は流動的である．リン脂質分子は外層や内層のなかを二次元方向に自由に移動することができる．同様に，酵素やレセプターなどの脂質二重層に結合あるいは貫通しているタンパク質も並進移動できる．このような分子運動の自由度はリン脂質を構成する脂肪酸の種類に左右され，不飽和結合が多い脂肪酸は融点が低いため，自由度が高く，生体膜が柔らかくなる．逆に，飽和脂肪酸が多かったり，リン脂質分子間の隙間にコレステロールが入ると自由度が低下して生体膜は硬くなる．生体膜の流動性は膜結合タンパク質の機能に影響を及ぼす．

細胞の脂質二重膜は不均一である．外側のリン脂質層と内側のそれはリン脂質分子種の分布が異なる．たとえば赤血球では，外側にホスファチジルコリンとスフィンゴリン脂質が，内側にはホスファチジルエタノールアミンとホスファチジルセリンが多く，非対称に分布している．リン脂質の塩基部分は親水性で，脂質二重膜の内側の疎水領域を容易に通過できないため，酵素がリン脂質の移動を担う．リン脂質分子を脂質二重膜の外側と内側の間で移動させる酵素として3種類が知られている（図1）[1]．フリッパーゼ（P型ATPアーゼ）はATPの加水分解で得られるエネルギーを利用してホスファチジルエタノールアミンとホスファチジルセリンを膜の外側から内側へ移動させる．フロッパーゼ（ABCトランスポーター）はすべてのリン脂質を逆に内側から外側へ転移させ，スクランブラーゼはエネルギー非依存的に双方向に往来させる．これら各酵素の基質特異性や活性制御の違いが脂質二重膜の非対称分布をもたらす要因となる．

◆ 脂質ラフトの多彩な機能

細胞膜上には，飽和脂肪酸を含むスフィンゴ脂質（主にスフィンゴミエリン）などの集団とその分子間にステロールが入り込んだ硬いマイクロドメインがあり，水面に浮かぶ筏にたとえて脂質ラフト（lipid raft）[2]と呼ばれる（図2）．グリセロリン脂質が不飽和脂肪酸を多く含むために流動的な無秩序液相を構成するのに対して，脂質ラフトは長鎖飽和脂肪酸の規則的な充塡により秩序液相を構成するが，安定的な構造体ではなく，外部刺激に応じて離合集散する．脂質ラフトは膜タンパク質を集積して，シグナル伝達，細菌やウイルスの感染，細胞内小胞輸送や細胞接着などの機能部位として働く．その例として，Gタンパク質はアシル基を介して脂質ラフトに結合し，脂質メディエーターと結合して脂質ラフトに集積したGタンパク質共役受容体（GPCR）[3]と会合してシグナルを伝達する．また，各種疾患にも深く関わっており，病原性大腸菌O 157のベロ毒素，アルツハイマー病に関係するアミロイドβタンパク質，プリオン病の原因となるプリオンタンパク質，C型肝炎ウイルスやインフルエンザウイルスなどが脂質ラフトを介して接触すると考えられている．

◆ 脂質膜の分離・融合と小胞輸送

リン脂質二重膜どうしが接触しても通常は

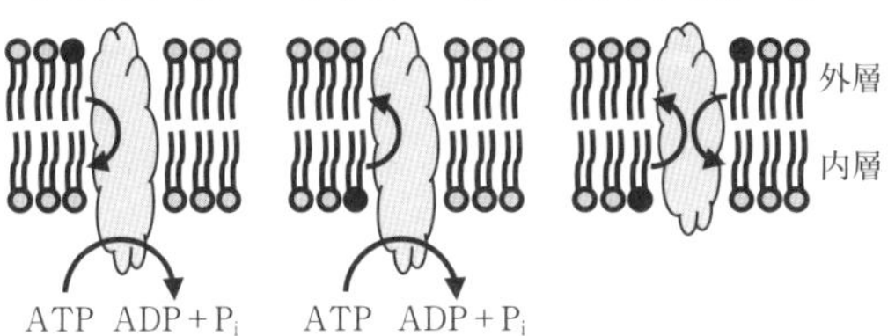

図1　細胞膜内外層でのリン脂質の輸送

何も起こらないが，膜タンパク質が結合した生体膜どうしが接触すると融合が起こる．これは，膜タンパク質の親和的結合によって脂質二重膜が数 nm 程度まで近接することが可能となるためである．脂質膜をもつウイルスの糖タンパク質はフソゲンと呼ばれ，ウイルスの細胞への感染において膜融合を引き起こす役割を果たす．膜融合は，まず外側のリン脂質層だけが融合した半融合状態となり，続いて内側のリン脂質層が融合して切り離されることによって起こる．同様の機構によって，オルガネラの脂質膜からコートタンパク質の誘導で小胞（リポソームあるいはベシクル）が生じて切り離され，SNARE[4] などの目印となるタンパク質どうしの親和性によって別の特定のオルガネラまで運ばれて，その脂質膜に融合する．このような小胞輸送（vesicular transport；図3）[5] は細胞内物質輸送の基本過程であり，タンパク質や脂質の各オルガネラへの配送，細胞外物質の取り込み（エンドサイトーシス）と細胞外への分泌因子の放出（エキソサイトーシス），神経突起からの神経伝達物質の放出・受容などさまざまな生体活動に利用されている．人工のリポソームやミセルは，薬物を体内の特定の場所に到達させたり，薬剤の曝露量や時間を制御するドラッグデリバリー（薬物送達）システムに用いられる．（秋　庸裕）

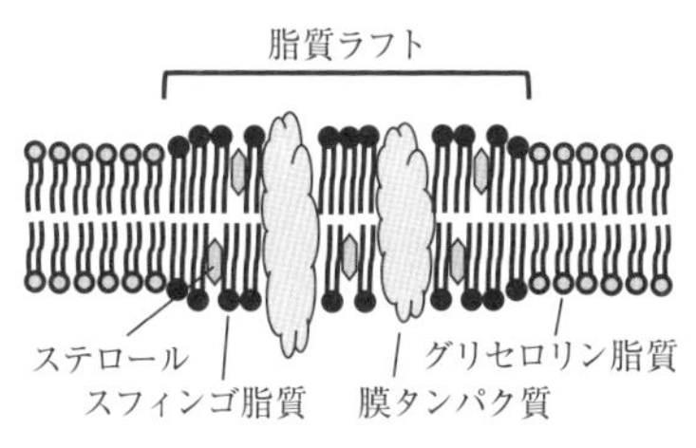

図2　脂質ラフト

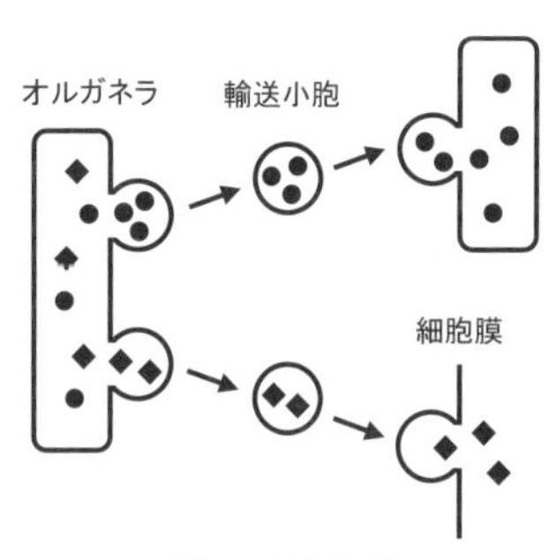

図3　小胞輸送

参考文献

1）F. J. Sharom：*IUBMB Life*, 63：736-746, 2011.

2）D. Lingwood and K. Simons：*Science*, 327：46-50, 2010.

3）飯利太朗，槙田紀子編：GPCR 研究の最前線 2016，医学のあゆみ，256, 2016.

4）C. Hu *et al.*：*Science*, 300：1745-1749, 2003.

5）福田光則，吉森保編：メンブレントラフィック膜・小胞による細胞内輸送ネットワーク，化学同人，2016.

リン酸シグナル伝達

◆ 酵母のリン酸シグナル伝達系

リンは生物の生存にとって必須の物質であるので，その細胞内での濃度を適正に維持することは重要である．そのため，生物は外界のリン（あるいはリン酸）の濃度を感知して，その情報を細胞に伝達し，リン環境に応じた応答を制御する「リン酸シグナル伝達系」をもっている．リン酸シグナル伝達系は，種々の生物において研究が行われているが，本項では，出芽酵母（以下，酵母）のリン酸シグナル伝達系（PHO系）の概略を解説する[1]．

酵母のPHO系は，外界からのリン（酸）の取り込み（uptake），細胞外ソースからの回収（scavenge），細胞内での貯蔵（storage），リン酸シグナルの細胞内伝達（signal transduction）などに関与する少なくとも20の遺伝子群からなる．そのコアとなる遺伝子は，タンパク質リン酸化酵素複合体（Pho80-Pho85）とその阻害因子（Pho81），Pho80-Pho85によってリン酸化を受ける転写活性化因子（Pho4）である．外界のリン酸濃度が低いときには（図1A），後述するメカニズムによって，Pho81がPho80-Pho85複合体の活性を阻害するためPho4はリン酸化されず，核内で二量体を形成して，転写補助因子（Pho2）とともにPHO遺伝子群の上流にある転写調節配列（5'-CACGTG/CACGTT-3'）に結合し，それらの転写を活性化する．その結果，リンの取り込み（*PHO84*, *PHO89*）や細胞外ソースからの回収に関係する遺伝子群（*PHO5*など）が活性化され，リン環境の恒常性を維持しようとする．これに対し，細胞内リン酸濃度が高いときには（図1B），Pho81はPho80-Pho85複合体の活性を阻害できず，Pho4がリン酸化される．その結果，核外に排除されるので，PHO遺伝子群の転写は活性化されない．しかし，面白いことに，Pho81自身は細胞内リン酸のレベルにかかわらず核内でPho80-Pho85複合体と結合していることがわかっている．

それでは，リン酸の細胞内濃度に依存して，どのような仕組みでPho81の活性が制御されるのだろうか．遺伝学と生化学を駆使した解析から，イノシトールポリリン酸生合成経路の最終産物であるイノシトール ヘプタキ

(A) 外界のリン濃度が低いとき

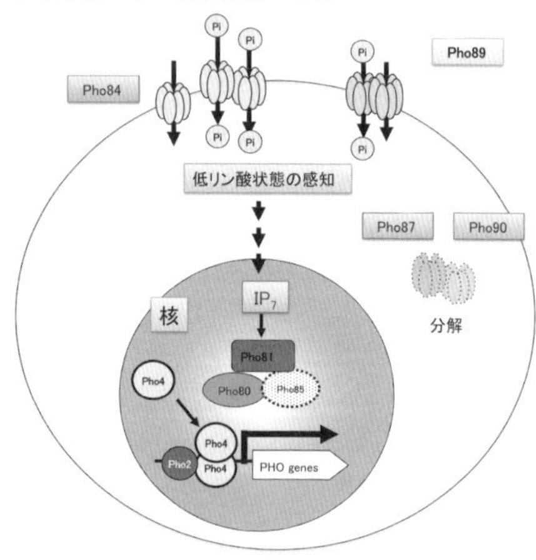

(B) 外界のリン濃度が高いとき

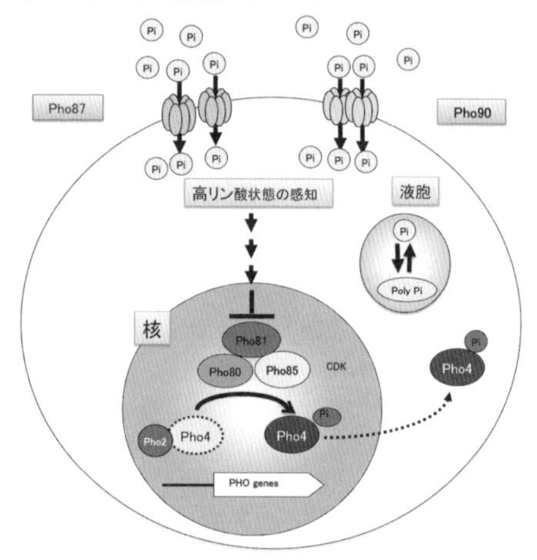

図1　リン酸シグナル伝達系

スリン酸（IP_7）が重要な働きをすることが明らかにされている（図1A）．すなわち，外界のリンの濃度が低いときにはIP_7の量が増加してPho81に結合する．その結果，Pho81-Pho80-Pho85複合体の構造が変化し，Pho4にアクセスできなくなる．そのためPho4はリン酸化されず，核内にとどまり，PHO遺伝子群の転写を活性化する．これに対し，外界のリンの濃度が高い場合には（図1B），IP_7が蓄積せず，Pho81がもつPho80-Pho85の阻害作用を活性化することができないので，Pho4がリン酸化される．その結果，Pho4は核外に排出されてしまい，PHO遺伝子群の転写活性化が起こらないと考えられている．しかし，外界のリン酸濃度の変化が，どのようにしてIP_7の濃度に反映されるのかについては，いまだ十分な知見が得られていない．

◆ リン酸の取り込み系

上記のようなPHO系のもとで，酵母はどのようにして外界のリンを取り込み，細胞内のリン濃度の恒常性を維持しているのだろうか．酵母細胞によるリンの取り込みには，高親和性（K_m＝8.2 μM）と低親和性（K_m＝770 μM）の2つの系が知られている．前者は，2つのリン酸トランスポーター，Pho84とPho89，から構成されている（図1A）．取り込み活性はpHに依存し，Pho84はpH4.5付近で，またPho89はアルカリ域（pH9.5）で活性を示し，この2つが存在することによって，幅広いpH環境でリンを取り込むことができる．一方，低親和性の取り込み系はPho87とPho90から構成されている（図1B）．Pho87とアミノ酸相同性（約30％）を示すタンパク質にはPho90以外にもPho91があり，以前はPho91も低親和性のリン酸取り込み系の一員と考えられていたが，その後，液胞に局在することが明らかにされた．したがって，細胞内でのリンの輸送には関係するが，外界からのリンの取り込みには直接関係しないようである．細胞内にリンが豊富にあるとき，余剰なリンは液胞でポリリン酸として蓄えられる（図1B）．

それでは，なぜ，こうした2つのリン酸取り込み系が進化してきたのだろうか．それは，もし，1つだけのリン酸取り込み系しかないと，外界のリン酸濃度が低下してリン酸輸送体のK_m値より低くなると，突然リン酸の欠乏状態が起こり細胞増殖が停止することになる，しかし，高低2つの取り込み系があれば，リン酸濃度の低下が始まって低親和性取り込み系が作用しなくなると，替わりに高親和性取り込み系が働き始めるので，リン酸飢餓の開始と，それがそのまま続いて最終的に起こってしまう細胞増殖の停止までの時間を長引かせることによって，回復への適応を最適化できるためであろう．

◆ タンパク質のリン酸化によるシグナル伝達

PHO系の転写因子Pho4はリン酸化タンパク質であり，そのリン酸化の有無によって核への滞留と核外への排出が規定されることはすでに述べた．転写因子に限らず，生物シグナルの伝達，受容，応答に関わるタンパク質にはリン酸化タンパク質が多い．いろいろな元素のなかで，リンは，シグナル伝達ひとつをとってみても，多様で多彩な生物機能に関わる非常に希有な元素であるということができる．「なぜシグナル伝達にリン酸化が都合がよいか」の理由については，トピックス7（p.105）を参照されたい．（原島　俊）

◆ 参考文献

1) P. Tomar and H. Sinha：*J. Biosci.*, 39(3)：525-535, 2014.

3-2 リンの機能と代謝

リン酸の輸送と貯蔵

3-2-5

◆ バクテリアのリン輸送

リン酸はカルシウムや鉄，アルミニウムなどの金属と結合しやすく，容易に不溶性の塩を形成する．また，リンは生物の必須元素であるため，環境中ではそのわずかに存在するリン酸を多くの生物が奪い合う．結果として，リン酸は制限栄養塩となりやすく，水圏や土壌における濃度は10 μMにも満たない．しかし，生体細胞内のリン酸濃度はおおよそ10 mMのレベルで維持されており，単純に考えても1000倍以上に濃縮されている[1]．つまり，リンを効率よく取り込むための輸送系は，環境中の微生物が生存するためのきわめて重要なシステムの一つである．

生理的条件下（pH 7.0付近）では，リン酸は1価（$H_2PO_4^-$）または2価（HPO_4^{2-}）の陰イオンとして存在するため，脂質二重膜で仕切られた細胞内に単純拡散では入り込むことができない．さらに前述の細胞内外に形成されるリン酸の濃度勾配に加え，通常の細胞では負の膜電位が形成され，外側に比べて内側が負になっているので，陰イオンの流入は阻害される．つまり，リン酸の取り込みはこの電気化学的な勾配に逆らって能動的に行う必要がある．この取り込みを行うのが，細胞膜に存在するリン酸輸送体（リントランスポーター）と呼ばれるタンパク質である．リン酸輸送体には共役輸送体とATP駆動型輸送体の2種類がある（図1）．共役輸送体は，勾配に従って行われるプロトン（H^+）あるいはナトリウムイオン（Na^+）の輸送と共役してリン酸の輸送を行う．細胞はエネルギーを消費して常にH^+/Na^+イオンを細胞外に汲み出しており，これによって形成される濃度勾配が輸送の推進力になる．真核生物にはH^+/Na^+イオン依存型の両方が，バクテリアにはH^+依存型の共役輸送体が存在する．ATP駆動型輸送体はバクテリアにのみ存在するリン酸輸送体で，ATPのエネルギーを用いて輸送体タンパク質の構造変化を引き起こし，リン酸を細胞内に取り込む．この輸送体はその構造的特徴からATP-binding cassette（ABC）輸送体ファミリーに分類される．

◆ 多様なリン酸輸送体：その構造と役割

リン酸輸送体は，リン酸に対する親和性に応じて低親和性と高親和性の2種類に大別される．一般に低親和性の輸送体は恒常的に発現しており，高濃度のリン酸取り込みを行う．高親和性の輸送体はリン酸濃度が低下して「リン酸飢餓状態」になると発現が誘導され，低濃度のリン酸取り込みに対応する．輸送体の構造は，生物種により多少異なる．真核生物の場合は，低・高親和性のいずれの輸送体も10～14個の膜貫通ドメインを有する単一のタンパク質である[2]．バクテリアの低親和性共役輸送体Pit（phosphate inorganic transport）は，10個の膜貫通ドメインをもつ単一のタンパク質である．高親和性のATP駆動型輸送体Pst（phosphate specific transport）は，リン酸結合タンパク質（PiBP），2つの膜貫通タンパク質，ATP結合タンパク質の4種類から構成される複合体型の輸送体である[1]．Pstは細胞外膜と内膜

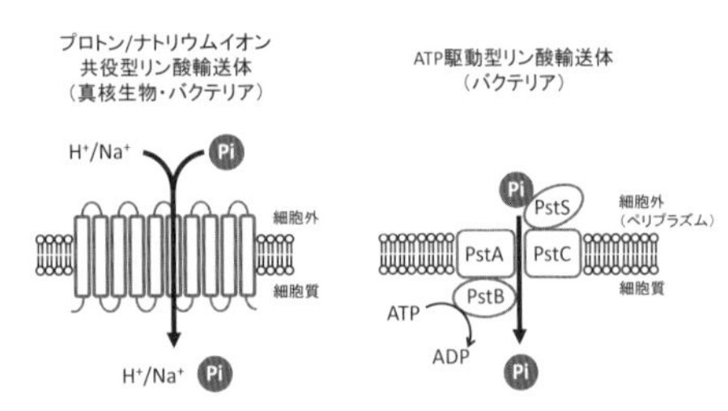

図1 リン酸輸送体の構造

大腸菌の共役輸送体（Pit：左），ATP駆動型輸送体（Pst：右）の例を示す．PstSはPiBP（リン酸結合タンパク質）．PstA, PstCは膜貫通タンパク質，PstBはATP結合タンパク質．

の間隙（ペリプラズム）に存在するPiBPから受け渡されたリン酸を，ATPのエネルギーを使って細胞内に取り込む．K_t 値（輸送体の最大取り込み速度の半分を与えるリン酸濃度）は，輸送体の取り込み能力を表す一つの指標として使われる数値で，値が小さいほど親和性が高いことを意味する．大腸菌のリン酸輸送体の K_t 値は，Pitで25～40 μM，Pstでは約0.16 μMである．つまり環境中のリン酸濃度が数μM程度であっても，Pstを利用すれば効率よくリン酸を取り込むことができる．バクテリアにはリン酸のほか，グリセロール3–リン酸，ホスホン酸，亜リン酸などの多様なリン化合物を取り込むためのATP駆動型の輸送体が存在する[1]．

分子量の大きなリン酸エステル化合物は，細胞内にそのまま取り込まれることはなく，アルカリホスファターゼ（AP）と呼ばれる酵素によってリン酸基が切り出され，遊離リン酸として細胞内に取り込まれる．大腸菌のAPはリン酸飢餓になるとペリプラズムに通常時の1000倍もの量（総タンパク質の約6％）が生産され，リン酸獲得に備える．生物がリン酸を得るためにこれほど複雑な仕組みを有しているのは，リンがそれだけ生物にとって重要なことの裏返しであるともいえよう．

◆ リンの貯蔵

環境中ではリンは欠乏しやすいため，植物や微生物は，非常時に備えてリンを貯蔵する必要がある．植物のリン貯蔵物質としてフィチン酸（イノシトール六リン酸）が知られている．フィチン酸は種子などの組織において合成され，カルシウムやマグネシウムなどの2価陽イオンと結合して液胞に貯蔵される．バクテリアには取り込んだリン酸を直鎖状のポリマーであるポリリン酸として細胞内に蓄積するものが存在する[1,3]．ポリリン酸の合成は，ポリリン酸合成酵素（polyphosphate kinase：PPK）によって，ATPの γ 位のリン酸を使って行われる．バクテリアではPhoUと呼ばれるリン酸レギュロン（リン酸飢餓時に発現する遺伝子群）の抑制因子を不活性化させると，Pstが高発現することにより大量のポリリン酸が蓄積する．ポリリン酸の蓄積を安定化する物質として，ポリアミンという生体アミンが知られている．ポリアミンの一種であるスペルミジンを高生産させた大腸菌では，ポリリン酸の蓄積量も上昇する[3]．蓄積したポリリン酸はPPKの逆反応によってATP合成に使われたり，リン源として利用されたりする．ポリリン酸の蓄積には，このようなリンの貯蔵としての役割以外に，リン酸の過剰摂取時に取り込まれたリン酸を速やかにポリリン酸に変換し，リン酸濃度を恒常性維持するという機能もある[3]．

（廣田隆一）

◆ 参考文献

1）廣田隆一，黒田章夫：廃水からのリン資源の回収　微生物によるリン資源の効率的回収に関わる遺伝子，バイオ活用による汚染・排水の新処理法，pp. 66–75，CMC出版，2012.
2）C. F. Dick *et al.*：*Biochimica et Biophysica Acta*, 1840：2123–2127, 2014.
3）黒田章夫ほか：*Phosphorus Letter*, 68：7–18, 2010.

光合成とリン酸

◆ リンは光合成などの重要な代謝反応に不可欠

植物体内において，リンはリン酸またはリン酸エステル化合物として存在し，さまざまな形で役割を果たしている．たとえば，遺伝情報の保存，転写，翻訳において欠くことのできない生体高分子である核酸や，生体膜の主要な構成成分であるリン脂質に含まれ，生体を構成する分子として重要である．また，3分子のリン酸を含むアデノシン三リン酸（ATP）がもつリン酸どうしの結合は高エネルギーリン酸結合であり，リン酸どうしの結合が外れることによってエネルギーが放出される．このエネルギーを利用して生物は各種化合物の生合成などの生命活動を行っているため，ATPは“エネルギーの通貨”としてきわめて重要である．さらに，リブロース1,5-ビスリン酸，グルコース1-リン酸やホスホエノールピルビン酸（PEP）など，糖リン酸は炭素代謝において主要な代謝物である．

光合成においては，光化学反応によってクロロフィルが受容した光エネルギーを，光リン酸化反応と呼ばれる過程を経てATPとして蓄積する．ここで生じたATPはカルビン・ベンソン回路に投入され，炭酸を固定する酵素リブロース1,5-ビスリン酸カルボキシラーゼ/オキシゲナーゼ（Rubisco）の基質となるリブロース1,5-ビスリン酸やその反応生成物であるホスホグリセリン酸など，複数の糖リン酸を経由してグルコースの生成に用いられる（図1）．C4型光合成を行う植物では，葉肉細胞においてPEPカルボキシラーゼがPEPを基質として炭酸固定を行い，C4化合物として炭酸が濃縮される．その後，C4化合物は維管束鞘細胞に持ち込まれ，カルビン・ベンソン回路でグルコースが作られる．また，光合成によって生成したグルコースをデンプンとして蓄積する場合には，ADPグルコースが基質となっており，ADPグルコースピロホスホリラーゼが鍵酵素となっている．また，糖の輸送形態であるスクロースを生成する場合には，フルクトース1,6-ビスホスファターゼとスクロース6-リン酸シンターゼが鍵酵素となっている．これらの鍵酵素は，リン酸が少ないときにはデンプンを蓄積する方向に代謝経路を調節している．

◆ リン酸が不足するときの植物の応答と光合成

このように，リン酸は特に炭素代謝において重要な役割を果たしていることから，リン酸が欠乏すると光合成能は大きく低下し，多くの植物ではその生育に大きな影響が現れる．多くの植物では，リン酸が大幅に不足すると個体そのものが小さくなり，葉が暗緑色になる．一般に，土壌中では植物が吸収可能な可溶性リン酸の濃度は低いことから，自然環境中で植物はリン酸欠乏に陥りやすい．その一方で，土壌中での移動性が低く一般的な作物における吸収効率は20％以下にとどまることや，植物はある程度リン酸を蓄積しておくことができるため，植物にとってリン酸

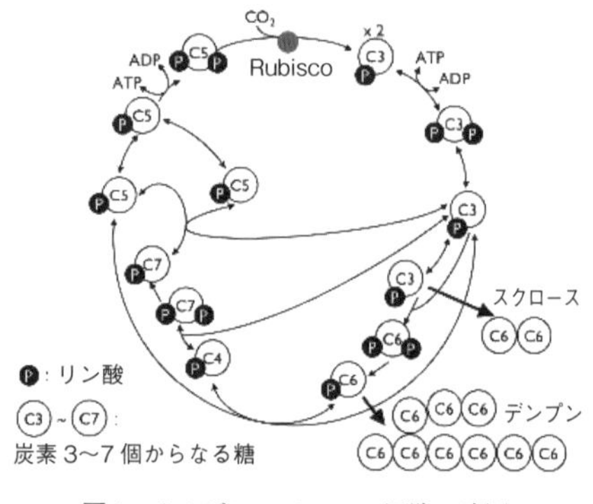

図1　カルビン・ベンソン回路の略図

の過剰害は現れにくい.

リン欠乏条件に陥ると，光合成を含む炭素代謝は大きな影響を受け，リン酸の不足による代謝の制約を受ける．そのため，別経路で同じ生成物を生じるバイパス経路を活性化させて代謝変動に対応する場合が多くみられる．たとえば，フルクトース6-リン酸からフルクトース1,6-ビスリン酸の生成する反応においては，通常はATPを用いるATP依存型ホスホフルクトキナーゼを用いられるが，リンが不足する場合にはピロリン酸を用いるピロリン酸依存型ホスホフルクトキナーゼが用いられる．この場合，ATPの代わりにピロリン酸を用いることで，副生成物としてリン酸を生じることができる.

また，リン酸が不足すると，多くの植物の地上部ではデンプンの蓄積が認められる．これには糖代謝に関わる鍵酵素のいくつかがリン酸の栄養状態を反映してデンプン合成を促す方向に調節することに加え，デンプン合成に関連する酵素の多くで遺伝子発現が増加することが関わっていると考えられている．リン酸が不足するときにデンプン合成が促されることの意義として，デンプン合成経路ではリン酸を生じる反応を促すという点がある．つまり，この炭素代謝の変化は糖代謝を抑制することでエネルギー生産を犠牲にする一方で，リン酸分子を生成しているという面でメリットを生み出している.

種子が発芽するときには，主にフィチン酸として蓄積されている有機態リン酸を分解することによって無機リン酸を生じ，必要なところへ輸送する．このように，植物には体内に取り込んだリン酸を移動させて利用する能力がある．リンが不足する条件では，植物は種子以外のリン酸を再転流させて有効利用することができ，特に古い葉から新しい葉へのリンの輸送が活発に行われる．このとき，リン酸の輸送そのものが促されるだけでなく，古い葉において核酸やリン脂質などの有機態リンの分解も促進され，再転流に寄与していることが知られている．大きな有機態リン酸プールとなっているのがRNAとリン脂質である．RNAの場合，リボヌクレアーゼが大分子のRNAを分解して低分子のRNAとし，これをホスファターゼが分解している．生体膜を構成する脂質二重膜は，リン脂質のほかに非リン脂質である糖脂質や硫黄を含む硫脂質などから構成される.リン酸が不足すると，特に古い葉においてリン脂質を分解してその割合を減らす.リン脂質が減少する代わりに，糖脂質や硫脂質の割合が増加する．このことは，もともと担っていたリン脂質の役割を糖脂質や硫脂質が代替して，より必要な部分にリン脂質に含まれていたリン酸を移行しているものと理解される．また，硫脂質は光合成を行う細胞小器官である葉緑体（プラスチド）にしか存在しないため，特にプラスチドにおいて不足するイオン性のリン脂質の役割を代替し，光合成能を維持する点で重要と考えられている．近年，これらの脂質に加えて，リン酸が不足するときにグルクロン酸脂質が多く生成されることが明らかになった．このイオン性を有する糖脂質の役割は今のところ不明だが，リン脂質を置き換えるときに，硫脂質と同様にイオン性脂質としての役割を代替しているものと推定される.

また，リン酸が不足すると，アントシアニンと呼ばれる赤色の色素を蓄積した葉や茎がしばしばみられる．リン酸の不足が光合成能の低下をもたらし，その結果として葉の受ける光エネルギーが過剰となり，活性酸素による光障害を受けやすくなる．アントシアニンは，光合成に有効な波長を吸収することから，過剰な光エネルギーによって葉がダメージを受けることを回避することができる．現在のところ，リン酸の不足がどのように植物のアントシアニン蓄積を制御しているかについての詳細は不明であるが，リン酸が不足する条件下で植物の生命活動を支えるうえで必要な応答であると考えられる．（和崎　淳）

トピックス ◇6◆ リン酸走化性

走化性とは生物が周囲の特定の化学物質の濃度変化を感知して集積したり，逃避したりする行動的応答のことである（図1）．集積行動を引き起こす化学物質を誘引物質，逃避行動を引き起こす化学物質を忌避物質と呼ぶ．多くの生物が走化性を示すが，本項では細菌の走化性について述べる．細菌の誘引物質の多くはアミノ酸，主要代謝経路関連のカルボン酸，糖類など増殖基質であることから，走化性は増殖基質を探索する応答であると考えられている．増殖に必須なリン酸も誘引物質として認識される．1992年，緑膿菌（*Pseudomonas aeruginosa*）がリン酸走化性を示すことが初めて報告[1]された後，*Enterobacter cloacae*，*Pseudomonas putida*，青枯病菌（*Ralstonia solanacearum*）もリン酸走化性を示すことがわかってきている．一方，走化性研究が進んでいる大腸菌（*Escherichia coli*）やネズミチフス菌（*Salmonella enterica*）はリン酸走化性を示さない．

緑膿菌，*P. putida* および *E. cloacae* のリン酸走化性はリン酸欠乏条件で誘導される．一般的に環境中はリン酸が欠乏した状態なので，通常時（すなわちリン酸欠乏時）は走化性によりリン酸の探索ができる状態であり，運よくリン酸が十分な環境に移動できたときにはもうリン酸走化性の機能は必要なくなるのでそれを抑制するという合理的な発現調節と考えられる．一方，青枯病菌は周囲のリン酸濃度にかかわらず常時リン酸走化性を発現している．青枯病菌は土壌病原性菌で土壌を移動して感染宿主となる植物に接近し，根から植物体内に侵入して青枯病を引き起こす．植物根から分泌される物質にはリン酸も含まれているので，青枯病菌のリン酸走化性は感染のための植物探索機能とも考えられる．

リン酸走化性の分子機構解明は緑膿菌で進んでいる．緑膿菌が有する26の走化性センサーのうち，CtpH，CtpL の2つがリン酸の走化性センサーである[2]．*ctpL* 遺伝子はリン酸欠乏に応答して発現が誘導される一般的な遺伝子群「Pho レギュロン」の一員で二成分制御系 PhoB/PhoR の制御下にある．*ctpH* 遺伝子の転写もリン酸欠乏で上昇するがその制御機構はまだ解明できていない．CtpL は nM オーダーの濃度のリン酸の感知に関与し，CtpH は μM オーダーのリン酸を感知していることがわかっている．両遺伝子の発現調節系は異なっているので，緑膿菌は感度の違う2つのリン酸センサーを駆使して環境適応していると考えられる．CtpH および CtpL のアミノ酸配列をもとに相同性検索すると多くの細菌の走化性センサーにヒットする．もちろん CtpH，CtpL とは相同性を示さないリン酸走化性センサーも存在するであろうから，リン酸走化性は運動性細菌に広く分布する走化性応答であると考えられる．

（加藤純一）

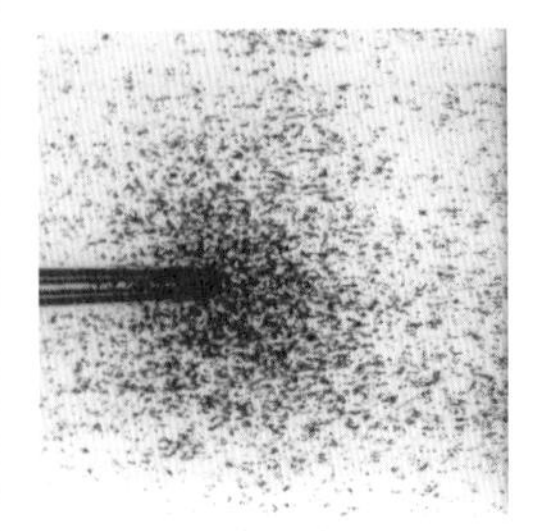

図1 リン酸を含むガラスキャピラリーに誘引応答を示す運動性細菌

◆ 参考文献

1) J. Kato *et al.*：*J. Bacteriol.*, 174：5149-5151, 1992.
2) H. Wu *et al.*：*J. Bacteriol.*, 182：3400-3404, 2000.

トピックス ◇7◆ なぜシグナル伝達にリン酸化が都合がよいのか

タンパク質の翻訳後修飾はアセチル化，メチル化，グリコシル化など100種類近く知られている．それなのに，生物は，なぜ多くの場合リン酸化を使うようになったのであろうか．タンパク質のリン酸化は，タンパク質リン酸化酵素（protein kinase：PKase）によって，セリン，スレオニンまたはチロシン残基にリン酸基が導入されることで起こる．

リン酸化されるタンパク質のシグナル伝達経路における位置は，細胞膜上にある受容体から，経路の中間段階，最終段階で応答を司る転写因子や，そのエフェクターまで多様である．その基本的なメカニズムは，リン酸化によるタンパク質の構造変化を介したタンパク質－タンパク質相互作用，タンパク質－基質間相互作用の変化である．一方，逆反応も知られており，これは，タンパク質脱リン酸化酵素（protein phosphatase：PPase）によって起こる．生物反応は起こり続けたままでは細胞に不都合が起こるので，必ず終息しなければならない．したがって，リン酸化／脱リン酸化は，生物反応をON-OFFするスイッチの役割をしていると考えることができる（図1）．リン酸化される基質タンパク質そのものがPKaseで，それがさらに下流のPKaseをリン酸化するという，リン酸化の連鎖が続く場合も珍しくない（kinase cascade）．こうしたカスケード反応では，初発反応の効果が数段のPKase反応の連鎖によって，大幅にまた瞬時に増幅されるので微弱な外界情報，環境変化に応答する増幅機構として都合がよい．

リン酸化で付加されるリン酸基はアデノシン三リン酸（ATP）由来である．ATPはエネルギーの通貨と呼ばれるように，細胞内には多量に存在するので，リン酸化が必要なときにすぐに利用できる．また，ATPのリン酸基どうしはホスホジエステル結合で結合しており，リン酸化には，このうちの一つのリン酸基が使われるが，その際，大きなエネルギーが放出され，そのエネルギーをリン酸化反応に利用できるメリットもある．タンパク質の立体構造には，アミノ酸残基がもつ性質（残基の大きさや電荷，疎水性）が大きな影響を与える．リン酸化を受けるスレオニン，セリン，チロシン残基は細胞内では荷電していないが，これらにリン酸基が結合するとマイナスに荷電し，立体構造は大きな影響を受ける．一方，リン酸を外す脱リン酸化反応はそれほど大きなエネルギーを必要としない迅速な反応であり，リン酸化／脱リン酸化が比較的容易に進行する可逆的反応であることもその理由であろう．リン酸化によって反応がONになるとすれば（逆にOFFとなる場合もある），シグナル伝達の必要がなくなったときに脱リン酸化をすれば，すぐに経路をOFFにできる．ただいずれの生物においても，PPaseの数は，PKaseの数に比べて，圧倒的に少ないことに言及しておきたい．それは，リン酸化タンパク質のなかには，リン酸化されると分解されるものがあり，必ずしも，逆反応だけによって，ON-OFFが行われるわけではないからである．しかし，上記の理由から，生物は，なぜ多くの場合，シグナル伝達に，リン酸化反応を使うようになったかをご理解いただけただろうか．（原島　俊）

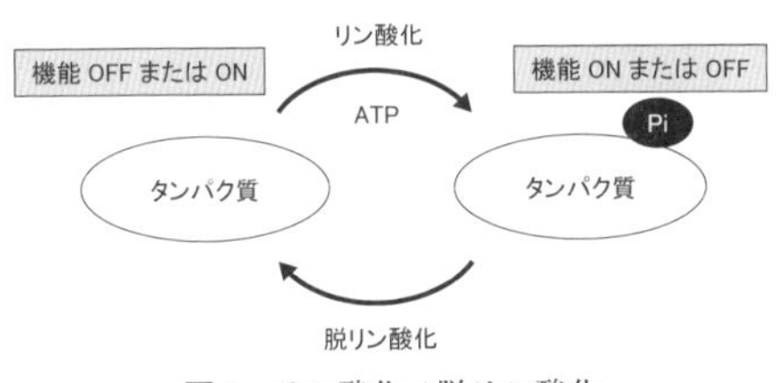

図1　リン酸化／脱リン酸化

3-3　リン循環に重要な環境微生物

リン蓄積微生物

3-3-1

人体から排出されたリンは，主に下水を経由して環境中に出て行く．日本の下水処理施設に流入する下水中の全リン濃度は平均で4.3 mg/L である．一方，標準活性汚泥法によって処理を行った後の放流水中の全リン濃度は，平均で1.2 mg/L であり，73％のリンが除去される．これは活性汚泥中の微生物が自身の生命活動や細胞合成に必要な分だけリン酸を取り込むからであり，生物学的にみてきわめて自然な現象である．微生物に取り込まれたリンは，細胞内にとどまるため，結果的に，標準活性汚泥中のリン含量は，細胞乾燥重量比で２％程度となる．これに対して，下水中の窒素成分除去が促進できる変法活性汚泥法として開発された嫌気好気法においては，標準活性汚泥法に比べてリンの除去率が高くなり，汚泥中のリン含量も５～10％程度まで高まることがわかった．さらに，リン含量の高い汚泥に特殊な色素を加えて染色し，顕微鏡で観察した結果，細胞内にポリリン酸を高密度に蓄積している細菌（以下，リン蓄積細菌（phosphate accumulating bacteria）と記述する）が見つかった．

◆ リン蓄積細菌の性質

では，嫌気好気法によってリン蓄積細菌がなぜ優占するのであろうか．嫌気好気法という下水処理プロセスは，活性汚泥を嫌気条件と好気条件に交互にさらす手法である．このような特殊な環境下において優占するということは，このプロセスのどこかの時点で下水中の炭素源を優先的に摂取できるなんらかの能力をリン蓄積細菌がもっているはずである．衛生工学と微生物学の研究者が力を合わせて検証を行った結果，リン蓄積細菌は，嫌気・好気条件下において図1に示すような特殊な代謝を行うことがわかった．まず，リン蓄積細菌は，嫌気条件下において酢酸などの低級脂肪酸を摂取し，ポリヒドロキシアルカノエート（PHA）として細胞内に蓄積する．このときに必要とされるエネルギーは，細胞内のポリリン酸を加水分解することにより得ており，分解されたリン酸は細胞外に放出される．またPHA の合成に必要な還元力は，細胞内のグリコーゲンの消費によって得る．続く好気条件下において，リン蓄積細菌は，蓄積したPHA を利用し，新たな細胞の合成（すなわち増殖）やグリコーゲンの合成を行うとともに，PHA の酸化分解によって得られるエネルギーを利用して，リン酸からポリリン酸を合成する．つまり，リン蓄積細菌は，酸素などの有効な電子受容体がない嫌気条件下において，ポリリン酸を利用してエネルギーを作り，他の従属栄養細菌に先駆けて有機物の摂取を行うことで優占化を果たしているのである．

◆ リン蓄積細菌の正体

上述の通り，顕微鏡観察によって細胞内にポリリン酸を高密度に蓄積している細菌が活性汚泥中で見つかった．また，そのような細菌（リン蓄積細菌）が嫌気好気法という特殊環境下で優占する理由もほぼ明らかとなった．しかしながら，リン蓄積細菌を実際に分離し，その正体を突き止めることは容易では

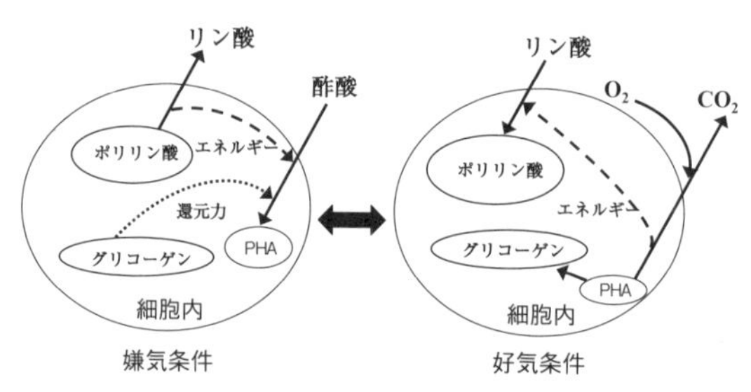

図1　嫌気好気法におけるリン蓄積細菌の代謝

なかった．1975年，FuhsとChenは，活性汚泥中に生息するリン蓄積細菌として，*Acinetobacter*属細菌を分離した[1]．その後，これに追随して多くの研究者がリン蓄積細菌とみられる細菌株の分離を試み，*Acinetobacter*属細菌のほかに，*Arthrobacter*属細菌，*Pseudomonas*属細菌，*Tetrasphaera*属細菌，*Lampropedia*属細菌，*Gemmatimonas*属細菌，および*Comamonas*属細菌などが分離された．しかしながら，これらの細菌はいずれも「嫌気条件でリン酸を放出しながら有機物を取り込み，好気条件でポリリン酸の形でリン酸を取り込む」というリン蓄積細菌特有の代謝（図1）を行っていないことが明らかとなった．一方，中村らは，嫌気好気法の活性汚泥中から*Microlunatus phosophovorus*という新属新種の細菌を分離し，嫌気・好気それぞれの条件下でリン蓄積細菌特有の代謝を行うことを明らかにした．しかしながら，この細菌が嫌気条件下で取り込む有機物は主に糖類やアミノ酸であり，酢酸をはじめとした低級脂肪酸はほとんど取り込まないことから，実際の下水処理プロセスでは他のリン蓄積細菌が優占し，リン除去を担っていると推測された[2]．環境中に生息する99％以上の細菌は分離培養できないといわれていることを踏まえると，培養に依存した手法でリン蓄積細菌の正体を突き止めることには限界がある．その後，1990年代に入ると培養に依存しない分子生物学的検出手法が使われるようになり，嫌気好気法を採用しリン除去能力の高い活性汚泥中には*Candidatus* 'Accumulibacter phosphatis'（以下，*Accumulibacter*と呼ぶ）および*Actinobacteria*属細菌が優占していることが明らかとなり，これらが下水処理プロセスでリン除去を担うリン蓄積細菌の正体である可能性が高くなった．特に，*Accumulibacter*については，実験室規模のバイオリアクターに低級脂肪酸を供給することで高度に集積することが可能であったため，ゲノム解析までたどり着くことができた[3]．たとえ分離培養ができなくてもゲノム情報さえ得られれば，細菌の代謝機構を知ることができる．*Accumulibacter*のゲノム情報からも，この細菌が嫌気好気法で特殊な代謝を行い，優占できる理由が明らかにされた．また，ポリリン酸キナーゼ2型（PPK2）という酵素を5つもつことで，下水中のリン酸をポリリン酸として細胞内に高密度に蓄積する高い能力を備えていることが明らかとなった．

◆ リンを蓄積するその他の微生物

細菌のほかに，酵母もリン酸からポリリン酸を合成し，細胞内に蓄積できる微生物として知られている．ただし，酵母はポリリン酸を分解してエネルギーを得ることはできないので，リン飢餓状態に備えてリンを貯蔵しておくという目的でポリリン酸を蓄積していると考えられている．渡部と家藤は，高密度にリンを蓄積する酵母を分子育種し，焼酎蒸留かす排水からリンを除去・回収できることを確認している[4]．一方，クロレラなどの微細藻類にも細胞内にリンを蓄積できるものがいる．2016年，大田らは，クロレラの一種パラクロレラが硫黄欠乏状態において，通常の4倍以上のリンを細胞内に蓄積することを発見し，取り込まれたリン酸はポリリン酸として液胞のなかに蓄積されることを明らかにした[5]．リン蓄積細菌だけでなく，これらの酵母や微細藻類もリン資源回収の手段として有望である．

（常田　聡）

◆ 参考文献

1) G. W. Fuch and M. Chen：*Microbial Ecology*, 2：119-138, 1975.
2) 中村和憲：*Microbes and Environments*, 13：159-164, 1998.
3) H. G. Martin *et al.*：*Nature Biotechnology*, 24：1263-1269, 2006.
4) 渡部貴志，家藤治幸：日本醸造協会誌，106：280-286, 2011.
5) S. Ota *et al.*：*Scientific Reports*, 6 (25731)：1-11, 2016.

3-3 リン循環に重要な環境微生物

アーバスキュラー菌根菌

3-3-2

◆ 植物の根に共生する菌根菌

陸上の植物種の8～9割には，菌根菌と呼ばれる菌類が根に共生している．菌根菌は，植物の根の組織に侵入したり，あるいは根組織表面に付着して，植物と菌の間で養分の授受を通した共益的な関係を営んでいる．菌根菌は土壌よりリンなどの養分を吸収し，それを植物へ供給し，植物は光合成産物である糖類などを菌根菌へ供給する．

菌根共生は，菌類の根組織への侵入の様式によって，菌糸が根組織表面に付着し厚い菌糸層を形成する外生菌根，菌糸が根皮層組織へ侵入する内生菌根，その中間的なタイプなどに分けられる．外生菌根は主に樹木の根に形成され，菌根菌はきのこ（子実体）を形成することが多い．マツの根に共生するマツタケ菌が代表的な外生菌根菌である．一方，内生菌根菌のなかで，最も普遍的な菌根菌がアーバスキュラー菌根菌であり，非常に広範囲の植物の種への共生が認められている．

アーバスキュラー菌根菌（Arbuscular Mycorrhizal fungi）が共生している根は，菌が共生していない根と，外見的には区別はつかない．根を適当な方法で染色後，顕微鏡で観察することによって，はじめてその存在を確認することができる（図1）．アーバスキュラー菌根菌は直径50～500 μmの菌類としてはきわめて大型の胞子を土壌中へ形成する．菌糸に隔壁はほとんどなく，多核の菌糸を形成する．胞子から発芽した菌糸は，根表面に付着器を形成して根内部へ侵入する．菌糸は細胞間隙を伸長し，皮層細胞内に貫入し，細かく分岐した菌糸からなる樹枝状体（アーバスキュル）を形成する（アーバスキュラー菌根菌の名称は樹枝状体を形成することに由来する）．また，ときに球状に肥大した袋状の器官・嚢状体（ベシクル）を根内に形成する．なお，このような共生特異的な器官の名称の頭文字をとって，VA菌根菌（Vesicular Arbuscular Mycorrhizal fungi）と呼ばれることもある．

◆ アーバスキュラー菌根菌の進化

アーバスキュラー菌根菌は，菌類のなかでも特異な系統として独立したグロムス菌門（Glomeromycota）に分類されている．分子系統解析によると，アーバスキュラー菌根菌の系統が類縁の接合菌と分かれて進化したのは，約4億年以上前と考えられており，進化の歴史で陸上植物の登場の頃に一致すること，さらに，最古の陸上植物古生マツバランの化石の根のなかに，現在のアーバスキュラー菌根菌に類似する菌糸が認められたことから，アーバスキュラー菌根菌の系統の菌類は陸上に植物が上陸した頃から，共生菌として，植物の養分吸収に重要な役割を果たしてきたのではないかと考えられている．

◆ アーバスキュラー菌根菌は土壌から吸収したリンを植物へ供給する

リン酸は土壌粒子に吸着されやすく，土壌中での移動速度はきわめて遅い．そのため，植物は根のごく近傍にあるリン酸しか吸収利用できない．しかし，アーバスキュラー菌根菌は外生菌糸を土壌中へ広く伸長し，リン酸を吸収し，菌糸を通して植物へ供給することができる．これが植物の生育改善につながる（図1，2）．

アーバスキュラー菌根菌の外生菌糸は，リン酸トランスポーターにより土壌からリン酸を吸収し，リン酸をポリリン酸の形として液胞へ貯蔵する．アーバスキュラー菌根菌のポリリン酸合成能力は，ポリリン酸蓄積性細菌に匹敵し，そのバイオマス重量の6～7割のポリリン酸を蓄積する例も知られている．液胞に蓄えられたポリリン酸は原形質流動により植物根内の菌糸へ運搬され，樹枝状体において植物体へ供給されると考えられている．

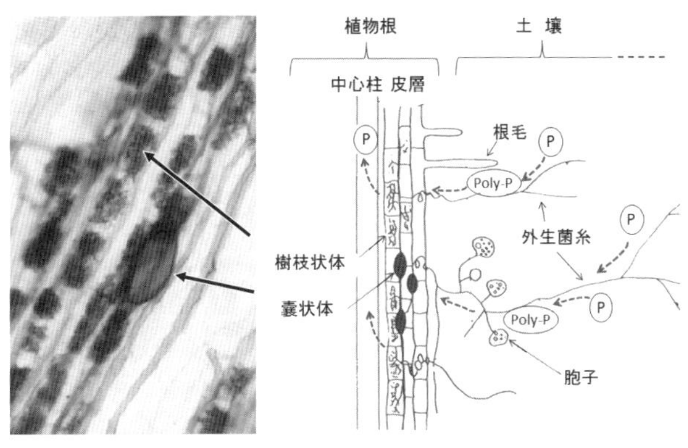

図1 アーバスキュラー菌根菌の根内の共生状態(左)とリンの移行の模式図(右)
P:リン酸, poly-P:ポリリン酸.

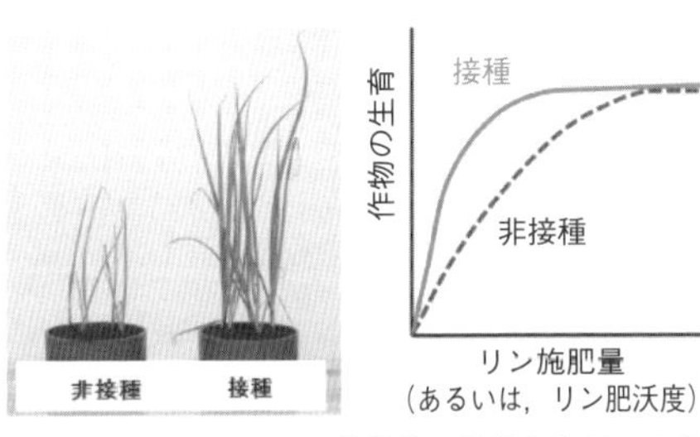

図2 アーバスキュラー菌根菌の接種がネギの生育に及ぼす影響(左), リン施肥量とアーバスキュラー菌根菌の接種効果(模式図)

植物はリン酸の吸収・移行のために複数のリン酸トランスポーターを有しているが, 樹枝状体においてアーバスキュラー菌根菌から供給されるリン酸の吸収に特異的に発現するリン酸トランスポーターの存在が知られている. 一方, 植物からは主に単糖として炭素化合物が菌へ供給される.

◆ アーバスキュラー菌根菌の利用技術

アーバスキュラー菌根菌を作物へ接種することによって, リンの吸収を促進し, 作物の収量を向上させ, リン肥料を節減することが可能である. そのため, アーバスキュラー菌根菌の農業資材としての利用が世界的に進められている. わが国においても,「VA菌根菌資材」として市販されており, りん酸質肥料などの節減につながることから, 農林水産省の進める環境保全型農業に資するものとして, 地力増進法に定める政令指定土壌改良資材として認められている.

アーバスキュラー菌根菌の農業利用のうえでいくつかの問題が存在する. アーバスキュラー菌根菌は絶対共生微生物であり, 増殖のためには植物と共生することが必要である. すなわち, 菌の増殖のためには植物の栽培が必要であり, 資材製造に労力と時間がかかる. そのため, 製造コストが大きな課題となっている. アーバスキュラー菌根菌の接種効果は土壌のリン可給度が低い場合で高い(図2). 一方, わが国の農地では, これまでに多量のリン肥料が施用されており, 植物生育に十分なリンが土壌に蓄積している農地が多い. そのような土壌では接種効果を期待できない. また, 土壌には土着のアーバスキュラー菌根菌が生息しており, 接種菌と土着菌の競合が, 接種効果を不明瞭にすることがある.

しかし, 地球上のリン資源は限られており, リン肥料の節減は喫緊の課題である. そのためにアーバスキュラー菌根菌を利用して作物によるリン肥料利用効率を高め, リン肥料の使用節減を図ることが重要な課題である.

(齋藤雅典)

3-3 リン循環に重要な環境微生物

リン溶解菌

3-3-3

リンは窒素，カリウムと並ぶ肥料の3要素として植物生産に欠かせない．りん酸質肥料を土壌に施すと一部は植物に利用されるが，大部分は土壌中の金属イオンや粘土鉱物などと難溶性化合物を形成し，植物に利用できない形で土壌に固定化される．植物のリン利用効率は土壌の種類や種々の環境因子によって異なるが概して5～20％と低く，リンの土壌への蓄積量は増加の一途をたどる．一方で，土壌に固定された難溶性リンを溶解する微生物の存在が20世紀初頭より報告され，これらはリン溶解菌と総称される．リン溶解菌の働きを活発化させる，あるいはリン溶解菌をバイオ肥料として用いることで，植物のリン利用効率の向上，ひいてはリンの土壌への投入と植物への吸収のバランスの適正化につながると期待されている．

◆ 土壌へのリン酸の固定化

可溶性の施肥リンに由来するリン酸イオンは土壌において粘土鉱物，腐植物質（土壌中の有機物質）などと反応し，さまざまな難溶性リン酸化合物を形成する．粘土鉱物はアルミニウムや鉄を含むさまざまな金属イオンとケイ酸が連結してできたシートからなる層状化合物で，鉱物表面の金属と配位した水酸基がリン酸イオンと置換することで，リン酸を難溶化する．わが国に広く分布している火山灰土壌はアロフェンやイモゴライトなど，リン酸との反応性が高い粘土鉱物を多量に含み，リン酸の固定化力が高い．また，酸性土壌において粘土鉱物中のアルミニウムや鉄は土壌溶液に溶け出し，活性型の金属イオンとしてリン酸イオンと容易に難溶性リンを形成する．またアルカリ性の土壌においてはカルシウムもリン酸と結合して難溶性リン酸化合物を形成する．一方で土壌中には有機態のリンも存在し，全リンに対する割合は30～50％といわれている．これらは落葉や落枝，死滅した微生物，土壌動物物などに由来し，フィチン酸やリン脂質，核酸などがあげられる．しかしながら，リン脂質や核酸に結合するリン酸はホスファターゼ（脱リン酸酵素）の存在下で容易に分解されるため，有機態の難溶性リンとは一般的にフィチン酸のことを指す．また，生物由来の難溶性リンとして炭素とリンの間に共有結合を有するC-P化合物の存在も知られる．

◆ リン溶解菌[1)]

土壌微生物は，施用されたりん酸質肥料や有機質資材のみからリンを摂取するわけではなく，もともと土壌に含まれるリンを利用できる．リン溶解菌は多様性に富み，細菌，糸状菌，放線菌，酵母などさまざまな微生物において難溶性リンの溶解について報告がなされている．また根圏，非根圏を問わず土壌全般から見出すことができる．細菌においては微生物の単離源，計測方法などによって大きな違いがあるが，全細菌に対して1～50％の細菌が難溶性リンの溶解に関わっていると報告されている．リン溶解細菌は *Pseudomonas*，*Bacillus*，*Arthrobacter*，*Enterobacter* など一般的な土壌細菌をはじめ，マメ科植物と共生する窒素固定細菌である根粒菌などさまざまな属から見出されている．一方，糸状菌においても *Aspergillus* 属，*Penicillium* 属をはじめ多数の属より溶解菌が単離されているが，全菌数に対する溶解菌の割合は0.1～0.5％と非常に少ない．その他，放線菌においては *Streptomyces* や *Micromonospora* 属，酵母においては *Yarrowia lipolytica*，*Shizosaccharomyces pombe* などでリン溶解菌の報告があるものの細菌や糸状菌と比べると報告が少ない．

◆ リン溶解機構[1)]

微生物による無機の難溶性リン酸化合物の溶解機構としては酸生成に伴うpHの低下に

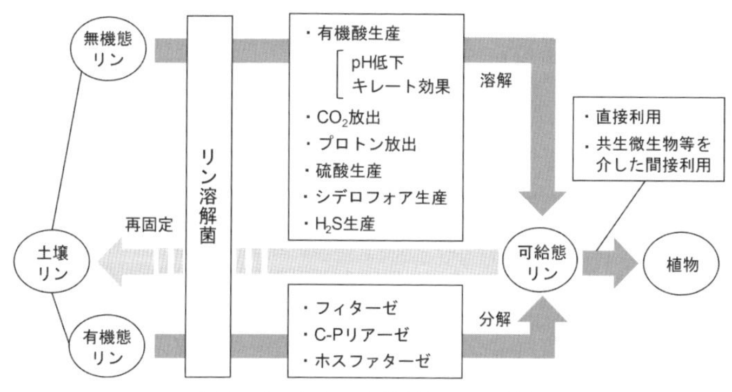

図1　土壌における難溶性リンの分解

よる溶解とキレート化合物による溶解が代表的である．多くの土壌微生物はグルコン酸，2-ケトグルコン酸，クエン酸，フマル酸，コハク酸，乳酸，酢酸などの有機酸を生成する．ヒドロキシアパタイト（$Ca_{10}(PO_4)_6(OH)_2$）やリン酸三カルシウム（$Ca_3(PO_4)_2$）などリン酸カルシウム化合物は，これらの有機酸の生産に伴うpHの低下により容易に溶解する．有機酸の生産以外にもさまざまな代謝活動によって発生するCO_2ガスによるpH低下，アンモニウムイオンの代謝によるプロトン放出などもpHの低下機構として報告されている．また*Acidithiobacillus*属細菌のような硫黄酸化菌では，硫黄の酸化により硫酸を生成し，リン酸カルシウムを溶解するという報告もある．一方，鉄やアルミニウムのリン酸化合物の溶解にはキレート効果が重要な役割を果たす．リン酸カルシウムと異なり，リン酸鉄やリン酸アルミニウムは無機酸や乳酸，酢酸などキレート効果が弱い酸にはほとんど溶解せず，グルコン酸や2-ケトグルコン酸，多価カルボン酸など，キレート効果を有する酸によって溶解する．また微生物が産生する鉄のキレート剤であるシデロフォアのような金属キレーターもリン酸鉄やリン酸アルミニウムの溶解に関与することが示唆されているが，詳細な研究は行われていない．その他，リン酸鉄に特化したリン溶解機構として硫化水素の生産が知られる．リン酸と結合した3価の鉄イオンを硫化水素が還元することで硫化鉄の沈殿が生じ，リン酸イオンの解離が起こる．一方，有機態の難溶性リン酸化合物であるフィチン酸の分解には土壌微生物が産生する酵素が関与している．フィターゼはフィチン酸のイノシトール環とリン酸基のリン酸エステル結合を加水分解することで，フィチン酸よりリン酸を遊離させる．またC-P化合物はC-Pリアーゼと呼ばれる特殊な酵素によって分解される．以上のように土壌性の難溶性リン酸化合物はさまざまな機構によって分解されるが（図1），その後のリンの動態については詳細な研究が行われていないのが現状である．溶出したリン酸が直接植物に利用されるケースや，微生物への取り込みと死滅による再放出を経て徐々に移動していくケース，リン酸が再度土壌に固定化されるケースなど，さまざまなケースが考えられるが，このようなリンの動きをトレースする技術の開発が，リンの環境中での循環を知るうえで重要となるであろう．　（岡野憲司）

◆ 参考文献

1）S. B. Sharma *et al.*：*SpringerPlus*, 2：587, 2013.

アオコと富栄養化問題

窒素やリンは生物の増殖に必要不可欠な栄養物質であるが，湖沼などの閉鎖性水域においては富栄養化といった環境問題を引き起こす要因となる．湖沼水中のリンは無機態リン酸塩または有機態リンとして存在するが，農薬などに由来する有機リン系化学物質は一般に難溶性で毒性が高く本項での富栄養化とは異なる環境汚染を引き起こすのでここでは除外する．

環境水域に存在するリンは一般に家庭からによるものが多い．たとえば茨城県霞ヶ浦の場合ではリン負荷の約50％が生活排水由来である．次いで農地，市街地，山林および湖面降雨といったノンポイント由来が合計で約35％となっている[1]．家庭から排出されるリン濃度は比較的高く，典型的な生活系排水では5～15 mg TP/Lである．したがって，富栄養化問題への対処としては下水道の整備や単独処理浄化槽から合併処理浄化槽への転換などの生活排水対策が重要である．

◆ 富栄養化によるアオコの発生

富栄養化が進んだ湖沼などにおいて特に夏季などに湖水の表面に濃い青緑色のペンキを流したように見えるほど藻類が大量発生している状況あるいはその原因となっている藻類はアオコ（青粉）と呼ばれている．アオコを形成する藻類としては，ミクロキステス（*Microcystis*），アナベナ（*Anabena*）などの藍藻類が主体となっている．似たような現象として，日本の内湾や近海で発生する赤潮と同じような淡水赤潮が主にダム湖で発生しているが，その原因藻類は主にペリジニウム（*Peridinium*），ウログレナ（*Ulogurena*）などの渦鞭毛藻類による．

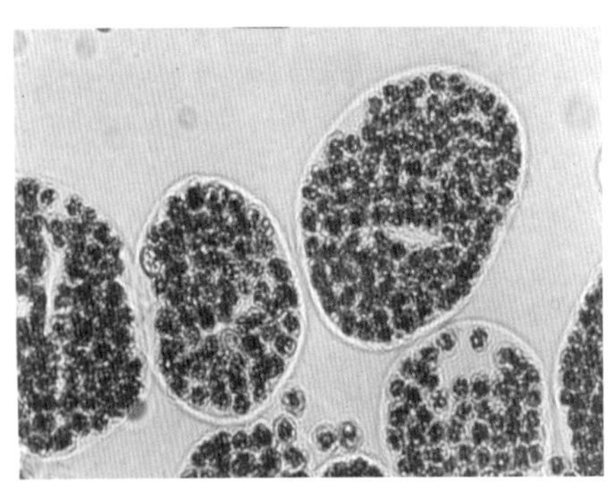

図1　ミクロキステス（*Microcystis wesenbergii*）

大量に発生したアオコにより，何よりも湖沼の景観の悪化とともにレクリエーションの場を提供するなどの水資源価値の低下，強烈な異臭などが引き起こされる．夜間などのアオコの呼吸作用による溶存酸素濃度の低下によって魚類などが斃死して，養殖や漁業などの産業にも障害が生じる．また，上水道におけるろ過障害や異臭味なども大きな問題となっている．さらにアオコを形成する藍藻類にはミクロキスチンと呼ばれるアオコ毒を生産する種類が存在することが知られており，日本をはじめ世界中でアオコ毒による野生動物や家畜の被害が報告されている．1996年にはブラジルにおいて水源で混入したアオコ毒素が原因で50人以上の透析患者が死亡するという健康被害も生じている．日本において霞ヶ浦など原水にミクロキスチンの混入が予想される浄水場においてその浄水中のミクロキスチンの測定がなされているが，すべて検出限界以下（< 0.0001 mg/L）であることが報告されている．

◆ 富栄養化の進んだ霞ヶ浦の状況について

富栄養の主要な制限因子はリンと窒素であることから，それぞれ環境基準が設定されており，霞ヶ浦については全リンが0.03 mg/L，全窒素が0.4 mg/Lと定められている．霞ヶ浦水中の全リン濃度は1986年頃まではおおよそ0.05～0.06 mg/Lと環境基準を超過しており，さらに1986年から2002年頃まで明らかな増加の傾向が認められている（図

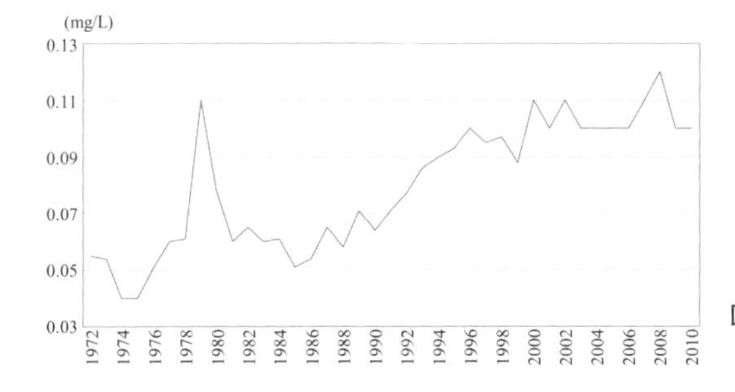

図2　霞ヶ浦における全リン濃度の推移（文献[2]のデータをもとに作成）

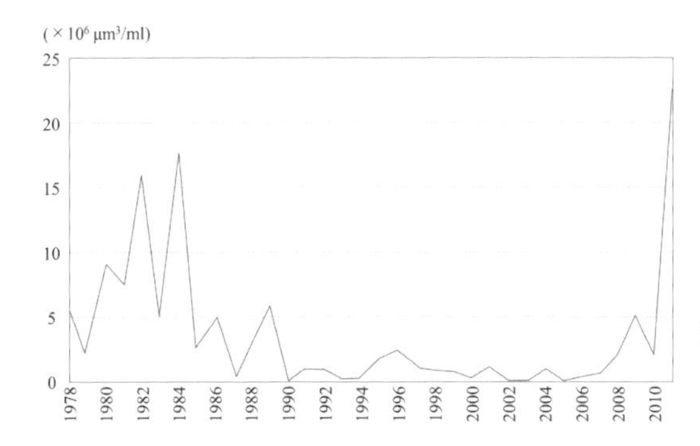

図3　霞ヶ浦湖心におけるミクロキステス密度の推移（文献[3]のデータをもとに作成）

2）．全窒素濃度は1972年から環境基準を大きく超過した濃度でほぼ横ばいでおおよそ1.0 mg/L程度である．一方，アオコの状況については1973年頃から1986年頃までによく発生が観察されていた．図3にアオコ形成の主要な藍藻類であるミクロキステス密度の推移を示したが，アオコ発生状況に対応して1986年頃までは多くのミクロキステスが計測されている．興味深いことに水中の全リン濃度が上昇し始める1986年頃からはアオコの発生がほとんど認められず，ミクロキステス密度も低い状況であった．この期間はアオコを形成しない藍藻類のプランクトスリックス（*Planktothrix*）や珪藻類が優占種となっていた．全リン濃度がほぼ一定となっている2006年から再びアオコの発生が認められ[4]，ミクロキステス密度の上昇も観察されている．アオコの発生には，リンのほかに鉄やキレート物質あるいは共存する細菌の影響を受けることが知られており，一定濃度以上のリンで汚染されている富栄養化がある程度以上進行した湖沼でのアオコ発生の予測は難しいといえる．　　（岩崎一弘・矢木修身）

参考文献

1）国土交通省関東地方整備局霞ヶ浦河川事務所ホームページ〔2016年7月確認〕.
2）霞ヶ浦に係る湖沼水質保全計画（第6期），茨城県・栃木県・千葉県，2012.
3）霞ヶ浦データベース，国立研究開発法人国立環境研究所．
4）湖沼における有機物の循環と微生物生態系との相互作用に関する研究，国立環境研究所研究プロジェクト報告，2012.

3-3 リン循環に重要な環境微生物

赤潮を形成する微生物

3-3-5

◆ 赤潮とは

海は生命の故郷である．海洋の生きとし生けるものすべては，光合成を行う浮遊性微細藻類である植物プランクトンによる基礎生産に支えられている．植物プランクトンは基本的に単細胞生物であり，通常のサイズは径1～100 μm程度であるが，北の海ではまれに径1 mm程度にまで及ぶものも知られる．

瀬戸内海や東京湾，伊勢湾といった人口密度の高い都市を擁する内湾では，活発な人間活動に伴って大量の廃水が流入し，富栄養化が起こる．水域の富栄養化の進行に伴って，窒素やリン，ケイ酸塩などの栄養物質が水中に大量に存在するようになると，これに反応して植物プランクトンが大量に増殖し，しばしば海水が着色する．このような海水の着色現象は「赤潮」と呼ばれる．湖沼域では，藍藻による「アオコ」と渦鞭毛藻などによる「淡水赤潮」が発生する．

赤潮は原因生物の種によって色が異なるので，必ずしも赤色ではなく，赤褐色，褐色，黄褐色，黄緑色，緑色などを呈する．赤潮の概略の目安は，径30 μm程度の鞭毛藻類の場合約1000細胞/mL，光合成色素のクロロフィル *a* の濃度で50 μg/L以上が一般的である．

微細藻類による基礎生産は，捕食を通じて高次の生物へと転送され，海洋生態系を支える．しかしながら種類によっては，富栄養化した沿岸水域において大量増殖あるいは集積の結果赤潮を形成し，魚介類の斃死や人の死亡などを引き起こすことがある．そのような微細藻は，国際的には「Harmful Algae（有害有毒藻類）」と称され，それらが個体群を増加させる現象は「Harmful Algal Bloom：HAB（有害有毒藻類ブルーム）」と呼ばれる．

わが国沿岸域で発生した赤潮生物は60種以上に上るという．代表的な有害赤潮藻類を図1に示した．最も漁業被害の大きいのはシャットネラ（*Chattonella*）であり，渦鞭毛藻のカレニア（*Karenia mikimotoi*）とヘテロカプサ（*Heterocapsa circularisquama*）がこれに続き，近年はコクロディニウム（*Cochlodinium polykrikoides*）が台頭している．1972年に発生したシャットネラ赤潮（*C. antiqua*）により，史上最多の1420万尾もの養殖ハマチが斃死し（71億円相当），これを契機に「播磨灘赤潮訴訟」が起こったのはあまりにも有名な話である．

◆ 有毒ブルーム

強力な毒を保有する有毒微細藻をろ過食性の二枚貝やホヤ類などが餌として摂食し，体内に毒が蓄積され，人間がこれらの毒化生物を食べて中毒するという事件が世界中でしばしば起こっている．また，食物連鎖を介して毒が高次生物に転送され，トドやアシカなど

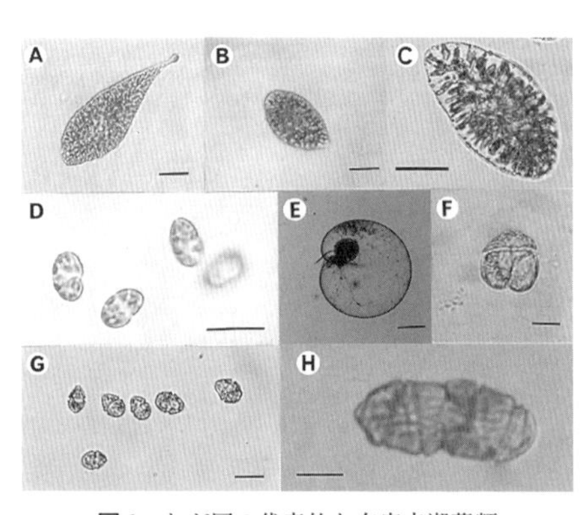

図1 わが国の代表的な有害赤潮藻類

魚類を斃死させるラフィド藻，*Chattonella antiqua*（A），*Chattonella marina*（B），*Chattonella ovata*（C），*Heterosigma akashiwo*（D）：赤潮渦鞭毛藻，*Noctiluca scintillans*（E，夜光虫），魚介類を斃死させる *Karenia mikimotoi*（F），二枚貝を斃死させる *Heterocapsa circularisquama*（G），魚介類を斃死させる *Cochlodinium polykrikoides*（H）．スケールは，Eが100 μm，その他は20 μm．

の海産哺乳類，ペリカン，魚類などの斃死事件も報じられている．2015年に米国西海岸でアシカや鯨類の未曾有の大量斃死が起こったのも，*Pseudo-nitzshia* 属の有毒珪藻が原因である．有毒藻類が増加する有毒ブルームは，海水が着色するまでに原因生物が増殖しなくても，貝類の毒化は普通に起こる．わが国では，麻痺性貝毒と下痢性貝毒の発生が確認されており，しばしば規制値を越えて貝類（ホタテガイ，カキ，イガイなど）が毒化し出荷が自主規制されている．

◆ リンと赤潮

赤潮藻類の細胞を構成する主要元素のなかで，海水中でしばしば制限要因となるのは窒素（N）とリン（P）である．赤潮が発生し，魚介類を斃死させる危険性が生じる細胞密度に達すると赤潮警報が発出される．赤潮警報の出る細胞密度，およびその細胞密度を達成するのに必要な栄養塩濃度を各赤潮生物の最小細胞内持ち分から算出した結果を表1に示した．赤潮警報相当の栄養塩濃度の値が小さいほど，該当の赤潮生物種は容易に警報レベルに達するので，魚介類の養殖にとってより大きな脅威になる．なかでも，養殖ハマチを大量斃死させるラフィド藻のシャットネラと，カキやアサリなどの二枚貝類を特異的に斃死させるヘテロカプサは，ごく少量の栄養塩を消費するだけで警報発生レベルの細胞密度に達する．海水中のおおむねの栄養塩濃度は，窒素で10 μM以下，リンで1 μM以下であり，3番目のコクロディニウムまでは水中の栄養塩の消費によって容易に被害発生レベルの細胞密度に達する．カレニアとヘテロシグマは，大量の栄養塩を蓄積して初めて警報レベルの密度に達する．

赤潮生物は，種類によってリン酸塩が水中に多量にあれば急速に取り込み，たとえばヘテロシグマはポリリン酸として細胞内に大量に蓄積するという．しかし，同じラフィド藻綱のシャットネラは，細胞内でポリリン酸の合成や蓄積をせず，これは急速取り込みができないことを示している．また，渦鞭毛藻の仲間には，有機態リンを利用して増殖できる有害種も多い．そして，アルカリホスファターゼの活性も調べられ，カレニアなどの多くの種で有機態リンに作用するこの酵素の保持が実証されている．

赤潮の発生には多くの栄養塩類が必要である．シャットネラは有機態のリンや窒素の利用能が低く，赤潮の発生には不利なように思われる．一方で渦鞭毛藻類は有機態のリンなどを積極的に利用して増殖できる．いずれにしても赤潮が形成された場合，通常の何倍も多くの窒素やリンが赤潮生物の細胞内に蓄積されている．海洋生態系におけるリンの循環を考える場合，赤潮の形成がもつ意味を詳しく調べていく必要があろう．　（今井一郎）

表1　代表的な赤潮生物の赤潮警報発生密度（広島県の例），NとPの最小細胞内持ち分（minimum cell quota），および警報発生細胞密度に相当する栄養塩濃度（N，P）

赤潮種	警報発生密度（cells/mL）	最小細胞内持ち分（fmol/cell）		警報相当栄養塩濃度	
		N	P	N（μM）	P（μM）
ラフィド藻綱（Raphidophyceae）					
Chattonella antiqua	100	7800	620	0.78	0.062
Chattonella ovata		5500	480		
Heterosigma akashiwo	50000	1440	95	72.0	4.75
渦鞭毛藻綱（Dinophyceae）					
Karenia mikimotoi	5000	3130	250	15.7	1.25
Heterocapsa circularisquama	500	1100	89.4	0.55	0.045
Cochlodinium polykrikoides	500	5250	370	2.63	0.185
珪藻綱（Bacillariophyceae）					
Coscinodiscus wailesii		440000	40000		
Eucampia zodiacus		1600	240		

トピックス ◇8◆ 植物根分泌物とリンの動態

植物にとって三大栄養素の一つとして重要なリンは，土壌中においてその多くは難溶性リン酸，あるいは有機態リン酸として存在する．植物はこれらの形態のリンを直接吸収することができないため，植物は根からの分泌物を用いて吸収可能な可溶性リン酸に変換している．

土壌中においてリン酸の多くが難溶性になりやすいのは，土壌鉱物と吸着あるいは鉄，アルミニウム，カルシウムなどの金属イオンと結合してしまうことが原因である．多くの植物は，これらの金属イオンと強く結合するリン酸を可溶化するため，根から有機酸を分泌する能力を有する．根から分泌される有機酸は主にクエン酸，リンゴ酸などであり，分子内にカルボキシ基を2個以上有する．これらのカルボキシ基が金属イオンと錯体を形成し，キレート化することによってリン酸は可溶化され，植物によって吸収される．

植物など生物にいったん取り込まれたリン酸は，その多くが有機物と結合した有機態リン酸として重要な役割を果たしている．生物遺体などに由来する有機態リン酸は，土壌中に存在するリンのうち20～80％と高い割合を占めている．多くの植物は，有機態リン酸を利用するために酸性ホスファターゼと呼ばれる酵素を根から分泌する能力を有する．根から分泌される酸性ホスファターゼは，温度やpHに対する安定性が高く，比較的幅広い種類の有機態リン酸に対して分解活性を示し，可給態リン酸をつくることができる．これらの特徴から，根から分泌される酸性ホスファターゼは土壌中で比較的長期間にわたって作用することができると考えられる．

これらの根分泌物は，クラスター根（図1）と呼ばれる特殊な形状の根でその量がきわめて多い．クラスター根を形成する植物には，マメ科の飼料作物ルーピンや，西オーストラリアなどきわめてリンの少ない土壌において優占するヤマモガシ科植物などがあり，これらの植物が示す高い低リン耐性に貢献している．クラスター根は1cm以内の短い小根が密に集合した房状の形状をとり，根の表面積を増やすとともに有機酸や酸性ホスファターゼの分泌量を高める．

土壌中に存在する有機態リン酸のなかではその最も高い割合をフィチン酸が占める場合が多い．フィチン酸は金属イオンと結合して土壌中できわめて溶けにくくなり，酸性ホスファターゼの作用を受けなくなる．そのため，土壌中の有機態リン酸の利用を促すためには，酸性ホスファターゼが作用して分解する前に，難溶性の有機態リン酸を溶解することが重要となる．根から分泌される有機酸は，難溶性の有機態リン酸も可溶化できるため，クラスター根のように有機酸と酸性ホスファターゼの分泌が同時に高まる性質をもつことは合理的である．

（和崎　淳）

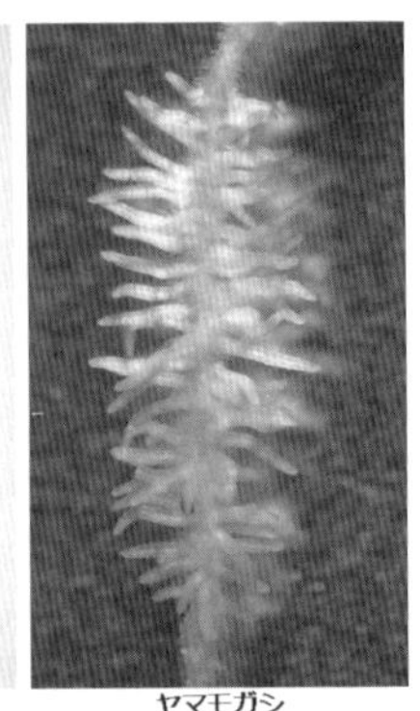

シロバナルーピン
（マメ科）

ヤマモガシ
（ヤマモガシ科）

図1　クラスター根

トピックス ◇9◆ リン蓄積菌の分子育種

現在進行しつつあるリン資源の枯渇は，地球全体の食料安全保障にとって深刻な脅威となる．リン蓄積菌の育種が将来のリン資源リサイクルに役立つかもしれない．微生物は非常に優れたリン酸の取り込み機構を有し，さらに取り込んだリン酸を無機リン酸のポリマーであるポリリン酸として蓄積することができる．この能力をいかに高めることができるかが，排水からのリン除去，リン回収のポイントである．現状では嫌気槽と曝気槽をつなげた生物脱リン法が用いられている［➡3-3-1 リン蓄積微生物，8-2-2 下水からのリン除去技術］．嫌気条件と好気条件を繰り返すことでポリリン酸蓄積菌が優占になり，活性汚泥のリン含量が向上する．しかし，ここで活躍するポリリン酸蓄積菌はいまだ純粋培養できていないので，未知の部分が多い．この方法とは別に，培養可能な菌にポリリン酸蓄積能力を付与してリン除去，リン回収に貢献しようという試みがある．

実験室レベルの研究ではあるが，ポリリン酸蓄積菌を作製した例を以下に紹介する．微生物のリン酸取り込みにおいて，中心的な役割を担っているのはリン酸輸送体タンパク質である．バクテリアのリン酸輸送体タンパク質は4種類が存在するが，このうちPstSCABと呼ばれるものは最も強力な取り込み能力をもつ．リン酸の取り込みとポリリン酸合成酵素遺伝子を高発現させた大腸菌は多量のポリリン酸を蓄積し，菌体のリン含量は最大で乾燥菌体重量の16％にも達した（リン酸として換算すると48％）．良質のリン鉱石のリン含量はおよそ13％であるため，これはリン鉱石をしのぐリン含量である．

また，変異剤を使ってポリリン酸蓄積変異株の取得も可能である．PstSCABをコードする遺伝子はリン酸レギュロンと呼ばれる転写単位に属し，リン酸飢餓状態で活性化される転写因子PhoBによって転写される．一方，リン酸が十分存在する条件では，PhoBの活性化はPhoUというタンパク質によって抑制されている．したがって，このPhoUが変異すればリン酸十分条件下でもPstSCABが恒常的に発現し，リン酸を取り込み続け，結果としてポリリン酸が蓄積することになることがわかった．リン酸レギュロンの抑制因子に変異をもつ場合，野生型の1000倍近いポリリン酸を蓄積する．また同時にアルカリホスファターゼ活性が向上するため，培地中にアルカリホスファターゼの発色基質を混合しておけば，コロニーの色でポリリン酸蓄積変異株が選抜できる．この方法を用いれば，*Pseudomonas*属，*Acinetobacter*属，*Lactobacillus*属などさまざまな従属栄養細菌をはじめ，活性汚泥から単離された酵母においても有用であることが示されている．

（黒田章夫）

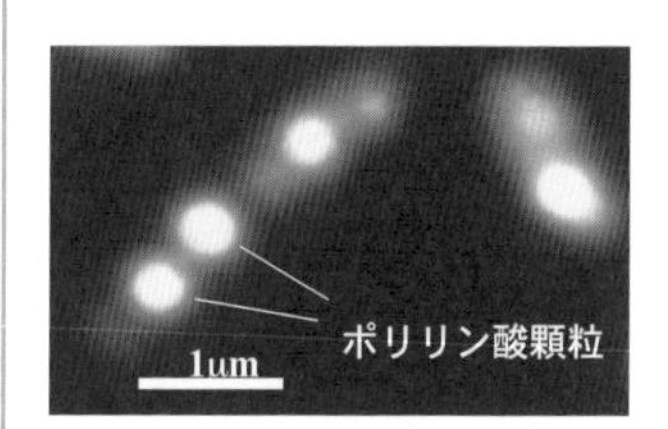

図1 一般的な土壌菌である*Pseudomonas putida*をもとに創成したポリリン酸蓄積微生物

◆ 参考文献

1) J. Kato *et al.*：*Appl. Environ. Microbiol.*, 59：3744-3749, 1993.
2) T. Morohoshi *et al.*：*Appl. Environ. Microbiol.*, 68：4107-4110, 2002.

第4章

人体とリン

4章　概説

人体とリン

◆ 人体を構成する重要な元素

リンは，ヒトから発見された唯一の元素である．人体を構成する元素には，炭素，水素，酸素，窒素が主なものであり，これらの元素で全体の約96％を占める．残りの4％が，カルシウム，リン，ナトリウムなどのいわゆる「ミネラル」と呼ばれる元素で構成されている．リンは，体内でカルシウムに次いで6番目に多い元素であり，成人では体内に約600〜700 g，体重のおよそ1％を占める量が存在する[1)]．ちなみに最も多いミネラルであるカルシウムは，体重のおよそ2％を占める．リンは，ヒトを含めて，ほぼすべての生物において必須の元素であり，必須栄養素の一つである．

ヒトでは，体内のリンの約85％がヒドロキシアパタイトとして骨や歯を形成している[1)]．同時に，骨には大量のリンが保持されることになり，体内のリンのリザーバーとしても機能している．リンは，カルシウムとともにヒドロキシアパタイトを形成し，骨や歯の石灰化に用いられる．

また，ヒトの体内に存在するリンの約14％は，細胞内に存在する．この点がカルシウムと異なるところで，カルシウムの99％が骨に存在し，1％が細胞外液で細胞内にはわずかしか存在しないが，リンは細胞内にかなりの量が存在する（表1）．リンは，体内のエネルギーとして利用されるアデノシン三リン酸（ATP）の高エネルギーリン酸結合を形成するほか，DNAおよびRNAの構成成分，リン脂質，リン酸化タンパク質，グルコース6-リン酸などリン酸化代謝物，筋肉ではクレアチンリン酸などとして利用されるためである．また，赤血球においてリンは，2,3-ジホスホグリセリン酸として赤血球の酸素放出能に関与する．

細胞外液中のリンはわずかであるが，その濃度は血清中で2.5〜4.5 mg/dL（0.81〜1.45 mmol/L）の範囲に維持されている（表1）．この生理的な変動幅は，カルシウムやナトリウムに比べると比較的広いものである．ヒトの血清リン濃度は，季節変動や日内変動がみられるほか，ライフステージによっても異なる．血清リン濃度は，乳児期は成人期より50％，幼児期で30％程度高い値を示す．これは，リンが骨の形成など人体の成長に必要であり，血中濃度を高めておく必要があるためと考えられている．

表1　海水とヒトの細胞外液および細胞内液の組成

	海水	ヒト	
		細胞外液	細胞内液
Na	841	135〜145	10〜
Cl	545	95〜105	4
Ca	10.3	2.1〜2.5	0.0002
K	10.2	3.5〜5.0	140
Mg	52.7	0.7〜1.1	0.8
P	0.002	0.81〜1.45	>100

単位は mmol/L

◆ 体内のリン恒常性維持

生命が誕生した海水中にリンはきわめて少ない．生命がリンを利用するにあたり，体内に効率よく取り込み，維持するメカニズムを発達させてきたことは想像に難くない．ヒトが，体内のリンを一定量に維持するためには，食事からリンを補給することと，体内のリンを効率よく再利用，すなわち再吸収する仕組みが必要である．食料となる植物や動物も細胞からできているので，食物中にはリンが豊富に含まれていることになる．実際に，われわれは，普段の食事をしている限りリンが不足することはない．一方，体内においては，リンは効率よく再利用されている．食物からのリンは消化管で無機リン酸の形態に消化された後，小腸の上皮細胞から体内へ吸収される．吸収された無機リン酸は，各細胞に取り込まれ，ATPの合成や骨の石灰化などに用いられる．骨の分解や細胞死に伴い放出された無機リン酸は，腎臓から尿中に排泄されることになる．体内のリンの恒常性は，さまざまなホルモンなどの調節因子により維持されている．代表的な因子が，副甲状腺ホルモン，ビタミンD，線維芽細胞増殖因子23（FGF23）および食事からのリン摂取量である[1]．

◆ リンの過不足の問題

リンの摂取不足やビタミンD活性化障害，FGF23産生過剰などにより体内のリンが欠乏すると，低リン血症をきたし骨の石灰化が障害されるため，小児ではくる病，成人では骨軟化症となる．また，高度の低リン血症では，骨格筋障害や赤血球の酸素運搬能低下なども引き起こす．一方，最近では，リンの過剰摂取が問題となっている[2]．特に，慢性腎不全患者では，リンの過剰摂取が心臓や血管の異常を引き起こすことから，生命予後に強く関連する因子とされている．ところが，乳児では，成人でいうところの高リン血症に相当する血清リン濃度にもかかわらず，血管石灰化のような異所性石灰化病変は引き起こさない．乳児と成人で，なぜこのような違いが生じるのかはいまだにわかっていないが，このようなメカニズムが解明されれば，老化のメカニズム解明や老化関連疾患の予防にもつながることが期待される．

リン代謝の中心的な調節因子である副甲状腺ホルモンとFGF23は，尿中へのリン排泄を促進し，血清リン濃度を低下させるホルモンである．これらのホルモンは，リンが過剰にならないように働いていると考えることができる．生物は，進化の過程でさまざまな有害物質をうまく活用し，生体機能の効率化に役立ててきた．一方で，それらの有害物質の濃度が過剰にならない仕組みを発達させてきた．飽食の現代にあって，生体の調節機能を超える過剰なリン摂取は問題となるのである．

◆ 人体におけるリンの研究小史

リンはヒトにとってきわめて重要な元素であるにもかかわらず，同じミネラルでもナトリウムやカルシウムが細胞内シグナル伝達機構や重要な疾病との関係が解明され医学・栄養学の分野で華々しく研究が進められてきたのに対して，リンの研究はそれほど注目されてこなかった．これは，リンの血清濃度がナトリウムやカルシウムに比べればかなり緩く調節されていることや，独自の調節系が発見されず，あったとしてもカルシウムに付随的なものと考えられたこと，栄養学的にも不足することはほとんどないといった理由によると考えられる．すでに1700年代半ばには骨にリンが存在することは知られていた．1800年代後半からは，リンの毒性研究や人体への影響についての研究が次第に進んできた．1900年代半ばから後半にかけて，生理学や病態生理学的な研究が進むにつれ，リンの生理学的役割や，病態との関係が明らかにされてきた．特に，低リン血症とくる病や骨軟化症に関する研究が進んだ．さらに，1990年頃からの分子生物学の進展により，リン代謝に重要なリン酸輸送分子が次々に同定され，2000年代に入ってからのFGF23などリン独自の調節系の発見につながった．現在は，その研究対象は骨疾患だけでなく，心血管病，老化など著しく拡大してきている．人体におけるリンの役割は，かなり分子レベルで解明されてきたように思うが，われわれの体がどのようにリンの過不足を感知しているのかなど，まだまだ解明すべきことも多く，今後の研究の進展が待たれる．（竹谷　豊）

◆ 参考文献

1）宮本賢一編：*CLINICAL CALCIUM*, 22：1467-1591, 2012.
2）宮本賢一ほか：ミネラル摂取と老化制御，建帛社，2014.

4-1 リンの吸収と排泄

ヒトにおけるリン代謝

4-1-1

無機リン酸（以下，リン）の体内分布は約85％が骨，14％が軟組織，そして細胞外液，細胞内構成成分，細胞膜などに1％存在する．また，体液中にもリンイオン（最も一般的な存在形態はHPO_4^{2-}）として存在している．リンイオンは，多数の細胞内反応と生理的作用に関係している．細胞外液が占めるリンのパーセントはわずかであるが，この画分へは食事のリンがリン酸イオンとして流入し，さらに尿中の無機リンが生成される．骨から溶出したリンもこの画分に入る．リンの体内プールは，①食事からの腸管吸収，②骨からの遊離，③腎臓からの排泄などを制御する各種ホルモンにより維持されている．

腎臓はろ過されたリンの80％程度を再吸収する．そのうち，60％は近位曲尿細管で再吸収され，15～20％は近位直尿細管で，10％以下がネフロンの遠位部で再吸収される．腎臓でのリン再吸収機構は，近位尿細管刷子縁膜におけるリンの取り込みが律速段階であり，リン再吸収に対するホルモン調節の主役でもある．リン輸送は，刷子縁膜に存在するナトリウム依存性リントランスポーター（NaPi2a，NaPi2c）を介して行われる．血清リンレベルが正常範囲を外れると，各種ホルモンの直接作用によってNaPi2タンパク量を変化させることにより，近位尿細管のリン最大再吸収量（TmP）が調節される．ヒトでは，NaPi2cの遺伝子異常が，遺伝性低リン血症を呈するため，リン再吸収の中心分子と考えられている．腎尿細管においてリン再吸収に影響する因子としては，副甲状腺ホルモン（parathyroid hormone：PTH）や，活性型ビタミンDである1,25-水酸化ビタミンD（1,25$(OH)_2$D），およびFGF23（fibroblast growth factor 23）などにより，調節されている．

腸管上皮細胞におけるリン吸収としては，2つの経路が知られている．細胞を通過する経細胞輸送と細胞間隙を経由する経路が存在している．経細胞輸送系では，ナトリウムに依存した輸送系が大部分を占め，その中心はNaPi2bである．一方で，小腸のリン吸収では，細胞間隙を介する輸送系も重要な役割を担っているが，その詳細については明らかにされていない．活性型ビタミンDは，NaPi2bを誘導することで，リン吸収を促進させ，体内リンプールの形成に寄与している．

一方，骨では，骨細胞がリン利尿因子を産生している．骨細胞（osteocyte）は，骨芽細胞（osteoblast）が分化した終末細胞であり，自身が分泌する骨基質のなかに埋没している．骨細胞の生理学的役割の一つとして，全身性リン恒常性維持がある．骨細胞から分泌されたFGF23は，腎臓に作用して，リン利尿を惹起する．腎臓には，FGF23の共受容体として機能するKlothoタンパク質が局在しており，FGF23/Klotho/FGF受容体の複合体からのシグナルがビタミンD合成抑制やNaPi2aおよびNaPi2c発現低下を促進して，骨細胞からの信号を受信していると考えられている．

以上，リン代謝は，腎臓，腸管および骨により担われているが，これらの臓器以外にも肝臓，筋肉，および唾液腺など，多くの臓器が巧妙なネットワークを介して制御されており，これらを結ぶ因子やリンセンサーの同定など，今後の新しい展開が期待される．

（藤井　理・宮本賢一）

◆ 参考文献

1) S. Tatsumi *et al.*：*J. Bone. Miner. Metab.*, 34：1-10, 2016.
2) E. Lederer and K. Miyamoto：*Clin. J. Am. Soc. Nephrol.*, 7：1179-1187, 2012.

トピックス ◇10◆ リフィーディング症候群

戦国時代，織田信長が天下統一を目指して勢力を拡大していた頃，家臣であった羽柴秀吉（後の豊臣秀吉）は，城を攻める際に兵糧攻めを多用していた．天正8(1580)年の「三木の干殺し」と呼ばれる播磨の三木城攻め，翌天正9(1581)年の「鳥取の飢え殺し」と呼ばれる因幡鳥取城攻めは，秀吉による兵糧攻めとしてよく知られている．鳥取城攻めでは，1400人の兵と2000人以上の農民が篭城していたが，数週間で兵糧のほか，城内の家畜や植物は食い尽くされ，ほとんどが餓死した状態となった．城内の惨状に耐えかねた城主の吉川経家が降伏し開城した後，秀吉は大釜を並べて粥を炊き，生存者にふるまった．しかしながら，一度に多くの粥を食べた結果，せっかく生き延びたにもかかわらず，多くが死んでしまった．秀吉は，その後，兵糧攻めの後，救出した敵方の者に対して，一度に食べてはならぬと言っていたそうである．すなわち，秀吉は，長期の飢餓が続いた後に，一度に多量の食事を摂ることはいのちに関わることを学んでいたと考えられる．

さて，現代医学では，この飢餓後の再摂食による症状は，「リフィーディング症候群」として知られている．リフィーディング症候群は，高度の低栄養の状態が続いているところに，一度に十分な栄養が投与された際に生じる一連の代謝異常に伴う症状を呈する状態をいう．飢餓や低栄養の状態が続くと体タンパク質の異化や脂肪分解が亢進するとともにビタミンやミネラルの不足を生じる．このような状態に急激な栄養摂取，とりわけ糖質とアミノ酸の体内への流入は，膵臓からのインスリン分泌を促進し，血液から細胞へのグルコースおよびアミノ酸の流入と細胞内での代謝を亢進させる．取り込まれたグルコースは，ATPに変換されエネルギーとして利用されるが，この際大量のリンが消費される．また，マグネシウムやカリウムの細胞内への取り込みも促進される．飢餓や低栄養によるミネラルの不足状態にあって，これらのミネラルが細胞内に取り込まれると容易に低リン血症，低マグネシウム血症，低カリウム血症をきたすことになり，これらのミネラル欠乏症が出現する．低リン血症は，ATPと2,3-ジホスホグリセリン酸（2,3-DPG）の低下を引き起こし，ATPを多量に必要とする脳，心臓，筋肉の機能障害をもたらす．また，2,3-DPGの低下は，ヘモグロビンの酸素との親和性を低下させ，組織の低酸素化を引き起こす．飢餓や低栄養状態では，ビタミンも不足している．特に水溶性ビタミンの一つであるビタミンB_1は，グルコース代謝やATP産生に必須のビタミンである．インスリン作用により急激なATP産生が進めば，ビタミンB_1の消費も進み，結果的にビタミンB_1欠乏を招く．ビタミンB_1欠乏では，ATP産生が抑制されるとともに，多量の乳酸を生じることになる．リン欠乏や酸素欠乏も乳酸産生を促進することになり，乳酸アシドーシスを引き起こす．これらの結果，リフィーディング症候群では，心不全，不整脈，呼吸不全，意識障害，けいれん発作，四肢麻痺，横紋筋融解，溶血性貧血などの多彩な臨床症状を示し，重症患者では先の兵糧攻めでみられたように死に至ることにもなる．（竹谷　豊）

◆ 参考文献

1）中屋豊ほか：四国医誌，68：23-28, 2012.

4-1 リンの吸収と排泄

ナトリウム依存性リントランスポーター

4-1-2

◆ 腸管リン吸収および腎再吸収機構

腸管でのリン吸収は無機モノリン酸の形態で吸収されると考えられている.

腸管リン吸収はナトリウム (Na^+) 依存性リントランスポーターを介する経細胞輸送と細胞間隙を介する受動輸送が想定されている. 腸管上皮細胞刷子縁膜側 (管腔側) における Na^+依存性リントランスポーターは同定されているが, 細胞間隙を介する分子機序は明らかとなっていない. 腎臓では, 近位尿細管がリン再吸収の主要部位であり, リン再吸収を担う刷子縁膜側の Na^+依存性リントランスポーターが同定されている. 腸管および腎臓における, 経細胞輸送に関わる基底膜側 (血管側) のリン輸送分子は想定されているが, 明らかにされていない.

◆ トランスポーター分類

現在同定されている Na^+依存性リントランスポーターは, I 型から III 型に分類されている[1-3]. I 型は Solute Carrier (SLC) 分類では SLC17, II 型は SLC34 であり, III 型は SLC20 に分類されている. SLC17 ファミリーに含まれる SLC17A1 は, アフリカツメガエル卵母細胞を用いたリン輸送に関する発現クローニングにより最初に報告されたリントランスポーターであり, sodium-dependent phosphate transport protein 1 (NPT1/NaPi1) と命名されたが, 現在では尿酸トランスポーターとして分類され, 痛風の発症に関連することが報告されている. SLC34 は SLC34A1/NaPi2a, SLC34A2/NaPi2b, および SLC34A3/NaPi2c に分類され, SLC20 は SLC20A1/PiT1 および SLC20A2/PiT2 に分類される. したがって, 現在リントランスポーターとして生理的に機能していると考えられているものは, SLC34 および SLC20 の 2 つのファミリーである. とりわけ血中リン濃度の調節には SLC34 ファミリーが中心的なトランスポーターであると考えられている.

◆ SLC34/NaPi2

図 1 に示すように, 腎臓近位尿細管に SLC34A1/NaPi2a および SLC34A3/NaPi2c が, 小腸上皮細胞に SLC34A2/NaPi2b が局在しており, 管腔側にてリン輸送を担っている[1-3]. NaPi2a と NaPi2b は, 3 個の Na^+ と 1 個の HPO_4^{2-} を輸送する起電性の輸送特性をもつが, NaPi2c は 2 個の Na^+ と 1 個の HPO_4^{2-} を輸送し, 電気的に中性の特性をもつ. 食餌リン含量は NaPi2a, 2b および, NaPi2c の重要な調節因子である. マウスやラットを用いた研究からリン含量の低い食餌を与えることにより発現が増加し, リン含量の高い食餌により発現量は減少する. また, 活性型ビタミン D は NaPi2b の発現を増加させ, 腸管リン吸収を促進する. リン利尿因子である parathyroid hormone (PTH) や fibroblast growth factor (FGF)

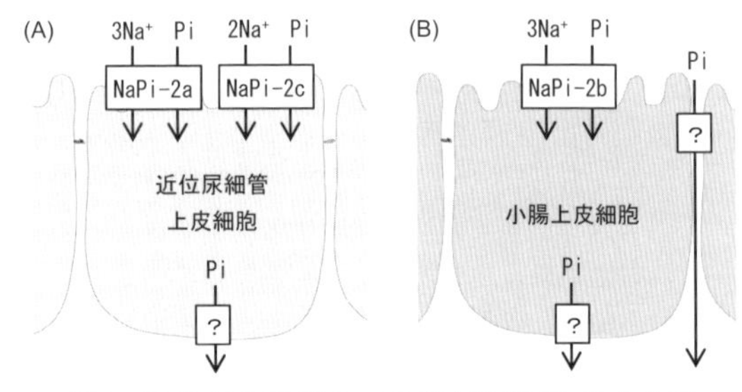

図 1 SLC34A1/NaPi-2a, SLC34A2/NaPi-2b および SLC34A3/NaPi-2c の局在

(A) 近位尿細管上皮細胞, (B) 小腸上皮細胞. NaPi-2a と NaPi-2b は 3 個の Na^+ と 1 個の HPO_4^{2-} を輸送する起電性の輸送特性をもつが, NaPi-2c は 2 個の Na^+ と 1 個の HPO_4^{2-} を輸送し, 電気的に中性の特性をもち, すべて管腔側においてリンの吸収 / 再吸収を担っている.

23はNaPi2aおよび，NaPi2cの発現を抑制し，リン利尿を促進する．リン代謝調節因子の詳細は他項を参照されたい．

NaPi2aは，細胞内C末端領域でsodium-hydrogen exchanger regulatory factor(NHERF)1やNHERF2，Ezrinなどさまざまなアンカー分子と結合し膜局在が厳密に調節されている[4]．PTHやFGF23の下流シグナルは，NHERF1もしくはEzrinをリン酸化することにより，NaPi2aとの結合を破綻させ，クラスリン被覆小胞系に入り，エンドサイトーシスを引き起こすことで，NaPi2aタンパク質発現量を減少させる．一方，NaPi2cのPTHやFGF23による調節機構の詳細は明らかにされていない．NaPi2bもNaPi2aと同様に細胞内C末端領域でNHERF1と結合し細胞膜で発現の調節が行われている．

NaPi2aの遺伝子変異によりファンコニ症候群，乳児性高カルシウム血症が発症，またNaPi2cは，高カルシウム尿を伴う低リン血症性くる病（hereditary hypophosphatemic rickets with hypercalciuria：HHRH）の原因遺伝子であることが報告されている．NaPi2bは腸管以外に肺，肝臓，乳腺および精巣などでも高発現しており，肺胞内に微小な結石が形成される常染色体劣性の遺伝性疾患である肺胞微石症（pulmonary alveolar microlithiasis）の原因遺伝子が，NaPi2bであることが報告されている[1-3]．

各種ノックアウト（KO）マウスの研究により，NaPi2aは齧歯類においてリン再吸収の中心的な役割を果たしていることが報告されている[2,5]．NaPi2a$^{-/-}$マウスは低リン血症および高カルシウム尿症を示すが，くる病様骨所見はみられない．一方，NaPi2c$^{-/-}$マウスは高カルシウム血症，血中ビタミンD濃度の高値および，高カルシウム尿症などを示すが，低リン血症や高リン尿症，くる病様骨所見を示さない．しかしながらNaPi2cがHHRHの原因遺伝子であることより，ヒトにおいて腎臓の主要なリントランスポーターはNaPi2cと考えられている．NaPi2b$^{-/-}$マウス（ホモKOマウス）は胎生致死のため，NaPi2b$^{+/-}$マウスまたは，タモキシフェン誘導NaPi2bコンディショナルKOマウスが解析されている．腸管NaPi2bは，慢性腎臓病における高リン血症治療に対する標的分子としての有用性が示唆されている．

◆ SLC20

SLC20A1/PiT1およびSLC20A2/PiT2は，ウイルスレセプターとして同定されたが，現在体内のほぼすべての組織に発現するリントランスポーターとして考えられている[1,3]．PiT1および，PiT2は，3個のNa^+と1個のリン酸イオン$H_2PO_4^-$を輸送する．PiT1を介したリン酸流入は，中膜石灰化を伴う動脈硬化や異所性石灰化発症の重要なメカニズムに関与していると示唆されており，腎近位尿細管の管腔側に局在するPiT2は，NaPi2と同様に食餌リン含量の少ない状態では発現が増加し，リン含量が高い状態では発現が抑制される．また，カリウム欠乏食ではPiT2の発現が抑制されることも報告されている．また，PiT2に関しては，FGF23により発現抑制を受ける報告はない．また，ヒトにおいてPiT2の遺伝子変異が，特発性大脳基底核石灰化症に関与することが報告されている．

（瀬川博子）

◆ 参考文献

1) J. Biber *et al.*：*Annu. Rev. Physiol.*, 75：535-550, 2013.
2) K. Miyamoto *et al.*：*J. Pharm. Sci.*, 100：3719-3730, 2011.
3) I. C. Forster *et al.*：*Mol. Aspects. Med.*, 34：386-395, 2013.
4) N. Hernando *et al.*：*Proc. Natl. Acad. Sci. USA*, 99：11957-11962, 2002.
5) Y. Sabbagh and S. C. Schiavi：*Curr. Opin. Nephrol. Hypertens.*, 23：377-384, 2014.

吸収と排泄の調節因子

4-1-3

◆ リンバランス

血中リン濃度は，腸管リン吸収，腎臓からのリン排泄，および骨や細胞内のリンとの移動により調節されている．成人でリンバランスがとれている状態では，腸管からの正味のリン吸収量と腎臓からのリン排泄量は等しい．近年，血中リン濃度の調節機構については，多くの知見が得られている．一方血中濃度とは異なり，このリンバランスがどのような機序により維持されているのかは，必ずしも明確ではない．

◆ 腸管リン吸収調節因子

腸管でのリン吸収は，上部小腸で行われる．腸管リン吸収は，ナトリウム依存性の飽和性輸送と，ナトリウム非依存性不飽和性輸送に大別される．このうちナトリウム依存性輸送は，IIb型ナトリウム依存性リントランスポーター（NaPi2b）により媒介される．通常，ナトリウム依存性リン吸収が約50％，ナトリウム非依存性吸収も約50％と推定されている．ただし腸管内リン濃度が低い場合には，ナトリウム依存性吸収の寄与が大きくなる．

ナトリウム非依存性リン吸収は，若年者で高齢者より高値である[1]．しかし，ナトリウム非依存性リン吸収の他の調節因子については，明らかではない．一方，ナトリウム依存性リン吸収も，加齢とともに低下するのに加え，1,25-水酸化ビタミンD（1,25(OH)$_2$D）やリン摂取量の影響を受けている．皮膚で紫外線の作用のもとに産生されるビタミンD_3，食物中に存在し腸管で吸収されるビタミンD_3やD_2は，肝臓で25位に水酸化を受け25-水酸化ビタミンD（25(OH)D）となる．25(OH)Dはさらに，腎近位尿細管などで*CYP27B1*によりコードされる25(OH)D-1α-水酸化酵素により，活性型ホルモンとして機能する1,25(OH)$_2$Dに変換される．この1α-水酸化反応は，低リン血症や副甲状腺ホルモン（parathyroid hormone：PTH）などにより促進され，1,25(OH)$_2$Dそのものや線維芽細胞増殖因子23（fibroblast growth factor 23：FGF23）などにより抑制

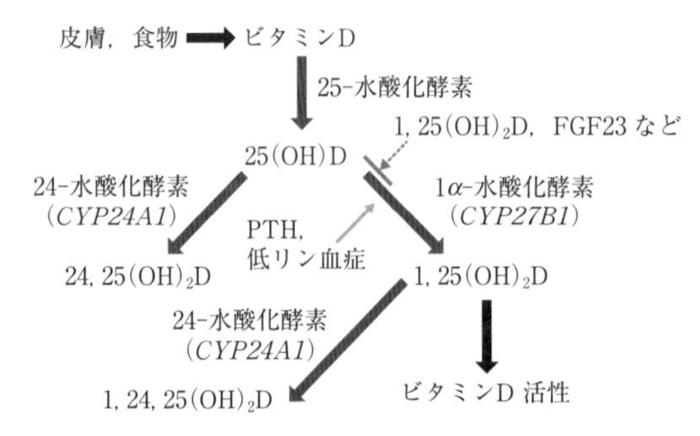

図1 ビタミンD代謝

ビタミンDは，肝臓で25-水酸化ビタミンD（25(OH)D）に変換された後，腎近位尿細管などで活性型ホルモンとして機能する1,25-水酸化ビタミンD（1,25(OH)$_2$D）に変換される．この1α-水酸化反応は，副甲状腺ホルモン（parathyroid hormone：PTH）や線維芽細胞増殖因子23（fibroblast growth factor 23：FGF23）などにより，厳密な調節を受けている．

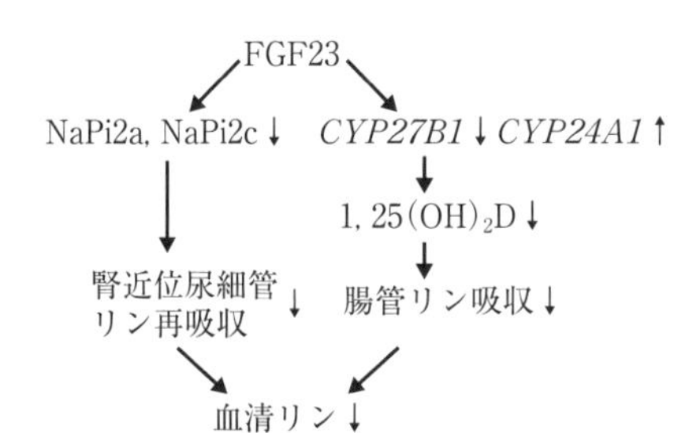

図2 FGF23の作用
FGF23は，IIa型，およびIIc型ナトリウム依存性リントランスポーター（NaPi2a，NaPi2c）発現を低下させるとともに，*CYP27B1*発現の抑制と*CYP24A1*発現の促進により1,25(OH)$_2$D濃度を低下させ，腸管リン吸収も抑制する．

される（図1）．一方，*CYP24A1*がコードする24-水酸化酵素は，25(OH)Dや1,25(OH)$_2$Dをより親水性の代謝物に変換する．1,25(OH)$_2$Dや低リン食は，NaPi2bの発現を上昇させることにより，腸管リン吸収を促進する[1)]．

◆ 腎臓でのリン再吸収調節因子

糸球体でろ過されたリンの80～90％は，近位尿細管でナトリウム依存性に再吸収される．この近位尿細管でのナトリウム再吸収を担う分子が，IIa型，およびIIc型ナトリウム依存性リントランスポーター（NaPi2a, NaPi2c）である．NaPi2aや2cの近位尿細管細胞刷子縁膜での発現量により，尿細管リン再吸収が調節されている．

PTHやFGF23は，NaPi2a，およびNaPi2cの発現を低下させることにより，リン再吸収を抑制する．このためこれらのホルモンの作用過剰状態である原発性副甲状腺機能亢進症やFGF23関連低リン血症性疾患では，腎尿細管リン再吸収低下を伴う低リン血症が認められる．FGF23はこの近位尿細管でのリン再吸収を変化させることに加え，*CYP27B1*発現の抑制と*CYP24A1*発現の促進により1,25(OH)$_2$D濃度を低下させ，腸管リン吸収も抑制する（図2）．PTHやFGF23に加え，グルココルチコイドやエストロゲン，高リン食などはリン再吸収を抑制する．逆に成長ホルモンやリン欠乏食などは，リン再吸収を促進する[2)]．ただし，リン負荷量がどのような機序により尿細管リン再吸収を調節するかは明らかではない．特に，急性のリン負荷後には分のオーダーで尿中リン排泄が増加する．このような急性の尿中排泄の変化は，PTHやFGF23作用では説明できず，未知の液性因子，あるいは神経系の関与が想定される[3)]．　（福本誠二）

◆ 参考文献

1) G. J. Lee amd J. Marks：*Pediatr. Nephrol.*, 30：363-371, 2015.
2) J. Biber *et al.*：*Ann. Rev. Physiol.*, 75：535-550, 2013.
3) T. Berndt *et al.*：*Proc. Natl. Acad. Sci. USA*, 104：11085-11090, 2007.

4-1 リンの吸収と排泄

唾液中のリン

4-1-4

◆ 唾　液

健康なヒトにおいては，1日約1～1.5Lの唾液が分泌される．唾液はさまざまな生理的に重要な役割がある．食物を嚥下しやすくし，口腔内を常に湿らせ，さらに食物成分を溶かし出し味覚器の味蕾に到達させて十分な味覚を起こすのを助ける．

◆ 唾液の分泌機序

唾液の分泌は自律神経の支配を受け，三大唾液腺である耳下腺，顎下腺および舌下腺と口腔内に散在する小唾液腺から分泌する．唾液腺は，分泌終末部と導管系（介在導管，線状導管，排出管）から構成されており，分泌終末部を構成する細胞は腺房細胞（acinar cell），導管系は導管細胞（duct cell）という．唾液を合成分泌する腺房細胞は，さらさらの唾液を分泌する漿液性細胞と粘度が増加した唾液を分泌する粘液性細胞に分類される[1,2]．

唾液組成は腺房細胞と導管細胞より構成され唾液分泌の2段階説で調節されると考えられている[2]．腺房細胞からは，血漿値に近い電解質組成と浸透圧を有する液が分泌され，その後導管系において Na^+，Cl^- は吸収され，K^+，HCO_3^- が分泌される．口腔内に分泌される最終唾液（final saliva）の電解質組成は，動物の種類，腺の種類，分泌刺激の種類により異なるが，共通にみられる特徴は，Na^+ および Cl^- 濃度が血漿値より低く，K^+ 濃度が高い．また final saliva は，低張性の唾液である．唾液には安静時唾液と視覚や嗅覚に刺激されて分泌される刺激唾液がある．安静状態では，唾液の pH は7.0よりやや低く，分泌活動が高くなると8.0にまで上昇し，酵素や糖タンパク質であるムチンなどが唾液には含まれる[1,2]．

◆ 唾液の組成と役割

唾液にはナトリウム，カルシウム，マグネシウム，重炭酸，リン酸を含む電解質や免疫グロブリン，タンパク質，酵素，ムチン，尿素やアンモニアなどの窒素源などが含まれておりさまざまな作用に関与する．重炭酸，リン酸や尿素は pH を調節し，口腔の緩衝作用を，ムチンによる粘膜保護作用，免疫グロブリンや酵素などは抗菌作用に関与する[1]．

◆ 唾液中のリンの役割

唾液中のリン酸イオンも血液中におけるリン酸イオンの役割と同様に緩衝剤としての機能を有する．口腔内の pH に変化が起きたとき，唾液が正常な範囲に口腔内を保とうとする変化に抵抗する働きである．口腔内の pH は安静時に中性（pH 6.7～7.6）に近い値を示すが，飲食後や口腔内に存在する細菌により酸が産生されることにより変化する．これに対して唾液は緩衝液として作用して口腔環境を守る．重炭酸システムが主要であるが，リン酸イオンもその一部を担う．また，食後の口腔内の酸性化は，歯の脱灰化に傾くが，唾液がリンおよびカルシウムを補給し再石灰化へと導く．唾液には高濃度のリンが含まれており，歯の再石灰化に重要であり，虫歯に対する防御であるといわれる．実際，小児における安静時の顎下腺から採取された唾液リン濃度と“う蝕”経験に逆相関関係があるという報告がある．

慢性腎臓病（chronic kidney disease：CKD）患者は，腎臓でのリン排泄が不十分であるため，高リン血症へと陥る．CKD 患者における高リン血症は，異所性石灰化のリスクファクターであり，患者の生命予後に関与するファクターである [➡ 4-2-3 リンと慢性腎臓病]．近年 CKD 患者においては唾液からのリンの分泌も増加していることが報告されたが，腎機能との相関は認められていない[3]．

◆ 唾液腺におけるリン輸送系

これまでに，唾液腺におけるリン輸送系，

(A) 腺房細胞モデル
3Na+ Pi
NaPi2b
タイトジャンクション
分泌細管
Pi
?
アピカル側
(唾液側)

(B) 導管細胞モデル
?
Pi
NaPi2b
アピカル側
(唾液側)
3Na+ Pi

図 1 ヒト唾液腺におけるリン輸送系モデル（文献[5]を参考に筆者が作成）
Pi：無機モノリン酸，NaPi2b：ナトリウム依存性リントランスポーター．

およびその調節機構についての基礎的な検討は非常に少ない．唾液腺におけるリン輸送系の検討については，1996年，Shirazi-Beecheyらは，アフリカツメガエル卵母細胞にヒツジの唾液腺mRNAを注入しリン輸送解析を行った結果，ナトリウム依存性リン輸送が存在することを示した．その後，2003年Huberらによりヤギの唾液腺には腸管に発現しているナトリウム依存性リントランスポーターNaPi2bの発現がPCRで検出されている[4]．ナトリウム依存性リントランスポーター分類については他項を参照されたい．また2005年には，Homannら[5]によりヒトの唾液腺においてリントランスポーターNaPi2b，PiT1，およびPiT2 mRNAの発現が確認された．またNaPi2bは，顎下腺においてタンパク質発現，acinar cellの基底膜側および，duct cellのアピカル側での局在が確認された（図1）[5]．PiT1およびPiT2のタンパク質発現および局在は確認されていない．また唾液が産生されるacinar cellのアピカル側からのリン排出を担当する輸送系は明らかではない．　（瀬川博子）

◆ 参考文献

1) S. P. Humphrey and R. T. Williamson：*J. Prosthet. Dent.*, 85：162-169, 2001.
2) E. Roussa：*Cell Tissue Res.*, 343：263-287, 2011.
3) G. A. Block *et al.*：*Nephron. Clin. Pract.*, 123：93-101, 2013.
4) K. Huber *et al.*：*Am. J. Physiol. Regul. Integr. Comp. Physiol.*, 284：R413-421, 2003.
5) V. Homann *et al.*：*Arch. Oral. Biol.*, 50：759-768, 2005.

4-2 リンと疾患

リンの体内分布

4-2-1

P-O 結合を有する化合物をリン酸，P-O-C 結合を有する化合物を有機リン酸と呼ぶ．無機リン酸（inorganic phosphate：Pi）には H_3PO_4 のイオンである $H_2PO_4^-$，HPO_4^{2-}，PO_4^{3-} が含まれ，これ以外の化合物はすべて有機リン酸となる．一般的に，phosphorus はリン元素を指し，これら有機および無機リン酸を phosphate と表現する．

◆ リンの体内分布

リンは生体内で酸素，炭素，水素，窒素，カルシウムに次いで，6 番目に多い元素であり，成人では体重の約 1 %存在する[1]．その内訳は，骨（85 %），軟部組織（14 %），歯（0.4 %），血液（0.03 %），間質液（0.03 %）となっている[2]．

経口から摂取されたリン（20 mg/kg/日）のうち，16 mg/kg/日が小腸から吸収され，3 mg/kg/日が分泌されるため，13 mg/kg/日が体内に取り込まれる（図 1）．残りの 7 mg/kg/日は便中に排泄されるとともに，取り込まれた 13 mg/kg/日は腎臓から尿として体外に排出され，体内にリンが蓄積しないようホメオスタシスが保たれている．

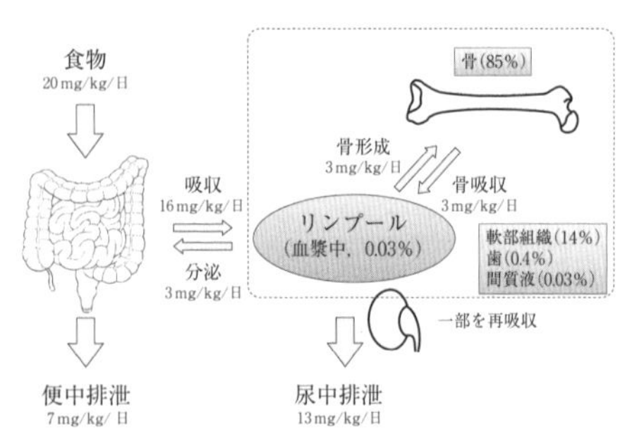

図 1　生体内におけるリンの分布および出納

◆ 骨中リン

骨組織中のリンのほとんどは結晶性のヒドロキシアパタイト（hydroxyapatite，組成式：$Ca_{10}(PO_4)_6(OH)_2$，Ca：P＝1.67：1）として存在する．このヒドロキシアパタイト結晶は，骨（特に皮質骨）においてコラーゲン線維に絡みつくように存在し，骨強度を決定する重要な因子となっている[3]．リンは骨芽細胞による骨形成の過程で骨に動員され（3 mg/kg/日，図 1），また破骨細胞による骨吸収の過程では血漿中に放出される（3 mg/kg/日）．骨はこの骨リモデリングによって骨強度を維持すると同時に，血漿中リンの平衡状態を保っている．

◆ 軟部組織中リン（≒細胞内リン）

軟部組織におけるリンは，細胞膜や細胞内にリン脂質やリン酸エステルとして存在する．リンは細胞の構造保全，酸素活性の調節，脂質，糖質，拡散，タンパク代謝およびエネルギー代謝，酸・塩基平衡調節などに関与する．リンはレシチン，スフィンゴミエリンなどのリン脂質を形成して，細胞膜，細胞内小器官膜を構築している．また，リンは DNA, RNA など核酸の骨格を形成しており，ミトコンドリアで生成されるアデノシン三リン酸（ATP）は高エネルギーリン酸塩として細胞内エネルギー代謝に関与する．環状アデノシン一リン酸（cyclic AMP），環状グアノシン一リン酸（cyclic GMP）やイノシトール三リン酸（IP_3）は，細胞内シグナル伝達において重要な second messenger として働く．細胞内に存在するリンも細胞内代謝に重要であり，細胞内リン濃度の上昇は解糖系や糖新生に関与する．赤血球においてリンは 2,3-ジホスホグリセリン酸（2,3-diphosphoglycerate：2,3-DPG）をつくるのに必要である．2,3-DPG が減少すると，赤血球は酸素を組織に放出しにくくなる．その他，リンは筋肉内ではクレアチンリン酸として利用され，腎臓においては尿の酸塩基平衡にも関与している．

◆ 全血漿中リン（≒細胞外リン）

全血漿中リンが12.09 mg/dL（3.90 mM）とした場合，図2に示すような分布となる．全血漿中リンの約2/3（8.06 mg/dL）は有機リンとしてリン脂質に含まれ，残りのうち0.31 mg/dLは有機エステル，3.72 mg/dLが無機リンとなる．無機リンの大部分はオルトリン酸（orthophosphate）であり，一部がピロリン酸（pyrophosphate）として存在する．無機リン（オルトリン酸）の85 %はHPO_4^{2-}，$H_2PO_4^-$などの遊離型であり，5 %は$CaHPO_4$，$MgPO_4$などの複合体型，10 %はタンパク結合型となる．

血中（無機）リンは，以下の平衡式でその分布が決まっており，この平衡関係は血液pHによって左右される．

〈A〉 $H_3PO_4 \rightleftarrows H^+ + H_2PO_4^-$

〈B〉 $H_2PO_4^- \rightleftarrows H^+ + HPO_4^{2-}$

〈C〉 $HPO_4^{2-} \rightleftarrows H^+ + PO_4^{3-}$

それぞれの電解解離指数（pK）はpK_A＝1.96，pK_B＝6.8，pK_C＝12.4であり，pH 7.4であることから，Aはやや強く解離し，Cの解離は弱い．その結果，$H_2PO_4^-$およびHPO_4^{2-}が最も多い分布となり，pH7.4の際の$H_2PO_4^-$：HPO_4^{2-}の比率は1：4となる．

この血漿中のリンは体内のリンプールとして機能し，骨や軟部組織（主に骨）と平衡状態を形成している．また，血漿中のリンの過不足状態の際は，線維芽細胞増殖因子（fibroblast growth factor 23：FGF23）や活性型ビタミンD，副甲状腺ホルモン（PTH）などの調整を受けて，主に腎臓からの排泄や再吸収によって調整される．ヒトの血漿中リン濃度は季節変動や日内変動がみられる[4]．また乳児期は成人期より50 %，幼児期で30 %程度の高値を示す．これは，ヒトの成長期においては骨形成のために大量のリンが必要であることを示唆している[5]．

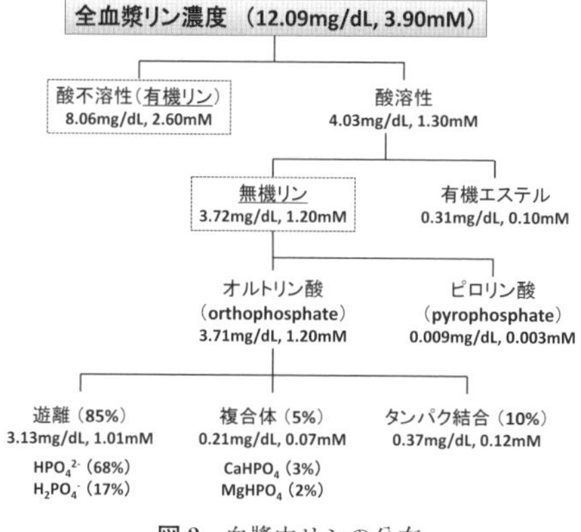

図2 血漿中リンの分布

以上，リンの体内分布について概説した．リンはヒトにとってきわめて重要な元素であるにもかかわらず，その研究はこれまであまり注目されていなかった．その理由として，リンが栄養学的に不足することがほとんどないこと，その調整系がナトリウムやカルシウムに比べると緩く調整されていることなどが考えられる．近年，腎不全患者においてリン過剰状態が老化や心血管病に関与することが明らかになり，同様のことが健常者でもみられる[6]ことから徐々にその注目度は上昇している．本項ではヒト体内におけるリン分布について概説したが，生体がどのようにしてリンの過不足状態を感知するかなどいまだ不明な点が多く，今後の研究の進展を待ちたい．

（谷口正智）

◆ 参考文献

1）ICRP Publication 23：Report of the Task Group on Reference Man, p.327, 1974.
2）武田英二，竹谷豊：生体におけるリンの役割と制御，鈴木正司・秋澤忠男編，腎不全とリン，pp.17-21，日本メディカルセンター，2004.
3）横山啓太郎：腎と透析，80：349-355, 2016.
4）G. J. Kemp *et al.*：*Clin. Chem.*, 38(3)：400-402, 1992.
5）宮本賢一編：*CLINICAL CALCIU* 22：1467-1591, 2012.
6）A. P. McGovern *et al.*：*PLoS One*, 8(9)：e74996, 2013.

4-2 リンと疾患

リン欠乏症・過剰症

4-2-2

◆ リン欠乏を伴う病態

リンの欠乏は，①腸管からのリン吸収の低下，あるいは②腎臓からのリン喪失により生じ，低リン血症をもたらす[1]．ほかに低リン血症をきたす原因として，呼吸性アルカローシスやリフィーディング症候群の際にみられる細胞内へのリンの流入や，副甲状腺摘出後の飢餓骨症候群があげられるが，これらはリンの体内分布の変化による．低リン血症の原因を表1にまとめた．慢性的な低リン血症はくる病や骨軟化症などの骨石灰化障害を引き起こす．

腸管からのリン吸収の低下は，食事量減少，低リン食摂取，リン吸着薬の服用，吸収障害，嘔吐・下痢，アルコール中毒などで引き起こされる．ビタミンD欠乏症やビタミンD依存症などのビタミンD作用不全においても，腸管からのリン吸収は低下する．

一方，腎臓からのリン喪失の原因としては，副甲状腺機能亢進症，尿細管疾患，遺伝性低リン血症性くる病・骨軟化症，腫瘍性骨軟化症などがあげられる．副甲状腺ホルモン(PTH)が過剰となる原発性副甲状腺機能亢進症においてはリン酸再吸収が抑制される．ビタミンD欠乏症やビタミンD依存症は続発性副甲状腺機能亢進症を引き起こすため，腸管からのリン吸収の低下に加えて尿細管でのリン酸再吸収の抑制を招く．ファンコニ症候群は，近位尿細管機能障害により過リン酸尿，腎性糖尿，アミノ酸尿などを呈し，種々の遺伝性疾患に合併する．後天性ファンコニ症候群の原因としては，多発性骨髄腫や薬物，重金属などがあげられる．

低リン血症性くる病・骨軟化症も尿細管でのリン酸再吸収低下によりリンの欠乏をきたす．そのうち，高カルシウム尿症を伴う遺伝性低リン血症性くる病・骨軟化症はIIc型ナトリウム依存症リントランスポーターの機能喪失型変異に基づき，過リン酸尿や低リン血症を呈し，代償的に血中1,25水酸化ビタミンD ($1,25(OH)_2D$) 値が上昇するため高カルシウム尿症を伴う．一方，線維芽細胞増殖因子23 (fibroblast growth factor 23：FGF23) の作用過剰に基づく低リン血症はさまざまな疾患で認められ，FGF23関連低リン血症性くる病・骨軟化症と総称される[2]．FGF23関連低リン血症性くる病・骨軟化症においては，過リン酸尿，低リン血症ととも

表1 低リン血症を示す疾患

1. 腸管からのリン吸収の減少
   - 食事摂取量の減少，低リン食，リン吸着薬，吸収不良，嘔吐・下痢，アルコール中毒
   - ビタミンD作用不全（ビタミンD欠乏症，ビタミンD依存症）
2. 腎臓での排泄増加
   - 原発性および続発性副甲状腺機能亢進症，尿細管障害（ファンコニ症候群など）
   - 高カルシウム尿症を伴う遺伝性低リン血症性くる病・骨軟化症（*SLC34A3*変異）
   - FGF23関連低リン血症性くる病・骨軟化症（*FGF23*変異，*PHEX*変異，*DMP1*変異，*ENPP1*変異，*FAM20C*変異，腫瘍性骨軟化症，マッキューン・オルブライト症候群，線維性骨異形成，含糖酸化鉄・ポリマルトース鉄投与，線状皮脂腺母斑症候群など）
   - 腎移植後，浸透圧利尿，低カリウム血症，低マグネシウム血症
3. 細胞内へのリンの流入
   - 呼吸性アルカローシス，リフィーディング症候群，糖負荷，インスリン，アドレナリン，タンパク同化ステロイド，糖尿病性ケトアシドーシス，敗血症，熱傷の回復期など
4. 骨からのリン動員の低下
   - 副甲状腺亜全摘後の飢餓骨症候群

に1,25(OH)$_2$D 値の低下を示す．腫瘍性骨軟化症は，腫瘍からのFGF23過剰産生によって引き起こされる．また，常染色体優性低リン血症性くる病・骨軟化症においては，FGF23が変異により切断による不活性化に対して抵抗性を獲得するため，作用の過剰を生じる．さらに，*phosphate-regulating gene with homologies to endopeptidases on the X chromosome*（*PHEX*），*dentin matrix protein 1*（*DMP1*），*ectonucleotide pyrophosphatase/phosphodiestrase 1*（*ENPP1*），*family with sequence similarity 20 member C*（*FAM20C*）などの機能喪失型変異もFGF23の過剰産生による低リン血症性くる病・骨軟化症を引き起こす．そのほか，マッキューン・オルブライト症候群/線維性骨異形成症，含糖酸化鉄やポリマルトース鉄投与，線状皮脂腺母斑症候群などもFGF23関連低リン血症性くる病・骨軟化症の原因となる．

◆ リン過剰を伴う病態

リンの過剰は，①腎臓からのリン酸排泄の減少，あるいは②細胞外液へのリンの負荷により生じ，高リン血症をもたらす[1]．慢性的な高リン血症は全身臓器への石灰沈着をもたらし，心不全や腎不全，消化管出血，皮膚瘙痒感，皮膚腫瘤，結膜石灰化など，多彩な症状を引き起こす．最も一般的な高リン血症の原因は慢性腎臓病（chronic kidney disease：CKD）であり，糸球体ろ過量（glomerular filtration rate：GFR）の低下に伴うリンろ過量の減少によりリンの蓄積を招く．急性腎不全においても同様に，GFRの低下によりリン酸排泄が減少する．

尿細管におけるリン酸再吸収の亢進も腎臓からのリン酸排泄減少をきたす．副甲状腺機能低下症および偽性副甲状腺機能低下症は代表的な疾患であり，前者はPTHの産生や分泌の低下に，後者は標的臓器におけるPTH不応性に基づく．そのほか，成長ホルモン分泌過剰症や甲状腺機能亢進症においてもリン酸再吸収は亢進する．

腫瘍状石灰化症は軟部組織への石灰沈着を呈する疾患群であるが，そのうち，家族性高リン血症性腫瘍状石灰化症は*FGF23*，*GALNT3*，あるいは*Klotho*遺伝子の機能喪失により引き起こされ，リン酸再吸収の亢進，高リン血症，血中1,25(OH)$_2$D 値の上昇，軟部組織の異所性石灰化を示す．*GALNT3*はFGF23の糖鎖修飾に関与する酵素をコードしており，また，Klotho（α-Klotho）はFGF23の共役受容体として機能することから，いずれの遺伝子の変異においても，FGF23作用の障害により病態が説明できる．

腫瘍崩壊や溶血，横紋筋融解症，劇症肝炎などにおいては，細胞内からのリンの放出が内因性のリンの負荷をもたらし，高リン血症の原因となる．アシドーシスや異化の亢進，骨吸収の亢進も血清リン値を上昇させる．外因性のリン負荷の原因としては，経口摂取量の増加やビタミンD中毒，リンを多量に含む輸液や血液製剤の輸注などがあげられる．リンを含む下剤や腸洗浄液の過剰使用もリン負荷の原因となるので，注意が必要である．

（道上敏美）

◆ 参考文献

1）M. D. Ruppe and S. M. Jan de Beur：Disorders of phosphate homeostasis, In C. J. Rosen *et al.*(eds.), Primer on the Metabolic Bone Diseases and Disorders of Mineral Metabolism, 8th ed., pp.601-612, Wiley-Blackwell, Ames, 2013.

2）S. Fukumoto *et al.*：*J. Bone Miner. Metab.*, 33：467-473, 2015.

4-2 リンと疾患

リンと慢性腎臓病

4-2-3

◆ 正常では体内外から負荷されたリンは腎臓から排泄される

生物が海水から淡水，そして陸上に上がると，細胞外液中のカルシウム（Ca）イオン濃度を一定に保つために，副甲状腺が発達した．そして，骨は身体を支えること以外に，カルシウムの貯蔵庫，供給源としての役割が重要となった．しかし，骨からカルシウムを動員すると，同時にリンも細胞外液に負荷されるため，これを効率よく排出するシステムが必要となった．

リン利尿ホルモンとしては，副甲状腺ホルモン（PTH）に加え，骨から分泌される線維芽細胞増殖因子23（FGF23）が主要なものであるが，これ以外に消化管や肝臓を経由する液性因子の制御系も存在する．いずれにせよ，リン排泄の主要経路は腎臓であり，腎組織に障害が生じ機能が低下する慢性腎臓病（CKD）では，リン代謝の異常を含むさまざまな骨・ミネラル代謝異常が生じ，CKD-MBD（Chronic Kidney Disease-Mineral and Bone Disorder）と総称されている．リン代謝異常は，このなかの二次性副甲状腺機能亢進症や血管石灰化の発症に重要な役割を果たしているだけでなく，FGF23の上昇などの機序によって，CKD患者の腎機能の予後，生命予後にも大きな影響を及ぼしていることが明らかになってきている．

◆ 二次性副甲状腺機能亢進症の原因としてのリン負荷（図）

二次性副甲状腺機能亢進症は，CKD-MBDのなかで最も頻度の高い病態であり，適切な予防，治療がなされなければ必発する．PTH分泌の最大の刺激はイオン化カルシウムの低下である．これに加えてCKD患者では，リンの直接作用，腎臓における活性型ビタミンD（$1,25(OH)_2D$）産生の低下が，PTH分泌を刺激すると考えられてきた．しかし，最近の複数の臨床研究によると，高リン血症，低カルシウム血症を生ずるのはCKD4期（eGFR 30未満）以降になってからであるが，それ以前からPTHの上昇がみられ，FGF23はさらに早期から分泌が亢進していることが明らかになった．この初期のFGF23の分泌刺激の機序としては，リン負荷に加えて，FGF受容体の共受容体であるklothoの腎臓での発現が低下することが想定されている．

まとめると，血清リン濃度の上昇がみられない早期から，残存ネフロンあたりのリン負荷が増大すると，未解明の機序で骨に情報が伝わり，骨細胞からFGF23が分泌され，腎臓からのリンの排泄を促進する．FGF23は腎臓における$1,25(OH)_2D$の産生を抑制するので，PTHが上昇する．その後は，PTHとFGF23の両方で，極力リンの排泄を図るが，これらの代償が不十分になってはじめて血清リン濃度が上昇し，低カルシウム血症が生ずると考えられる．

このように，血清リン濃度が上昇するはるか前の段階から，CKD-MBDの異常は生じており，それは血清レベルではなく，尿中へ

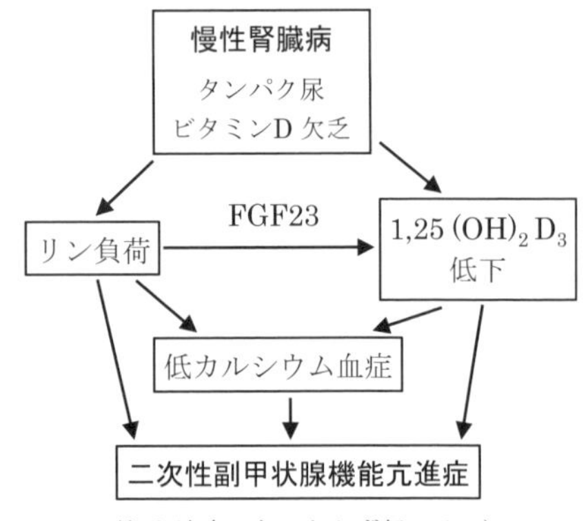

図1 二次性副甲状腺機能亢進症の発症機序

のリン排泄を評価することによって知ることができる．

◆ 慢性腎臓病患者におけるリン負荷を減らす方法

CKD-MBDの異常を予防するには，まず腎機能の低下に応じて，食事からのリン負荷量を減らす必要がある．CKD患者では，通常でもタンパク制限が指示されており，それに伴いリンも制限されているが，リン制限をより有効にするためにはリン/タンパク比の考慮も必要である．さらに，食事中のリンには，無機リンと有機リンがあり，前者は効率よく吸収されるが，後者は由来によって吸収率が異なり，ヒトでは分解酵素がないフィチン酸の塩になっている植物性タンパク由来のリンは，動物性タンパク由来のリンより吸収が少ない．これに加えて主に無機リンである食品添加物由来のリンに注意を要する．食品表示には量は示されていないが，食品添加物の許容量はきわめて高く設定されており，CKD患者では問題を生ずる可能性が高い．これらすべてを考慮できるように，実際に吸収されるリンの量が評価可能な食品成分表の作成と表示が望まれる．

食事中のリン制限でも血清リン濃度が基準値を超えるようになると，薬物治療が必要となる．現在，主として用いられているのは，経口のリン吸着薬で，古典的な炭酸カルシウムに加え，数種類のカルシウム非含有リン吸着薬が使用されている．炭酸カルシウムはカルシウムの負荷になるだけでなく，最近の研究ではFGF23をむしろ上げることが報告されており，次第にカルシウム非含有リン吸着薬が好まれる傾向にある．

また，腸管におけるリン吸収の半分は，ナトリウム依存性リントランスポーターによる能動輸送で，リン吸着薬の使用は，これをup-regulateしてしまう．したがって，リン吸着薬にナトリウム依存性リントランスポーター阻害薬を併用することは理にかなっており，開発と実用化が進んでいる．

◆ 透析患者，腎移植患者におけるリンバランス

尿中への排泄がない透析患者においては，腸管から吸収されるリンと骨からの正味の出入り，透析による除去によってリンバランスが規定されるが，1回4時間週3回の標準的治療では完全には除去されず，ほぼ全例で経口リン吸着薬が必要になる．

透析患者の高リン血症は，生命予後不良と関連することが示されており，そのハザード比は，カルシウムやPTHより大きい．機序としては，血管石灰化の促進や，著明に上昇したFGF23が直接心臓に作用する可能性などが考えられている．

一方，腎移植直後は逆に低リン血症を示す症例が多い．機序としては，尿細管障害以外に，初期にはFGF23の高値，さらに長期的には持続する副甲状腺機能亢進症などがある．

（深川雅史）

◆ 参考文献

1）H Komaba and M. Fukagawa：*Kidney Int.*, 90(4)：753-763, 2016.
2）濱野直人，深川雅史：内科，116(6)：1217-1221, 2015.

4-2 リンと疾患

リンと循環器疾患

4-2-4

◆ 透析患者では血清リン値が高いと死亡率が高い

リン排泄臓器である腎臓の機能が落ちると，血清リン値が健常者の正常範囲以上に上昇をみるが，これが一番顕著なのは，完全に腎機能が廃絶し，リン排泄を担っているのが透析のみとなっている末期腎不全患者である．疫学研究から血清リン値が高いと，心筋梗塞をはじめとする循環器疾患による死亡率が高いことがわかっている．また最近では，臨床応用されている各種リン吸着薬によって透析患者の生命予後が改善することが判明している．

◆ 血清リン値が高いとなぜ循環器疾患になるか？

血管平滑筋を *in vitro* で培養させるときの培養液中のリン濃度を上昇させると，血管平滑筋は形質転換を起こし，平滑筋を特徴づける遺伝子群の発現が減り，軟骨細胞や骨芽細胞の遺伝子群の発現が増えることがわかっている．実際血清リン濃度が高い透析患者では，冠状動脈をはじめとする動脈の中膜の石灰化の程度がひどいことがわかっている．これによって，血管のしなやかさや「ふいご機能」が失われ，血管抵抗が増えることになる．ひいては心臓にとっては後負荷を増やし，心肥大を惹起させることがわかっている．

また，心臓の弁自体が高リン血症によって石灰化し，弁の可動性が失われ，特に臨床的に問題になる大動脈弁狭窄症が生じる．これは将来的には心不全につながる．さらに刺激伝導系に石灰化病変が生じると，房室ブロックなどの不整脈が生じやすくなる．これらが一般的な，高リン血症の循環器系への害毒のメカニズムと考えられていた．

◆ 内皮細胞障害を介するメカニズム

ただし，先ほどふれたリンによって惹起される中膜の石灰化は開存病変であり，たとえば，脂質異常症によって起こる内膜の石灰化と違って，血管の狭窄をきたすことはない．にもかかわらず，血清リン値が高いと冠状動脈が詰まる心筋梗塞を起こしやすいことが疫学研究からわかっている．これはなぜであろうか．一般にリン負荷をすることで，内皮依存性血管拡張反応が悪くなることがわかっており，どうやら，血小板凝集を抑制する内皮自体に問題が生じることが原因ではないかと考えられている．

◆ PTH を介するメカニズム

リン負荷量が継続的に多いと，副甲状腺ホルモン（PTH）は上昇してくる．これは特に慢性腎臓病（CKD）で観察される．PTH は心筋細胞をはじめ，細胞内のカルシウム濃度を上げることが判明している．また透析患者で PTH を急激に下げることができる副甲状腺摘除術後に心機能が改善することは多くの研究で確認されている．最近臨床研究において，PTH とアルドステロンが緊密に連関していることが報告され，PTH の循環器系への害毒はアルドステロンを介している可能性もある．

◆ FGF23 を介したメカニズム

骨細胞由来のリン利尿因子である線維芽細胞増殖因子 23(FGF23) が，血清リン値が上昇しなくともリン負荷をすることによって上昇すること，また腎機能が悪くなるとこのリン利尿ホルモンが上昇することがわかっている．後者の詳細なメカニズムはいまだわかっていない．しかし，腎不全で残存ネフロン数が減ることによってリン排泄能が落ちる腎不全において，近位尿細管でのリンの再吸収を下げるこのホルモンが，同じくリン利尿ホルモンである PTH とともに上昇するのは，非常に合目的であるともいえる．最近，FGF23 自体が心筋細胞にある FGF 受容体を介して心肥大を招くことが報告された．本来であれば，FGF23のシグナルが効率的に細胞に伝わるには，Klothoが必要であり，心筋細胞にKlothoがないことから，この説は驚きをもたれた．疫学研究ではリン摂取量が多いと心肥大の程度がひどいことも腎機能健常者でも報告されており，FGF23がそのメカニズムになるのかもしれない．しかし，心肥大が起こるだけでは心不全にはならない．FGF23は実はカテコラミンのように心筋細胞内のカルシウム濃度を上昇させ，心筋の収縮力を上昇させることなども報告されている．つまり心肥大を起こした心臓を過度に収縮させ，ちょうど痩せ馬に鞭打つことで心不全が起こるのかもしれない．

◆ リンは血管石灰化と，FGF23は心不全と関連する

透析患者のみならず，まだ透析導入されていないCKD患者においても，血清リン値が高いと心血管イベントが起こりやすいことは多くの論文で報告されている．しかし，これらはFGF23で補正するようになると，ことごとく血清リン値は有意ではなくなる．FGF23の血清値は腎予後も心血管予後も予測するが，特に心血管イベントのうち一番予測するのは，狭心症/心筋梗塞や末梢血管疾患などの動脈硬化性心血管イベントよりも，うっ血性心不全である．これはFGF23が心肥大をKlothoとは独立にもたらすという先にふれた基礎研究と矛盾しない．

このように，将来の予測という点では，血清リン値はFGF23に負けるが，一点だけ例外がある．それは，最初にふれた血管石灰化に関してである．米国で行われた腎不全保存期の患者を対象としたCRIC（Chronic Renal Insufficiency Cohort）研究では，FGF23は冠状動脈石灰化指数（CACS）と相関するが，しかしリンで補正するとFGF23とCACSはなんら関係がなくなる．CACSと相関があったのは血清リンのみであった．この結果は従来のリンが血管平滑筋を骨芽細胞や軟骨細胞に形質転換させて中膜の石灰化を招くという古典的な実験結果と一致する．この研究では，FGF23を大動脈リングの培養メディウムに添加しても，Klothoの追加添加にかかわらず，動脈石灰化に影響を及ぼさないことが報告されている．動物実験では，FGF23が血管石灰化を促す，あるいは抑制するという報告もあるが，少なくともヒトにおける臨床研究では，血管石灰化と関連するのはリンであり，心不全と関連するのはFGF23であったことは重要である．

◆ 腎機能健常患者においても血清リン値は循環器疾患を予測する

腎不全では血清リン値は正常範囲を超えるが，腎機能が正常な場合において，正常範囲内の血清リン値であっても，その値が高いと循環器疾患が起こりやすいことがわかっている．一般に腎機能が正常な場合には，血清リン値とリン負荷量には関連がないことがわかっている．では，何が血清リン値に関連するのであろうか．一つの候補は腎臓からのリン排泄能である．おそらく，リン排泄能が悪いような，言い換えればPTHやFGF23などのリン利尿因子抵抗性の腎臓を有する患者では，尿細管機能が悪いことが予想される．最近，心不全患者において，尿細管マーカーが高い患者（つまり尿細管が障害を受けている患者）では予後が悪いことが報告されているので，不顕性の尿細管障害と循環器疾患との関連を血清リン値はみているのかもしれない．実際，CKDにおいても，FGF23が高く尿リン排泄が多い患者では，それほど予後は悪くないが，FGF23が高いにもかかわらず尿リン排泄が悪い患者で予後が悪いことが報告されているので，この説は信憑性があるかもしれない．　（濱野高行）

参考文献

1) 小尾佳嗣，濱野高行：*Clinical Calcium*, 22(10)：1515-1523, 2012.

リンと骨疾患

骨構造は，リン酸カルシウム結晶を主体としたミネラル成分が骨基質に沈着することにより硬組織としての構造を保っている．リンの欠乏は生理的石灰化を阻害するため，必要かつ十分なリン酸カルシウムの蓄積は，骨格形成・維持に必須となる．生体の85％のリンが骨内に蓄積される一方，血液（細胞外液）中のリンは，体内貯蔵量の0.1％にすぎず，血中濃度は体内のリン充足度を必ずしも反映しない．臨床的に骨疾患と主に関連するのは低リン血症である．高リン血症は，悪性腫瘍による骨融解に伴い一時的にみられることがあるが，むしろ慢性腎臓病に伴う骨ミネラル代謝異常としてみられることの方が多い．

◆ リン代謝異常とくる病・骨軟化症

生理的石灰化の障害が，成長過程で生じるものをくる病と呼び，骨格が完成した後の石灰化障害を骨軟化症と呼ぶ．石灰化障害の原因は，リンの量的不足，活性型ビタミンDの不足もしくは作用不全が大半を占める．カルシウムの不足による石灰化障害は，極端な栄養障害を長期間続けない限りは生じにくい．日本内分泌学会が策定した，くる病・骨軟化症の原因疾患診断のためのフローチャート[1]のなかで，低リン血症を合併するものを図1に示す．上に述べたように，血中に存在するリンの量はわずかであるため，低リン血症は短期的には，生体機能にあまり影響を及ぼさず，むしろ長期的なリン吸収障害もしくはリン過剰排泄が問題となる．そのなかで，近年臨床的な理解が深まったのが，線維芽細胞増殖因子23(fibroblast growth factor 23：FGF23）関連低リン血症による，くる病・骨軟化症である[2]．FGF23は強力なリン利尿因子で，主として骨細胞で産生されると考えられている．FGF23は，腎近位尿細管でのリン再吸収を抑制し，リン利尿を進める．同時に，ビタミンD-1α水酸化酵素の発現を抑制し，活性型ビタミンDの産生量を低下させることで，腸管でのカルシウムとリンの吸収量を減少させる．FGF23関連くる病・骨軟化症には，先天異常に伴うものと後天的なものとがある（表1）．先天異常によるものとして最も頻度が高いのはXLHR（X-linked hypophosphatemia rickets）であり，成人発症では腫瘍性骨軟化症が多い．リンの不足による石灰化障害では，特に荷重のかかる関節・骨における疼痛・変形を生じやすく，重症例では歩行障害に至る．低リン血症性くる病・骨軟化症の治療の主体は，リンの不足に対して経口リン酸製剤（ホスリボン顆粒™）での補充療法を行い，血清リン濃度を基準値範囲内に上昇させることである．しかしながら，経口リン酸製剤は下痢などの消化管障害の副作用を生じやすいため，十分な投与量を確保できないことも多い．FGF23はビタミンDの活性化を阻害するため，経口リン酸製剤とともに活性型ビタミンD_3製剤を併用することも多いが，過剰な活

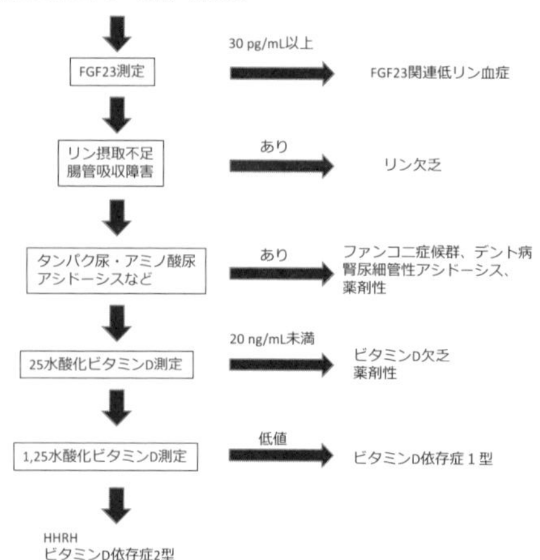

図1　低リン血症を伴うくる病・骨軟化症の鑑別（文献[1]より引用抜粋）

性型ビタミンD_3製剤の補充は，腎結石・尿路結石の発症リスクを高める可能性がある．現在，抗FGF23中和抗体による臨床治験が行われており，治療への期待が寄せられている．

腫瘍性骨軟化症の根治療法は，原因となる腫瘍の摘除であるが，良性腫瘍が多く，一般に腫瘍径も小さいものが多いため，その同定にはしばしば困難を伴う．腫瘍組織は間葉系組織由来のものが多いが，骨内部に生じるものも多く，また発生部位も全身で発生の報告があるため，網羅的な検索が必要となる．

◆ 副甲状腺機能障害とリン代謝

副甲状腺ホルモン（PTH）は，①骨吸収の増加，②腎臓でのカルシウム再吸収の増加，③ビタミンDの活性化による腸管からのカルシウム吸収の増加，の3つの機構により，血中カルシウム濃度を上昇させる．副甲状腺ホルモンは，腸管と骨からリンの動員を増加させる一方，血中カルシウム×リン積が上昇しすぎないように，腎近位尿細管においては，尿中リン排泄を亢進させる．また，副甲状腺ホルモンにより活性化されたビタミンDは，FGF23の合成を骨において増加させ，強力にリン利尿を進める．すなわち副甲状腺機能亢進症では，骨からリンは失われ，血中リン濃度も低下する．逆に特発性あるいは術後性副甲状腺機能低下症では，血中にリンは蓄積しやすくなるが，健常な骨代謝が維持されないため，骨強度が増加するわけではない．リン代謝との関係が，やや複雑になるのは，偽性副甲状腺機能低下症の属する一連の疾患群である[3]．偽性副甲状腺機能低下症はいわゆるインプリンティング病に属し，母方から遺伝子異常を引き継ぐか，父方から遺伝子異常を引き継ぐかにより，近位尿細管と骨組織とで遺伝子異常の発現パターンが異なってくる．そのため，骨におけるAlbright hereditary osteodystrophyと腎臓における副甲状腺ホルモン不応症との組み合わせにより病型が分けられている．

表1 低リン血症を伴うくる病・骨軟化症

疾患名	原因
X染色体優性低リン血症性くる病・骨軟化症（XLHR）	*PHEX* 遺伝子変異
常染色体優性低リン血症性くる病・骨軟化症（ADHR）	*FGF23* 遺伝子変異
常染色体劣性低リン血症性くる病・骨軟化症1（ARHR1）	*DMP1* 遺伝子異常
常染色体劣性低リン血症性くる病・骨軟化症2（ARHR2）	*ENPP1* 遺伝子異常
歯の異常・異所性石灰化を伴う低リン血症性疾患	*FAM20C* 遺伝子異常
マッキューン・オルブライト（McCune-Albright）症候群	*GNAS* 遺伝子異常
線状皮脂腺母斑症候群に伴う低リン血症性くる病・骨軟化症	*HRAS/KRAS/NRAS* 遺伝子異常
腫瘍性くる病・骨軟化症	*FGF23* 産生腫瘍
鉄剤による低リン血症性くる病・骨軟化症	含糖酸化鉄・ポリマルトース鉄

陸上生物は，骨をリン酸カルシウムの貯蔵庫として利用し，血清カルシウム濃度の恒常性維持に努めている．そのため，リン代謝は，しばしばカルシウム代謝調節の陰に隠れがちであるが，硬組織の構成成分としてリンは必須であり，骨代謝に大きく影響することを忘れてはならない．（鈴木敦詞）

◆ 参考文献

1) S. Fukumoto *et al.*：*Endocr. J.*, 62(8)：665-671, 2015.
2) S. Fukumoto：*Endocr. J.*, 55：23-31, 2008.
3) 福本誠二：日内雑誌，91：1257－1270, 2002.

リンと老化

◆ 老化が加速する突然変異マウス

1997年，老化が加速する突然変異マウスが報告された[1]．生後4週齢頃から成長障害，性腺・胸腺・皮膚の萎縮，血管石灰化，心肥大，骨粗鬆症，サルコペニア（骨格筋の萎縮），肺気腫，難聴，認知症などを発症し，衰弱して8週齢前後で早死にしてしまう．このマウスで欠損している遺伝子も同定され，ギリシア神話の「生命の糸」を紡ぐ女神にちなんでKlothoと命名された．*Klotho*遺伝子は，一回膜貫通型膜タンパクをコードしており，主に腎臓に限局して発現していた．

2006年，KlothoタンパクはFGF23というホルモンの受容体として機能することがわかった[2]．FGF23（線維芽細胞増殖因子23）とは，リンを摂取すると骨（骨細胞）から分泌されるホルモンで，腎臓に作用して尿へのリン排泄を促す「リン利尿作用」がある．したがって，老化が加速するKlotho欠損マウスの病態は，FGF23-Klotho内分泌系の破綻によるリン排泄障害であり，体にリンが貯留することが本質的な問題と考えられる．実際，Klotho欠損マウスを低リン食で飼育し，リン貯留が起きないようにすれば，上記の諸症状はすべて軽快して老化が減速する．ここに「リンが老化を加速する」という概念が生まれた[3]．

◆ リンと慢性腎臓病

ヒトにおいても，リン排泄障害によるリン貯留が問題となる病気が存在する．慢性腎臓病（chronic kidney disease：CKD）である．腎障害が3か月以上続いた状態を指し，腎障害の原因は問わないが，糖尿病や高血圧の合併症として起こる場合が多く，日本人成人の8人に1人が患う国民病である．腎機能の低下とともに，動脈硬化（血管石灰化），心肥大，サルコペニア，認知症，フレイルなどを発症し，全死亡率の上昇が認められる．フレイルとは，身体的・精神的・社会的活動度が低下して介護を要するような衰弱した状態を指し，「老化」の典型的な表現型と考えられる．さらにCKD患者では，腎臓のKlothoの発現低下が普遍的に認められ，リン制限（リンを多く含む食品を避ける食事指導やリン吸着薬の投与）が予後を改善することが示されている．このようにCKD患者とKlotho欠損マウスは，症状だけでなく病態（Klotho発現低下とリン排泄障害）や治療（リン制限）に対する反応も酷似するため，「CKDは早老症」という概念が提唱されている[4]．

◆ 生物の進化とリン

Klotho欠損マウスの解析から，リンが哺乳類における老化加速因子として同定された．生物の進化の過程で初めてリンを体内に蓄えたのは，約4億年前のデボン紀に出現した硬骨魚類である．硬骨魚類以降の生物は，リンをリン酸カルシウムの形で骨に大量に蓄えている．リン酸カルシウムの結晶であるヒドロキシアパタイトでできた骨は，それ以前の生物がもつ軟骨や炭酸カルシウムの骨（殻）に比べて硬く強度に優れ，水の浮力の助けを受けずに体を支える必要のある陸上生物の進化を可能にした．さらに硬骨魚類は，リン代謝を制御するために*Klotho*遺伝子も獲得した（硬骨魚類以前の生物は*Klotho*遺伝子をもたない）[3]．したがって，リンが老化を加速するのは，*Klotho*遺伝子をもつ高等動物に特有な現象と考えられる．

リン酸カルシウムの骨をもつということは，リン酸カルシウム結晶を骨以外の組織で成長させない仕組みも同時に獲得したことを意味する．たとえば，なんらかの原因で血中にリン酸カルシウムが出現しても，血清タンパクfetuin-Aがこれを速やかに吸着して結晶の成長を防ぐ．その結果，リン酸カルシウムを吸着したfetuin-Aの凝集体が形成され，

表1　生体内コロイド粒子の生理と病理

不溶性物質	脂質	リン酸カルシウム
タンパク	アポタンパク	fetuin-A
コロイド粒子	リポタンパク	CPP
貯蔵先	脂肪細胞	骨
病態	動脈硬化（粥状硬化） lipotoxicity	動脈硬化（血管石灰化） 慢性炎症，老化

コロイド粒子として血中に分散する．このコロイド粒子は，calciprotein particle（CPP）と呼ばれている[5]．

◆ リンが老化を加速するメカニズム

最近の臨床研究で，CKD患者の血中にCPPが出現することが報告された．さらに，血中CPPレベルは血中リン濃度と相関し，CPPが高い患者ほど動脈硬化や非感染性慢性炎症（明らかな感染がないのに炎症反応が存在する状態で，老化を加速することが知られている）が強いこともわかった．一方，細胞を使った基礎研究では，CPPがあたかも病原体のように，細胞障害や炎症反応を引き起こすことが示された．以上の事実から，リンが老化を加速するメカニズムとして「CPP病原体説」が提唱された．すなわち，リンがCPPというコロイド粒子になると「病原体」に変貌し，慢性炎症を引き起こして老化を加速する，という仮説である．CPP病原体説が証明されれば，CPPを治療標的とした新たな抗加齢医学の開発が正当化されることになろう．

◆ 生体内コロイド粒子と病態

一般に生体は，水に溶けない物質を血中に「溶かす」戦略として，コロイド粒子を利用する．たとえば油（脂質）は，アポタンパクに吸着されてリポタンパク（LDL，HDLなど）というコロイド粒子となって血中に分散し，最終的には脂肪組織に貯蔵される．しかし，なんらかの原因で脂質が異所性に貯まると，血管では動脈硬化（粥状硬化），肝臓では脂肪肝，骨格筋ではインスリン抵抗性など，lipotoxicityと総称されるさまざまな病態を引き起こす．同様に，水に溶けないリン酸カルシウムは，fetuin-Aに吸着されてCPPというコロイド粒子となって血中に分散し，最終的には骨に貯蔵される．しかし，なんらかの原因でリン酸カルシウムが異所性に貯まると，血管では動脈硬化（血管石灰化），全身のさまざまな組織で慢性炎症を引き起こし，老化を加速する（表1）．CPPは今後，リポタンパクに匹敵する重要な研究対象となるものと期待される．（黒尾　誠）

◆ 参考文献

1） M. Kuro-o *et al.*：*Nature*, 390：45-51, 1997.
2） H. Kurosu *et al.*：*J. Biol. Chem.*, 281：6120-6123, 2006.
3） M. C. Hu *et al.*：*Annu. Rev. Physiol.*, 75：503-533, 2013.
4） P. Stenvinkel *et al.*：*Am. J. Kidney Dis.*, 62：339-351, 2013.
5） M. Kuro-o：*Nat. Rev. Nephrol.*, 9：650-660, 2013.

4-2 リンと疾患

リン補給薬とリン吸着薬(リン低下薬)

4-2-7

◆ **リンの二面性**

リンは生体にとって必須な元素であり,リン欠乏の多くは低リン血症を呈する.低リン血症はエネルギー代謝異常などから細胞機能異常をきたす.一方でリンは基本的には細胞毒であり,リン過剰は生体に障害を招く.代表的な障害は血管石灰化に代表される心血管障害の増大で表現されている.本項ではリン欠乏(多くは低リン血症を呈する)とリン過剰(多くは高リン血症を呈する)に対して用いられる薬物療法について述べる.

◆ **リン補給薬**

薬剤として経口的にリン補給可能なものには,リン酸二水素ナトリウム水和物および無水リン酸水素二ナトリウムの配合錠がある.低リン血症のみでなく,くる病や骨軟化症をきたす低リン血症が適用症である.1包=100 mgのリンが含まれている.リンとして1日あたり20～40 mg/kgを目安とし,数回に分割して経口投与する.以後は患者の状態に応じて適宜増減するが,上限はリンとして1日あたり3000 mg=30包となっている.ただし尿中リン排泄の促進による低リン血症のため,いたずらに経口的にリン補給を行っても高リン尿症を促進するだけであるので,血清リン濃度のコントロール目標として正常下限周辺の3.5 mg/dLを目標にするとよい.

注射用のリン補給製剤には,0.5 mmol/Lのリン酸二カリウム製剤とリン酸二ナトリウム製剤がある.ともに20 mL製剤で1 mL=1 mEqとなっている.基本的に電解質補正用なので急速静注はすべきでなく希釈して緩徐に静脈内投与が行われる.カルシウムやマグネシウムと沈殿を生じることがあり調整には留意する.ともに低カルシウム血症によるテタニーの副作用を有する.

上記薬剤以外に血清リン濃度上昇作用を有する薬剤が活性型ビタミンD製剤である.多くは経口製剤とともに併用療法で用いられている.こうした併用療法における注意点としては,高リン尿症のみならず高カルシウム尿症には留意すべきである.すなわち尿中カルシウム排泄量のモニタリングが勧められる.さらに血清カルシウム濃度は正常下限とし,8.5 mg/dL前後以上にはしないようにするとよい.

◆ **リン吸着薬(リン低下薬)**

リンは主に経口的に摂取され,腸管からリントランスポーターを経由して吸収される.排泄経路は主として腎臓経由の尿中排泄である.このため腎機能に問題がない場合には高リン血症は呈さない.かなり腎機能が低下しeGFR(estimaed glomelular filtration rate)が15 mL/分以下のCKD stage 5程度以下にならないとなかなか高リン血症は呈さない.したがって,リン吸着薬の適用症は高リン血症であるがほとんどが慢性腎不全例である.

開発中の製剤はあるが尿中リン排泄促進薬は執筆時点では日常臨床応用可能な薬剤はない.したがってリン低下薬は腸管からのリン再吸収抑制薬となる.わが国では現時点で6つのリン吸着薬が使用可能である(表1).当初は水酸化アルミニウム製剤が,忍容性の高い強力なリン吸着薬として頻用されていたが,蓄積によるアルミ脳症による認知機能の低下やアルミ骨症による骨軟化症と難治性骨折の副作用が生じ1992年にわが国では透析患者に禁忌となった.その後,1997年に沈降炭酸カルシウムがリン吸着薬として臨床応用が可能となった.その後,カルシウム製剤のマイナス面も報告され,21世紀になって非アルミニウム非カルシウムのリン吸着薬の上梓が相次いだ.ポリマー製剤である塩酸セベラマーとビキサロマーの2種と,金属系の強力なリン吸着力を有する炭酸ランタンが使

表1　わが国で市販されている高リン血症治療薬の一覧

一般名	非透析症例	服用時	通常用量	最大用量	剤形	剤量
沈降炭酸カルシウム	○	食直後	1回1g, 1日3回	6g/日	細粒・錠剤・OD錠	250mg・500mg
セベラマー塩酸塩	×	食直前	1回1～2g, 1日3回	9g/日	錠剤	250mg
ビキサロマー	○	食直前	1回500mg, 1日3回	7500mg/日	カプセル	250mg
炭酸ランタン水和物	○	食直後	1回750mg, 1日3回	2250mg/日	チュアブル錠・顆粒分包	250mg・500mg
クエン酸第二鉄水和物	○	食直後	1回500mg, 1日3回	6000mg/日	錠剤	250mg
スクロオキシ水酸化鉄	×	食直前	1回250mg, 1日3回	3000mg/日	チュアブル錠	250mg・500mg

用可能となった．その後，最近になりリン吸着薬としての鉄製剤が2種上市され臨床経験が蓄積されてきたところである．鉄製剤は鉄の遊離をコントロールして，鉄負荷を減弱させる方向で剤形に工夫がなされている．このため，鉄のリン吸着力が強力なことは以前から知られていたが，製品化にはやや時間を要することになった．

リン吸着薬のうち，最近では非透析患者に使用可能なのは4種類となった．炭酸カルシウム製剤は安価かつ忍容性が高いが，高カルシウム血症や血管石灰化の促進作用が報告され3000mg/日以下の使用が勧められている．ポリマー製剤である塩酸セベラマーとビキサロマーはリン低下作用以外に，高コレステロール血症改善効果や抗炎症作用など多彩な有用な作用が報告されているが，リン吸着力が強くなく服用錠数が多いことと便秘の副作用がマイナス面としてあげられる．炭酸ランタンと2つの鉄製剤はリン低下力は強い．2つの鉄製剤は鉄補給薬の側面ももち，鉄補充効果によるエリスロポエチン製剤の節約効果が認められる．逆にいうと鉄過剰は避けるべきであり，一般社団法人日本透析医学会のガイドラインでは血清フェリチン値に300 ng/mLという上限が設定された．

血清リン濃度の管理目標は，一般社団法人日本透析医学会のガイドラインでは3.5～6.0mg/dLに設定されている[1]．しかも血清カルシウム値やPTH(副甲状腺ホルモン）より優先的にコントロールすると推奨されている．

この他，リン吸着薬ではなくリントランスポーター機能阻害による腸管吸収の阻害薬の開発も試みられているが，現時点では治験などの開発に達したものはない．　（重松　隆）

◆ 参考文献

1）一般社団法人日本透析医学会：透析会誌，45：301-356，2012.

リンと筋疾患

◆ 筋肉におけるリンの役割

筋肉は，筋線維とも呼ばれる筋細胞が集まって筋線維束を形成し，それがさらに束になった構造をしている．筋線維内には，アクチンフィラメントとミオシンフィラメントからなる筋原線維がある（図1）．アクチンフィラメントとミオシンフィラメントは規則正しく配列しており，アクチンフィラメントはミオシンフィラメントの上を滑走することで筋原線維全体が収縮し，その結果筋肉が収縮することになる．この筋肉の収縮過程には，筋細胞内におけるカルシウムイオンの上昇とATPの加水分解が必要である．アクチンフィラメントにはトロポニンとトロポミオシンというタンパク質が含まれており，アクチンフィラメントとミオシンフィラメントとの結合を抑制している．カルシウムイオンは，トロポニンと結合し，トロポニンとトロポミオシンによる抑制を解除し，アクチンフィラメントとミオシンフィラメントが結合し滑走するのを開始させる．一方，アクチンフィラメントとミオシンフィラメントの滑走が持続するためには，ATPの加水分解で生じるエネルギーが必要である．また，筋肉の弛緩は，カルシウムイオンが細胞内小胞に回収されて，細胞内カルシウムイオン濃度が低下することにより，トロポニンとトロポミオシンによる抑制が生じるためである．カルシウムイオンの細胞内小胞への回収には，ATPが必要である．したがって，筋肉の収縮にも弛緩にもATPが必要である．

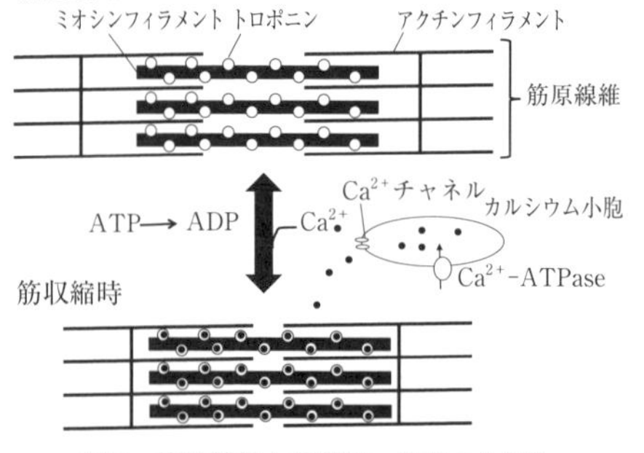

図1 筋原線維と筋収縮・弛緩の仕組み

筋原線維は太いミオシンフィラメントと細いアクチンフィラメントからなる．ミオシンフィラメントにはトロポニン（○）が結合しており，筋原線維の動きを抑制している．筋肉を動かす刺激が入るとカルシウム小胞からCa^{2+}（●）が放出され，トロポニンと結合する．筋原線維の抑制が解除され，ATP加水分解のエネルギーを利用した線維の滑走が生じる．その結果，アクチンフィラメントの間にミオシンフィラメントが滑り込むようになり筋原線維が収縮する．収縮が終わると，Ca^{2+}は，ATP依存性にカルシウム小胞に回収され，カルシウム濃度が低下する．Ca^{2+}はトロポニンから外れ，アクチンフィラメントとミオシンフィラメントはもとの状態に戻り筋肉が弛緩する．

筋肉におけるATPの生成は，クレアチンリン酸とADPから生成される過程と，グリコーゲンまたはグルコースから嫌気的解糖により生成される過程ならびに好気的解糖により酸化的リン酸化による過程がある．いずれにしても，クレアチンリン酸やATPの合成には無機リン酸が必要であり，リンの不足は筋肉の機能を低下させることになる．特に，ATPを多量に必要とする心筋や骨格筋でその影響は顕著なものとなる．

◆ 骨格筋エネルギー代謝測定とリン

筋収縮には，ATPの加水分解によるエネルギーが必要である．骨格筋のエネルギー代謝の測定法には，カテーテルを用いた動静脈血酸素濃度較差の評価，マイクロ電極による組織内の酸素濃度のモニター，プレチスモグラフィーなどによる血流量測定，核磁気共鳴法，近赤外線分光法，心拍出量測定，呼気ガス分析法などがある．このうち，核磁気共鳴法は，ヒトを対象とした非侵襲的評価法のゴールドスタンダードとされ，筋肉内のクレアチンリン酸，無機リン酸，ATPの各濃度を測定できる．筋肉内のこれらのエネルギー代謝に重要な無機リン酸およびリン酸化合物を測定し，筋肉の機能やエネルギー代謝状態を評価することができる．

◆ リン代謝異常と筋力低下

リン欠乏やリン代謝調節機能の異常により低リン血症をきたす．慢性的な低リン血症患者では，体幹に近い筋肉から萎縮を起こす近位型ミオパチーを生じる[1)]．これは，骨軟化症患者でよくみられる病態である．特に，腫瘍性くる病あるいは骨軟化症の患者では，重度の筋力低下から自立歩行が困難となり，車いすや寝たきりとなる場合もある．

一方，慢性的な低リン血症患者に急激な血清リン濃度の低下が加わると，急速な横紋筋融解症が認められる[1)]．慢性的な低リン血症のみでは，横紋筋融解症を生じることはあまりない．骨格筋と心筋は，その筋線維を顕微鏡で観察すると横縞が見られる．このような筋肉を横紋筋という．横紋筋融解症は，これらの横紋筋を構成する細胞が壊れることで，筋肉の痛みやしびれ，筋力低下，また筋肉細胞内の物質，代表的なものとしてはミオグロビンなどが流出し，腎臓など他の臓器に障害を引き起こす．

◆ 心筋とリン

リン欠乏では，左室拡張末期圧の上昇と心拍出量の低下を認める．一方，低リン血症を示す重篤な患者にリンを投与すると心拍出量が回復する．この改善は，心筋収縮力が回復することによると考えられている[2)]．リン欠乏では，左室駆出率と左室収縮力ともに低下する．これは，昇圧薬であるイソプロテレノールを投与しても改善しない．心筋は，主に脂肪酸のβ酸化により生じたアセチルCoAよりATPを合成し心臓を動かすためのエネルギーとしている．リン欠乏では，心筋に含まれる無機リン酸，ATP，グルコース6-リン酸，リン脂質の低下とともに，脂肪酸のβ酸化も低下する．これらが，心筋の機能障害の原因と考えられている．

低リン血症患者の20％に不整脈がみられ，リンを補給することで，不整脈は改善する[2)]．実際，神経性やせ症の患者では，不整脈が多いとされている．また，心筋梗塞の患者で低リン血症を示すと心室頻拍のリスクが高い．心室頻拍は，心室細動を起こしやすく危険な状態である．

◆ リンと筋ジストロフィー

Wadaらは，デュシェンヌ型筋ジストロフィーのモデルマウスとされる*mdx*マウスにおいて，リンの過剰摂取が症状を悪化させることを報告した[3)]．デュシェンヌ型筋ジストロフィーは，3500人に1人の割合で発症するX連鎖性の致死性疾患であり，有効な治療法はない．ジストロフィンは，その原因遺伝子であり，筋肉細胞内の細胞骨格タンパク質と細胞外マトリックスをつなぐ重要な機能をもつ．ジストロフィンの欠損は，骨格筋の慢性的な炎症を招き，筋肉の変性，マクロファージの浸潤，異所性石灰化などを引き起こす．Wadaらは，*mdx*マウスに0.7，1.0，2.0％のリンを含む食餌を離乳直後から90日間与えたところ，リン摂取量が増えると著しくジストロフィーの症状が悪化することを見出した．一方，リン摂取量が低いとこれらの症状は軽微なものにとどまっていた．これらの研究は，治療法のない筋ジストロフィーの病態解明と新しい栄養療法の開発につながるものとして期待されている．（竹谷　豊）

◆ 参考文献

1）J. P. Knochel：Phosphorus, In A. C. Ross *et al.*(eds.)，*Modern Nutrition Health and Disease*, 11th ed., pp.211-223, Lippincott Williams and Wilkins, 2006.
2）Phosphorus, In M. E. Shils *et al.*(eds.), *Modern Nutrition Health and Disease*, 9th ed., pp.155-167, Lippincott Williams and Wilkins, 1999.
3）E. Wada *et al.*：*Am. J. Pathol.*, **184**：3094-3104, 2014.

4-2　リンと疾患

リンと赤血球・貧血

4-2-9

リンは生体内でさまざまな役割を果たしているが，赤血球におけるリンの役割として特に重要なのは，エネルギー通貨と呼ばれるアデノシン三リン酸（ATP）を産生し，赤血球の形態および変形能を維持すること，2,3-ジホスホグリセリン酸（2,3-diphosphoglycerate：2,3-DPG）の産生により赤血球と酸素の親和性を変化させ，末梢組織への酸素の供給を調節・安定化させることがあげられる．また，血清リン酸（無機リン）濃度の低下に伴いさまざまな症状が出現するが，赤血球に対する影響として，赤血球崩壊亢進（溶血）による貧血が認められるようになる．

◆ 赤血球の産生と老化[1]

血球は大きく分けて白血球，赤血球，血小板からなるが，これらはいずれも骨髄の造血幹細胞から分化することにより産生される．赤血球は，骨髄系前駆細胞・赤芽球を経て脱核後に骨髄から末梢血に放出される．赤血球は脱核後にミトコンドリアを失うため，解糖系によりエネルギーを産生し，赤血球代謝を行っている．末梢赤血球の寿命は120日であるが，その間に解糖系酵素活性の低下によるATP産生低下・細胞内イオン濃度の変化（Ca^{2+}濃度増加・K^+濃度の低下）・水の喪失による赤血球変形能の低下，膜表面の陰性荷電減少，酸化ストレス障害，細胞表面膜脂質の変化などによる“老化”が徐々に進む．柔軟性が失われた老化赤血球は，脾臓の赤脾髄で脾洞壁の小孔（2～5 μm）をすり抜けられずに脾索内に停滞し，自己溶血するか，マクロファージに貪食処理されるようになる．

◆ 赤血球の機能[2]

赤血球の機能としては，肺で取り込まれた酸素を末梢組織へ運搬すること，末梢組織から二酸化炭素を回収することがあげられるが，酸素の運搬に必要なのがヘモグロビン（hemoglobin：Hb）で，酸素の99 %は赤血球中のヘモグロビンに結合しており，血液に直接溶解している酸素はごくわずかである．ヘモグロビンは4つのサブユニットから構成され，各サブユニットでは2価鉄イオンを配位したポルフィリン誘導体であるヘムと，ポリペプチドであるグロビン鎖が結合した構造となっている．成人赤血球の場合，αグロビン鎖とβグロビン鎖の2対（$\alpha 2\beta 2$）から構成されるヘモグロビンAが97 %を占める．酸素分子はヘムに配位した鉄イオンに結合するので，四量体であるヘモグロビン1分子に対して酸素4分子が結合し，末梢組織まで運ばれる．ヘモグロビンは末梢組織において酸素分子を離す必要があるが，酸素の外れやすさ，すなわちヘモグロビンと酸素の親和性は，主にpH・温度・赤血球中の2,3-DPG濃度に影響を受けている．

◆ 2,3-DPGの機能とリン

2,3-DPGは赤血球において解糖系中間体の1,3-DPGから3-phosphoglycerateを生成するステップの側副路（Rapoport–Luebering glycolytic shunt）で1,3-DPG mutaseにより生成される．赤血球ではこの側副路の活性が高く，細胞内の2,3-DPG濃度が非常に高いのが特徴である．2,3-DPGは酸素の結合していないヘモグロビン（デオキシヘモグロビン）のβ鎖間に結合し，ヘモグロビンの酸素親和性を低下させる．ヘモグロビンと酸素の親和性を酸素解離曲線で示した場合，2,3-DPGの濃度が高くなると曲線の右方移動が起こり，低くなると左方移動が起こる（図1）[3]．

低リン血症になると，赤血球内の2,3-DPG産生量は減少し，酸素解離曲線は左方移動を起こす．これは，酸素分圧の低い末梢組織でもヘモグロビンが酸素を離さず，ヘモグロビンの酸素飽和度が高いままであることを意味し，末梢組織への酸素供給が滞り臓器障害に至る可能性がある[4].

◆ 赤血球の柔軟性とリン

末梢組織まで酸素を運ぶためには，直径約7.5 µmの赤血球が毛細血管内（0.5～5 µm）でも通過できる必要があるが，そのままの形では通過することができないため，変形能の高い中央部が凹んだ円板状形態をしており，折り畳まれるように毛細血管を通過していく．柔軟な変形能力と繰り返しの変形に耐える安定性を兼ね備える赤血球の細胞膜は主にリン脂質が形成している脂質二重層からなるが，膜骨格（α-およびβ-スペクトリン）が細胞膜を裏打ちして支持していることがその特性を発揮するのに重要であり，アンキリンやプロテイン4.2などのアンカータンパク質を介して脂質二重層中の膜貫通型タンパク質（バンド3）に結合し，機能している[1].

また，赤血球特有の形態を維持するためには，細胞内のATPがきわめて重要で，ATP濃度は赤血球膜のATPaseの機能と細胞内イオン濃度に大きく影響を及ぼす．赤血球の膜輸送タンパクとして，Na^+/K^+-ATPase，Ca^{2+} ATPaseが存在し，細胞内のK^+を高く，Na^+とCa^{2+}を低く保っているが，細胞内のATP量が減少すると細胞内Ca^{2+}が増加し，膜タンパク質に結合することで膜が柔軟性を失い，固くなる．実験的に解糖系を遮断して細胞内ATP量を減少させると，正常赤血球は有棘化し，最終的に球状赤血球になり，柔軟性を失うとされている[5].

◆ リンの欠乏と溶血性貧血

低リン血症患者の症例報告によると，アルコール依存の急性膵炎患者の治療を開始したところ，血清リン酸濃度が0.1 mg/dL未満まで低下すると同時に，小型球状赤血球の出現を伴った溶血性貧血が急速に進行し，血清リン酸濃度の補正に伴って貧血は改善したとされている[6]．溶血性貧血が進行したときの患者赤血球内のATP濃度は著明に低下しており，血清リン酸濃度の上昇に伴い，赤血球内ATP濃度も回復，球状赤血球の消失も確認されている．一般に血清リン酸濃度2.5 mg/dL未満を低リン血症というが，1.0 mg/dL未満でATP低下由来の症状（代謝性脳症・心収縮力低下・筋麻痺症状など）が出現する可能性がある．0.5 mg/dL未満の高度低下に至った場合には，赤血球内ATP濃度が赤血球の球状化をきたすレベル（正常赤血球の15％以下）となり，変形能を失った球状赤血球は老化赤血球と同様に脾臓で捕捉され，マクロファージにより貪食され溶血すると考えられる．（小笠原洋治・横山啓太郎）

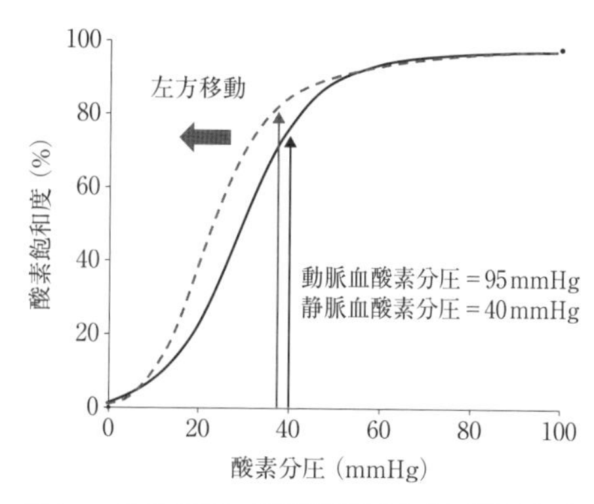

図1 ヘモグロビンの酸素解離曲線（文献[3]より改変）

◆ 参考文献

1) 八幡義人：三輪血液病学，pp.116-155，文光堂，2006.
2) 向井陽美，山本雅之：三輪血液病学，pp.171-184，文光堂，2006.
3) J. H. Comroe, Jr. *et al.*：The Lung：Clinical physiology and pulmonary function tests. 2nd ed., Year Book Medical Publishers, Inc, 1962.
4) S. F. Travis *et al.*：*N. Engl. J. Med.*, 285：763-768, 1971.
5) M. Nakao, *et al.*：*Nature*, 187：945-946, 1960.
6) H. S. Jacob and T. Amsden：*N. Engl. J. Med.*, 285：1446-1450, 1971.

4-2 リンと疾患

有機リン中毒

4-2-10

◆ 有機リン剤（農薬，神経ガス）

有機リン化合物は神経系に対する毒性のあることが着目され，20世紀前半から農薬として開発が進められるとともに化学兵器（神経ガス）としても研究開発が行われた．これらの有機リン化合物はアセチルコリンエステラーゼ阻害作用によりヒトを含む多くの生物の神経系に作用する．現在，広く使用されている有機リン剤は主に殺虫剤である[1]．

神経ガスはサリン，VXガスなどが知られている．農薬の開発段階できわめて殺傷力の強いものが見出され，ナチスドイツが初めて量産したといわれているが，第二次大戦後もいくつかの国で製造保管されていた．化学兵器禁止条約により，製造は禁止され破棄が義務づけられているが，中東などでの製造・保管・使用の可能性が報道されている．

◆ アセチルコリンと有機リン剤

神経系の活動（興奮伝達）は，隣接する2つの神経細胞の間（シナプス）で，一方の神経終末（シナプス前）から神経伝達物質が放出され，その物質が隣接する神経細胞（シナプス後）の受容体に結合することでイオンチャネルが作動し，細胞内にイオンが流入出することで成り立っている．結合した神経伝達物質は速やかに分解されることで，興奮の伝達は調整される．アセチルコリンはヒトを含む多くの生物の神経終末に分布する重要な神経伝達物質の一つである．ヒトにおいて，アセチルコリンは中枢神経内では認知機能や運動機能を制御する神経細胞の伝達物質である．また，末梢の自律神経系の多くの部分の神経伝達物質でもある．自律神経は脳からの下行性出力を伝える一次神経（節前神経）と汗腺，心臓，腸管などの効果器につながる二次神経（節後神経）に大別される．また機能により交感神経と副交感神経に分けられる．一次神経の終末（節前線維終末）から放出される神経伝達物質は交感神経・副交感神経ともにアセチルコリンである．それに対して二次神経（節後線維終末）から効果器に伝達される物質は副交感神経と一部の交感神経ではアセチルコリンである（多くの交感神経節後終末ではノルエピネフリンである）．

そのほか特殊なシナプスである神経筋接合部もアセチルコリンが伝達物質である．神経筋接合部では，運動神経の終末からアセチルコリンが放出され筋の受容体に結合すると筋収縮が生じる．

もし，アセチルコリンを分解するアセチルコリンエステラーゼの働きが抑えられると，アセチルコリンによる刺激が持続し，神経系の過剰興奮が引き起こされる．その結果，正常な神経伝達が行われなくなり，中毒症状が全身の神経系に出現する（図1）．

◆ 有機リン中毒の症状

アセチルコリンの過剰が持続すると，中枢神経系では意識障害，けいれん発作が生じる．運動系では全身の骨格筋の異常な収縮（アセチルコリンの無秩序な過剰放出による筋線維性攣縮）とそれに引き続く麻痺が生じる．呼吸筋も麻痺するため，呼吸は停止し致死的である．

自律神経の障害による症状は，節前線維終末でのアセチルコリン過剰状態のために交感神経・副交感神経がどちらも刺激されるが，効果器では副交感神経優位に異常が生じる．そのために自律神経の支配を受ける瞳孔，汗腺，心拍，血圧，腸管運動などに異常が生じ，多くの場合，縮瞳，徐脈，発汗の増多を生じるが，刺激される神経のバランスにより頻脈など多彩な症候を呈することもある（表1）[2]．

有機リン剤ではないが，アセチルコリンエステラーゼ阻害薬は重症筋無力症治療薬（ピリドスチグミン，アンベノニウム），認知症治療薬（ドネペジル，ガランタミン，リバス

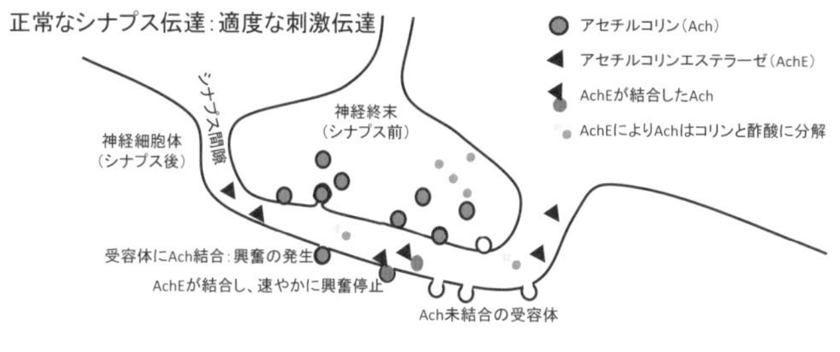

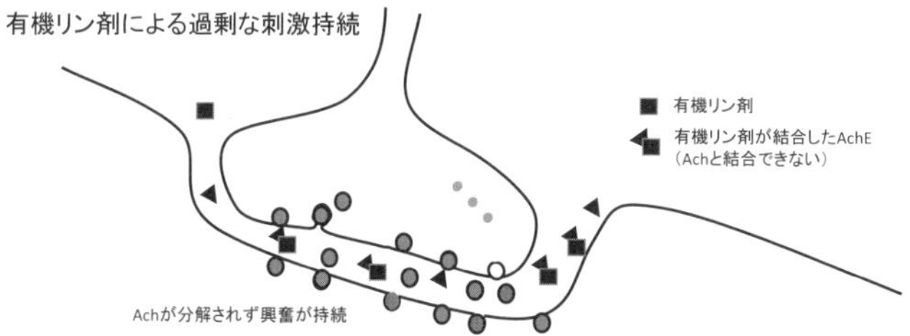

図1　正常なシナプス伝達と有機リン中毒の病態

チグミン）として広く使用されている．これらは疾病によりアセチルコリン作動性の中枢神経や神経筋接合部の機能が低下している状態を，アセチルコリンの分解を抑制することにより補正し，症状の軽減を図る薬剤である．そのため，これらの薬剤の過剰摂取による中毒症状は有機リン剤中毒の症状と酷似している．

表1　有機リン中毒の症状

中枢神経症状	意識障害，けいれん，呼吸抑制
骨格筋症状	筋力低下，呼吸筋を含む麻痺
自律神経症状	
副交感神経刺激症状	縮瞳，徐脈，低血圧，唾液分泌亢進，下痢
交感神経刺激症状	発汗，頻脈，高血圧

◆ 有機リン中毒の経過と治療

コリンエステラーゼと結合した有機リン剤は，自然経過で有機リン剤と分離しアセチルコリンエステラーゼ活性は回復する．しかし，神経ガスの場合は自然な結合解除による再活性化は望めず，赤血球中のアセチルコリンエステラーゼは新たに産生されたもので置き変わるまでの約3か月間低値をとる（医療機関で肝機能検査として測定されるコリンエステラーゼはブチル（偽）コリンエステラーゼであり，半減期が短く数週間で正常化する）．

アセチルコリンエステラーゼと結合した有機リン剤を切り離す解毒薬はPAM（pralidoxime methiodide：プラリドキシムヨウ化メチル）である．しかし，PAMはアセチルコリンエステラーゼと有機リン剤の結合体が加水分解により変化した（aging：老化）後には無効である．老化の速度は個々の有機リン剤によって大きく異なっているため，老化進行後の有機リン中毒の治療では，対症療法（呼吸，血圧脈拍などの循環状態の管理）が重要である．抗けいれん薬の静脈注射，呼吸状態の管理には人工呼吸が重要であり，徐脈には副交感神経を遮断するアトロピンの注射が用いられる．　　　　　　　　　（森田　洋）

◆ 参考文献

1）農林水産省消費・安全局農産安全管理課監：農薬中毒の症状と治療法　第15版，pp.7-9, pp.25-29, 農業工業会，2014.
2）森田洋：農薬中毒，門脇孝ほか総編，内科学，pp.521-524，西村書店，2012.

4-3 リンと栄養

日本人のリン摂取量の現況と摂取基準

4-3-1

◆ リン摂取量の現状

2014(平成26)年の国民健康・栄養調査の結果[1]をみると，国民1人1日あたりのリン摂取量の平均値は962 ± 356 mg/日である．男性の平均値は1045 mg/日，女性の平均値は889 mg/日であり，男性のほうが約150 mg/日多い．2010年から2013年の平均値は954～978 mg/日で推移しており，ここ数年は同水準である．

20歳以上の摂取量をみると，男性では1057 mg/日，女性では891 mg/日であり，後述する日本人の食事摂取基準2015年版[2]で示されている目安量の男性1000 mg/日，女性800 mg/日を平均値では上回っている．しかし耐容上限量の3000 mg/日よりは低値となっている．

食品群別のリン摂取量をみると，穀類が最も多く181 mg (18.8 %)，次いで魚介類が149 mg (15.5 %)，乳類が127 mg (13.2 %)，肉類が120 mg (12.5 %) となっており，これらで全体の約60 %を占めている．そのほか, 野菜類, 豆類, 調味料からの摂取も多い[1]．

しかし，国民健康・栄養調査の結果には，食品添加物から供給されるリンの量は含まれていない．米国での食品添加物からのリンの推定摂取量は1980年には400 mg/日であったものが，1990年には470 mg/日に増加したとの報告がある[3]．日本での報告は少ないが，ある基準献立を想定して，実測した値は1399 mg/日であり[4]，この値は国民健康・栄養調査の結果よりも約400 mg高値である．武田らの報告では1995年には1421 mgを摂取している可能性が報告されている[5]．

◆ リンの食事摂取基準

日本人の食事摂取基準 (現在は2015年版が使用されている) では目安量が示されてい

表1 リンの食事摂取基準 (mg/日)

性別	男性		女性	
年齢等	目安量	耐容上限量	目安量	耐容上限量
0～5(月)	120	−	120	−
6～11(月)	260	−	260	−
1～2(歳)	500	−	500	−
3～5(歳)	800	−	600	−
6～7(歳)	900	−	900	−
8～9(歳)	1000	−	900	−
10～11(歳)	1100	−	1000	−
12～14(歳)	1200	−	900	−
15～17(歳)	1200	−	900	−
18～29(歳)	1000	3000	800	3000
30～49(歳)	1000	3000	800	3000
50～69(歳)	1000	3000	800	3000
70以上 (歳)	1000	3000	800	3000
妊婦			800	−
授乳婦			800	−

る．目安量は推定平均必要量や推奨量を策定するだけの科学的根拠が少ない場合に，現在の摂取量などをもとに策定される指標である．

現在の食事摂取基準策定に際して参照された，2010，2011（平成22，23）年の国民健康・栄養調査[6]の結果によると，リンの摂取量の中央値は944 mg/日であった．平均年齢68 ± 6歳の高齢女性を対象に陰膳法によって実測を行った結果では，リン摂取量の平均値は1019 ± 267 mg/日と報告されており[7]，国民健康・栄養調査の結果とほぼ同様の値である．

わが国では，EAR，RDAを策定するだけの十分なエビデンスがないため，1歳以上については，2010，2011年の国民健康・栄養調査[6]の摂取量の中央値を目安量とした．ただし，18歳以上については，男女別に各年齢階級の摂取量の中央値のなかで最も少ない摂取量をもって，それぞれの18歳以上全体の目安量とされた．

なお，乳児については，ほかの栄養素と同様に，母乳中のリン濃度，哺乳量，離乳食由来のリン量をもとに目安量が示されている．

リンの過剰摂取が健康に与える影響について，骨代謝などとの関係が検討されているが，それらを明確に示す生体指標については確定されていない．副甲状腺ホルモン（PTH）や線維芽細胞増殖因子23（FGF23）が，その候補とされている．しかし，リンの過剰摂取とこれらの関係の明確なエビデンスは少ない．したがって，これまで同様，米国・カナダの食事摂取基準を参考に，リン摂取量と血清リン濃度上昇の関係に基づき，耐容上限量が設定されている．

日本人の食事摂取基準2015年版で示されているリンの食事摂取基準を表1に示す．

生活習慣病の発症予防および重症化予防のためのリンの目標量を算定するための科学的根拠は十分ではなく，今回は設定されていない．糖尿病や，慢性腎臓病（CKD）との関係など，今後エビデンスの集積が必要である．また，今後の課題として，「リン必要量の算定のために，生体指標を用いた日本人のリン摂取量に関するデータが必要である」とされている．（上西一弘）

◆ 参考文献

1) 厚生労働省：平成26年国民健康・栄養調査結果．2016．
http://www.mhlw.go.jp/bunya/kenkou/eiyou/dl/h26-houkoku-04.pdf
2) 厚生労働省「日本人の食事摂取基準」策定検討会報告書　日本人の食事摂取基準2015年版．
http://www.mhlw.go.jp/stf/shingi/0000041824.html
3) M. S. Calvo：*J. Nutr.* **123**：1627-1633, 1993.
4) 辻澄子ほか：食衛誌，**36**：428-441, 1995.
5) E. Takeda *et al.*：*Nutr. Rev.*, **70**：311-321, 2012.
6) 厚生労働省．国民健康・栄養調査（平成22年，23年）．
http://www.mhlw.go.jp/bunya/kenkou/dl/kenkou_eiyou_chousa_tokubetsu-shuukei_h22.pdf
7) 奥田豊子ほか：栄養学雑誌，**53**：33-40, 1995.

4-3 リンと栄養

海外のリン摂取量の現況と摂取基準

4-3-2

海外におけるリン摂取量の推奨値は，日本の目安量よりかなり低い値であることが多い．1997年に発表された米国・カナダの食事摂取基準では，既報のデータから血清リン濃度の正常下限値を維持できるリン摂取量の分布を推定し，人口の97.5％が不足しない量を推奨量として，成人男女ともに700 mg/日が呈示されている（表1）．ドイツ語圏（ドイツ，オーストリア，スイス），ならびに韓国でも同様の基準が用いられているが，フランスではリンの出納バランスが負とならない値として750 mg/日が推奨量となっている．一方，他のヨーロッパ諸国ではリン不足に陥らない量としては400 mg/日あれば十分であるが，カルシウムの吸収効率を高める目的で，カルシウムの推奨量に対して0.5～1:1のモル比のリン（550～700 mg/日程度）が推奨されている．これは2015年のEuropean Food Safety Authorityによる報告でも採用されているが，エビデンスに乏しいことから，推奨量ではなく目安量として提示されている．なおオランダでは，加齢に伴い腎機能が低下してリン排泄能が低下することから，50歳以上では推奨量の上限が設けられている（1150 mg/日）．

耐容上限量としては，米国ではリン吸収量と血清リン濃度の関連を示した式を用いて，血清リン濃度が新生児における正常上限

表1 海外におけるリンの推奨量/目安量

地域	推奨量/目安量（mg/日）	定義
米国*1（1997）	700	低リン血症をきたさない量
ドイツ語圏*2（2015）	700	低リン血症をきたさない量
フランス*3（2001）	750	リンの出納バランスより
ヨーロッパ*4（2015）	550	カルシウム推奨量の71%
英国*5（1991）	550	カルシウム推奨量と同じモル量
ノルウェー*6（2012）	600	カルシウム推奨量と同じモル量
オランダ*7（2001）	＜50歳：700～1400 ≥50歳：700～1150	カルシウム推奨量の半分の重量
韓国（2005）	700	詳細不明
中国（台湾）（2002）	800	詳細不明

*1 The US Food and Nutrition Board of Institute of Medicine
*2 Deutsche Gesellschaft für Ernährung, Österreichische Gesellschaft für Ernährung, Schweizerische Gesellschaft für Ernährung
*3 The French Food Safety Authority
*4 European Food Safety Authority
*5 The UK Committee on Medical Aspects of Food Policy（COMA）
*6 Nordic Council of Ministers
*7 The Netherlands Food and Nutrition Council

表2 海外におけるリンの耐容上限量/無毒性量

組織	耐容上限量/無毒性量
FAO/WHO*8（1982）	70 mg/kg/日
FBN，米国*1（1997）	19～70歳：4000 mg/日 ≥71歳：3000 mg/日
BfR，ドイツ*9（2005）	サプリメントとして250 mg/日
EGVM，英国*10（2003）	サプリメントとして250 mg/日 合計2400 mg/日
EFSA，EU*4（2005）	サプリメントとして750 mg/日 合計　3000 mg/日

*8 Joint FAO/WHO Expert Committee on Food Additives
*9 Germany's Federal Institute for Risk Assessment
*10 Expert Group on Vitamins and Minerals

表3 日本および米国の国民健康・栄養調査における平均リン摂取量の時系列的変化

日本調査年	男性 (mg/日)	女性 (mg/日)	米国調査年	男性 (mg/日)	女性 (mg/日)
2002年	1127	976	2001〜2002	1565	1126
2004年	1089	952	2003〜2004	1559	1126
2006年	1081	942	2005〜2006	1600	1148
2008年	1059	913	2007〜2008	1550	1123
2010年	1034	887	2009〜2010	1655	1190
2012年	1052	905	2011〜2012	1653	1194
10年の変化	−75（−7%）	−71（−7%）	10年の変化	+88（+6%）	+68（+6%）

(7.5 mg/dL) を超えないと考えられるリン吸収量 (10.2 g/日) を，不確定因子2.5で除した値として4000 mg/日が提示されている (表2)．また1982年のJoint FAO/WHO Expert Committeeでは，ラットにおいて腎石灰化症を惹起する量として70 mg/kgが採用された．ヨーロッパの各機関では，総摂取量よりもサプリメントによる摂取量に注目し，リンを用いた便秘治療薬で緩下作用が認められる250 mg/日あるいは750 mg/日を耐容上限量や無毒性量と定義している．合計としての耐容上限量は，各人口における97.5 %位のリン摂取量において，この量のサプリメントを摂取した場合を想定して提示されている．

2000年代後半〜2010年代前半の欧米における平均リン摂取量は，日本における平均リン摂取量 (男性：約1000 mg/日，女性：約850 mg/日) に比して明らかに多く，男性で約1400〜1800 mg/日，女性で約1100〜1300 mg/日となっている．イタリア，フランス，英国では比較的少ないが，米国やオランダ，そして特にスウェーデンとアイルランドで多い．アジアでは，中国におけるリン摂取量は日本と同程度であったとする報告がある．台湾や韓国からの報告では，男性で約1300 mg/日，女性で約1000 mg/日となっている．

経年的な変化として，2002 (平成14) 年から2012 (平成24) 年までの日本と米国における国民栄養調査の結果を表3に示す．この10年間で日本における平均リン摂取量は男女ともに約7 %の減少を示しており，これはエネルギーおよびタンパク質摂取量の減少 (約3 %) と矛盾しない．一方で米国では，男女ともにエネルギーおよびタンパク質摂取量がほぼ変化していないにもかかわらず平均リン摂取量は約6 %の増加傾向にあり，両国間の変化に差があることがうかがわれる．

このような栄養調査で用いられている食物摂取頻度調査や24時間思い出し法では，食品添加物によるリン摂取量が計算に含まれないためにリン摂取量を過小評価しやすいことが知られている[1]．1990年代の米国では，食品添加物によるリン摂取量は250〜320 mg/日と推定されていたが[2]，近年では600〜700 mg/日に上るとする報告もある[3]．さらに近年では一般的なサプリメントや薬剤にも添加物として一定量のリンが含まれていることが指摘されており[4]，これら隠れたリンに対する注意が必要である． (小尾佳嗣)

参考文献

1) M. S. Calvo *et al.*：*Adv. Nutr.*, 5(1)：104-113, 2014.
2) M. S. Calvo and Y. K. Park：*J. Nutr.*, 126 (4 Suppl.)：1168S-1180S, 1996.
3) J. B. Leon *et al.*：*J. Ren. Nutr.*, 23(4)：265-270, e262, 2013.
4) R. A. Sherman *et al.*：*Kidney Int.*, 87(6)：1097-1099, 2015.

4-3 リンと栄養

リン摂取量の評価法

4-3-3

◆ リン摂取量の評価法

リン摂取量の正確な定量は，対象者が食べた物と同じものを用意して（陰膳法），乾式灰化法により試料を調整しICP発光分析法などにより測定を行うことで可能となる[1)]．しかしこの方法は非現実的かつ実用的でない．

一般的にリン摂取量は食事調査により推定できる．対象者の食事記録から各食品にどれだけの栄養成分（リン）が含まれているかを提示する食品成分データベース（日本食品標準成分表など）を用いて，摂取リン量を算出する．

食事調査には，食事記録法（Dietary Records：DR），24時間思い出し法（24 hours recall：24HR），食物摂取頻度調査法（Food Frequency Questionnaire：FFQ）等がある．また，タンパク質1gあたりに含まれる平均的なリン含量（15 mg/g）を用いてリン摂取量を簡便に算出する式が慢性透析患者の食事療法などで利用されている[2)]．

リン摂取量（mg/日）
　＝タンパク質摂取量（g/日）× 15

◆ 食事調査からのリン摂取量推定法の問題点

食品成分データベースの正確度として，栄養量計算システムからの計算値（陰膳法）と化学分析値の間には平均±5～10％の差があり，リンでは差が−16％になるとの報告もある[3)]．また，Tsuganeらの報告はDRとFFQによって算出された栄養摂取量を比較すると，リン摂取量はFFQのほうが男性では約1％，女性では約13％多く算出された[4)]．このように食事調査法には誤差が存在することを念頭に目的に応じた方法の選択が重要である（図1）[5)]．

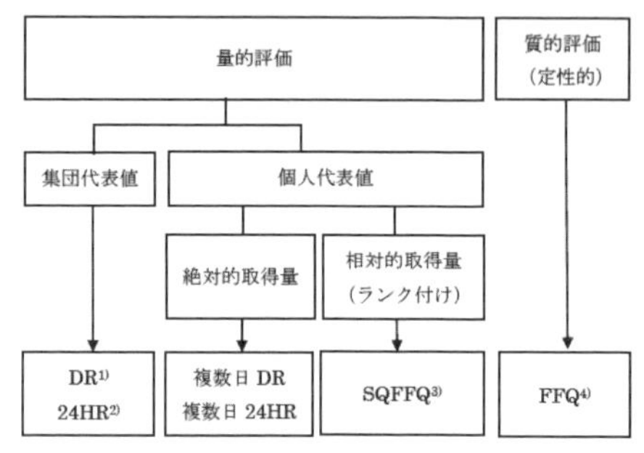

図1　食事調査法の選択フローチャート
1)DR：食事記録法，2)24HR：24時間思い出し法，3)SQFFQ：判定量的食物摂取頻度調査法，4)FFQ：食物摂取頻度調査．

また，食事調査からのリン摂取量を推定するときの最大の問題点として，食品添加物としてのリン酸塩が食品成分表データに収録されておらず，リンの摂取量の把握を困難にしている．森本らは24時間蓄尿を行い，24時間尿中リン排泄量からリン摂取量を推定する方法を提案している．

推定リン摂取量（mg/日）
　＝尿中リン排泄量（mg/日）/0.65（腸管での吸収率）

この方法では，食品添加物からのリンも評価できていることが示唆される[6)]．

（片井加奈子）

◆ 参考文献

1) M. N. Alarcon *et al.*：*Nutr. Res.*, 32：573-580, 2012.
2) 中尾俊之ほか：透析会誌，47(5)：287-291，2014.
3) W. Willett，田中平三監訳：食事調査のすべて，pp.71-72，第一出版，2003.
4) S. Tsugawa *et al.*：*J. Epidemiol.*, 13(1)：S51-56, 2003.
5) 日本栄養改善学会監：初めての栄養学研究論文，p.30，第一出版，2012.
6) Y. Morimoto *et al.*：*J. Clin. Biochem. Nutr.*, 55(1)：62-66, 2014.

4-3　リンと栄養

リン摂取上限量

4-3-4

◆ リン過剰摂取の問題点

リンの過剰摂取は，腸管におけるカルシウム吸収の抑制および食後の血清リン濃度の上昇により，血清カルシウムイオンの低下を誘導し，それに伴う血清副甲状腺ホルモン（PTH）濃度の上昇が骨からのカルシウムの遊離を促進させ，この状態が続くと骨密度の低下を誘発すると考えられている．また，血中リン濃度の上昇が，腎臓に作用して腎線維化の促進，さらに血管に作用して石灰化の引き金になることが報告されており，慢性腎臓病（CKD）の早期から，心血管障害の危険性を伴うため，適切なリン摂取の管理が重要である．

◆ リン摂取の現状

わが国では食の欧米化に伴うタンパク質の過剰摂取や，技術の発展や食の簡便化に伴い，保存性や嗜好性を高めた加工食品の普及が進んでいる．リンは食品添加物として加工食品に多く使用されているため，われわれはリンを過剰に摂取している可能性が高い．2008（平成20）年の国民健康・栄養調査の報告によると，日本人の平均リン摂取量は約970 mg/日とされているが，この調査において食品添加物からのリン摂取は考慮されていないため，実際の摂取量はさらに多いと推察される．

◆ 耐容上限量[1]

厚生労働省が策定している日本人の食事摂取基準2015年版において，各栄養素の摂取基準が設定されており，「健康障害をもたらすリスクがないとみなされる習慣的な摂取量の上限量」として耐容上限量は設定されている．リン摂取量においても，多くの有害事象が報告されているが，摂取量の数値にばらつきが多く，十分なエビデンスの構築には至っておらず，現時点では，血清リン濃度の上昇および尿中リン排泄量の増加を考慮し，耐容上限量が設定されている．

これまでに，異なるリン摂取負荷に対する血清リン濃度の日内変動に及ぼす試験がいくつか報告されており，1500および2400 mg/日の負荷において，食後の血清リンレベルは正常値上限を超えていないが，3000および3600 mg/日の負荷において，上限を超えることが示されている．また，尿中リン排泄量に関する報告は少なく，健常者に比して腎結石患者はリン摂取量および尿中リン排泄量の有意な増加を示し，尿中リン排泄量の増加が腎結石の発症リスクを高くすることが報告されている．

これらの報告とともに，リン吸収率60％，血清無機リンの正常上限4.3 mg/dLと設定し，さらに，性および年齢によってカルシウム/リン比の低い食事により骨代謝に影響を及ぼす可能性を考慮し，耐容上限量は約3000 mg/日と設定されている．この値は，前述の血清リン濃度の関係を示した報告の数値と同等であり，妥当な値として考えられている．しかしながら，リン摂取量と健康障害や疾患との関係を示す報告は少ないことから，より適切な上限量を設定するために，今後の研究に期待が寄せられる．（新井英一）

◆ 参考文献

1）菱田明，佐々木敏監：日本人の食事摂取基準2015年版，第一出版，2014.

4-4　食品中のリンとはたらき

有機リンと無機リン

4-4-1

有機リンはすべての食品に含まれており，特に肉や魚などの動物性食品，豆や穀類などの植物性食品などタンパク質含有量の高い食品に多く，無機リンは食品添加物として加工食品に多く含まれている．リンは現代の食生活において不足することはほとんどなく，むしろ過剰が問題となる栄養素である．食品中の有機リンは吸収時に無機リンとして吸収されるため，両者の人体におけるはたらきには大差はないと考えられていた．しかしながら，近年無機リンの吸収率は高く血中リン濃度の上昇速度や程度が異なること，またほかのミネラルの吸収に影響を及ぼすことから，有機リンに比してより悪影響を与えることが予想されているが，これらを明らかにした報告はほとんどない．

◆ 食品中の有機リン

食品中の有機リンは，分子内にリン酸基をもつリンタンパク質，細胞膜を構成するリン脂質，アデノシン二リン酸（ADP），アデノシン三リン酸（ATP），DNA，RNAとして細胞に存在するため，すべての食品に含まれている．リン摂取量はタンパク質摂取と相関しており（図1）[1]，タンパク質1gあたりリン量はおおよそ15mgと概算できる．しかしながら，リンとタンパク質の関係（リン/タンパク質比）は食品によって大きく異なることから注意が必要である．例として鶏卵1個（60g）にはタンパク質7.4g，リン108mgを含むが，鶏卵1個あたりの卵黄はタンパク質2.6gにリン91mg含むのに対し，卵白はタンパク質3.7gにリンは4mgしか含まれていない．

食品中のリンは，その形態により吸収率が異なる．有機リンは小腸で加水分解された後，無機リンとして吸収される．有機リンの吸収率の平均値は約60％であり，栄養素の消化率，食事性リンの生物学的利用能，消化管におけるビタミンD受容体活性化の程度，リンと結合しやすく消化管吸収を妨げるカルシウム，マグネシウム，アルミニウムやニコチン酸などの存在により大きく変化する．動物性由来食品からの吸収率は60～80％と比較的高い．これは動物性食品と植物性食品におけるリンの存在形態が異なり，消化率の差によるものである．

植物性食品中の有機リンは野菜や果物に少なく，種実類，ナッツ，豆類に多い．豆類や

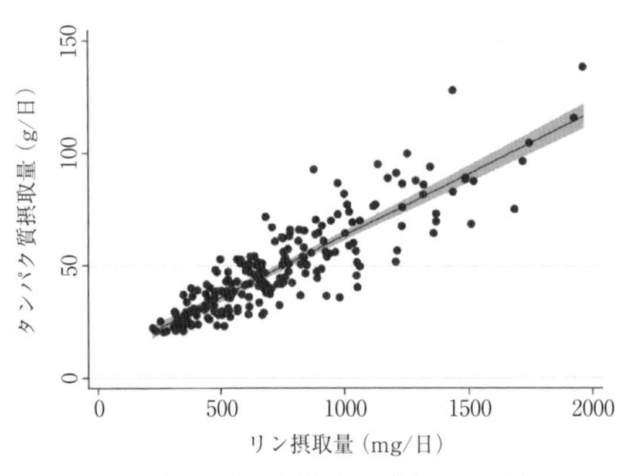

図1　リン摂取量とタンパク質摂取量の関係

穀物ではフィチン酸（$C_{16}H_{18}O_{24}P_6$）の形態で発芽時に必要なリンを貯蔵しており，特に種実部分や未精製の穀物に多い．ヒトを含む非反芻動物にはフィチン酸の加水分解酵素フィターゼが存在しないため，ヒトにおけるフィチン酸分解は，腸内細菌叢または非酵素的な加水分解によって生じる部分的なものとなる．よって，植物性食品からのリンの吸収率は50％未満（通常30～40％）と低い．

また，フィチン酸はカルシウム，鉄，亜鉛，マグネシウムなどに対してキレート作用があり腸管でのミネラル吸収阻害作用が知られている．ミネラルの吸収率とリンの生物学的利用能を高める目的で，水溶液中に浸漬し植物の内因性フィターゼ作用によりフィチン酸を分解する方法も検討されている．しかしながら，腎機能低下により尿中リン排泄が低下した慢性腎臓病患者では，食事からのリン制限は生命予後に重要なため，リンの吸収率を高めることには注意が必要である．また，リンの摂取制限をするために動物性食品を減らし吸収率の低い植物性食品を増やすことは，アミノ酸スコアの高い良質のタンパク質を減ずることにつながり，単純には推奨できない．

◆ 食品中の無機リン

食品中に無機リンは，食品添加物由来のリン酸化合物として含まれている．リン酸化合物の性質から食品添加物としての用途は広く，保存剤，変色防止剤，pH調整剤，結着剤などで使用されている．現在，食品中のタンパク質由来有機リンと食品添加物由来の無機リンを正確に区別する方法はない．

食品添加物として使用される無機リンはタンパク質には結合せず，容易に遊離するリン酸塩である．小腸において素早く吸収され，無機リンの吸収率は90％以上と有機リンに比してかなり高い．食品添加物としてのリン酸化合物には，リン酸基が一つのオルトリン酸と複数のリン酸基をもつ縮合リン酸がある．オルトリン酸は縮合リン酸に比べ腸管内で容易に遊離するため，その吸収率はより高いとされる．

現代の食生活において食品添加物からのリン摂取は加工食品やインスタント食品の多用など，食生活の変化により増加傾向にある．米国では，食品添加物からのリン摂取量が1990年代では470 mg/日であったが，2000年代には1000 mg/日に増加したとの報告がある．わが国では厚生労働省が食品添加物の1日摂取量を，マーケットバスケット方式（スーパーなどで売られている食品を購入し，そのなかに含まれている食品添加物量を分析して測り，その結果に国民栄養調査に基づく食品の喫食量を乗じて摂取量を求めるもの）にて調査している．リンは結着剤のオルトリン酸と縮合リン酸の和として推定されており，2013年度の摂取量は20歳以上265.6 mg/人/日であった．JECFA（FAO/WHO合同食品添加物専門家会議）ではリンの最大耐容1日摂取量を70 mg/kg体重/日としており，最大耐容1日摂取量に対する占有率（対ADI比）は6.47％であることから安全上特段の問題はないとされる．しかしながら日本人の食事摂取基準2015による20歳以上男性1000 mg/日から考えると食品添加物からのリン摂取量は多く，また表示義務はないために，日常的な摂取量の把握は困難である．人体における短期的，長期的な影響についても今後の研究が待たれる．　（伊藤美紀子）

◆ 参考文献

1）N. Noori *et al.*：*Clin. J. Am. Soc. Nephrol.*, 5(4)：683-692, 2010.

2）厚生労働省　平成26年6月20日薬事・食品衛生審議会食品衛生分科会添加物部会報告，平成25年度マーケットバスケット方式による 酸化防止剤，防かび剤などの摂取量調査の結果について．

4-4 食品中のリンとはたらき

食品中のリンと調理の影響

4-4-2

リンはあらゆる生物（植物や動物）にとって，生命活動に必須の元素であり，核酸やリン脂質などの構成成分として存在するほか，骨基質の石灰化やエネルギー代謝，種々の酵素反応の調節などのはたらきを有している．そのためリンは，植物性および動物性のほぼすべての食品中に存在する．

植物性食品に含まれるリンの多くはフィチン酸（$C_6H_{18}O_{24}P_6$）の構成元素として存在し，未精製の穀類や豆類に多く含まれている．フィチン酸は，植物体が発芽の際に必要なリンを貯蔵する役割を有している．植物体はフィチン酸分解酵素であるフィターゼを有するため，必要に応じてフィチン酸中のリンを利用することができるが，ヒトはフィターゼを有していないため，フィチン酸中のリンを利用することができない．よって，ヒトにおいて植物性リンの吸収率は低い．一方，動物性食品に含まれるリンの多くはアミノ酸残基に結合しているため，消化の過程で容易に加水分解されて，吸収可能な無機リンとなる．

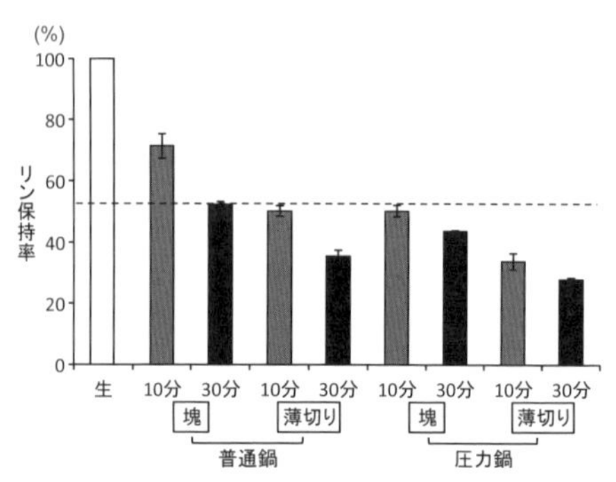

図1　ゆで調理における切り方および調理器具の違いが牛肉中のリン保持率に及ぼす影響（生肉との比較）（文献[2]より著者の承諾を得て改変）

そのためヒトにおいて，動物性リンは植物性リンと比較して吸収率が高い．

リンは元素であるため加熱によって失活することはないが，カリウムなどほかの元素と同様に，調理によって食品中の含有量が変化する．ゆで調理は，食品中のリンをゆで水中に溶出させるため，リン含有量を低減させる．肉類については，30分間ゆで調理を行うことで，牛肉では約60％，鶏肉では約40％のリンを低減させる効果が報告されている[1]．また，肉の線維に対して垂直方向に薄切りにすることや，圧力鍋を使用することで，牛肉中のリンを短時間で効率よくゆで水中に溶出させる効果があり，それぞれの方法で10分間ゆでることで，塊のまま普通の鍋で30分間ゆでた場合とほぼ同等のリン低減効果が得られたと報告されている．また切り方と調理器具の組み合わせにより，さらに高いリン低減効果が得られる[2]．また，肉類を加熱調理前に水に浸漬させることで，調理によるリン低減効果が増強することも報告されている[3]．一方植物性食品については，ジャガイモをゆでることで約35％，蒸すことで約27％，油で揚げることで約37％のリン低減効果が報告されている．穀類については，ゆで調理によりパスタで約7％，米で約23％のリン低減効果が示されている[3]．

このように，食品中のリン含有量は調理により低減するため，高リン血症患者の献立を立てる際は，食材だけでなく調理法を考慮することも有効な手段となりうる．

（佐久間理英）

◆ 参考文献

1) A. Cupisti *et al.*：*J. Ren. Nutr.*, 16：36-40, 2006.
2) S. Ando *et al.*：*J. Ren. Nutr.*, 25：504-509, 2015.
3) I. Vrdoljak *et al.*：*J. Ren. Nutr.*, 25：308-315, 2015.

食品添加物としてのリン

4-4-3

現代社会では食品の多様性，衛生の確保，簡便性，品質安定性，経済性，栄養バランスなどの面から，多くの食品添加物が使用されている．2016年現在，わが国の指定添加物は449品目，既存添加物365品目，天然香料612品目，その他一般飲食物添加物がある．リンはそのなかで食品衛生法第10条に基づき，厚生労働大臣が安全性と有効性を確認して指定した添加物，すなわち指定添加物として23種類の使用が認められている．

◆ 食品添加物として使用されるリン酸化合物

食品添加物としてのリンはリン酸化合物が使用され，リン酸基が一つの正リン酸（オルトリン酸）とリン酸基を複数もつピロリン酸，ポリリン酸，メタリン酸などの縮合リン酸に分類される．2016年現在，オルトリン酸14種類，縮合リン酸9種類のリン酸塩類が食品添加物として指定されている（表1）．

リン酸塩は水溶性で，優れたpH緩衝作用を有し，タンパク質の溶解度を高め，結着性の向上，冷凍変性を防止する．また水に難溶な結晶の析出防止や金属イオンキレートによる食品の変色防止作用，分散作用，保水作用などさまざまな性質があるため多くの食品で使用されている（次頁表2）．

その摂取量は増加傾向にあるが，食品添加物としてのリン酸化合物には，成分規格は定められているもののその使用基準はない．わが国の1日の摂取状況はJECFA（FAO/WHO合同食品添加物専門家会議）で定めた1日耐容上限量内であることが報告されているが，使用量表示の義務もないため食品添加物からのリン摂取量を正確に把握することは困難である．また，オルトリン酸と縮合リン酸が人体に与える影響の違いについての報告もほとんどない．（伊藤美紀子）

表1 食品衛生法によるリン酸塩類の指定添加物リスト

分類	食品添加物
オルトリン酸	リン酸，リン酸三カリウム，リン酸三カルシウム，リン酸三マグネシウム，リン酸水素二アンモニウム，リン酸二水素アンモニウム，リン酸水素二カリウム，リン酸二水素カリウム，リン酸一水素カルシウム，リン酸一水素マグネシウム，リン酸二水素カルシウム，リン酸水素二ナトリウム，リン酸二水素ナトリウム，リン酸三ナトリウム
縮合リン酸	ピロリン酸四カリウム，ピロリン酸二水素カルシウム，ピロリン酸二水素二ナトリウム，ピロリン酸第二鉄，ピロリン酸四ナトリウム，ポリリン酸カリウム，ポリリン酸ナトリウム，メタリン酸カリウム，メタリン酸ナトリウム

◆ 参考文献

1) 一般社団法人日本食品添加物協会編：暮らしのなかの食品添加物　第4版，光生館，2016.

表 2　リン酸塩類食品添加物の主な使用例

種類	食品例	目的と効果	食品添加物使用例	表示
かんすい	中華めん	中華めん特有の食感や風味を出す．小麦粉のタンパク質に作用し，めんの粘弾性や保水性を向上する．	ピロリン酸ナトリウム，ポリリン酸ナトリウム，メタリン酸ナトリウム，リン酸水素二ナトリウムなど	「かんすい」
pH 調整剤	醸造食品，乳製品，コーヒーホワイトナー	食品の変質，変色の防止，ほかの食品添加物の効果を向上させる．	リン酸，リン酸二水素ナトリウム，リン酸二水素カリウム	「pH 調整剤」または物質名で「リン酸」など
酸味料	清涼飲料水	コーラ飲料などの酸味の付与，増強効果がある．	リン酸	「酸味料」または物質名「リン酸」
結着剤	ハム，ソーセージ，練り製品	ハム，ソーセージなどの結着性を高め，練り製品の弾力性を増強する．	ピロリン酸四ナトリウム，ポリリン酸ナトリウム，メタリン酸カリウム，メタリン酸ナトリウム	物質名で「リン酸塩（Na）」など
乳化剤	プロセスチーズ	ナチュラルチーズの加熱融解時にカゼインの凝固を防止する．	ポリリン酸ナトリウム，クエン酸ナトリウム	「乳化剤」
膨張剤	スポンジケーキ，ビスケット	重曹などと併用して炭酸ガスを発生させる酸剤として使用される．	ピロリン酸二水素二ナトリウム，リン酸二水素カルシウム	「膨張剤」
栄養強化剤	牛乳，栄養強化食品	カルシウムや鉄の栄養強化に使用される．	ピロリン酸第二鉄，リン酸二水素カルシウム，リン酸三カルシウム	栄養強化の目的で使用の場合は表示免除
加工助剤	清酒，ワイン，果実酒	酵母の栄養源として使用されるが酵母により消費され，製品への影響はない．	リン酸一カリウム，リン酸水素二アンモニウム	表示免除（最終製品には残存しない）
キャリーオーバー	魚肉練り製品	冷凍すり身中に添加されている．製品の製造工程中で加水分解および加熱により常在成分へ変化して最終製品には効果を発揮しない．	ポリリン酸ナトリウム，ピロリン酸四ナトリウム	

4-4 食品中のリンとはたらき

リンを多く含む食品・リンの少ない食品

4-4-4

◆ 食品中のリン

リンは，自然界に存在する多くの食品に含まれており，タンパク質をはじめとした有機物と結合している有機リンと，食品添加物として加工食品中に含まれている無機リンが存在する．有機リンはタンパク質の多い動物性の食品群，すなわち肉類，魚介類，乳類に多く，植物性の食品群では比較的タンパク質含有率の高い豆類や穀類に含まれている．そのため，油脂類などにはほとんど含まれていない．動物性と植物性ではリンの吸収率が異なることが示唆されており，植物性食品中に含まれるリンの多くはフィチン酸の構成成分として存在し，ヒトはフィチン酸からリンを分解する酵素（フィターゼ）を有さないため，吸収効率が低いと考えられている．一方，加工食品の普及に伴い，酸味料，pH 調整剤，結着剤，アルカリ剤など，各種リン酸塩が食品添加物として広く利用されている．しかしながら，食品添加物の使用基準や表示義務がないことから，消費者がその種類や摂取量を把握することは難しい．食品添加物については前項を参照していただき，本項では一般的な食品について付表[1]（p.162～163）を参考に解説する．

◆ 動物性食品について

魚介類はリンを多く含む食品群であり，1 回に摂取する魚類のリン平均値は 150～300 mg である．また，いわしの田作りやするめ，煮干しなどはリン含有量が高いだけでなく，1 回に摂取する量も多い．また，いくら，からすみ，たらこといった魚卵においては，食品 100 g あたりに占めるリン含有割合は高いが 1 回に摂取する量が低いため，～150 mg 程度である．魚介類で比較的リン含有量が少ない食品はマダコである．

肉類も全般にリンが多く含まれる食品群であり，部位による差はあるが食品 100 g あたり 200 mg のリンを含む．多く含有している部位は肝臓（レバー）であり，牛肉，豚肉，鶏肉間での差異はあまりみられず，1 回に摂取する量が少なければ，ほかの部位と変わらない量である．他臓器（副生物）において，リン含有量は比較的低値である．一方，肉の加工食品であるハムやビーフジャーキー（420 mg/100 g）などにもリンは多く含まれるが，1 回に摂取する量が少量であれば，～150 mg 程度である．

卵 1 個あたり 90 mg のリンを含み，そのほとんどが卵黄の部分（570 mg/100 g）に含まれ，卵白の部分（11 mg/100 g）は少量しか含まれていない（卵黄：卵白＝30：70）．乳類，特に加工食品であるチーズ類において，リンは多く含まれている．また，牛乳と豆乳では 200 mL あたりそれぞれ 186 mg，98 mg であり，動物性由来の牛乳に多く含まれている．さらに，牛乳の代替として利用される脱脂粉乳も多く含まれるため，菓子やパンなどで利用されている場合，多く含有している可能性が高い．

◆ 植物性食品について

穀類，大豆製品および野菜類のなかでもタンパク質を比較的多く含む食品は，リン含有量が多い．たとえば，玄米や小麦胚芽（1100 mg/100 g）は，精白米や精製度の高い小麦と比較して，胚芽を有し，その部分に多くのフィチン酸を含んでいるため，リン含有率が高い．植物性食品に含まれるリン酸化合物のほとんどはフィチン酸であり，1 回の摂取量も限られるため，動物性食品に比してリン吸収量は少ないと考えられる．（新井英一）

◆ 参考文献

1) 医歯薬出版編：日本食品成分表 2015 年版，医歯薬出版，2016.

付表　主な食品のリン含有量

	食品名	100g 中の含有量 (mg)	目安使用食材量 (g)	含有量 (mg)
魚介類	かたくちいわし田作り	2300	30	690
	いかなご煮干し	1200	30	360
	するめ (加工品)	1100	50	550
	うるめいわし丸干し	910	50	455
	しらす干し (半乾燥)	860	20	172
	ししゃも (生干し)	430	60	258
	いくら	530	30	159
	からすみ	530	30	159
	たらこ	390	40	156
	ヒラマサ	300	80	240
	カツオ (春獲り)	280	100	280
	クロマグロ (赤身)	270	100	270
	クロマグロ (脂身)	180	100	180
	シロサケ	240	80	192
	マサバ	230	100	230
	マダイ (天然)	220	120	264
	まあじ開き干し (生)	220	80	176
	マガレイ	200	100	200
	ワカサギ	350	80	280
	ほっけ開き干し	300	150	450
	うなぎ蒲焼き	300	60	180
	ホタテ貝 (貝柱生)	260	90	234
	シバエビ	270	60	162
	ヤリイカ	280	50	140
	マダコ	160	50	80
肉類	豚ヒレ肉	230	100	230
	豚ロース肉	200	100	200
	牛ヒレ赤肉	180	100	180
	牛かたロース赤肉	140	100	140
	鶏ささみ	220	100	220
	鶏モモ皮なし	190	100	190
	牛レバー	330	60	198
	ボンレスハム	340	40	136

（付表続き）

卵 乳製品	卵	180	50	90
	脱脂粉乳	1000	20	200
	牛乳	93	200	186
	プロセスチーズ	730	25	183
	ヨーグルト（全脂無糖）	100	180	180
	アイスクリーム（普通脂肪）	120	150	180
穀類 芋類	精白米　めし	34	150	51
	玄米　めし	130	150	195
	食パン	83	60	50
	うどん（ゆで）	18	250	45
	そば（ゆで）	80	220	176
	スパゲティ（ゆで）	46	100	46
	サツマイモ（生）	46	100	46
	ジャガイモ（生）	40	150	60
大豆製品 野菜類	凍り（高野）豆腐	880	20	176
	木綿豆腐	110	150	165
	がんもどき	200	60	120
	大豆（乾）	580	20	116
	豆乳	49	200	98
	糸引き納豆	190	50	95
	エダマメ（ゆで）	170	40	68
	ソラマメ（ゆで）	230	20	46
	スイートコーン	100	100	100
種実類 その他	アーモンド	500	20	100
	ゴマ（いり）	560	6	34
	カシューナッツ	490	15	74
	ミルクチョコレート	240	50	120
	ポテトチップス	100	60	60

（医歯薬出版編：日本食品成分表 2015 年版より）

4-4 食品中のリンとはたらき

リンと他の栄養素との相互作用について

4-4-5

リンと相互作用を示す栄養素については，リンが陰イオンであるため陽イオンの栄養素であるカルシウムやマグネシウム，鉄や亜鉛などがリンの吸収過程に影響すること，また，活性型ビタミンD_3のような生体内で代謝・活性化される栄養素やインスリン分泌調節に必須なグルコースなどさまざまな栄養素がリンと相互作用する可能性がある．リンと他の栄養素との相互作用には大別すると内分泌調節を介する生理的相互作用と陰イオンであるリンと陽イオンの栄養素との結合を介する物理的相互作用の2つがある．

◆ リンとカルシウム

リンと相互作用を示す栄養素のうち最も重要なのは，カルシウムである．その相互作用の機序の1つ目は，2価のカルシウムイオン(Ca^{2+})とリン酸イオン(PO_4^{3-})または二リン酸イオン($P_2O_7^{4-}$)が結合し，リン酸カルシウムとなるため，物理的相互作用によりそれぞれの吸収効率が阻害されることである．実際，過剰なリン摂取は，腸管カルシウム吸収を抑制し，カルシウム摂取量が多いほど腸管リン吸収率が低くなることがいくつかの研究において報告されている．つまり，リンはカルシウムとの摂取バランスにより腸管吸収率が変動すると考えられる．2つ目は，副甲状腺ホルモン(PTH)や腎臓で産生される活性型ビタミンD_3，骨から産生分泌される線維芽細胞増殖因子23(FGF23)など調節ホルモンを介したリン輸送系やカルシウム輸送系の発現調節による生理的相互作用である．リンの過剰摂取は，カルシウム吸収を阻害するだけでなく，リン利尿因子のPTHやFGF23分泌を刺激し，リン・カルシウム・ビタミンD代謝を負に調節する[1]．

◆ リンとビタミンD

次に，リンのビタミンD代謝への影響について解説する．食事中あるいは皮膚から合成されたビタミンD(カルシフェロール)は，肝臓で25位，腎臓で1α位が水酸化され活性型ビタミンD_3 ($1,25(OH)_2D_3$)に代謝され，生理作用を発揮する．上述したように，食事からのリン摂取量の変動は，PTHやFGF23の血中濃度の変動を介して腎臓での活性型ビタミンD_3の産生を調節する．また，栄養障害の一つであるビタミンD欠乏は，

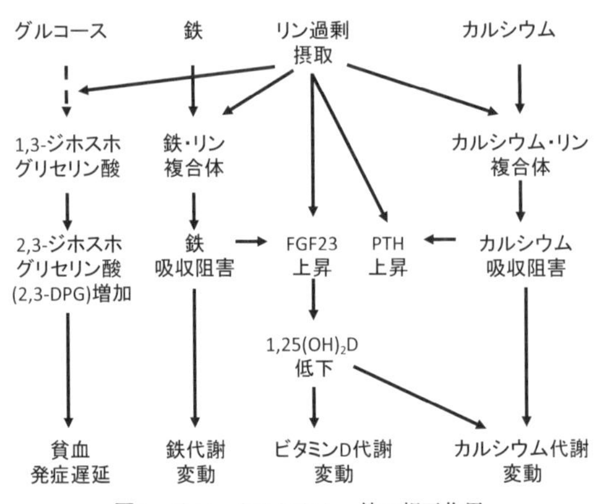

図1 リン・カルシウム・鉄の相互作用

低カルシウム血症だけでなく低リン血症も引き起こし，小児ではくる病，成人では骨軟化症を生じる．一方で，ビタミンD過剰摂取は，血液カルシウムおよびリン濃度が高くなり，それとともに尿中カルシウム濃度が高くなることから，血管壁細胞および腎臓細管の壁の石灰化を引き起こす高カルシウム血症になることが報告されている[2]．つまり，リンとビタミンDには，主に，PTHやFGF23分泌調節や腎臓でのビタミンD産生調節を介した生理的相互作用が重要な役割を果たしている．

◆ リンと鉄

リンは，骨基質としてだけでなく，生体エネルギー物質ATPの基質，細胞膜構成，酵素活性，pHバランスの調節にも関与することが知られている．また，リンは，酸素供給を調節する解糖系の中間代謝産物2,3-ジホスホグリセリン酸（2,3-DPG）の構成成分としても必要であるため，赤血球の酸素親和性においてもリンは重要な役割をもつと考えられている．これまでに，リン欠乏状態においては，赤血球におけるATPや2,3-DPGの低下が生じ，赤血球の寿命短縮が起こり貧血を生じることが報告されている．また，鉄制限食が，低酸素誘導性転写因子（hypoxia-inducible factor：HIF）を介してFGF23の遺伝子発現を誘導することや腸管リントランスポーターNaPi2bの発現低下が報告されている[3]．つまり，リンと鉄においても生体内での相互作用が存在する．近年，慢性腎不全患者や透析患者の高リン血症の治療や予防に酸化水酸化鉄を用いたリン吸着薬が開発されている．鉄がリンと結合し難溶性の沈殿物を形成することで，腸管リン吸収を阻害する[4]．このことから，鉄においてもカルシウムと同様，物理的相互作用を示す．

さらに，筆者らは，ラット動物における食餌性リンによる鉄欠乏性貧血の発症および鉄状態に及ぼす影響を検討した．結果，リン負荷食は，血中2,3-DPG濃度が上昇し，鉄欠乏性貧血の発症・進展を遅らせることが明らかになった[5]．

◆ リンとグルコース

前述したように，リンは生体エネルギー物質ATPの基質としての役割がある．インスリンによるエネルギー産生の更新時は，血液中のリンが筋や肝臓細胞内へ移行する．このことから，グルコースはインスリン分泌を介しリン利用効率を変化させる．実際，長期低栄養患者への栄養補給時の注意として，リフィーディング症候群の発症がある．静脈栄養や経腸栄養による強制的に過剰な栄養補給を行うと，過分泌したインスリンにより血中ミネラルの細胞内への移行が生じ低リン，低カリウム，低マグネシウム血症を複合したミネラル異常を示す[6]．

以上のことから，リンと相互作用する栄養素は多数存在するため，さらなるリンの科学的研究は，リンの生理学的役割の解明および新たな栄養管理学の展開につながることが期待される．（山本浩範）

◆ 参考文献

1) E. Takeda *et al.*：*Adv. Nutr.*, 5(1)：92-97, 2014.
2) E. Takeda *et al.*：*J. Cell. Mol. Med.*, 8(2)：191-200, 2004.
3) M. Wolf and K. E. White：*Curr. Opin. Nephrol. Hypertens.*, 23(4)：411-419, 2014.
4) M. Ketteler and P. H. Biggar：*Curr. Opin. Nephrol. Hypertens.*, 22(4)：413-420, 2013.
5) M. Nakao *et al.*：*Nutr. Res.*, 35(11)：1016-1024, 2015.
6) A. Maiorana *et al.*：*Nutrition.*, 30(7-8)：948-952, 2014.

トピックス ◇11◆ リンと尿路結石

「ある日突然，脇腹や下腹部に激痛が走り脂汗が出て七転八倒し，病院へ行くと尿路結石と診断された」とか，「激痛に耐えて，1 cm の石を出した」というような話が中高年の男性の間で，半ば武勇伝のように語られることがある．これらは，尿路結石と呼ばれる疾患の一つで，古くは，古代エジプトのミイラからも膀胱結石が発見されているように，古今東西においてポピュラーな病気である．尿路結石にもいろいろと種類があるが，リンは，カルシウムなどとともに結石の成分としても重要である．

尿路結石とは，腎臓，尿管，膀胱，尿道に至る経路に結石が生じたものである．尿路結石は，その存在部位により，上部尿路結石（腎結石，尿管結石）と下部尿路結石（膀胱結石，尿道結石）に分類される．日本では，上部尿路結石が96％と圧倒的に多く，男女比は2.4：1で男性に多い．一般に，30～50歳代で発症する人が多い．

尿路結石は，高カルシウム尿症，高シュウ酸尿症，高尿酸尿症，低クエン酸尿症，低マグネシウム尿症，原発性副甲状腺機能亢進症，シスチン尿症などで発症しやすいことが知られている．結石のできる仕組みは明確にはなっていないが，①結石の原料となる無機物（カルシウム，シュウ酸，リン酸など）の尿中排泄の増加と pH 変化による溶解度の低下，②結石を形成するための核となる物質の存在，③クエン酸などの結石形成抑制物質の濃度の低下などが考えられている．近年，肥満，糖尿病，動脈硬化などメタボリックシンドロームの患者においても尿路結石を生じやすいことから，尿路結石はメタボリックシンドロームの一部とも考えられている．

尿路結石はその成分の違いにより，カルシウム結石（主にシュウ酸カルシウム結石とリン酸カルシウム結石からなる），リン酸マグネシウムアンモニウム結石，尿酸結石，シスチン結石などに分類される．このうちカルシウム結石は，尿路結石の約80％を占める．尿中へのカルシウム排泄の増加，シュウ酸の過剰摂取などがあると形成されやすい．表面が粗く，尿管に引っかかりやすいため，排泄されにくい．リン酸マグネシウムアンモニウム結石は，感染性結石ともいわれ，尿素分解菌の尿路感染に伴い生じる．尿路結石の約7％を占める．尿素分解菌は，尿素をアンモニアと二酸化炭素に分解する．その結果，尿がアルカリ化し，不溶性のリン酸マグネシウムアンモニウムの結晶化が進行する．尿酸結石は，痛風の原因となる高尿酸血症に伴って発症する．尿路結石の約5％を占める．尿酸は，酸性で溶解度が低下し結晶化する．シスチン結石は，シスチン尿症という遺伝性疾患に伴って発症する．尿路結石の約1％を占める．

診断は，症状のほか，X線像，超音波検査や尿路造影検査などで結石を確認し確定される．8～10 mm 以下の結石であれば，自然排泄が期待できるため，水分摂取や利尿薬の投与，尿をアルカリ化するためのクエン酸の投与などの保存的治療が行われる．尿酸結石やシスチン結石は尿のアルカリ化が有効であるが，そのほかの結石には効果がない．より大きい結石や尿路閉塞のある場合は，体外衝撃波あるいは内視鏡による結石破石術などの外科的治療が行われる．尿路結石の予防には，十分な飲水，クエン酸製剤の投与，動物性タンパク質を控える，シュウ酸を取りすぎないなどの指導が行われる．（竹谷　豊）

第5章

工業用素材

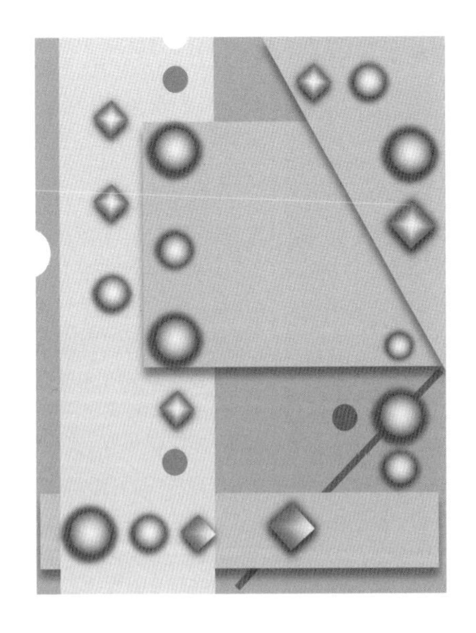

5章　概説

リンは重要な工業素材

今，人間が使用しているリンのほとんどは，天然資源のリン鉱石から得られている（図1）．しかし，わが国には資源と呼べるだけのリン鉱石は存在しない．わが国は，リン鉱石，黄リン，リン酸や塩化リンなどのリン製品およびリン安やリン肥料として，ほぼすべてのリンを海外から輸入している．このほかにも，食飼料や鉄鋼原料などの輸入に伴って国内にもち込まれるリンもかなりある（第9章）．肥料については第6章で取り上げているので，本章では肥料以外の工業製品に使われるリン素材（以下，工業用リン素材と呼ぶ）について説明する．

◆ 工業用と農業用の違い

海外から輸入されるリンの約75％は，肥料や家畜飼料添加物など農業用に使われ，残りの約25％が工業用リン素材として使われている．世界全体では，リン消費量の約85％が農業用（約80％が肥料）であり，工業用リン素材として使われるリンは全体の約15％にすぎない．このことは，ものづくりの盛んなわが国では，工業用リン素材の需要が比較的大きいことを示している．

一般に，農業用に使われるリンと工業用に使われるリンとでは，求められる品質すなわち純度が異なり，両者は別ものといっても過言ではない．リンは非常に広範な工業分野で使われているが，個々の製品に使われる量は比較的少なく，製造コストに占める割合も小さい．そのため，私たちは工業用素材としてのリンの重要性に気がつきにくい．しかし，リンが広範な工業製品の製造に使われているということは，ひとたび海外からの供給に問題が生じれば，わが国の製造産業への影響が大きいことを意味する．

図1　中国貴州省開陽で採掘された高品位リン鉱石［巻頭口絵2］

◆ 工業用リンの重要性

リンほど素材としての重要性が理解されていない鉱物資源も珍しい．わが国は，たとえリン鉱石を輸入しても，自動車，電子部品，医薬品や加工食品などの製造に必要な高純度のリン素材（黄リン）は製造できない．リン資源のないわが国がリンの回収と再利用（第8章および第9章）を考えるとき，下水汚泥，畜産廃棄物や製鋼スラグなど（二次リン資源と呼ぶ）からリンを回収するだけでは，国民の食の安全や産業へのリン素材の安定供給を保障することにはならない．

わが国が輸入リンの約25％を工業用リン素材として使っているという事実は，リン＝肥料という短絡的な考え方では，もはやわが国のリン事情を正しく理解することが難しいことを意味している．本章では，工業用リン素材として重要なリン鉱石，黄リンおよびリン化合物について解説するが，それぞれの具体的な用途については第7章で紹介する．

前にも述べたように，すべてのリンはリン鉱石に由来する．黄リン（単体リン P_4）は，リン鉱石を高温の電気炉で炭素により還元してつくられる．リン酸（H_3PO_4）の製造には，リン鉱石を濃硫酸で溶解する湿式法と，黄リンを空気酸化後に水添して製造する乾式法がある．わが国では，リン鉱石の枯渇への懸念

図2 中国貴州省開陽にある黄リン製造工場［巻頭口絵5］

などから，下水汚泥焼却灰を原料の一部に用いてリン酸を製造するプロセスもすでに稼動している．もちろん，下水汚泥焼却灰中のリンもまた，もとをたどればリン鉱石に行きつく．ヨーロッパでは，下水汚泥焼却灰と肉骨粉（食肉加工工程からでる骨や内臓を熱処理した粉末）から黄リンを製造する計画が立てられたこともあるが，ヨーロッパ唯一の黄リン製造会社であったThermphos International社の倒産により実現に至っていない．

◆ 工業用リンの輸入依存

世界のリン鉱石の経済埋蔵量（現在の技術レベルで採掘して採算の取れる埋蔵量）は約670億トンあり，年間採掘量が約2.2億トンであるから，耐用年数（経済埋蔵量÷年間採掘量）は約300年になる．しかし，このような電卓を叩いて得られる数値には，リン鉱石の品質や産地の地政学的な偏りが考慮されていないことに注意しなければならない．日本のようなリンの輸入国にとっては，埋蔵量がどうあれ，求める品質の鉱石が適正な価格で必要な量だけ手に入るかどうかが重要である．今のところ，わが国は中国，モロッコや南アフリカなどからリン鉱石を輸入しており，ほぼすべて湿式リン酸の原料として使っている．

黄リンは世界で年間約85万トン製造されているが，その製造には高温（1300～1400℃）の電気炉でリン鉱石を炭素熱還元する必要があり，1トンの黄リンを得るのに約1万4000 kWhもの電力が必要となる（図2）．加えて，リン鉱石に含まれる天然放射性物質のダスト濃縮や有害重金属スラグの大量発生などの問題もあり，黄リン生産は今多くの困難に直面している．わが国でも1970年代までは黄リンの生産が行われていたが，大量の電力消費がネックとなり，1979に発生した第二次オイルショックを乗り切れずに，国内の製造工場はすべて中国など海外に移転した．現在，黄リンを生産している国は，中国，米国，カザフスタンおよびベトナムにほぼ限られ，米国が黄リンを輸出禁止にしているように，黄リンは生産国で戦略物資として囲い込まれ，わが国の輸入は年々厳しさを増している．

国内に持ち込まれた黄リンの約70％は乾式リン酸の製造に使われ，残りの約30％は主に塩化リンの製造に使われている．世界のリン酸の年間生産量は，P_2O_5（無水リン酸）換算で約4250万トン（リン換算で約1850万トン）あり，その大部分は肥料に使われている．わが国のリン酸生産量はリン換算で年間約2.6万トンであり，湿式リン酸と乾式リン酸の割合はほぼ半分ずつとなっている．一般に，乾式リン酸のほうが湿式リン酸よりもリンの純度が高く，高純度のリン素材を必要とする電子部品，医薬品や食品などの製造には，乾式リン酸が主に用いられる．一方，国内で生産される湿式リン酸の約40％は肥料原料に使われている（第6章参照）．

（大竹久夫）

5-1 黄リン

製造方法

5-1-1

黄リンの製造は，1770年以降，西欧各地において骨灰やリン鉱石などをリン原料とし，炭素質による還元製造法が開発された．現在の工業的製法である電気炉法は，1888年にリードマン（James Burgess Readman）が，リン鉱石，コークスほかの炭素質，ケイ砂を混合し，電気エネルギーを利用して溶融・還元を行い，初めて黄リンの製造に成功したとされる[1)]．工業的規模では，1896年に米国のエレクトリック・リダクション（Electric Reduction）社により1000 kWの電気炉が建設された[1)]．わが国では，20世紀初頭から黄リンの製造を開始したが，電気コストなどの問題で1980年代には生産されなくなり，現在では，主にベトナム，中国からの輸入に依存している．

◆ 黄リンの一般性状

黄リンは，4個のリン原子（P）が正四面体の頂点に配置された構造であり，化学式はP_4で示される．常温において白色または淡黄色のろう状固体で，融点が44.1℃，沸点が280.5℃，密度が1.828 g/cm^3，発火点が30～45℃[2)]であり，空気中の酸素と容易に反応（酸化）し自然発火するため，通常は水中で保管されている（巻頭口絵1参照）．

◆ 黄リン製造の基本原理

黄リンは，リン鉱石，ケイ石，コークスの原料を所定の割合で混合して電気炉内で加熱溶融し，還元されたガス状のリンを冷却すると得られる．この反応式の例を以下に示す．

$$4Ca_5(PO_4)_3F + 30C + 21SiO_2 \longrightarrow 3P_4 + 30CO + 20CaSiO_3 + SiF_4$$

この反応は，大量のエネルギーを必要とし，電気炉内の反応温度は約1300～1500℃とされている．この反応メカニズムは，各電極付近の反応圏でリン原料と接するためフラックスとして有用なケイ石（ケイ酸）が高温状態において強酸性溶融物となる．これがリン鉱石中の酸化カルシウムと反応してケイ酸カルシウム（スラグ）となり，遊離したリン酸分（P_2O_5）は，コークスの炭素分で還元され元素リンと一酸化炭素（CO）になる．

$$Ca_3(PO_4)_2 + 3SiO_2 \longrightarrow P_2O_5 + 3CaSiO_3$$
$$P_2O_5 + 5C \longrightarrow 2P + 5CO$$

副反応としては，リン鉱石中に含まれる2～3％のフッ素がフッ化水素となり，水とケイ酸分と反応しケイフッ化水素などを生成する．

$$SiO_2 + 4HF \longrightarrow SiF_4 + 2H_2O$$
$$3SiF_4 + 2H_2O \longrightarrow 2H_2SiF_6 + SiO_2$$

その他，リン鉱石中に含まれる酸化鉄などの金属酸化物の不純物は炭素分に還元されてリンと反応し，リン鉄などの金属リン化物を生成する．

$$Fe_2O_3 + 3C \longrightarrow 2Fe + 3CO$$
$$8Fe + P_4 \longrightarrow 4Fe_2P$$

これら不純物が多いと，黄リンの収率や電力およびコークスの原単位を低下させる．

◆ 電気炉法による黄リンの工業的製法

電気炉法による黄リンの製造フロー概要を図1に示す．

リン鉱石，コークス，ケイ石の各原料は，電気炉内において，ブリッジの発生防止，揮発するリン蒸気やCOの排出を容易にするため，粉砕，分級など（リン鉱石の粉末はペレットなど強度ある塊にする）によって粒度調整を行い，その後，炉内においてメタリン酸の発生を抑制するため乾燥が行われる．

リン鉱石およびケイ石のSiO_2/CaO重量比は0.8～1.0程度になるよう調整し，また，コークスはリン鉱石中のリンおよび金属酸化物などの還元が十分行えるように理論量より数％過剰に配合し，原料サイロに貯槽され，電気炉へ連続的に供給される．

電気炉は，炉内で安定な反応を行うため，原料に偏りが発生しないよう数か所から供給

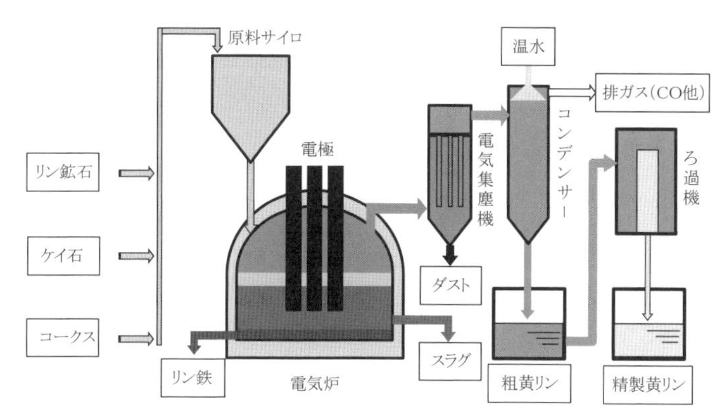

図1 黄リン製造フロー概要図

される構造となっている．また，電極近傍で溶融・還元反応が行われる際に，黒鉛製の電極も還元剤として消費されるため，電極の昇降装置による高さ調整や電極の継ぎ足し作業をすることで反応域の安定化が図られている．それらに加え安全対策として，炉の密閉化と炉内へ外部から空気が入らないよう若干陽圧に制御されている．

還元されたリン蒸気，CO，水蒸気およびコークスなど原料粉を含んだ混合ガスは，リンが凝縮しないよう約300℃に保持された状態で電気炉上部から排出される．一方，副生物のスラグおよびリン鉄は，電気炉下部の各々のタップ口より随時抜き出される．

この混合ガスは，電気集塵機で除塵された後(電気集塵機を使用しない実例もある)，縦型のコンデンサーに導入され，上部より約55～65℃の温水を噴霧して冷却・凝縮し，液状の粗黄リンを得た後にろ過精製を行い(表1)，水封された状態で貯槽に保管される．

一般的に黄リンは，発火を防止するため，鉄ドラムまたはタンクコンテナーの金属容器に水封された状態で輸送される．

表1 黄リンの品質例

項目	分析値
P_4	99.9％以上
As	150 ppm 以下
S	100 ppm 以下
Fe	5 ppm 以下

◆ 黄リン製造原単位および副生物

黄リン1トンを製造するためには，リン鉱石を約8トン(P_2O_5：32％)，ケイ石を約2.6トン(SiO_2：98％)，コークスを約1.6トン(固定炭素分：86％)，黒鉛電極を約30 kg，電力を約1.4万kWh使用するが，電気炉のサイズ，形状，運転条件，原料の品質などにより使用量は変わってくる．

また，黄リン以外の副生物であるスラグおよびリン鉄は，黄リン1トン製造するために7～9トンおよび100～200 kg程度発生する．スラグは粉砕してケイ酸質肥料や土木建設資材などに，リン鉄は冶金のなかの特殊合金の添加剤や脱酸剤に利用される．また，COを主成分とする排ガスは精製され，原料の乾燥用燃料に使用される．

一方，黄リン製造は，それに伴って発生する排水，排ガス，および，原料由来からくる重金属関連の各種環境問題やエネルギー多消費などの課題を抱えている．　(稲生吉一)

◆ 参考文献

1) 大橋茂ほか：無機化学全書Ⅳ-6 リン，pp.59-68，丸善，1965.
2) 日本化学会編：化学防災指針集成Ⅰ物質編，pp.281-285，丸善，1996.

5-1 黄リン

世界の黄リン生産

5-1-2

世界の黄リンの年間生産量は約85万トンあり，全生産能力の約57％が稼動しているといわれている．黄リンの製造が経済的に成り立つためには，労働賃金が安く，リン鉱石，コークスおよび電力が安く手に入ることが条件となる．したがって，黄リンはどこでも製造できるわけではない．現在，世界で黄リンの商業生産をしている国は，中国，米国，カザフスタンおよびベトナムのわずか4か国に限られる．

◆ 中国における黄リン生産

中国は，世界の黄リン生産能力の80％をもち，年間約50万トンの黄リンを生産している．中国はもともとリン酸のほとんどを黄リンから製造しており，現在でも中国のリン酸の約97％は黄リンを空気酸化して製造される乾式リン酸である．中国における黄リンの生産量力が2008年のリンショック前には世界の総需要量の倍もあったことに比べると，世界の黄リン生産における中国の地位は相対的に低下している．

現在中国には約80の黄リン工場があるが，黄リンの年間生産量からみて生産能力の約半分しか稼動していないようである．その主な理由の一つには，中国政府がコストの割に儲けの少ない黄リンの海外向け生産と輸出を制限していることがある．中国の黄リン輸出量は2010年には年間約3.6万トンあったが，2012年には約1.0万トンまで激減しその後もこの低い水準にとどまっている．2013年には，中国政府による輸出規制により中国国内で生産された黄リンの99％は国内で消費されている．わずか残り1％の黄リンが米国，日本，オランダおよびインドなどに輸出されているにすぎない．

図1　中国湖北省興発企業グループの黄リン製造工場

黄リン製造は，コストの約半分がエネルギー（電力）コストであり，排ガスや原料リン鉱石に含まれている天然放射性物質の処理など環境への対策にも経費がかかる．このため乾式リン酸の製造コストはリン鉱石を硫酸処理して製造される湿式リン酸に比べて約2倍近く高く，中国でもよりコストのかからない湿式リン酸の製造に切り換える動きも出ている．中国の黄リン工場は，鉱石と水力発電による安価な電力が利用できる雲南，四川，貴州および湖北の4省に集中しており，中国のリン鉱石年間産出量の約15％を消費しているといわれている（図1，巻頭口絵5）．

◆ 米国，カザフスタンおよびベトナムの黄リン生産

米国は現在，アイダホ州のSoda Springにある工場で黄リンを生産している．Soda Spring工場は，米国モンサント（Monsanto）社の子会社が所有し，生産した黄リンはもっぱら同社の除草剤ラウンドアップの製造に使われている．米国では2001年まで世界最大の黄リン生産量を誇っていたFMC社のPocatello工場がリン鉱石資源の枯渇により閉鎖されて以降は，Soda Spring工場が北米唯一の黄リン製造工場となっている．この地域には約2.5億年前に形成された多くのリン鉱床が存在しており，Soda Spring工場は原料リン鉱石を約10～20マイル離れたBlackfoot Bridge鉱山から入手している．この黄リン工場による電力の消費量は大きく，人口約15万人規模の都市全体の電力消費量に相当するといわれている．

カザフスタンのKazphosphate社は1999年に設立され，年間約12万トンの黄リンを製造できる工場をもち，約200 km離れたKaratau鉱山よりリン鉱石を得て，ほぼフル稼働で黄リンを生産している．Kazphosphate社は独自の鉄道輸送網をもち，リン鉱石の採掘から肥料や洗剤の生産までを手がけるカザフスタン最大の製造業企業である．年間約12万トンの黄リンは，Novodzhambul工場で製造され，黄リンから乾式リン酸やトリポリリン酸ソーダなどを製造している．カザフスタンの黄リンの主なマーケットは東欧やドイツなどのEU諸国であり，黄リンの陸上輸送を可能にするため，ヨーロッパに向かう鉄道と接続できるように250 kmに及ぶ専用鉄道まで建設されている．

ベトナムの黄リン工場は，中国と国境を接するラオカイ省に集中している．ここには中国南端の雲南省からリン鉱床が陸続きで延びており，必要となる電力も中国から供給を受けているようである．ベトナムの黄リン工場はラオカイ省に7工場あるが，いずれも生産能力が年間1～2万トン規模と小さく，製造技術も中国に依存している．ベトナムでの黄リン製造は1998年に始まり，黄リンの年間輸出量は2010年以降に3倍近く増加している．ベトナムから輸出される黄リンの約半分が日本に輸出されているが，もともとベトナムのリン鉱石埋蔵量が3000万トン程度しかなく，年間約300万トンのリン鉱石を採掘しているため，黄リン製造の原料となるリン鉱石があと10年余りで枯渇することが懸念されている．

ヨーロッパにもかつて，オランダのVlissingen市にThermphos International社が所有する世界最大規模の黄リン工場が存在していた．しかし，2012年にThermphos International社がカザフスタンのダンピング攻勢に敗れ倒産して以降，ヨーロッパには黄リン製造工場がなくなってしまった．それまでThermphos International社は，黄リン製造の原料をリン鉱石から下水汚泥焼却灰および肉骨粉に変換するための事業を積極的に推進していた．ヨーロッパにとりThermphos International社の倒産は，黄リンの確保にとどまらずヨーロッパ内でのリンの循環利用においても大きな打撃となっている．現在，ヨーロッパ最大の無機肥料メーカーのICL社が下水汚泥焼却灰を原料に黄リンを製造できるRecoPhos技術を買い取り，ヨーロッパ内でのプラント建設を計画している．

◆ 黄リンの世界市場

黄リンから製造される乾式リン酸のコストは湿式リン酸に比べて約2倍も高く，世界的に乾式リン酸の一部はより安価な湿式リン酸に置き換えられる傾向にある．しかし，塩化リン，オキシ塩化リン，硫化リン，無水リン酸や次亜リン酸ナトリウムなどのリン製品は，黄リンからしか製造できず，この数年その需要も伸びている．たとえば，三塩化リンは欧米ではブドウ，オリーブや果物栽培において認可されている有機リン系除草剤グリホサート（モンサント社の商品名はラウンドアップ）の製造に使われており，この除草剤の世界の販売量は年間約65万トン（販売額6500億円/年）にまで達している．

リチウムイオン二次電池の正極材であるリン酸鉄リチウム（$LiFePO_4$）は，2020年までには年間2000億円の市場になると期待されている．また電解液に使われるヘキサフルオロリン酸リチウム（$LiPF_6$）の市場規模も年間約2000億円規模といわれている．$LiPF_6$の製造には塩化リンが必要である．リン酸エステル系難燃剤の市場も，今後拡大が期待されている．リン酸トリフェニルなどのリン系難燃剤は世界の難燃剤マーケットの約15％を占めており，生産量は2013年で約34万トンに達している．黄リンからのみ製造できるリン製品は，量的には世界のリン消費量に占める割合は約6％にすぎないが，黄リンは付加価値の高い製品の原料となるだけに経済的に重要である．（大竹久夫）

5-1 黄リン

黄リン製造の課題

5-1-3

◆ 黄リン製造の現状

現在主流の黄リン製造法は，リン鉱石にコークス・ケイ石を加え，電気炉で約1400℃に加熱，溶融・還元して黄リンを得るものである．黄リン1トンをつくるために，約8トンのリン鉱石，約2トンのコークス，約2トンのケイ石，約1万4000kWhの電力を消費する．1970年代までは日本でも黄リンが製造されていたが，アルミ精錬などと同様に，電力多消費型の製造プロセスは，電気代の高い日本では経済的に成り立たなくなった．現在では主にベトナムからの輸入に頼っているが，日本の先端工業に必須の黄リンを全量輸入に頼ることは大きなリスクである．

日本において黄リン製造の再開を望む声が大きくなってきたが，電気代が高いうえに，黄リン1トン製造につき約10トンも発生するスラグの処理コスト，リン鉱石に含まれるフッ化物由来のフッ素処理など環境対策コストも大きな課題となっている．日本と比較して輸入元のベトナムをみてみると，自国でリン鉱石を産出している，電気代が安い，環境対策要求レベルが低いなど，現時点では経済競争力に大きな差があることは否めない．このような経済競争力の差は，ほかの黄リン製造国である中国，カザフスタンでも同様であり，米国でも環境対策コスト以外は同様である．

◆ 黄リン製造再開のための対策

上記に述べたような経済競争力の差を考慮に入れたうえで，日本で黄リン製造を再開するためにいくつかの対策案が考えられる．リン鉱石に代わる安価な原料（二次リン資源）の利用，電気に変わる安価なエネルギーの利用，電気炉溶融還元法に代わる新しい黄リン製造技術の開発である．

◆ 二次リン資源の利用

二次リン資源として代表的なものの一つ，製鉄所で発生するスラグに含まれるリンの総量は輸入リン鉱石に含まれるリンの総量とほぼ等しく，これが有効に活用できれば，リン鉱石の輸入が不要になるくらいである．また，製鉄所単位あたりのスラグ発生量が多く，集配コストが低い利点もある．一方，製鉄スラグに含まれるリンの濃度は低く，リン鉱石中のP_2O_5含有量25～30％に比べると，最も高い脱リンスラグでもP_2O_5含有量5～10％程度であり，回収効率は低くなる．また，スラグ溶融法では，スラグに含まれる鉄分とリンが反応してリン鉄を生成するため，黄リンを作ること自体が容易でない．

下水汚泥焼却灰の場合は，P_2O_5含有量が約18％と高くなるが，下水汚泥処理場が分散しているために集配コストが高い欠点がある．また，有害な重金属が含まれていることも利用の妨げになる．日本においては，かつて，下水汚泥焼却灰資源化の一環として，焼却灰を電気抵抗炉で溶融して黄リンを作る技術開発が進められ，実験プラントにおいて純度の高い黄リンを製造することはできたが，経済性が成り立たず，商業化には至っていない．ヨーロッパにおいては，最近，ドイツを中心とする研究開発共同体が，下水汚泥焼却

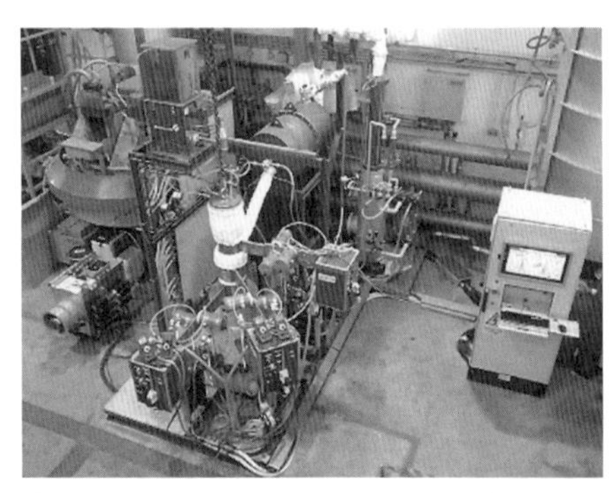

図1　RecoPhosベンチスケールプラント（RecoPhosホームページより抜粋）

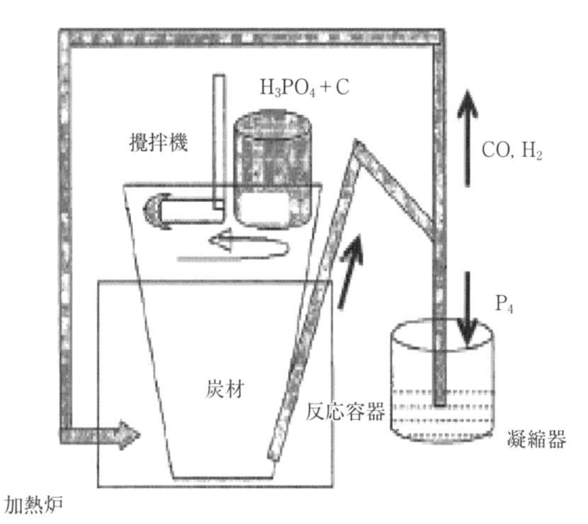

図2 リン酸から黄リンを製造するプロセス例(特許公開公報 WO2010/029570A1より抜粋，名称・矢印加筆)

灰と炭材を充塡した特殊な電気誘導加熱炉で溶融還元して黄リンを作るプロセスの開発(RecoPhos Project)を進めている．まだ，ベンチスケールプラント段階(図1)であるが，高い成果を上げ，商業化に向けてさらなるスケールアップを目指している．

◆ 新しい黄リン製造技術の開発

電力多消費型である現行黄リン製造プロセスの課題を解決するため，リン酸から黄リンを製造するアイデアがでてきた．リン酸は，リン鉱石のみならず，二次リン資源からも湿式法で製造する技術がほぼ実用化されており，この開発が成功すれば，電力消費量の大幅な低減とリン鉱石使用量の低減という2つの課題が解決されることになる．

2001年登録の米国特許US6, 207, 024B1によると，リン酸と炭素を混合してマイクロ波で加熱することにより，電気炉溶融還元法の1400℃よりはるかに低い540℃でリンが揮発，すなわち黄リン生成を示唆したとされ，以下の反応式が与えられている．

$$4H_3PO_4+16C \longrightarrow 6H_2+16CO+P_4$$

$$H_2O+C \longrightarrow H_2+CO$$

しかしながら，マイクロ波ではスケールアップが難しく，2010年の国際特許出願では，マイクロ波に代わり，炭素源を化石燃料などで850℃まで加熱した強還元雰囲気の炉内にリン酸と炭素の混合物を投入して黄リンを製造する方法を提示している(図2)．

日本においても，昨年よりリン酸から黄リンを製造するプロセスの基礎研究が始められたが，今後，低温での黄リン生成の確認，メタリン酸・ポリリン酸生成による弊害防止，高い生産性・歩留まり・低いエネルギー原単位を目指した黄リン製造条件の最適化，スケールアップを見据えた反応炉形式の選定，経済性の確立など，多くの課題を解決していかなければならない．　(津下　修)

5-1 黄リン

高純度素材としての黄リン

5-1-4

工業用リン化合物を出発原材料で分類すると，リン鉱石を原材料とするリン化合物と黄リンを原材料とするリン化合物に大別される．リン鉱石を原材料とするリン化合物は湿式リン酸とこれを原料として製造されるリン酸塩であり，中国などから輸入される工業リン酸および国内で生産される乾式リン酸と競争関係にある．

一方，黄リンを出発原材料とするリン化合物の用途は多岐にわたり，身の回りの多くの製品に使用される必要不可欠な機能性工業製品である．その製品群と用途を表1に示した．これらのリン化合物の多くは，経済的合理性のある原料として黄リン以外の原材料の選択肢を取りえないリン化合物である．これらは，国内においてリン化合物を使用し家電製品，電子部品，車，医薬品，金属製品，繊維，化粧品あるいは洗剤が生産・消費されるとともに最終製品が海外に輸出されている．また，黄リンを原料として製造される乾式リン酸は，高純度が要求される半導体製造用を主とした需要が国内外にあり，1万トン以上が輸出されている．

ほとんどのリン化合物の需要は成熟しており大きな変化がないが，今後IoT（Internet of Things）関連に使用されるリン化合物は需要の増加が想定され，その原料である黄リンの重要性はますます増大すると思われる．以下に黄リンを出発原料とするIoT関連製品の一例を記載する．

◆ 高純度赤リン

わが国における化合物半導体の開発は50年以上を経過し，量産開始から30年を経過した．化合物半導体はガリウムリン（GaP），インジウムリン（InP），ガリウムヒ素（GaAs），ガリウムナイトライド（GaN），炭化ケイ素（SiC）などを代表とする発光・受光素子，レーザーなどの光関連素子とともに無線通信デバイスやパワーデバイスとして使用されている．

このうち高純度赤リンはGaP，InPの原材料として使用される．高純度赤リンは黄リンを精製後赤リン転化する方法と，ホスフィンから得られた黄リンを赤リン転化する方法で製造されており，日本国内の2社が供給している．

また，高純度赤リンおよびホスフィンはIGBT（Insulated Gate Bipolar Transistor）などのパワー半導体用n型低抵抗基板のドーパントとしても使用されている．

◆ 高純度リン酸

高純度リン酸は，MOS型シリコン半導体製造において基板のエッチングとアルミ配線のエッチングに使用されている．基板のエッチングはLSI回路形成の手法である選択酸化分離（LOCOS）の一部プロセスにおいてほかの薬品にない熱リン酸のエッチング性能（$Si_3N_4 > SiO_2$）を利用するものであり，半導体性能に影響しないようリン酸の純度が要求される．

一方，シリコン基板や液晶基板上のアルミ配線エッチングには，高純度リン酸を主成分とするリン酸–硝酸–酢酸の混酸が使用される．

高純度リン酸は黄リンを出発原料とする乾式法で製造され，要求される品質は金属不純物の各元素で10 ppbという低いレベルであり，このためには原料である黄リンの精製，製造設備からの金属汚染の排除とともに製品中のパーティクル除去が必要となる．

シリコン半導体の需要増に伴い，高純度リン酸の需要は年々増加しており，韓国，中国，台湾および日本を中心としたアジア地域に需要が集中している．高純度リン酸メーカーは日本国内に3社，中国，韓国，台湾に数社存在し，アジア地域におけるシリコン半導体用

表1　黄リンを原料として製造される化合物とその用途[1]

	2015年度			食品添加物	金属表面処理剤	清缶剤・防錆剤	医薬・農薬・殺虫・除草剤	化粧品・歯磨き・洗剤	半導体・液晶パネル	電池材料	ガラス・窯業材料	触媒	難燃剤	消火剤	染料・顔料	脱水反応剤	油脂添加・精製剤	蛍光体	無電解めっき・還元剤	金属材料
	日本国内における生産実績（トン）	輸入実績（トン）	輸出実績（トン）																	
黄リン	0	18596	0																	
赤リン	142	−	16				○		○				○							
無水リン酸	2916	205	96				○	○						○	○	○	○			
ポリリン酸	−	5526	−		○							○			○	○				
リン酸	39909*1	37355*1	11149	△	△	△	△	△	○			△			△					
リン酸塩類	15108*2	45799*2	8214	△	△	△		△			△		△	△				△		
塩化リン・オキシ塩化リン	7243	−	−	○			○	○	○	○		○	○							
ホスフィン（誘導体を含む）	−	−	−				○		○			○	○				○			
亜リン酸・次亜リン酸塩	−	5845	260		○		○					○							○	○
リン銅	−	−	−																	○

○：黄リン以外に経済合理性のある他の原料がない製品，△：黄リン以外に経済合理性のある他の原料がある製品，−：統計データなし，*1：乾式リン酸と湿式リン酸の合計である，*2：湿式リン酸および輸入リン酸を原料とするものが含まれる．
日本国内における黄リン需要は湿式リン酸の生産実績を減じると乾式リン酸と塩化リンで約90%を占める．

の高純度リン酸の需要は3万トンに達すると推定され，要求品位が低い液晶基板用乾式リン酸を含めると2倍近くの需要があると思われる．

◆ 高純度リン酸塩

デジタルカメラの発展に伴い2000年頃よりレンズ材料としての高純度リン酸塩の需要が拡大した．携帯電話にカメラが搭載された当初は，プラスチックレンズが使用されていたが，CCD画素数アップに伴い，携帯電話カメラやデジタルカメラの色収差による細かい描写への影響による解像度の低下が無視できなくなった．

フツリン酸ガラスレンズは，金属フッ化物とリン酸塩を混合しガラス化しモールド成型することにより得られる．プラスチックレンズやケイ酸ガラスにない光学的低分散性，異常分散性などの特性を有する高次の色収差補正をはじめとする種々の性能があり，CCDの解像度上昇に伴い，レンズ用途での需要が拡大した．2010年以降，監視カメラや車載カメラ用途などの新たな需要が加わり，近年ではさらに需要が増大している．

これらの用途向けには，レンズの着色，特定波長の吸収を防止する必要があり，不純物の少ない高純度リン酸塩が使用される．

（坂尾耕作）

◆ 参考文献

1）日本無機薬品協会：無機薬品の実績と見通し（平成27年度実績と平成28年度見通し），2015.

5-2 リン化合物

乾式法と湿式法

5-2-1

リン酸 (H_3PO_4) を製造する方法は大別して，乾式法と湿式法の2つに分類される．

◆ 乾式法

原料であるリン鉱石に，還元剤の役割を担うコークスと，フラックスの役割を担うケイ石を混合し，電気炉において1400～1500℃の高温で溶融反応を行う．その反応により発生したリン蒸気を冷却器に入れ，リンを凝縮させて黄リン (P_4) を得る．この反応時に発生したリン蒸気は，副生物としての一酸化炭素などのガスおよびダストを同伴している．このうちダストは集塵機で取り除かれ，副生ガスは燃料として原料の乾燥などに利用される．黄リンは，リン酸の原料となるほか，三塩化リン，オキシ塩化リン，硫化リンなどのリン化合物の原料ともなる．一方，リン鉱石中の酸化鉄は炭素で還元され，さらにリンと反応し，リン鉄となり，スラグとともに副生物として電気炉に蓄積する．

次に，黄リンを空気過剰で燃焼させて酸化リン (P_2O_5) を生成後，水和することによりリン酸が得られる．さらにヒ素などの微量不純物を取り除く工程を経て，高純度リン酸が製造される．

乾式法の特徴として，リン酸の原料である黄リンが蒸留により精製されているので，リン鉱石由来の金属分・有機物などの黄リンへの混入を最小限に抑えることができる．よって湿式法と比較し，リン酸中の不純度含有量が低く，ほとんどの工業用リン酸に適した高品質が得られる．その一方で，その黄リンを製造するにあたり，高エネルギーコスト（電気代）であることやリン鉄やスラグの副生物処理などに問題がある．そのため，かつては日本でも製造されていたが，1980年代に国内での生産はなくなり，現在黄リンは中国やベトナムなどからの輸入に完全に依存している[1)]．

◆ 湿式法

リン鉱石を塩酸，硝酸あるいは硫酸などで分解し，粗リン酸を製造する．この後，肥料用，飼料用あるいは工業用など，用途に応じて，濃縮，ろ過あるいは精製などの後処理工程を経てリン酸が得られる．原料として使用される酸のうち，硫酸が世界的に最も広く使用されている方法であるので，ここでは硫酸法のみ解説する．

粗リン酸は，リン鉱石を硫酸または硫酸とリン酸の混酸で分解し，副生物である石膏をろ過分離して得られる．リン鉱石中のフッ素は SiF_4 や HF となって飛散，あるいは，ケイフッ酸として溶存する．この際にろ過分離される石膏結晶の析出条件，大きさおよび形状は，粗リン酸製造において重要な因子である．これは，単に副生物として利用される，石膏の品質価値という観点のみならず，得られる粗リン酸の濃度，収率および石膏をろ過分離する速度にも影響を及ぼす．石膏結晶の性状，特に石膏結晶の水和状態は，粗リン酸の濃度と温度によって左右される．石膏結晶の水和状態には，二水 ($CaSO_4 \cdot 2H_2O$)，半水 ($CaSO_4 \cdot 1/2H_2O$) および無水 ($CaSO_4$) が存在する．湿式法において，石膏結晶をどの水和状態で除去するかによって，製造方法を分類している[2)]．ここでは二水，半水およびその組み合わせについて説明する．

二水法：リン鉱石が硫酸で分解される温度とリン酸濃度を制御し，二水石膏が生成する条件下で反応を行う．操業は容易で，トラブルの少ないプロセスであるが，得られるリン酸の濃度は低い．また未分解のリン分が石膏中に残りやすく，リン鉱石からのリン酸分の回収率は高くないうえに，石膏を再利用するには必ずしも適当ではない．

半水法：半水石膏が生成する条件下で反応を行う．高温条件でのリン鉱石分解反応であり，高濃度のリン酸を直接得ることができる．その一方で半水石膏の結晶サイズが小さく，半水石膏の結晶が不安定であるため，ろ過速度が遅い．さらに，結晶に多量のリン酸分が残る．現在，半水石膏法はほとんど使われていない．

半水二水法：半水石膏が安定領域となる反応条件で半水石膏を析出後，水和により二水石膏を再結晶させる方法である．得られるリン酸濃度は高い．また一度半水石膏で結晶化したものを二水石膏に再結晶させることにより，結晶中に取り込まれたリン酸分が再度液中に出てくることから，リン酸分の回収率が高くなる．また得られる石膏の品質がよい．

二水半水法：リン鉱石の分解は二水法と同じ低温，低リン酸濃度で行い，リン酸と石膏を分離し，その石膏を改質槽に入れ，硫酸を加えて半水石膏にしてろ過する．リン酸分の回収率は高く，得られるリン酸濃度は，二水法に比べて高い．

これらの方法で得られた粗リン酸は，リン鉱石由来の金属分と有機物などが多く含まれる．そのため，多くは肥料原料として使用される．この粗リン酸をさらに工業用あるいは食品用に適した高純度リン酸を得るためには精製工程が必要である．精製方法として，溶媒抽出法，溶媒沈殿法および化学沈殿法がある．粗リン酸中の不純物を化学的に沈殿分離させる化学沈殿法は，主に自社プラントでの原料としての消費およびリン酸塩生産向けに使用されることから，ここでは溶媒抽出法および溶媒沈殿法のみ解説する．

溶媒抽出法：水に不溶な有機溶媒を用いて粗リン酸からリン酸を抽出する方法である．湿式リン酸の精製としては最も効果的な方法である．その精製工程は，前処理工程，溶媒抽出工程，溶媒回収工程，後処理工程，濃縮工程から成り立っている．使用される溶媒は，イソプロピルエーテル，リン酸トリブチル，メチルイソブチルケトン，ブタノール，アミルアルコールなどで，これらを単独，もしくは混合して使用する．

溶媒沈殿法：溶媒抽出法との違いは，上述溶媒抽出工程において，水に可溶な有機溶媒（メタノールあるいはアセトンなど）を多量に加え，次に一定量のアルカリ金属塩またはアンモニウム塩を加え，粗リン酸中の不純物を不溶性の塩として析出させる，またはリン酸塩溶液として除去する方法である．工業的に行われている方法として，イソプロパノールを溶媒として用いる方法がある．イソプロパノールを用いるこの方法では，沈殿した不純物を分離後，リン酸塩溶液によって向流洗浄を行い，その後陽イオン交換樹脂に通し，製品純度を高めている．そのほかの工程は溶媒抽出方法と同じである．

溶媒抽出法および溶媒沈殿法において，溶剤を選択する鍵となるのは，抽出率，溶剤コスト，溶剤回収率，不純物の分離性および設備投資額である．

湿式法リン酸は，基本的に乾式法リン酸に比べて不純物含有量は高いといわれているが，現在の技術レベルでは，工業用のみならず，食品，医薬および高純度品として要求されるレベルに達している．また高エネルギー消費製品である乾式法リン酸に比べて，低エネルギー消費および低コストでリン酸を製造することが可能である．（佐藤英俊）

◆ 参考文献

1）松永剛一，佐藤英俊：生物工学，8：477-480, 2012.
2）山中信夫：化学史研究，27：156-168, 2000.

リン酸塩の製造方法

身近な医薬品，食品添加物や耐火物など工業用に用いられている代表的なリン酸塩類の工業的製造方法を紹介する．製造方法は「湿式法」と「乾式法」に大別される．リン酸またはリン酸塩と塩基性塩を用いる湿式法では，基本的にはpH，温度，濃度および反応時間によって生成物を制御する．乾式法は核生成，拡散などの物質移動による結晶成長などのプロセスを経て反応が進行し物質が形成されるが，最も遅い因子が律速段階となるため，その因子を見出すことが最も重要となる．

◆ オルトリン酸塩

湿式合成する際には，沈殿させるときのpHの調整が最も重要である．だいたいの目安として，リン酸二水素塩はpHが4前後，リン酸一水素塩が8～9である．また，多水和物結晶が多く存在し，これらの多水和物沈殿は，反応温度の制御により水和数が決まる．水和物は温度制御された高濃度反応液から析出分離し，結晶水が脱離しない温度で乾燥する．無水物は反応液からドライヤーを用いて直接析出乾燥して製造する．カリウム，ナトリウム，アンモニウムなどのリン酸アルカリ塩としては，リン酸二水素ナトリウムは，pHは4.4～4.6に調整する．析出温度は0～41℃で二水和物，41～58℃で一水和物，58℃以上で無水和物である．リン酸一水素ナトリウムは，pHが8.9～9.0になるようにする．溶液を濃縮後，冷却して結晶を析出させる．0～35℃で十二水和物，35～48℃で七水和物，48～95℃で二水和物，95℃以上で無水和物が得られる．リン酸ナトリウム十二水和物は高濃度反応液から析出分離して製造する．カリウム塩は，ナトリウム塩とほぼ同じような条件で合成できる．リン酸アンモニウム塩は，密閉容器中でリン酸水溶液にアンモニアガスを吹き込んで反応させて製造する．

カルシウムやマグネシウムなどのアルカリ土類塩としては，リン酸一水素カルシウムは，リン酸と水酸化カルシウム水溶液を反応して，最終pHを4～5に調整して生成した沈殿物を分離乾燥して製造する．30℃以下では二水和物が，95℃以上で無水塩が得られる．

リン酸二水素カルシウムは，リン酸と水酸化カルシウムを原料にして，高温反応後に冷却して生成した沈殿物を分離して製造する．ほとんどのリン酸カルシウム類は，水分が存在すると徐々に変化して，最終的にはアパタイト構造を有する結晶となる．ヒドロキシアパタイト（HA）は，常圧下の水溶液中での合成法は，沈殿法と加水分解法があり，工業的に大量製造が可能な方法であるが，反応温度や滴下速度などのわずかな反応条件の差によって，生成物の組成比が一定となりにくい．また大気中や原料からの炭酸の影響により，生成する結晶のCa/P比は1.50～1.67の炭酸含有HAとなる．沈殿法は水酸化カルシウムスラリーにリン酸を滴下して合成する方法，硝酸カルシウムとリン酸水素二アンモニウムをアルカリ域で反応させる方法などが知られている．加水分解反応はリン酸水素カルシウム二水和物と炭酸カルシウムまたは水酸化ナトリウムを反応させる方法，リン酸水素カルシウム無水和物と炭酸カルシウムを反応させる方法などが知られている．HAをはじめとして，リン酸カルシウムセラミックスは，人工骨などのバイオマテリアルとして実際に臨床応用されている．

マグネシウム塩は，カルシウム塩とほぼ同じような条件で合成できるが，無水物のほかにリン酸マグネシウムは二十二水和物，八水和物が，リン酸水素マグネシウムは三水和物が，リン酸二水素マグネシウムは四水和物と二水和物など多くの種類の多水和物が得られる点は，リン酸カルシウムの場合と異なる．

アルミニウム類としては，リン酸アルミニウムは，リン酸二水素ナトリウムと塩化アルミニウムとを水に溶かし，水酸化ナトリウムを加えてpH 3.8になるようにする．このとき，コロイド状のリン酸アルミニウムが生成し，この溶液を密栓して水浴上で加温しながら1～4週間熟成すると，二水和物が得られる．

◆ 縮合リン酸塩

縮合リン酸塩は，湿式法と乾式法とを組み合わせて合成することが多く，産業上での利用が多いのはナトリウム塩，カリウム塩，カルシウム塩やアルミニウム塩などである．

ピロリン酸塩は，酸性オルトリン酸塩の脱水縮合により合成する．高分子リン酸塩の生成を防ぐため，雰囲気中の水蒸気をコントロールしながら，焼成炉やロータリーキルンで製造する．ピロリン酸四ナトリウム無水和物はNa_2HPO_4を500℃で加熱脱水して製造する．ピロリン酸カルシウムは$CaHPO_4$を加熱脱水することによって製造するが，焼成温度によって3種類の結晶系に転移する．ピロリン酸二水素二ナトリウムは，NaH_2PO_4を250℃で加熱して製造する．ピロリン酸二水素カルシウムは，$Ca(H_2PO_4)_2$を250℃で加熱して製造する．トリポリリン酸ナトリウムは，リン酸と水酸化ナトリウムでモル比を調整後に乾燥機で$2Na_2HPO_4$とNaH_2PO_4の混合粉末を製造後に，温度調節したロータリーキルンで焼成する．テトラポリリン酸ナトリウムは，リン酸と水酸化ナトリウムでモル比を調整して製造したNa_2HPO_4とNaH_2PO_4の混合粉末を製造後に，溶融炉を用いて連続製造する．平均重合度は4程度である．テトラメタリン酸塩はアルミニウム，銅(II)，マグネシウムなどの酸性リン酸塩を400～500℃で加熱して製造する．ウルトラリン酸ナトリウムは，水酸化ナトリウムにリン酸を加え，そのNa_2O/P_2O_5のモル比を0.20～0.24にした混合物を440℃～550℃の範囲で数時間加熱脱水し，急冷することで透明なガラス状物を製造する．重合度は10～20程度のものが得られる．

ポリリン酸アンモニウム(APP)は，リン酸アンモニウムと尿素を用いて200～300℃で乾式法により合成され，I～VI型までの6種類の結晶形態が存在することが明らかにされている．この6種類のAPPのなかで現在工業的製法が確立されているのはI型とII型で，I型は比較的容易に合成可能であるが，II型と比べると易水溶性である．II型はI型よりも複雑な合成プロセスが必要であるが，I型と比べると難水溶性で耐ブリード性も高い．難燃剤として用いられている．

◆ 低級リン酸塩

低酸化数のリンを含む次亜リン酸，亜リン酸，二亜リン酸，次リン酸など数多くのオキソ酸が報告されている．そのなかで工業的に多く用いられているリンの酸素酸塩には，リンの酸化数が3，4，5価のものが知られており，それぞれは次亜リン酸，亜リン酸，リン酸と呼ばれている．

次亜リン酸は無電解めっきや重合触媒などで用いられており，次亜リン酸塩類で産業上での利用が多いナトリウム塩，カルシウム塩は，黄リンを強アルカリ水溶液中で分解法を用いて製造する．亜リン酸は，塩酸酸性水溶液に三塩化リンを滴下して得られた亜リン酸水溶液を減圧濃縮することで亜リン酸結晶を製造する．亜リン酸塩は，ナトリウム塩，カリウム塩，カルシウム塩が工業的に製造されており，その用途は還元めっき薬剤や触媒，防錆顔料などである．　(松田信之)

◆ 参考文献

1) 松田信之，相澤守：*PHOSPHORUS LETTER*, No.84：46-58, 2015.

5-2 リン化合物

塩化リンの製造方法

5-2-3

工業的には，黄リン (P_4) と塩素との反応から三塩化リン (PCl_3) が製造され，その三塩化リンを原料としてオキシ塩化リン ($POCl_3$)，五塩化リン (PCl_5)，硫塩化リン ($PSCl_3$) を製造するのが一般的である (図1)．オキシ塩化リンは黄リンと塩素，酸素との反応で直接製造する方法もある．

◆ 三塩化リン

三塩化リンの工業的製造は，黄リンと塩素との反応による．三塩化リン自体を溶媒とし，黄リンを溶解させて塩素を吹き込む．反応は発熱反応であるので，その熱を利用して生成した三塩化リンを蒸留して精製する．

$$P_4 + 6Cl_2 \longrightarrow 4PCl_3$$

図2に三塩化リンの工業的製造法の概略図を示す．反応機中の溶媒を兼ねた三塩化リンに，溶融槽で溶融した黄リンを加えた後，攪拌しながら塩素ガスを吹き込む．反応は激しい発熱反応であるので，反応熱を利用して精留を行いながら生成した三塩化リンを留出させる．

黄リンはその製造上，ヒ素や硫黄を不純物として含んでいるが，精留によってヒ素・硫黄分の除かれた三塩化リンを製造することができる．

実験室的製法としては，赤リンと塩素，塩化スルフリル，一塩化硫黄，または四塩化セレンなどとの反応，あるいは三酸化リンに五塩化リンまたは塩化水素を反応させる方法なども知られている．

◆ オキシ塩化リン

工業的な製造方法としては，三塩化リンを酸化する方法と，黄リンと酸素・塩素を反応させる方法が知られている．前者では空気による酸化も可能ではあるが，効率が悪いため純酸素が用いられ，三塩化リンに酸素を吹き込んで製造する．後者では，オキシ塩化リン自体を溶媒として，黄リンを溶解させて酸素と塩素を吹き込むことにより製造する．

$$2PCl_3 + O_2 \longrightarrow 2POCl_3$$

$$P_4 + 6Cl_2 + 2O_2 \longrightarrow 4POCl_3$$

実験室的製法としては，酸素以外の酸化剤，たとえば塩素酸塩などを用いて三塩化リンを酸化する方法も知られている．

そのほかの方法としては，五塩化リンに水を加える方法がある．

$$PCl_5 + H_2O \longrightarrow POCl_3 + 2HCl$$

この方法では反応の制御が難しいため，水の代わりにシュウ酸を用いる方法もある．

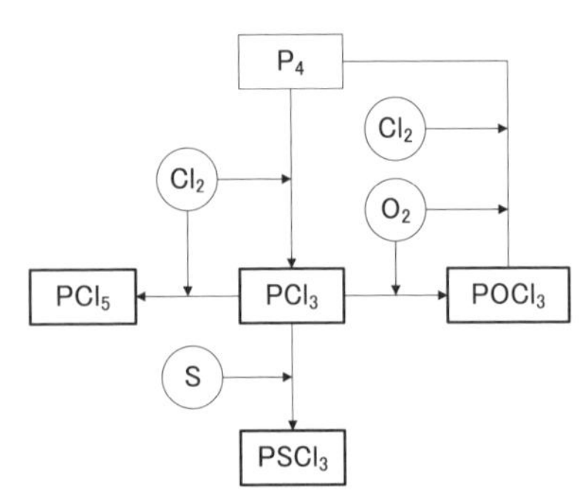

図1　塩化リンの製造ルート

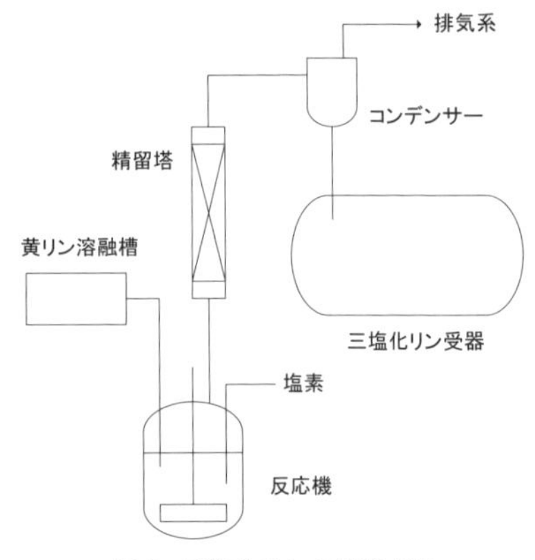

図2　三塩化リンの製造方法

表1　塩化リンの物理的性質

	PCl_3	$POCl_3$	PCl_5	$PSCl_3$
外観	無色澄明，刺激性，発煙性の液体	無色澄明，刺激性の臭気をもつ発煙性の液体	淡黄色結晶	無色澄明液体
融点	−112℃	1.25℃	167℃（分解する）	−35℃
沸点	76℃	105.8℃	昇華点：160℃	125℃
蒸気圧	13.3 kPa (21℃)	5.3 kPa (27.3℃)	2.4 kPa (90℃)	2.9 kPa (25℃)
比重	1.6	1.645	密度 2.114 (25℃)	1.6
溶解性	ベンゼン，エーテル，クロロホルム，二硫化炭素に可溶 水には分解して溶ける	トルエン，二硫化炭素に可溶 水には分解して溶ける	ベンゼン，エーテル，クロロホルム，二硫化炭素，四塩化炭素に可溶 水には分解して溶ける	ベンゼン，クロロホルム，二硫化炭素に可溶

$$PCl_5 + H_2C_2O_4 \longrightarrow POCl_3 + CO_2 + CO + 2HCl$$

また，五塩化リンと五酸化リンの反応でもオキシ塩化リンが生成する．

$$6PCl_5 + P_4O_{10} \longrightarrow 10POCl_3$$

五塩化リンも五酸化リンも固体であるので，五酸化リンを三塩化リンのスラリーとし，塩素の吹き込みによって三塩化リンを五塩化リンに変換しながら反応を行う．反応の進行とともに生成したオキシ塩化リンが溶媒となる．

◆ 五塩化リン

工業的には三塩化リンと塩素の反応によって製造する．通常は，塩素で満たされた反応器中に三塩化リンを噴霧することによって五塩化リンの結晶を得る．

$$PCl_3 + Cl_2 \longrightarrow PCl_5$$

四塩化炭素や二硫化炭素などを溶媒として合成することもできるが，条件によっては溶媒と五塩化リンとの複合体が生成するので注意が必要である．

そのほか，三塩化リンに一塩化硫黄や塩化チオニルを反応させる方法などが知られている．

◆ 硫塩化リン

工業的には，塩化アルミニウムを触媒に用い，三塩化リンと硫黄との反応で製造される．

$$PCl_3 + S \longrightarrow PSCl_3$$

また，五塩化リンと五硫化リンを反応させても合成できる．

$$3PCl_5 + P_2S_5 \longrightarrow 5PSCl_3$$

その他，五塩化リンに硫化水素，二硫化炭素，三硫化アンチモン，金属硫化物などを反応させる方法が知られている．　（國貞眞司）

◆ 参考文献

1）大橋茂編：無機化学全書 IV-6 リン，丸善，1965.

有機リンの製造方法

有機リン化合物のなかでも汎用的に用いられるトリフェニルホスフィン（PPh_3）（Ph：フェニル基）や難燃化剤として用いられる亜リン酸エステル類（$P(OR)_3$）など多くの有機リン化合物は，三塩化リン（PCl_3）を出発原料として製造されてきた．近年，有機リン化合物はクロスカップリング反応に用いられる均一系金属触媒の配位子や接着性や電気特性の改善を目的とした電子材料分野にも広く応用されつつある．そのため，より複雑な有機リン化合物の製造が求められている．本項では，有機リン化合物製造の基本となる合成手法を4種類に分類して説明する．

◆ 求核置換反応による有機リン化合物の合成

トリフェニルホスフィンは一般的に，三塩化リンに対し，グリニャール（Grignard）試薬などの求核的有機金属試薬を反応させることで合成される（式1）．亜リン酸エステル類は三塩化リンにアルコール（ROH）を作用させることで合成される（式2）．

ここであげた例のように三塩化リンに対し，各種求核剤を反応させる方法がリン–炭素結合を形成する重要な手法の一つである．一方，合成したこれらの有機リン化合物は，リン原子が求核性を有するので求核剤として使うことが可能である．トリフェニルホスフィンをアルキルハライド（RX）と反応させることにより，ウィッティヒ（Wittig）試薬であるホスホニウム塩（$RPh_3P^+X^-$）が合成される（式3）．亜リン酸エステルにアルキルハライドを加え，加熱するとアルブゾフ（Arbuzov）反応が進行し，新しいリン–炭素結合形成を伴ってホスホン酸エステル（$(R'O)_2P(O)R$）が得られる（式4）．得られたホスホン酸エステルは，ホーナー・ワズワース・エモンズ（Horner-Wadsworth-Emmons）反応の原料に用いられる．

$$PCl_3 + 3PhMgBr \xrightarrow{-3MgClBr} PPh_3 \quad (1)$$

$$PCl_3 + 3ROH \xrightarrow{-3HCl} P(OR)_3 \quad (2)$$

R＝アルキル基，アリール基

$$PPh_3 + RX \longrightarrow RPh_3P^+X^- \quad (3)$$

$$P(OR')_3 + RX \xrightarrow[-R'X]{\Delta} (R'O)_2P(=O)R \quad (4)$$

R＝アルキル基　X＝ハロゲン
R'＝アルキル基，アリール基

◆ 付加反応によるリン–炭素結合形成

不飽和結合への付加反応によるリン–炭素結合形成も1950年代から知られる典型的な有機リン化合物合成法の一つである．たとえば，リン–水素原子間の結合を有する化合物（R_2PH）と，アルケン類・アルキン類のような炭素–炭素原子間の不飽和結合を有する化合物の反応を式5に示す．リン原子上の置換基（Rに相当）やリン原子の酸化状態，またアルケン・アルキンの種類によって反応性が大きく異なる．イオン付加反応は古くから知られていたが，近年では，ラジカル条件下での反応や遷移金属触媒を用いた付加反応が数多く開発されている．カバチニク・フィール

$$R_2PH + R'C{\equiv}CH \longrightarrow R'CH{=}CH{-}PR_2 \quad (5)$$

$$(RO)_2P(=O)H + R'CH{=}NR'' \longrightarrow R'CH(NHR'')P(O)(OR)_2 \quad (6)$$

ズ (Kabachnik-Fields) 反応は，イミンへの付加反応によってアミノ酸アナログであるα-アミノホスホン酸エステルを合成する反応として知られている (式6).

◆ クロスカップリング反応によるリン-炭素結合形成

近年，炭素-炭素原子間の結合形成反応をはじめさまざまな遷移金属触媒によるクロスカップリング反応が開発されているがリン-炭素原子間の結合を形成するクロスカップリング反応も例外ではなく，1982年に平尾らが発表して以降，数多くの反応が報告されている. 典型的なリン-炭素結合形成クロスカップリング反応を式7に示す．遷移金属触媒によるクロスカップリングは比較的穏和な条件でリン-炭素結合を形成できることが特徴である.

PhBr + (RO)₂P(=O)H —[M cat., base, -HBr]→ (RO)₂P(=O)Ph (7)

M = 遷移金属

◆ リン化合物の多段階合成における合成手法

原子価が3価の有機リン化合物は触媒の配位子などに重要な化合物であるが，空気中の酸素によって酸化を受けやすく，5価のホスフィンオキシドに酸化されてしまうという問題がある．そのため，複雑なリン化合物を合成する際に，多段階の反応を3価のリン化合物の状態で行うのは困難である．そこで，あらかじめリン化合物を酸化や硫化もしくはボラン化することにより，リン化合物を安定に取り扱う手法がある (式8)．安定化した有機リン化合物を用いて物質変換反応や精製操作を行った後，トリクロロシラン ($HSiCl_3$) などで還元することで目的の3価の有機リン化合物が得られる．多段階反応で3価の有機リン化合物を合成するには，このような特有の合成戦略が必要である.

有機リン化合物の用途は医療材料, 化粧品, 電子材料，燃料電池といった幅広い分野に拡大しつつあり，市場での要求も急速に高まっている．そのため，今後，多彩な製造法が確立され，多くの種類の有機リン化合物が製造されていくと考えられる.

(川口真一・伊川英市)

PR_3 (三価リン化合物) —[酸化 or 硫化 or ボラン化]→ $O{=}PR_3$, $S{=}PR_3$, $BH_3{-}PR_3$

—[物質変換，精製]→ $O{=}PR'_3$, $S{=}PR'_3$, $BH_3{-}PR'_3$ —[還元 or 脱ボラン]→ PR'_3 (三価リン化合物) (8)

トピックス ◇12◆ 亜リン酸の利用

亜リン酸（H_3PO_3）はリンの酸化数が+3の無機リン化合物である．生物が利用するリンのほとんどは，酸化数が+5のリン酸（H_3PO_4）であるため，生物の分野では馴染みの少ないリン化合物であるが，工業分野ではエステル化体が酸化防止剤や安定化剤として使用される．亜リン酸自体が化学原料として利用されることは少なく，次亜リン酸（$H_2PO_2^-$）を使用する無電解ニッケルめっきや，化学合成における酸クロリド化反応（塩素化反応）の副産廃棄物として生じる．これら廃棄物の正確な量は把握されていないが，無電解ニッケルめっきから生じる廃液だけでも年間3万トンにのぼるといわれている．かつてこれらは海洋投棄や埋め立てにより処分されていたが，1996年のロンドン議定書により海洋投棄が禁止され，さらにリン資源の枯渇問題が顕在化するにつれ，未利用リン資源として注目されるようになってきた．しかし，亜リン酸そのものとしての利用価値があまりなかったため，積極的な再利用が行われていなかった．ところが最近，亜リン酸の特性を活かした有効利用が行われ始めている．農業分野では，亜リン酸が一部の農作物に対して，根張りの強化，病原抵抗性の向上などの有益な効果をもたらすとして，肥料に準ずる農業資材として使われ始めている．この作用機序はまだ明らかにされていないが，少なくとも植物は亜リン酸をリン源としては利用できないことから，病原菌の抑制などの間接的な効果であると考えられている．

一方，亜リン酸を代謝することができる特殊な微生物の発見により，亜リン酸を活用した新しいバイオテクノロジーの可能性が生み出されている[1]．ほとんどの生物は亜リン酸を利用することができないが，ある土壌細菌は亜リン酸デヒドロゲナーゼ（PtxD）という酵素を使ってリン酸に変換することができる．そこでこのPtxDをコードする遺伝子（*ptxD*）を導入すれば，亜リン酸を利用できない生物でも亜リン酸を使うことができるようになる．この仕組みを利用して，新しいバイオ技術やリン資源枯渇問題を克服する技術が考案されている．たとえば，医薬品などの有用化合物を微生物発酵生産で作る企業では，巨大な培養タンクが雑菌で汚染されることに悩まされている．そこで宿主となる微生物に*ptxD*を導入し，亜リン酸をリン源として培養すれば雑菌の混入を簡単に抑えることができる．従来は，抗生物質を大量に使用したり，装置や培地を多大なエネルギーをかけて加熱殺菌処理する必要があったが，この方法はそのどちらも必要としない安全で低コストな環境調和型の培養が可能である．また，*ptxD*を植物に導入すると，リン資源枯渇問題に大きく貢献できる可能性がある．リン肥料の最も大きな問題として，土壌中の鉄やアルミニウムと結合し，不溶化してしまうため植物が利用できなくなることがある．亜リン酸はリン酸よりも溶解度が1000倍以上も高く，土壌に固定されにくい．そこで，*ptxD*を植物に導入し，亜リン酸を利用できるようにすれば，きわめて無駄が少ないリン施肥が可能になり，大幅にリンの使用量を削減することができると期待されている[2]．（廣田隆一）

◆ **参考文献**

1）廣田隆一，黒田章夫：バイオ変換による貴重リン資源の回収・有効利用技術，小西康裕監，バイオベース資源確保戦略，pp.135-143，シーエムシー出版，2015.
2）A. Kuroda and R. Hirota：*Global Environmental Research*, 19：77-82, 2015.

第6章

農　業　利　用

6章　概説

食料生産とリン

窒素・リン・カリウムは，食飼料生産において，この順で生産量を大きく制限する作物にとっての三大栄養素である．窒素は最初に食飼料生産を制限する要素であるが，マメ科植物により，土壌の気相中の窒素をアンモニア態や硝酸態などの反応性窒素として作物に利用可能な形に変換されることで，供給が可能である．ヨーロッパにおける三圃式農業では休耕地にマメ科の牧草を導入し，家畜の飼料として与え，その排泄物が農地土壌に還元されることで，土壌に反応性窒素が供給される．あるいは水稲の有機栽培では窒素固定能をもつ浮き草（アゾラなど）や藍藻から水稲の生育に必要な窒素を供給させる方法がある．しかし，リンとカリウムはいずれも鉱物資源由来であり，なんらかの形で供給する必要がある．自然栽培が可能なのは，マメ科作物などにより窒素を供給しつつ，過去の施肥によって農地土壌に豊富に含まれるリン・カリウムの貯金を切り崩していく農業でしかない．カリウムはもともとの農地土壌にイオン結合しているものも多く，あるいは河川水などからも供給されることで水稲では特に不足しにくく，食飼料作物に利用可能なカリウムが不足することが報告されることは少ない．また，カリウム鉱石をもつ国は多く偏在しないため，特定の国に依存しなければならないというカントリーリスクは低い．

◆ 作物栄養としてのリンの重要性

作物体に含まれるリンは窒素・カリウムの半分以下の量でしかないが，2番目に食飼料生産を制限する栄養素である．これはもともとの土壌に含まれるリンが少なく，かつ日本では肥料として与えても農地土壌は酸性で強く吸着されてしまうものが多く，施用しても効きが悪かったためである．人のし尿や家畜の糞尿はリンに富んでおり堆肥化などの適切な処理を行った後であれば非常に有用なリンの供給源となりうるが，その食飼料を生産するためには結局のところ農地へのリン肥料の施用，リン鉱石に行き着く．リン鉱石の地理的分布は偏在し，また戦略的資源と考えられているため，カントリーリスクは高い．

◆ 肥料としてのリン利用の考え方

リンの肥料としての重要性は，洋の東西を問わず論じられてきた．19世紀終盤，先進的で生産性の高い英国農業を調査見聞したドイツのM・フェスカは著書『イギリス農業論』のなかで英国農業の生産性の高さは，リン施肥の多さに由来するものである，と結論づけている．しかし野放図な施用は戒めており，施用したリンに限らず，窒素・カリウムに関しても，食飼料として農地外に収奪される肥料成分の量との差，すなわち肥料成分の収支から，「与えただけ取り返せ」という堅固な説を基点に肥培管理のあり方を評価している．これは現在でも経済共同開発機構（OECD）における農業環境指標による持続的で環境に与える影響の少ない農業を評価するときの主たる指標として窒素・リン収支があげられていることへと通じている．

日本でも江戸時代には江戸市街地でし尿や塵芥などを回収し，市街地周辺で蔬菜類を生産，市街地に供給するという循環系を形成していたことがしばしば語られる．ただし，作物の三大栄養素という概念はなく，またすべてが循環し自足できたわけではない．利根川を越えて薪炭などは供給され，また，浅草海苔が得られたことは，リンをはじめとした植物栄養を含むさまざまな肥料分を有する有機物が江戸に持ち込まれ，そして海に流出していたことを示す．しかし，江戸時代の農地の肥培管理を定量的に評価した例はみられない．

開国後，さまざまな肥料の利用が統計として現れるのは1928（昭和3）年に刊行された第5次農林省統計表を待たねばならなかった．同統計によると1918（大正7）年に遡って日本のりん肥料として過りん酸石灰の消費が1億2585万0864貫との記載がある．これはリンとして3万2969トンに相当し，耕地面積1haあたり5kgのリンを利用したことに相当する．これに配合肥料（成分量不明のため，加算できず），各種動物質・植物質の肥料の施用に関する記述もあり，相当量のリンが施用されていたことが考えられる．2013年刊行のポケット肥料要覧によると2010（平成22）年のリンの需要量は16万8042トンで，耕地1haあたり37kgである．ただし，大正～昭和初期当時でもし尿や飼養する家畜の敷き料を利用した自給的な肥料資源を中心として与え，強酸性の土壌を改善するための石灰資材の投入を行い，購入する肥料資材，すなわち金肥の利用に関しては，生産費上最小にすべきという考えの下で使用されていたと考えられる．こうした背景のなかで，宮沢賢治氏は早期に石灰資材などによる土壌改良の普及に挑戦した一人である．

◆ より適切なリン利用の方向へ

酸性土壌・黒ボク土といったリンの効きの悪い土壌の改善に石灰資材と熔リンなど緩効性のリン資材の多給といった農業技術の開発と普及が本格的に進んだのは戦後である．そして全国的な農地土壌の調査・分析から，十分な食糧生産を行うために必要な土壌中のリン濃度の下限が乾燥土壌1kgあたり44mg（五酸化二リンとして100mg）であることが提示されたのは，1982年のことである．「良農は土を肥やす」という定性的な概念から定量的な数値へ，日本流のリン肥沃度の概念あるいは科学的基礎の確立は，とらえ方こそ異なるもののドイツ・英国から100年以上遅れて発現したといえる．また，日本では土壌中にあるリン肥沃度の涵養という考え方がもとであり，「与えただけ取り返せ」というドグマはないと思われる．たとえば先にふれたOECDの農業環境指標で公表されている，日本のリン収支は加盟各国中最も過剰が多い．これは先に記したように酸性の土壌，特に日本の農地の1/4（畑地の半分）を占める酸性土壌・黒ボク土にはいまだリンを多量施用する傾向があることによる．その結果土壌中にリンが多く蓄積したことは，1979年から農林水産省が行っている約2万点の土壌を分析した土壌環境基礎調査（定点調査）とその後点数を1/4程度に減らした土壌環境モニタリング調査の集計結果から示された．それでも，作物生産上は肥料代金以上の損益につながらないため，安心材料として施用されていた．しかし費用が生産費のなかで減らせるならば減らしたい，という農業関係者の意向はあり，2005年に農林水産省は「地力増進基本指針」のなかですべての作物ではないものの，土壌のリン肥沃度の上限を示し，たとえば水田ならば131mg/kg以上，畑地なら440mg/kgのトルオーグ法による可給態リンがある場合，リンの施肥を見直すか不要である，としている．そしてこうした方針は地方でも省資源・環境保全型農業の方針のなかで策定されるようになった．

寡少な施用も多肥の結果としての過剰な蓄積もよくはない，適切を守ることが重要である，という面において，直接的な環境影響の発生につながる窒素，家畜への影響が発生するカリウムと異なる管理の考え方が，リンには必要である．

本章では土壌での効き方の違いから，肥料としてのリンの生産・消費・蓄積に関して述べる．なお，わが国の肥料取締法ではリンをひらがなで表記しており，本章でも肥料に関しては「りん」とひらがな表記することとした．

（三島慎一郎）

6-1 リン肥料

りん酸質肥料

6-1-1

植物が土壌から吸収する栄養素のなかでリンは，窒素，カリウムと並んで重要な三大栄養素の一つになっている．しかしながら元来土壌中に存在するリンは0.1％以下で，鉄，アルミニウム，カルシウムなどと結合して難溶性の塩類となっていることが多く，土壌溶液から植物が栄養分として多くを吸収することが難しい．そのため，植物の生育のためには外部から植物が吸収しやすい形態のリンを肥料として土壌に供給しなければならない．特に，安定した作物生産を行う場合は，生産に伴って圃場から持ち出される栄養分を適正に補充することが重要で，窒素，リン酸，カリウムを過不足なく使用するとともにカルシウムやマグネシウム，そのほかの微量成分も植物の生育には大切な栄養素となる．

肥料中のリンは，そのほとんどがリン鉱石に由来するが，日本はリン鉱石資源に恵まれず海外からの輸入に頼っている．そのため，肥料メーカーとしては，輸入した原料リン鉱石のリンをいかに植物が吸収しやすい形態にするかが重要となる．その製造方法は図1に示したように湿式法と乾式法があり，湿式法で作られる過りん酸石灰，重過りん酸石灰，りん酸アンモニウム（りん安）などは水溶性のリン化合物からなり，乾式法で作られる焼成りん肥，熔成りん肥は，水には溶解しないが，クエン酸などの弱酸には溶解するという特徴がある．

◆ 肥料の分類

日本では肥料取締法により，肥料を生産，輸入する場合は届出または登録が義務づけられており，普通肥料では肥料の種類ごとに公定規格が定められている［➡6-1-6 肥料取締法と肥料登録］．肥料取締法による分類のほかにも，その使用方法や成分，形状などにより都度便宜的に分類，使用される場合もある．

単肥と複合肥料はよく使われる分類で，窒素，リン酸，カリウムの3要素のうちの1成分のみを含む肥料（単肥）と2成分以上含む複合肥料を区別したものである．施肥する時期により区別する場合に使われる分類では，播種前に使用する基肥とその後の生育に応じて不足している栄養素を補う追肥がある．今ではあまり使用されなくなったが，肥料の3成分系肥料を直接肥料，それ以外の成分の肥料（微量要素肥料など）を間接肥料という場合もある．施肥して比較的早く肥料効果が現れる肥料を速効性肥料，施肥後ゆっくりと効果が現れる肥料を遅効性肥料という場合もある．遅効性肥料のなかには植物の成長に合わせて栄養分が徐々に溶出してくる肥効調節型肥料などがある．

肥料の形状により区別した粉体肥料，液体肥料，粒状肥料，ペースト肥料，成形肥料などがある．有機質肥料に対して無機質肥料および化学肥料などの分類は，次の肥料取締法上の分類よりも広義に使われ，動植物組成の肥料と化学的組成の無機質肥料とを対比したものである．

◆ リンを含有する肥料

肥料取締法で公定規格の定められた普通肥料には現在158種類あるが，このなかでリ

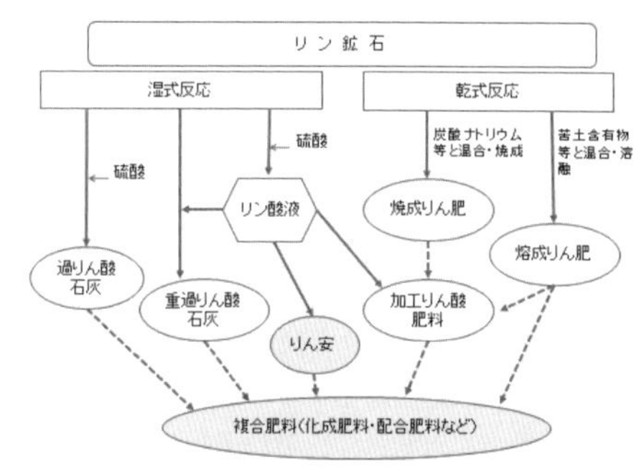

図1 リン鉱石を原料とする肥料の製造概要[1)]

表1　りん酸質肥料の種類 [2,3]

種類	原料および製造方法の概要
過りん酸石灰	リン鉱石に硫酸を作用させたもの
重過りん酸石灰	リン鉱石にリン酸，またはリン酸と硫酸の混合液を作用させたもの
りん酸苦土肥料	水酸化マグネシウムとリン酸を水中で中和反応させ，リン酸-マグネシウムの結晶を析出，乾燥したもの
熔成りん肥	リン鉱石に苦土（マグネシウム）含有物を混合して1,350℃～1,500℃で熔融し，これに高圧の冷水を接触させて，急冷・水砕したもの
焼成りん肥	リン鉱石にソーダ灰（炭酸ナトリウム），ケイ砂，硫酸ナトリウム，リン酸などを混合して焼成したもの
腐植酸りん肥	石炭または亜炭を硝酸で分解して生ずる腐植酸に熔成りん肥，焼成りん肥，リン鉱石または塩基性マグネシウム含有物および硫酸またはリン酸を加えたもの
熔成けい酸りん肥	リン鉱石にケイ石および石灰石などを混合し，熔融水砕したもの
鉱さいりん酸肥料	製鋼鉱滓をいう
加工鉱さいりん酸肥料	鉱さいけい酸質肥料にリン酸を加えたもの
被覆りん酸肥料	りん酸質肥料を硫黄そのほかの被覆原料で被覆したもの
液体りん酸肥料	リン酸と水酸化マグネシウムを中和反応させ水で希釈した液体のもの
熔成汚泥灰けい酸りん肥	下水道の終末処理場から生じる汚泥を焼成したものに肥料または肥料原料を混合し，熔融したもの
加工りん酸肥料	りん酸質肥料，熔成微量要素複合肥料，りん酸含有物，塩基性のカルシウム，マグネシウム，もしくはマンガン含有物，鉱滓またはホウ酸塩に硫酸，リン酸または塩酸を加えたもの
副産りん酸肥料	1. 食品工業または化学工業において副産されたもの，2. 下水道の終末処理場そのほかの排水の脱リン処理に伴い副産されたもの
混合りん酸肥料	りん酸質肥料に，りん酸質肥料，石灰質肥料，けい酸質肥料，苦土肥料，マンガン質肥料，ほう素質肥料または微量要素複合肥料を混合したもの

ン酸についての規格があるものは，りん酸質肥料15種類をはじめとして，複合肥料13，有機質肥料32の合計60種類である．

このほか，汚泥肥料については，含有するリン酸分の最小量の規定はないがリン酸含有量の表示が義務づけられている．

また，特殊肥料の堆肥と動物排泄物については，現物あたりの全リン酸含有量の表示が義務づけられている．

◆ りん酸質肥料の種類

肥料取締法におけるりん酸質肥料の種類は表1の通り15種類あり，それぞれ種類ごとに公定規格が定められており，原料および製造方法，含有すべき主成分の最小量，有害成分の最大量，そのほかの制限事項が定められている（主なりん酸質肥料の詳細は6-2節「リン肥料各論」を参照）．　（橋本光史）

◆ 参考文献

1）橋本光史：生物工学会誌，190(8)：481-484, 2012.
2）改訂五版　肥料用語辞典．肥料協会新聞部，1969.
3）ポケット肥料要覧2013/2014，農林統計協会，2015.

りん酸質肥料の効果

◆ 農作物生産にとってのりん酸質肥料の必要性

りん酸質肥料は，農作物の生産量や品質の向上を目的として，土壌や水耕液など植物培地に添加されるものである．リンは植物生育にとって必須であり，遺伝，エネルギー代謝，恒常性維持，構造保持など，生命維持に必要な多くの機能を支えている［➡3-1 生物中のリン，3-2 リンの機能と代謝］．

健全な植物体の葉部におけるリン含量は，およそ0.2～0.4％（乾燥重量ベース）の範囲内にあり[1]，ほとんどの植物はその大部分を植物培地から根を通して吸収する必要がある．これに対して，施肥履歴をもたない土壌のリン含量は通常0.1％程度であり，かつこのうち植物が利用できる可給態リン［➡6-2 リン肥料各論］はその1/10かそれ以下であることが多い．このため，特にリン要求量の多い農作物を農地で生産する場合には，りん酸質肥料を利用した土壌のリン栄養状態管理が非常に重要になる．

適度なリン栄養が植物培地に存在すれば，光合成，窒素固定，開花，結実，種子生産，登熟といった基礎的プロセスが促進される[1]．リンは，特に根や茎の先端部に存在する成長点など分裂組織において多量に必要とされ，根系の発達にも寄与する．イネ科作物では，適度なリン栄養のもとでは茎の機械的強度が高まるため，倒伏防止に役立つ．また，特に葉菜類では品質向上に効果がある．

◆ 植物のリン欠乏症

植物のリン欠乏は，生育ステージあるいは葉齢発達の遅延，果実成熟の遅延，収量や品質の低下などを引き起こす（巻頭口絵7参照）．また，葉色の濃緑色～赤紫色化（アントシアンの沈積）を発現する場合も多いが，この症状は低温ストレスなどによっても誘発されるので注意が必要である．リンは植物体中で移動しやすいため，欠乏条件下ではリンは下位葉から上位葉へと転流されやすく，したがってリン欠乏症状は下位葉から発現しやすい[2]．

植物のリン欠乏症は，比較となる健全な植物がなければ，見た目だけでの診断は困難な場合も多い[1,2]．適正な診断のためには化学分析が望ましいが，化学分析には時間もかかり，また欠乏症が発現してからの対策には限界がある．このため，作付け前の土壌診断と，その診断に基づいた事前対策が重要となる．適切なりん酸質肥料の選択とその適度な土壌施用は，リン欠乏対策の基本である．

◆ 植物のリン過剰症

窒素やカリウムに比較して，リンは植物における過剰症を起こしにくい．また日本では，リンが土壌に加えられなければリン欠乏が農作物生産上の大きな制限因子となることが多かったため，特に農家の購買力が高まった第二次世界大戦後，りん酸質肥料を農地に長期間かつ定期的に投入し続けている場所も多い．21世紀に入り，農作物のリン過剰症の報告は増えている．

リン過剰症は，葉脈間の斑点状黄化，白斑，淡色化，枯れ上がりなどとして発現し，上位葉よりも下位葉で顕著に現れることが多い[2]．また，直接的なリン過剰症ではないが，植物体中リン含量が異常に高まると，亜鉛欠乏症や鉄欠乏症を誘発することが知られており，リン過剰由来の亜鉛欠乏症あるいはリン過剰由来の鉄欠乏症ともいわれる．同様に間接的な影響として，リン過剰条件では病害発生が誘発されやすいとの指摘もある[2]．

◆ 土壌に施用されたりん酸質肥料の効果の持続性

土壌に加えられたりん酸質肥料はリン酸イオンを放出し，植物はこれを根から吸収する．しかし，土壌中に存在する無機成分はリン酸イオンとの親和性が高いものも多く，特に火山由来成分の風化生成物でもある鉄水酸化物，アルミニウム水酸化物，アロフェン，イモゴライトなどは強い結合によってリン酸を固定し，植物に対するリンの可給性を著しく低下させる．

土壌中無機成分とリン酸イオンとの間の結合は，反応初期ほど弱く，反応が進むにつれ強くなる．すなわち，土壌中に放出されたリン酸イオンは，経時的に安定な形態へと変化し，これに伴って植物はリン酸イオンを吸収しにくくなる．この反応は，数十～数百日あるいはそれ以上の時間スケールで起こる．このため，作付け前に土壌に施用されたりん酸質肥料から農作物が吸収するリンの割合は通常2割程度であり，利用されなかった残りのリンの大部分は次の作付け時には植物にとって吸収しにくい形態として蓄積されていく．このことから，次の作付け前にはまた改めてりん酸質肥料を土壌に施用するといった管理が慣行的に行われてきた．適切な土壌診断なしにこのサイクルが繰り返されると，リン過剰症が発症するリスクや農地外にリンが流出し周囲の環境を富栄養化させるといったリスクが高まる．

上記のようなリスクを低減するための手段としては，リン利用効率の高いりん酸質肥料を用いる，りん酸質肥料の施肥位置を工夫することによりリン利用効率を高める，土壌中に蓄積されたリンを吸収できる農作物を作付けする，土壌診断を実施しりん酸質肥料の不必要な施用を避ける，などがあげられる．

◆ りん酸質肥料の施用が環境に及ぼす負の影響

20世紀後半以降，湖沼におけるリンの富栄養化とそれに伴う湖沼生態系の変化が社会問題化しているが，そのリンの給源の一つに農地に投入されたりん酸質肥料があげられる．農地土壌中で安定化されたリンは容易に溶出しないが，リンを捕捉した土壌中の微粒子は耕作時に風雨などの影響を受けると系外に流出しやすい．これが湖沼に到達すると，還元的な環境におかれることによって鉄水酸化物が溶解され，これに伴って結合していたリン酸イオンも放出され湖沼が富栄養化される．

農地に投入されたりん酸質肥料は，陸域生態系にも変化をもたらす．火山灰由来成分の影響を強く受けた日本の土壌では，植物に対するリン栄養制限が強くかかっているが，在来植物のなかにはこの土壌環境に適応しながら進化してきたものもある．これらの植物にとって可給態リン含量の高い土壌環境は，ほかの植物との生存競争において不利になると考えられる．たとえば，富栄養的な環境では多くの栄養分を吸収し大きな植物体を作れる植物種が有利に分布するが，低リン環境に適応している植物は小型が多い．ツバツチグリやツリガネニンジンは，その例に該当するだろう[3,4]．このような在来植物のなかには絶滅危惧種として指定されている草本植物種もあるため，種の保存や生態系保全のためにも，農地に投入されたリンが系外に流出しないよう留意が必要である[3,4]　　　　（平舘俊太郎）

◆ 参考文献

1) N. C. Brady and R. R. Weil：Soil Phosphorous and Potassium, In The Nature and Properties of Soils, 14th ed., pp. 594-638, Pearson Prentice Hall, 2008.
2) 渡辺和彦：野菜の要素欠乏と過剰症，タキイ種苗，1985.
3) 平舘俊太郎：植物の多様性を支える土壌，日本土壌肥料学会「土のひみつ編集グループ編」：土のひみつ：食糧・環境・生命，pp.158-161，朝倉書店，2015.
4) 平舘俊太郎：土壌環境が支える草本植物の種多様性．日本農学会編，シリーズ21世紀の農学：国際土壌年2015と農学研究，pp.77-91, 養賢堂，2016.

6-1 リン肥料

りん酸質肥料の歴史

6-1-3

紀元前200年以前にすでに鳥糞が肥料として使用されていたが[1]，工業的にリン酸肥料が製造され，使用されるのは，その2千年後となる．

人類の食料確保は，狩猟・採集社会から農耕社会へと移行することで，多くの人口を養うことが可能となり，その後の文明社会，国家形成をもたらすこととなる．

約1万2千年前に最も早く農耕文明が成立したメソポタミア―シリア―パレスチナ―エジプトを結ぶ地域は，肥沃な三角地帯といわれるように気候が温暖で土壌養分も多く，麦などの栽培に適した地域であった．小麦栽培と牧畜も行われていたことから，最初に農業の始まった地域ともいわれる．

また，中国の長江流域で始まった稲作は，豊富な水と養分に恵まれた土地であった．

肥沃な土地では，種を植えるための溝を掘る程度であったが，同じ場所で継続して農作物を栽培するためには，土壌を耕起して養分を地表へ運び，作物残渣や雑草を土中に埋め込んで腐食させる農耕技法が採られるようになって，厩肥や緑肥など自給肥料の使用につながっていく．

◆ 自給肥料の利用

8世紀頃に普及したヨーロッパの二圃農業や三圃農業は，休耕地を設けて地力を回復する農法で，休耕地では家畜の放牧が行われ，その糞尿が肥料として利用されていた．その後，休閑地では飼料用の作物が栽培されるようになり，18世紀の輪作農法へと発展する．

一方，日本でも16世紀に著された古文書『親民監月集』（清良記）には，牛馬糞などの厩肥が肥料として利用されたことが述べられている．17世紀に入ると商業の発達とともに次第に江戸，大阪などに人口が集中し，都市近郊の農業生産が盛んになり，米麦の栽培に堆肥，厩肥，人糞尿が盛んに使われ，干鰯などの金肥が取り引きされるようになる．

◆ リンの発見と骨粉，グアノの肥料利用

1669年ドイツの錬金術師ブラント（H. Brant）が尿からリンを発見するが，動植物にリンが含まれることがわかるのは，18世紀に入ってからであり，1795年には骨の成分が，リン酸カルシウムであることが証明される．18世紀には日本でも骨粉の肥効が知られるようになり，1772年には鹿児島県で骨粉類を肥料として使用している．英国では骨や象牙で刃物の柄を作る際に生じる骨くずが，肥料として効果があることが知られ，取り引きされるようになった[2]．これは後の骨を原料とした過りん酸石灰の製造へとつながっていく．

リン酸と窒素を含むグアノは，インカ帝国でも肥料として使われており，1802年ドイツの博物学者で冒険家のフンボルト（Friedrich Heinrich Alexander, Freiherr von Humboldt）が，ペルーからグアノを持ち帰ったのをきっかけに，1810年頃からヨーロッパに輸入されるようになった．日本では，1870年に加賀藩がグアノを購入して，その特性と使用説明書を配布している．

◆ リン酸肥料工業の発展

1840年英国のローズ（J. B. Lawes）は，自分の所有する荘園で硫酸処理した骨粉の肥料効果を実際に確認している．同年，ドイツのリービッヒ（J. F. Liebig）も骨粉を硫酸で処理すると肥料効果があることを論文発表している．その後ローズは，肥効結果をもとにマレー（J. Murray）とともに1843年テムズ河畔で過りん酸石灰の製造・販売に着手する．これがリン酸肥料工業の始まりとされる．1850年代には湿式リン酸が製造され，1870年にはドイツのビーブリッヒ（Biebrich）が重過りん酸石灰をバッチ式で製造している．

英国では1878年に，トーマス（S. G.

Thormas）とギルクリスト（P. C. Gilchrist）が，リンの含有量の多い鉄鋼石を原料とした製鋼法を見出し，その際のスラグがリン酸肥料（トーマスリン肥）として効果があることをシャイブラー（Carl Sheibler）らが確認する．

一方日本では，1872年に日本初の硫酸工場が大阪造幣局に設立され，1876年に津田仙が骨粉を原料とした過りん酸石灰の試製を行い，1885年に多木久米次郎が獣骨から人造肥料を製造する．1888年に東京釜屋掘において，リン鉱石と硫酸を用いた過りん酸石灰の製造が，東京人造肥料会社によって開始され，これが日本で最初のリン酸肥料の工業生産となった[3]（図1）．

◆ 公定規格が設定されたりん酸質肥料の種類と推移

1899年4月に公布，1901年に施行された日本最初の肥料取締法では，過りん酸石灰，重過りん酸石灰，沈でんりん酸石灰，トーマス燐肥について，肥料の名称，成分などの表示が義務づけられた．

その後1950年に，新肥料取締法が施行され都度一部改正されて現在に至っている．

その間に公定規格が設定されたりん酸質肥料の種類を表1に示した．（橋本光史）

図1 化学肥料創業記念碑

1943年11月（大日本農会総裁　梨本宮守正王）建設（釜屋掘公園にて2017年撮影）．

表1 りん酸質肥料の種類の推移

りん酸質肥料の種類	公定規格の推移
過りん酸石灰	1901年～
重過りん酸石灰	1901年～
沈でんりん酸石灰	1901～1983年
トーマス燐肥	1901～1958年
熔成りん肥	1950年～
苦土過りん酸	1960～1985年
焼成りん肥	1956年～
第一種混合りん肥	1956～1963年
第二種混合りん肥	1956～1963年
能登島産りん鉱石粉末肥料	1956～1967年
副産りん肥	1958～1983年
混合りん肥	1963～1983年
リン鉱石粉末肥料	1972年
腐植酸混合りん肥	1981～1983年
加工りん酸肥料	1984年～
鉱さい加工りん酸肥料	1983～1985年
副産りん酸肥料	1984年～
混合りん酸肥料	1984年～
混合塩基性りん酸肥料	1983～1985年
腐植酸りん肥	1984年～
りん酸苦土肥料	1994年～
液体りん酸肥料	1997年～
被覆りん酸肥料	2000年～
熔成けい酸りん肥	2001年～
加工鉱さいりん酸肥料	2002年～
鉱さいりん酸肥料	2005年～
熔成汚泥灰けい酸りん肥	2012年～

（網かけはすでに廃止されたものを示す）

◆ 参考文献

1）藤原彰夫，岸本菊夫：燐と植物（Ⅰ），（Ⅱ），博友社，1988, 1993.

2）高橋栄一：肥料の来た道帰る道，研成社，1991.

3）川崎一郎：日本における肥料および肥料智識の源流，1973.

4）ポケット肥料要覧1958～2012，農林統計協会．

5）栗原淳，越野正義共著：肥料製造学，養賢堂，1986.

6-1　リン肥料

肥料用リンの消費量

6-1-4

わが国は，国内でリン鉱石を産しないことからすべての肥料用リンを海外に頼っている．わが国でも明治に入ってから，化学肥料（過りん酸石灰）の生産が始まり，農業用にリン使用が本格的に取り入れられた．

農業技術の進歩と相まって，作物の収量は飛躍的に増え，今日まで日本農業を支えてきたが，農業用リンの消費は，作付け面積とパラレルで推移してきた．しかし，米の良食味志向を背景とした施肥減や側条施肥機の導入，緩効性肥料の使用，施肥技術の向上，加えて環境基準への対応や畜産の廃棄物や食品残渣等有機性廃棄物の農地への還元の動きや地方自治体における施肥量削減運動など，さらには近年の資材費低減対策もあり過剰施肥の抑制が求められ，化学肥料の施肥量は年々減少，当然のことながら，肥料用リン（化学肥料由来）の消費量も減少傾向を示してきた．

◆ 肥料用リンの消費量

農林水産省が，日本肥料アンモニア協会など業界の統計データーをもとに取りまとめた「りん酸質肥料の需給実績」（表1）によると，国内生産の化学肥料（りん酸単肥・複合肥料・配合肥料）と輸入肥料合わせて約40万トン弱（P_2O_5）が国内で消費されている．

◆ 汚泥肥料

1999年7月に肥料取締法の改正が行われ，汚泥肥料や汚泥堆肥などを届出制から登録制へ移行させるなど汚泥肥料の規制強化が行われたことで，リンの含有が比較的高い汚泥肥料についても統計的に普通肥料の生産として把握できるようになった（表2）．

汚泥肥料全体で約4.2万トンのP_2O_5が利用されている．

表1　りん酸質肥料の需要実績（P_2O_5 トン）

	肥料年度	2005年	2013年
高度化成	生産	130,112	85,771
	内需	124,976	79,955
	輸出	2,955	1,950
普通化成	生産	22,186	13,819
	内需	21,032	13,195
	輸出	70	38
過りん酸石灰	生産	7,191	2,452
	内需	8,906	2,956
	輸出	0	0
重過りん酸	生産	2,063	739
	内需	1,886	615
	輸出	0	0
重焼りん	生産	17,887	9,209
	内需	16,363	9,639
	輸出	9	0
液肥	生産	4,699	3,954
	府県向	4,444	3,232
	内需	4,645	3,821
	輸出	4	3
熔成りん肥	生産	8,901	5,229
	輸入	19,136	20,186
	内需	27,773	25,219
	輸出	0	0
その他	生産	16,070	8,600
	内需	15,326	8,332
	輸出	94	29
配合肥料等	生産・輸入	209,951	193,877
	内需	211,054	196,030
	輸出	0	114
輸入化成	輸入	31,583	22,343
	府県向・内需	34,832	20,583
肥料合計	生産	352,121	323,650
	輸入	117,658	42,529
	内需	464,793	360,345
	輸出	3,132	2,134

表2 汚泥肥料の種類と P_2O_5（トン）（2013年）

汚泥肥料の種類	P_2O_5 中央値（%）	生産量（トン/年）	P_2O_5（トン/年）
下水汚泥肥料	2.80	51,665	1,446.6
し尿汚泥肥料	4.50	3,699	166.5
工業汚泥肥料	0.70	141,183	988.3
混合汚泥肥料	3.90	87,810	3,424.6
焼成汚泥肥料	17.00	2,201	374.2
汚泥発酵肥料	3.40	1,035,723	35,214.6
水産副産物発酵肥料	1.35	15,130	204.3
汚泥肥料合計		1,337,411	41,819.0

◆ 有機質肥料

表3に示した通り，国内では有機質肥料として，約2万トンの P_2O_5 が利用されている．その他若干の輸入品を加えて2.2万トン程度である．

◆ 特殊肥料

特殊肥料のなかでは，堆肥の生産量が最も多く全体の約85％を占めている．国が推進している有機農業には，畜産廃棄物の堆肥を増やそうとする方針もあることから，堆肥の生産量は年々増え続け，1995年の290万トンが2013年には620万トンと倍以上になっている（表4）．堆肥中の P_2O_5 は，稲わら堆肥0.20％，牛糞堆肥0.70％，豚糞堆肥1.94％，バーク堆肥0.31％（農水省調べ）であるが，各々の堆肥に対応する量が不明のため，堆肥全体の P_2O_5 を求めることが困難である．そのため家畜排泄物として発生する P_2O_5 を参考にされたい［➡8-1-2 家畜糞尿］．家畜排泄物がすべて農業利用されているとはいえないが，約28万トンの P_2O_5 が発生しているとすると先の普通肥料40万トンと合わせて農業利用されている P_2O_5 は年間約70万トンと推定される．

化学肥料だけでなく有機肥料や畜産堆肥など，さまざまな形で農地にリンが供給されている．伊藤豊彰も「家畜糞を施用する場合，

表3 有機質肥料の種類と P_2O_5（トン）（2013年）

有機質肥料の種類	リン含有量 P_2O_5（%）	生産量（トン/年）	P_2O_5（トン/年）
魚かす粉末	3.0	44,554	1,336.6
干魚肥料粉末	3.0	15	0.5
魚節煮かす		430	0.0
甲殻類質肥料粉末	1.0	622	6.2
蒸製魚鱗及びその粉末			0.0
肉かす粉末	5.0	604	30.2
肉骨粉		69,552	0.0
蒸製てい角粉	7.0	1,186	83.0
蒸製てい角骨粉			0.0
蒸製毛粉		32,507	0.0
乾血及びその粉末		2,608	0.0
生骨粉	16.0	473	75.7
蒸製骨粉	25.0	14,615	3,653.8
蒸製鶏骨粉			0.0
蒸製皮革粉		6,102	0.0
干蚕蛹粉末		2	0.0
大豆油かす及びその粉末	1.0	167,474	1,674.7
なたね油かす及びその粉末	2.0	279,437	5,588.7
わたみ油かす及びその粉末	1.0	46	0.5
落花生油かす及びその粉末	1.0	388	3.9
ごま油かす及びその粉末	1.0	16,331	163.3
ひまし油かす及びその粉末		124	0.0
米ぬか油かす及びその粉末	4.0	24,697	987.9
とうもろこしはい芽及びその粉末	1.0	6,201	62.0

（次頁に続く）

（表3続き）

その他の草本性植物油かす及びその粉末	1.0	109	1.1
とうもろこしはい芽油かす及びその粉末		80	0.0
たばこくず肥料粉末		3	0.0
豆腐かす乾燥肥料	1.0	714	7.1
加工家きんふん肥料	2.5	62,346	1,558.7
とうもろこし浸漬液肥料	3.0	25,543	766.3
魚廃物加工肥料	1.0	11,325	113.3
乾燥菌体肥料	1.0	25,889	258.9
副産動物質肥料	1.0	9,224	92.2
副産植物質肥料	2.0	173,909	3,478.2
混合有機質肥料	1.0	141,524	1,415.2
有機質肥料合計		1,118,634	21,357.9

作物が必要とする窒素量を堆肥で供給すると，作物の要求量以上のリンが施用されることにより，農地にリンが蓄積する」[2] と述べている．現代の農法は，堆肥や有機肥料に含有しているリンも考慮し，また土壌の種類によってきめ細かな施用が増えつつある．リンをよりよく消費するために改善が待たれる．

（成田義貞）

表4　特殊肥料の生産状況（トン）

	1995年	2013年
魚かす	17,829	7,399
甲殻類質肥料		135,863
蒸製骨	1,323	336
肉かす	4,900	203
米ぬか	3,071	5,036
はっこう米ぬか	36	1,442
はっこうかす	116,024	25,381
アミノ酸かす	231	1,367
くず植物油かす及びその粉末	266	1,817
草本性植物種子皮殻油かす及びその粉末	76	29
木の実油かす及びその粉末	601	194
コーヒーかす	47,532	34,291
くず大豆及びその粉末	1,612	37
たばこくず肥料及びその粉末	924	142
乾燥藻及びその粉末	134	266
落棉分離かす肥料	120	
草木灰	5,438	7,840
くん炭肥料	23,099	2,023
骨炭粉末	706	1,067
骨灰	1	8
セラミックスかす	9	
魚鱗	312	115
家きん加工くず肥料	280	160
はっこう乾ぷん肥料	3,050	
人ぷん尿	11,110	7,829
動物の排せつ物	375,337	333,056
動物の排せつ物の燃焼灰	189,345	62,176
グアノ		77
貝殻粉末	21,989	14,990
貝化石粉末	29,114	28,279
製糖副酸石灰	35,925	129,451
含鉄物	78,039	58,845
微粉炭燃焼灰	70,983	4,499
カルシウム肥料	745	775
石こう	4,345	15,930
たい肥	2,895,538	6,206,181
石灰処理肥料	19,292	582
合計	3,959,336	7,335,744

参考文献

1）ポケット肥料要覧，農林統計協会．
2）伊藤豊彰，吉羽雅昭：日本土壌肥料学雑誌，84(4)：311-320, 2013.

トピックス ◇13◆ リン鉱石の起源とポリリン酸

現在採掘・利用されているリン鉱石の大半は，海底で鉱物化したリン酸塩が起源となっている．このリン鉱床の形成機構については，今後のリン鉱石の利用可能性や地球規模でのリンの循環過程を知るうえで重要な知見であることからさまざまな研究がなされてきた．その結果，リン鉱石はリン酸塩（主にアパタイト）の鉱物化から始まり，鉱物の流動，再結晶化などさまざまな過程を経て形成されることがわかってきた．その最初の段階であるリンの鉱物化にはアパタイトの結晶化・沈殿が不可欠である．海水中の希薄なリン濃度では結晶核形成が起こらないことから，この過程には生物によるなんらかの濃縮作用が関与すると考えられる．もちろん魚類などの遺骸を由来とする説もあるが，微生物を起源とする説を紹介したい．

Diaz らはカナダ・バンクーバー島沖の珪藻堆積物のリンの豊富なミクロンレベル粒子を，X 線分光顕微法を用いて調べた．その結果，リンの豊富な粒子の約半分がポリリン酸顆粒で，残りの半分がアパタイトであった．また，ポリリン酸顆粒から，アパタイト結晶へと変化する状態のものもみられたことから，ポリリン酸がアパタイト結晶の核となったのではないかと結論づけた．珪藻は，リン酸が十分に存在する条件ではカルシウムを多く含むポリリン酸顆粒としてリンを蓄積する．ポリリン酸はポリリン酸分解酵素が存在しないと，中性条件で安定である．ポリリン酸分解酵素は，微生物の細胞内に存在するので，細胞外ではたらくことは知られていない．したがって，珪藻とともに沈殿したポリリン酸顆粒は，堆積物中で安定に存在し続けるのではないかと考えられる．そして，長い年月を経て，カルシウムを多く含むポリリン酸顆粒は，アパタイトへと変化したのではないかと Diaz らは推察している．

Diaz らが測定に用いた海水中にみられた珪藻 *Skeletonema* は世界中ほとんどの海域に普遍的に観察される種である．一方，栄養塩の豊富な湧昇流が湧き上がる海域では，ポリリン酸を蓄積する硫黄細菌が観察されている．また，熱帯・亜熱帯海域における植物プランクトンの優先種である海洋性藍藻（シアノバクテリア）の *Trichodesmium* も顆粒状のポリリン酸を蓄積する．これらの海域では海洋性藍藻がリンの固定に重要な役割を果たしているのかもしれない．　　　　（黒田章夫）

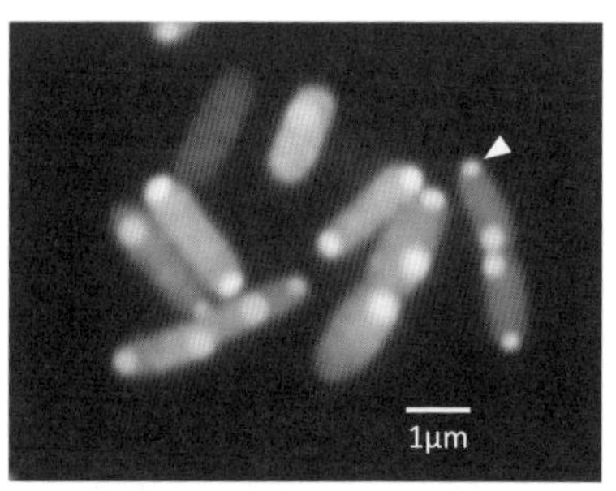

図 1　微生物が作るポリリン酸（黄色蛍光の粒子）［巻頭口絵 10］

リン酸の重合体であるポリリン酸［➡ 3-1-4 項］が，リン鉱石の起源となった可能性がある．

◆ 参考文献

1）J. Diaz *et al.*：*Science*, 320：652-655, 2008.
2）H. N. Schulz *et al.*：*Science*, 307：416-418, 2005.

6-1 リン肥料

肥料使用量の削減

6-1-5

日本の農地，特に畑地においては，火山灰を母材とする“黒ボク土”と呼ばれる土壌が広く分布している．黒ボク土は，リン酸を固定して作物が吸収できなくする性質をもっているため，かつては肥沃度の低い“やせた”土壌の典型であった．1960年代以降，多量のリン肥料（肥料取締法ではりん酸質肥料に分類される）を継続的に施用することによってリン肥沃度を改善し，作物の生産性を上げてきた．現在では土壌中の作物の利用可能なリン酸レベル（有効態リン酸量）が非常に高くなり，かつてほどの量のリン酸を施用する必要がないにもかかわらず，いまだに多肥がなされているところがある[1]．FAOの統計によると，2002年から2010年までにおける耕地面積あたりの化学肥料リン酸消費量は世界全体で平均25 kg-P_2O_5/haに対し，日本は120 kg-P_2O_5/haと非常に高いレベルである．

◆ 農耕地土壌へのリン蓄積

畑土壌に施肥されたリン酸が作物に吸収される割合は10～30％程度であり，平均20％である．施肥したリン酸のうち，作物に吸収・利用されなかった約80％はどこに行ったのであろうか．土壌中に蓄積しているとすれば，どのような形態で存在するのであろうか．

大規模畑作地帯である北海道十勝地域の黒ボク土畑土壌において，農耕地とそれに隣接する未耕地における土壌中のリンの垂直分布を比較し，層厚差や仮比重を考慮して面積あたりのリン蓄積量を評価したところ[2]，リンは深さ35～40 cmまでの作土層に集中して貯まっており，その蓄積量は約8～10トン-P_2O_5/haと見積もられた（図1）．

例：北海道河西郡芽室町淡色黒ボク土
　未耕地（屋敷林）0～65 cm
　　3.9トン-P_2O_5/ha
　農耕地（普通畑）0～40 cm
　　11.9トン-P_2O_5/ha
　農耕約60年間の蓄積量
　　8.0トン-P_2O_5/ha

その大部分は，フッ化アンモニウムを含む試薬により抽出される無機態リン酸（Al型リン酸）であり，通常の作物には利用できない形態である．

また，北海道立（現在，北海道総合研究機構）十勝農業試験場に設置されていた長期有機物連用圃場の黒ボク土表層を採取し，化学肥料や堆肥を25年間にわたって施用した影響を評価した[2]．化学肥料と堆肥に由来するリン酸投入量は，作物残渣と収穫物の圃場外への持ち出しに伴うリン酸持ち出し量をはるかに超え，その差は163～283 kg-P_2O_5/ha/年の余剰であった．リン酸の投入量と持ち出し量から算出したリン酸の蓄積量と，土壌の分析値から推定したリン酸の蓄積量はほぼ一致しており，過剰な化学肥料や堆肥の施用に由来する余剰リン酸は圃場系外へ流出することなく，ほとんどが作土層に蓄積していることが示された．

さらに，鹿児島県農業開発総合センター大

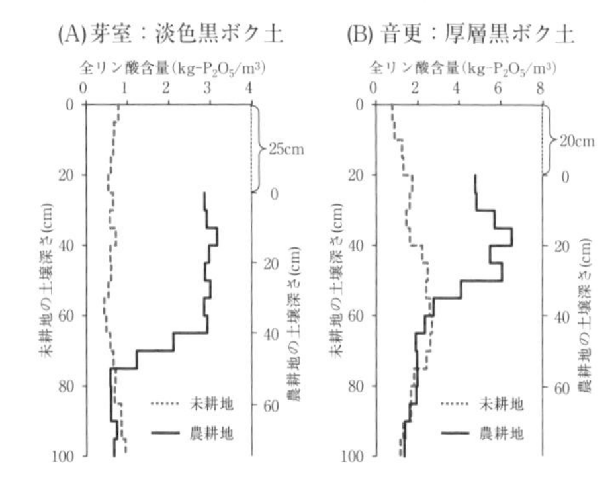

図1　北海道十勝地域おける未耕地土壌と農耕地土壌の層厚差を考慮した土壌容積あたりの全リン酸含量の垂直分布

隅支場の厚層黒ボク土圃場でも，化学肥料や堆肥に由来するリン酸が表層0～20 cmに蓄積し，166～211 kg-P_2O_5/ha/年の蓄積量であることが示された．畑土壌へのリン蓄積は普遍的かつ全国的な問題であるといえる．

◆ 有効態リン酸と施肥リン酸の実態

農耕地土壌における有効態リン酸は現在も増え続けており，特に野菜畑や樹園地，施設栽培などで増加している．上述した十勝地域の畑土壌に蓄積した全リン酸のうち，作物が利用可能な有効態リン酸は約3～5％であり，有効態リン酸の20～30倍ものリンが作土層に蓄積していることになる[2)]．

2013年と2014年に，リン酸固定力が高い黒ボク土が分布する十勝地域の畑土壌90地点，リン酸固定力が低い台地土が分布する北海道上川地域の畑土壌80地点の有効態リン酸を分析したところ，十勝地域では北海道施肥ガイドの診断基準値100～300 mg-P_2O_5/kgの範囲内が75％，基準値以上が20％であったのに対し，上川地域は基準値以上が80％であった（図2）．北海道では，作物，地帯区分，土壌型などによりりん酸質肥料の施肥標準量が定められており，土壌中の有効態リン酸量が基準値以上の場合は施肥量を減らす施肥対応が推奨されている．しかし実際の平均施肥量は，十勝地域244 kg-P_2O_5/ha，上川地域210 kg-P_2O_5/haであり，施肥対応を超える過剰なリン酸施肥を行っている生産者圃場は約90％にも上る．

◆ りん酸質肥料削減の重要性

農耕地土壌に多量のリンが蓄積し，有効態リン酸量が大幅に増加している圃場においてりん酸質肥料を削減するとどうなるのであろうか．2014年と2015年に，北海道の十勝地域と上川地域の生産者圃場においてジャガイモの栽培試験を行ったところ，施肥標準の半分程度にりん酸質肥料を削減しても塊茎収量は下がらず，むしろデンプン価や内部品質が向上する結果が得られた．北海道空知地域

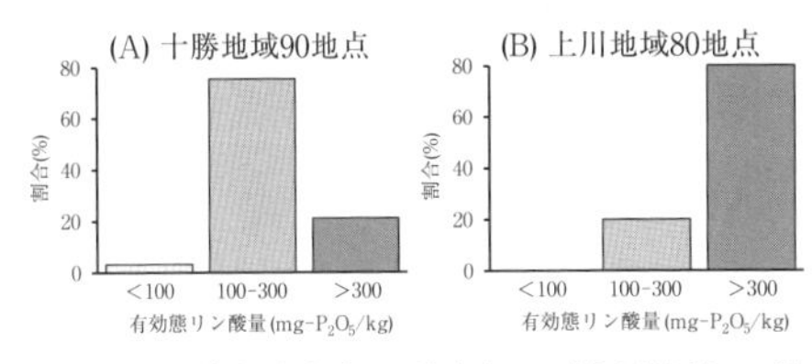

図2　北海道十勝地域90地点および上川地域80地点における普通畑土壌の有効態リン酸量の分布

において，多量のリン酸施肥が常態化しているタマネギを対象に栽培試験を行ったところ，有効態リン酸量が1000 mg-P_2O_5/kg以上の圃場での200 kg-P_2O_5/haを超える過剰なりん酸質肥料の施用は収量を低下させた．土壌中の有効態リン酸レベルが高くなった圃場では，りん酸質肥料を削減する，あるいは施肥しなくても収量が下がらないという現実は，これまでに数多く報告されている．

りん酸質肥料を多量施用して作物や野菜などの収量を増加させたのは，土壌中の有効態リン酸量が少なかった時代の古い概念である．「りん酸質肥料を多肥すると冷害による被害が軽減される」とか，「土壌中の有効態リン酸が過剰であっても作物に悪影響を及ぼさない」などの考えも，土壌中にリンが蓄積している現代にはまったく当てはまらない．農耕地土壌の土壌診断を積極的に行い，有効態リン酸量に応じてりん酸質肥料を削減することは，肥料コストや環境負荷の低減，収量や品質の向上に有効であるという新しい概念を普及することが急務となっている．

（谷　昌幸）

◆ 参考文献

1) 西尾道徳：農業と環境汚染，pp.43-86，農文協，2005．

2) 谷昌幸：最新農業技術土壌施肥 Vol.6，pp.75-84，農文協，2014．

6-1 リン肥料

肥料取締法と肥料登録

6-1-6

肥料の生産,輸入,販売は肥料取締法によって厳しく規制されている.肥料は普通肥料と特殊肥料に大別される.普通肥料とは特殊肥料以外のすべての肥料である.特殊肥料とは,米ぬか,魚かすのような農家の経験と五感によって識別できる単純な肥料,堆肥のような肥料の価値または施肥基準が必ずしも含有主成分量のみに依存しない肥料で,農林水産大臣が指定した肥料である[1].普通肥料に定められた公定規格に適合する肥料は,肥料の種類に応じて農林水産大臣または都道府県知事に登録することにより,生産・輸入することができる.また,指定配合肥料(登録を受けた普通肥料のみを法令に従って配合した肥料)は,肥料の種類に応じて農林水産大臣または都道府県知事への届出のみで,生産・輸入することができる.

◆ 肥料取締法の制定

肥料取締法は1899(明治32)年4月に公布され,1901年12月に施行された[2].明治中期から肥料使用量が増大すると,悪質な肥料製造業者や肥料商が干鰯(ほしか),〆(しめ)かす,大豆かすなどの有機質肥料に土砂を混入するなどの不正行為が横行した.典型的なレモン市場問題である[2].レモンとは不良品や欠陥品という意味で,売り手は商品の品質を熟知しているが,買い手はそれについて十分に把握できないような,商品の品質についての情報が売り手と買い手で非対称的な市場を指す(ブリタニカ国際大百科事典).レモン市場では,買い手は良品の価値に見合った高い価格では買わなくなり,売り手は良品が売れなくなるので,やがて市場全体が縮小する.レモン肥料の流通を抑制するため,国が市場に介入して保証成分を監視する措置がとられたのである.

1899年の肥料取締法では,①肥料を製造販売するものは地方長官の免許を受けること,②地方長官は官吏を派遣して肥料の検査をさせること,③肥料を偽造もしくは他の物料を混和して販売したるものに罰則を科すことなどが定められた(国立公文書館デジタルアーカイブ).近代日本におけるレモン肥料対策は,罰則を伴った肥料取締法と肥料検査官制度が基本的枠組みであったが,それに加えるに,国,府県による農民知識の啓発,農事試験場制度の確立と依頼分析制度が脇を固める形で効果を発揮したものと思われる[2].現在の肥料取締法では,製造販売の免許制が廃止され銘柄ごとの登録制に改められた.しかし,上記の基本的枠組みは維持されており,農林水産省および農林水産消費安全技術センター(FAMIC)が所掌している.

◆ 肥料取締法と公定規格

1950(昭和25)年5月1日に全面改正された肥料取締法は国会が定める法律である.この法律を補完する法令として,肥料取締法施行令および肥料取締法施行規則が定められている.前者は内閣が定める政令であり,後者は農林水産省が定める省令である.公定規格は「肥料取締法に基づき普通肥料の公定規格を定める等の件(農林水産省告示284号)」に定められている.告示とは国民へのお知らせという意味であって法令ではないが,法令を補完する重要なものと位置づけられる.公定規格とは普通肥料の種類ごとに農林水産大臣が定める規格であり,「含有すべき主成分の最小量(%)」「含有を許される有害成分の最大量(%)」「その他の制限事項」が規定されている[1].公定規格には13の大分類(窒素質肥料,りん酸質肥料,加里質肥料,有機質肥料,複合肥料など)の下に各種肥料の小分類があり,それぞれ公定規格が定められている.

リン鉱石を原料として製造されるリン酸を含む肥料は,大分類のりん酸質肥料と複合肥料に分類される．りん酸質肥料の公定規格は15種類ある［➡6-1-1 りん酸質肥料］．下水道の終末処理場その他の排水から脱リン処理により回収されるヒドロキシアパタイトはりん酸質肥料の下の副産りん酸肥料の規格に，リン酸マグネシウムアンモニウム（ストラバイト）は複合肥料の下の化成肥料の規格に，それぞれ適合する．下水汚泥焼却灰に含まれるリン酸をアルカリ抽出したのち，抽出液に水酸化カルシウムを添加して回収したリン酸カルシウムは副産りん酸肥料の規格に適合する．下水汚泥焼却灰と副原料を混合・熔融して製造される肥料は，りん酸質肥料の下の熔成汚泥灰けい酸りん肥または複合肥料の下の熔成汚泥灰複合肥料の規格に適合する．

各種の未利用資源を原料として肥料を製造する場合，適合する公定規格がないために登録できないことがある．公定規格が定められていない肥料を生産・輸入しようとする事業者は，公定規格改正の申し出または仮登録の申請により，新たな公定規格の設定を求めることになる（図1を参照）．FAMICは公定規格の設定に関する相談を受けて，事業者から新規肥料の情報を収集しプロファイルを作成する．新規肥料に有害な重金属や化学物質が含まれる可能性がある場合には，FAMICと農林水産省が連携してリスク管理を行う．また，新規肥料がヒトの健康に与える影響については，内閣府の食品安全委員会が必要に応じてリスク評価を行う．なお，詳細については，農林水産省が「肥料取締法に基づく公定規格等の設定・見直しに係る標準手順書(SOP)」を公開しているので参照されたい．

◆ 肥料分析法と肥料等試験法

「肥料取締法に基づき普通肥料の公定規格を定める等の件」に掲げる主成分，有害成分などの定量方法および量の算出は，「肥料分析法」によるものと定められている．明治時代から農商務省農事試験場が改良を重ねてきた「肥料分析法」が，1950年の肥料取締法の全面改訂に際して公定法になったのである[3]．その後，同上試験場を引き継いだ農業技術研究所および農業環境技術研究所が5年ごとに改訂してきたが，「肥料分析法1992年版」の発刊を最後にその役割を終えている[3]．一方，2008年以降は，FAMICが「肥料分析法」を時代に即応した分析条件や分析方法などを導入したものに書き改めて，「肥料等試験法」として公開している．なお，FAMICは肥料認証標準物質を作製し配布することによって，分析の信頼性を高める活動を行っている．（菅原和夫）

◆ 参考文献

1) 農林統計協会編：肥料関係用語の解説，ポケット肥料要覧2013/2014，pp.108-150，2015.
2) 板根嘉弘：近代日本におけるレモン肥料問題への対処，有本寛編，途上国日本の開発課題と対応：経済史と開発研究の融合，pp.22-58，アジア経済研究所，2015.
3) 農業環境技術研究所編：残された遺産：農事試験場における肥料依頼分析の記録，散策と思索，pp.30-38，2005.

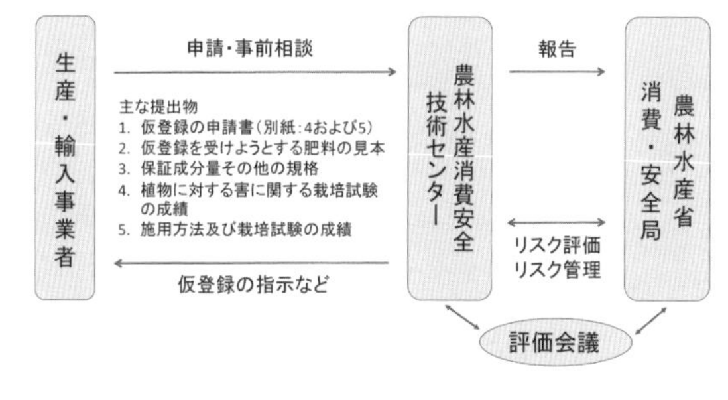

図1 公定規格改正の申し出または仮登録の申請

6-1　リン肥料

リンの農業利用と環境問題

6-1-7

リンは実肥（みごえ）といわれ，作物の実りをよくするものと知られている．リンは家畜糞堆肥や化学肥料によって主に農地へ供給されることから，これらの施用と作物の生産によるリンの農地からの収奪と土壌に残存するリンの行方に関して概論する．

家畜排泄物が非常に重要な有機性肥料の原材料であることは疑う余地はない．そのなかにはリンとともに窒素・カリウムそして土壌有機物としてこれらの作物栄養を保持する炭素が含まれており，土壌肥沃度を維持・増進するために，堆肥化のための発酵を十分な温度と時間をかけることにより，土壌の保持する作物への栄養の供給において“出汁”のような機能を土壌と作物に提供する．

日本では乳用牛・肉用牛・豚・採卵鶏・肉用鶏が飼養されている家畜のほとんどを占めており，その排泄物から生産される堆肥の肥料成分の含有率と効き方は大きく異なる（表1）．すなわち，牛糞堆肥はカリウムが多く，これが草地・飼料作物への施用を規制する．また，豚・鶏糞堆肥ではリンが多く含まれており，連用すれば過剰なリンを土壌に蓄積させてしまうことになる．

作物生産には，化学肥料もまた利用される．堆肥が“出汁”であれば，化学肥料はいわば“調味料”であるといえる．化学肥料に含まれる窒素・リン・カリウムはシャープに効き，また作物の生育ステージによって異なる肥料成分の需要に応じて自在に配合，施用が可能である．化学肥料としてのリンの施用は基本的に作付け前に全量が元肥として土壌に施用され，追加して与えることはほぼない．

過去に遡れば，Prasad と Power[2] は，与えられたリンは15～20％ほどが利用されるにすぎず，土壌に多く残留するが，その効果がのちに残りにくいとしている．日本では1970年代から1980年代初頭までに行われた土壌の肥沃度調査のなかで，リン肥沃度と作物の収穫量を取りまとめた吉池[3] は，トルオーグ法による作物に有効に使うことができるリンは土壌に44 mg/kg以上あることが望ましい，と結論づけている．これをもとに，土壌のリンを含め肥沃度改善のために熔成りん肥を土壌改良のために与えることや，日本の畑土壌の半分を占めリンを固定して簡単には離さない黒ボク土に関しても多量のリン肥料を施用することで農地土壌の肥沃度を改善しつつ，作物に有効なリンが与えられる施肥管理が行われてきた．

さまざまな土壌肥沃度の改善を行うため与えられてきた堆肥・化学肥料には，リンだけではなく窒素・カリウムもあり，これら栄養塩類は作物に吸収されるが，ここで問題となるのは，リンは窒素に次いで二番目に欠乏しやすい作物栄養であるのに，収穫物に含まれる窒素・リン・カリウムの比は9：1：7で，リンの量は窒素・カリウムに比してずっと少ないことである．化学肥料と家畜糞堆肥の賦存量に含まれるこれらの比は3：2：3である．見かけのリンの利用率は20％程度で残りは土壌中に残存する．天野[4] は全リンとして151.1 Tgが農地土壌に存在し，そのうち89.5 Tgが人為起源であるとしている．三島と神山[5] の窒素・リンの収支に関するデータベースから概算すると，1990年から2005年までに農地土壌で余剰となったリンの量は4.2 Tgである．こうして土壌で余剰となったリンの一部は，作物に吸収可能と考えられ

表1　各種家畜堆肥の成分（％）（文献[1] より作成）

	水分	TC	TN	P	K
牛	52.2	37.9	2.2	1.2	2.0
豚	36.7	36.5	3.5	2.4	2.3
鶏	24.7	28.7	3.1	2.5	3.0

るトルオーグ法で測定される可給態リンとして発現する．先のPrasadとPower[2]の記述に反するが，農林水産省が1979年から行った土壌環境基礎調査（定点調査）と現在も進行している土壌環境モニタリング調査（1999年～）の結果から，おおむね深さ18 cmほどまでの，与えた堆肥・化学肥料が耕されることで均質に表層に存在する可給態リンは，1.77 Tgから2.34 Tgへと0.57 Tg増加している[6]．前述の4.2 Tgの余剰に比べると少量ではあるが，可給態リンは増加している．小原[7]は土壌環境基礎調査を取りまとめ，水田・畑地・牧草地・施設（ビニールハウスなど）の4つの農地で，可給態リン濃度をランク分けし，可給態リン濃度の高い土壌が増加しており，特に施設土壌でリンが多いことを提示した．

こうして多量に農地に残ったリンの行方の一つには，豪雨で土壌が流亡したときに周辺環境へと広がり，水系の富栄養化に寄与するリスクがある[8]．あるいはHechrathら[9]は，ある程度表層に可給態リンが蓄積し，チェンジングポイントを超えると急速にリンが地下浸透していくことを提示している．Mishimaら[10]は，土壌環境基礎調査と土壌環境モニタリング調査で，農地土壌の表層と第二層の可給態リンについて記述のあるデータを取り出し，量を算定したところ，水田を含め多くの作物で，表層のリンが増えていないか，減っていても，第二層に増加が認められることを提示した．こうしたリンの挙動は，地下水を通じて河川や湖沼のリンを供給し富栄養化に寄与しうる，とカナダなどでは考慮している．

こうした環境影響や，あまり根が発達しない土壌の第二層以下に可給態リンが浸透してくことに対する対処法としては，土壌のリン肥沃度・可給態リンの量に依存したリンの施用や適時にリンを与える（生育初期の作物体のリン濃度が耐寒性を高めることから，スターターとしてのみ局所施用する，など）こと，収奪しただけのリンを与えるリン均衡施肥（補給的施肥），といったことが対策として考えられ，特に後者は日本でも普及所を介して啓発されている．また，日本では単位農地面積あたりの家畜の飼養密度が大きく異なり，これが高く，地域内の農地では堆肥を利用しきれないならば，鶏糞を焼却し熱源とするとともにリン酸カルシウムを主体とする焼却灰を回収してこれを肥料用のリン資源とする（宮崎県の南国興産・みやざきバイオマスリサイクル），あるいは炭化してやはりリン肥料のもととして利用する（宮崎県小林市のバイオマスタウン構想の技術の一つ），といった技術を適用することで，重くかさばる堆肥ではなく，軽量コンパクトで広域に移送できる肥料などに使える国内リン資源としての活用の方向も，今後肝要となると考えられる．

（三島慎一郎）

参考文献

1) 古谷修：畜産の研究，59：1181-1183, 2006.
2) R. Prasad and J. F. Power：Soil Fertility Management for Sustainable Agriculture. CRC Press, 1997.
3) 吉池昭夫：日本土壌肥料学雑誌 54：255-261, 1983.
4) 天野洋司：土壌蓄積リンの再生循環利用技術の開発，p.4, 農林水産省技術会議事務局, 1991.
5) 三島慎一郎，神山和則：農業環境技術研究所資料，27：117-139, 2010.
6) S. Mishima *et al.*：*The 20th WCSS Proc.* p.2-503, 2014.
7) 小原洋：ペドロジスト，44：134-142, 2000.
8) S. Mishima *et al.*：*Soil Science and Plant Nutrition,* 58：83-90, 2003.
9) G. Hechrath *et al.*：*Journal of Environmental Quality,* 24：904-910, 1995.
10) S. Mishima *et al.*：ESAFS 11 Proc. p.127, 2011.

6-2 リン肥料各論

土壌中の可給態リンと測定方法

6-2-1

リンは大気中にはほとんど存在せず，土壌中では不溶性の無機態リンが風化や湛水化あるいは微生物などの作用で可溶化し，植物・微生物によって吸収・同化されやがて植物遺体あるいは微生物バイオマスリンとなり，難分解性の有機態リン，あるいはポリリン酸として存在している．これらが再び分解・無機化されると，可溶性の無機態リンに変化する．

◆ 土壌の可給態リン酸

土壌中の可給態リンは，植物によって吸収利用可能な形態，すなわち主に水溶性やリン酸カルシウムなどの形態で存在する土壌中のリン酸を指し，有効態リン酸とも呼ばれる．土壌中の水溶性リン酸は一般に少なく，大部分は難溶性リン化合物（カルシウムやアルミニウム，鉄などのリン酸塩，それぞれカルシウム型，アルミニウム型，鉄型と呼ぶ）の形態で存在するため，そのままでは植物が利用しにくい形態であるが，微酸性である降雨による風化作用，あるいは土壌中のリン溶解菌（各種の酸生成菌など）や植物に共生している菌根菌の働きで，難溶性リン酸の可溶化が促進される（図1）．

わが国の畑土壌などに多い火山灰起源の黒ボク土壌中では，活性アルミニウムに富む粘土鉱物であるアロフェンなどによって難溶性のアルミニウム型リン酸が形成され，リン酸が強く吸着されて植物には利用しにくい形態となっている．黒ボク土壌は，アルミニウムなどの影響で酸性土壌となっているので，その改良のため石灰などカルシウム資材が施用されてきたが，その過剰施用によって土壌がアルカリ化している事例も見受けられる．リン酸肥料の施用量が多い施設栽培土壌中では水溶性リン酸（リン酸二水素イオンやリン酸水素イオンの形態）が多いこともある．水田土壌では，湛水期間中に還元状態が発達し，鉄型リン酸が可溶化してくる．強還元状態の土壌では，ホスフィン（PH_3）が検出されることがある．

◆ 可給態リン酸の測定方法

土壌中の可給態リン酸量の推定方法としては，土壌からpHなどの異なる以下のような各種の抽出液でリン酸を抽出し，モリブデンブルー法などで比色定量する方法が簡便で土壌診断などに広く用いられている．

トルオーグ（Truog）リン酸　わが国で最も広く用いられているのはトルオーグ（Truog）法と呼ばれる，pH 3.0の0.001 M硫酸抽出液を用いるもので，ほぼカルシウム型に相当するリン酸が抽出される．

測定には風乾細土2 gを1Lフラスコに取り，抽出液400 mLを加えて30分振とうし，乾燥ろ紙でろ過し，そのろ液を比色定量する．

農耕地土壌の施肥改善目標では，100 mg/kg以上とされており，それ以下の土壌へはリン酸肥料や資材の施用が必要であり，その施用によって作物収量の増加が期待できる．一方，リン酸肥料を多投してきた園芸作物栽培土壌などでは1000 mg/kg以上に達するところもみられるが，過剰施肥となり，増収が期待できないだけではなく，環境汚染などを引き起こす可能性もある．

ブレイ（Bray）リン酸　米国で開発された方法をわが国に広く分布する黒ボク土壌にも適応できるように改良して用いられているブレイ（Bray）第二法（準法）は，フッ化アンモニウムを含む0.1 Mあるいは0.025 M塩酸を抽出液としてトルオーグ法と同様に定量する．この抽出法では，土壌中のカルシウム型と，アルミニウム型および鉄型の一部が溶解してくる．

オルセン（Olsen）リン酸　オルセン（Olsen）法は0.5 M炭酸水素ナトリウム溶液を用いて同様に抽出する方法で，酸性土壌とアルカリ土壌の両方に適用できる．

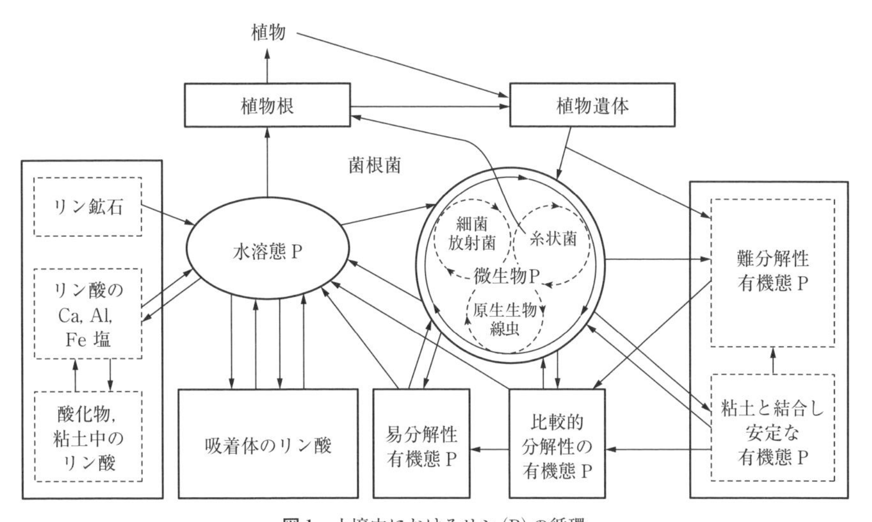

図 1　土壌中におけるリン（P）の循環
（Chauhan et al. を筆者が一部改変）

その他　このほか，水抽出法や 0.5 %酢酸を用いる酢酸法，あるいは施肥試験，放射性 ^{32}P を用いたトレーサー試験もあり，土壌や対象作物などによって適切な抽出方法を選択することが，土壌の可給態リンの評価において重要な点である．

土壌中のリンの循環速度は，リンの形態によって異なるが，最も早く循環している微生物バイオマス中のリンは，微生物バイオマス中の炭素より早く，たとえば英国の牧草地土壌中では炭素が 90 日前後であるのに対して，リンでは 40 日前後という報告がある[8]．これは微生物中の炭素が細胞壁など比較的安定な画分にも分布するのに対して，リンは可溶性の細胞質画分などに存在する割合が高いためと考えられる．またアフリカ・ウガンダの 10 年・20 作以上の長期陸稲栽培肥料試験の土壌では，可給態リン酸量は日本の非火山灰畑土壌と比較すると低い傾向にあったが陸稲収量とは高い相関関係を示し，トルオーグ法よりブレイ第二法のほうが高い相関係数を得られることを見出している[9]．　（犬伏和之）

参考文献

1）若尾紀夫：リンの形態変化，土壌生化学，朝倉書店，1994.
2）後藤逸男：土壌の有効成分，安西徹郎ほか編，土壌学概論，朝倉書店，2001.
3）伊藤豊彰：可給態リン酸，和田光史ほか編，土壌の事典，朝倉書店，1993.
4）南條正巳：可給態リン酸，日本土壌肥料学会監，土壌環境分析法，博友社，1997.
5）鈴木創三：草地におけるリン循環，三枝正彦ほか監，土壌サイエンス入門，文永堂，2005.
6）遠藤銀朗：リンの循環と微生物，発酵研究所監，IFO 微生物学概論，培風館，2010.
7）高橋和彦：可給態リン酸，藤原俊六郎ほか編，土壌肥料用語事典，農文協，1998.
8）K. Kouno *et al.*：*Soil Biol. Biochem.*, 34：617-622, 2002.
9）S. Hanazawa *et al.*：*Research for Tropical Agriculture*, 8(Ex.1)：17-18, 2015.

リン酸製造の副産物

◆ 肥料用のリン酸を製造する際の副産物

通常肥料用のリン酸液は湿式法により製造され，リン鉱石を硫酸で分解するのが一般的である．リン鉱石の主成分はフルオロアパタイト（化学式：$Ca_5F(PO_4)_3$）であり，硫酸との反応でリン酸と結合しているカルシウムを硫酸カルシウム（石膏：$CaSO_4 \cdot nH_2O$）として析出，容易に分離が可能でリン酸液を得ることができる．主反応は次の通りである．

$Ca_5F(PO_4)_3$ （リン鉱石） ＋ $5H_2SO_4$ （硫酸） ＋ nH_2O ⟶

$3H_3PO_4$ （リン酸液） ＋ $5CaSO_4 \cdot nH_2O$ （石膏） ＋ HF （フッ化水素）

上記反応式で生成した懸濁液をろ過してリン酸液が得られる．これを粗リン酸液（リン酸濃度：P_2O_5 として 30 ～ 35 %）といい，さらに濃縮し，濃縮リン酸液（P_2O_5 濃度 45 ～ 54 %）として肥料用に使用される．

石膏は洗浄され，用途に応じて，再度水に懸濁し溶解する不純物を除去（リパルプ操作という），または造粒して，わが国では主に建築用途に利用されている．このとき，湿式法のリン酸製造時に原料リン鉱石の 1.3 ～ 1.5 倍の多量の石膏が生成する．リン酸製造で副産する石膏をリン酸石膏と呼び，他の産業から副産する石膏と区別している．

石膏のリパルプ操作では可溶性のフッ素化合物，付着リン酸が溶出するので，発生する廃水を無害化するため排水処理工程が必要であり，フッ素とリンを含む汚泥が発生する．汚泥はほとんど廃棄処分され，再利用されていない．

フッ化水素はリン鉱石に含有するシリカと反応しケイフッ化水素酸（H_2SiF_6）となり，残りはフッ化水素酸としてリン酸液中に含まれる．粗リン酸液中のケイフッ化水素酸はリン酸液を濃縮する際に揮発するので，水にて吸収し回収される．このときケイフッ化水素酸（H_2SiF_6 濃度：20 %）が使用したリン鉱石 1 トンあたり 20 ～ 30 kg（H_2SiF_6 として）発生する．

以上，リン酸製造の流れと副産物の発生を

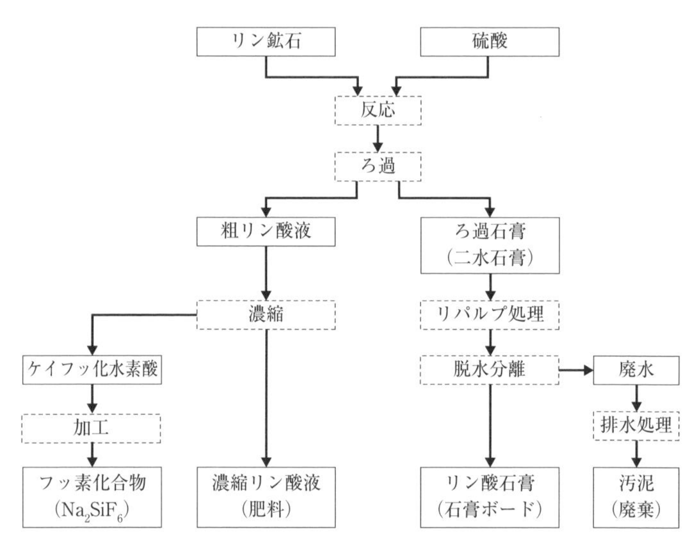

図 1　湿式法リン酸の製造工程の概略フロー例（半水–二水石膏法の場合）

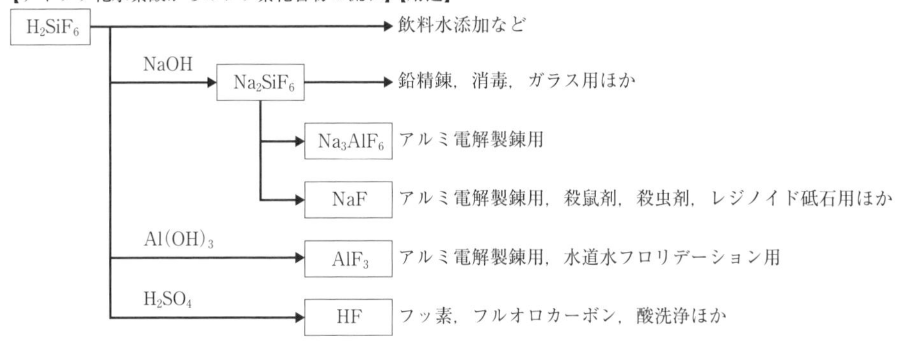

図 2 ケイフッ化水素酸の利用事例

図 1 に示す．

◆ リン酸石膏の用途

副産する石膏はリン酸液濃度と温度に応じて，無水塩，半水塩，二水塩の形態をとり，湿式リン酸製造法は副産する石膏の形態により，二水石膏法，半水二水石膏法，二水半水石膏法，半水石膏法に分類される［➡ 5-2-1 乾式法と湿式法］．海外では製造設備がコンパクトな二水石膏法が主流で，リン酸石膏はリン酸分が多い（P_2O_5 含有量：約 1 %）のが特徴で，埋め立て，または海上投棄され，ほとんど再利用していない．

わが国では，リン酸石膏の再利用はリン酸工業の存立条件でもある．石膏ボードやセメント用に使用できるように，リン酸分が少なく（P_2O_5 含有量：0.2 ～ 0.5 %）粗大な（粒径 100 ～ 200 μm）石膏を製造するため半水二水石膏法，二水半水石膏法が開発された．

リン酸石膏の用途を表 1 に示す．わが国では，リン酸石膏の大部分が石膏ボードの原料に使用され，残りがセメント原料に，そして農業利用はわずかである．石膏ボード原料としての要求品質は，P_2O_5 含有量，結晶形状のほか，放射性物質，重金属の少ない石膏が求められている．この要求に応えるため高品質のリン鉱石を輸入している．

◆ ケイフッ化水素酸の用途

回収したケイフッ化水素酸からのフッ素化合物への利用の事例を図 2 に示す．リン酸工業から副産するケイフッ化水素酸の世界的な需要は氷晶石（Na_3AlF_6），フッ化アルミニウム（AlF_3）のアルミ電解製錬向けが大部分であり，飲料水添加に使用している国もあるが，フッ素化学品分野にはほとんど利用されておらず，過剰生産にある．わが国でもケイフッ化ソーダ（Na_2SiF_6）として回収しているが，需要は減少している．全世界で生産されているリン鉱石に含有されるフッ素は約 700 万トン /年（F 換算）と推測される．これは，現在，採掘されている天然蛍石のフッ素含有量約 400 万トン /年（F 換算）を賄うに十分な賦存量である．リン酸工業に潜在するフッ素資源の産業への活用は，今後の課題である．（用山徳美）

表 1 リン酸石膏の利用事例

分類	用途
土木，建築用途	石膏ボード，セメントリターダー，固化材（地盤改良）原料，ブロック材，路盤材
農業利用	特殊肥料，土壌改良資材，組成均一化促進材
化学品回収	硫黄回収，硫安（$(NH_4)_2SO_4$）製造，石灰，亜硫酸ガス（SO_2）製造

6-2 リン肥料各論

過りん酸石灰と重過りん酸石灰

6-2-3

過りん酸石灰（superphosphate：以下，過石と表示）は，リン鉱石を粉末にし，これに硫酸を反応させてつくられ，リン酸一カルシウムを主成分としたりん酸質肥料である．肥料取締法に基づく公的規格では，過石の含有すべき主成分の最小量は可溶性リン酸（SP）15.0 %，うち水溶性リン酸（WP）13.0 %である．また，重過りん酸石灰（concentrate superphosphate, double superphosphate, triple superphosphate：以下，重過石）は，リン鉱石にリン酸液または硫酸とリン酸液の混合液で反応させつくられ，SPが高く，公定規格の含有すべき最小量はSP30.0 %，うちWP28.0 %である．国内では通常，30 %以下を過石，30 %以上を重過石に分類している．

◆ 過石の沿革

骨粉の硫酸処理は19世紀前半に行われているが，アイルランドの医者マーレー（J. Murray）が1803年に溶解骨粉を試作し，1935年に「superhosphate of lime」という用語を用いている．工業化したのはローズ（J. B. Lawes）で，1843年に英国のテッドフォードで最初の過石工場が建設され，「Super Phosphate of Lime」（後に，Superphosphate of Lime）という商品名で販売している．1844年にニューカッスルで2番目の工場が建設されるが，国内で最初に過石の工業生産に関与した高峰譲吉は英国留学時1880年2月にこの工場で学んでいる．

国内では，1872（明治5）年に大阪造幣局で製造された鉛室法硫酸を使い，1874年に骨粉を原料に過石が試作されたのが始まりである（「年表に見る農業の動きと農業試験場の100年」：熊本県）．翌年1月に大阪造幣局で製造された過石とリン酸アンモニアを試験用として内務省勧業寮に回付したとあり，製造に関与した津田仙が1876年の農業雑誌に，過石の製造方法と効能について解説している．

国内での過石の工業化は，高峰譲吉によって始められた．米国の1884（明治17）年のニューオリンズ万博博覧会に出張し過石6トン，リン鉱石4トンを購入し，過石は都府県に分与されて効果を試験された．リン鉱石は農務省で過石を試作し，1886年に硫酸製造株式会社大阪工場で過石を製造している．翌年，渋沢栄一らと東京人造肥料（現在の日産化学株式会社）を設立し，1888年11月に肥料工場を稼動した．1890年に骨粉を製造していた多木製肥所（現在の多木化学株式会社）が，骨粉過りん酸石灰の製造を開始した．以上が国産の過石の黎明期である［➡6-1-3りん酸質肥料の歴史］．

その後過石の製造は盛んに行われたが，戦後になって1951（昭和26）年に住友化学株式会社が「住友式」を開発して以来，戦前のムロ式から連続装置に変わり，「日産式」「多木式」「宮古式」「菱化式」などが各社で開発され，1952年に東洋高圧工業株式会社，神島化学工業株式会社が「ブロードフィルド式」を英国から導入することで生産が大幅に増加した．現在でもこれらの生産方式がベースとなり各社で改良を加えたプラントで生産している．

過石の生産量は，1897年1万トン，1904年10万トン，1932年100万トン，戦前の1940年には164万トン，戦後も増加し1960年には最高の213万トンに達した．1968年には，日東化学工業株式会社，東洋高圧工業，東京日産，ラサ工業株式会社，多木製肥所，神島化学工業など17社19工場で生産が行われている．しかし，1960年後半の高度化成肥料の普及に伴い急激に減少し，1970年後半のバルクブレンド肥料（粒状配合肥料）の普及，さらにク溶性リン酸を含む熔成りん肥や焼成りん肥および加工りん酸質肥料などの普及に伴い減少し，2001年には20万トンとなっている．さらに近年の作物の作付け面積の減少，生産コスト低減への取り組みからりん酸質肥料の施肥減が進み，2015年は10万トン台まで減少した．

現在国内では，片倉コープアグリ株式会社（宮古工場），エムシー・ファーティコム株式会社（神島・岩城工場），多木化学株式会社（本社工場），日東エフシー株式会社（名古屋・千葉工場），太陽肥料株式会社（鹿島工場）などで製造している．

◆ 過石の製造法

SP17％の過石の製造工程と原単位は図1の通りである．過石1トンを生産するのに必要な原単位は，硫酸（100％換算）360 kg，リン鉱石（無水・$P_2O_5$32％換算）が570 kgで，反応式は，

$$2Ca_5(PO_4)_3F + 7H_2SO_4 + 3H_2O \longrightarrow \underbrace{3Ca(H_2PO_4)_2 \cdot H_2O + 7CaSO_4}_{\text{過石}} + 2HF\uparrow$$

である．

連続式製造法である片倉コープアグリ株式会社宮古工場では，リン鉱石を粉砕機（ボールミル）で微粉砕し，その粉末に濃度65～75％の硫酸を一定割合で連続的に混合反応機に添加し，攪拌混合したスラリー状の混合物を反応コンベアに落とす．落下した混合物は40～60分かけて反応を進行しながら運ばれ，製品コンベアで熟成ヤードに移し1～2週間堆積熟成させた後，粉砕して製品化する．

市販品は，主成分がSP17％（うちWP14％）とSP20％（うちWP17％）のものが一般的に使用されており，粒状品が多く販売されている．粒状過石は粉状過石に所定の水を加えながら，ドラムあるいはパン型の造粒機で粒状化するが，過石中の硫酸カルシウムの造粒促進効果で容易に粒状化ができる．

◆ 重過石の製造法

重過石は，過石と同様の方法で製造する．

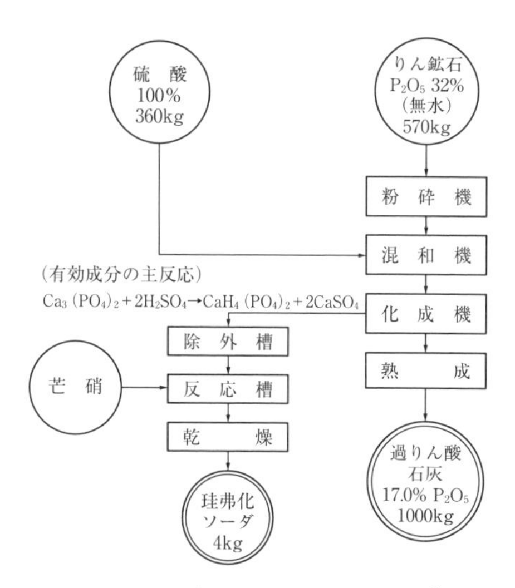

図1　過りん酸石灰の製造工程と原単位[1)]

過石は硫酸だけで製造されるが，重過石の場合は，リン鉱石にリン酸液またはリン酸と硫酸との混酸を反応させてつくり，リン酸液の濃度が高いほど主成分が高くなる．製造ラインには，硫酸タンクとリン酸タンクがあり，リン酸液と硫酸の濃度・比率を変えることによりSP含有量を調整している．

リン酸液だけによる反応式は，

$$Ca_5(PO_4)_3F + 7H_2PO_4 + 5H_2O \longrightarrow \underbrace{5Ca(H_2PO_4)_2 \cdot H_2O}_{\text{三重過りん酸}} + HF\uparrow$$

である．

市販品や肥料原料用には，主成分がSP34％（うちWP31％）とSP40％（うちWP37％）のものが一般的に使われている．

（吉田吉明）

◆ 参考文献

1）農林統計協会編：ポケット肥料要覧 2015/2016.

6-2　リン肥料各論

熔成りん肥

6-2-4

リン鉱石の主要成分のフルオロアパタイト（$Ca_{10}F_2(PO_4)_6$）は難溶性で，このままでは植物はリン酸を吸収することができない．

熔成りん肥は，リン鉱石に蛇紋岩やニッケル鉱滓スラグなどのケイ酸とマグネシウム分を適切な混合比となるように混合して熔融処理（1350～1500℃）し，急冷・水砕することにより得られる砂状の肥料である．熔融処理することで，フルオロアパタイト構造が壊れ，リン酸の形態を植物が吸収しやすいク溶性に変えることができる[1,2]．熔融方式には，電気炉方式と重油燃焼方式がある．製品はガラス状の粉末で，原料の種類により緑色，黒褐色，灰色のものがある．肥料製品には，ガラス状の粉末を摩砕後造粒し，施肥しやすいように粒状にしたものもある．主要成分は，リン酸（P_2O_5），ケイ酸（SiO_2），マグネシウム（MgO），カルシウム（CaO）である．

熔成りん肥は全体が非晶質のガラス状になっており，どの含有成分も水溶性は低いが，根酸などの弱い酸には溶ける緩効性の肥料である．緩効性肥料は，水に対する溶解度が小さく一度に成分が溶け出さないため雨水による流出が少なく，環境負荷が低い肥料という特長を有している．

日本の耕地は塩基が抜けやすい不良土壌が多いといわれ，このような酸性土壌を矯正するはたらきも熔成りん肥はもつ．肥料取締法ではク溶性リン酸17.0％以上，ク溶性苦土12.0％以上，アルカリ分（40.0％以上）を保証することとしている．市販されているものには，ケイ酸（可溶性ケイ酸20.0％以上）を保証しているものが多く，ホウ素（ク溶性ホウ素0.05％以上）やマンガン（ク溶性マンガン1.0％以上）を保証しているものもある．

また，肥料取締法では，肥料原料についても規定しており，熔成りん肥または熔成けい酸りん肥は，リン鉱石に蛇紋岩やニッケル鉱滓スラグなどのマグネシウムとケイ素を含有する鉱物などを原料とすることとしており，リン酸源としては唯一リン鉱石のみが使用できる．したがって，そのほかのリン酸源を原料として用いる場合には，新たに肥料取締法公定規格を申請し規格改定をする必要がある．

現在，りん酸質肥料の原料となるリン鉱石は，100％輸入している．一方，リンは人間にとって必須元素であり，食物から摂取されている．人は，一人1日あたり1.2gのリンを排泄しているといわれ[3]，このうちのほとんどが下水道に排出される．このため，下水中には，大量のリン成分が含まれており，1980年代から回収・利用方法が研究・開発され，その一部は実用化されている．

下水からのリン回収利用技術の一つとして，下水汚泥焼却灰に，ドロマイトなどのアルカリ分（マグネシウム分とカルシウム分）を添加し，熔成りん肥と同様の組成に調合後，1400℃程度の高温で熔融処理する熔成汚泥灰複合肥料[4]や熔成汚泥灰けい酸りん肥[4]があり，肥料公定規格を有している．この技術は，熔融処理することで下水中に含まれる重金属類を分離除去[5]するとともに，含有するリン酸やカリウムをク溶性に変えるものである．植物への効果は，熔成りん肥と酷似した肥効を有している．（岩井良博）

参考文献

1）金澤孝文：熔成苦土リン肥に関する研究，pp.69-154，熔成燐肥協会，1961.
2）栗原淳，越野正義：肥料製造学，pp.95-143，養賢堂，1986.
3）日本下水道協会編：流域別下水道整備総合計画調査指針と解説，1993.
4）農林統計協会：ポケット肥料要覧，2015.
5）岩井良博ほか：廃棄物資源循環学会論文誌，20(3)：203-216，2009.

6-2　リン肥料各論

焼成りん肥

6-2-5

リン鉱石に炭酸ナトリウム，硫酸ナトリウムなどのナトリウム源およびケイ砂などのケイ酸分を加えたものにリン酸を添加，焼成して製造される肥料で，水溶性リン酸を含まない緩効性の肥料である[1]．重焼燐（加工りん酸肥料）の原料として使用されるほか，飼料としても用いられる．肥料取締法における公定規格では，含有する主成分の最小量は，ク溶性リン酸34.0 %，アルカリ分40.0 %であり，有害成分の最大量は，ク溶性リン酸含有率1.0 %につきカドミウム0.00015 %，そのほかの制限事項としては212 μmの網ふるいを90 %以上通過することが定められている．国内で生産業者登録を受けているのは，1社5銘柄で輸入登録はない（2016年5月現在）．

◆ 開発の背景

リン鉱石の熱分解により，リン鉱石の主成分であるフルオロアパタイトを植物が吸収しやすい化合物に変える肥料製造の試みは，1913年ドイツで研究され，レナニアりん肥として工業化された[2]．しかし，この方法は炭酸ナトリウムを多量に使うため，日本では経済的に成り立たなかった．

一方，米国ではケイ酸を添加して水蒸気と接触させフッ素を揮散させる方法（脱弗）が考えられたが，水蒸気との接触が不十分であったり，融点が下がって焼成物が炉壁に付着したり，大きな塊となって工業的な生産は成功しなかった．

日本では，永井章一郎，安藤淳平，山口太郎らが焼成りん肥の研究を進めた結果，融点を下げずに脱弗する方法が山口によって見出された[3]．その研究成果と当時の小野田セメント株式会社（現太平洋セメント株式会社）の回転炉（ロータリーキルン）によるセメント焼成技術を応用して，1957年から小野田化学工業株式会社で工業的に生産が開始された（巻頭口絵6参照）．

◆ 焼成りん肥の製造方法

現在製造されている方法は，リン鉱石に炭酸ナトリウムを添加して混合粉砕した混合粉にリン酸液を添加して造粒した後，ロータリーキルンに送入して，水蒸気を吹き込みながら，1300～1500 ℃で焼成し，冷却，粉砕して製品とする．

揮発したフッ化水素ガスは，酸性フッ化ナトリウム（$NaHF_2$）として回収され，氷晶石（Na_3AlF_6）などのフッ化物として商品化されている．

◆ 焼成りん肥の特徴と肥料効果

原料リン鉱石の品質が製品品質に及ぼす影響が大きいため，高品位のリン鉱石原料が要求される．

焼成りん肥中の主要構成鉱物は，リン酸三カルシウム（$Ca_3(PO_4)_2$）とレナニット（$CaNaPO_4$）の1：2の固容体（A-compound）で，クエン酸溶液によく溶け，中性クエン酸アンモニウム溶液にも溶解する．

肥料中の有効態リン酸（ク溶性リン酸，可溶性リン酸，水溶性リン酸）が，過りん酸石灰の15.0 %，熔成りん肥の17.0 %に比べて34 %以上と高く，施肥および輸送の省力に有利である．現在は，焼成りん肥単体での販売よりも，主に重焼燐の原料として使用されている．フッ素の含有量が少なく，家畜の消化吸収がよいため，リンとカルシウムの供給源として飼料にも使用されている．

（橋本光史）

◆ 参考文献

1）肥料用語事典編集委員会編：肥料用語事典，肥料協会新聞部，1992.
2）栗原淳，越野正義：肥料製造学，養賢堂，1986.
3）尾和尚人ほか編：肥料の事典，朝倉書店，2006.

加工りん酸肥料および その他のりん酸質肥料

◆ 加工りん酸肥料

りん酸質肥料，熔成微量要素複合肥料，リン酸含有物，塩基性のカルシウム，マグネシウム，もしくはマンガン含有物，鉱滓またはホウ酸塩に硫酸，リン酸または塩酸を加えたもので，ク溶性リン酸15.0％以上，水溶性リン酸1.0％以上を含む．苦土，マンガン，ホウ素を含むものもある[1]．

開発の背景　りん酸質肥料のうち，過りん酸石灰など湿式法で製造される肥料のリン酸分が主に水溶性であるのに対して，乾式法で製造される熔成りん肥，焼成りん肥のリン酸分はすべてク溶性リン酸である．そこで，作物の初期生育に必要な水溶性リン酸分と，生育中期から後期にかけて必要な緩効性のク溶性リン酸分の両方を有する肥料として開発された．

1956年の公定規格改正により，熔成りん肥に過りん酸石灰または重過りん酸石灰を混合した第一種混合りん肥と焼成りん肥に過りん酸石灰，重過りん酸石灰を混合した第二種混合りん肥の規格が設定されたが，1963年に統合され混合りん肥となった．さらに1984年の改正で前述の混合りん肥のうち，リン酸などを添加したものは加工りん酸肥料，単に混合したものは混合りん酸肥料のカテゴリーとなった[2]．1986年の改正では，過りん酸石灰に蛇紋岩などの塩基性苦土含有物を混合した苦土過りん酸も加工りん酸肥料に統合された[1]．

製造方法　主な製造方法は次の通りである[3]．

①熔成りん肥に過りん酸石灰または重過りん酸石灰を混合し，これにリン酸または硫酸を添加したもの（図1）．

②熔成りん肥，焼成りん肥または焼成りん肥に塩基性苦土含有物などを混合したものに，リン鉱石をリン酸または硫酸で分解した液を加えたもので，リン酸分のほか，苦土を保証したもの（図2）．

③リン原料のほか塩基性苦土含有物など，炭酸マンガン鉱，ホウ酸塩を使用して，苦土，マンガン，ホウ素を保証したもの．

④過りん酸石灰または重過りん酸石灰に塩基性苦土含有物などを混合し，これにリン酸，硫酸または硫リン酸を加えたもの．

加工りん酸肥料の特徴と生産量　先に述べた成分および肥効の特徴以外に，通常は粒状で輸送時に粉化しにくく，機械撒きにも適している．他の肥料と混合したときの固結防止効果のあるものもある．

1986年には28万8000トンの生産量があったが，米の消費量減少に伴う作付け面積の減少により，2012年には9万2500トンと1/3に減少した．

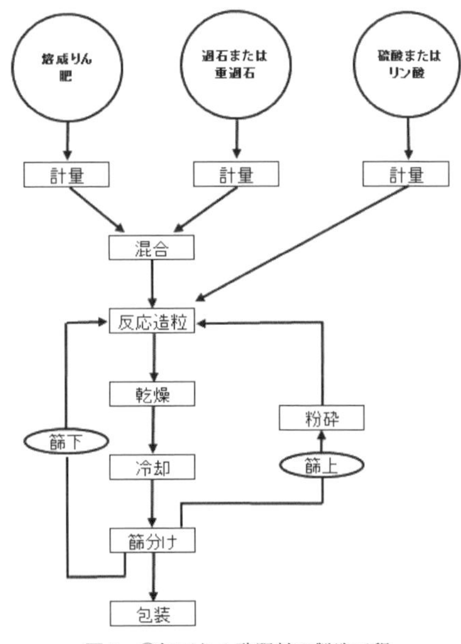

図1　①加工りん酸肥料の製造工程

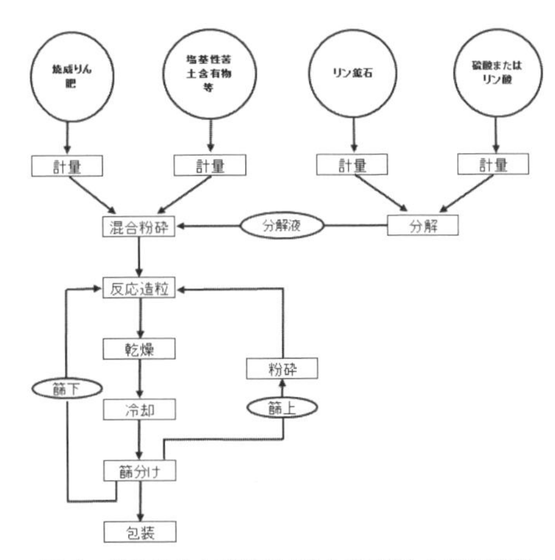

図2　②加工りん酸肥料（苦土重焼燐）の製造工程

図3　加工りん酸肥料（苦土重焼燐）
（小野田化学工業株式会社提供）

◆ その他のりん酸質肥料の成分規格等[3)]

原料および製造方法は6-1-1の表1に示した．それぞれのりん酸質肥料の成分規格は次の通りである．

りん酸苦土肥料　水溶性リン酸45.0％以上，水溶性苦土13.0％以上を含有する．1社1銘柄が国内生産登録されている（2016年1月18日現在）．

腐植酸りん肥　ク溶性リン酸，水溶性リン酸のほか苦土，マンガン，ホウ素を含む．

鉱さいりん酸肥料　製鋼鉱滓のうち，ク溶性リン酸3.0％以上，アルカリ分20.0％以上，可溶性ケイ酸10.0％以上のもので，苦土，マンガンを含有する．

加工鉱さいりん酸肥料　鉱さいけい酸質肥料にリン酸を加えたもので，ク溶性リン酸3.0％以上，水溶性リン酸1.0％未満，アルカリ分20.0％以上，可溶性ケイ酸10.0％以上のもので，ほかに苦土，マンガン，ホウ素を含有する．

被覆りん酸肥料　水溶性リン酸10.0％以上を含み，水溶性苦土を含んだものもある．

液体りん酸肥料　水溶性リン酸17.0％以上，水溶性苦土3.0％以上を含有する．

熔成汚泥灰けい酸りん肥　ク溶性リン酸5.0％以上，アルカリ分45.0％以上，可溶性ケイ酸30.0％以上，ク溶性苦土12.0％以上を含有する．

2012年に新たに公定規格が設けられた．

混合りん酸肥料　りん酸質肥料と他の肥料を混合した肥料（6-1-1の表1参照），ク溶性リン酸16.0％以上を含有する．またアルカリ分を15.0％以上保証するものは，ク溶性リン酸の保証値は3.0％以上となる．その他水溶性リン酸，可溶性ケイ酸，苦土，マンガン，ホウ素を含有するものもある．

製造工程が比較的簡易なため，りん酸質肥料のなかでは肥料登録数が最も多く，水稲用の肥料として，熔成りん肥と鉱さいけい酸質肥料を混合したもの，加工りん酸肥料と鉱さいけい酸質肥料を混合したものなどがある．

（橋本光史）

◆ 参考文献

1）肥料用語事典，肥料協会新聞部，1992．
2）農林省農政局肥料機械課編：肥料取締り20年，肥料協会新聞部，1972．
3）農林統計協会：肥料ポケット要覧 2013/2014．

6-2　リン肥料各論

副産りん酸肥料

6-2-7

食品工業または化学工業において副産されたもの，および下水道の終末処理場，そのほかの排水の脱リン処理に伴い副産されたもので，ク溶性リン酸を15.0％以上含有し，その他水溶性リン酸，ク溶性苦土を含有するものもある（肥料取締法に基づく公定規格）．

◆ 規格改正の推移

1901年，日本で初めて肥料に関する立法として施行された肥料取締法の施行規則には，成分などの表示義務が必要な肥料として過りん酸石灰，重過りん酸石灰とともに，後に副産りん酸肥料に統合される沈殿りん酸石灰が記載されている[1]．この沈殿りん酸石灰は，1950年の新肥料取締法にも引き継がれ，ク溶性リン酸30.0％以上の公定規格が設けられた．

1957年には副産りん肥として新たに公定規格が設けられたが，これは高炉法によりニッケルマットおよびフェロニッケルを生産するときに副産されるリン酸を含んだ肥料であり，1963年には公定規格から削除され，代わりに湿式リン酸液を生成する際に副産される肥料として副産りん肥の規格が設けられた．

1972年，沈殿りん酸石灰の規格に米ぬかを原料としてイノシトールを抽出する際に生産されるものが追加された．さらに1976年には，獣骨を原料としてゼラチンを生産する際に副産されるものが追加された．

1981年，発酵工業の排水を海水および水酸化ナトリウム液で処理して得られるリン酸含有物を乾燥したものが加わり，肥料の種類も沈殿りん酸肥料に改名された．

1984年に沈殿りん酸肥料と副産りん肥が統合され，副産りん酸肥料の名称となり，定義上も食品工業または化学工業において副産されるもの（飛散防止または粒状化を促進する材料を使用したものを含む）となった．

2003年の改正で，下水道の終末処理場そのほかの排水の脱リン処理に伴い副産されるものが追加され，現在に至っている[2]．

◆ 製造方法

①粉砕したリン鉱石を硫酸で分解した液に石灰を加えてリン酸二カルシウムとして沈殿させる．

②写真，食品，接着剤などの分野で使用されるゼラチン工業では，原料となる牛骨などを脱脂後，塩酸で溶解して残ったオセインを加熱，精製して製造される．このとき，塩酸で無機成分を浸出した液に石灰乳を加えて中和するとリン酸カルシウムが沈殿する．これを回収して洗浄，乾燥して副産りん酸肥料とする．形態はリン酸二カルシウム（$CaHPO_4 \cdot 2H_2O$）である[3]．

③ビタミンB群の一つで医薬，飼料添加物などに使用されるイノシトール（$C_6H_{12}O_6$）は，米ぬかまたはトウモロコシに無機酸を添加してフィチン酸（$C_6H_6Ca_6O_{24}P_6$, $C_6H_6Mg_6O_{24}P_6$）を抽出し，アルカリを加えてフィチンを沈殿・回収し，さらにこれを加圧加水分解してイノシトールを製造する．この際，加水分解して生じたマグネシウムを含むリン酸カルシウムが沈殿生成する．肥料用のほかに飼料用のリン酸カルシウムとしても使用される[3]［➡8-3-10 米ぬかからのリンの回収］．

④発酵工業の排水を海水および水酸化ナトリウムで処理して得られるリン酸含有物を乾燥して製造する．特に瀬戸内海などの閉鎖性水域ではリンの総量規制に対応するために排水中のリンをリン酸カルシウム（HAP）として回収し，富栄養化防止に貢献している［➡8-3-3 発酵産業排水］．

⑤食用油を生産する際に副産される．植物の種子から抽出された粗油中には，油の精製ロス，精製油の着色，風味低下などの原因

表 1 国内生産登録されている副産りん酸肥料（FAMIC 農林水産大臣登録銘柄検索）

登録年月日	登録名称	保証成分（%）*			生産登録業者
		CP	CMG	IWP	
1970 年 5 月 11 日	36 沈でんりん酸石灰	36			食品産業
1971 年 12 月 25 日	38 沈でんりん酸石灰	38			食品産業
1981 年 10 月 26 日	苦土入り 30 沈でんりん酸肥料	30	13		肥料メーカー
1982 年 9 月 25 日	28.0 沈でんりん酸肥料	28	12		肥料メーカー
1988 年 2 月 25 日	35 沈澱りん酸石灰	35	4		食品工業
1999 年 5 月 25 日	造粒スーパーりん酸 2 号	33			化学工業（食品添加物）
2000 年 1 月 17 日	32 粒状沈でんりん酸石灰	32			肥料メーカー
2000 年 9 月 11 日	38 沈澱りん酸石灰	38	6		食品工業
2002 年 10 月 25 日	副産りん酸 28	28	27		肥料メーカー
2003 年 3 月 10 日	39.5 沈澱りん酸石灰	39.5			肥料メーカー
2003 年 7 月 10 日	40.0 沈澱りん酸石灰	40			肥料メーカー
2005 年 12 月 12 日	SMCI 燐肥 2525	30	5	2	化学産業（リン酸精製）
2006 年 10 月 10 日	40 りん酸カルシウム肥料	40			肥料メーカー
2006 年 11 月 27 日	SMCI 燐肥 2530	25	3		化学産業（リン酸精製）
2008 年 7 月 10 日	副産りん酸 18 号	18		18	肥料メーカー
2008 年 9 月 10 日	カルシウムアパタイト三國	15			化学産業（薬品）
2008 年 9 月 25 日	35 副産りん酸肥料	35			肥料メーカー
2009 年 1 月 26 日	25 副産りん酸肥料	25			肥料メーカー
2009 年 1 月 26 日	30 副産りん酸肥料	30			肥料メーカー
2009 年 3 月 25 日	岐阜の大地　りん 20	20			市町村（下水道）
2009 年 3 月 25 日	岐阜の大地　りん 25	25			市町村（下水道）
2009 年 3 月 25 日	岐阜の大地　りん 30	30			市町村（下水道）
2009 年 7 月 27 日	晶析りん酸カルシウム（恵みのつぼみ）	15.5			市町村（し尿）
2009 年 8 月 25 日	せんぼくさくら	19			市町村（し尿）
2010 年 8 月 25 日	エコ肥料　ヴィザックスりん酸 30 号	30			肥料メーカー
2011 年 8 月 10 日	エコりん肥 27	27			肥料メーカー
2011 年 11 月 25 日	十津川ゆうき	25			市町村（し尿）
2012 年 10 月 10 日	希望 1 号	30			食品工業（植物油）
2013 年 3 月 11 日	希望　2 号	25			食品工業（植物油）
2013 年 7 月 25 日	西北五副産りん酸肥料	30			肥料メーカー
2013 年 9 月 25 日	大阪合金副産りん酸肥料	28			化学産業（合金）
2014 年 5 月 26 日	エコリン	15			市町村（し尿）
2014 年 8 月 11 日	魚ウロコりん酸 35	35			食品工業
2014 年 12 月 25 日	20 副産りん酸肥料	20			肥料メーカー
2015 年 1 月 16 日	KOAP-1 号	20			電子産業

（次頁に続く）

（表1続き）

2015年2月25日	30沈殿りん酸石灰	30	6	6	食品工業
2015年4月10日	池野山エコリン	15			市町村（し尿）
2015年9月25日	39副産りん酸肥料	39			肥料メーカー
2016年3月10日	ゆうばりん	30			市町村（し尿）

*CP：ク溶性リン酸，IWP：内水溶性リン酸，CMG：ク溶性苦土.

となるガム質が溶解している．そこで精製の段階で脱ガムするが，さらに脱ガム分離できなかった非水和性リン脂質を除くため，リン酸を添加する．原料中のリンの一部と精製工程で添加されたリンは，活性汚泥処理され，処理水に消石灰を添加してリン酸カルシウムとして回収する［➡8-3-9 植物油脂製造プロセスからのリン回収］.

⑥湿式リン酸を精製する際に副産する沈殿かす，およびこれにリン酸を反応させた後，ろ過，乾燥，粉砕して製造する.

⑦高純度リン酸を，基盤の洗浄剤として使用する電子産業や触媒として使用する合成アルコールなどの化学工業では，使用後のリン含有廃液に石灰を添加してリン酸カルシウムとして回収する［➡8-3-6 電子部品産業排水］，［8-3-7 合成アルコール工場排水］.

⑧下水処理場およびし尿処理場において，排水中のリンをリン酸カルシウム（HAP）として晶析させ，肥料として利用する［➡8-1-6 し尿および浄化槽汚泥，8-2 下水からの回収技術］.

◆ 副産りん酸肥料の国内生産登録

現在（2016年3月10日）39件が副産りん酸肥料として国内生産登録されている（表1）が，そのうちリンショックのあった2008年以降に登録されたものが25件と7割以上を占めている.　　（橋本光史）

◆ 参考文献

1）川崎一郎：日本における肥料および肥料智識の源流，1973.

2）農林省農政局肥料機械課編：肥料取締り20年，肥料協会新聞部，1972.

3）藤原彰夫，岸本菊夫：燐と植物（Ⅰ）（Ⅱ），博友社，1988, 1993.

トピックス◇14◆ 植物のリン欠乏における膜脂質転換

自由に動きまわることのできない植物にとって，生育土壌中の無機リンの枯渇は非常に大きな問題である．リン欠乏土壌において植物がとる戦略には大きく分けると2つあり，1つは根からのリンの吸収効率を上げるための戦略で，もう1つは細胞内にすでに存在するリンを有効利用する戦略である．ここでは後者のうち，特にリン脂質に関連した植物特有の戦略について紹介したい．

動物の生体膜は主にリン脂質で構成されている．しかし植物の葉では，葉緑体の膜は主に糖脂質で，そのほかの膜は主にリン脂質で構成されている．葉緑体膜を構成する脂質の約80％はガラクトース分子を含む脂質，モノガラクトシルジアシルグリセロール（MGDG）とジガラクトシルジアシルグリセロール（DGDG）であり，葉緑体の包膜上で生成された後，通常生育条件下では主に葉緑体内のチラコイド膜に局在する．植物葉の生体膜脂質は，通常生育条件下ではリン脂質と糖脂質がだいたい1：1の割合で保たれている．しかし，リン欠乏にさらされると，この生体膜脂質組成は一変する．リン欠乏下の植物葉では，リン脂質の分解が促進され，その結果生じたリンはほかの生体内の重要な代謝系に利用される．つまり，リン脂質は，単なる膜の構成成分としてではなく，リンのリザーバーとしての役割も担っている．しかし，膜の主要脂質であるリン脂質が大量に分解すれば，生体膜そのものを維持することができない．そこで，このリン脂質の分解に伴い活性化されるのが，糖脂質MGDGおよびDGDGの合成である．MGDG合成酵素は2つのタイプ，Type AとType Bが存在する．リン欠乏時には，Type B MGDG合成酵素遺伝子（シロイヌナズナには*MGD2*と*MGD3*の2遺伝子が存在するが，特に*MGD3*が重要）の発現量が顕著に増大する．しかし，MGDGは蓄積することなく，さらにガラクトースがもう一分子結合したDGDGが大量に生成される．このようにして生成されたDGDGは，葉緑体外の生体膜に移行し，失われたリン脂質の代わりに膜脂質の構成脂質として機能する．この現象は，「リン欠乏時の膜脂質転換」と呼ばれている．シロイヌナズナのMGD3欠損体は，野生株に比べて顕著にリン欠乏に対する耐性が低下することから，Type B MGDG合成酵素遺伝子は，植物のリン欠乏土壌での膜脂質転換において，必須遺伝子の1つであると考えられている．膜脂質転換においてはリン脂質の分解に関わる遺伝子も重要であることがわかっている．

（下嶋美恵・太田啓之）

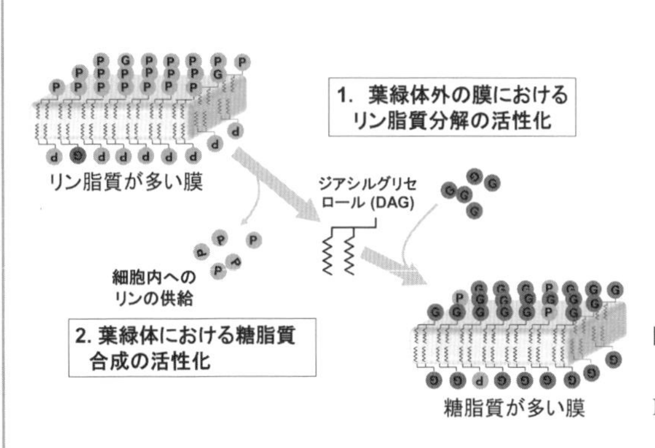

図1　植物におけるリン欠乏時の膜脂質転換の概略図
P：リン，G：ガラクトース．

化成肥料

◆ 複合肥料 / 化成肥料

化成肥料とは何かを簡潔に表現すれば,「複数の肥料原料を使って化学反応を伴って混合した後,造粒,乾燥工程を経て製品となるもの」[1]となる.肥料は大別すると,単一の成分のみからなる「単肥」と,複数の成分が含まれる「複合肥料」に分けられるが,日本で流通しているほとんどの肥料が複合肥料であり,さらに複合肥料の大部分を化成肥料が占めている.

◆ 肥料取締法上での位置づけ

日本における肥料の製造,販売および輸入は肥料取締法によって管理され,品質の保全や公正な取引が確保されている.「化成肥料」とは同法が分類する肥料の一種類であり,「肥料取締法に基づき普通肥料の公定規格を定める等の件」に下記の通り定義されている.

> 化成肥料
> (次に掲げる肥料をいう.
> 一　窒素質肥料,りん酸質肥料,加里質肥料,有機質肥料,複合肥料,石灰質肥料,けい酸質肥料(…略…に限る.),苦土肥料,マンガン質肥料,ほう素質肥料又は微量要素複合肥料のいずれか二以上を配合し,造粒又は成形したもの
> 二　一に掲げる化成肥料の原料となる肥料に…略…を配合し,造粒又は成形したもの
> 三　肥料(…略…を除く.)又は肥料原料(…略…を除く.)を使用し,これに化学的操作を加えたもの
> 四　三に掲げる化成肥料を配合し,造粒又は成形したもの
> 五　一若しくは二に掲げる化成肥料又はその原料となる肥料若しくはその原料となる肥料を配合したものに三に掲げる化成肥料,その化成肥料を配合したもの又は四に掲げる化成肥料を配合し,造粒又は成形したもの)

法令文章はとかく難解なものであるが,本法も例に漏れない.その理由は,施肥現場における化成肥料へのニーズが年々多様化し,これに伴って新たな肥料が次々と市場に投入されてきたことにある.法令もこれに追従し,実情に合わせる形で改正され続けてきた.

肥料業者がこのような法律を遵守しながら肥料の製造販売を行っていることは,一般にはあまり知られていないようである.リン資源リサイクルの検討においても,回収されたリンを肥料の原料に適用しようとする場合に,本法が障壁となるケースがよくみられる.

◆ 化成肥料の特徴

複数の肥料原料を用い,化学反応を経て造粒した製品である化成肥料の特徴は,次の3点にまとめられる.

①肥料一粒の中に複数の肥料成分(窒素,リン,カリウムほか)が均一に含まれる.
②各肥料成分の含有量を自由に設計できる.
③高硬度化や形状安定化,また吸湿や固結対策を同時に施すことができる.

これらの特徴は,それぞれ以下の要望や期待に応えるものである.

①一度の施肥作業で作物に必要な肥料成分を与えたい.成分の偏りがなく,施肥ムラを起こさない.
②生育作物の種類や田畑の状況ごとに最適量の肥料成分を施したい.
③機械施肥に対応したい.輸送・保管中の変質を抑えたい.

◆ 化成肥料の種類

さまざまな組成のものを製造できることが化成肥料の特徴であり,事実,実に多彩な種類の化成肥料が実用に供されている.なぜそのようなことが可能になるのか,肥料の化学組成面から説明する.

ほとんどの化成肥料は製造時に「化学的操作」が加わる.その結果,化成肥料の化学物質としての構成は,肥料3成分を主体とする無機の複塩化合物,さらにはそれらの混合物の形態をとることが多い.イオン種として,陽イオンはNH_4^+,K^+,Mg^{2+},Ca^{2+}など,

陰イオンはNO_3^-，PO_4^{3-}，Cl^-，SO_4^{2-}などが主要な構成要素となる．なお，Ca，Cl，SO_4などの非肥料成分は，化成肥料の製造においてよく使われる原料（リン鉱石，塩化カリウム，硫酸など）に由来するものである．

この時点で組成面の組み合わせがいろいろ取りうるわけであるが，このうえに尿素やシリカなどの中性物質が入ったり，ホウ素やマンガンといった微量要素が添加されたりする．また，「有機質肥料」と称する一群の原料（種類はかなり多い）を加えたものがある．一般に有機質由来の肥料成分は，施肥後土中で徐々に分解される結果，肥料の効き（肥効）が穏やかであるという特長がある．さらに，肥効以外の効果を企図して加えるもの（たとえば農薬）もある．

成分内容が決まっても，それぞれをどれだけ含有させるかについての自由度が次にある．慣習的に保証肥料成分量を窒素，リン，カリウムの順に並べ，横並び型とかV型などと分類する．また，3成分の合計含有量の多少により高度化成とか低度化成などと称する．

このように，好みの成分を好みの量だけ，しかも均一に含有させることができるのが化成肥料であり（もちろん製造上の制約はある），これがバラエティに富むのは必然の成り行きであるといえる．加えて，製造工程や製造条件を追求することにより，たとえ同じ成分含有量であっても異なった物理的特性を引き出すことができ，それが上記特徴③につながる．

このようなもの一つ一つが「特長ある」製品としてラインアップされる結果，化成肥料の種類増加にますます拍車がかかることとなる．

◆ 今後の動向

化学的にも物理的にも均一な化成肥料は，単肥やそれらの混合物である配合肥料と比較して格段に使いやすく利便性の高い肥料であり，農業技術の発展と相まってスタンダードな肥料として日本で広く普及してきた．さまざまな農地にさまざまな農産物を効率的に栽培することを目的として，現在数多くの銘柄の化成肥料がそれぞれの存在意義をもって製造され，販売されている．

しかし，何も化成肥料に限ったことではないが，製品の行きすぎた多銘柄化は，製造面はもちろんのこと，流通や在庫など，さまざまな面において確実にコストアップを招いている事実がある．他方，加速する国際競争のなかで日本農業が今後も存続していくためには，農産物の生産コスト低減が何より必須であり，肥料コストとて例外ではない．使い勝手のよさでここまで普及してきた化成肥料ではあるが，今後の日本農業の変化に相応してその内容は変わっていくであろうし，その一つの方向が銘柄の整理，削減である．

本書のテーマであるリン資源に関しても同様である．これまで肥料メーカーは多種多様な化成肥料を製造するため好適なリン原料を自由に選んでこられた．しかし，リン資源は有限であり可能な限り無駄なく利用することが求められている．使用面での困難さ（それには肥料取締法上の制約も含まれる）を克服し，リサイクルリンの活用にいっそう注力することが肥料メーカーに求められている．

（西倉　宏）

◆ 参考文献

1）尾和尚人ほか編：肥料の事典，p.118，朝倉書店，2006.

りん酸アンモニウム

6-2-9

りん酸アンモニウム（以下，りん安と表示）は，リン酸をアンモニアで中和して得られる．りん安はアンモニア化率（NH_3/H_3PO_4 のモル比）によって異なり，モル比1でリン酸一安（monoammonium phosphate：MAP），モル比2でリン酸二安（diammonium phosphate：DAP）が得られる．

反応式と成分およびpHは，

MAP：$H_3PO_4 + NH_4 \longrightarrow NH_4H_2PO_4$

（理論値は，アンモニア態窒素（AN）12.2％N，水溶性リン酸（WP）61.8％P_2O_5，pH 4.0）

DAP：$H_3PO_4 + 2NH_4 \longrightarrow (NH_4)_2HPO_4$

（理論値は，AN 21.2％N，WP 53.88％P_2O_5，pH 7.8）である．

肥料として使われるりん安は，モル比が1～2との間になるよう製造され，MAPとDAPの混合体になっているものが多く，通常，モル比1.4未満をMAP，1.4以上をDAPと呼んでいる．また，リン酸を中和するときに高温の反応熱を利用して急激に水分を蒸発させる方法でポリりん安（ammonium polyphoshate：APP）も製造されている．りん安は窒素とリン酸の2成分を含むので，国内の普通肥料の公定規格の肥料の種類では，化成肥料に分類される．

本項では，単肥および化成肥料の原料として，国内外で生産されている代表的な製造法について述べる．

◆ りん安とそれを原料とした化成肥料の沿革

りん安を主体とした高度化成（窒素，リン酸，カリウム成分の合量が30％以上の化成肥料）は，1921（大正11）年に「アンモホス」，1927（昭和2）年に「ロイナホス」の名称で輸入され販売されていたが，国内で高度化成が本格的に生産されるのは1955（昭和30）年以降である．1950年に日産化学株式会社と住友化学株式会社が高度化成を生産し，1955年にチッソ株式会社と東北肥料株式会社が硫りん安を大量に連続生産するドル・オリバー社のプラントを導入し硫加りん安を製造してから，肥料成分の高度化が加速する．りん安は高成分の窒素およびりん酸質肥料であり成分の高度化に最適であるが，高度化成全盛期の国内の大手メーカーの製造方法はスラリー方式が主流であった．

スラリー方式は，リン酸と硫酸を混合し，これにアンモニアを吹き込んでMAP，DAPおよび硫安を主成分としたスラリーに窒素原料，カリウム原料などを投入し粒状化，乾燥して製造する．これにより国内での高度化成の生産量は，1960年には40万トン，1965年168万トン，1974年には最高の374万トンに達した．

しかし，スラリー方式による高度化成の生産は，1975年代にバルクブレンド肥料（粒状配合肥料）と被覆肥料の普及とその後の安価なりん安の輸入量の増加により減少し，輸入りん安の使用，設備投資，エネルギー効率，造粒収率，銘柄の多様化などにフレキシブルに対応ができる配合式高度化成の生産にシフトした．それにより輸入りん安は，1960年4.9万トンから，1980年21.6万トン，1990年55.6万トン，2000年には61万トンに増加したが，その後肥料の需要の減少に伴い2012年には41.8万トンとなっている．

◆ 湿式法によるりん安の製造

国内外でのりん安はDAPの生産量が多いため，DAPの製造法について概要を述べる．製造法としては，ドル・オリバー法，TVA法などがあるが，代表的なTVA法によるDAPの製造工程を図1[1]に示す．

りん安の製造上，最も重要な条件は溶解度で，MAPとDAPの中間に溶解度の最大のところがあり，しかも飽和溶液の粘度も最大であることから，中和槽では約 40 % P_2O_5 の濃度の湿式リン酸をアンモニア化率 1.4 近くまでアンモニアで中和する．この時反応温度は約 115℃程度になるがアンモニアのロスも少なく，りん安の溶解度が高いため流動性もよい条件とされる．このスラリーを戻り粉（ふるい下）と一緒に回転ドラム造粒機に入れ，造粒機の原料層の下部に通したパイプからアンモニアガスを過剰に加え，造粒しながら DAP とする．アンモニアロスを考慮し，製品のアンモニア化率は 1.8 程度にとどめることが多い．

市販の DAP の成分は AN18 %，SP（可溶性リン酸）46 %（18-46）が代表的なものであり，リン酸の一部に硫酸を加えることで，19-41，13-39 のような硫りん安もつくることができる．

◆ 乾式法によるりん安の製造法

乾式法として，日産化学方式を図 2[1] に示したが，国内で開発され現在も稼動している．反応層の上部の回転皿によりリン酸液（45 % P_2O_5）を降らせ，下部からブロワーでアンモニアガスを吹き込み中和し DAP をつくる．形状はポーラス状になっているが，これに回転円筒型造粒機で造粒することで粒状の DAP（18-46）もできる．

◆ パイプリアクター法によるりん安の製造法

TVA のパイプクロスリアクター（PCR）を図 3[2] に示した．遊離水および化学結合水を蒸発するのに反応熱を利用するもので，現在，片倉コープアグリ株式会社新潟工場ではほぼ同じ構造の PCR で DAP が生産されている．通常，リン酸液は 48 ～ 52 % のものを使用するが，同社宮古工場では，$P_2O_5$58 % 以上に濃縮したリン酸液を加温しアンモニアと加圧条件で瞬時に反応させ，220℃以上の高温の反応熱でリン酸の水分の大部分を蒸発させることで APP を製造している．これを造粒工程で粒状化し乾燥し製品とする．市販されている APP の成分は，AN13 %，SP58 %が代表的で溶解度が高いため液肥の原料にも使用される．（吉田吉明）

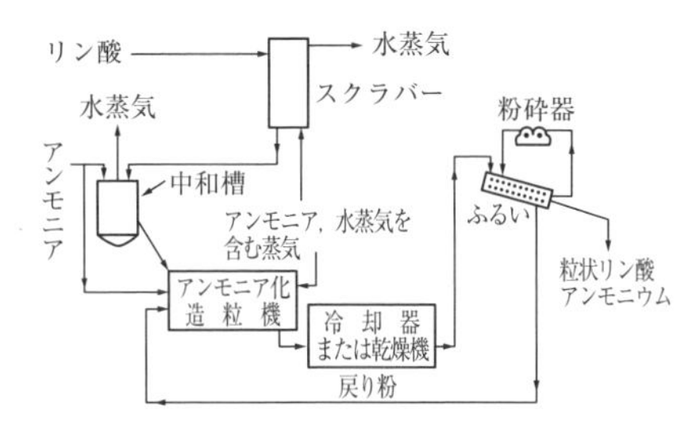

図 1 TVA 式りん酸アンモニウム（18-46-0）の製造工程

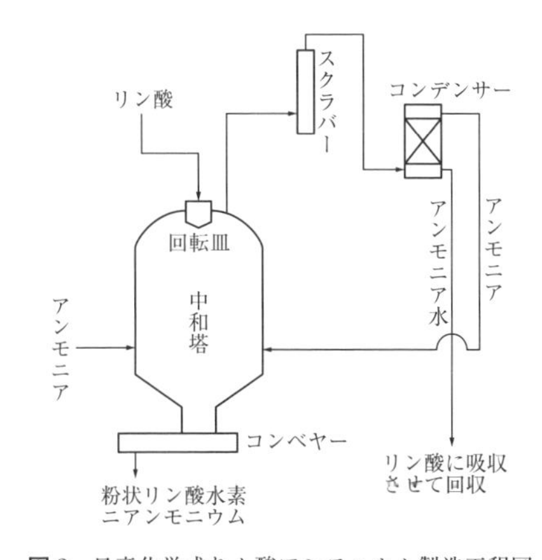

図 2 日産化学式りん酸アンモニウム製造工程図

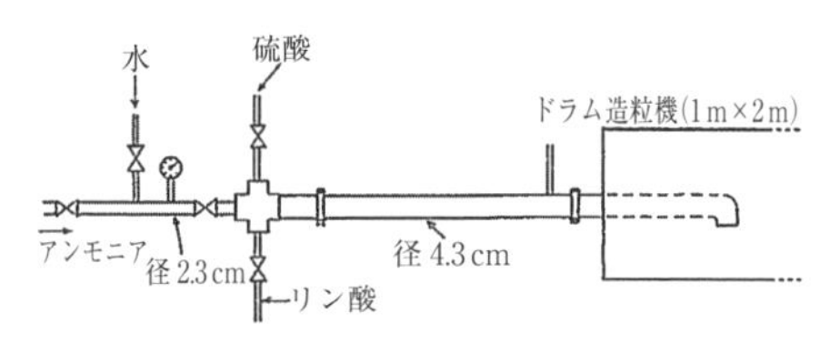

図 3 TVA パイロットプラントパイプクロスリアクター（例）

◆ 参考文献

1）尾和尚人ほか編：肥料の事典，p.97，朝倉書店，2006.

2）（社団）日本粉体工業技術協会：造粒ハンドブック，p.549，オーム社，1991.

6-2　リン肥料各論

わが国におけるBB肥料の現状と課題

6-2-10

バルク・ブレンディング肥料（以下，BB肥料）は，2種類以上の粒状の肥料原料を，物理的に混合する肥料である．わが国では，1966年に岩手県で産声をあげて以降，導入の拡大が続き，現在では15県，18工場で年間62万トン（いずれも2013年度）の実績があり，これは国産化成の市場（約60万トン）に匹敵する（図1）．

わが国のBB肥料の原型となる米国のBB肥料は，一般的には比較的小規模（3000～4000トン程度）のディーラーが数十km程度の販売エリアを対象として，バラ原料をコンクリートミキサーやロータリードラムなどの簡易な配合機で混合し，施肥までを請け負う．

わが国におけるBB肥料の導入初期では，製造コストが化成肥料よりも低いことを活かして，類似成分のBB肥料により化成肥料を切り替えることにより発展した．配合方式は20kg袋を基本とした包装単位となるため，原料粒度を2～4mmにそろえ，わが国独自の杉原式配合機などの切り落とし方式により配合される．このことにより，化成肥料と遜色のない成分の安定性や粒度の均一性を実現している．

◆ BB肥料の現状

最近では，被覆肥料入りBB肥料の普及がめざましく，平成25肥料年度では原料として2.6万トン（平成12肥対比180），製品として11.7万トン（同165）と著しく伸長している．この被覆肥料入りBB肥料については，平成20肥料年度の価格高騰を契機とした窒素の高成分化とリン酸，カリウムの低成分化が急速に進行しており，新たな土壌養分の適正管理技術の再構築が求められている状況にある．

BB肥料は自由度が高い多様な配合が可能である利点を活かして，農家ニーズの多様化への対応策としてオーダーメイド型BB肥料の生産が行われている．これは，土壌診断結果に基づき生産者のニーズを汲み取り施肥設計を決定し多彩なBB製品を供給するものであり，BB肥料の機能を存分に発揮できる．

反面，現在，銘柄あたりの生産数量が著しく低下しており，1銘柄あたりの生産数量は1984年度で995トンであったものが，2013年度段階では224トン/銘柄まで減少している（表1）．これは，作物，品種による銘柄の細分化が拍車をかけている．BB工場の経営上，製造効率の低下，生産コストの上昇，在

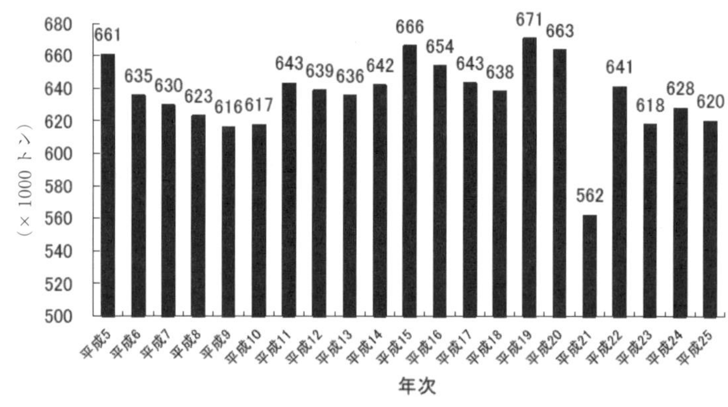

図1　生産実績の推移

表1　生産数量と銘柄数

項目	1984肥	1992肥	2000肥	2013肥
生産数量（トン）	534067	641984	638614	619587
銘柄数	537	1146	1849	2772
1銘柄あたり生産数量（トン）	995	560	345	224

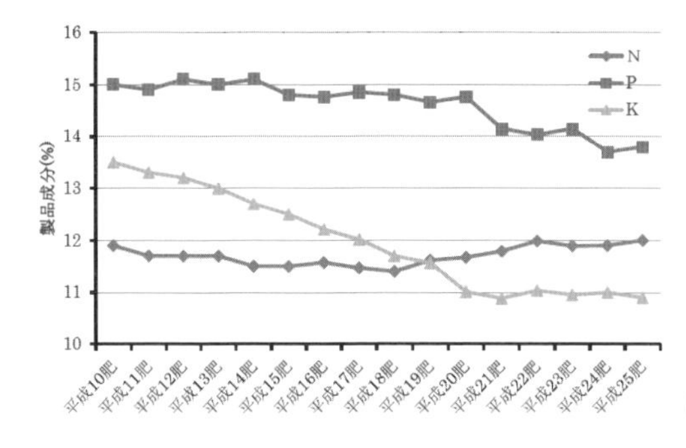

図2　BB原料の製品成分の年次別推移

庫リスクの上昇（期間・売れ残り・品質）を招くことから，各BB会社ともさまざまな経営リスクに直面している．

◆ BB肥料の原料

主要原料については，窒素源は主に硫安が大宗を占め（8.6万トン（平成25肥，以下同じ）），次いで塩安（4.1万トン）や尿素（1.6万トン）が続き，りん安も重要な窒素源となっている（図2）．リン酸については，圧倒的にりん安が大宗を占めており（16.6万トン），リン酸単肥の使用は多くはない（4.1万トン）．りん安の内訳としては過去国産品と輸入品が拮抗していた時代もあったが，価格面の優位性により現在では輸入品が大宗を占める．輸入品のなかでは，米国品は一貫して輸入されており，そのほかに中国やヨルダンからも輸入されている．カリウムについては，塩化カリウムが大宗を占め（7.4万トン），園芸用として硫酸カリウム（1.6万トン）も使用されている．

◆ BB原料の課題

米国ではバルクのまま比較的短期間に散布まで行われるため固結などの肥料品質問題が起きにくい．しかし，わが国では20 kgポリ袋やフレコン袋に充填され，長期保管が強いられることが多いため，固結問題が重要な課題となる．これは，化成肥料では化合物の再結晶が主原因となることに対して，BB肥料では肥料原料間の反応による反応生成物の析出の要因が加わる．

硫安以外の主要なBB原料を海外に依存している現状のなかでは，わが国特有の品質問題への対応として各山元へ“日本品質”を要求し，実現してきた．特にりん安については，水分管理が重要であり，高水分条件ではりん安から他原料への水分移動の結果，他原料が原因である固結が誘発されることがある．国内需要が減退している今日においては，“世界標準”の原料を使いこなすことが迫られており，シリカゲルや一部の加工りん酸肥料，タルクなどの粉状固結防止材による固結対策が導入されつつある．

上記のBB肥料のもつ利点をさらに農業場面に活かすためには，工場立地県に偏っている販売エリアをオーダーメイド型肥料などにより非導入県へ拡大することが求められる．

（小林　新）

トピックス◇15◆ 糞尿（し尿）という資源

人間が排泄する大便と小便をし尿といい，家畜などのものを糞尿として厳密に区別したものもあるが，ここでは糞尿と表現する．

糞尿博士として知られる故中村浩博士の著書『糞尿博士・世界漫遊記』[1]の中に，糞の質について，採食民族のものはお粗末で，肉食民族のものは上等である．下肥を作って作物を育ててみると，欧米人のものは，日本人のそれより作物を2倍も大きく育てる．終戦後，米軍のキャンプの付近で，農民がふところを肥やした秘密は，どうやらこのへんにあるらしいとの一節がある．さぞかし欧米では人糞が利用されているかと思いきや欧米では家畜糞が利用されている一方，人糞はその臭気を嫌われ，主に河川や海洋に投棄されていた．

日本では，平安時代に厩肥の施肥が認められるものの，人糞尿の施用は不明である．人糞を肥料として使用し始めたのは定かではないが，蔬菜（そさい）の生産地ができた室町時代頃に速効性の肥料として愛用されていたらしい[2]．

江戸時代に入ると人糞尿が盛んに用いられ，特に都市の人糞尿は有償で取り引きされるようになり，資源的価値をもつようになった．長屋の共同便所に溜まった下肥は大屋に所有権があり，下肥代金で年の瀬に餅をついて店子に配ったところもあったようだ．

人糞の肥料としての効果もわかってきて天保11年『培養秘録』には，人糞は無上の肥培だが，新しいものは効能がなく，むしろ害がある．腐熟，醸化して使うこととその製法も記されている．

さて，先の日本人と欧米人の糞尿の肥効については，明治21年11月発行の東京農林学校学術報告第3号に肥料としての人糞の組成，貯蔵および施用法に関する研究（ドクトル・オ・ケルネルおよび森要太郎）がある．これによると，肥養物としての人糞尿の内容は全面的に食物に依存するとの考えから，一般日本人の食事は多くの点においてほかの国々と異なるので，まず日本人の階級別に排泄物の組成を調査している．都市付近の農家の糞尿と東京から地方へ輸送中の船から採取した市民の糞尿，駒場学校内の中級官吏の糞尿，麻布連隊の兵士および海軍兵学校の学生の糞尿について，日本で初めて日本人の糞尿の組成を明らかにしている[2]．その結果（表1），窒素，リン，カリウムの含量の点で，兵士および海軍学生の糞は最高値を示したことから，肥養分は摂取する食物に由来するとしている．

これをヨーロッパ人の糞と比較すると，K_2Oは同程度だが，窒素とリンが日本人よりも高く，窒素は約1.5倍，リンは2倍含まれている（表2）．

この成分差が，日本人と欧米人の糞尿の肥効に表れたものと思われる．排泄量では，日本人は食したものの50％を排泄するが，40％を排泄するイタリア人は別として，欧米人は20％程度しか排泄しないとのことである[1]．

大正元年の農商務省農政局調査発表によると，自給肥料としての人糞尿生産推定額を6468万円（当時価格）としている．

（橋本光史）

◆ 参考文献

1）中村浩：糞尿博士・世界漫遊記，社会思想社，1972.

2）川崎一郎：日本における肥料および肥料智識の源流，1973.

図1 肥桶(練馬区立石神井公園ふるさと文化館所蔵)
江戸時代には人糞尿(下肥)が貴重な肥料とされ,農家は桶をかついで町へ出て下肥を有償で回収した.

表1 日本人の糞尿成分[2)]

成分	糞尿の分析値[新鮮物千分中]			
	農家	市民	中級官吏	兵士および学生
水分	952.9	953.1	945.1	944.1
有機物	30.3	31.8	38.9	40.7
灰	16.8	15.1	16.0	15.2
窒素	5.51	5.85	5.70	7.96
カリウム	2.95	2.88	2.40	2.07
ソーダ	5.10	4.09	4.48	3.61
石灰	0.12	0.19	0.19	0.29
苦土	0.34	0.46	0.60	0.51
鉄アルミ	0.26	0.18	0.61	0.61
リン酸	1.61	1.33	1.52	2.97
硫酸	0.71	0.35	0.48	0.72
ケイ酸	0.35	1.04	1.10	0.37
塩素	7.04	5.50	6.06	5.08
食塩	11.6	9.06	9.99	8.37

表2 日本人とヨーロッパ人の糞成分(千分中)

成分	日本人	ヨーロッパ人
N	5.7	7.0
P_2O_5	1.3	2.6
K_2O	2.7	2.1

6-3 飼料への添加

飼料安全法とリン

6-3-1

◆ 飼料安全法について

畜産物の安全性を確保するためには，飼料の安全性を確保することが重要な課題の一つである．わが国の飼料に関する法規制は，「飼料の安全性の確保および品質の改善に関する法律」(飼料安全法) による．飼料安全法において飼料は，「家畜等の栄養に供することを目的として使用されるもの」と規定されている．これは，食品衛生法の食品の定義である「すべての飲食物」と同様，家畜などの栄養に供することを目的として使用されるものはすべて法規制の対象となっている．

また，飼料安全法では「家畜等」については政令で定めており，「牛，豚，めん羊，山羊，しか，鶏，うずら，みつばちおよび養殖魚 (ぶり，まだい，ぎんざけ，かんぱち，ひらめ，とらふぐ，しまあじ，まあじ，ひらまさ，たいりくすずき，すずき，すぎ，くろまぐろ，くるまえび，こい，うなぎ，にじます，あゆ，やまめ，あまごおよびにっこういわな)」である．

表1 配合飼料に使用された主な原料 (2014 年度)[1]

原料名	使用量 (万トン)	使用割合 (%)
トウモロコシ	1056	45.1
大豆油かす	283	12.1
ナタネ油かす	112	4.8
米	101	4.3
ふすま	96	4.1
マイロ	92	3.9
大麦	83	3.0
炭酸カルシウム	69	2.9
グルテンフィード	62	2.7
トウモロコシ DDGS	56	2.4

◆ 配合飼料の原料について

わが国の 2014 年度の配合飼料の製造量は 2342 万トンであった[1]．配合飼料の原料は穀類，植物性油かす類，そうこう類，動物質性飼料，鉱物質性飼料，その他から構成されており，そのうち約 90 %は輸入に依存している．

2014 年度の配合飼料の原料の使用量は表 1 に示す通り，トウモロコシ，大豆油かす，ナタネ油かすが上位を占めており，リン酸カルシウムの使用量は，8.6 万トンで配合飼料の使用量の 0.4 %を占めている．大豆油かすは，配合飼料の重要なタンパク源となっており，大豆を輸入して製油メーカーが搾油した油かすが飼料などに利用されているが，最近では国内で搾油した油かすが不足しており，大豆油かすで輸入したものも利用されている．ナタネ油かすは，以前は肥料用として利用されていたが，有害物質 (甲状腺肥大物質であるグルコシノレートなど) が低レベルであるカノーラ種が開発されたため，急激に使用量が増加している．米は飼料自給率向上のため 1993 年頃より使用され始め，最近は使用割合が増加している．グルテンフィードは，トウモロコシからデンプンを製造する際にできる副産物で，かさがあるため，主に牛用飼料に用いられている．トウモロコシ DDGS は，トウモロコシからバイオエタノールを製造するときの副産物であり，栄養価も高い飼料原料である．

◆ 飼料と飼料添加物

飼料安全法において，配合飼料 (通常，家畜・家禽に給与されるもので各種飼料原料もしくは飼料添加物 10 種類程度を混合したもので，家畜・家禽の必要とするすべての栄養素を十分に供給できるように製造されたもの) の原料としては，飼料と飼料添加物がある．飼料添加物は，農林水産省令で定める用途に供することを目的に配合飼料に添加，混和，湿潤などによって用いられるもので農林水産大臣が農業資材審議会の意見を聴いて指

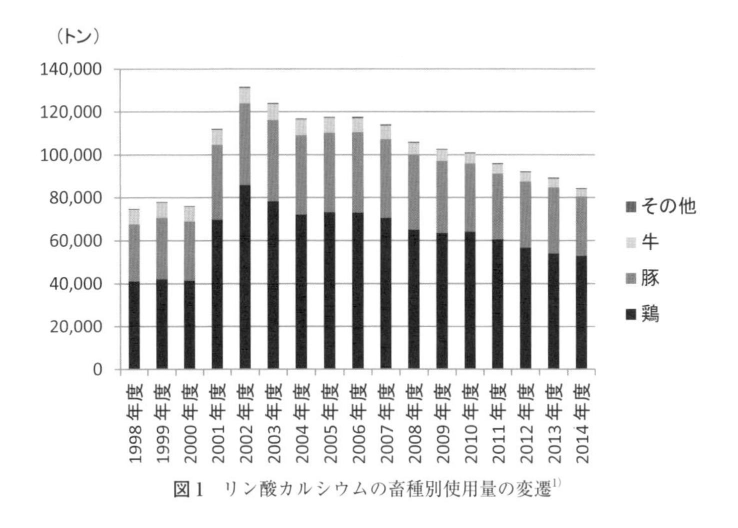

図1 リン酸カルシウムの畜種別使用量の変遷[1]

定されるものである．農林水産大臣が定める用途としては ①飼料の品質の低下防止（エトキシキン，プロピオン酸など17種類），②飼料の栄養成分そのほかの有効成分の補給（DL-メチオニン，L-アスコルビン酸，硫酸銅など88種類），③飼料が含有している栄養成分の有効な利用の促進（クエン酸モランテル，硫酸コリスチン，アミラーゼ，バチルスサブチルスなど52種類）で2016年3月現在157種類が指定されている．したがって，配合飼料に用いられる原料としては，飼料添加物として指定されたもの以外はすべて飼料という扱いとなる．配合飼料のリンの供給源として用いられているリン酸カルシウムは，飼料添加物として指定されていないことから飼料という扱いで配合飼料に添加されている．

◆ 配合飼料中のリン含有量

配合飼料の原料中でリン含量の高い原料としてはリン酸カルシウム（18～21％），チキンミール（3.62％），魚粉（3.31％），豚肉骨粉（2.75％），米ぬか油かす（3.02％），ふすま（1.14％）などがある[2]．配合飼料のリンの供給源としては，リン酸カルシウムが最も重要な原料となっている．畜種別のリン酸カルシウムの配合飼料中への使用量を図1に年次別に示した．畜種別にみると鶏用飼料がリン酸カルシウムの使用量が最も高く，次いで豚用，牛用の順である．2001度からリン酸カルシウムの使用量が増加した原因は，日本国内でBSE（牛海綿状脳症）が発生し，肉骨粉が配合飼料に添加できなくなったため，その代替としてリン酸カルシウムが使用されたためである．しかしながら，その後チキンミール，豚肉骨粉などが徐々に解禁されリン酸カルシウムの使用量も減少している．

（石黒瑛一）

◆ 参考文献

1）農林水産省生産局畜産部飼料課編：飼料月報，（公社）配合飼料供給安定機構．
2）（独）農業・食品産業技術総合研究機構編：日本標準飼料成分表（2009年版），中央畜産会．

6-3 飼料への添加

配合飼料とリン

6-3-2

◆ 家畜とリン

リンは家畜の骨格形成に利用されるほか，遺伝情報の要である核酸の構成成分であるとともに，炭水化物や脂質のエネルギー代謝に欠かせないATPや細胞膜の主要な構成成分であるリン脂質としても重要な成分である．家畜の体内でリンはリン酸として存在し，その約80％が硬組織（主に骨）に，軟組織に約20％含まれている．家畜の灰分の70％以上がリンとカルシウムであり，リンの大部分がカルシウムと結合して骨格を形成している．骨中のカルシウムおよびリンの重量比は約2：1となっている．

植物質飼料原料中のリンの大部分はフィチン酸に含まれており，表1に示す通りその含量の約2/3が家畜の種類によっては利用されにくいフィチン態リンである．配合飼料中に魚粉，豚肉骨粉，チキンミールなどの動物質飼料原料を多く配合しないかぎり，配合飼料中のリン含量が不足するためリン酸カルシウムなどの無機リンを配合しなければならない．

リンは排泄時にはカルシウムと同時に排泄され，リンの排泄が多量となる場合は，骨からカルシウム放出を促すため，飼料中のカルシウムおよびリンの比は，1.5～2：1とカルシウム過多の必要がある．カルシウムに対してリンの含量が高くなる場合は，カルシウムの利用率の低下を招く．

◆ 飼料原料としてのリン酸カルシウム

飼料原料として用いられているリン酸カルシウムは次の3種類がある．「第一リン酸カルシウム（calcium phosphate monobasic：リン酸一カルシウム）」「第二リン酸カルシウム（calcium phosphate dibasic：リン酸二カルシウム）」「第三リン酸カルシウム（calcium phosphate tribasic：リン酸三カルシウム）」の3種類であり，通常の配合飼料では第二，第三リン酸カルシウムが使用されている．飼料用リン酸カルシウムは必ずしも高純度の単一品ではなく，製造工程での未反応物品などの残留物が混合している．第一リン酸カルシウムは，未反応の炭酸カルシウムと遊離のリン酸を含むために吸湿性が強く，酸性

表1 主要飼料原料中の非フィチンリン含量と全リンとの比率[2)]

飼料原料名	A：全リン（%）	B：非フィチンリン（%）	B/A 比率（%）
第一リン酸カルシウム	21.25	21.25	100
第二リン酸カルシウム	18.40	18.40	100
第三リン酸カルシウム	18.47	18.47	100
トウモロコシ	0.30	0.10	33
マイロ	0.31	0.09	29
大麦	0.37	0.13	35
脱脂米ぬか	3.02	0.79	26
ふすま	1.14	0.27	24
大豆油かす	0.72	0.38	53
ナタネ油かす	1.26	0.40	32
魚粉（CP 60%）	2.88	2.88	100
チキンミール	3.62	3.62	100

表 2　飼料用リン酸カルシウムの品質規格（参考事例）

	第一リン酸カルシウム	第二リン酸カルシウム	第三リン酸カルシウム
化学式	$Ca(H_2PO_4)_2 \cdot H_20$	$CaHPO_4 \cdot 2H_2O$	$Ca_3(PO_4)_2$
英語名	monocalcium phosphate	dicalcium phosphate	tricalcium phosphate
英略字	MCP	DCP	TCP
リン　：%以上	21.0	18.0	18.0
カルシウム：%以下	14.0	25.0	30.5
硫酸塩　：%以下	5.0	5.0	5.0
塩酸不溶物：%以下	2.0	2.0	2.0
カドミウム：ppm 以下	30	30	30
フッ素　：%以下	0.18	0.18	0.18

である．また，第二リン酸カルシウムは，少量の第一リン酸カルシウムや未反応の炭酸カルシムを含んでいる．第三リン酸カルシムは脱フッ素処理のため，炭酸ナトリウムとリン酸液を使用するため，特にナトリウムの含量が多い特徴がある．飼料原料としてのリン酸カルシウムの品質規格の参考事例を表 2 に示した．

◆ 家畜のリン要求量と配合飼料のリン設計

家畜が必要とする各種栄養成分の量を要求量といい，ミネラルとしてのリンの必要量をリン要求量という．配合飼料は各種原料を組み合わせ混合したものであるが，家畜が必要とする各種栄養成分の要求量をすべて満たし，さらに飼料原料を混合したトータルコストが最も安価となるように原料の混合比率を決定することを「配合飼料の配合設計」と呼んでいる．配合設計にあたっては，使用する原料のすべての栄養成分（一般成分，アミノ酸，ミネラル，ビタミン類，脂肪酸，その他）を事前に把握しておく必要があり，原料コストも重要な配合設計条件となる．配合飼料中の成分としてリン含量を過不足なく決定することは，家畜の健全な発育維持に必須であると同時に，リンがコスト的に割高になる栄養成分でもあることから，配合設計でも特に原料コストに留意すべき成分の一つである．植物質飼料原料中に多く含まれるフィチン態リンの利用性を高めるために，飼料添加物のフィターゼを飼料に添加することは，飼料のコスト低減策としても有効な方法である．さらに，リンは環境負荷物質の一成分でもあり，フィターゼによりフィチン態リンの利用性を高め，排泄糞中へのリン含量を低減させることは，環境負荷低減型飼料としても重要な要件となっている．飼料原料としてリン酸カルシウムを使用する場合は，第一リン酸カルシウム，第二リン酸カルシウム，第三リン酸カルシウムのそれぞれの成分的特徴を把握して，特に第三リン酸カルシウムを使用する場合はナトリウム含量の多いことも留意して配合設計する必要がある．　　（井上　譲）

◆ 参考文献

1）農林水産省生産局畜産部飼料課編：飼料月報，（公社）配合飼料供給安定機構．
2）（独）農業・食品産業技術総合研究機構編：日本標準飼料成分表（2009 年版），中央畜産会．

6-3　飼料への添加

家畜のリン吸収

6-3-3

脊椎動物の骨格や歯にはリンが約17％含まれ，これは体内全体のリン量の約80％に相当する．骨格や歯に対する一般的なイメージは，成長に伴って蓄積し，一旦その構造ができあがると物理的な摩耗を除いて，その量的な変化はないと考えられがちであるが，実際にはタンパク質や脂肪といった他の栄養成分と同様に日々の出納が繰り返されている．また，体内分布の残る20％量も体液の緩衝能や細胞膜を構成するリン脂質の原料として利用されるものであり，新陳代謝により老廃物として排泄されてしまう．すなわち，これら構造物は毎日新たに作られる一方で，分解消費されているわけである．したがって，これに対する必要量が毎日の食餌に含まれ，消化吸収されなければいけない．

表1　汎用飼料中の全リンと非フィチンリン含有量（乾物％）

飼料名	全リン	非フィチンリン
トウモロコシ	0.30	0.10
グレインソルガム	0.31	0.09
大麦	0.37	0.13
玄米	0.37	—
大豆	0.57	—
甘藷（乾）	0.12	—
パン屑	0.14	—
脱脂米ぬか	3.02	0.79
ふすま	1.14	0.27
大豆かす	0.72	0.38
ナタネかす	1.26	0.40
魚粉（CP 65）	2.88	—
アルファルファミール	0.25	0.25
第二リン酸カルシウム	18.4	18.40
第三リン酸カルシウム	18.47	18.47
炭酸カルシウム	0.01	—

（農研機構編：日本標準飼料成分表2009年版より抜粋）

◆ 家畜種と消化機構

家畜種は大きく哺乳類，鳥類（家禽）に分かれ，哺乳類はさらに単胃動物と複胃動物（反芻動物）に分類され，消化管の構造が異なり，それに伴って消化機構に大きな差異がある．2001年に国内でBSEの発症が確認されたことにより，反芻動物では脱脂粉乳と動物性油脂を除く動物質飼料資源の利用が禁止されており，単胃動物においても摂取する飼料のほとんどが植物質飼料資源である．飼料資源とされるもののなかから代表的な種のリンの含量について表1に示した．ここに示すように，植物質飼料資源も動物質飼料資源と同様に高濃度のリンを含有しているが，含まれるリンはフィチンと呼ばれる高分子化合物の形であり，反芻胃内の微生物のもつフィターゼ（フィチン分解酵素）に依存できる牛などとは異なり，単胃動物（豚）や家禽（鶏）の消化管にはこのフィチンを分解して吸収する能力がない．したがって，飼料の化学分析において要求量に対して十分とされる量のリンが含まれていても，そのほとんどは，吸収されずに排泄され，生産量の増加には貢献できないことになる．そこで，生産量の向上を目指す配合飼料，混合飼料では，吸収率の高い状態のリンをリン酸カルシウムとして加えることとなった．リンの吸収機序について松本[1]は，小腸粘膜上皮細胞の刷子縁膜における能動輸送と基底膜における拡散によるものである（図1）と述べており，これらの吸収機序ではリンのイオン化が重要である．単胃動物では体内に取り込まれるリンの供給はリン酸カルシウムの添加により確保されるようになった．近年では環境対策として排泄物中のリン含量の低減が提唱され，豚や鶏飼料にフィターゼの添加が行われているが，飼料中のリンの有効性から，リン酸カルシウムが添加されている割合は依然として大きい．

◆ 飼料用リン酸カルシウム

現在，飼料に添加されるリン酸カルシウムには第一リン酸カルシウム（MCP），第二リン酸カルシウム（DCP），第三リン酸カルシウム（TCP）の3タイプがある．MCPは水溶性が高く，水産（養殖）において活用されているが，その消費量はまだ多くない．DCP，TCPは家畜（豚，鶏）の配合飼料に添加利用されており，その主となるのはTCPである．これらリン酸カルシウムの生産原料であるリン鉱石は，そのすべてが輸入品となっており，国外でリン酸カルシウムに加工されて輸入される物も少なくない．また，リンの供給とカルシウムの供給を切り離し，リンに特化した物も製造されている．したがって，リンを供給する資材としてCa：P比の異なる種や製造方法によってさまざまな化合物があることは否めない．EeckhoutとPaepe[2]は，これまでの報告においてリンのdigestibility（ミネラルでは翻訳時に吸収率とすることが妥当と考える）に安定性が欠ける（図2）ことからより精度を高めて$CaHPO_4 \cdot 2H_2O$，$CaHPO_4$および$Ca(H_2PO_4)_2$の3種リン酸カルシウムを育成期の子豚に給与した際のdigestibilityを確認し，$Ca(H_2PO_4)_2$が最も高いと報告している．さらに，Petersenら[3]はDCP，MCPの精製度が50％，70％，100％と異なるものとMSP（monosodium phosphate）の5種類をそれぞれ育成期子豚に給与し，有効性を比較している．その結果として，MCP100％のリンの有効性がDCPよりも高かったが，統計的な有意差は認められなかったとしている．このような海外の取り組みに対して，国内で採卵鶏にCa：P比が異なるリン酸カルシウムを給与した際の産卵成績，有効性が比較され，有意な差は認められないものの，得られた成績の総合判断から採卵鶏ではTCPの有効性が高いことが確認されている．近年のリン酸カルシウムの飼料添加率の推移はフィターゼの利用で漸減傾向にあるが，家畜，水産以外での利用が2010年以降高まっており，これはBSEによる動物質飼料原料の利用を好まない伴侶動物飼育者の意向を取り入れたペットフード生産企業においてリン添加の必要度が高まったことに起因すると推測される．このような利用の増加の反面で，ペットの血液のアルカリ化などによりストルバイト結石症の発症につながる場合もあるので，ほかの栄養素との適正な摂取バランスが必要とされる．　　　　（安部佑美・祐森誠司）

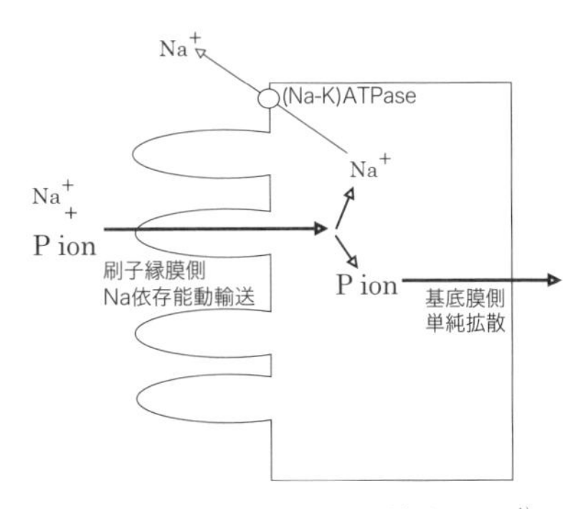

図1　腸粘膜におけるリンの輸送モデル[1]

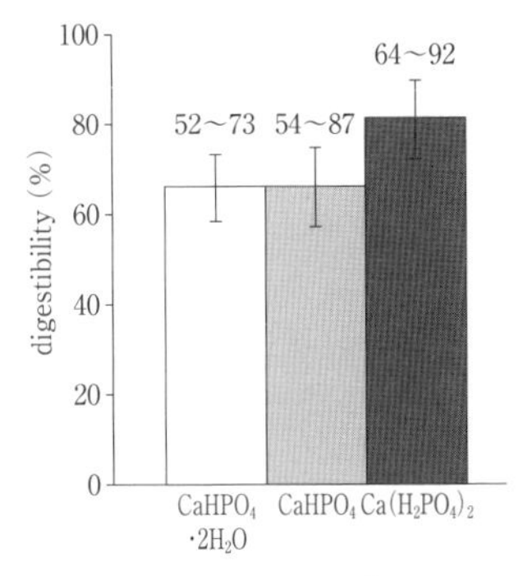

図2　EeckhoutとPaepe[2]が参照したタイプの異なるリン酸カルシウムの消化率の揺れ

参考文献

1）松本俊夫：日本骨代謝学会誌，1(1)：16-20, 1983.
2）W. Eeckhout and M. D. Paepe：*J. Anim. Physiol. a. Anim. Nutr.*, 77：53-60, 1997.
3）G. I. Petersen *et al.*：*J. Anim. Sci.*, 89：460-466, 2014.

トピックス ◇16◆ 肥料登録調査機関としてのFAMIC

FAMIC（ファミック）は農林水産省所管の独立行政法人で正式名称は農林水産消費安全技術センター（Food and Agricultural Materials Inspection Center）である．FAMICは農林水産省との密接な連携の下に，専門技術的知見を活かして，肥料，農薬，飼料などに関する安全性の検査，食品などの品質・表示などに関する検査，これらに関する情報の提供などを行っている機関である．肥料については，生産・輸入業者の肥料登録に関する調査および生産・輸入業者の事業場への立入検査，分析法の開発などを行っている．

肥料には特殊肥料（堆肥や米ぬかなど昔から農家で自給的に使われている肥料）と普通肥料（化成肥料や過りん酸石灰などの工業製品）があり，生産業者などはあらかじめ，特殊肥料は都道府県知事への届出を，普通肥料は農林水産大臣（化学的操作により生産した肥料）または都道府県知事（有機質肥料や石灰質肥料など）への登録をする必要がある．

農林水産大臣が肥料登録する場合，大臣はFAMICに対して肥料登録申請書，肥料の見本についての調査を指示する．FAMICでは申請書の記載事項や公定規格との適合性，名称の妥当性，植物に対する有害性の有無，主成分・有害成分などの調査を行っている．

肥料の規格の例として副産りん酸肥料を下に示した．肥料の規格では，含有すべき主成分（リン酸など）の最小量，含有が許される有害成分（ヒ素，カドミウムなど）の最大量，植物に対する害に関する試験などその他の制限事項を定めている．FAMICで調査した結果をもとに，農林水産省が適合と判断した場合，肥料登録証が業者に交付される．

2017年7月現在，約170種類の公定規格があるが，これらの公定規格に該当しない新たな肥料を流通させるためには，既存の公定規格を改正する必要がある．公定規格の改正は農林水産大臣が行うが，FAMICでは肥料製造，分析や栽培に関する専門的知見を駆使して，新たな肥料の植物に対する安全性に関する調査，栽培試験による肥料効果の調査，業者から提出されたデータの精度確認などを行うなど，公定規格改正の過程において深く関わっている．詳しくは，FAMICのホームページに掲載してある「肥料取締法に基づく公定規格等の設定・見直しに係る標準手順書（SOP）について」に記載されている．

（高橋　賢）

（別紙）

肥料取締法に基づく普通肥料の公定規格　（副産りん酸肥料の場合）

肥料の種類	含有すべき主成分の最小量(%)	含有を許される有害成分の最大量(%)	その他の制限事項
副産りん酸肥料（次に掲げる肥料をいう。 一　食品工業又は化学工業において副産されたもの 二　下水道の終末処理場その他の排水の脱りん処理に伴い副産されたもの）	一　く溶性りん酸を保証するものにあっては く溶性りん酸　15.0 二　く溶性りん酸のほか水溶性りん酸又はく溶性苦土を保証するものにあっては く溶性りん酸　15.0 水溶性りん酸については　2.0 く溶性苦土については　3.0	く溶性りん酸の含有率1.0%につき ひ素　0.004 ｶﾄﾞﾐｳﾑ　0.00015	一　植害試験の調査を受け害が認められないものであること。 二　牛由来の原料を原料とする場合にあっては、管理措置が行われたものであること。 三　牛の部位を原料とする場合にあっては、脊柱等が混合しないものとして農林水産大臣の確認を受けた工程において製造されたものであること。

第7章

工　業　利　用

7章　概説

工業分野におけるリン利用

リンは驚くほど広範な製造業分野で使用されており，まさに「産業の栄養素」とも呼ぶべき重要な役割を担っている．私たちの身の回りにある自動車，携帯電話，飲み薬や食品など日常生活になくてはならない多くの製品にもリンが使われている．リンの主な用途を製造業分野ごとにまとめると表1のようになる．日本の主要な製造業の分野で，リンを使用しないのは鉄鋼業とセメント製造業の分野ぐらいだろう．しかも，リンを使用しないこの2つの分野はリンのリサイクルでは重要な役割をになっており（第8章および第9章参照），わが国の製造業分野はリンとは切っても切れない関係にあるといっても過言ではあるまい．

工業分野で使われるリンには，赤リン，リン酸，リン酸塩，縮合リン酸塩，塩化リン，ホスホン酸，リン脂質，リン合金や有機リン酸エステルなどさまざまなものがある．赤リンは医薬品や難燃剤，リン酸は金属表面処理，リン酸塩および縮合リン酸塩は食品，塩化リンは農薬や合成樹脂の添加剤などが主な用途である．本章では工業用分野においてリンがどのように利用されているかについて解説を行うが，その前に特にリンの使用量の多い食料品，電子部品・デバイス，医薬品・化粧品，およびプラスチック製品製造業分野について概説する．

◆ 食料品製造業分野

食料品製造業の分野は，リン酸塩や縮合リン酸塩を，最も多く消費する製造業分野である．リン酸塩や縮合リン酸塩は，食品の味や質感を調えたり，食品の変色防止や結着性の増強などさまざまな目的で食品に添加される．食品に添加されるリンは，食の安全を守るために厳しい安全基準が食品衛生法により定められている．加工食品へのリン酸塩や縮合リン酸塩の添加量は0.05～0.3％程度であり，リンに換算すると約0.01～0.15％にすぎない．

◆ 電子部品・デバイス製造業分野

リンは半導体製造のための欠くことのできない原料である．n型半導体製造のリンドーピングでは，シリコンの単結晶に不純物としてリンが導入される．リンはまた発光素子として携帯電話など身の回りの電子機器に多く使われるガリウムリン（GaP）などの化合物半導体製造の原料にもなる．Al薄膜などを加工するためのウェットエッチングにもリン酸が使われる．電子部品・デバイス製造においては，使用するリンはきわめて純度の高いものでなければならない．最近需要が増えているリチウム電池においても，リンは正電極材（$LiFePO_4$）や電解液（$LiPF_6$）などとして重要な役割を果たしている．

◆ 医薬品・化粧品製造業分野

国内で汎用的に利用されている1400の医療用医薬品のなかでは，54の医薬品がリンを使用している．その効能や効果はさまざまであり，骨粗鬆症治療薬，制癌剤，高血圧症治療薬，抗ウイルス剤，抗生物質，ビタミン剤，点眼剤，鎮痛剤，副腎皮質ホルモン，骨疾患診断薬や催眠剤など多岐にわたっている．一般によく知られているインフルエンザ治療薬のタミフルは，オセルタミビルリン酸塩である．このほか，著効率100％といわれるC型肝炎治療薬のソホスブビルは，分子構造のなかにリン酸基をもっている．そのほか，iPS細胞の培養などでもリン酸がリン源やpH緩衝液として使われている．

◆ プラスチック製品製造業分野

プラスチック製品製造業分野では，合成樹脂の酸化を防止するための添加剤として使われる．電子部品に使われる合成樹脂は，火災防止のために難燃性をもつことが求められるが，人体などへの有害性からハロゲン系難燃

表1 製造業分野別にみたリンの用途

製造業	リンの用途
食料品製造業	食材（自然食品），食品添加物（かんすい（リン酸塩），酸味料（リン酸），調味料（イノシン酸，グルタミン酸），変色防止剤（縮合リン酸塩）など），食品加工剤（肉結着剤（縮合リン酸塩），膨張剤（リン酸塩），乳化剤（リン酸塩），食用油脱ガム剤（リン酸），キレート剤（縮合リン酸塩）など）
飲料・たばこ・飼料製造業	酸味料（リン酸），発酵助剤（リン酸アンモニウム），飼料添加物（リン酸カルシウム）
繊維製造業	染色助剤（トリポリリン酸ソーダ），リン系難燃剤（トリフェニルリン酸）
木材・木製品製造業	難燃剤（リン酸アンモニウム），接着用添加剤（リン酸塩）
家具・装備品製造業	接着添加剤（リン酸トリブチル），錆びとり剤（リン酸鉄皮膜）
パルプ・紙・紙加工品製造業	接着剤（リン酸エステル化デンプン），顔料分散剤（縮合リン酸塩）
印刷・同関連業	顔料（リン酸ニッケル，リン酸コバルト），防錆顔料（リン酸亜鉛，リン酸マグネシウム）
医薬品・化粧品製造業	医薬品原料（塩化リン，ホスホン酸，リン酸），バイオセラミックス（リン酸カルシウム），細胞培養 pH 緩衝液（リン酸塩），触媒（不斉反応，クロスカップリング用ホスフィン配位子），美白剤（五酸化リン，リン酸アスコビルマグネシウム），保湿剤・乳化剤（リン脂質），除草剤（グリホサートイソプロピルアミン塩），殺虫剤（有機リン）
石油製品製造業	触媒（リン酸触媒），熱交換器汚れ防止（リン酸エステル系防食剤），潤滑油極圧剤（有機リン酸エステル）
プラスチック製品製造業	合成樹脂添加剤（安定剤（トリアルキルリン酸），難燃剤（塩化リン，リン酸トリフェニル），可塑剤（塩化リン，リン酸エステル），核剤（リン酸エステル金属塩），酸化防止剤（トリフェニルリン酸）など），液晶偏光板保護膜（塩化リン，リン酸系可塑剤）
ゴム製品製造業	合成ゴム添加剤（リン酸系可塑剤，酸化防止剤など）
皮革製造業	革の鞣剤（ポリリン酸塩），皮革用加脂剤（リン脂質）
窯業・土石製品製造業	耐火バインダー（縮合リン酸アルミ），顔料分散剤（縮合リン酸）
非鉄金属製造業	銅脱酸剤（リン銅），ニッケルめっき（次亜リン酸）
金属製品製造業	表面処理剤（リン酸塩皮膜処理），無電解めっき液（次亜リン酸），金属抽出剤（五酸化リン，リン酸トリブチル），アルミ缶表面処理（リン酸ジルコニウム）
機械器具製造業	ボイラ清缶剤（リン酸塩），ばね（リン青銅），防錆剤（リン酸塩），n 型半導体，ニッケルめっき製品
電子部品・デバイス製造業	ウェットエッチング液（リン酸），リンドーピング（オキシ塩化リン），合成半導体（GaP 発光ダイオード），リン合金（リン銅），表面処理剤（リン酸），無電解めっき還元剤（次亜リン酸），HD 洗浄剤（リン系界面活性剤）
輸送用機械器具製造業	電子部品，車体ボディ塗装下塗り剤（リン酸亜鉛），二次電池（正極材 $LiFePO_4$，電解質 Li_3PO_4 など）

剤は使われなくなってきており，これに代わるリン酸エステル系難燃剤の開発が進展している．　（大竹久夫）

7-1 食品分野

食肉加工とリン

7-1-1

食肉加工においてリンは食感や風味の改善を目的として，表1に示すピロリン酸ナトリウム，トリポリリン酸ナトリウムのような重合リン酸塩という形で利用される．ここでは代表的な食肉加工製品であるソーセージを例にして食肉加工におけるリンの役割を解説する．

◆ 結着補強剤としての役割

一般的に肉は約70％の水分，約20％のタンパク質と約10％の脂質，炭水化物類およびビタミン類などから構成される．タンパク質のなかで約60％を占めるのが筋肉を構成するアクチン，ミオシンおよびアクトミオシンであり，これらは食塩の存在下で溶出される塩溶性タンパク質と呼ばれる．重合リン酸塩はこれらの塩溶性タンパク質に作用することで，保水性・結着性を高め，食感，風味を向上させ良質な食肉加工品の製造に重大な役割を演じる．

日本農林規格では，重合リン酸塩を使用した場合，ハムでは結着剤，ソーセージでは結着補強剤として表示するように義務づけられている．ここでいう結着とは肉に食塩を加えて攪拌したり，細切りしたりする際に粘り気が生じて，加熱しても加えられた水分や脂肪を抱き込み，それらが互いに密着して肉特有の弾力をもって固まる性質のことをいう．一般的なソーセージの製造工程を図1に示す．原料の選定から始まり，塩漬という工程を経て，肉をミンチ状に粉砕する．その後，結着補強剤，香辛料および調味料を加えて十分に混合し，これを羊腸などに詰めて好みの長さで捻っていき，サクラやカシのチップを用いて燻煙を行う．燻煙の目的は好ましい香りの付与と保存性を高めるためである．その後，蒸気やボイルで加熱を行いソーセージが完成する．

塩漬の工程で2.5％程度の食塩を用いれば原料肉の結着力のみで十分に良質なソーセージを製造することが可能であるといわれているが[1]，塩濃度の高いソーセージは近年の消費者の嗜好に合わない．一般的に販売されているソーセージの食塩濃度は1.5～2％程度であり，食塩のみで良好な結着力を引き出すことは難しく，十分な保水力が得られずパサついた食感になる．この問題は塩漬の工程において食塩と重合リン酸塩を併用して使用することで解消され，良質な食感のソーセージを得ることができる．

◆ リン酸の作用機序

一般的に，屠畜直後の肉には生体に由来するATP（アデノシン三リン酸）が多く存在し，その働きによりアクチンとミオシンは解離した状態が維持され，食塩の添加のみで塩溶性タンパクであるミオシンは効率よく抽出され肉に特有の粘度が付与されることが知ら

表1　食肉加工に用いられるリン酸塩

物質名	分子量	分子式	構造式
ピロリン酸二水素二ナトリウム	221.94	$Na_2H_2P_2O_7$	Na—O—P(=O)(OH)—O—P(=O)(OH)—O—Na
トリポリリン酸ナトリウム	367.86	$Na_5P_3O_{10}$	NaO—P(=O)(ONa)—O—P(=O)(ONa)—O—P(=O)(ONa)—ONa

れている．しかし，時間の経過とともにATPが減少しアクチンとミオシンは結合しアクトミオシンという形になり，ミオシン単独で抽出される量は少なくなる．新鮮な肉が結着力が高い所以はこのATPの作用にある．また，保水力の点からみると，図2に示すように等電点付近で肉の保水性は最低になり，pHが等電点から離れると正負のイオンが反発し合い筋線維の空間が広くなり保水性がよくなる．つまり，良好な食感，保水力を得るためには，ミオシンを遊離させた状態に維持し，かつpHを肉の等電点である5.4付近から遠ざけることが重要なポイントとなる．この役割を担うのが重合リン酸塩で，その作用機序は次の通りである．

①肉のpHを高めて保水性を増す．

②ピロリン酸塩はATPと同様の作用を示し，アクトミオシンがアクチンとミオシンに解離した状態を維持する作用があり，相対的にミオシンの量を増加させる効果をもたせる．

③肉のイオン強度を増し，筋肉を構成するタンパク質の溶解性を高める．

④キレート作用により，筋肉タンパク質に結合している2価のアルカリ土類金属を除去するので，筋肉を構成するタンパク質の立体構造にゆるみを生じさせる．

通常加工に用いられる原料肉は屠殺後の硬直期を経過したものであるから，筋肉中のATP量は減少しており，塩溶性タンパク質の抽出量は減り，抽出されるタンパク質はアクトミオシンの形が大部分となる．このような肉に重合リン酸塩を添加し塩漬することで，上述した重合リン酸塩の作用により，屠畜直後の肉と同じような状態になり好ましい食感と保水性を得ることができる．

以上のように，食肉加工品の代表的な製品であるソーセージを例にリン酸塩の役割を解説したがハムの製造においても良質な食感を得るために塩漬工程でリン酸塩を使用する．

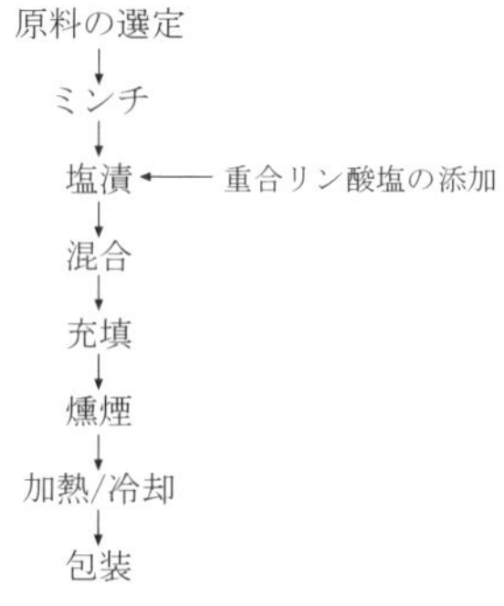

図1　ソーセージの製造工程

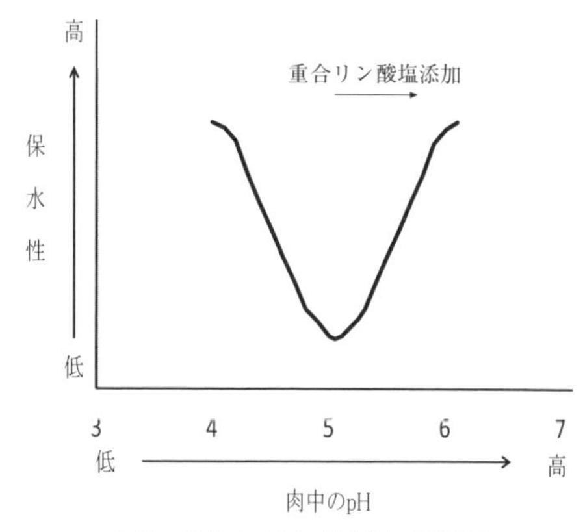

図2　肉中のpHと保水性の関係図

この他，水産分野などにおいても，食品に好ましい食感，風味を付与するためにリンは必要不可欠な物質である．　（荒川史博）

◆ 参考文献

1）伊藤肇躬編：肉製品製造学，p.1052，光琳，2007.

7-1 食品分野

食品添加物

7-1-2

◆ 食品添加物中のリン含有化合物

食品添加物は，食品衛生法（第4条第2項）において「食品の製造の過程において又は加工若しくは保存の目的で，食品に添加，混和，浸潤その他の方法によって使用するものをいう」と定義されている．その安全性と有効性を確認して厚生労働大臣が指定した「指定添加物」が454品目（2016年10月6日），長年使用されてきた天然添加物として品目が決められている「既存添加物」365品目（2014年1月30日）がある．さらに，「天然香料」約600品目や「一般飲食物添加物」約100品目が定められている．

リンを含む化合物も一部を除き「指定添加物」として登録され，その数は31品目である（表1）．1995年の法改正により，今後新たに使われる食品添加物は，天然，合成の区別なく，すべて食品安全委員会による安全性の評価を受け，厚生労働大臣の指定を受け「指定添加物」となる．

◆ 食品添加物の表示

食品添加物の食品への表示は，原則として物質名を表示することになっている．しかし，次の14種類の用途，イーストフード，ガムベース，かんすい，苦味料，酵素，光沢剤，香料または合成香料，酸味料，軟化剤，調味料，凝固剤，乳化剤，pH調整剤，膨脹剤に関しては，使用の目的を表す「一括名」で表示することが認められている．リンを含む食品添加物は，イーストフードやかんすい，調味料，膨張剤などに多く利用されており，食品表示には「リン」の表記がみられない場合であっても食品に添加されている場合が多い．

また，各種リン酸架橋デンプンは，従来食品として扱われていたが，2008年10月の法改正により「指定添加物」として登録されたため，従来の「デンプン」から「加工デンプン」との表記に改められた．

◆ リンを含む食品添加物の使用基準

食品添加物においては，使用できる食品や使用制限量が定められているものがある．リンを含む食添添加物においては，カルシウムを含むもの（ピロリン酸二水素カルシウム，リン酸三カルシウム，リン酸一水素カルシウム，リン酸二水素カルシウム）のみ，カルシウムとして1.0％までという使用基準が設けられている．

◆ リンの摂取量：国民栄養調査

リンの1日の目安量は成人男子で1000 mg，成人女子で800 mgである．2014年に実施された国民健康・栄養調査[1]では，リンの1日の摂取量（全年齢平均）は男性で1045 mg，女性で889 mgであった．また，厚生労働省が2000年より実施しているマーケットバスケット方式による年齢層別食品添加物の1日摂取量の調査において，2013年度における結着剤のリン酸化合物の摂取量（mgP/人/日，全年齢平均）[2]は縮合リン酸で15.2，オルトリン酸で250.4であり，計265.6であった．これは，ADI(1日摂取許容量）に対し，6.47％と低い値である．縮合リン酸（ピロリン酸四カリウム，ピロリン酸二水素カルシウム，ピロリン酸二水素二ナトリウム，ピロリン酸第二鉄，ピロリン酸四ナトリウム，ポリリン酸カリウム，ポリリン酸ナトリウム，メタリン酸カリウム，メタリン酸ナトリウム）は天然界に存在しないリン酸化合物であることから，食品添加物として食品から摂取したものと考えられ，オルトリン酸（リン酸，リン酸三カリウム，リン酸三カルシウム，リン酸三マグネシウム，リン酸水素二アンモニウム，リン酸二水素アンモニウム，リン酸水素二カリウム，リン酸二水素カリウム，リン酸一水素カルシウム，リン酸一水素マグネシウム，リン酸二水素カルシウム，リ

表1 リンを含む指定食品添加物一覧

品名	主な用途
アセチル化リン酸架橋デンプン	増粘安定剤，製造用剤
グリセロリン酸カルシウム	強化剤
1-ヒドロキシエチリデン-1・1-ジホスホン酸	殺菌料
ヒドロキシプロピル化リン酸架橋デンプン	増粘安定剤，製造用剤
ピロリン酸四カリウム	製造用剤
ピロリン酸二水素カルシウム	強化剤，製造用剤
ピロリン酸二水素二ナトリウム	製造用剤
ピロリン酸第二鉄	強化剤
ピロリン酸四ナトリウム	製造用剤
ポリリン酸カリウム	製造用剤
ポリリン酸ナトリウム	製造用剤
メタリン酸カリウム	製造用剤
メタリン酸ナトリウム	製造用剤
リボフラビン 5'-リン酸エステルナトリウム	着色料，強化剤
リン酸	酸味料，製造用剤
リン酸架橋デンプン	増粘安定剤，製造用剤
リン酸化デンプン	増粘安定剤，製造用剤
リン酸三カリウム	調味料，製造用剤
リン酸三カルシウム	ガムベース，強化剤，製造用剤
リン酸三マグネシウム	強化剤，製造用剤
リン酸水素二アンモニウム	製造用剤
リン酸二水素アンモニウム	製造用剤
リン酸水素二カリウム	調味料，製造用剤
リン酸二水素カリウム	調味料，製造用剤
リン酸一水素カルシウム	ガムベース，強化剤，製造用剤
リン酸二水素カルシウム	強化剤，製造用剤
リン酸水素二ナトリウム	調味料，製造用剤
リン酸二水素ナトリウム	調味料，製造用剤
リン酸一水素マグネシウム	栄養強化剤，イーストフード
リン酸三ナトリウム	調味料，製造用剤
リン酸モノエステル化リン酸架橋デンプン	増粘安定剤，製造用剤

（出典：厚生労働省指定添加物リスト（規則別表第1））

ン酸水素二ナトリウム，リン酸二水素ナトリウム，リン酸三ナトリウム）は，食品添加物および食品素材からの摂取と考えられる．

（野口智弘）

◆ 参考文献

1） 平成26年国民健康・栄養調査．
2） 平成26年度マーケットバスケット方式による保存料などの摂取量調査の結果について．

7-1　食品分野

サプリメント

7-1-3

◆ リンを含むサプリメント

歯の健康維持に役立つ食品　リン酸を含む成分が歯の健康維持に役立つ食品として特定保健用食品（特保）の関与成分として消費者庁より認可されている（表1）．歯は，歯冠表面のエナメル質および歯の主体を構成する象牙質，歯根表面を覆うセメント質，歯の中心部にある歯髄腔からなる．このうちエナメル質，象牙質，セメント質は，骨と同様にカルシウムとリンからなるヒドロキシアパタイトを主成分として構成されている．特に，エナメル質はその約96％がヒドロキシアパタイトで構成されており，体内で最も硬い組織である．エナメル質は，食事や虫歯菌により産生された酸により表面が脱灰されるが，唾液に含まれるカルシウムとリン酸によりヒドロキシアパタイト結晶を再沈着させる再石灰化により保護されている．リンは，カルシウム塩として食品（サプリメント）に添加され，歯の再石灰化を促進するために活用されている．

①カゼインホスホペプチド–非結晶リン酸カルシウム複合体（CPP-ACP）は，2～3 nmのリン酸カルシウムの核がカゼインのトリプシン分解物に含まれる4種類のカゼインホスホペプチドによって覆われた構造をもつものである．CPP-ACPは，虫歯菌による歯の脱灰部分に付着し，脱灰に対して抑制的に作用し，再石灰化を促すと考えられている．チューイング・ガムや飲料として販売されている．

②リン酸オリゴ糖カルシウムは，緩衝作用が高く，酸性化しやすい食後の口腔環境を中性に維持し，酸による脱灰を抑え，再石灰化しやすい環境を整える．また，唾液中のカルシウム/リン酸濃度比を上昇させ，再石灰化を促進する作用がある．チューイング・ガムとして用いられている．

③リン酸一水素カルシウムも，歯の再石灰化におけるカルシウム・リン酸の供給源として再石灰化を促進する作用をもつ．実際には，キシリトールやフクロノリ抽出物のフノランとともにチューイング・ガムに添加され，これらの成分とともに歯の石灰化を促進する．

表1　歯の健康維持に役立つとして認められている特定保健用食品の関与成分

カゼインホスホペプチド–非結晶リン酸カルシウム複合体
リン酸一水素カルシウム
第二リン酸カルシウム
フクロノリ抽出物（フノラン）
還元パラチノース
キシリトール
マルチトール

フィチン酸（イノシトール六リン酸）　フィチン酸（イノシトール六リン酸，図1）は，米ぬか由来の成分として知られているが，穀類や大豆など植物性食品に多く含まれている．フィチン酸を分解するフィターゼをヒトはもっていないので，消化管の酵素では消化できずリンとしては体内に吸収されがたいとされている．また，カルシウムやマグネシウムなどの2価あるいは3価の金属イオンをキレートすることから，これらのミネラルの吸収を抑制する作用がある．

一方で，フィチン酸には，抗酸化作用，抗腫瘍作用，抗炎症作用，抗動脈硬化作用，抗アルツハイマー病作用などが報告されている[1]．フィチン酸そのものは，ヒトでは吸収されにくいとされているが，わずかに吸収される量でもこれらの効果が期待できるとも考えられている．また，フィチン酸は，消化管内で2価あるいは3価の金属イオンをキレートすることから，これらの蓄積を抑え，鉄や銅によるフリーラジカル産生を抑制する作用があることも報告されている．このことから，フィチン酸を含むサプリメントや機能性食品素材として米ぬかから抽出したフィチン酸が食品加工用途で販売されている．

抗肥満サプリメント　最近，リンの新たな作用として，糖代謝や脂質代謝の調節因子としての役割が報告されている．リンの摂取量が低いと体重が増加することが報告されている．また，糖とリンを負荷すると，その後の食事摂取量が低下することも報告されている．動物モデルでも，リンの摂取量増加は，褐色脂肪組織を活性化し，脂肪消費量を増やすことで脂肪蓄積を抑制し，抗肥満効果があることが示されている[2]．実際にヒトでも同様の効果が報告されており，BMI 25 以上の 63 人を対象に，食事ごとに 375 mg のリンを摂取する群とプラセボを摂取する群をランダムに分けて 12 週間比較したところ，リン投与群で体重増加が抑制され，腹部周囲長が減少したという[3]．このようなことから，リンが抗肥満サプリメントとして期待されている．すでに，そのように宣伝して販売しているものも散見される．

ただし，リンの摂取量が多いほど，総死亡リスク，心血管疾患の発症リスクなどが高くなることも報告されている[4]．また，慢性腎臓病患者では，リンの負荷は，骨ミネラル代謝異常の原因となる．これらを考えると，肥満の予防や治療のために単純にリンの摂取量を増やせばよいということにはならない．

◆ リンの安全性

さまざまなサプリメントにリンが含まれているが，ほとんどはリンが問題になるような量を含んでいない．サプリメントとしてのリン摂取の安全性については，いくつかの機関で検討されている[5]．英国ビタミン・ミネラル専門家委員会（UK EVM）は，リンをサプリメントとして 750 mg/日以上摂取させた研究において，何例かの下痢と胃腸障害があったことを指摘しており，サプリメントとして摂取するリンの健康障害発現量を 750 mg/日とし，不確実性因子として 3 を適用し，サプリメントとしてのリンの摂取上限量（ガイダンスレベル）を 250 mg/日としている．米国栄養評議会（CRN）は，特別な根拠がなければ，リンの耐容上限量を 1500 mg/日に設定するのが妥当だとしている．一方，米国医学研究所（US IOM）は，サプリメントも含め，リン総量として食事摂取基準と同じく 4000 mg/日とし，ヨーロッパ食品安全機関（EFSA）やヨーロッパ委員会は，根拠が不十分として，リンのサプリメントとしての上限量を設定していない．サプリメントとしてのリンと健康への影響については，エビデンスが十分ではない．なお，食事としてのリン摂取の安全性については，本書 4-3 節の各項を参照されたい．

（竹谷　豊）

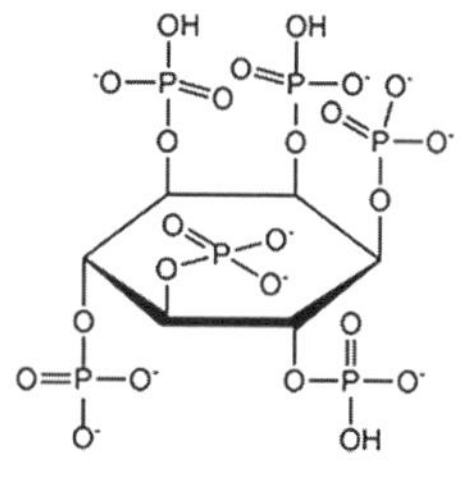

図 1　フィチン酸（イノシトール六リン酸）の構造

◆ 参考文献

1) E. O. Silva and A. P. Bracarense：*J. Food Sci.*, 81：R1357-R1362, 2016.
2) A. Maerjianghan *et al.*：*Am. J. Physiol. Endocrinol. Metab.*, 310：E526-E538, 2016.
3) J. J. Ayoub *et al.*：*Nutr. Diabetes.*, 5：e189, 2015.
4) J. Uribarri and M. S. Calvo：*Am. J. Clin. Nutr.*, 99：247-248, 2014.
5) ジョン・ハズコック：リン．ビタミン・ミネラルの安全性（第 3 版），pp.90-92, AIFN, 2014.

7-2 ハイテク分野

表面処理剤

7-2-1

◆ リンと金属表面処理

リンのオキソ酸であるオルトリン酸，次亜リン酸，リン酸の縮合体であるポリリン酸（ピロリン酸，トリポリリン酸）などの無機リン化合物は表面処理業界でも広く用いられている．

たとえば次亜リン酸は無電解ニッケルめっきの代表的還元剤である．また，オルトリン酸のアルカリ塩はアルカリ領域で優れた pH 緩衝能を有し，油分の乳化分散性にも優れることからアルカリ脱脂剤のビルダー成分として有用である．ポリリン酸のアルカリ塩は金属イオンをキレート安定化させる作用を有しており，やはりアルカリ脱脂剤の軟水化剤として用いられている．

さらにオルトリン酸は種々の重金属イオンと酸性領域では溶存していながら中性領域では難溶性塩を形成する特性があり，この特性を利用して金属表面にリン酸塩皮膜を形成させる，いわゆるリン酸塩処理技術が今から約100年前に発明され，現代においても化成型表面処理技術として市場で広く用いられている．種々のリン酸塩処理のなかでもリン酸亜鉛処理は最も一般的であり，処理条件によって膜厚と膜質の異なる皮膜，つまり機能の異なる皮膜を得ることができ，結果として防錆用途，塗装下地用途，塑性加工用潤滑用途などのさまざまな用途に適用されている．リン酸亜鉛処理以外にもリン酸マンガン処理，リン亜鉛カルシウム処理などのリン酸塩処理が存在し，それぞれの皮膜特性に合った用途に適用されている．

◆ リン酸亜鉛処理の反応機構

リン酸亜鉛処理液の pH は3前後であり，主成分であるリン酸はリン酸二水素イオン（$H_2PO_4^-$），亜鉛は亜鉛イオン（Zn^{2+}）の形で水溶液中に溶存している．

鉄素材を処理液と接触させるとまず鉄が酸に溶解して鉄表面の pH が上昇する．

$$Fe + 2H^+ \longrightarrow Fe^{2+} + H_2\uparrow \text{（pH 上昇）}$$

するとこれに伴って処理液中のリン酸二水素イオンと亜鉛イオンが不溶性のリン酸亜鉛（鉱物名：ホパイト）となって鉄の表面に析出する．

$$2H_2PO_4^- + 3Zn^{2+} + 4H_2O \longrightarrow Zn_3(PO_4)_2 \cdot 4H_2O + 4H^+$$

なお溶解した鉄が皮膜に取り込まれた場合はリン酸亜鉛鉄（鉱物名：ホスホフィライト）となる．

$$2H_2PO_4^- + 2Zn^{2+} + Fe^{2+} + 4H_2O \longrightarrow Zn_2Fe(PO_4)_2 \cdot 4H_2O + 4H^+$$

実際のリン酸亜鉛皮膜はホパイトとホスホフィライトの混晶であり，その比率は処理条件によって変えることができる．

◆ 厚膜型リン酸亜鉛処理

リン酸亜鉛処理は鉄素材の防錆および塑性加工用潤滑を目的に施される場合があり，いずれも 5 μm 以上の厚膜が要求される．また，厚膜を得るため比較的高温（60℃以上）かつ高亜鉛濃度（3 g/L 以上）にて浸漬処理される．

塑性加工用潤滑を目的とした場合，リン酸亜鉛処理の後に脂肪酸アルカリ水溶液による石けん処理が施される．石けん処理ではリン酸亜鉛皮膜の表面がアルカリ成分によって溶解し，脂肪酸亜鉛（金属石けん）が再析出し潤滑性を発現する．しかしここで皮膜のなかに化学的安定性（耐アルカリ性）が高いホスホフィライトが多く存在する場合，金属石けんの析出量が低下してしまう．よって皮膜はできるだけホパイトリッチにする必要があり，そのため処理液中の亜鉛は高濃度に維持される．

防錆用途のリン酸亜鉛皮膜はホパイトリッチである必要はないがバリア効果を出すためにやはり厚膜である必要があり，処理条件は潤滑用途の場合と近似している．皮膜は結晶性粒子からなり，局所的に空隙があるので防錆用途とはいえ単膜での効果は限定的である．よって一般的には皮膜処理後防錆油により空隙を充填しバリア性を高めている．もちろん防錆油のみでも防錆力はあるが，リン酸亜鉛皮膜により油分の保持性が高まり防錆力は飛躍的に向上する．

◆ 薄膜型リン酸亜鉛処理

リン酸亜鉛皮膜は塗装後の塗膜密着性向上や塗膜が傷ついたときの塗膜下腐食抑制を目的とする塗装下地としても広く適用されている．本用途に前述の厚膜型を適用すると皮膜の凝集破壊によって良好な塗膜密着性が得られない．適正膜厚は2 μm 前後である．また，塗膜下では化学的に安定な皮膜が要求されるためホスホフィライトリッチな皮膜が好適である．そのための処理条件としては比較的低温（40℃程度）で低亜鉛濃度（1 g/L 前後）が好ましい．ただし，単純に低温，低亜鉛濃度にしてしまうと反応性の低下により皮膜の析出すら望めない．緻密で微細な皮膜結晶を析出させるためには，リン酸亜鉛処理直前に表面調整処理が必要になる．表面調整とはリン酸チタンまたはリン酸亜鉛のコロイド溶液に接液させることにより皮膜の種結晶をあらかじめ素材表面に吸着させる工程であり，これにより反応性を向上させるだけでなく結晶粒子径と膜厚をコントロールすることができる．

◆ その他のリン酸塩処理

鉄素材をリン酸とマンガンを含有する高温の処理液で処理するとリン酸マンガン（鉱物名：ヒューリオライト）が皮膜として鉄表面に析出する．

$$4H_2PO_4^- + 5Mn^{2+} + 4H_2O$$
$$\longrightarrow Mn_5H_2(PO_4)_4 \cdot 4H_2O + 6H^+$$

ヒューリオライトはリン酸塩中最も高い硬度を有することからギア，ベアリング，カムなどのエンジン部品の摺動皮膜として適用される．リン酸マンガン皮膜は油脂との親和性

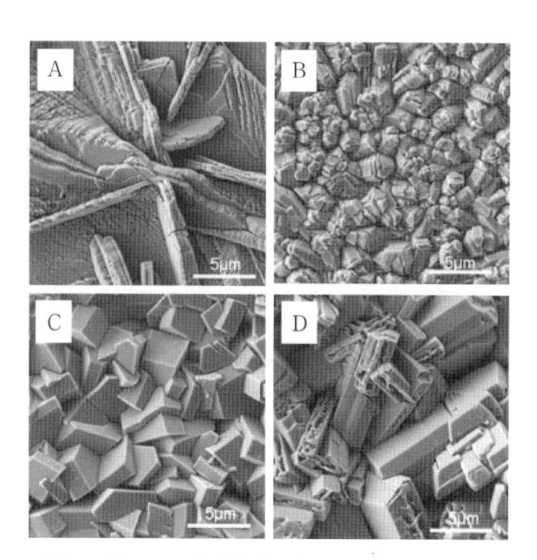

図1　種々リン酸塩皮膜の皮膜結晶外観（SEM）
A：厚膜型リン酸亜鉛皮膜
B：薄膜型リン酸亜鉛皮膜
C：リン酸マンガン皮膜
D：リン酸亜鉛カルシウム皮膜

に優れることから潤滑剤の保持能力が高い．また，密着性の良好な無機皮膜なので，応力を吸収し金属どうしの直接接触（焼付き）を防止することができる．

リン酸亜鉛処理液にカルシウムを添加すると皮膜の一部がリン酸亜鉛カルシウム（鉱物名：ショルタイト）となる．

$$2H_2PO_4^- + 2Zn^{2+} + Ca^{2+} + 4H_2O$$
$$\longrightarrow Zn_2Ca(PO_4)_2 \cdot 2H_2O + 4H^+$$

もともとのリン酸亜鉛皮膜はホパイトとホスホフィライトの混晶なのでリン酸亜鉛カルシウム皮膜はショルタイトを加えた三元系の混晶となる．ショルタイトはほかのリン酸塩に比べて優れた耐熱性を有する．この特性を活かして高温焼付けが必要な塗装の下地処理や塑性変形による発熱が著しい場合の塑性加工用潤滑皮膜として応用されている．

（石井　均）

電子部品製造

◆ 高純度リン酸

半導体や液晶工場で使用されるリンは高純度のグレードであり，リン鉱石・ケイ素・炭素を電気炉で高温分解して，不純物である有機物や金属イオンが極力除去されたものである．一般的にいう乾式法で製造され，国内ではこの高純度のリン酸の原料である黄リンの製造工程がないため，黄リンはすべて輸入に頼っている．一方で，湿式法で製造したリン酸の精製技術は日本を代表に十分に進歩している．精製した食品添加物グレードでも，電子部品の一部では十分使用できるものもある．［➡5-2-1 乾式法と湿式法］

◆ エッチング

ハイテク分野でいうエッチングは酸などの化学溶液を用いるウエットエッチングとプラズマ中のイオンやラジカルなどの反応種を用いて行うドライエッチングに分類される．電子部品製造に使用されるリンといえば液晶，半導体，コンデンサーに代表されるウエットエッチング剤としてのリン酸溶液である．液晶や半導体では電極として利用されるアルミニウムのパターン形成のウエットエッチングにはリン酸は欠かせない．加工精度的には数百 μm 程度であり，半導体などこれ以上のエッチング加工精度を求める場合には通常ドライエッチングが用いられている．

◆ 液晶工場の混酸

ウエットエッチングで最も用いられているのはやはり液晶工場の混酸である．基板サイズも大型化しているので利用する薬液の量としてはほかの電子デバイスより圧倒的に多い．

工程はエッチング液を満たした浴に数分程度浸してエッチングする化学研磨浴であるが，浴の組成はリン酸，硝酸やリン酸，硝酸，酢酸などの混酸が主体である．通常，浴自体は適温に加温保持して用いられる．化学的研磨は高温における硝酸の酸化作用によってアルミニウム表面に酸化皮膜を生成する．一方でこの酸化皮膜をリン酸の溶解作用で溶解除去するという，硝酸で酸化した酸化アルミニウムをリン酸で溶かす単純なメカニズムである．酢酸はエッチング材料の濡れ性の向上やエッチング速度のコントロールに関与している．

このリン酸を主体とする混酸液は表面拡散の特性上粘度を必要とするため，リン酸の濃度は 60 ～ 80 %程度の高濃度で用いられる．この化学研磨浴では加温して連続使用するため沸点の差からまず酢酸が蒸散し，次に硝酸が蒸散する．当然水も蒸発するので酢酸，硝酸，水分が蒸発してしまい混酸の維持濃度が変化してしまう．リン酸・硝酸・酢酸の例では硝酸の濃度が変化するとアルミのテーパ角度が大きく変化し，酢酸の濃度が変化するとエッチング速度が大きく変化してしまう．

このような問題を解決するためエッチング液の各成分の濃度を所定の範囲内に制御するための装置が必要になり，この濃度制御システムがない場合エッチング液は頻繁に交換する必要があり大量のリン酸廃液が発生する．濃度制御システムは各成分の濃度を測定するイオンクロマトグラフィーなどの測定装置と不足している成分を添加して補う薬液供給装置から構成されている．実際はリン酸は蒸散しないため濃度変化しやすい酢酸や硝酸や水分を添加することにより濃度制御を行っている．

アルミニウムがエッチングされれば液中のアルミニウム濃度が上昇し，所定の上限濃度に達すれば液の交換を行い化学研磨浴の更新を行っている．このアルミニウムを選択的に除去することができれば化学研磨浴を新液に更新する必要もなくなるが，まだ実用化されていない．

排出されたリン酸，硝酸，酢酸の混酸は高濃度のリン酸を含むため，有価回収されている．主な用途は肥料用であるがリン酸濃度として50％を十分超えているので酢酸やアルミニウムを含んでも回収再利用は可能である．また，混酸エッチングの洗浄工程から排出される希薄廃液は消石灰などカルシウムを用いた凝集沈殿によりリン酸カルシウムとして固体で回収する方法が用いられてきた．近年，逆浸透膜とエバポレーターの濃縮装置により液体のまま濃縮して液体の状態で回収する濃縮法も用いられている．

◆ 半導体工場のリン酸ボイル

半導体の製造はウエットエッチングから開始されてきたが，加工に高精度化が要求されるようになると，ウエットエッチングよりもドライエッチングが多用されるようになってきた．しかし，ウエットエッチングは速度が速いうえに，レジストが使用できないプロセスなどでは今でも利用されている．その1例としてシリコンの窒化膜のエッチングにはリン酸溶液を用いている．このリン酸ボイルと呼ばれる工程はリン酸自体がもつ選択性を利用しており，シリコン酸化膜はエッチング速度が低く，シリコン窒化膜はエッチング速度が高いという特性を利用している．150～170℃の温度範囲にボイルしたリン酸浴で処理することで，シリコン酸化膜を残しつつ，シリコン窒化膜を除去することができる代表的なウエットエッチング工程である．この窒化膜エッチングの工程でも循環使用するリン酸溶液中のケイ素濃度が増加してくると液の交換をしなければならなくなるが，近年ではケイ素酸化物の除去装置が開発され廃液量は削減されるようになってきた．また排出されたリン酸廃液は高濃度であるため肥料用として有価回収可能である．

◆ アルミニウム電解コンデンサ

アルミニウムを電極としたアルミニウム電解コンデンサは小型・大容量・低コストという特徴をもっている．この電極であるアルミニウム箔の加工工程に各種リンが用いられている．大容量にするため電極であるアルミ箔をエッチング処理することで凸凹をつくり数十倍から100倍以上に実効表面積の拡大を行う．このエッチング処理には各種酸が用いられているが当初から主に塩酸が用いられている．エッチング後の塩化アルミニウムを含む廃液は主に水処理薬剤の凝集剤として古くから再資源化されている．エッチング工程にはリン酸やリン酸カリウムなども用いられている．このエッチングされたアルミ箔の表面にアルミニウム酸化皮膜の誘電体を形成させる工程を化成工程といい，電解液にはリン酸アンモニウムが用いられる．アルミ箔を電解液に浸漬し電極をプラス，電解液をマイナスにして電圧をかけ，その電圧に比例してアルミ箔表面にごく薄いアルミニウム酸化皮膜を形成させている．

電極製造に用いられた高濃度のリン酸塩は晶析などの回収方法で回収され工場内で精製され再度製造工程で利用されている．また低濃度の希薄な廃液もリサイクルされ液状複合肥料として登録されている．

◆ 資源循環

ハイテク分野で用いるリンは乾式法で製造されたものが主体であり，現時点国内では製造できない重要な物質である．しかし近年の液晶産業を例にとると，混酸などの乾式で製造されたリンの使用量は莫大な量であり，これらの使用後のリサイクルは必須である．

今後も新製品で製造に新たにリンを用いる場合は使用後に廃棄物を出さぬような資源循環の視点での物作りが必須であり，特に高純度のリン酸は高純度のものにリサイクルするように計画していくことが重要である．まずは分別回収と再利用の取り組みを必須とし，高純度再生へトライすべきである．

（山口典生）

電　池

燃料電池やリチウム二次電池には，リンを含むさまざまな部材が用いられている．特に燃料電池には，リン酸形と呼ばれる種類があり，リンと電池の密接な関係をうかがい知ることができる．リン酸形は，95％以上の高濃度リン酸（H_3PO_4）水溶液をプロトン伝導性の電解質に用いた燃料電池であり，約200℃で動作する．都市ガスや天然ガスの改質器を備えた100 kW クラスの大型の燃料電池として，ビルや工場で運用されている．燃料電池の本格的な普及には，より小型で簡便なシステムが必要であり，200℃程度の中温域で無加湿で運用できる燃料電池が求められている．リン酸を含むリン化合物は，これを実現できる新規のプロトン伝導体として注目され，精力的に研究開発が進められている．

◆ プロトン伝導を担うリン化合物

さまざまなプロトン伝導性のリン化合物が報告されている．表1に示すように，結晶性の固体酸とガラス材料が主である[1]．たとえば，固体酸の一つであるリン酸二水素セシウム（CsH_2PO_4）は，古くから高いプロトン伝導性を示す材料として知られており，250℃で10^{-2}S/cm を超える伝導性を示す．ピロリン酸塩（MP_2O_7，M＝Sn，Ti，Zr，Si...）も優れたプロトン伝導体である．特にインジウムがドープされたピロリン酸スズ（$Sn_{0.9}In_{0.1}P_2O_7$）は，250℃で2×10^{-1}S/cm という非常に高いプロトン伝導性を示す．しかし，これらの材料は加工性に問題があり，単体で薄膜化が難しいことから，ポリベンズイミダゾール（PBI）のような耐熱性高分子との複合化が検討されている．ガラス材料としては，メタリン酸ガラス（$MO\cdot P_2O_5$，M＝Zn，Mg，Ca）がよく知られている．

表1　中温域でプロトン伝導性を示す代表的なリン化合物

組成	イオン伝導性（S/cm）
H_3PO_4	6.9×10^{-1} at 200℃
CsH_2PO_4	1.8×10^{-2} at 233℃
SnP_2O_7	4.7×10^{-2} at 250℃
NH_4PO_3-$(NH_4)_2SiP_4O_{13}$	8.7×10^{-3} at 300℃
30ZnO-70P_2O_5	1×10^{-3} at 250℃

◆ リチウム二次電池用電解質としてのリン化合物

電気エネルギーを蓄え，必要なときに取り出すことができるリチウム二次電池においても，リンの役割は重要である．リチウム二次電池で用いられる電解液の多くは，カーボネート系の有機溶媒に六フッ化リン酸リチウム（$LiPF_6$）を溶解したものである．さまざまなリチウム塩があるが，非プロトン性有機溶媒によく溶解し，電気化学的な安定性に優れることからこの塩が用いられている．ホスファゼン化合物やリン酸エステル化合物などのリン化合物が電解液に添加されることもあるが，これらはリチウム塩ではなく電解液の難燃剤として用いられる．電池の安全性が年々重視されるようになり，近年は，可燃性の有機電解液自体を用いない新しい電池の開発が活発である．全固体電池と呼ばれる不燃性の固体電解質を用いた電池である．リン化合物は，前述のプロトン伝導体としてだけでなく，良好なリチウムイオン伝導体としても機能する．表2に代表的なリチウムイオン伝導性リン含有無機固体電解質を示す[2]．NASICON 型構造を有するリン酸塩 $Li_{1+x}M_xTi_{2-x}(PO_4)_3$（$0\leq x\leq1$，M＝Al，Cr，Ga，Fe，Sc，In，Y，La）は，室温で10^{-4}S/cm オーダーのリチウムイオン伝導性を示す固体電解質である．アルミニウムを含むものは特にLATPと呼ばれ，10^{-3}S/cm に近いリチウムイオン伝導性を有する．構造安定性と化学的安定性に優れる材料であるが，構成元素のTi^{4+}が1.5 V vs. Li/Li^+付近で還元されて電子伝導性を発現するため，適用できる負極材料は限られる．リン酸リチウムオキシナイトライドガラス（LIPON）は，室温のリチウムイオン伝導性が10^{-6}S/cm程度と低いが，スパッタ法により薄膜を形成できるため，実抵抗を小さく抑えることが可能である．リチウム金属に対して安定なことから，リチウム金属を負極に用いた薄膜型全固体リチウム二次電池の電解質として広く検討されている．Li_2S-P_2S_5ガラス電解質もリチウム金属に対して安定である．この電解質は組成によってリチウムイオン伝導性が大きく変化し，Li_2Sの比率が70あるいは80 mol％となる$70Li_2S$-$30P_2S_5$あるいは$80Li_2S$-$20P_2S_5$が10^{-3}S/cmを超えるリチウムイオン伝導性を示す．固体電解質を選択するうえで，リチウムイオン伝導性が高いことは一つの重要な点であるが，全固体電池ではそれ以上に，電池反応が進行する電極–電解質界面の形成が容易であることが求められる．Li_2S-P_2S_5ガラス電解質は，固体であるが高い柔軟性を有し，電極活物質と混合して加圧成形するだけで電極–電解質界面を形成できる．

◆ リン酸塩系正極材料

オリビン型構造を有するリン酸塩$LiMPO_4$（M＝Fe，Mn，Co）は，現在リチウム二次電池の正極材料として用いられているコバルト酸リチウム（$LiCoO_2$）やマンガン酸リチウム（$LiMn_2O_4$）に代わる材料として注目されている．たとえば，$LiCoO_2$はリチウムイオン伝導性と電子伝導性に優れるものの，充電状態で結晶構造が不安定化し，高温で容易に酸素を放出する問題がある．それに対して，オリビン型のリン酸塩は六方晶系の基本構造を有するが，格子歪により斜方晶系に帰属され，すべての酸素原子がリン原子と共有結合した$(PO_4)_3^-$ポリアニオンで構成されるため，高温下でも酸素の放出が起こりにくく，熱的に安定である．表3に示すように，リチウムイオン伝導性と電子伝導性は低いが，微粒子化や粒子表面のカーボン被覆などの粒子設計を経て，実用レベルの材料が開発されている．最もよく検討されてきた$LiFePO_4$はすでに実用化されており，安全性と価格が重視される大型の電池で用いられている．

（棟方裕一）

表2　リチウムイオン伝導性を示す代表的なリン化合物

組成	イオン伝導性 (S/cm)
$Li_{1.3}Al_{0.3}Ti_{1.7}(PO_4)_3$ (LATP)	7×10^{-4} at 25℃
$Li_{2.9}PO_{3.3}N_{0.46}$ (LIPON)	3.3×10^{-6} at 25℃
$Li_{10}GeP_2S_{12}$	1.2×10^{-2} at R.T.
$70Li_2S$-$30P_2S_5$	3.2×10^{-3} at R.T.
$Li_7P_3S_{11}$	1.0×10^{-2} at R.T.

表3　リチウム二次電池用正極材料の各種物性

	$LiCoO_2$	$LiMn_2O_4$	$LiFePO_4$
理論容量 (mA h/g)	274	148	170
作動電位 (V vs. Li/Li$^+$)	3.9	4.1	3.45
結晶構造（リチウムイオンの伝導経路）	層状（二次元）	スピネル（三次元）	オリビン（一次元）
密度 (g/cm^3)	5.1	4.2	3.6
リチウムイオンの拡散係数 (cm^2/秒)	10^{-8} ～10^{-10}	10^{-9} ～10^{-11}	10^{-14} ～10^{-15}
電子伝導性 (S/cm)	10^{-4}	10^{-6}	10^{-9}
充電時の熱的安定性	×	△	○
価格（2011年）（＄/kg）	25	0.5	0.23

◆ 参考文献

1）J. W. Phair and S. P. S. Badwal：*Ionics*, 12：103-115, 2006.
2）棟方裕一，金村聖志：*PHOSPHRUS LETTER*, 86：77-85, 2016.

7-3　医薬・化成品分野

難燃剤・消火剤

7-3-1

高分子材料は軽く加工しやすい性質から工業製品，日常製品に広く利用されているが，燃えやすいという欠点がある．難燃剤は高分子有機材料を難燃化するために広く使用され，火災による人的・経済的損失を防止するのに貢献している．

リン系難燃剤は，トリフェニルホスフェート（TPP）が1992年に採択された北東大西洋の海洋環境保護に関する条約（OSPAR条約）で，取り組み候補物質としてリストにあがったことがあるものの，家電やOA機器などの部材を中心に，ポリカーボネート，ABS樹脂に使用されてきた．特に近年では，臭素系難燃剤の代替物質としてリン系難燃剤の需要が増加してきたが，2002年，ハードディスクドライブに，従来使用されていた臭素系難燃剤の替わりに赤リンを用いたところ，赤リンが化学反応を起こし動作不具合が生じる問題が起こった．

また日本ではポリエステル繊維の難燃化に，リン系難燃剤トリス（2, 3-ジブロモプロピル）ホスフェートが使用されていたが，1974年に定められた「有害物質を含有する家庭用品の規制に関する法律第二条第二項の物質を定める政令」により製造禁止となっている．その後，臭素系難燃剤のヘキサブロモシクロドデカン（HBCD）へと使用が移行したが，HBCDもまた第1種監視化学物質に指定され，新たなリン系難燃剤への代替が検討されている．

一方，リン系難燃剤も環境や健康への悪影響が懸念されている．そのため，近年では製品性能の改良だけでなく環境安全性にも配慮して，新しい物質が開発されている．

リン系難燃剤として使用される化学物質のなかには，難燃剤としての利用だけでなく可塑剤として製品に含有される物質もある．リン系難燃剤は2006年の難燃剤推定需要によれば，全難燃剤の需要量の約21％を占めているとされる．このうちリン酸エステル系の割合が最も多く76％を占める．リン酸エステル系は大きくリン酸トリフェニル等のモノホスフェート系と縮合リン酸エステル系に分かれるが，モノホスフェート系は成型時の飛散性，製品使用時の室内環境への放散，加水分解を起こし樹脂の機械特性や電気・電子部品の電気特性に影響を与えるなどの問題があり，最近は縮合リン酸エステルが主に使用されている．リン酸エステル系は，難燃剤として，家電やOA器機の筐体部材用途に50種類以上が使用されているほか，難燃可塑剤として塩ビ樹脂やウレタンフォームに使われている．

消火器用の消火薬剤は規格省令においてさまざまな種類が分類されている．このなかで最も多く生産されている消火器が粉末消火器で，2003年には全体の92.7％（約355万本）を占めていた．粉末消火薬剤にはリン酸塩類，炭酸水素ナトリウム，炭酸水素カリウムなどが主成分として使用されている．

リン酸塩類には，A級火災（木災火災），B級火災（油脂火災），C級火災（電気火災）いずれにも適用しうるABC消火器に使用される第一リン酸アンモニウム（$NH_4H_2PO_4$）がある．紙，布や木材のように，熱分解をしながら燃えるものは炎が消えてもまだ高温で熱分解が継続し，可燃性ガスを発生する．第一リン酸アンモニウムは，加熱分解する過程で発生する中間生成物が，脱水反応により水分子を放出するとともに，溶融した薬剤が火災の深部に浸透して再燃を防止する．一方で，粉末上での噴射であるため，第一リン酸アンモニウムの吸入時は，物理的な鼻，のどの粘膜刺激，眼への刺激があり，多量に摂取すると，吐き気や嘔吐を引き起こす．（真名垣聡）

トピックス ◇17◆ うま味成分とリン酸化

塩基，糖とリン酸で構成されるヌクレオチドは遺伝情報を担うDNAやRNAの構成成分として重要な生体化合物であるが，単量体のイノシン酸やグアニル酸はうま味物質としても知られている．1908年池田菊苗によりグルタミン酸が昆布の呈味成分であることが見出され，「うま味」と名づけられた．この発見に続き，小玉新太郎がかつお節に含まれるイノシン酸がうま味を示すことを見出し，さらに國中明が干ししいたけに含まれるうま味成分がグアニル酸であること，ヌクレオチドの異性体のうち，5′位のリン酸化体のみがうま味を示すことを明らかにした．近年，舌の感覚細胞にうま味物質に対応する受容体が存在することが明らかにされ，うま味は甘味，塩味，酸味，苦味と並んで5つの基本味を構成する独立した味として，学術的にも認められている．

核酸系のうま味物質（イノシン酸やグアニル酸）は，グルタミン酸と組み合わせることで，単独で使うよりもうま味が強くなるという特性を有し，優れた調味料原料である．このような「うま味の相乗効果」は，和食の「だし」が昆布（グルタミン酸）とかつお節（イノシン酸）を組み合わせて作られるように，世界中の料理で経験的に応用されてきた[1]．現在これらの核酸系うま味物質は工業的に生産され，世界中でスープ，ブイヨン，風味調味料などの加工食品や外食産業で幅広く利用されており，2015年度の市場は約1万4000トンに達している．

これまでに各種工業的製法が開発され，動物からの抽出法，RNAの化学変換法を除き，現在も酵素法，直接発酵法，発酵・合成組み合わせ法や発酵・酵素組み合わせ法といった各社独自の製法が共存している．上述のように2′位や3′位がリン酸化された異性体は呈味性を示さないため，リン酸化部位の制御が製法上の課題の一つである．

酵母から抽出したRNAの酵素分解法では，3′-5′ホスホジエステル結合を加水分解し，定量的に5′-ヌクレオチドを生成する特異性を有するP1ヌクレアーゼが見出され，工業生産に用いられている．アミノ酸と同様に，糖からの直接発酵菌も開発され，5′-イノシン酸の発酵生産法および，5′-キサンチル酸の発酵生産と酵素的な5′-グアニル酸への転換反応を組み合わせた方法が実用化されている．しかしながら，直接発酵法では生成物の細胞膜の透過性や分解の抑制が課題となる．

そこで，リン酸基が外れ，より発酵生産しやすい前駆体のヌクレオシド（イノシンおよびグアノシン）を発酵法で生産し，これを化学的あるいは酵素的にリン酸化して5′-ヌクレオチドにする方法が主流となっている．温和な条件で反応可能な酵素的リン酸化法として，食品添加物のピロリン酸やトリポリリン酸などの無機リン酸ポリマーをリン酸供与体とし，ヌクレオシドの5′位をリン酸化する酵素がタンパク質工学を活用して開発され，発酵・酵素組み合わせ法として実用化されている[2]．

（三原康博）

◆ 参考文献

1）星名桂治ほか：だし・うま味の事典，東京堂出版，2014.
2）三原康博ほか：バイオサイエンスとインダストリー，63：163-166, 2005.

7-3 医薬・化成品分野

リン製剤

7-3-2

◆ 経口リン酸製剤

海外では経口リン酸製剤が販売されていたが，国内では低リン血症を適応症とする経口リン酸製剤が販売されていなかったため，研究用リン酸試薬を独自に調製するか海外の市販薬を個人輸入して使用されていた．このような状況を受け，日本小児腎臓病学会などより厚生労働省に対して原発性低リン血症性くる病・骨軟化症に対する開発要望書が提出され，わが国でも開発が行われるようになった．リン酸二水素ナトリウム一水和物・無水リン酸水素二ナトリウムはその成果であり，2012年12月に「低リン血症」を適応症として製造販売の承認がなされている．

低リン血症性くる病治療におけるリンの役割[1]　血中リン濃度は体内の代謝調節によって2.5～4.5 mg/dLに保たれている．また，通常の食品中にも豊富に存在しているため，普通の食事をしていれば欠乏することはないと考えられている．しかし，①腎臓からのリン排泄亢進，②リンの摂取不足や消化管からの吸収低下，③骨または細胞内へのリン移行などにより，血中リン濃度が低下すると低リン血症が引き起こされる．慢性的な低リン血症では，類骨の石灰化が阻害され小児ではくる病・成人では骨軟化症を発症する．現在は，低リン血症性くる病の根治治療はなく，経口リン酸製剤と活性型ビタミンD製剤の併用が一般的な治療法である．

経口リン酸製剤の効用　経口リン酸製剤の効用は，原発性低リン血症性くる病動物モデル（Hypophosphatemicマウス：Hypマウス）を用いて調べられている．Hypマウスにコントロール食（0.81 %リン含有）と3 %リン含有食を摂取させ，血清リン濃度と脛骨における破骨細胞数を測定したところ，3 %リン含有食を摂取させたマウスは，コントロール食を摂取したマウスに比べて，有意な血清リン濃度上昇および破骨細胞数の増加により，低リン血症改善作用および骨形成改善作用が示されている[2]．国内第Ⅲ相臨床試験においては，原発性低リン血症性くる病患者を対象に，経口リン酸製剤投与1～2時間後の血清リン濃度の測定が行われている．その結果，観察期（平均血清リン濃度2.86 mg/dL）を100 %とした場合の相対値の各時期（0～48週）の相対値の平均値は128.5～144.3 %といずれの時期においても増加することが報告されている[3]．

経口リン酸製剤の用法[4]　経口リン酸製剤の適応は低リン血症であり，前述の低リン血性くる病・骨軟化症のほか，低リン血症を示すファンコニ（Fanconi）症候群，腫瘍性骨軟化症，未熟児くる病なども対象疾患となる．用法・用量には明確な基準はなく，患者の年齢，体重，病態に応じて適量を投与する．目安としては，リンとして20～40 mg/kg/日を数回に分割して経口投与し，上限はリンとして3000 mg/日である．なお，経口リン酸製剤は，塩類下剤と同成分であり，国内第Ⅲ相臨床試験において腹痛，下痢などの副作用が認められている．また，ビタミンDは，腸管でのリンやカルシウムの吸収を促進することから，ビタミンD製剤との併用時には，高カルシウム血症や高リン血症に注意する必要がある．長期投与時には，血清および尿中のリン・カルシウム値，血清副甲状腺ホルモン値などをモニターする．

◆ 経口腸管洗浄剤

近年，生活習慣の変化によりわが国における大腸疾患の罹患率は増加しており，これらの診断・治療には大腸内視鏡検査は必要不可欠である．また，検査実施前には腸管内容物を取り除くための処置が必要であり，わが国においては経口腸管洗浄剤であるPEG電解質溶液を用いた全腸管洗浄法が最もスタン

化学名：リン酸二水素ナトリウム一水和物
monobasic sodium phosphate monohydrate

構造式：

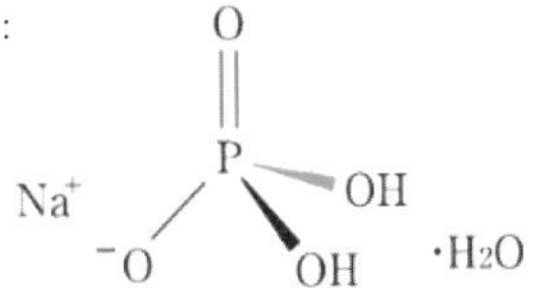

分子式：$NaH_2PO_4 \cdot H_2O$　分子量：137.99

性　状：無色または白色の結晶または結晶性の粉末で，水に溶けやすく，メタノールにきわめて溶けにくく，エタノール(99.5)にほとんど溶けない．本品は潮解性がある．

化学名：無水リン酸水素二ナトリウム
dibasic sodium phosphate anhydrous

構造式：

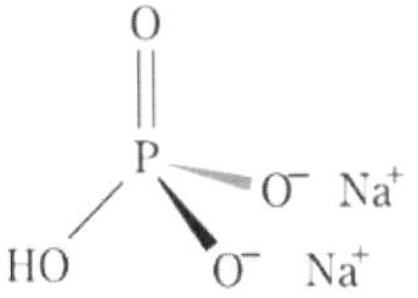

分子式：Na_2HPO_4　分子量：141.96

性　状：白色の粉末で，水に溶けやすく，エタノール(99.5)にほとんど溶けない．水溶液(1→100)のpHは9.0～9.4で，吸湿性がある．

図1　錠剤型経口腸管洗浄剤の成分[5)]

ダードな前処置法である．

前述の経口腸管洗浄剤は液剤であり，味や服薬量の点から必要量を服薬できない患者が存在するという問題があった．そこで，従来の腸管洗浄剤の「味の問題」を解決するために患者にとって服薬しやすい錠剤型の経口腸管洗浄剤 Visicol® が米国の Salix 社より導人され，日本で承認されている．

本剤は大腸内視鏡検査の前処置における腸管内容物の排除を目的として，成人には検査の4～6時間前から経口投与される．

本剤は1錠中リン酸二水素ナトリウム一水和物(734.7 mg)および無水リン酸水素二ナトリウム(265.3 mg)を有効成分として配合している(図1)．2種類のリン酸ナトリウム塩は緩衝能を有し腸管への刺激が少なく錠剤化に際して潮解性を低く抑える．

作用機序としては，腸管内の浸透圧が上昇することで水分を腸管内に集め腸内容物による腸内圧を上昇させることにより消化管蠕動運動を亢進させて水様便の排泄を促すと考えられている．　　　　(鈴木千明・山本裕美子)

◆ 参考文献

1）今すぐ役に立つ輸液ガイドブック，総合臨牀，58 増刊：29-33, 2009.
2）T. Hayashibara *et al.*：*J. Bone. Miner. Res.*, 22(11)：1743-1751, 2007.
3）K. Ozono *et al.*：*Clin. Pediatr. Endocrinol.*, 23(1)：9-15, 2014.
4）ホスリボン配合顆粒　添付文書　第4版．
5）ビジクリア配合錠　添付文書　第9版．

輸液製剤

◆ 生体内でのリン

リンは体内ではさまざまな重要な役割をもっており，低リン血症はさまざまな障害を人体にもたらす可能性がある．人体には食事中からリンが負荷されるため，食事摂取ができない場合には，血中リン濃度が低下する可能性がある．さらには，長期飢餓状態にあった患者に急速に栄養を補充すると，細胞内にリンが取り込まれ高度の低リン血症を呈する（リフィーディング症候群）．こうした低リン血症の予防のため輸液中にリンを負荷することにより，リンが補充される[1]．

◆ 輸液の種類

大きく主に水・電解質を補充するために行われる輸液と，栄養を補充するために行われる栄養輸液に分けられる．さらに，末梢静脈からは高濃度の糖液を補充することができないため，心臓に近い静脈（中心静脈）から栄養輸液を行う中心静脈栄養がある．

表1には，わが国で市販されている輸液製剤を種類別に示した[2]．栄養輸液については，リンが含まれているものが多いが，水・電解質などの補充を目的とした製剤にはリンを含まないものが多い．唯一，維持輸液，2号液では，リンが含まれているものが市販されている．リンの含有量については，同じ輸液製剤の種類のなかでも，製品によって大きく異なることがわかる．多くの製剤では，5～10 mmol/L のリンが含有されている．こうした栄養輸液は1日あたり1.5～2 L 程度を使用することが多いことから，おおよそ10～20 mmol，つまり300～600 mg のリンが輸液から負荷される．日本人の食事摂取基準（2015年版）[3]で推奨されている1 g/日と，通常の食事に含まれるリンの腸管からの吸収率60～70 %を考慮しても，やや少ない量に抑えられていることには注意する必要がある．さらに，輸液製剤のなかにもリンを含有しない製剤が存在する．このため栄養輸液療法を施行中に低リン血症を認める場合，特にリフィーディング症候群を生じるリスクが高い栄養療法開始直後には，別途リンを補充する必要がある．

一方，脂肪を乳剤化し，必須脂肪酸の補充，エネルギー補給に用いられる製剤が市販されている．大豆油をグリセリン水溶液中でミセル化した製剤であるが，ミセルを形成するために両親媒性のリン脂質が添加されている．このため，リン脂質によるリンが，20 % 250 mL の製剤には4 mmol 含まれている．

◆ リンを補充するための薬剤

先述のように，輸液中に含まれるリンのみでは補充量が十分ではない場合には，高濃度のリンを含有する製剤を使用する．この目的のために0.5 mmol/mL のリンを含む製剤が市販されている．従来，カリウム塩が安定性の観点から頻用されていた（リン酸二カリウム）．しかし，カリウムの静注は致死的であるため，医療安全の対策から，カリウムの補充を主眼とした製剤では，その管理・投与についてさまざまな安全管理がなされてきた．このため，同じくカリウムを高濃度で含有する本製剤においても，その安全性が懸念され，2011年にリン酸ナトリウムが発売された．後述のように，リン酸の急速静注も危険ではあるが，高濃度カリウム溶液に対するリスクが緩和された点は重要である．

◆ 投与の速度

低リン血症がみられる場合にも，経口摂取ができ緊急性がない場合には，経口的なリン酸塩の内服が最も安全である．一方，輸液が必要な場合には往々にして経口摂取ができないことが多く，こうした場合には静注製剤が用いられる．しかし，急速なリンの静脈内投与は，腎不全，低カルシウム血症，血圧低下などを生じる．高度の低リン血症がみられる

表1　各輸液製剤のリン含有量（文献[2]より作成）

製剤の種類	リン含有量（mmol/L）				
	0	≧0，＜5	≧5，＜10	≧10，＜15	≧15
糖製剤	すべての糖製剤				
細胞外液補充液	生理食塩液 リンゲル液				
低張性電解質液	開始液（1号液） ソルデム2（脱水補給液：2号液） 右記以外の維持液（3号液） 術後回復液（4号液）		KN2号（脱水補給液：2号液） ソルデム3PG液（維持液：3号液）	ソリタT2号（脱水補給液：2号液） 維持液（3号液）：グルアセト35注， ソリタックスH，フィジオ35，トリフリード	
アミノ酸製剤	すべてのアミノ酸製剤				
末梢静脈栄養輸液	プラスアミノ，アミカリック		ツインパル，パレセーフ，アミノフリード，ビーフリード，アミグランド，パレプラス	アミトリパ，リハビックス1号，トリパレン，ハイカリック3号，カロナリー	リハビックス2号
高カロリー輸液	ピーエヌツイン，ハイカリックRF		ネオパレン，フルカリック，ハイカリック1号・2号，ミキシッド，ネオエルパ		

場合にも，少なくとも30分，中等度までの低リン血症の場合には数時間から1日程度かけて補充することが勧められている[3]．

◆ 透析療法について

透析療法は，腎不全患者に対して行われる治療法である．電解質のような分子量の小さな物質については，血漿中濃度と透析液中濃度との差が駆動力となり，拡散によって血漿中と透析液との間で移動する．市販されている透析液にはリンは含まれず，血漿中から除去される．

経口摂取が行えている腎不全患者においては，経口摂取されたリンは腎臓からの排泄が障害されており，高リン血症をきたしやすい．一方，経口摂取が障害されている場合には，食事からのリン負荷がみられないため，透析中にはリンの除去が継続し，高度の低リン血症を認めることがある．

また，体内でのリンの動態の特性から，短時間の透析では除去量は限られているが，透析時間を長くすると，その除去量は時間に比例して増加する．このため，最近透析領域で注目されている夜間・長時間透析や[4]，集中治療領域で頻用される持続的腎代替療法[5]では，高度の低リン血症を認めることがある．今後，透析液へのリンの添加などについても，検討を行う必要がある．（花房規男）

◆ 参考文献

1）S. M. Brunelli and S. Goldfarb：*J. Am. Soc. Nephrol.*, 18：1999-2003, 2007.

2）輸液製剤協議会：組成表検索．http：//yueki.com/composition_search/.

3）佐々木敏，菱田明：日本人の食事摂取基準〈2015年版〉，第一出版，2014.

4）B. F. Culleton *et al.*：*JAMA*, 298：1291-1299, 2007.

5）R. Bellomo *et al.*：*Crit. Care Resusc.*, 16：34-41, 2014.

7-3　医薬・化成品分野

ビスホスホネート

7-3-4

◆ ビスホスホネートとその開発の歴史

ビスホスホネートはその優れた骨折抑制効果から骨粗鬆症治療の第一選択薬として汎用されている．そのほか，ビスホスホネートは，骨ページェット病，癌骨転移，多発性骨髄腫，骨形成不全症などの骨疾患の予防と治療にも用いられる．ビスホスホネートは，PCPの骨格を有する化合物の総称であり（図1），骨の成分であるヒドロキシアパタイト（リン酸カルシウム）に対して高い親和性を示すことから，投与後，骨に選択的に取り込まれて，骨吸収を行う破骨細胞の機能を強力に抑制する[1)]．

ビスホスホネートはピロリン酸の類似体として開発されたものであるが，ピロリン酸は

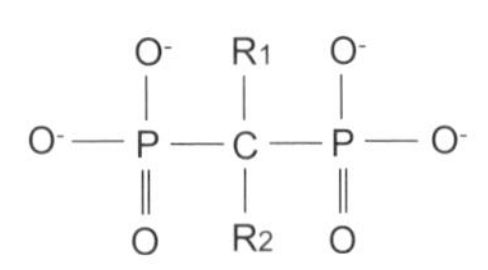

図1　ビスホスホネートの基本構造[1)]

表1　主なビスホスホネートの側鎖構造と骨吸収抑制活性[1)]

世代	ビスホスホネート	R_1	R_2	骨吸収抑制活性
第1世代	エチドロネート	OH	CH_3	1
第2世代	パミドロネート	OH	$CH_2CH_2NH_2$	30
	アレンドロネート	OH	$(CH_2)_3NH_2$	1000
第3世代	リセドロネート	OH	H_2C—N（イミダゾール環, N）	3000
	ゾレドロネート	OH	H_2C—（ピリジン環, N）	10000

炭酸カルシウムの沈殿を抑制する性質を有するため，元来，工業用として水道管への炭酸カルシウム沈着を防ぐ水垢防止剤として使用されていた．骨粗鬆症治療薬としてのビスホスホネートの開発は，1960年代に報告されたFleischらのピロリン酸に関する一連の生理学的研究に端を発する[2)]．すなわち，Fleischらは血清や尿中に含まれる無機ピロリン酸がリン酸カルシウムと強固に結合し，骨代謝に寄与することを明らかにした．しかしながら，ピロリン酸は生体内で酵素により急速に加水分解されて効力を失うため，加水分解されにくいピロリン酸類似体（ビスホスホネート）が合成されるようになった．1980年代以降，多くの製薬会社がさまざまな種類のビスホスホネートを開発し，ビスホスホネートは骨粗鬆症をはじめとする骨疾患治療薬として一躍脚光を浴びるようになった．

◆ 現在のビスホスホネートの種類と特徴

ビスホスホネートは，Cの側鎖構造により骨吸収抑制作用の活性が変化する特性を有し，これまでに多くのビスホスホネートが開発されている．表1には主なビスホスホネートの種類と特徴をまとめた．わが国では，構造中に窒素を含まない第1世代のビスホスホネートとして，エチドロネート（ダイドロネル®（経口製剤）），窒素を含む第2世代として，パミドロネート（アレディア®（注射製剤）），アレンドロネート（テイロック®（注射製剤），ボナロン®（経口製剤，経口ゼリー剤，点滴静注バッグ），フォサマック®（経口製剤）），イバンドロネート（ボンビバ®（経口製剤，注射製剤）），窒素を含む第3世代として，リセドロネート（アクトネル®，ベネット®（経口製剤）），ミノドロネート（リカルボン®，ボノテオ®（経口製剤））およびゾレドロネート（ゾメタ®（注射製剤））が認可されている．

構造中に窒素を含まない第1世代のビスホスホネートは，アデノシン三リン酸類縁体を生成させ，破骨細胞のアポトーシスを引き起こす．一方，窒素を含む第2世代および第3

世代のビスホスホネートは，メバロン酸/コレステロール代謝経路の阻害により破骨細胞の細胞骨格形成を阻害する．これらの作用機序によりビスホスホネートは破骨細胞による骨吸収を抑制する．

ビスホスホネートの経口製剤は，臨床上，1日1回投与製剤，週1回投与製剤さらに最近では月1回投与製剤が使用されているが，いずれの製剤においても，吸収率は1～2％ときわめて低いことが知られている．さらに，ビスホスホネートは食事により吸収率が低下することが報告されていることから，服用後，少なくとも30分間は飲食を避ける必要がある[1)]．ビスホスホネートは，上述のように，PCPの骨格を有し，物性として極性が高く，分配係数が1×10^{-4}以下の水溶性の高い化合物であることから，低い膜透過が吸収性の悪い理由として考えられている．また，ビスホスホネートは，吸収された量の30～40％が親和性の高い骨に選択的に取り込まれ，そのほかは代謝されずにそのまま尿中に排泄される体内動態特性を示すことが知られている[1)]．

一方，ビスホスホネートは粘膜刺激性を有していることから，腹部不快感や消化性潰瘍などの上部消化管粘膜障害が副作用として知られる．ビスホスホネートによる上部消化管粘膜障害を予防するため，服用後30分間は座位を保つ必要がある．またビスホスホネート服用患者において，抜歯による顎骨壊死の発症が問題となっており，服用中の歯科治療には注意を要する．

上述のようにビスホスホネートはその服用方法が煩雑であることから，最近では注射製剤，経口ゼリー剤の開発も進んでいる．骨粗鬆症治療用の注射製剤として，アレンドロネートおよびイバンドロネートの月1回投与製剤がある．一方，パミドロネートおよびゾレドロネートの注射製剤は癌骨転移治療用として開発されたものである．また，経口ゼリー剤は高齢者などの嚥下困難な患者の服用性を改善することを目的として開発されたもので，アレンドロネートの経口ゼリー剤（ボナロン®）が2013年に販売開始されている．ゼリー剤は型崩れしない適度な硬さを有しており，良好な食道通過性を示す．

◆ 今後の開発動向

ビスホスホネートの服用方法の煩雑性を改善するため，これまでに月1回服用製剤（服用間隔の延長）や注射製剤，経口ゼリー剤などが開発されてきたが，今後は食後に服用可能なビスホスホネートの製剤開発が期待される．すでに海外では，空腹時に服用するリセドロネート5 mg錠と食後に服用する徐放性の35 mg錠で，統計学的に骨密度増加効果（骨粗鬆症治療効果）に大きな差がないことが報告されている[3)]．食後にビスホスホネートが服用可能となれば，患者のコンプライアンス・QOLが著しく改善され，ビスホスホネートによる治療効率の向上が期待される．そのほか，基礎研究ではあるが，ビスホスホネートの吸収性や使用性を改善する剤形開発（ドラッグデリバリーシステム）も検討されており，これまでに点鼻剤，吸入剤，経皮吸収製剤などの報告がある[1)]．こうした製剤が実用化されれば，骨疾患治療におけるビスホスホネートの有用性はますます向上するものと思われる．（勝見英正・山本　昌）

◆ 参考文献

1）勝見英正ほか：薬学雑誌，130：1129-1133, 2010.
2）H. Fleisch：ビスホスホネートと骨疾患，医薬ジャーナル社，2001.
3）M.R. McClung *et al.*：*Osteoporos. Int.*, 23：267-276, 2012.

7-3　医薬・化成品分野

バイオセラミックス

7-3-5

臨床応用されているバイオセラミックスは緻密体からポーラス体，顆粒状，コーティング膜と多岐にわたっている（図1）．骨補填材としては生体埋入（インプラント）後バイオセラミックスの内部への血管や神経組織の進入を考慮して，気孔径数百μmの開気孔と連通孔をもち気孔率70～80％の焼結が用いられている．また埋入時の制御性から顆粒も用いられる．材料としては六方晶ヒドロキシアパタイト（$Ca_5(PO_4)_3OH$，HAp）と菱面体晶β-リン酸三カルシウム（$Ca_3(PO_4)_2$，β-TCP）の2種類のリン酸塩が最も多く臨床利用されている．生体内では前者が非吸収性であるのに対して後者は易吸収性とされている．両者の組成上の差異は式(1)に示されるように，Ca/P原子比とHの有無にある．HAp中のH含有量は重量比率でおよそ0.2％にすぎないが，このわずかな差が性質に強く影響を与えている．

$$\mathrm{HAp}(Ca_{10}(PO_4)_6(OH)_2) - \mathrm{TCP}(Ca_9(PO_4)_6) = Ca(OH)_2 \quad (1)$$

生体骨歯は数％の炭酸イオンを含有している．これを勘案してHAp中の4配位PO_4^{3-}イオンの一部をCO_3^{2-}イオンで置換した炭酸含有アパタイト（$Ca_5(PO_4)_{3-x}(CO_3)_xO_x(OH)_{1-x}$，CAp）が実用化されている．CApは生体硬組織に最も近いバイオセラミックスといえる．

またインプラント後の感染防止を目的として，抗菌性に優れた銀イオンを固定化させて用いる研究も遂行されている．ナノサイズHAp結晶をコーティングしたナノスキャフォールドは細胞担持能の向上が認められる．ナノサイズHApと遺伝子や薬物の複合体を効率よく細胞に導入し，細胞の機能を調節しながら，タンパク質産生・遺伝子ワクチン・遺伝子治療なども開発されている．

生体内で形成されるHApの前駆体と考えられている三斜晶リン酸八カルシウム（$Ca_8(HPO_4)_2(PO_4)_4 \cdot 5H_2O$，OCP）も新規バイオマテリアルとして注目されている．OCPが生理的環境下で加水分解によりHApに転化する現象を利用して，効率的に骨形成を誘導する研究も行われている．

また優れた生体吸収性に着目してケイ素含有アパタイトの研究も広く行われている．

（山下仁大）

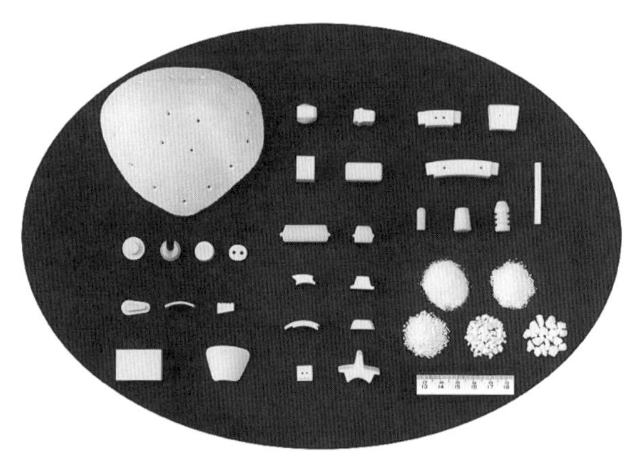

図1　製品写真

農　薬

農薬取締法では,「農薬」とは,「農作物（樹木及び農林産物を含む．以下「農作物等」という.）を害する菌，線虫，だに，昆虫，ねずみその他の動植物又はウイルス（以下「病害虫」と総称する.）の防除に用いられる殺菌剤，殺虫剤その他の薬剤（その薬剤を原料又は材料として使用した資材で当該防除に用いられるもののうち政令で定めるものを含む.）及び農作物等の生理機能の増進又は抑制に用いられる植物成長調整剤，発芽抑制剤その他の薬剤をいう.」とされ，また農作物などの病害虫を防除するための「天敵」も農薬とみなすとされている．なかでも有機リン系農薬のほとんどは殺虫剤として使用されていて，その作用機構はアセチルコリンエステラーゼ（AChE）の阻害である[1].

有機リン系殺虫剤の研究はTEPP（tetraethyl pyrophosphate：ピロリン酸テトラエチル）[半数致死量LD 50　1.9 mg/kg（マウス）] に始まる（図1）．1950年に有機リン系農薬の第1号として登録を受けたが，高い毒性のため1969年に失効した．次いでパラチオン（parathion）[LD 50　6 mg/kg（マウス）] が1944年にドイツ，IG・ファルベンによって開発された．この時代，日本では米の増産が課題であり，ニカメイチュウを主とする害虫の防除剤が熱望されていた．ニカメイチュウは幼虫の間，イネの茎のなかに侵食し，食い荒らしてイネを枯らしてしまう害虫である．パラチオンはその駆除の薬剤として抜群の効果を示した．しかし，強力な殺虫活性をもつ反面，人体に対する毒性も強く，農薬散布中に中毒，死亡するという事故が発生した．さらにパラチオンに変異原性，催奇性，発癌性があることがわかり，1971年に使用禁止となった．

パラチオンの毒性の影響からマラチオン（malathion）[LD 50　720 mg/kg（マウス）] が米国，サイアナミッドによって開発された．日本では1953年に農薬登録を受け，低毒性のため，現在でも広く使用されている．それでも1日摂取許容量は0.3 mg/kgであり，多量摂取すると頭痛，吐き気，視力減衰，縮瞳などを引き起こす．

それから少し遅れて，住友化学が開発し，1961年に農薬登録を受けた，同じく低毒性のフェニトロチオン（fenitrothion，商品名：スミチオン）[LD 50　1336 mg/kg（マウス)] が登場した．フェニトロチオンは，パラチオンのリン酸エステル部がエチル基からメチル基に，ニトロベンゼン部にメチル基が導入された，単純な構造変化ではあるが，毒性はパラチオンよりはるかに低い．さらに1日摂取許容量は0.005 mg/kgである．フェニトロチオンはニカメイチュウのほかにも松枯れの原因害虫や果樹，園芸作物の害虫などにも高い殺虫効果を示す．　（岡田芳治）

◆ 参考文献

1）桑野栄一ほか編：農薬の化学—生物制御と植物保護—，朝倉書店，2004.

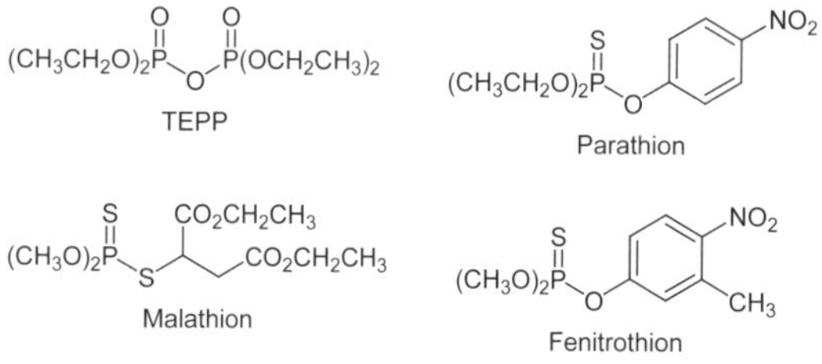

TEPP　Parathion　Malathion　Fenitrothion

図1　主な有機リン系農薬の構造

7-4 その他の分野

触　媒

7-4-1

リンを含む触媒として，最も早く認識されるのはリン酸であろう．高校の理科で学ぶカルボン酸をアルコールでエステル化する際の酸触媒の一種として学び，代表的な無機の酸である硫酸，塩酸，硝酸では触媒作用が強すぎ，逆に代表的な有機の酸である酢酸，フェノールでは触媒作用が弱すぎる場合，これらの有機–無機酸の中間の酸の強さをもつ触媒として用いられる．化学の分野ではしばしば指摘されるように，リンは無機に属するが，その性質は無機–有機の中間であるということが触媒でも当てはまるかもしれない．

リン酸は溶液であるため，実際の反応では液体均一系で反応に利用する．この場合，反応後には，生成物，反応物，溶媒，触媒を蒸留などで分離しなければならない．工業製品の価格には，この分離工程にかかる経費が製品価格の40％も占めるといわれており，工業界では，反応溶液との分離が容易な固体状のリン由来触媒を用い，反応溶媒，反応物，生成物は液体または溶液の不均一系の状態で反応を行うことが一般的である（この場合は，液固不均一系．触媒以外が気体の場合は気固不均一系）．

ここでは，工業界で使用されている代表的なリン酸塩関連触媒の概説とともに，2001年の野依良治のノーベル賞受賞につながったリン酸塩系触媒について概説する．なお，金属リン化物触媒については，第1章を参照されたい．

◆ 一般的な金属リン酸塩触媒

戦後，石油化学工業の中心となったのは酸性触媒である．当時は，触媒設計を行い，分子構造を認識したうえで触媒調製を行うことはほとんど行われておらず，鉱物由来の複数の酸化物（M_xO_y：M＝金属カチオン）触媒を混合した複合酸化物が酸性触媒として一般に用いられた．単独の酸化物触媒は一般に塩基性を示すが，2成分以上混合すると酸性が発現する．しかし，その酸化物の原料，混合方法，活性化方法などにより触媒活性は大きく影響を受け，均質な触媒を再現よく製造することが困難であった．そのために単独の化合物で酸性を示す鉱物系の触媒が求められたが，ほとんどなかった．例外といわれているのが，硫酸カルシウム（$CaSO_4$）のような金属硫酸塩とともにリン酸カルシウム（$Ca_3(PO_4)_2$）のようなリン酸塩触媒である．もっとも金属硫酸塩はほとんど大部分が酸性を示すが，金属リン酸塩は金属の種類によっては塩基性を示す場合もあり，通常は金属リン酸塩＝酸性触媒として認識されている．その酸性は金属リン酸塩の構造に影響されるといわれており，本来の構造が崩れている場合に酸性が強くなることが指摘されている．

◆ 酸性にも塩基性にもなるリン酸塩触媒

表記の性質をもつほかの元素ではみられない特徴をもち，最近多用されてきているリン酸塩触媒としてカルシウムヒドロキシアパタイト（CaHAp）がある[1]．この物質は，本書でもたびたび取り上げられるが，$Ca_{10-x}(HPO_4)_x(PO_4)_{6-x}(OH)_{2-x}$（$0<x<1$）で表され，骨の主構成成分である．CaHApをアルコールの変換触媒として利用すると，$x=0$の量論的CaHAp（$Ca_{10}(PO_4)_6(OH)_2$）を用いると，その塩基性性質を反映して脱水素生成物を与える．一方，xの値を1に近づけた触媒（非量論的CaHAp）の場合，その酸性質の増大により脱水生成物を与えるようになる．$x=1$の場合，CaHApのCa/Pの原子比が1.50となるが，この値は一般的な金属リン酸塩であるリン酸カルシウム（$Ca_3(PO_4)_2$）の原子比と同様なことは注目される．このようなxの値の化学的特性の変化を非化学量論性といい，本触媒系の特徴である．アルコール，天然ガス，液化石油成分の化成品への変

換触媒として利用の検討が行われている．

◆ **固体であるにもかかわらず液体の挙動を示すヘテロポリ酸**

前述までの固体触媒は，鉱物由来であって，触媒作用が起こる場所も固体触媒表面に限定されるため触媒を有効に利用できていなかった．この点を打破した触媒として，分子構造に基づいて触媒設計ができ，固体でもあるにもかかわらず液体のような挙動を示すために触媒作用が触媒表面に限定されないヘテロポリ酸が開発された．代表的なヘテロポリ酸は，12−タングストリン酸（$H_3PW_{12}O_{40}\cdot nH_2O$）であり，四面体$PO_4$を12個の八面体$WO_6$が，互いに頂点と稜を共有する多面体モデルを組むケギン（Keggin）構造で構造が規定できるために触媒設計が分子レベルで行えるようになった．この触媒において，反応分子が触媒表面上で反応するだけでなく，固体内部までも進入し内部で反応する様子は，あたかも固体触媒があたかも濃厚溶液のように挙動しているようで，擬液相挙動として知られている．このような特徴から，非常に強い酸性を示す触媒として，多くの分野で実用化されている．

◆ **高温で安定なゼオライト！　リン酸アルミニウム系触媒**

上記のように現在の触媒開発では，触媒設計に基づく開発も盛んに行われている．触媒に対する現場の要望として，望む分子だけ反応させて，ほかの分子は反応させたくないという要望が出てくるのは自然である．触媒の分野では，一定の孔径をもつ細孔をもつ三次元構造をもつ触媒を調製し，分子の大きさをふるい分けて（選抜して），特定の分子のみ触媒反応を起こすことができている．代表的な触媒が，主としてアルミニウム−酸素−ケイ素からなる各種ゼオライトであるが，熱的な安定性が劣る．この欠点を補って開発されたのが，ゼオライトのケイ素をすべてアルミニウムで置き換えたリン酸アルミニウムである．リン酸アルミニウムは，ゼオライトがもつ三次元構造を保持し，1000℃まで安定である．

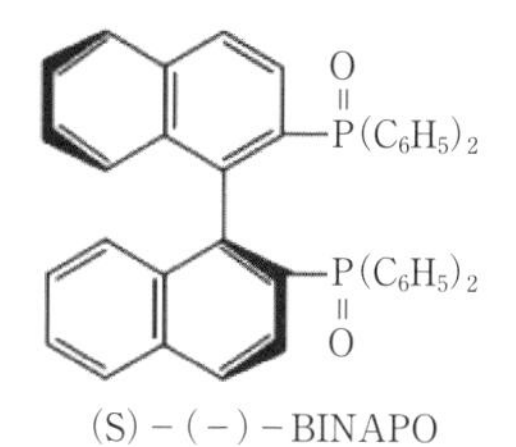

図1　BINAP配位子

◆ **ノーベル賞につながったBINAP（ホスフィン配位子遷移金属触媒）**

医薬品や農薬など生体に関与する薬剤を製造する際には，精密な有機合成を行う必要がある．たとえば，人間の右手を鏡で写した像は左の手と重なり合わないが，右手であることからできること，左手であるからできることがあることは理解できよう．同様に生体に関与する薬剤を合成する多くの場合には，右手だけ，もしくは左手だけに相当する薬剤を調製する必要がでてくる．これを不斉合成といい，2001年にノーベル化学賞を受賞した野依良治は不斉水素化用触媒として，さまざまな金属として不斉触媒となるBINAP(バイナップ：2，2'−ビス（ジフェニルホスフィノ）−1，1'−ビナフチル）という不斉配位子を開発した．これは図1に示すような構造をもち，ジフェニルホスフィノ基の立体障害が不斉合成に寄与することが明らかにされている．一般に触媒性能はきわめて高く，反応物にとらわれず広く水素を還元剤とした還元に利用できる反応であり，工業プロセスにも応用されている．（杉山　茂）

◆ **参考文献**

1）H. Monma：*Journal of Catalysis*, 75：200-203, 1982.

7-4　その他の分野

清缶剤

7-4-2

リン酸塩系清缶剤はスケール付着防止機能のほかにpHやアルカリ度の調整，腐食の抑制効果に優れ，このため，代表的な清缶剤（boiler compound）として周知されている．現在の高性能化，省力化された低圧ボイラでは，リン酸塩系清缶剤は清缶剤，脱酸剤，スラッジ分散剤を一液化した多目的ボイラ薬品のなかに含まれる．しかし，放流先が閉鎖性水域となる場合には，富栄養化，水質汚濁の問題から非リン酸塩系清缶剤が用いられる．

リン酸ナトリウムはオルトリン酸ナトリウム（Na_3PO_4，Na_2HPO_4，NaH_2PO_4）と重合リン酸ナトリウム（$Na_6P_3O_{10}$，$Na_6P_6O_{18}$，など）に大別される．代表的なリン酸塩系清缶剤であるリン酸三ナトリウム（Na_3PO_4）と代表的なスケール成分である硫酸カルシウム（$CaSO_4$）のボイラ水中（アルカリ環境）での化学反応式を式（1）に示す．反応生成物をボイラ水とともにブロー除去できる形（ヒドロキシアパタイトと硫酸ナトリウム）に変え，スケールの生成を防止する．

$$10CaSO_4 + 6Na_3PO_4 + 2NaOH \longrightarrow [Ca_3(PO_4)_2]_3 \cdot Ca(OH)_2 + 10Na_2SO_4 \qquad (1)$$

リン酸塩系清缶剤はボイラの水処理では，アルカリ処理とリン酸塩処理に用いられる．アルカリ処理はボイラ水のpHを主に水酸化ナトリウム（NaOH）で調整，リン酸イオンの濃度をリン酸塩（主としてナトリウム塩）で調整する．一方，リン酸塩処理はボイラ水のpHおよびリン酸イオンの濃度をリン酸ナトリウム塩で調整する．

アルカリ処理に採用される代表的な清缶剤の組み合わせに，NaOHとヘキサメタリン酸ナトリウム（$Na_6P_6O_{18}$）がある．$Na_6P_6O_{18}$は中性物質であり，NaOHと併用することで，アルカリ溶液中で加水分解し，式（2）に示すようにNa_3PO_4に変わる．

$$Na_6P_6O_{18} + 12NaOH \longrightarrow 6Na_3PO_4 + 6H_2O \qquad (2)$$

一方，リン酸塩処理は，遊離アルカリによるアルカリ腐食を防止するために用いられ，代表的な清缶剤の組合せに，Na_3PO_4とNa_2HPO_4がある．Na^+とPO_4^{3-}のモル比（Na^+/PO_4^{3-}）3.0以下（通常2.6～2.8）で維持し，ボイラ水中のpHとリン酸イオン濃度を適切に調整する．中・高圧ボイラではボイラ内で生じるリン酸塩のハイドアウト現象[1)]に留意し，低pH処理をしている．Na_3PO_4のボイラ水中のハイドアウト時の化学反応式を式（3）に示す．

$$Na_3PO_4 + 0.2H_2O \rightleftarrows Na_{2.8}H_{0.2}PO_4 + 0.2NaOH \qquad (3)$$

ボイラの種別では，低圧3 MPa以下で採用される丸ボイラ，特殊循環ボイラ，および補給水が軟化水の水管ボイラにはアルカリ処理が適用される．また，補給水がイオン交換水で7.5 MPa以下の産業用水管ボイラには，アルカリ処理，リン酸塩処理の両方が適用可能である．7.5 MPaを超え15 MPa以下の産業用水管ボイラではリン酸塩処理のみとなる．なお，電力事業用循環ボイラおよび排熱回収ボイラにはリン酸塩系清缶剤は用いられないが，ほとんどの船舶用ボイラにはリン酸塩系清缶剤が用いられる[1)]．

日本では，ボイラ水のリン酸イオン濃度の管理値は，ボイラの形式，圧力区分，水処理方式によってJIS規格[1)]に取りまとめられる．

（伊丹良治）

◆ 参考文献

1）一般財団法人日本規格協会（日本工業標準調査会審議）：ボイラの給水及びボイラ水の水質，JIS B 8223(2015)，2015年10月20日改正．

7-4 その他の分野

セラミックス

7-4-3

セラミックスとは非金属無機材料であり，酸化物どうしの焼結または融解反応によるセメント，ガラス，陶磁器および耐火物などを指している．機能の面では磁気テープ，磁気ヘッドなどに用いられる磁性材料，光ファイバーや蛍光体などに用いられる光学材料，コンデンサやダイオードなどに用いられる電子材料，さらには耐熱衝撃性材料，触媒および超硬材料などがある．

セラミックス中のガラスの定義としては非晶質であり，ガラス転移現象を有する物質とされている．ケイ酸塩ガラスが一般的にはよく知られている．光学ガラスなどに用いられる石英ガラス，石けん，紙パルプや繊維などに利用されている液体状の水ガラスなどがある．ガラスの製造法においては，溶融急冷法やゾル・ゲル法などが用いられている．

◆ リン酸塩ガラス

リンにおけるガラスはリン酸塩ガラスがある．ケイ酸塩ガラスは Si が sp^3 混成軌道を形成し，SiO_4 四面体の頂点を共有し，三次元網目構造を形成することに対して，リン酸塩ガラスの P は同様に sp^3 混成軌道を形成し PO_4 四面体を形成するが，5 価のために π 結合性を帯び，4 つある P-O 結合の結合距離が等しくなる特徴をもつ．そのため，三次元網目構造を形成させることは難しいとされている．しかし，ケイ酸塩ガラスとは異なり多くの水または構造水を含有することができる特徴がある．そのためプロトン伝導性を有する材料としても利用することができる．リン酸塩ガラスにおいては xP_2O_5-yM_2O, xP_2O_5-yMO ($x+y=100$, $x \geq 60$, M：金属イオン) などの組成を有するガラスで 10^{-2} ～ 10^{-3} S/cm 程度の電気伝導度を有するプロトン伝導体としても利用でき，水素センサーへの応用も期待されている．

◆ 結晶化ガラス

高い温度で溶融しその温度をしばらく保持すると結晶が析出する．このようなガラスは「結晶化ガラス」と呼ばれる．結晶化ガラスはガラス中の核生成と結晶化を制御することにより作製されるので，ガラスのもつ特徴と結晶のもつ光学的および力学的特徴を有し，耐熱性が必要な天板，天体望遠鏡の反射鏡，耐熱食器，人工歯根，人工骨材など高い熱的，機械的強度が求められる製品に利用されている．具体的には，非線形光学に役立つ透明な結晶化ガラス，接着剤および充填剤などに用いられている．

阿部[1)]らはリン酸塩ガラスと生成結晶が，ともに縮合リン酸塩の鎖状構造である場合にはガラス転移点以下の温度であっても結晶化が生ずることを見出している．

◆ リン酸ジルコニウム

$Zr(HPO_4)_2 \cdot H_2O$ は無機イオン交換体として知られるが，500℃以上で加熱するとリン酸ジルコニウム触媒として作用し，アルコール類の脱水やエチルベンゼンの脱水素反応に有効である．NASICON (Na + Super Ionic Conductor) の一つである $NaZr_2(PO_4)_3$ は高イオン伝導体として知られており，ナトリウムイオン・ジルコニウムイオンを他の金属種へ置換した $CaZr_4(PO_4)_6$ などのリン酸ジルコニウム化合物およびリン酸チタニウム化合物は 1×10^{-6}/K 以下の低熱膨張性であるため耐熱衝撃材料として有用である．

以上のことからリン酸塩ガラスに代表されるリン酸塩セラミックスは組成や温度など簡単な工夫により，特殊な機能をもつ新しい材料を作ることが可能なことから，今後の展開に期待がもてる分野である．　　（櫻井　誠）

◆ 参考文献

1) Y. Abe：*Nature*, 282：55, 1979.

7-4 その他の分野

有害物質の除去

7-4-4

現在，高レベル放射性廃棄物のガラス固化にはホウケイ酸ガラスが使用されているが，P_2O_5 濃度が増加すると分相するなどの問題点がある．そこで，融点が低く，より多くさまざまな種類の元素を取り込めるリン酸塩ガラスの研究が進められている．

また，ヒドロキシアパタイトは，骨補塡材や人工歯根のような医療用の材料として研究が活発に行われているほか，重金属イオンの回収にも利用されており，環境浄化材料への利用が注目されている．

ここでは，有害物質除去の観点から注目されるこれらの材料について解説する．

◆ リン酸塩ガラスによる高レベル放射性廃棄物の固定化

使用済み核燃料再処理工程で発生する高レベル放射性廃棄物とは，再利用できるウランやプルトニウムを分離・回収した後に残る核分裂生成物を主成分とし，放射能濃度が高い廃棄物のことをいう．アクチニド元素などの半減期の長い核種も多く含まれるため，長期間にわたり人間環境から隔離する必要がある．このため，高レベル放射性廃棄物は，ガラス固化体にしたのち深地層中に保管される．

ガラス組成としては，固化プロセスの実現性，化学的耐久性（浸出率），廃棄物含有量，熱的安定性，耐放射線性などの比較評価の結果，現在では主としてホウケイ酸塩系が選択されている．しかし，このガラスは再処理工程で含有する P_2O_5 の濃度が増加すると分相してしまうことが報告されており，P_2O_5 濃度が最大で 1 ～ 3 mass%になるように廃棄物含有量を制限しなければならない．これにより，ガラス固化体自体の量が増えてしまうという問題がある．そこで，ホウケイ酸塩ガラス同様融点が低く，より多くさまざまな種類の元素を取り込める特性をもつリン酸塩ガラスの研究が進められている．

D. E. Day らは，リン酸鉄ガラスがきわめて浸出率が小さく，化学的に安定であることを見出し，高レベル放射性廃棄物処理用の固化マトリックスとしての適用性を検討している[1]．リン酸鉄ガラスは，$P_2O_n^{4-}$ で支配されるP-O-ネットワークに Fe(II)-O_n と Fe(III)-O_n 多面体が連鎖した構造をもち，廃棄物元素は Fe-O-P ネットワークを壊すことなく，その構造内に取り込まれると考えられている．そのため，加水分解を受けにくく化学的に安定で，固定化された元素の化学的安定性が変化しない．また，このマトリックスは，溶融時間が短い，高温粘性が低い，ホウケイ酸ガラスでは溶解度が低いとされている Mo，Zr，Cr，U などの溶解度が高い，などの特徴がある．

リン酸鉄ガラスは，乾式再処理廃棄物固化用に開発されているもので，ホウケイ酸ガラスとほぼ同等の特性（表1）をもっているが[2]，密度がやや高く粘度が低い．母相の組成は $x\mathrm{Fe_2O_3}$-$(100-x)\mathrm{P_2O_5}$ $(50>x>30)$ であり，模擬廃棄物を 30 mass%程度まで含有させることができる．溶解速度は 10^{-2} ～ 10^{-1} g/m^2/d 程度である．廃棄物を 30 mass

表1 リン酸鉄ガラスとホウケイ酸ガラスの諸元[2]

諸元	リン酸鉄ガラス	ホウケイ酸ガラス
密度（g/cm^3）	2.90 ～ 3.45	2.7 ～ 2.8
比熱（J/g/K）	0.96 ～ 1.28（300℃）	0.78 ～ 0.95（100℃）
粘度（Pa・S）	0.3 ～ 0.6（1100℃）	4 ～ 5（1150℃）
ガラス転移温度	550℃	501℃
難溶解元素	Zr リン酸塩，白金族元素	ハロゲン，Cr，Mo，白金族元素
溶融炉材料	高純度アルミナ，ZrB_2	高 Cr レンガ

%充塡したガラス固化体の全浸出速度を図1に示す[3]．浸出速度はFe/Pモル比に依存し，Fe/P＝0.33で最も小さな浸出速度を示す．Fe/P＝0.18および0.25の条件で作製したガラス固化体は，析出物が均質に溶解しているミクロ構造になっているが，浸出速度は著しく大きい．試験後の浸出液のpHは低下しており，Fe/P比が低い．マトリックスからのリン酸溶解が促進されると考えられる．

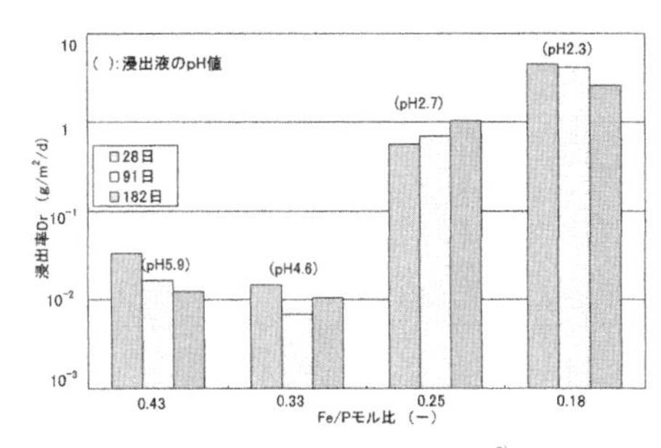

図1　MCC-1浸出試験結果[3]

大倉らは，高レベル放射性廃棄物固化用マトリックスとして，リン酸マグネシウムガラスが有効であることを示している[4]．このガラスは，メタ組成（モル比で$MgO/P_2O_5=1$）付近で組成と物性間にいわゆる「リン酸異常現象」と呼ばれる非線形性を示し，密度低下を伴う構造の変化が起きるため，構造内にさまざまな元素を多量に取り込むことができる．ホウケイ酸ガラス固化体（廃棄物含有量25 mass%）の浸出率は，10^{-5} g/cm^2・日オーダーなのに対し，リン酸マグネシウムガラス（廃棄物含有量45 mass%）では，1桁低い10^{-6}オーダーを示す．廃棄物含有量が多くなると，ガラス中の架橋酸素P-O-Pは切断され，$P_2O_7^{4-}$およびPO_4^{3-}のような孤立した構造単位が増加するとともに，非対称の架橋酸素R-O-P（R＝廃棄物元素）構造が増加する．このことから，ガラスネットワーク中のクロス・リンケージの密度の増加が耐水性を向上させたものと考えられる．

◆ ヒドロキシアパタイトによる重金属イオン処理

ヒドロキシアパタイト（HAp）は化学量論式$Ca_{10}(PO_4)_6(OH)_2$として表されるリン酸カルシウムの一種であり，天然ではリン鉱石の主成分（フッ素，水酸固溶アパタイト）として産出される．日常生活で使われる人工歯や人工骨などに利用される一方で，金属元素の回収にも利用される．

杉山らは，HApを用いてスラグ溶液中から，多量に存在する水溶性鉄の除去を検討している[5]．HApによる金属の回収は，溶解沈殿機構で進行されていると考えられており，HApが溶液中に溶解することで生成するリン酸イオンと水溶性金属陽イオンが反応して，HAp表面に沈殿を形成する．

また，HApは，純粋な水に対しては溶解性の低い無機化合物として知られているが，水中に組成成分（Ca^{2+}，PO_4^{3-}，OH^-）以外のイオンが存在する場合には，アパタイト成分の溶出を伴ったイオン交換反応が起こる[6]．Ca^{2+}イオンと重金属イオンとの間に起こる陽イオン交換反応や，OH^-イオンとハロゲン加物イオンとの間に起こる陰イオン交換反応が知られており，いずれの場合も相当するイオン置換型アパタイトを与える．このようなアパタイトのイオン交換性は，水中の重金属イオンの除去に応用できることから，研究が進められている．　（大倉利典）

◆ 参考文献

1）大倉利典：*PHOSPHORUS LETTER*, No. 86：7-14, 2016.
2）天本一平ほか：*NEW GLASS*, 22(2)：21, 2007.
3）九石正美ほか：日本原子力学会2003年秋の大会予稿集, Vol. 2003f：553, 2003.
4）T. Okura *et al.*：*J. Eur. Ceram. Soc.*, 26：831, 2006.
5）S. Sugiyama *et al.*：*J. Colloid and Interface Science*, 332：439, 2009.
6）森口武史：*PHOSPHORUS LETTER*, No. 72：10-27, 2011.

トピックス ◇18◆ バイオリン鉱石

排水処理法の一つである嫌気好気活性汚泥法において発生する汚泥には，多くのリンが含まれている．これは，汚泥中に生存するリン蓄積微生物が，排水中のリンを細胞内に吸収・蓄積するためである．このように微生物によって排水中から分離されたリンは重要な資源であり，現在さまざまな方法で回収されている．

そのうちの一つにHeatphos法がある．リンを蓄積した余剰汚泥を70℃で1時間程度加熱してリンを細胞外へ溶出させた後に，カルシウムなどでリンを沈殿回収する方法である．リン溶出工程で細胞の破壊が起こらず，汚泥の沈降性に大きな変化がないため，沈降により容易にリン溶液と汚泥を分離可能である．Heatphos法で回収されたリン鉱石は，乾燥重量の16％のリンと18％のカルシウムを含有しており，天然リン鉱石のリンおよびカルシウム含有率（それぞれ8～13％，26～33％）と比較しても遜色ない品質であることがわかっている．天然リン鉱石とよく似た，微生物を利用して作り出したリン鉱石ということで，「バイオ」リン鉱石と名づけられている．日本語で記載すると，なにやらメロディーを奏でるようなきれいな鉱石を想像するかもしれないが，実際には灰白色～淡褐色の粒子である．

このバイオリン鉱石をリン鉱石の代替原料として用いるため，さまざまな検討がなされている．肥料用途に使用するには，天然リン鉱石よりも多く含まれる有機物や窒素，およびカリウムへの対応が必要であったが，天然リン鉱石と混合して利用することで，加工リン酸肥料の製造原料としてバイオリン鉱石を50％近くまで利用することが可能になっている．工業用リン酸製造への利用は難しく，現在のところ混合割合を5％程度までしかあげられていない．これは濃縮工程における濃縮リン酸の粘度の上昇が著しくなることが原因であり，鉄，マグネシウム，アルミニウム，ナトリウム，カリウムなどの金属分に起因すると推察されている．また，工業用リン酸を製造する際の排水のCODおよび窒素レベルの上昇を抑えるため，バイオリン鉱石に含まれる有機物や窒素を天然リン鉱石レベルまで低下させる必要がある．

一方，バイオリン鉱石中のリンには，ポリリン酸という直鎖状のリン酸ポリマーが多く含まれる．このポリリン酸は高エネルギーリン酸結合を多数もつエネルギー貯蔵物質であり，また生体中で各種生理活性に関与することが明らかとなってきている．バイオリン鉱石はこのポリリン酸原料としても重要であり，効率的な抽出および再利用方法の確立が望まれる．

（滝口　昇）

図1　Heatphos法で回収されたバイオリン鉱石［巻頭口絵12］

◆ **参考文献**

1) A. Kuroda *et al.*：*Biotechnol. Bioeng.*, 78：333–338, 2002.
2) R. Hirota *et al.*：*J. Biosci. Bioeng.*, 109：423–432, 2010.

第8章

リン回収技術

8-1　二次リン資源

8-2　下水からの回収技術

8-3　その他の二次資源からの回収技術

8章　概説

リンの除去および回収

わが国に輸入されるリンは，農業や化学工業，食品産業などで利用されている（第9章）．使われたリンは，最終的には土壌，排水，汚泥，廃棄物中に含まれて環境中に排出されるか，あるいは蓄積されることになる．リン資源の将来的枯渇が懸念されている現在，これらの二次リン資源（再利用可能なリンを含む廃棄物や副産物）を循環利用することはわが国の資源確保にとって重要な課題となっている．本章では，さまざまな二次リン資源からのリン回収について述べる．

◆ 食物中のリンはどこへ行くのか

化学肥料として利用されるリンは，農作物として，あるいは飼料を経由して食肉として人間が摂取する．人体から排出されたリンは，主に生活排水として環境中に出て行く．図1に各種の生活排水処理施設への推定流入リン量を示す．その量は，合計で年間約6万トンと推定され，排水中のリンの約6割は水域へ放流され，約4割が汚泥として処分されている．

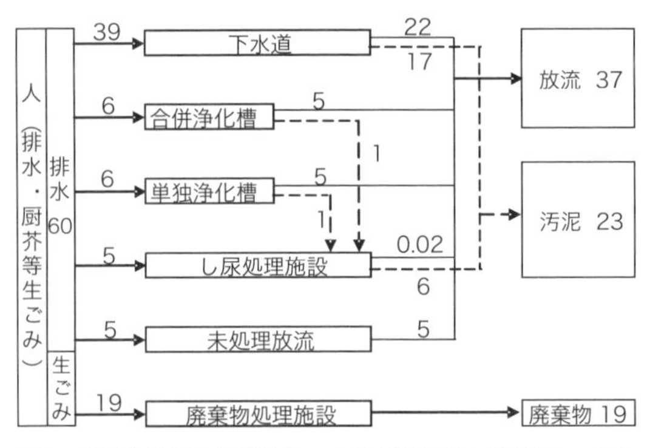

図1　各種生活排水処理施設への推定流入リン量（単位：千トン−P/年）[1)]
注：破線は排水処理汚泥を表す．

リンは窒素と並んで植物プランクトン増殖の律速因子であり，その濃度が一定レベルを超えると，藻類などの爆発的増殖により，赤潮などの富栄養化現象を引き起こす．このため，閉鎖性の湖沼や海域には窒素とリンに関する水質環境基準が設定されており，当該水域に放流する排水処理施設では，排水中の窒素・リンを除去する高度処理が行われている．下水の高度処理は1980年代から導入され，瀬戸内海などの閉鎖性水域の富栄養化防止に大きな効果をあげている．しかしながら，最近では貧栄養化に起因する漁業生産量減少の可能性が指摘されていることから，季節によって高度処理による栄養塩削減レベルを変える試みが行われている水域もある．

生活排水中のリンは，主として凝集沈殿法や生物学的方法によって除去される．生物学的方法では，代表的な生物学的処理プロセスである活性汚泥法に嫌気条件を導入することにより微生物に排水中のリンを吸収させ，その細胞内にポリリン酸として蓄積させることで排水中のリンを除去する．

◆ リンの除去から回収へ

水環境保全の視点から，排水中のリンは，これを除去することが最優先であったが，最近では，リンは枯渇が懸念される貴重な資源として，単に除去するだけではなく，回収を図ることが重要な課題となっている．排水や汚泥からのリン回収は，他の二次リン資源からのリン回収に比べると比較的容易であるため，さまざまなリン回収技術が開発されており，そのいくつかはすでに実施設に導入されている．

図2に，活性汚泥法施設におけるリン回収対象箇所と代表的な回収技術について示す．

活性汚泥法において排水中から除去されたリンは汚泥側に移行す

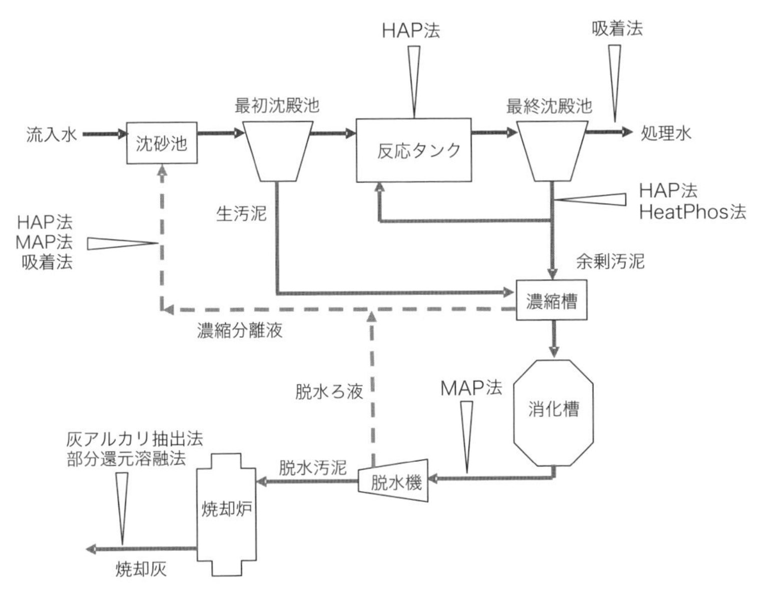

図2 活性汚泥法施設におけるリン回収対象箇所と代表的なリン回収技術

るので，汚泥や焼却灰ではリン含有率が高く，高度処理施設の焼却灰では，P_2O_5 として平均24％程度である．このことから，焼却灰をリン酸製造原料として受け入れている事例もある［➡9-2-2 下水汚泥焼却灰のリン酸原料化］．

汚泥や焼却灰からのリン回収は水処理工程からの回収に比較して含有リン量が多いため有利であるが，一方で，汚泥中には有機物が多く含まれるため，臭気や着色が問題となる可能性があること，また，焼却灰ではアルカリや酸を用いた抽出工程が必要であることなど，それぞれの得失がある．

◆ リン回収の課題は？

前述したように，実際にリン回収を実施している排水処理施設も存在するものの，その数はまだ少ない．国土交通省が2013年に自治体に対して実施したアンケート調査によると，下水からのリン回収を行わない理由としては，回収設備のイニシャルコストが高いこと，採算がとれないこと，小規模であること，人材・技術力の不足，回収リンの利用先がないこと，といった事項があげられている[2]．下水からのリン回収の普及については，今後のリン価格の動向に影響されるところが大きいが，一方でコストダウンや導入における技術支援，利用先の開拓も重要である．

その他の二次リン資源に関しては，製鋼スラグ，特に脱リンスラグに含有されているリン量はきわめて多い．製鋼スラグは，その約40％が高炉セメントの材料として利用されているが，リン回収技術が早期に実用化され，製鋼スラグが貴重な二次リン資源としても，わが国のリン資源確保に貢献することが期待されている．　　　　　　　　　（村上孝雄）

◆ 参考文献

1）黐巻峰夫ほか：リン循環を実現するシステム構築のための基礎的条件に関する検討，環境システム研究論文集，2008．
2）国土交通省下水道政策研究委員会資料，2013．

8-1 二次リン資源

下水汚泥

8-1-1

◆ 下水道に集約されるリン量

わが国の下水道の人口普及率は2015年度末時点で78％に達し，生活排水の大部分を集約している．加えて処理区内の産業排水も受け入れているのでリンの集約量はこの分が足される．近年，下水処理場に集約されたリン量は2006年度で5.6万トン-P/年と計算されており，この内訳は生活排水負荷3.9万トン-P/年と産業排水負荷1.7万トン-P/年と推定される[1)]．現在，生活排水のリンの人口原単位は，下水道計画においては，全リン1.4 g/人・日の値が用いられているが，この値は過去1970年代は1.8 g/人・日であった．当時普及していた粉末有リン洗剤の無リン化が「滋賀県琵琶湖の富栄養化の防止に関する条例」の施行（1979年）をきっかけとし全国的に広まることになり，生活排水中のリンの負荷量はかなり減少することとなった．

◆ 下水汚泥の発生量とリン含有率

わが国では現在2000を超える下水処理場が稼働しているが，処理水量1万 m^3/日を超える中規模以上の箇所が約600か所であり，ここで全体の下水量の9割以上を処理している．中規模以上の処理場で最も一般的な処理法は，標準活性汚泥法であり，最初に沈殿処理（一次処理）された下水は後段のエアレーションタンクで活性汚泥による生物処理（二次処理）を受け，消毒後放流される．

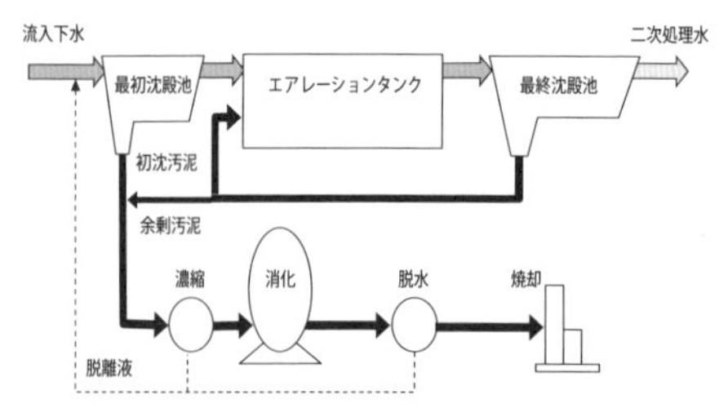

図1 標準活性汚泥法における汚泥処理フロー

標準活性汚泥法における汚泥処理フローを図1に示す．下水汚泥は最初沈殿池で発生する最初沈殿池汚泥（初沈汚泥）と後段の生物処理で発生する余剰活性汚泥（余剰汚泥）で構成され，これらの発生汚泥の固形物濃度は約1％（含水率99％），この汚泥は重力濃縮あるいは機械濃縮で4％程度の濃度に濃縮され後段の汚泥処理に回される．下水汚泥は有機物に富むため嫌気性消化タンクで分解安定化されるか，または固形物濃度20～30％（含水率70～80％）に脱水された後，焼却処理あるいは埋め立て処分される．

下水処理場の発生汚泥のリン含有率は，初沈汚泥に比べ余剰汚泥のほうが高い．ある処理場の分析結果では初沈汚泥の乾燥固形物あたりリン含有率1.0％ P/DSに対し余剰汚泥2.7％ P/DSであった．初沈汚泥と余剰汚泥の発生固形物量比はおおむね60：40である．

下水処理場で除去されたリンはすべて汚泥に移行する．2006年度の集計結果ではリン除去量4.3万トン-P/年に対し発生汚泥量223.5万トン-DS/年であったので，発生汚泥の平均リン含有率を求めると1.9％ P/DSとなる．この値は処理場ごとに異なってくる値であるが，リン量の概略計算をする場合には有用な値となる．ただし下水汚泥の約80％は有機物であるので，下水汚泥が焼却された場合，焼却灰中のリン濃度は約5倍に濃縮されることとなる．焼却灰中のリン含有率は9.5％ P/DS程度となり，これは P_2O_5 のリン酸表示で約22％，リン鉱石のリン酸含有率27～37％に近い．

下水汚泥のリン資源化にあたって，その量とリン含有率を把握しておくことが基本となる．

（佐藤和明）

◆ 参考文献

1) 佐藤和明ほか：再生と利用，40(152)：70-73, 2016.

8-1 二次リン資源

家畜糞尿

8-1-2

◆ 家畜糞尿中のリン

農林水産省の畜産統計によると，2016年2月現在，わが国では乳用牛135万頭，肉用牛248万頭，豚931万頭，採卵鶏1.73億羽，ブロイラー1.34億羽が飼養されている．家畜に給餌される飼料にはリンが含まれているが，リンは骨や歯の主成分として重要であることに加え，細胞の分裂や成長，血液凝固，筋収縮，エネルギー代謝などさまざまな生体機能にも関与している．わが国の標準的な家畜の飼養方法を畜種別にとりまとめたものが日本飼養標準であり，家畜の飼料は基本的にはこの日本飼養標準に基づき設計されるが，飼料中のリンのレベルについてもこのなかで規定されている．しかし，家畜によって摂取された飼料中のリンがすべて畜体に吸収されるわけではなく，吸収されなかったリンは糞尿として排泄される．

日本飼養標準に準拠して家畜を飼養した場合の糞尿量および糞尿中リン量などの原単位が提唱されている[1]が，これら原単位と前述の国内飼養頭羽数に基づき年間の発生量を推定すると，糞尿量の総計はおよそ8000万トン（糞は5500万トン，尿は2500万トン）となり，糞尿中リン（P）量の総計は10.7万トン（糞中は9.7万トン，尿中は1.0万トン，P_2O_5の形態では総計24.5万トン）と算出される．わが国では多くの場合，排出された糞尿は固形分（糞の大部分）と畜舎汚水（糞の一部，尿，洗浄水等の混合物）に分けられたのち，固形分は堆肥化処理を経て堆肥として農地にてリサイクル利用され，畜舎汚水は浄化処理されたのちに河川などに放流される．

◆ 堆肥中のリン

家畜糞を堆肥化する技術はすでに広く用いられていることもあり，固形分中のリンを堆肥としてリサイクル利用する手だてはすでに確立している．堆肥中のリン（P_2O_5）濃度は畜種ごとに異なり，乳用牛1.8 ± 1.1 %，肉用牛2.6 ± 1.2 %，豚5.6 ± 2.8 %，採卵鶏6.2 ± 2.5 %，ブロイラー4.2 ± 1.8 %（平均値 ± 標準偏差）[2]と，特に豚と鶏で高い傾向にある．家畜糞堆肥を作物栽培に用いる場合は，堆肥および化学肥料のバランスを適正化することで，施用量を決めることが必要である．

◆ 畜舎汚水中のリン

畜舎汚水が発生するのは主に養豚経営と酪農経営であるが，畜舎汚水は高濃度の水質汚濁物質を含んでいるため，経営外に放流する場合には規制値以下にまで浄化処理する必要がある．豚舎汚水中におよそ100～400 mg/L程度含まれているリンもそれら水質汚濁物質の一つで，国内で豚舎汚水中に排出される総リン量は年間約1万トンと試算されている．しかし，畜舎汚水中のリンは，汚水中から回収することができれば資源となりうるポテンシャルをもっている．畜舎汚水中のリンを除去するために現在広く用いられている技術が凝集沈殿法であるが，この方法で除去されたリンは脱水しにくい汚泥のかたちで回収され，そのリサイクル利用にはいくつもの工程とコスト負担が必要となる．そのため，凝集沈殿法に替わる，除去回収したリンの循環再利用が容易で畜産経営でも実施可能な技術として，MAP（リン酸マグネシウムアンモニウム）法，非晶質ケイ酸カルシウム水和物（CSH）吸着法などが開発されている．

（鈴木一好）

◆ 参考文献

1）畜産環境整備機構：家畜ふん尿処理・利用の手引き，pp.3-5, 1998.
2）畜産環境整備機構：家畜ふん堆肥の肥効を取り入れた堆肥成分表と利用法，pp.36-37, 2007.

8-1　二次リン資源

食肉加工副産物

8-1-3

◆ 食肉加工副産物とレンダリング

われわれが食する畜肉（牛，豚および鶏など）は，食肉加工場でカットした後に流通されているが，食用となるものは全体の約半分である．食用とならない約半分の骨，内臓および脂肪などの不可食部位は，食肉加工副産物と称し，一般的に加熱加工して主に飼料原料や肥料原料として利用されている．

このような食肉加工副産物を動物油脂と動物タンパク質に分離し，再資源化することを「レンダリング」という．BSE発生以降，食と飼料の安全性を確保するために，プリオンが蓄積しやすい牛の特定危険部位が混入しないよう除去し，牛，豚，鶏など畜種別に処理するよう整備されている．

◆ チキンミールの製造

以下に鶏の食肉加工副産物を原料として生産されるチキンミールおよび油脂（チキンオイル）について説明する．

まず原料となる鶏の骨，内臓および脂肪などを原料ホッパーからラメラポンプにより一定量クッカーと呼ばれる加熱容器に搬送する．

クッカーでは約130℃以上に加熱し，原料の含水分約65％のものを3％程度まで乾燥させる．

加熱・乾燥した原料は，ロータリースクリーンと呼ばれる装置でおおまかに油を切り，エキスペラと呼ばれるスクリュー型のプレス機で圧力をかけ，油脂を搾り出す．

搾り出された油脂はロータリースクリーンで分離された油脂とともに，デカンターと呼ばれる高速遠心分離機で固形分を除去し，油脂タンクで静置して油脂（チキンオイル）となる．

一方，エキスペラで油脂を搾った後の固形分は，ミールクーラーで冷却され，粉砕機で細かく砕いてふるい機で塊を除去し，チキンミールと呼ばれる動物タンパク質となる．

◆ 動物タンパク質の利用

国内の食肉加工副産物由来の動物タンパク質の年間生産量は，牛が約4.4万トン，豚が

図1　レンダリング施設写真

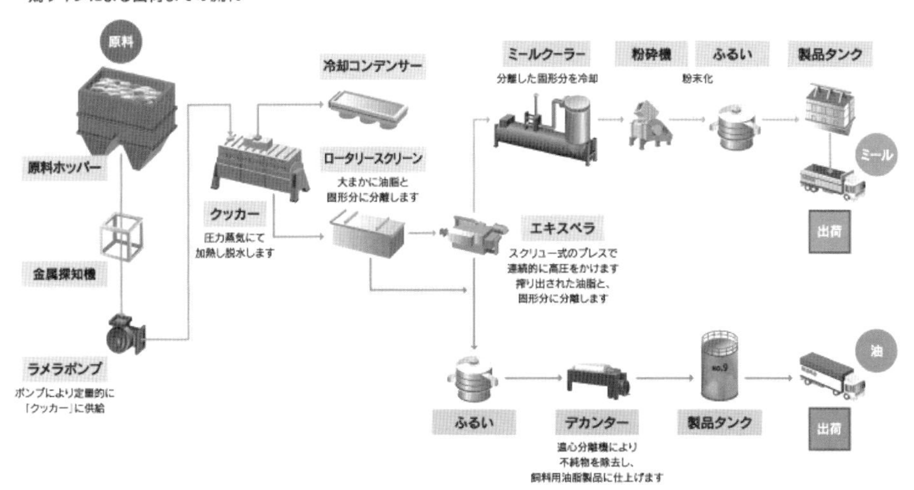

図2 鶏ラインフロー図

図3 チキンミール写真

約12万トン，鶏（チキンミール）が約12万トン[1]となっている．

牛由来の動物タンパク質は，BSE対策により多くを焼却処分しているが，一部は肥料用肉骨粉や蒸製骨粉として利用されている．肥料用肉骨粉は，肥料成分として窒素全量6～8％，リン酸全量（P_2O_5として）12～18％程度を有する．

また，豚・鶏由来の動物タンパク質は，飼料成分として，およそ粗タンパク質60％，粗脂肪14％，水分3％，粗灰分19％を含有する．肥料成分としては，窒素全量9～10％，リン酸全量（P_2O_5として）6％程度を有する．

豚・鶏由来の動物タンパク質は，その大半を飼料または肥料としてリサイクルされていることから，レンダリング産業は，リンを含む資源の循環型社会を形成している役割の一翼を担っているものと考える．　（山浦　健）

参考文献

1）一般社団法人日本畜産副産物協会：畜産副産物流通実態調査（平成27年度版）．

製鋼スラグ

◆ 製鉄におけるリン

製鉄において，リンは鉄に可能な限り含有してほしくない（特に高級鋼において）化学成分の一つである．しかしながら，製鉄の原料の鉄鉱石，石炭や石灰などの副原料には一定量（使用量の多い鉄鉱石，石炭とも 0.2 %-P 程度）のリンが含まれている．

◆ 製鉄工程におけるリンの流れ

鉄鉱石は石炭を乾留したコークスや石灰石とともに高炉へ装入され，還元されて銑鉄となる．銑鉄は高炉下部から高炉スラグと比重分離されながら取り出される．この還元過程ではリンの 90 %程度が銑鉄に溶解しており，高炉スラグへのリンの分配率は低い（0.05 %-P 程度の含有量）．

この銑鉄は製鋼工程に送られ不純物除去・脱炭・合金添加等成分調整されて鋼鉄となる．銑鉄中のリンは事前処理・脱炭・二次精錬でスラグ中に除去しており，リンの含有量は最大 2 %-P 程度である．

◆ 製鋼スラグの成分と副産量・用途

製鋼スラグの平均的成分は CaO（46 %）SiO_2（11 %），T-Fe（17 %），MgO（7 %）Al_2O_3（2 %） S（0.06 %），P_2O_5（1.7 %），MnO（5 %）である．[1]

また，日本の製鋼スラグの副産量は年間約 1300 万トンであり，土木用途（33 %）や道路用（33 %）を中心に有効活用されている[2]．

◆ 鉄鋼スラグのマクロ収支

松八重らの報告書[3]によると，鉄鋼業へのリンのインプットは日本全国で年間 11.1 万トンで，うち 10.4 万トンが製鋼スラグとして，0.7 万トンが鋼材としての鉄鋼業からアウトプットされている．一方，リン鉱石の輸入量はリンとして約 10.1 万トンであり，鉄鋼スラグはリン濃度が低いものの輸入リン鉱石と同等レベルの量ポテンシャルをもっている．

全世界では，日本と世界の粗鋼生産量（日本約 1 億トン，世界約 15 億トン（2012 年））の比率計算では鉄鋼スラグに含まれるリン量は 160 万トン規模となる．

◆ 製鋼スラグからのリン回収

1878 年に英国で開発されたトーマス転炉から副生するスラグを原料とする“トーマス肥料”の需要がトーマス転炉の普及とともに拡大し，ドイツで 1960 年代には年間 250 万トンにも達した．日本でも 1928 年，旧日本鋼管株式会社の川崎工場にトーマス転炉法が導入されトーマスリン肥が製造されたが，その後，現在の転炉の普及拡大とともにトーマス転炉は衰退したため，トーマスリン肥の供給が急速に減少し，現在は生産されていない[4]．

その後，製鋼スラグ中のリンのリサイクルのさまざまな研究がなされているが，製鋼スラグ中のリンの含有量がリン鉱石と比較して 1/10 程度と少なく分離に多大なエネルギーを要するため実用化された技術はない．

しかしながら，先に述べたように製鋼スラグ中のリンの賦存量は多いので，製鉄の既存プロセスと調和した効率的なリンリサイクル技術の実現へ向けた研究開発とその実用化が期待されている．　（後藤耕一郎）

◆ 参考文献

1）鐵鋼スラグ協会編：環境資材 鉄鋼スラグ，p.28, 2009.

2）鐵鋼スラグ協会編：環境資材 鉄鋼スラグ，p.9, 2009.

3）K. J. Matsubae et al.：*Vertual phosphorus ore requirement of Japan economy*, 84：767-772, 2011.

4）伊藤公夫：新日鐵住金技報，(399)：132, 2014.

8-1　二次リン資源

食品廃棄物

8-1-5

食品廃棄物は私たちが毎日食べている多種多様な食料の製造・加工・流通・消費において発生しており，そのもととなる食料の多くは海外に依存している．日本の食料自給率は約40％であって，残りの約60％の輸入食料に含まれているリンは，リン鉱石資源をもたないわが国にとって貴重なリン源といえる．世界のリン資源枯渇の進行と今後の食糧需給動向を考えれば，多量に発生する食品廃棄物は大切な未利用リン資源であるといえよう．

◆ 食品廃棄物の発生現況

2001年5月に施行された「食品循環資源の再生利用等の促進に関する法律」(以下，食品リサイクル法と称す）に基づく2013年度推計[1]では，私たちが1年間に消費した食料（食用仕向量＝粗食料＋加工用）を8339万トンと推計しており，食品リサイクル法が指定する食品廃棄物量は1927万トン，廃棄物処理法で指定する家庭系生ごみ量は870万トンあり，その合計2797万トンをわが国における食品廃棄物の総量としている．

これらの食品廃棄物から減量化処理，飼料化，肥料化などの再利用分を除くと，食品リサイクル法指定の廃棄物量は806万トン，家庭系生ごみ量は870万トンの合計1676万トンとなる．現在，これらのほとんどが埋め立て，焼却などで廃棄処分されている．食品廃棄物の総量2797万トンは，供給食料8339万トンの約34％，再資源化量を除いた1676万トンでは約20％を占めている．また，1676万トンのうち，可食部分（いわゆる「食品ロス」）は632万トンと推計されており，この値は2014年に世界全体の食糧支援量約320万トンの2倍近い値となっており，削減が喫緊の課題となっている．

◆ 食品廃棄物とリン賦存量

食品に含まれるリンは，農耕地土壌や河川・湖沼・海洋に広く薄く存在しているリンが動植物体内に取り込まれ濃縮されたものである．したがって食品には自然土壌や水よりも高濃度のリンが含有され，貴重なリン資源を賦存している．食品廃棄物中にはさまざまな種類の食品屑などが混在しており，平均的なリン濃度を推定することは大変難しい．

しかし，1999年の資料[2]によれば，食品製造業と家庭からの生ごみ2276万トンに賦存するリン酸は約3.4万トンと推計されている．これをリンに換算すると約1.5万トンとなる．同様の推計方法を用いると，2013年度の食品廃棄物総量2797万トンでは約1.8万トン，再資源化量を差し引いた1676万トンでは約1.1万トンのリンが賦存していると推定できる．食品廃棄物総量に含まれるリンの賦存量は，現在肥料として使用されているリン約17万トンの約10.6％，再資源化量を差し引いた量では約6.5％に相当し，二次リン資源としての重要性がうかがえる．

◆ 二次リン資源利活用の課題

食品廃棄物を二次リン資源として利活用する方法には，堆肥化や飼料化に加えて，メタン発酵消化液，脱水汚泥，脱水分離液などの利用および食品廃棄物処理過程でのリンの分離回収などがある．堆肥化，飼料化やメタン発酵消化液などの利用はすでに多くの実績があるが，品質，価格や需給のバランスなどに課題がある．リンの分離回収では経済的に採算性を得ることの難しさなどの課題が残されている．食品廃棄物中のリンの利用を促進するためには政策支援や国民一人ひとりのリサイクルへの協力が不可欠である．（広瀬　祐）

◆ 参考文献

1）食品リサイクル法に基づく「平成25年度推計値」農林水産省資料，2016年6月公表．
2）生物系廃棄物リサイクル研究会：生物系廃棄物のリサイクルの現状と課題，1999．

トピックス ◇19◆ リンを高蓄積するクロレラ

バクテリアから藻類，原生生物，哺乳類細胞まで，透過型電子顕微鏡（電顕）で電子線をよく吸収する好オスミウム性の高電子密度顆粒が細胞内に広く観察され，ポリリン酸との関連が以前から指摘されていた[1,2]．

緑藻植物門トレボウクシア藻綱に属するクロレラの場合，硫酸イオンを除いた硫黄欠乏培地で培養すると，高電子密度顆粒が液胞内で発達する（図 1）．細胞内に蓄積した総リンとポリリン酸量をモリブデンブルー比色定量法で測定すると，総リン量は最大 17.8 μg/10^7cells（リン酸塩換算値），ポリリン酸量は最大 8.8 μg/10^7cells にもなる[3]．これは，通常培地で培養したクロレラと比較すると，硫黄欠乏培地では 4.3 倍ものリン酸が細胞に取り込まれ，そのうち 51.2 % がポリリン酸として細胞質に蓄積されていることになる．

エネルギー分散型 X 線分析装置を装備した電顕を使うと，観察している対象の元素構成と量をその場で調べることができる．これを高電子密度顆粒に実施したところ，リンの過剰蓄積が確認された[3]．クロレラは，硫黄欠乏に拮抗してリンを大量に取り込み，それをポリリン酸として液胞内の高電子密度顆粒に蓄積するが，その後培養齢の経過とともに蓄積されたポリリン酸は減少し，これに伴って高電子密度顆粒も密から粗へと変化する．

硫黄欠乏時に活性化されるクロレラの遺伝子をトランスクリプトーム解析すると，リン酸輸送体の遺伝子が高発現していることがわかる[3]．リンは生命にとって必須であるばかりでなく，水圏環境では枯渇しやすい元素であるため，栄養塩欠乏ストレスを受けるとそれがほかの栄養塩であっても，細胞内のリン源を余分に確保しようとポリリン酸を余剰に細胞質に蓄積する機構を進化させたのかもしれない．

現在，排水中から生物学的にリンを除去するプロセスには，従属栄養性ポリリン酸蓄積細菌（PAOs：polyphosphate accumulating organisms）が用いられており，シアノバクテリアや真核微細藻類の利用はまだ実用化段階にはない．しかし，クロレラは PAOs とは異なり，光，二酸化炭素と無機塩があれば生育することができ，嫌気条件でなくてもリン酸を蓄積することができる．今後は農業排水のリン回収などクロレラの利点を活かした生物学的リン回収技術の開発が期待される．（河野重行・大田修平）

◆ 参考文献

1）R. Docampo *et al.*：*Nature Reviews Microbiology*, 3：251–261, 2005.

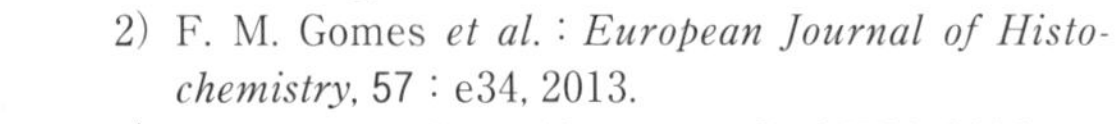
2）F. M. Gomes *et al.*：*European Journal of Histochemistry*, 57：e34, 2013.

3）S. Ota *et al.*：*Scientific Reports*, 6：25731, 2016.

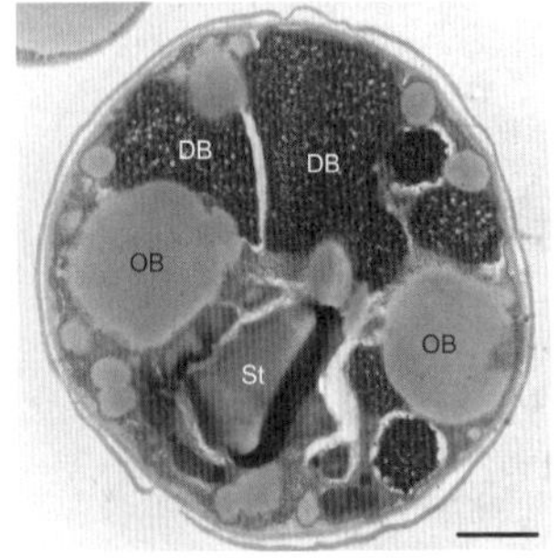

図 1 ポリリン酸の蓄積場所である高電子密度顆粒
透過型電子顕微鏡で見たクロレラ（*Parachlorella kessleri*）の細胞断面で，発達した高電子密度顆粒（DB），オイルボディー（OB），デンプン粒（St）が観察できる．スケールバー＝1 μm.

8-1　二次リン資源

し尿および浄化槽汚泥

8-1-6

◆ 未利用リンの賦存量

わが国では下水道以外の生活排水処理施設として，し尿処理施設が982施設（2013年度現在）と浄化槽は約770万基が設置されている．これらの処理対象人口とリンの発生原単位を掛け合わせてリンの賦存量を算出することができる．すなわちわが国のし尿処理施設と浄化槽の処理対象人口は3460万人[1]であり，この人口に対する生活排水に含まれるリンは1万7700トン–P/年と考えられる．

◆ し尿処理施設および浄化槽でのリン除去

し尿処理施設および浄化槽で処理された生活排水のうち，排水として公共水域に流出するリンは1万1976トン–P/年であり，汚泥として排出されるリンは5700トン–P/年である．し尿処理施設と単独浄化槽の処理対象人口分の生活雑排水は未処理のまま公共用水域に排出されている．浄化槽汚泥はし尿処理施設に搬入され，し尿処理汚泥として排出される．

これまでに示したし尿および浄化槽汚泥に含まれるリンの流れを図1に示す．

◆ リン回収の実績

浄化槽については一部の閉鎖性水域にかかる地域で高度のリン除去が行われているが，そのほかの地域では未実施が多い．し尿処理施設の多くは高度のリン除去を行っている．し尿処理施設のリン利用の実績は従来から行われている①汚泥堆肥化による農業利用（全国224施設）の実績が多く，新設では②晶析脱リンによる肥料化（HAP法，MAP法を合わせて全国15件の実績），③し尿などのメタン発酵による液肥利用（全国2件以上）などがある．

◆ リン回収の課題

浄化槽の場合，個人設置で個人負担の例が多く，リン回収の経済的メリットと社会的認識がなければ推進は困難であり，経済的支援と国の戦略が必要である．またし尿処理施設については今後の新設は少なく，既存施設のリン回収型へのリニューアルなどが求められる．そのためには既存施設向けのリン回収・維持管理の安価な技術が求められる．

（河窪義男）

◆ 参考文献

1）環境省：日本の廃棄物処理，2013年度版．
2）早稲田大学総合研究機構リンアトラス研究所：平成27年度リンアトラス研究所研究報告書「廃棄物や副産物に含まれるリン資源の活用技術開発の現状，課題および方策に関する調査」，pp.33-49.

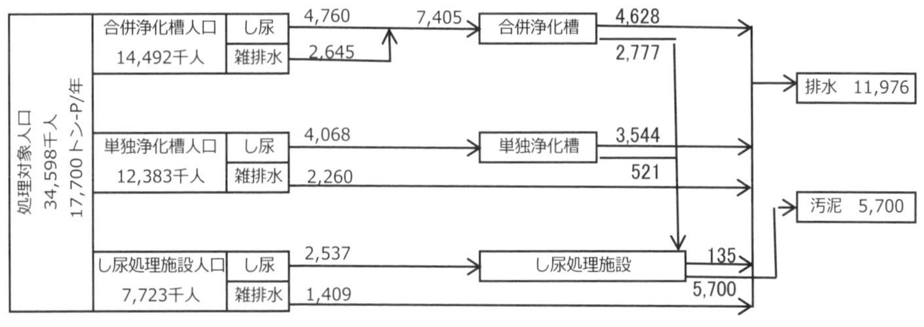

図1　し尿処理施設と浄化槽でのリンのフロー（単位：トン–P/年）[2]

8-2　下水からの回収技術

下水中のリン

8-2-1

リンは生物の活動に重要な役割を果たしており，ヒトの日々の生活でも活用され，排出される．排出されるリンの一部は排水に含まれ下水道に流入する．下水道に流入した下水は，標準活性汚泥法など，主に微生物を用いて処理される．リンは，下水処理の過程で微生物の体内に取り込まれ，下水汚泥となるか，下水処理水に含まれ，水域に放流される．

◆ 下水中のリンの由来

リンは，し尿，生活雑排水に含まれて下水道に排出される．また，下水道に事業場が接続されている場合，リンを排出する業種としては，畜産農業，食料品製造業，染色整理業，化学工業，鉱業・鉄鋼業，表面処理工程を有する鉄鋼・金属製品製造業などがあり，これらのほかの業種についても，リンを含む洗浄剤を用いている場合は洗浄排水としてリンが排出される[1]．

◆ 下水中のリンの形態と分析方法[2,3]

水中のリンは，オルトリン酸塩，ポリリン酸塩などの無機性リン酸塩や，リン酸エステル，リン脂質などの有機性リン化合物など種々の形態で存在する．無機性リン酸塩の基本はオルトリン酸塩である．ポリリン酸塩は，オルトリン酸塩が縮合したもので，縮合の度合によって分子式は異なる．例を以下に示す．

$2H_3PO_4 \rightleftarrows H_4P_2O_7 + H_2O$
（オルトリン酸）　（ピロリン酸）

$3H_3PO_4 \rightleftarrows H_5P_3O_{10} + 2H_2O$
（オルトリン酸）　（トリポリリン酸）

$nH_3PO_4 \rightleftarrows nHPO_3 + nH_2O$
（オルトリン酸）　（メタリン酸，nHP_3 は環状リン酸）

ポリリン酸塩は，生下水が下水処理場に到達し，活性汚泥処理を経る過程で加水分解され，比較的容易にオルトリン酸になる．

リンの形態を分析方法によって分類すると，リン酸イオン態リン，加水分解性リン，全リンに分けられ，これらはそれぞれさらに溶解性と不溶解性に分けられる．水中の種々のリン化合物を前処理し，生成したリン酸イオンをモリブデンブルー（アスコルビン酸還元）吸光光度法などにより定量し，リンの量（mgP/L）で表す．

◆ 下水中のリンの量

1968年度に実施された全国調査に基づく推算によると，生活排水中のリンの負荷量の平均値は 1.1 g/人/日，リン濃度の平均値は 4.2 mg/L とされている[4]．当時，下水中のポリリン酸塩のほとんどは合成洗剤中にビルダーとして含まれていたトリポリリン酸塩，ピロリン酸塩の2つとされており，リンの原単位の約 50 % を占めている可能性が指摘され，生活様式の変化により，合成洗剤の使用量の増加も予想されていた[2]．

その後，1977年以降の琵琶湖での赤潮発生を踏まえ，1979年に滋賀県琵琶湖の富栄養化の防止に関する条例が制定された[5]．この条例では，窒素，リンに係る工場などからの排水規制，リンを含む家庭用合成洗剤の使用，販売などの禁止，などが定められた[5]．この条例の影響は，滋賀県だけでなく全国に波及することとなり，家庭用洗剤のシェアは助剤中にリン酸塩を含まない無リン洗剤がその多くを占めるようになった[5]．また，この条例制定を機に，1984年に湖沼水質保全特別措置法が制定され，1985年には全国の湖沼流域内の工場・事業場排水に対して窒素，リン規制が実施されることとなった[5]．

近年，日本の下水処理場に集約されるリンは，2006年度で年間約 5.5 万トン–P/年とされている[6]．2002年から2012年までの全国の下水処理場へのリンの総流入量の推移について，下水道統計に基づき整理したところ，2002年度から2006年度までについては処理水量の伸びと連動して流入負荷量が増加傾向にあったが，2006年度以降の流入負荷量については頭打ちの傾向を示した[7]．また，下水処理場から水域への流出負荷量については2010年度頃まで漸減とされている[7]．

下水処理により処理されたリンは下水汚泥に移行することとなるが，この下水汚泥をリン資源としてみた場合，流入負荷量から流出負荷量を差し引いた値は，2002年度の3.8万トン-P/年から2005，2006年度に4.3万トン-P/年に増加し，その後4.2万トン-P/年程度となっているとされている[7]．

リンの負荷量を，下水の処理水量で割り戻して流入リン濃度，流出リン濃度の経年変化としてみた場合，流入水については4.1 mg/Lから3.8 mg/Lへ，処理水についても1.1 mg/Lから0.9 mg/Lへと，この期間，漸減している[7]．生活排水のリン負荷量の原単位は，流域別下水道整備総合計画指針が改定されるたび，その数値が検討されてきたが，最近では1999年版で1.2 g/人/日から1.3 g/人/日に，2015年版で1.4 g/人/日とされていることから，リン負荷量が上昇しない理由として下水道への業務・産業系負荷の減少が考えられる[7]．これには経済構造の変化など，いくつかの要因が考えられる．たとえば，水質総量規制制度はCOD指標をもとに東京湾，伊勢湾，瀬戸内海の3海域に関係する地域を対象に1980年より適用されているが，2002年の第五次の段階で窒素，リンの項目が加えられ，広く産業排水とともに下水道にもその規制がかかることとなったことから，水質総量規制制度の適用も要因の一つと考えられる[7]．

◆ 下水道とリン

下水道は，人々の生活や経済活動から排出される汚水を収集，浄化して自然に還元することで，衛生的で快適な生活環境などを支えるとともに，河川，湖沼，海洋などの水環境を水質汚濁などから守っている．下水の処理にあたっては，生物処理が多く用いられていることから，リンは処理に必要な元素の一つである．一方で，処理しきれない量のリンは水域に放流されることから，閉鎖性水域の富栄養化の一因となりうる．下水道施設からの放流水については規制があり，リンに関連する主な法には，下水道法，水質汚濁防止法，瀬戸内海環境保全特別措置法，湖沼水質保全特別措置法などがある[8]．放流水中のリン削減が必要な下水処理場での高度処理技術の導入促進とともに，健全な水環境の創出，下水中のリン資源の活用に向けた不断の取り組みが必要である．（南山瑞彦）

◆ 参考文献

1）事業場排水指導指針，pp.227-236，日本下水道協会，1993.
2）下水の高度処理と再利用に関する調査報告書（1），pp.4-5，土木研究所資料第769号，1972.
3）下水試験方法　上巻，pp.191-202，日本下水道協会，1997.
4）下水処理施設設計の合理化に関する調査報告書（2），pp.4-13，土木研究所資料第621号，1970.
5）日本水環境学会編：日本の水環境行政－その歴史と科学的背景－，pp.204-208，ぎょうせい，1999.
6）国土交通省都市・地域整備局下水道部：下水道におけるリン資源化の手引き，p.11，2010.
7）佐藤和明ほか：再生と利用，40(152)：70-73, 2016.
8）下水道維持管理指針　総論編　マネジメント編，pp.8-9，日本下水道協会，2014.

下水からのリン除去技術

排水中のリンの主な除去技術を図1に示す．リン除去技術は，物理化学的方法と生物学的方法に大別される．

◆ 物理化学的リン除去技術

物理化学的リン除去技術として，最も広く普及しているのは，金属塩凝集剤を用いた凝集沈殿法である．凝集剤には，わが国では一般的にアルミニウム塩や鉄塩が用いられ，アルミニウム系凝集剤としてはポリ塩化アルミニウム（PAC），鉄系ではポリ硫酸第二鉄の使用が多い．

凝集剤の添加場所としては，活性汚泥法と併用する場合，曝気槽と処理水があり，曝気槽に添加する方式を同時凝集法，処理水に添加する方式を後凝集法と呼んでいる（図2）．同時凝集法では，凝集剤は活性汚泥混合液に直接添加されて曝気槽内で混合攪拌され，最終沈殿池で固液分離される．同時凝集法は凝集槽や沈殿槽を別途設置する必要がなく，凝集剤添加設備のみでよいことから都市下水処理では多く用いられている．

金属塩凝集剤添加によるリン除去プロセスは，通常，pH 調整や複雑な制御は必要なく，操作は簡便である．また，安定したリン除去が得られるが，短所としては汚泥発生量が増加することがあげられる．

新規な無機凝集剤として CSH（非晶質ケイ酸カルシウム水和物）がある［➡9-2-4 非晶質ケイ酸カルシウムの利用］．

凝集以外の物理化学的リン除去法としては，晶析法［➡8-2-4］と吸着法［➡8-2-3］がある．

◆ 生物学的リン除去技術

生物学的リン除去技術は，微生物反応によって排水中のリンを除去する方法である．標準活性汚泥法では，排水中のリンは主として細胞合成に利用される形で排水中から除去され，余剰汚泥として系外に排出される．活性汚泥の組成を $C_{60}H_{87}O_{23}N_{12}P$ とした場合，細胞重量に占めるリンの重量比は 0.023 であるので，余剰汚泥重量の約 2 %に相当するリンが除去されることになる．このため，都市下水の活性汚泥処理では，特にリン除去を意図した運転を行わなくても 40 %程度のリン除去率は得られる．

しかしながら，放流水にリン規制がかかる場合には，より高いリン除去率が要求される．高いリン除去率を得るためには，余剰汚泥のリン含有率を高めればよい．そのための手段として，曝気槽の前部を嫌気条件とする方法がある．図3にその代表的なプロセスである嫌気好気活性汚泥法を示す．本プロセスでは，嫌気槽においては活性汚泥から混合液中へのリン（正リン酸）放出，好気槽では逆に活性汚泥への正リン酸の取り込みが繰り返される．この結果，細胞内にリンをポリリン酸として蓄積するポリリン酸蓄積細菌（PAO）が活性汚泥中に優先し，余剰汚泥のリン含有率は高まり 6 %以上に達することもある．

PAO は，嫌気条件下では細胞内に蓄積したポリリン酸を分解することにより得られるエネルギーを用いて有機物を摂取し，PHA（ポリヒドロキシアルカノエート）として蓄積することができ，これにより，このような能力をもたない細菌よりも優位に立つと考えられている．

嫌気好気活性汚泥法では，通常の都市下水の場合，全リン濃度 0.5 mg/L 以下の処理水

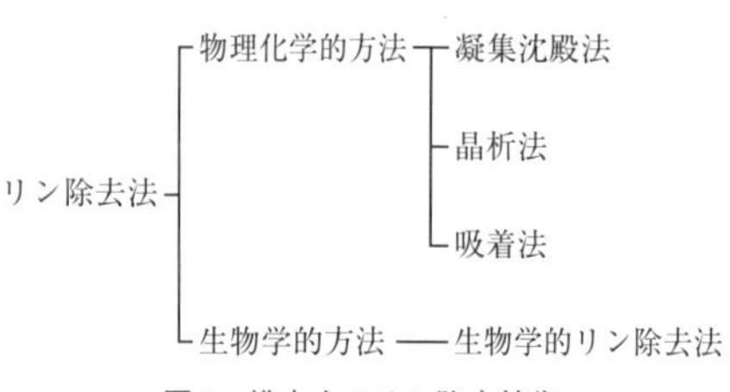

図1　排水中のリン除去技術

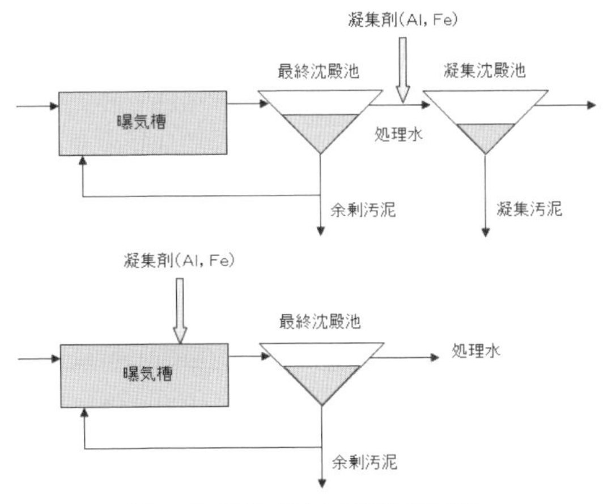

図 2　後凝集法（上）と同時凝集法（下）

が得られる．また，既設反応槽の簡単な改造により凝集剤添加なしでリン除去運転を行うことができるという特長を有する．

嫌気好気活性汚泥法の運転においては，生物学的リン除去に阻害が生じることがある．原因の一つは雨水流入などによる溶存酸素の持ち込みにより嫌気条件が保持できない場合である．

しかしながら，このような要因以外で，リン除去が不安定になることがある．これは活性汚泥細菌叢の変動に起因すると考えられている[1]．

PAO は，嫌気条件下では蓄積したポリリン酸の分解によりエネルギーを得て有機物を取り込むが，一方では細胞内に蓄積したグリコーゲンの分解によりエネルギーを得て，嫌気条件下で有機物の取り込みを行う細菌（GAO）がおり，この PAO と GAO の 2 種類の細菌が，有機物をめぐって競合する状態となると生物学的リン除去が不安定になるとされている．

このような状態を微生物学的に制御する方法はいまだ確立されていないが，実用的な対策としては同時凝集法を併用する方法がある．リン除去が安定し，また，同時凝集のみの場合に比較して凝集剤添加量が削減される．

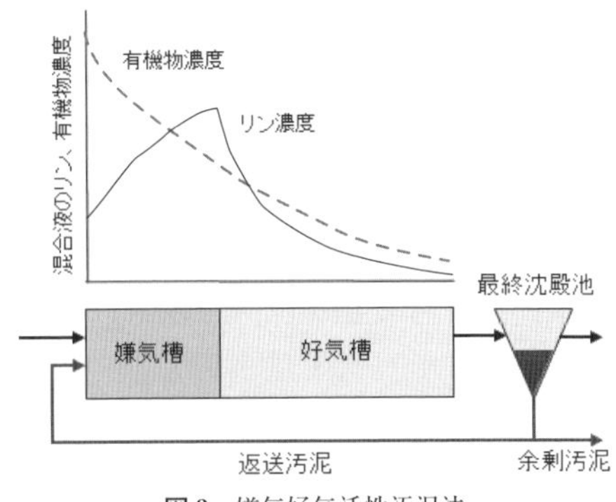

図 3　嫌気好気活性汚泥法

なお，余剰汚泥の処理にあたっては，最初沈殿池汚泥のような基質と混合して嫌気状態におくと，摂取したリンが再度放出されてしまうので，分離処理するなどの配慮が必要である．

嫌気好気活性汚泥法のほかに，嫌気槽と無酸素槽，硝化槽を組み合わせた多種多様な生物学的窒素・リン除去プロセスがあり，多数の施設が稼動している．　　　　（村上孝雄）

◆ 参考文献

1) 佐藤弘泰：再生と利用，33(124)：11-18, 2009.

下水二次処理水からのリン回収

8-2-3

本項では高速リン吸着剤を用いた下水二次処理水からのリン除去回収技術について概説する．本吸着剤はオルトリン酸（OP）に対する選択性がきわめて高く，また独特な構造をもつため高速で吸着処理が可能である．また，本吸着剤を用いたリン除去回収システムは純度の高いリンが回収可能である．

◆ 高速リン吸着剤

本吸着剤は，イオン交換能を有するセラミックを主成分とする球体（直径約0.6 mm）であり，その内部は独特な多孔構造で，球の表面と内部に数ミクロンの空隙とサブミクロンの孔を有している（図1）．このため溶液中のOPイオンが内部まで高速で拡散移動することができる．本吸着剤の主な特徴は以下の通りである．①高選択性：本吸着剤はOPイオンに対して高い選択性を有する．表1に下水二次処理水中の各種イオン濃度と本吸着剤への吸着量から計算したOPに対する分離係数を示したが，ほぼOPイオンのみが吸着されることがわかる．②高貫流容量：本吸着剤は高い通水速度においても十分な貫流容量を維持し，たとえば，通水速度SV＝20/時のときに貫流容量は6 g-P/L-R（R：resin，吸着剤の体積）で，従来の吸着剤の10倍以上である．このため吸着剤の必要量は従来の吸着剤の1/10以下となり，システム全体も大幅にコンパクト化できる．③リン除去性：下水二次処理水を吸着剤に通水するだけで，OPを0.01 mg/L以下の極低濃度まで除去することが可能．④高耐久性：吸着されたリンはアルカリ水溶液で容易に脱着し，吸着剤は中和により再生することができる．また酸やアルカリに対し高い耐久性をもつため，吸着と脱着を繰り返しても吸着性能はほとんど劣化しない．

◆ リン回収システム[1)]

本吸着剤を用いたリン回収システムは，リンを除去すると同時に連続的にリン酸塩として回収できる．本システムは吸着，脱着，回収の3工程から構成される（図2)，①吸着工程：二次処理水を吸着塔に通すだけでOPをほぼ完全に吸着．吸着は貫流容量に達するまで行うことができる．吸着塔をメリーゴーラウンド式として連続処理が可能．②脱着工程：吸着塔にアルカリ水溶液を通すことによりOPは脱着．脱着後の吸着塔は酸で中和し，再度吸着に供することができる．③回収工程：脱着液中のOPは，消石灰を添加することでヒドロキシアパタイト（HAP）として析出し，固液分離後HAPとして回収する．脱着液は次の脱着工程で再利用できる．

◆ 下水二次処理水への適用例[2)]

下水二次処理水を対象に本システムの実証試験が行われた．標準活性汚泥法の下水処理場で，二次処理水を砂ろ過した後に吸着塔に導入した．約1か月間の連続運転中，原水全リンは0.1 mg/Lの範囲で変動したが，処理

外観

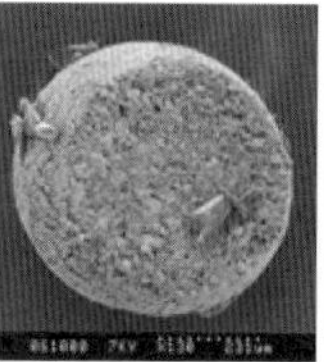
割断面

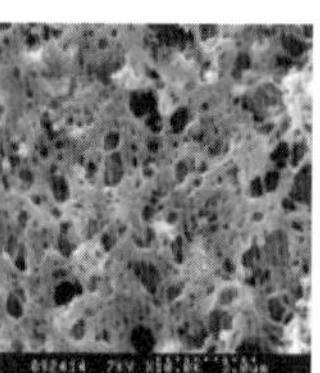
表面構造

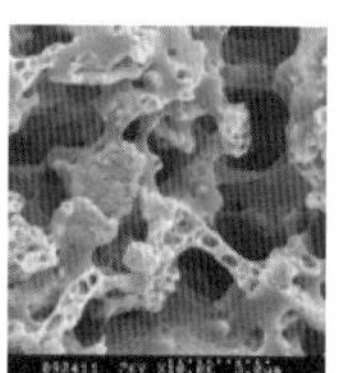
内部構造

図1　高速リン吸着剤の外観と微細構造

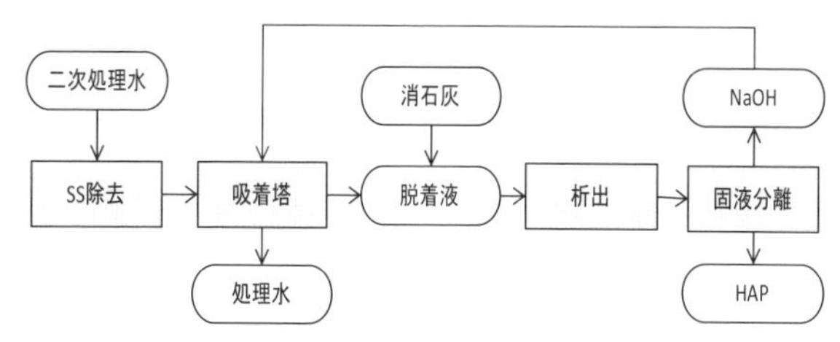

図2　リン除去回収システムの模式図
SS：懸濁物質 (suspended solids).

表1　下水二次処理水中の各種イオン濃度と，高速リン吸着剤のOPイオンに対する分離係数

イオン	濃度 (mg/L)	吸着量 (g/L-media)	分離係数 (1/α)
PO_4^{3-}	0.08	16.6	1
F^-	1.50	0.8	2.55×10^{-3}
SO_4^{2-}	9.00	0.5	2.69×10^{-4}
Cl^-	3.60	<0.1	$<1.35\times10^{-4}$
NO_2^-	3.60	<0.1	$<1.11\times10^{-4}$
NO_3^-	4.40	<0.1	$<8.33\times10^{-5}$
Br^-	7.60	<0.1	$<7.14\times10^{-6}$

$$\alpha=\frac{M_p/C_p}{M_x/C_x}$$

- M_x: *adsorbed amount of* X_{ion}
- C_x: *concentration of* X_{ion}
- M_p: *adsorbed amount of* P_{ion}
- C_p: *concentration of* P_{ion}

水全リンは安定して0.05 mg/L以下を維持した．なお，この処理水の全リンは，ほとんどが粒子状リンや有機性リンに由来し，OPは約0.02 mg/Lと極低濃度であった．また，回収されたリン化合物（HAP）の分析値を表2に示した．肥料成分であるク溶性リン酸は副産リン酸肥料の公定規格の約2倍であり，ヒ素やカドミウムなどの有害物質は規格の1/100以下と少なく，肥料として利用することが可能である．また，アルミニウムや鉄などの不純物も天然リン鉱石の高純度品より少なく，リン酸工業のリン鉱石代替としても使用可能である．

本項では下水二次処理水への適用を中心に述べたが，本吸着剤は汚泥系排水などの高いリン濃度の排水からも高純度でリンを回収できる．汚泥系排水中のリン濃度は100 mg-P/L程度と二次処理水よりも1000倍以上高いので，より効率的にリンを回収することが期待される．　　　　　　（大屋博義）

◆ 参考文献

1) A. Omori *et al.*: High Efficiency Adsorbent System for Phosphorus Removal & Recovery. 4th IWA Leading-Edge Technology Conference & Exhibition on Water & Wastewater Technology, p.43, 2007.
2) 緑川一郎ほか：リン吸着回収システムの下水二次処理水への適用，第49回下水道研究発表会講演集，p.187, 2012.

表2　回収リンの分析結果

	項目	単位	回収リン	リン鉱石高純度品	副産リン酸肥料公定規格
主成分	ク溶性リン酸*1	%-P_2O_5	30.0	—	>15
	P	%	16.0	16.0	
	Ca	%	35.0	35.0	
不純物	Al	%	0.09	0.23	
	Fe	%	0.02	0.22	
有害物	As	ppm	7.2	33.0	<1040*2
	Cd	ppm	0.2	12.0	<39*2
	Cr	ppm	1.1	186.0	
	Cu	ppm	2.9	24.0	
	Hg	ppm	0.1	1.0	
	Pb	ppm	0.4	2.4	
	Zn	ppm	24.0	170.0	

*1　ク溶性リン酸：2％クエン酸溶液に溶解するリンをP_2O_5として換算したもの．
*2　ク溶性リンが26％の場合．

下水汚泥処理工程からのリン回収

下水処理場に流入するリンは，水処理の過程で生物化学的に汚泥に取り込まれ除去されるが，嫌気性消化槽を有する下水処理場では，消化の過程で汚泥中のリンなどが再溶出し，高濃度のリン酸，アンモニアが汚泥処理系統より水処理系統へ返流され水処理への負荷が増加するという問題や，条件によっては消化槽設備や汚泥脱水設備などでリン酸マグネシウムアンモニウム（MAP）のスケール生成により配管閉塞が発生するなどの課題を抱えている．これらを解決する技術として，消化汚泥中のリンをMAPとして直接除去回収できる消化汚泥からのリン回収装置がある．

◆ 消化汚泥からのリン回収技術の適用箇所と期待される導入効果

本技術は，汚泥処理工程における消化工程の後段に適用する．リンを除去した汚泥は脱水工程へ送られる．消化汚泥から直接リン（MAP）を回収することで，返流水リン負荷削減や，汚泥処理設備でのスケールトラブル低減など，下水処理場の抱える課題解決となるさまざまな導入効果が得られるばかりか，消化汚泥中のリンを効果的にリン資源として回収することができる（図1）．

◆ 消化汚泥からのリン回収装置の特徴

消化汚泥中には高濃度のリン酸とアンモニアが含まれている．消化汚泥にマグネシウム源を添加し，適正にpH条件を保つと，式（1）に示される晶析反応が進行し，MAPの結晶が生成する．消化汚泥からのリン回収装置は，このMAP晶析反応を利用して，リンを効率よく回収することができる．

$$Mg^{2+} + NH_4^{+} + PO_4^{3-} + 6H_2O \longrightarrow MgNH_4PO_4 \cdot 6H_2O \qquad (1)$$

図2にリン回収装置概要図を示す．消化汚泥は，高濃度のリン酸や自然発生MAP（消化槽内で生成したMAP）を含有している一方，高SS，高粘度であるという性質をもっている．必要となる技術要件は，回収可能な形態のMAPを効率よく生成させること，生成したMAPを効率よく分離回収することである．本装置は，機械攪拌式の完全混合型リアクタ内に種結晶となるMAPを高濃度で保持している．粘性の高い消化汚泥中でもPO_4^{3-}，NH_4^{+}，Mg^{2+}イオン，MAP種晶を均一に接触させることができ反応効率を高め

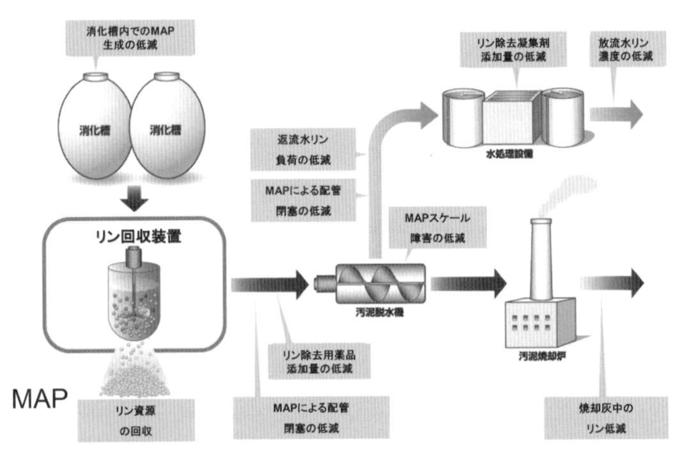

図1　消化汚泥からのリン回収導入効果

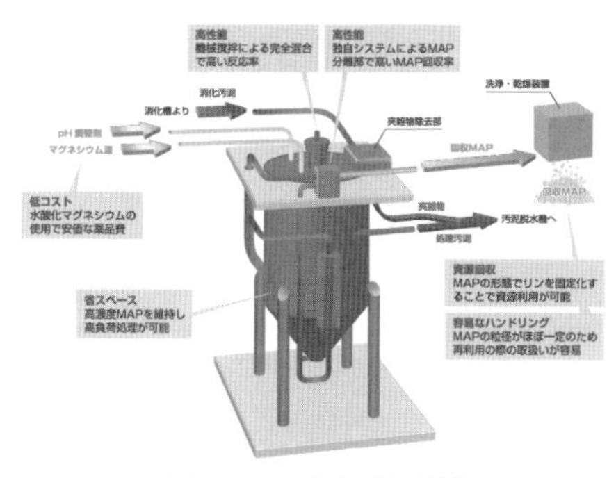

図 2　リン回収装置概要図

ている．また，リアクタ内のイオン濃度に偏りがある場合に生じる回収困難な微細 MAP[1]（数 μm 程度）の生成が少ない．晶析反応で回収する液性のリン酸態リンに加えて，消化槽内で自然発生した MAP の一部も回収可能であるため，高いリン回収率が期待できる．

◆ 安定した性能と容易な運転管理

完全混合型の晶析リアクタでは，MAP（種晶）と消化汚泥の分離方法が課題となるが，遠心分離を利用した MAP 分離システムにより，種晶と消化汚泥とを連続的に分離し，リアクタ内の種晶濃度を高濃度に保つことが可能である．また，攪拌・分離工程による種晶どうしの衝突・研磨効果により，種晶の粒径は常時一定に保たれる．リン酸の回収は種晶表面での晶析反応によるが，種晶の粒径の安定性がリン除去性能に影響を与える．本装置では種晶の粒径が一定に保たれることから，必要な種晶表面積が確保され，安定したリン除去・回収性能を発揮できる．

また，リアクタ内の種晶が晶析反応により増加すること，消化槽で自然発生した MAP を常時回収していることから，種晶の追加投入は不要である．増加した分の MAP（種晶）を間欠的に引き抜くことで，リアクタ内の種晶濃度を一定に保つことができる．回収される MAP は，比較的粒径が均一な砂状の結晶である．洗浄・乾燥工程を加えることで，肥料利用しやすい状態に管理することができる．

表 1　実証施設の諸元および処理性能

項目	値
処理能力	$239 m^3/d$（消化汚泥量）
リン除去性能	T-P 除去率　：37%
	PO_4-P 除去率：90%
MAP 回収量	約 360 kg/日
	（消化汚泥 T-P　：542 mg/L）
	（消化汚泥 PO_4-P：172 mg/L）

図 3　リン回収プラント［巻頭口絵 9］

◆ 実証施設

2012 年度に国土交通省下水道革新的技術実証事業（B-DASH プロジェクト）による国土技術政策総合研究所の実証研究施設として，$239 m^3$/日の実規模リン回収プラントが建設された（図 3）．

実証の結果，安定したリン回収性能が確認された．実証施設の諸元および処理性能を表 1 に示す．回収した MAP は問題なく肥料利用できる性状であり肥料登録された．回収 MAP は肥料原料として有効に活用されている[2]．

（古賀大輔）

◆ 参考文献

1）島村和彰ほか：下水道協会誌，43(529)：108-117, 2006.
2）古賀大輔ほか：環境浄化技術，31：9-15, 2016.

8-2　下水からの回収技術

下水汚泥焼却灰からのリン回収

8-2-5

下水に含まれるリンは処理過程で除去されて汚泥側へ移行し，汚泥の減容化プロセスである焼却処理で灰に濃縮される．水処理の高度処理化の普及などの影響もあり，焼却灰のリン含有が増加している．肥料の三大要素の1つであるリンは，空気中の窒素ガスより製造可能なアンモニアなどの窒素肥料と異なり，その原料を鉱物資源に頼っているという現状がある．

焼却灰から薬品で溶解させるといった実験研究レベルのリン回収法として，リン鉱石からの湿式精製方法と同様に酸で抽出する方法など各種方法があるが，本項では，焼却灰をアルカリで溶解させてリン成分をリン酸塩として沈殿回収するアルカリ抽出法を説明する．

◆ リン回収プロセス

まず下水汚泥焼却灰中のリンを水酸化ナトリウム溶液で抽出し，「リン酸イオンを多く含む抽出液」と重金属が除去され，重金属の溶出が抑制されることで，「有害性が低くなった無害化灰（脱リン灰）」に分離する（図1の左側）．次に得られた抽出液に消石灰を添加・反応させ，リン酸カルシウムを主成分とするリン酸塩を回収する（同，右側）．

本プロセスの特長は，以下の3点である．①処理水，返流水や汚泥など，リン濃度が希薄な工程と比較し，きわめてリン濃度の高い焼却灰からの回収技術であり，回収リン酸塩あたりの装置規模がコンパクトである．②抽出に用いる反応液の循環利用によって運転に必要な薬品費の低減を図る．③一連の工程に要する温度が50～70℃程度の低温であるため，近傍に焼却炉が設置されている場合，その余剰熱で必要熱量を十分に確保できる．

本プロセスでは，抽出液を循環利用するという特徴があり，リン酸塩を析出させた後に残る消石灰由来の水酸イオンが補給され，結果として抽出能力が回復することにつながる．この循環利用によって，従来のアルカリ抽出法でネックとなっていた薬品費を大幅に削減することができる．

◆ リン酸塩

回収したリン酸塩は，焼却灰組成に依存するが，原料の焼却灰の重量に対して約30～50％程度となる．その代表的な組成（例）を表1に示す．

回収したリン酸塩中の全リンは約30％であり，全リンあたりのク溶性リン酸は95％を超える．その他ヒ素，カドミウムなどの重金属濃度は，公定肥料規格（副産りん酸肥料および焼成汚泥肥料）に定められる値を十分

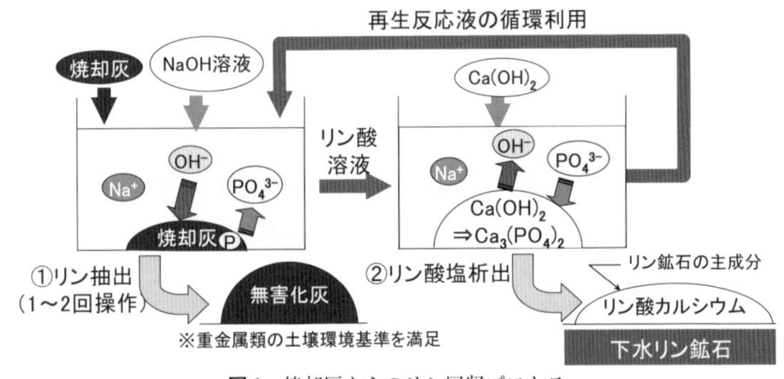

図1　焼却灰からのリン回収プロセス

表1 代表的な回収リン酸塩の組成（例）

主成分				微量有害成分		
全P [%-P_2O_5]	ク溶性P [%-P_2O_5]	Ca [%-CaO]	Al [%-Al_2O_3]	As [mg/kg]	Cd [mg/kg]	Se [mg/kg]
29.8	29.2	45.1	4.40	21.4	1.4	6.1

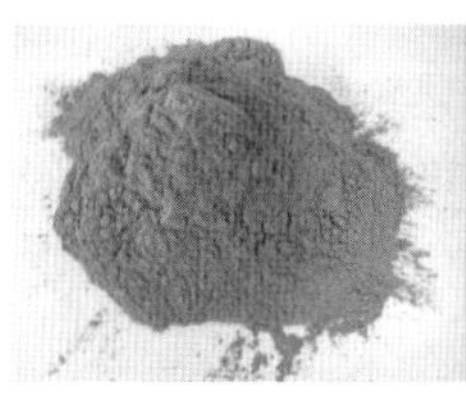

図2 無害化灰（左）と回収リン塩（右）

に下回り，加工することなく副産リン酸肥料として肥料登録，利用が可能な成分となる．

一方，本プロセスで回収したリン酸塩は，従来のMAP法などにより回収される成分と異なり，リン酸カルシウム以外の成分が比較的少ない点，海外から輸入されているリン鉱石と比較的組成が近い点から，リン鉱石代替品（下水リン鉱石）としても利用することが可能である．

◆ 無害化灰（脱リン灰）

本プロセスで製造された無害化灰（脱リン灰）は，土壌環境基準に基づく溶出試験および土壌汚染対策法に係わる有害物質含有量試験（昭和48年2月17日環境庁告示13号）を満足し，建設土木資材として，幅広く活用することが可能である．

本プロセスでは，原料となる焼却灰の重量に対して75％程度の重量の無害化灰（脱リン灰）が生成する．化学成分は前述の通りリン以外の主成分の大きな変化がない．一方，リン抽出という溶解作用によって微細孔が焼却灰に発生すると同時に攪拌時の力学的作用などで粒子が微細化され，物理的性質が変化する．おおむね原料の焼却灰に対して，平均粒径が半分程度となり，比表面積は1桁程度大きくなる．

◆ 現状の課題

本プロセスに限らず，リン回収の課題は，利用先の確保とさらなる低コスト化である．肥料および肥料原料向けの回収リン酸塩の安定的な流通先の確保と副産回収物である無害化灰（脱リン灰）の有効利用先の確保である．また，本プロセスでは薬品を使用するために，一定のコストが必要であり，利用促進のためにはより効率的な抽出・回収ができる研究も必要となると考える．

回収リン酸塩は，特定の肥料（副産りん酸肥料）としての用途のみならず，あらゆるリン酸質肥料への利用可能な原料としての使用も可能であり，流通の長期安定性の面で有利である．一方，本プロセスのユーザーである地方自治体などにとって，その肥料銘柄に対する需要の変動などのリスクを鑑みて，肥料の売却交渉や流通などをそのつど手がける必要があるなどの手間がかかるという課題がある．

◆ 今後の展望

水処理環境の変化，リンに対する有効利用の要望の高まりなど，本プロセスへの関心は依然として高い．また，重金属が多く含まれるなど，無害化処理が必要な焼却灰に対しては，焼却灰が無害安定化されるという特長が有効になろう．（薗田健一）

8-2 下水からの回収技術

下水汚泥焼却灰の焼成肥料化技術

8-2-6

◆ 焼成リン肥

天然のリン鉱石を原料にして高温の加熱処理で得られるりん酸質肥料を総称して焼成りん肥という．天然のリン鉱石の多くはフッ素化アパタイト（フルオロアパタイト）からなるが，①フッ素をほかの形の化合物にする，または②フッ素を除去しなければリン酸の溶解性は向上しない．①の例はドイツで実用化されたレナニアリン肥である．②の例は米国の脱弗焼成リン酸三石灰である．日本で開発された焼成りん肥は①と②の折衷型と呼べるものであって，狭義の焼成りん肥はこれを示す[1]．

焼成りん肥はリン鉱石と炭酸ナトリウムを一定割合で混合し，ロータリーキルン中で高温の水蒸気を供給しながら1350～1500℃で焼成することで脱フッ素を行わせるとともにリン酸ク溶率が高い鉱物を生成させることで得られる．国内の焼成りん肥は1950年に山口太郎博士により開発された製造方法（低ソーダリン酸法）[2]に基づくものであるが，その後の改良を経て今日の苦土重焼りんの工業化に至っている．Naに替えて同じく1価のKを成分調整材に用いることでも同様の効果が得られるが，CaおよびMgなどの2価のアルカリ土類金属元素の炭酸塩では，脱フッ素が不十分となり，リン酸の溶解性を向上させることができない．

◆ 肥料化のための焼成改質

秋山は低品位のブラジル産リン酸アルミニウム鉱に炭酸カルシウムを添加して高温で焼成すると，シリコカーノタイト（silicocarnotite）およびゲーレナイト（gehlenite）が生成し，リン酸ク溶率が向上することを報告した[3]．また，同じく秋山はこの技術を下水汚泥焼却灰へ応用し，炭酸カルシウムを添加して高温焼成することで，リン酸の溶解率が増加することを報告した[4]．ブラジル産リン酸アルミニウム鉱に含まれるリン酸はcrandalliteおよびwarditeなどの形態で存在する[5]．

一方，下水汚泥焼却灰はリン酸塩鉱物と石英，長石類および粘土鉱物などの土壌成分との混合物である．リン酸塩はリン酸アルミニウムおよびリン酸カルシウムマグネシウムなどの形態で存在する．リン酸アルミニウム鉱および下水汚泥焼却灰ともにリン酸の溶解度が低く，そのままでは肥料としての価値が乏しい．これらに含まれるリン酸塩はフッ素化アパタイトではないため，アルカリ金属元素，アルカリ土類金属元素を添加して高温で焼成することで容易にリン酸溶解性の高い鉱物に変換することができる．

表1にCaO，MgO，Na_2OおよびK_2Oで下水汚泥焼却灰の成分調整を行った場合の焼成温度，焼成物中に同定される主要な鉱物および効果的に機能する肥料成分を示す．成分調整材がCaOである場合，新たに生成する鉱物はsilicocarnotiteまたはnagelschmidtiteとgehleniteなどであり，リン酸とケイ酸の施肥効果が期待できる．

成分調整材がMgOである場合，焼成物はstanfielditeなどのリン酸マグネシウムカルシウムまたはfarringtonite（$Mg_3(PO_4)_2$）およびspinel（$Mg(Al, Fe)_2O_4$）の混合物になり，リン酸と苦土の施肥効果が期待できる．この場合石英は未反応で残留するためケイ酸の施肥効果は期待できない．Na_2Oである場合，焼成物はrhenanite（$NaCaPO_4$）とnepheline（$NaAlSiO_4$）の混合物になり，リン酸およびケイ酸の施肥効果が期待できる．ただし，Na_3PO_4が生成すると水溶液中で強アルカリ性となるため，作物の生育が阻害される．K_2Oである場合，焼成物はpotassium rhenanite（$KCaPO_4$）とkaliophilite（$KAlSiO_4$）の混合物になり，リン酸，加里およびケイ酸の施肥効果が期待できる．

表1　成分調整した汚泥灰焼成肥料の肥料特性

成分調整材	焼成温度（℃）	主要鉱物	期待される肥料特性
CaO	1250～1350	silicocarnotite nagelschmidtite gehlenite	リン酸，ケイ酸
MgO	1000～1100	stanfieldite farringtonite quartz	リン酸，苦土
Na_2O	950～1050	rhenanite nepheline	リン酸，ケイ酸
K_2O	1050～1100	potassium rhenanite kaliophilite	リン酸，ケイ酸，カリウム

このように，焼成法によれば成分調整材の種類を変えることで，下水汚泥焼却灰を特性の異なるりん酸質肥料に作り変えることができる．

◆ 実用化に向けた課題

下水汚泥焼却灰を原料の一部に用いて焼成法で得られる肥料を国内で製造販売するためには，成分調整材ごとに肥料取締法に基づく公定規格を改正しなければならない．この公定規格では，含有すべき主成分の最小量，含有を許される有害成分の最大量などが定められる．

下水の排除方式，凝集剤の種類および焼却方式などの違いにより，下水汚泥焼却灰のリン酸濃度は10%から40%の範囲で大きくばらつくことが知られているが，組成が異なる焼却灰からであっても，焼成により得られた肥料には一定の品質が求められる．また，下水汚泥焼却灰のなかには自然界の濃度レベルを超えて有害成分を含むものがあることも事実であり，有害成分に対しても厳しい管理が求められる．一般的には大都市の下水処理場で発生する焼却灰の有害成分の濃度は高く，地方都市の下水処理場で発生する焼却灰の有害成分の濃度は低いという傾向がある．下水汚泥焼却灰を用いた肥料であって，すでに公定規格が定められているものには熔成汚泥灰複合肥料および熔成汚泥灰けい酸りん肥がある．これらの肥料についてはAs，Cd，Ni，Cr，HgおよびPbの6元素が有害成分として定められている．焼成法によれば，CdおよびHgは高温で加熱することのみで，PbおよびAsは還元焼成法または塩化揮発法で比較的容易に分離することができる．しかしながらCrおよびNiは容易に分離することができないため，焼却灰を選択するかあるいは使用量を制限するなどして，下水道由来の未利用リンの肥料化利用を考えなければならない．（今井敏夫）

◆ 参考文献

1）安藤淳平：化学肥料の研究，pp.194-197，日新出版，1965.
2）山口太郎ほか：工業化学雑誌，62(1)：53-58，1959.
3）秋山尭：日本土壌肥料学会誌，59(3)：260-265, 1988.
4）秋山尭：季刊肥料，No.109：110-114, 2008.
5）有森毅ほか：工業化学雑誌，68(9)：1642-1645, 1965.

畜産廃棄物（豚糞）

8-3-1

豚の排泄物にはリンやカリウム，窒素などの有用資源が豊富に含まれている．従来の養豚業では，排泄物を堆肥化させて農地へ還元することで資源循環が効率よく行われてきたが，近年の急速な養豚事業の大規模化により，地域内での堆肥の受け入れが難しくなっている[1]．本項では余剰となった豚糞を炭化物にすることで公定規格に適合するような原料へと変換するシステムについて述べる．

◆ 炭化物に変換する利点

養豚集中地域で余剰堆肥が発生する要因として以下の問題があげられる．

①養豚飼料の多くは輸入されており，周辺に飼料作物の圃場が少ない．

②堆肥に変換した場合，嵩比重が小さいため移送費用が割高になる．

③堆肥の需要は春・秋に集中し，需要外の時期は保管が必要となる．

④不適切に製造した堆肥は湿気により悪臭やかびが発生する．

これらの問題を解決するには，減容化や揮発成分の低減が必要となる．そこでこれらの課題を解決するために炭化プロセスを用いた有用資源の循環技術確立を試みた．

◆ 間接加熱式ロータリーキルン

一般的な炭化炉は，炉内で原料を部分的に燃焼させて酸素濃度を低減することで還元的な加熱を行う．しかしこの方式では炭化物中に燃焼灰が混入することからリンの可溶性減少やpH上昇を招く．これを防ぐには炉内での燃焼を避けながら原料（豚糞）を均一に所定温度まで加熱しなければならない．そこで本項目では炉内燃焼を起こさず，かつ原料を均一に加熱処理できるEFCaR（エフカル）システムを紹介する．本システムは，原料の加熱時に発生する熱分解ガスを燃焼させて加熱源として利用することができるため，燃料をほとんど使用せずに炭化物を製造することができる．

前処理工程では豚糞（水分約85 %）を攪拌・通気させることで一次発酵を行い，発酵時の熱により水分を約40 %まで低減させる．これを乾燥糞として炭化物の原料に用いる．

炭化工程は間接加熱式ロータリーキルンと二次燃焼炉，ガス処理設備で構成されたシステムであり，空気が遮断された鋼板製の円筒（ロータリーキルン）が回転しながら外部から加熱され，内部の原料を間接的に加熱する（図1）．豚糞は供給ホッパに投入され，ホッパ下部に設置された供給装置から鋼板製円筒内に定量供給される．円筒内で乾燥糞は空気が遮断された状態で400～450 ℃まで加熱され，乾燥糞中の有機物は熱分解ガスに変わる．熱分解ガスは二次燃焼炉の前で空気が混合することにより燃焼が起こり約850 ℃となる．燃焼ガスは二次燃焼炉の後段で再び空気が加えられ約700 ℃まで減温された後に円筒を外部から加熱する熱源となる．このようにEFCaRシステムは豚糞の熱分解ガスを熱源に用いることにより，立ち上げ時以外はほとんど燃料を使用せずに炭化物を製造することができる．ガスはキルン外面を加熱したことで約400 ℃まで温度が降下したのち減温塔での水噴霧でさらに170 ℃まで冷却され，バグフィルターにより除塵とガス中和（消石灰による）が行われて大気へと放出さ

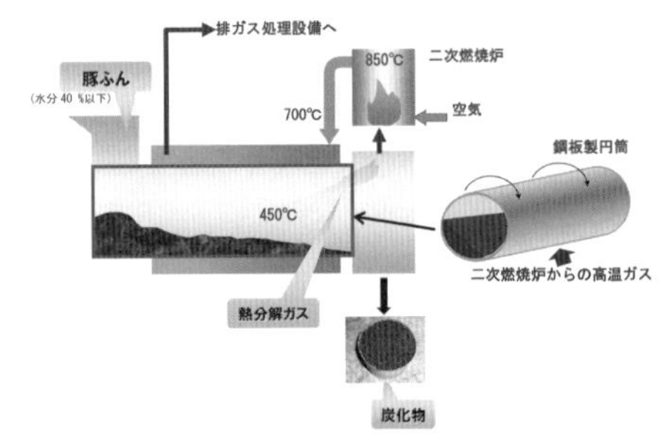

図1　EFCaRシステムの概略図

表1　豚糞の焼却灰と炭化物のリン評価の比較

試料	全リン酸 (TP) (% dry)	可溶性リン酸 (SP) (% dry)	水溶性リン酸 (WP) (% dry)	分解率 (SP/TP) (%)
リン鉱石	31.63	2.12	< 0.01	6.7
焼却灰	22.86	13.29	0.19	58.1
炭化物	10.01	6.87	0.49	68.6

表2　焼却灰と炭化物中の主な物質の化合形態

試料	
焼却灰	$Ca_9MgK(PO_4)_7$, $Ca_9MgNa(PO_4)_7$, $Ca_{18}Na_3Fe(PO_4)_{14}$, $Ca_{18}Mg_2H_2(PO_4)_7$, $KMgPO_4$ など
炭化物	$KMgPO_4$, $Mg_3(PO_4)_2$, $AlPO_4$, $FePO_4$, $Ca_9MgNa(PO_4)_7$ など

れる.

◆ 炭化物中のリン濃度の向上

本システムによって豚糞から製造した炭化物は粒子表面にリンが集積する特性が確認されている．これは糞のなかに存在するリン成分が糞中の繊維質粒子に吸着し，加熱により水分や有機分が揮発した結果，表面にリンや塩類が残留したものと考察されている[2)]．この炭化物は粒径をそろえて粉砕し，比重差を利用した分級装置にかけることにより，約1.5倍に濃縮することも可能である[3)].

◆ 肥料原料としての評価

豚糞炭化物を肥料の原料として利用するには，リンが植物に吸収されやすい状態になっていることが前提となる．肥料取締法では，水に溶けるリンを水溶性リン酸（WP），クエン酸アンモニウムに溶けるリンを可溶性リン酸（SP）としており，肥料中に含まれるすべてのリンを全リン酸（TP）と定義している．たとえば，過りん酸石灰は，SP15 %，WP13 %以上と定めている．リン鉱石は可溶性や水溶性が低いことから，硫酸などを用いた酸処理を経て溶解性を向上させている．

リン鉱石，豚糞を焼却した灰，豚糞から製造した炭化物を比較するとリン鉱石のTPが最も高いが，TPに対するSP分解率（SP/TP × 100）は炭化物が最も高いことがわかる（表1）．またそれぞれの化合形態をみると大きく異なっている．これは焼却時に高温にさらされた際にリンの化合形態が変化してそれらの溶解度が分解率の違いに影響しているものと思われる（表2）.

このシステムにより製造された炭化物を原料にした肥料（N：P：K＝12：12：12に調整）を試作して施肥試験を実施したところ，既存肥料と遜色ないことが確認されている.

◆ 実用化への課題

本技術を用いて養豚廃棄物を適正に処理して養豚地域以外で肥料の原料として利用することができれば，リン資源の循環利用を行いながら養豚事業の大規模化にも寄与することができる．さらには地球温暖化防止にも寄与することができる．しかしこれを進めるためにはいくつかの課題もある.

①豚糞炭化物を肥料登録
②適正価格で購入する肥料会社が存在
③尿処理も含めたシステムで収益ある事業となること

これら課題を解決するために，本システムは「平成25年度農林水産業・食品産業科学技術研究推進事業」などの事業により，肥料会社からの評価や採算に見合った事業規模の推定，肥料登録のためのデータ取得を進めているところであり，数年後の実用化が期待されている.

（上田浩三）

◆ 参考文献

1) 三島慎一郎ほか：農環研報，27：113-139, 2010.
2) 土手裕ほか：平成22年度新たな農林水産政策を推進する実用技術開発事業研究報告書，pp. 17-18, 2010.
3) 上田浩三ほか：日立造船技報，74(2)：18-23, 2013.

畜産廃棄物（鶏糞）

8-3-2

鶏糞（肉用鶏）は含水率が低く，その低位発熱量は，含水率 43 %時で 1900 kcal/kg を有することから，昨今は，エネルギー利用が可能な資源と評されている．

◆ 鶏糞発電事業の目的

1999 年 11 月「家畜排せつ物の管理の適正化及び利用の促進に関する法律」(以下，法)が施行．5 年間の移行措置が取られ，2004 年 11 月に完全実施となった．宮崎県は全国有数の畜産県であり，それらから発生する糞尿処理は，農地還元手法であったが，耕種農家との連携は限界にあり，法が施行される以前より喫緊の課題であった．法施行によりその対応は急務となり，電力関係会社およびブロイラー会社と共同で新会社が設立され，当時すでに英国で先行事例として稼働していた鶏糞発電の技術を導入し鶏糞発電事業が開始された．その効果は，大量焼却による鶏糞物量の減量化と焼却灰の有効活用および環境負荷の低減ならびに自然エネルギーの創出などと多岐にわたる．

◆ 焼却灰回収システム（図 1）

当プラントでは，宮崎県内の鶏糞を年間 13.2 万トン収集し，発電燃料として購入している．肉用鶏は，雛から約 50 日で成鶏となり出荷される．出荷後は鶏糞のみが残り回収後持ち込まれる．焼却する鶏糞の量は 1 日約 400 トン，約 216MWh の発電量を作り出す．ボイラに投入された鶏糞は，800 ℃以上の高温帯に 5 秒間滞留し，完全焼却後，フライアッシュはバグフィルターで回収し，ボトムアッシュは炉底より回収，各々サイロに貯められフレコンバックに詰められる．灰化率は約 1 割で 1 日約 40 トンの焼却灰が排出される．

◆ 鶏糞焼却灰の循環

鶏糞焼却灰は，焼却時に窒素分は窒素酸化物として大気中に放出されるが，リンおよびカリウムは灰化率 1 割の濃縮作用からその成分を豊富に含んでいる（表 1）．

年間発生する鶏糞焼却灰は約 1 万 2000 トンになるが，残念なことにその行き先の半数が海外へ流出している．国内における畜産廃棄物（鶏糞）の資源循環システムが構築されたものの，そのリサイクルリンを積極的に使用する国内需要がない．需要を喚起するためのインセンティブが必要である．（矢野健児）

表 1　鶏糞焼却灰の組成

分析項目	成分（%）
リン酸全量（P_2O_5）	21.1
酸化カリウム（K_2O）	16.7

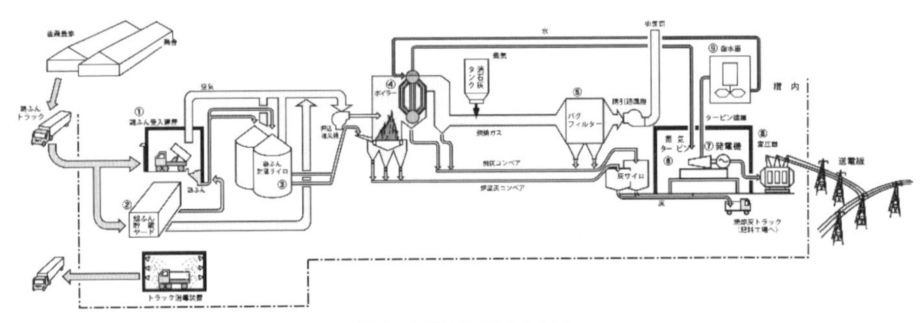

図 1　焼却灰回収システム

発酵産業廃水

発酵産業では，微生物の働きにより，アミノ酸調味料，核酸調味料，製パン用酵母などの食品素材から，医療用のアミノ酸，抗生物質などの各種バルク製品まで，私たちの生活に必要なさまざまな製品が製造されている．微生物の生育において，リン（P）は主としてリン脂質や核酸の構成元素であり，その使用は不可欠である．

発酵で用いられたリン成分の一部は，製品自体に取り込まれるものもあるが，菌体分離や，イオン交換，脱色，濃縮晶析，結晶分離といった各精製工程から排出される廃水中に残存する．これらの廃水は，その他炭素成分や窒素成分などを含むため，生物処理プロセスにて排出規制値以下に処理された後，公共水域へ排水されている．

生物処理で，除去されたリンは活性汚泥中に含まれることになるが，これら余剰汚泥は脱水後，産業廃棄物として，焼却され最終埋め立て処理となるか，セメント原料化処理されることが多い．リン自体はセメントに悪影響を与える本来不要な成分であり，焼却埋め立て処理同様，リン資源として有効なリサイクル方法ではない．

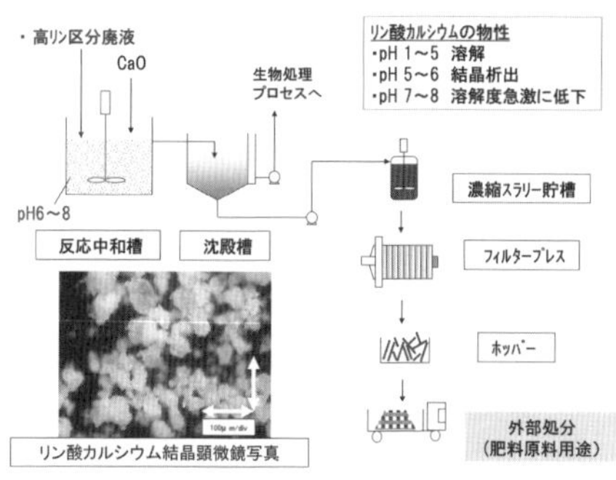

図１　リン酸回収プロセスおよびリン酸カルシウム結晶顕微鏡写真

また，一般に生物処理での活性汚泥は，リン以外にも有機物や無機物を含んでいるため，そのリン含量は P_2O_5 換算で約２％以下と低く，そのままではリン資源としての有効利用が難しい．そこで，精製工程で発生する廃水のうち，リンが高い濃度区分のみを集約し，生物処理プロセスにかける前にリンを回収するプロセスが開発された．リン酸回収プロセスおよびリン酸カルシウム結晶顕微鏡写真を図１に示す．

本プロセスの主な構成は，高リン区分廃水に生石灰スラリーを加え，リン酸カルシウムを析出させる反応中和槽，析出した結晶を沈殿分離する沈殿槽，沈殿物を脱水するフィルタープレスろ過機，脱水後のリンを含む結晶を貯めるホッパーから成る．高リン区分廃水の性状にも依存するが，脱水処理後のリン酸カルシウム結晶の成分分析によると，乾物基準で P_2O_5 含量が約 29％あり，モロッコやブラジルから輸入されるリン鉱石（P_2O_5 含量で 31～32％[1]）に匹敵する含量のリン酸カルシウムを得ることができる．

従来の生物処理の汚泥と比較すると，リン含量は約 10 倍以上となり，取得された高リン含有回収品は，主に農業肥料の原料として有効にリサイクルすることが可能である．発酵産業は微生物が生育して成立する工程であり，基本的に発酵廃液は生物に有害な物質を含まず，そこから回収されるリンは安心して使用できる点にメリットがある．（日高寛真）

◆ 参考文献

1）大竹久夫，水上俊一：リンの回収・再資源化に重点を置いた有機性廃棄物の処理システムの研究開発．

製鋼スラグ

製鋼スラグは鉄鋼精錬工程において発生不可避な副産物であり，わが国における2013年度の排出量は約1400万トンに及ぶ．製鋼スラグは転炉スラグと電気炉スラグに分類され，電気炉スラグはさらに酸化製錬で排出される酸化スラグと，還元製錬で排出される還元スラグに分類される．表1に各製鋼スラグの組成例を示す．濃度は質量パーセントである．表1に示すように，転炉スラグの主成分はCaO，SiO_2，FeOであるが，P_2O_5が数mass%含まれている．

製鋼スラグは冷却過程で固体の2CaO・SiO_2が析出し，FeOが液体に濃縮する．また，製鋼スラグに含まれるリンの大部分は2CaO・SiO_2に3CaO・P_2O_5として固溶することが知られている．図1[1)]は，模擬転炉スラグの電子顕微鏡写真である．黒い島状の部分（2CaO・SiO_2）にリンが濃縮しており，液相中のリン濃度は低い．

2CaO・SiO_2相と液相（凝固前に液体だった相）の特徴をまとめると以下の通りである．①2CaO・SiO_2相：リンが濃縮しており，磁性を有しない．また，水溶液に溶解しやすい．②の液相に比べ，比重が小さい．②液相：FeOが濃縮しており，磁性を有する．また，水溶液に溶解しにくい．①の2CaO・SiO_2相に比べ，比重が大きい．

表1　転炉スラグ（BOF）と電気炉スラグ（EAF）の組成例

	CaO	SiO_2	T-Fe	MgO	Al_2O_3	S	P_2O_5	MnO
BOF	45.8	11	17.4	6.5	1.9	0.06	1.7	5.3
EAF	22.8	12.1	29.5	4.8	6.8	0.2	0.3	7.9

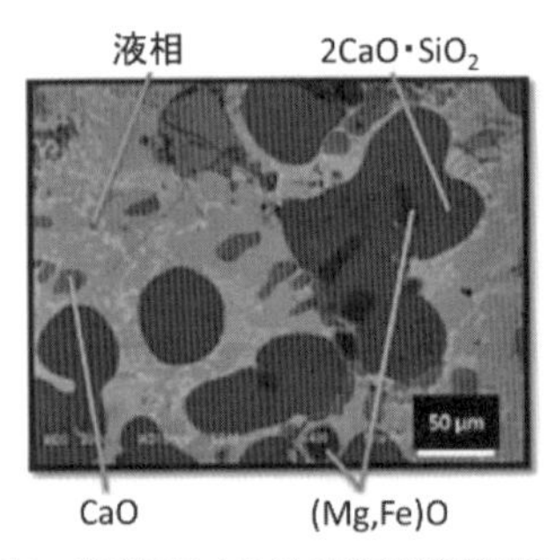

図1　模擬転炉スラグの電子顕微鏡写真[1)]

リン回収技術は，まず，前述の2CaO・SiO_2固相と液相を分離するか，しないかに大別することができる．

◆ 2CaO・SiO_2相と液相を分離する技術

磁気分離[2)]　図2のように製鋼スラグを粉砕した後，水溶媒に懸濁させ，磁気分離を行いリン回収を行う．これまで得られている知見は以下の通りである．①一定の磁場強度下では，粉砕したスラグの粒子径が大きくなるほどリン回収率は低下する．②スラグ中の単離したリン濃縮相が多いほど，リン回収率は向上する．磁場強度が強いほど，リン濃度の高いリン回収物が得られる．③リン濃縮相とマトリックス相の分離は，強い磁場強度での分離回数増加によって改善される．④スラグ粒径＜32 μm，固液比32，表面磁場強度2.5 T，分離回数5回の条件において，リン濃縮相同などの組成をもつスラグを62 %の収率で分離・回収することができる．

キャピラリー分離[1)]　スラグが固体/液体共存する高温場で，FeOが濃縮した液相をCaOなどの固体吸収体に毛細管現象を用いて吸収し，リンが濃縮した2CaO・SiO_2相を分離した．固体/液体が共存したスラグ中にCaO焼結体を投入し，毛細管現象により液相をCaO焼結体に吸収させ，リン濃縮相と液相の分離を試み，87 %のリンが回収された．図3に，提唱されている，製鋼スラグ中リン，鉄のその場分離の概念図を示す．毛細管現象により，液相をCaO焼結体に吸収させ，CaO焼結体の上に残ったリン濃縮相を集めて回収する方法である．

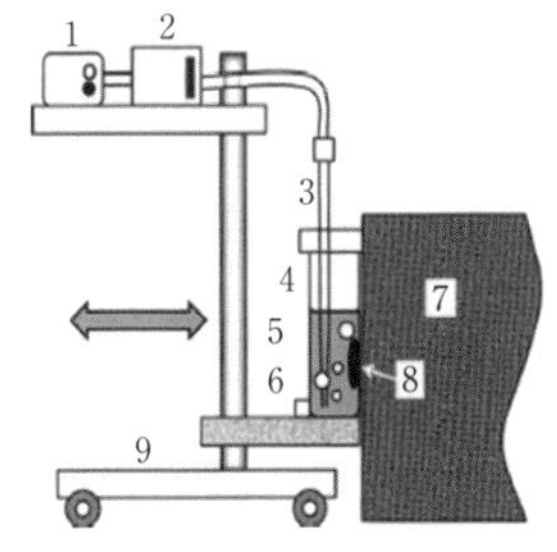

図 2　磁気分離実験装置の概略図[2)]

1：空気ポンプ，2：ガス流量制御機，3：ガス吹き込みノズル，4：パイレックスセル，5：イオン交換水，6：気泡，7：超伝導磁石，8：磁化されたスラグ，9：可動式台.

◆ 2CaO・SiO_2 相と液相を分離せずにリンを回収する技術

水溶液浸出[3)]　製鋼スラグ中の 2CaO・SiO_2 相が水溶液に溶出しやすい性質を利用し，製鋼スラグ中のリンを溶出させて，水溶液の形態で回収. スラグからのリン溶出率は pH 7 の場合約 12 %，pH 3 の場合約 25 %であった. 室温でのプロセスであることから，分離工程での加熱エネルギーが不要である.

熱還元による Fe-P 合金回収[4)]　製鋼スラグに炭素熱還元を行うことによって，Fe-P 合金を作製. スラグ中のリンを金属鉄に吸収させ，Fe-P 合金をリン資源として得る方法である. 多くのスラグを処理でき，Fe-P 合金を得ることが可能であると考えられる. Fe-P 合金からどのようにリンを取り出すのかは難しい課題であるが，リンのストック方法として有効である.

Fe-P 合金からのリンの酸化回収[5)]　Fe-P 合金を作製した後，CaO 系フラックスで Fe-P 合金中リンを酸化吸収し，CaO フラックスにリンを濃縮して回収. 炭素還元した後の Fe-P-C 合金が 0.5 mass%以上であれば，最終的に得られるスラグ中の P_2O_5 濃度は 20 %以上であり，リン資源として有効に活用できる. リンを濃縮した Fe-P-C 合金中からの効率的な脱リンについては，高度な操業が必要であるが，大量のスラグを処理でき，リンを回収するプロセスとなりうる.

（三木貴博・長坂徹也）

◆ 参考文献

1） T. Miki and S. Kaneko：*ISIJ Int.*, 55：142-148, 2015.
2） 久保裕也ほか：鉄と鋼, 95：300-305, 2009.
3） M. Numata *et al.*：*ISIJ Int.*, 54：1983-1990, 2014.
4） K. Morita *et al.*：*J. Mater. Cycl. Waste Manag.*, 4：93-101, 2002.
5） 特開 2015-38250.

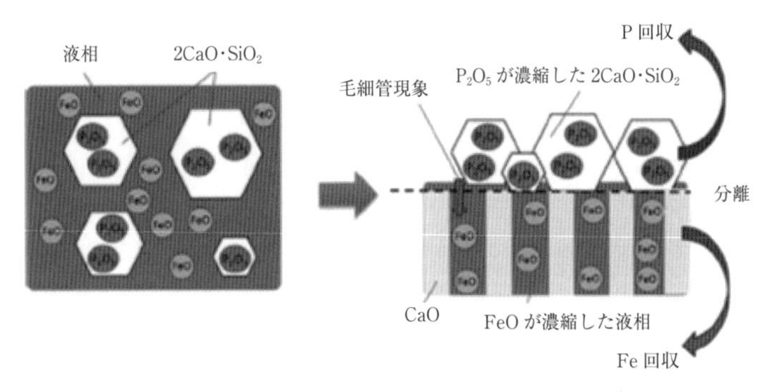

図 3　製鋼スラグ中リン，鉄のその場分離の概念図[1)]

8-3　その他の二次資源からの回収技術

し　尿

8-3-5

し尿は衛生処理が行われる以前には肥料として用いられてきた歴史もあり，農業利用への抵抗は比較的少ない．昨今の有機栽培志向の高まりもあり，し尿由来の回収リンの利用先として畑地などへの施肥が最も現実的と思われる．肥料としての利用形態には，①し尿処理施設にて処理した後の余剰汚泥を堆肥化しコンポストとして農地へ撒布する方法，②し尿と生ごみなどの有機性廃棄物を原料としてメタン発酵を行い，ガス回収後のメタン発酵消化液を液肥として撒布する方法に加えて，③し尿処理施設の処理工程からリンをリン化合物として回収し撒布する方法などがある．この③を活用した回収施設は，2004 年に交付金補助対象である汚泥再生処理センター資源化施設として認証されたことにより普及が急速に拡大した．本項では複数箇所で稼働中のし尿処理施設でのリン回収技術について述べる．

◆ HAP 法によるリン回収

HAP（ヒドロキシアパタイト）法を採用したし尿処理概略フローを図 1 に示す．

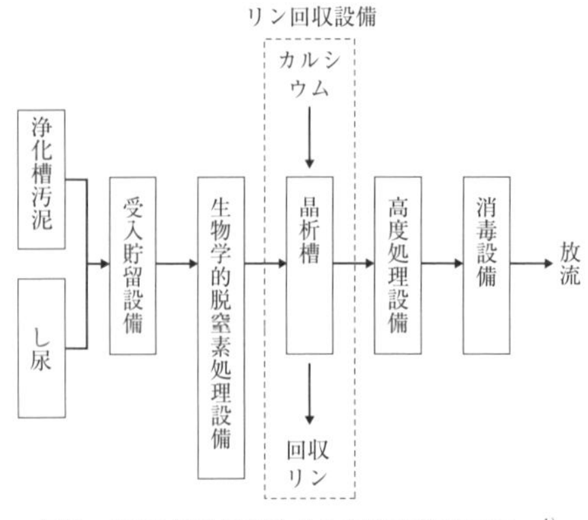

図 1　HAP 法を採用したし尿処理概略フロー[1)]

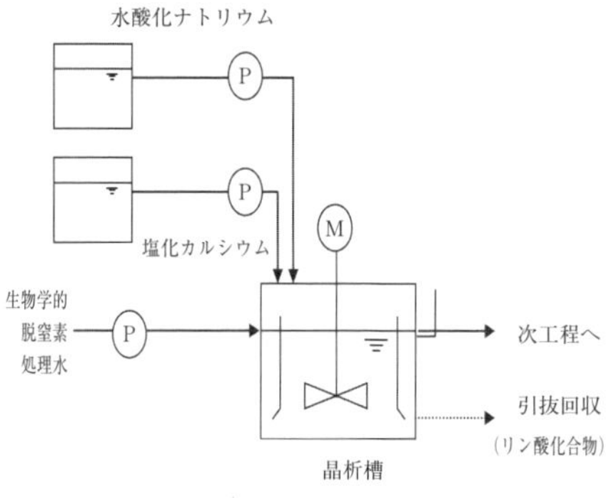

図 2　HAP 法によるリン回収設備の概略フロー[1)]

HAP 法では生物処理後の処理水からリンを回収する．もともとは下水処理水などに含まれるリン酸イオンを高度に除去する富栄養化対策技術として開発された晶析法を応用したものである．本処理フローのうち，リン回収に関わる設備の概略フローを図 2 に示す．

晶析槽では，生物処理をした後の処理水に塩化カルシウムなどのカルシウム剤を加え，水酸化ナトリウムなどのアルカリ剤で pH を調整してリン酸イオンの過飽和溶液を作製し，晶析反応によりリン酸化合物の結晶を作る．晶析反応を促進するための攪拌機能を有する内筒部と，晶析物を固液分離する外筒部から構成される．結晶化が進み固液分離部に蓄積したリン酸化合物は適宜引き抜き回収される．回収物は肥料取締法における副産りん酸肥料として利用できる．

◆ MAP 法によるリン回収

MAP 法を採用したし尿処理概略フローを図 3 に示す．

MAP 法では生物処理をする前の段階でリンを回収する．HAP 法と同様に富栄養化対策技術として開発されたものである．本処理フローのうち，リン回収に関わる設備の概略フローを図 4 に示した．

対象液に塩化マグネシウムなどのマグネシウム剤を加え，水酸化ナトリウムなどのアルカリ剤で pH を調整してリン酸イオンやアンモニウムイオンを含む過飽和溶液を作製し，

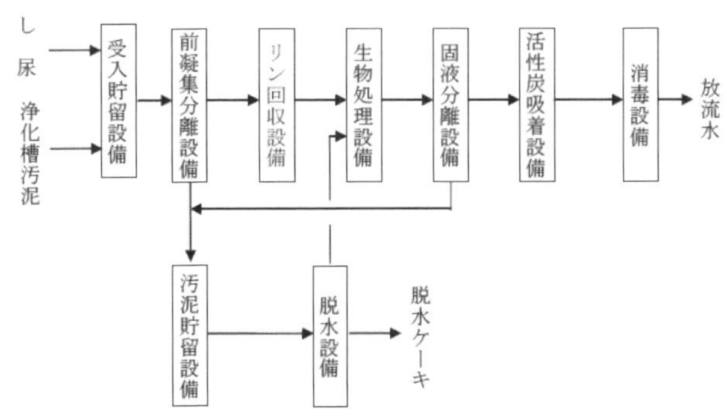

図3 MAP 法を採用したし尿処理概略フロー[1)]

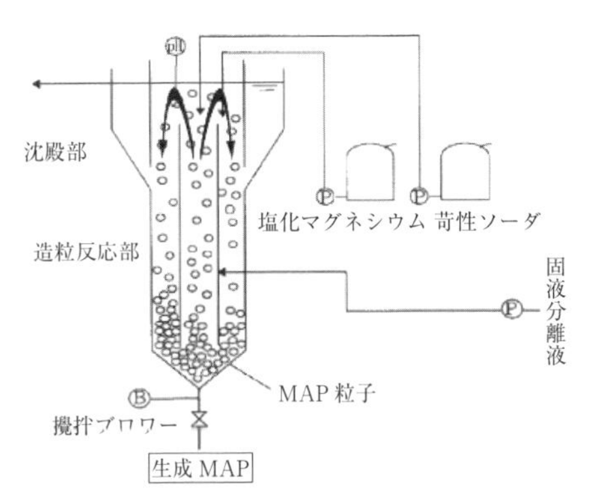

図4 MAP 法によるリン回収設備の概略フロー[1)]

リン酸マグネシウムアンモニウム（MAP）の結晶として回収する．設備は二重筒構造の流動床になっており前凝集分離設備であらかじめ固形物を除去した対象液は内筒部へ投入され，攪拌ブロワーによる曝気で上向流となり矢印で示すように筒内を循環する．この過程でMAPが生成・造粒される．MAP粒子が蓄積されると定期的に造粒反応部下部より引き抜き回収する．回収物は肥料取締法の化成肥料として利用できる．

◆ リン回収実績（わが国全体の導入箇所数）

2015年時点までにHAP法を採用した施設数は建設中を含め8か所，MAP法を採用した施設数は建設中を含め5か所である．MAP法を採用した施設のなか，1施設はし尿嫌気性消化槽以降の配管やポンプのスケール防止対策として設置されたものであり[2)]，現在では下水汚泥嫌気性消化設備周りの配管スケール防止策の一方法として採択されている．

◆ その他のリン回収方法

前述のHAP法と汚泥可溶化技術とを組み合わせて汚泥中のリンを積極的に回収する施設もある[3)]．本法は余剰汚泥の一部をアルカリ剤で可溶化しリンを溶出させた後にHAP法を用いた設備に通水する方式で，従来のHAP法に比べリン回収量の増加が図れる．

これらのし尿処理工程からリンを回収する施設は，わが国全体で200か所以上の設置実績のあるコンポストなど堆肥化施設と同様に循環型社会形成推進策の一環として取り組まれている．（一瀬正秋）

◆ 参考文献

1）（社）全国都市清掃会議：汚泥再生処理センター等施設整備の計画・設計要領2006改訂版，pp.307-312，社団法人全国都市清掃会議，2006.
2）山本康次ほか：マグネシウム塩を用いたし尿の造粒脱リン装置の運転実績，pp.402-403，水質汚濁学会講演集，1991.
3）山口滋ほか：四万十町若井グリーンセンターの汚泥削減とリン回収について，pp.316-318，第37回全国都市清掃研究・事例発表会講演論文集，2016.

電子部品産業排水

電子部品産業では各種の工程でリン酸が使用されており，なかでもリン酸を含む排水を多量に排出しているのは液晶基板製造工場である．液晶基板製造工場から排出されるアルミエッチング洗浄排水の水質はリン酸が約2000 mg/L，硝酸，酢酸がそれぞれ数百mg/Lと高濃度であり，排水量は約1000 m^3/日/工場と大量である（リン酸約2.0トン/日）．この排水を処理するための薬剤使用量，廃棄物量が多く，コスト，環境負荷などの負担が大きかった．リン酸回収装置はコスト削減，環境負荷低減を目指して，リン酸を有価物として回収する目的で2009年に開発・実用化された．

◆ 従来の処理

塩化第二鉄や，消石灰を多量に投入することで難溶解性のリン酸化合物を生成させ，固液分離により汚泥としてリンを廃棄する処理が一般的であった．この方法では，貴重な資源であるリンをさらに資源である鉄，カルシウムを用いて汚泥とし，産業廃棄物として処理費を払って処分していた．

◆ 原　理

リン酸回収装置の基本フローと機能はろ過による濁質除去，陽イオン交換塔によるアルミ除去，逆浸透膜によるリン酸の濃縮と硝酸・酢酸の除去，蒸発濃縮装置による50％までの濃縮である．特に，逆浸透膜の新しい機能を見出し，その機能を実用化したことが評価されている[1]．硝酸，酢酸，リン酸含有水を低pHで逆浸透膜処理したところ，硝酸，酢酸はほとんど濃縮されず，むしろ透過水側に濃縮される．一方，リン酸は1％以下しか透過水側へ移動しないで濃縮できる現象を見出した[2]．この現象は，逆浸透膜を透過しやすい（分子が小さい）H^+イオンが透過側へ移動し，透過側のH^+イオンが硝酸，酢酸を引っぱって逆浸透膜を透過すると想定している．このため，リン酸は濃縮されるのに対して硝酸，酢酸は濃縮されず，相対的にリン酸の純度を大きく高めることができる．この分離・濃縮原理は電気的中性条件に基づく逆浸透膜の能動輸送現象であり，国内では都留らが実験結果や数値解析結果を報告している[3]．

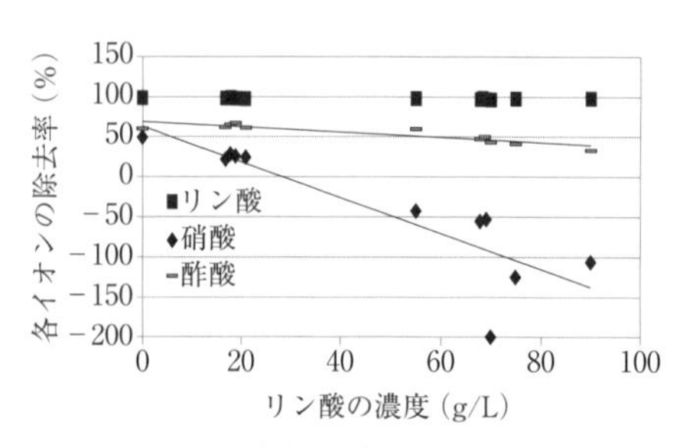

図1　リン酸濃度と各イオンの除去率

◆ 再利用実績

2016年現在，複数の実装置の稼動開始から約7年，採用工場では投資に見合った薬品費，汚泥処分費が削減されるとともに，リン酸が有価物として回収・再利用されている．逆浸透膜も強酸性下での運転にもかかわらず性能は安定しており，有価物として回収されているリン酸は純分換算で約1000トン/年/工場である．回収された50％リン酸は環境保全薬剤（重金属の固定化剤）や液体肥料の原料として利用されている．　（織田信博）

◆ 参考文献

1）川勝孝博ほか：化学工学会，第42回秋季大会．
2）大竹久夫編：リン資源の回収と有効利用，pp.214-223，サイエンス&テクノロジー，2009.
3）T. Tsuru *et al.*：*J. Chem. Engineering of Japan*, 24(4)：518-524, 1991.

合成アルコール工場排水

◆ 合成アルコール

一般的にいわれるアルコールとは，エタノールのことを指すが，エタノールでも糖やデンプン質などを原料とする発酵アルコールとエチレンから化学的に製造する合成アルコールがある．後者の合成アルコールの製造方法は大きく分類して，リン酸を使用する直接水和法と硫酸を使用する間接水和法があるが，経済的な観点から主流は直接水和法である．直接水和法は，リン酸をシリカゲルなどの担体に含浸させたものを触媒として，高温，高圧下でエチレンと水を反応させて合成する方法である．

$$C_2H_4 + H_2O \xrightarrow[\text{(担体)}]{H_3PO_4} C_2H_5OH$$

合成されたエタノールは，主に蒸留により副反応などで生成された不純物と大量に含まれる水が分離除去されるが，この水（排水）のなかには，触媒であるリン酸が多少流出するので，微量のリンが含有している．

◆ 排水規制

経済成長に伴い，湖沼，内湾，内海などの閉鎖性水域においては，窒素やリンを含む汚濁物質の流入量が増加し，滞留することによる植物プランクトンの増殖で水質が悪化する富栄養化が問題となっていることから，これらの状況を改善するために，水質汚濁防止法に基づく排水基準の改正などの対策が幾度となく講じられている．

合成アルコールの工場が所在する湾岸部においては，閉鎖性海域の富栄養化防止を目的として，1993年の水質汚濁防止法施行令などの改正により，排出濃度の強化が図られた．同令におけるリン含有量の一般排水基準は，16 mg/L（日間平均8 mg/L）である．また，一般排水基準のほか，自治体における上乗せ基準が設けられているところもある．

さらには，東京湾，伊勢湾，瀬戸内海の汚濁が著しく，いっそうの水質改善が必要となる海域においては，1980年から水質総量規制も設けられており，リンについては，2002年に規制対象項目に加えられた．

◆ 排水処理

合成アルコール製造設備からの排水は，前述したように触媒由来の微量のリンを含有しているが，有害物質は含まれず，かつリン以外の窒素や化学的酸素要求量などは，かなり低い数値である．すなわち，同排水の処理は，リンの除去が主体である．

リンの除去は，大きく分類して生物学的方法と化学的方法があるが，合成アルコールの排水のようにリンのみの除去が目的であれば，後者の化学的方法が好適である．

合成アルコールを製造する日本合成アルコール株式会社では，前述した排水規制順守は環境負荷物質の排出量低減およびリン資源の有効活用として，消石灰凝集沈殿法による排水のリン回収が行われている．なお，同処理で回収されたリン（リン酸カルシウム）は，難溶性のヒドロキシアパタイトであり，リン濃度が数十 mg/L の排水からリン含有量が約18％の固形物（無水物として）に高度に濃縮されている．この副産物は，肥料有効成分である「ク溶性リン酸」を約30％含有していることから，リン資源リサイクル推進協議会および肥料会社の助言，協力を得て，副産りん酸肥料として有効活用されている．

（大野智之）

図1　排水処理設備（日本合成アルコール株式会社）

8-3　その他の二次資源からの回収技術

めっき廃液からの回収

8-3-8

◆ 背　景

塗装後の耐食性と塗料の密着性を向上することを目的に，鉄面に不溶性のホパイト（$Zn_3(PO_4)_2 \cdot 4H_2O$）およびホスホフィライト（$Zn_2Fe(PO_4)_2 \cdot 4H_2O$）を形成するリン酸亜鉛被膜処理が行われている．被膜処理後には，リン酸第二鉄二水和物（$FePO_4 \cdot 2H_2O$）およびリン酸亜鉛（$Zn_3(PO_4)_2$）を主とするスラッジが生成する．筆者らは，この化成スラッジを鉄源およびリン源とした，二次電池正極材料であるリン酸鉄リチウム（$LiFePO_4$）へのリサイクルの可能性について報告しており[1)]，本項はその内容を中心に紹介する．

リチウムイオン二次電池は，リチウムイオンを正極・負極間で挿入脱離し，それに伴う酸化還元反応のエネルギー収支を電力として取り出す．$LiFePO_4$は，非常に安価な鉄を原料とし，鉄の酸化還元を伴う材料としては高電位（約3.5 V）で，サイクル特性が良好，かつ理論容量が大きい（170 mAh/g）ため，有望な次世代正極材料として注目を集めている[2,3)]．めっき廃液も含め，各種産業から排出されるリン含有廃棄物は，排出規模が小さく産業ごとに組成が多種多用である問題点はあるが，安定した組成をもち，かつリン含有量がリン鉱石を上回る有望なリン資源も多い．したがって，リンに対する将来的な資源セキュリティー向上のためにも，リン含有廃棄物の国内有効利用技術の開発は重要な課題である．

◆ 化成処理スラッジを原料とした正極材の合成

筆者らは，モル比P：Fe：Li＝1.00：0.62：0.00の組成をもつ化成処理スラッジを原料の一部として，$LiFePO_4$を合成している．$LiFePO_4$の理論組成はモル比でP：Fe：Li＝1.00：1.00：1.00であるため，スラッジに不足する鉄およびリチウムを炭酸リチウム（Li_2CO_3）およびシュウ酸鉄二水和物（$FeC_2O_4 \cdot 2H_2O$）を添加することで理論組成に調整している．リン源の100 %，50 %，および25 %に相当する量を化成処理スラッジで代替したものをそれぞれSludge 100 %，Sludge 50 %，およびSludge 25 %，すべて試薬から合成したものをSynthetic-LFPとし，いずれの場合においても，空間群*Pnma*，オリビン型の$LiFePO_4$の正極材が合成できることが確認されている（図1）．

◆ 正極材の電極特性評価

それぞれの正極材を正極としてコインセルを作製し，その電極特性を評価した結果を図2に示す．Synthetic-LFPは，サイクル数が増加することで充放電容量ともに低下している．これは，充放電を繰り返すことで起こる電極材料の劣化や金属リチウムの析出などに由来する一般的な劣化現象である．一方，スラッジを含む正極材は，1サイクル目は充電容量に対して放電容量が小さく，クーロン効率（充電容量に対する放電容量の割合）が低

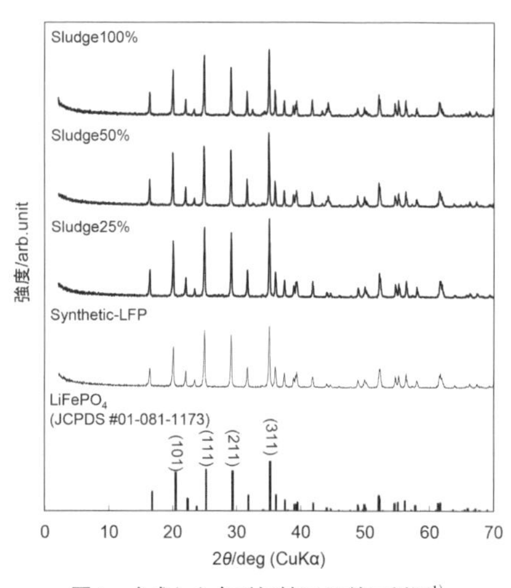

図1　合成した各正極材のX線回折図[1)]

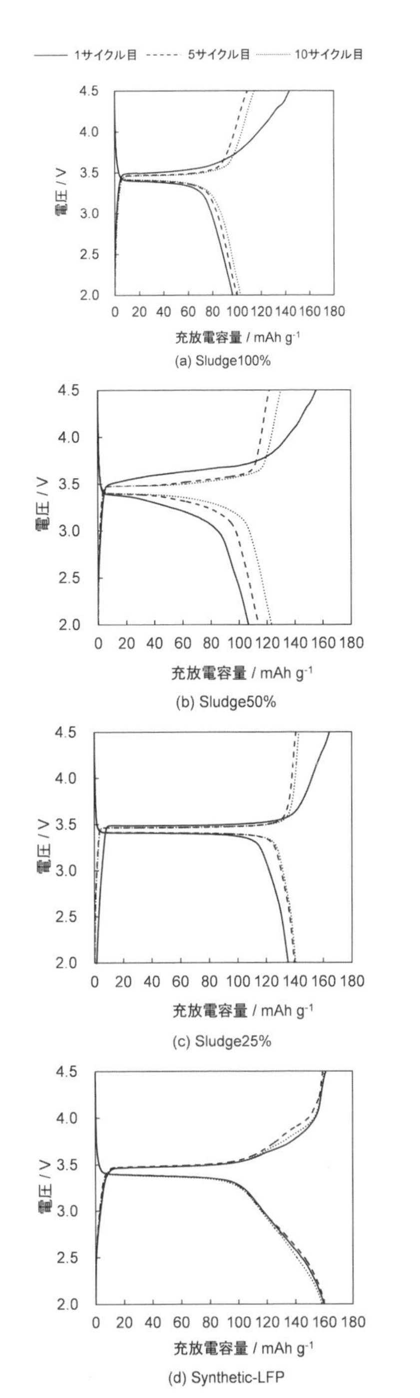

図2 1，5，10サイクル目における充放電曲線[1)]

い．しかし，2サイクル目以降の充放電容量はSynthetic-LFPに比べて低いものの，クーロン効率が大きく向上している．さらに，5サイクル目，10サイクル目と充放電を繰り返すにつれて，スラッジを含む正極材すべてにおいて放電容量が増加する現象を見出している．よって，化成処理スラッジを原料とした正極材は，充放電の繰り返しにより，脱離したLi^{+}が挿入されやすい結晶構造へと徐々に変化することが示唆されている．40サイクル目までのサイクル特性を調査した結果，放電容量の増加はSludge 100 ％およびSludge 25 ％それぞれにおいて24サイクル目および13サイクル目まで継続している．その増加量は，Sludge 25 ％で141→146 mAh/g，Sludge 100 ％で91→107 mAh/gであり，スラッジ含有量が多いほど増加量は大きいことが確認されている．Sludge 25 ％の放電容量は，現在一般にリチウムイオン二次電池の正極材として用いられているコバルト酸リチウムやマンガン酸リチウムの放電実容量（110～150 mAh/g）[2,3)]に匹敵し，40サイクルの間140 mAh/g以上の放電容量を維持することが示されている．

以上，本項では，リンを含むめっき廃液の新たな有効利用方法の一つとして，リチウムイオン二次電池の正極材にリサイクルする新しい可能性を紹介した．

（吉岡敏明・長坂徹也・熊谷将吾）

◈ 参考文献

1）熊谷将吾ほか：廃棄物資源循環学会論文誌，27：188, 2016.
2）金村聖志ほか：高性能リチウムイオン電池開発最前線―5V級正極材料開発の現状と高エネルギー密度化への挑戦―，p.2498, エヌ・ティー・エス，2013.
3）金村聖志ほか：リチウムイオン電池の部材開発と用途別応用，p.1, シーエムシー出版，2011.

植物油脂製造プロセスからのリン回収

8-3-9

◆ リン脂質

植物油脂には比較的多くのリン脂質が含まれている．リン脂質の構造は，グリセロール骨格に2分子の脂肪酸とリン酸が結合し，さらにリン酸にコリンなどの塩基が結合している．

リン脂質は，水和しやすいホスファチジルコリン（PC：両性イオンであり，金属と結合しにくい）やホスファチジルイノシトール（PI：イノシトール基が親水性であるので，金属と結合しても水和性である），水和しにくいホスファチジルエタノールアミン（PE：両性イオンだが金属イオンと結合しやすい），ホスファチジン酸（PA：金属イオンと結合しやすい）などで構成されている．

非水和性リン脂質は，PCやPEからホスホリパーゼDの作用により生成するPAが主成分であるといわれているが，その反応のメカニズムはいまだ解明されていない[1]．PA含量は，原料種子の収穫後の保管状態や原料水分，搾油条件によって変化する．PEやPAは，カルシウムやマグネシウムなど2価の金属と塩を形成し，水には溶けない．これらの非水和性リン脂質は，リン酸などを反応させると，非水和性リン脂質に結合しているカルシウムやマグネシウム金属などのイオンが外れ，水和性リン脂質に変化する．そのため，容易に除去することができる．

◆ 油脂の精製

油糧原料から搾油した粗油には，食用油脂としての色調，風味，保存安定性などを損なう不純物が含まれている．リン脂質などのガム質が多く残存すると脱酸において石けん分の分離などが困難になるなど，精製ロスを大きくする．また精製油の品質を低下させる原因ともなる．これらの不純物を除去するために，脱ガム，脱酸，脱色，脱臭の順に精製処理が行われる．

◆ 脱　酸

脱酸工程は，脱ガムにて除去できなかったリン脂質のほか，遊離脂肪酸を除く工程である．脱ガム油に残存するリン脂質の多くは，非水和性リン脂質によるものであり，リン酸を添加して，結合しているカルシウム，マグネシウムなどの金属イオンを外し，水和性のリン脂質に変化させる．これにより，容易にリン脂質を除去することができる．通常，脱ガム油に対し75％リン酸液は0.04～0.12％（wt）添加される．

リン脂質，脂肪酸ナトリウムなどの分離は，脱ガムと同様に遠心分離機で行う（脱酸処理にて鉄などの微量金属も同時に除去される）．ここで分離除去したものをソーダ油滓という．

ソーダ油滓を分離した油には，石けんが残存するため，油に対し10％程度の温水を添加し，再度遠心機分離で洗浄水を分離して石けん分を除去する．次に油は，真空ドライヤーで水分を除き，脱色工程に送られる．

◆ リン脂質の挙動

水和性リン脂質は，脱ガム工程にて脱ガムされ，ミールに添加，あるいは大豆レシチンとして利用される．粗油では水和性ガム質と非水和性ガム質が残存しているが，脱ガム油では水和脱ガムによって水和性リン脂質が除去され，非水和性ガム質が残存する．

一般的に原料水分や割豆の比率が高いあるいはダメージを受けた大豆の粗油中には非水和性のリン脂質が多く，脱ガム油中にも非水和性リン脂質として残留することとなる．

一方，非水和性リン脂質は，脱酸工程にてリン酸脱ガムされ，分離された油滓は燃料やりん肥料として利用されることになる．

◆ 排水処理とリンの回収

ソーダ油滓は全量資源として有効に活用されている．脱酸工程から発生するソーダ油滓

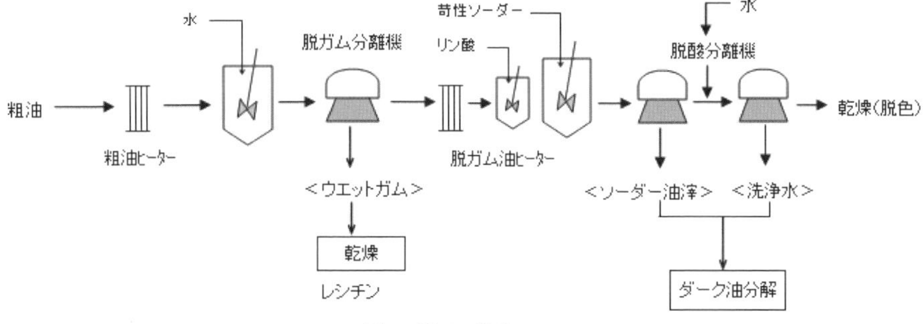

図1　脱ガム脱酸フロー

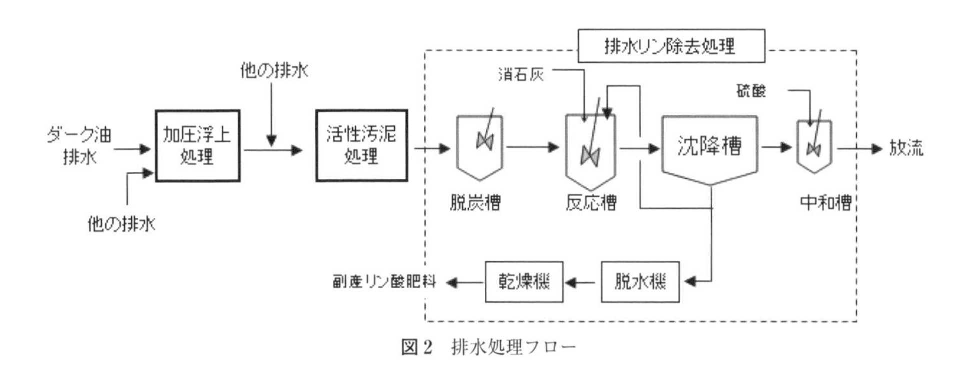

図2　排水処理フロー

と洗浄水を合わせ，硫酸分解を行いダーク油（粗脂肪酸）を製造している．ダーク油は，ボイラーの燃料に使用しており，自ら直接再生した資源として扱われ，しかも都市ガスの削減（CO_2削減）にも貢献している．

ダーク油を分解した排水には，有機物のほかにリン分が多く含まれている．リンの発生源は，原料由来（搾油した粗油にリン脂質として含まれる）のものと，精製で使用されるリン酸によるものである．

この排水は，工場内の他工程から送られる排水と合流し，加圧浮上装置で油分を回収した後，活性汚泥処理を行う．活性汚泥処理により，リンの一部は微生物に摂取されるが，大部分は処理水に残存する．このリンを除去するため，活性汚泥処理水に消石灰を添加し，リン酸カルシウムの結晶を生成させ，沈降槽で結晶を沈降分離する．分離した上澄み水は，アルカリ性であるため中和してから放流する．本処理により，98％以上の安定したリン除去率が得られている．

沈降物（リン酸カルシウム）の大半は反応槽に戻して循環させ，生成量に見合う沈降物はスーパーデカンターで脱水した後，パドル型乾燥機で乾燥する．乾燥物には，リン酸（PO_4^{3-}）として30％以上含有し，副産りん酸肥料として利用されている．　（鈴木秀男）

参考文献

1) 菰田衛：日本油化学会誌，48：1109，1999．
2) 小野哲夫ほか：食用油脂製造技術，ビジネスセンター社，1991．
3) 鈴木秀男：生物工学，90(8)：488-492，2012．

米ぬかからのリンの回収

8-3-10

◆ 米ぬか

米ぬか（糠）は日本人には馴染み深いものであるが，どのように利用されているのか意外と知られていない．米ぬかは玄米の精米時に約８％発生し，油分が約20％含まれており，米油の原料として広く利用され，またきのこの栽培や漬物の床にも利用されている．日本の玄米生産量は800万トン/年（2015年産）[1]である．発生する米ぬかは64万トン．そのうちの約30万トンが米油の原料として利用されている．

世界に目を向けると，米は，小麦，トウモロコシと並んで主要な穀物である．年間の生産量は4.8億トン（精米ベース）[2]に達しており，年々増加している．米ぬかの発生量は4000万トン程度と推定される．米ぬかは一部の国（東・東南アジア，インド，南米など）では搾油されたあと脱脂ぬかとして，または米ぬかのままで肥料，飼料として利用されている．

米ぬかから米油を抽出した後の脱脂ぬかは油分が少ないため品質が安定しており飼料や肥料に利用されている．また，この脱脂ぬかにはリン酸（P_2O_5）が含まれておりリン資源として重要である．

脱脂ぬかに含まれるリンはそのほとんどがフィチンとして存在する．このフィチンは多くの植物に存在しており，次世代の成長のためにリンを種子に蓄えたものである．フィチンの構造図を図１に示す．

◆ フィチン

フィチン（phytin）は，糖アルコールの一種である*myo*-イノシトールの水酸基６個にリン酸がエステル結合したフィチン酸にカルシウムやマグネシウムなどが結合した塩であり，イネのぬか層に約８％含まれている．特に脱脂ぬか中の含量が高く，*myo*-イノシトールや食品添加物のフィチン酸の製造原料として重要である．

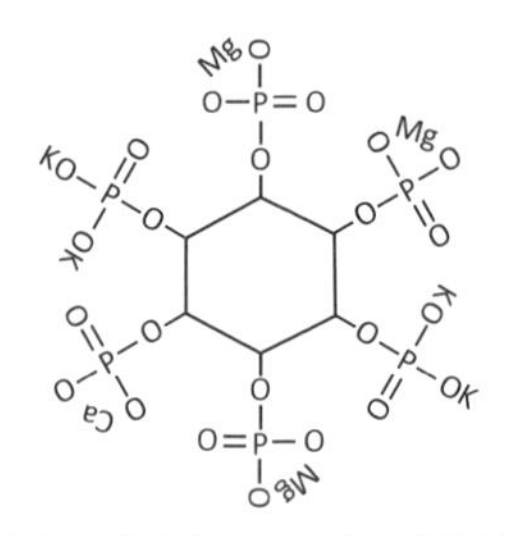

図１　米ぬかのフィチン構造図

◆ リンの回収

myo-イノシトールを製造する際，リン酸カルシウムが副産される．米由来のリン酸カルシウムの回収方法は，脱脂ぬかから希酸でフィチン酸を抽出し，抽出液を消石灰などのアルカリ土類金属水酸化物で中和することによりフィチンを沈殿させ，ろ過することによりフィチンを回収する．このフィチンを高温・高圧条件下で加水分解することにより，*myo*-イノシトールとリン酸のエステル結合が切り離される．リン酸基はカルシウムやマグネシウムなどのアルカリ土類金属塩として沈殿させ，ろ過・乾燥工程を経て肥料・飼料として使用される．

国内のリン資源は海外から輸入されるリン鉱石にそのほとんどを依存しており，植物から生産されているリン酸化合物は貴重である．

（加藤浩司）

◆ 参考文献

1）農林水産省：作物統計　作況調査，2016年２月19日．
2）米国農務省：PS&D, 2015.

トピックス◇20◆ ラッカセイに学ぶリン資源の有効活用

おつまみとして馴染み深いピーナッツはラッカセイ（落花生）というマメ科植物の種子を加工したものであるが，この種子はイモのように土のなかで大きくなる．地上で小さな黄色い花を咲かせた後，花の付け根（子房柄）が伸びて土のなかにもぐることにちなんで名づけられたのだろう．ラッカセイの風変わりな性質は他にもあり，根毛がほとんどない点もあげられる．根毛というのは根の表皮細胞の一部が伸びたものであるが，ラッカセイは表皮細胞を自ら剥離させる結果，根毛が残らないようである．この根毛は植物の養分獲得，特にリンに対して重要な役割を果たしている．

土壌中でのリンの移動速度はきわめて遅い．他の土壌養分は数 mm/日で土壌中を移動できるのに対して，リンはその 1/100 程度（数十 μm/日）の速度でしか移動しない．そのため，植物が土壌からリンを獲得するには，自ら根を伸ばしてリンと接触する必要があり，根毛はその接触面積の増加に大きく貢献する．根毛の長さは数百 μm 程度にすぎないけれども，リンの 1 日の移動速度よりははるかに大きい．このため，植物のリン獲得能は根毛の長さや密度の違いで左右される．

ところが，ラッカセイは根毛を欠いているにもかかわらず，例外的に優れたリン獲得能を発揮する．その理由として，他の植物が利用できない土壌中のリンをラッカセイは利用していると考えられてきた．通常の植物は，土壌に吸着し，イオン交換反応で容易に遊離するリンを利用している．しかし，このように利用しやすいリンは土壌中には少なく，大部分は植物が直接利用できない形態で存在している．その一つが有機態のリンで，土壌に含まれる全リンの 20 ～ 80 %を占めるとされる．実際，主要な有機態リンであるフィチン酸をリン酸源として与えたところ，ラッカセイはトウモロコシよりも高い利用能を発揮した．

なぜ，ラッカセイは高いフィチン酸利用能を発揮できるのか．その鍵は根が分泌する酵素にあるかもしれない．一般的に，植物はフィチン酸のような有機態リンを直接吸収して利用することはできない．しかし，分解酵素（ホスファターゼ）の作用で有機態リンからリン酸を遊離させれば，それを吸収・利用することができる．調べてみると，トウモロコシに比較してラッカセイの根は高いホスファターゼ活性を有することがわかった．

フィチン酸はもともと植物の種子に多く含まれており，発芽の際に必要となるリンの貯蔵形態と考えられている．トウモロコシの種子にもフィチン酸が含まれており，発芽のときにはそのフィチン酸を自ら分解して利用している．トウモロコシが体内のフィチン酸を利用できるのに，土壌中のフィチン酸をうまく利用できないのは不思議である．この謎を解明してうまく制御できれば，土壌中の有機態リンをトウモロコシにも利用させることができるかもしれない．

（矢野勝也）

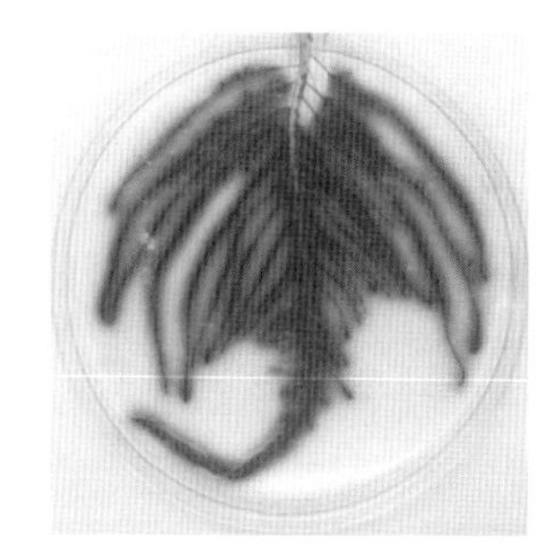

図 1　ラッカセイ根のホスファターゼ活性［巻頭口絵 8］

トピックス ◇21◆ 岐阜市での取り組み

岐阜市の下水道は，1937年に日本初の分流式下水道として供用を開始し，1938年に下水道使用料の徴収が始まって，1963年には地方公営企業法の適用を受けている．当初，汚泥は乾燥汚泥肥料として販売され，汚泥消化ガスもまたボンベに充填して販売され，その収入は下水道使用料を上回っていた．

しかし，汚泥の肥料利用は次第に難しくなり，脱水汚泥を埋め立て処分することとなったが，これにもさまざまな問題が発生したことから，1975年に流動式汚泥焼却設備を稼働させ汚泥の減容化が図られるようになった．焼却により発生する灰は埋め立て処分していたが，これも次第に最終処分先の確保が困難となった．そのため自前の最終処分場を建設したもののその容量も限界が近づき，セメント工場に受け入れをお願いするも断られるに至り，自己完結形のシステム作りが求められるようになった．

昭和の終わりにリン鉱石の輸入価格が高いことを聞き，灰を調べてみると約35％ものリン酸（P_2O_5）が含まれていることがわかった．図書館でリンの本を見つけ乾式還元で黄リンが回収できることを知り，メーカーにテストを依頼したが黄リンが猛毒で危険性が高くコストも合わないことがわかり断念した．しかし，さらなる有効利用の方法を模索していたところ，あるメーカーからゼオライトの話があり，「ゼオライトよりリンを回収できないか」と尋ねると，「できそうだ」との返事があり，その一言でデスクテストが始まった．

岐阜市の水質試験室で最初にできたのはリン酸ナトリウム溶液であったが，これを乾燥させ農協関係者に説明したところ，「リン酸ナトリウムは需要が少ないが，リン酸カルシウムなら需要がある」とのアドバイスを受け，リン酸肥料製造への取り組みが始まった．デスクテストで有害物質の除去に目途をつけ，メーカーと共同開発の協定を締結して，国土交通省のロータスプロジェクトに参加することにより，パイロットプラントを設置して実用化を目指すこととなった．農協関係者がパイロットプラントを視察中に，「中国四川省の地震でリン鉱石の価格が高騰した」との一報が入り，下水からのリンの回収が注目されることとなる．

2010年にはリン回収施設が完成し稼働を開始した．製造するヒドロキシアパタイト（HAP）は遅効性肥料で田畑からの流出が少なく環境に優しい．施肥した肥料は植物に吸収される率が高いことから「最高の品質だ」と評された．このリン酸肥料を施肥して収穫した米は食味指数が向上し，上海の商社が日本のブランド米を7つの釜で炊き試食した結果でも，最も美味しい米と評された．しかし，リン酸肥料は地元の農協2団体以外に取り扱いがないため販売に苦慮したが，農協本部との関係が薄い団体はいくらでも欲しいとの要望が寄せられ販売の問題は解決した．リン酸を回収した後の処理灰は，リン酸のほか植物に必要な多種のミネラルを多く含んでいて「リン酸以上に価値がある」との評価もある．今後，処理灰をミネラル肥料として確立しリサイクルを推進する必要がある．

残る最大の課題は，生産コストの問題である．固液分離が難しく回収したリン酸と処理灰の含水率が高いことから，薬品のロスが多く乾燥するための燃料も多く必要とする．今後，固液分離の問題を解決しビジネスモデルとして確立することが必要である．

（後藤幸造）

第9章
リンリサイクル

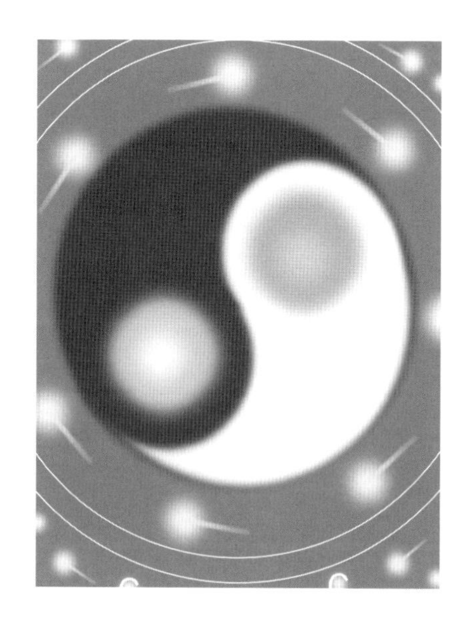

9-1　世界と日本のリンフロー

9-2　再利用技術

9-3　社会実装と課題

9 章概説

リンリサイクル

リンは地球のすべての生命に不可欠な栄養素であり，いかなる生命もリンなしには存在できない．世界の人口はすでに70億に達しており，21世紀半ばには90億に達するといわれている．しかし，世界の耕地面積はこの半世紀にほとんど増加しておらず，人口一人あたりの耕地面積は人口の増加に反比例して減り続けている．今世界の70億の人口は，単位耕地面積あたりの穀物収穫量を高く維持することで支えられており，そのためにはリン肥料の使用がどうしても必要である．

◆ リサイクルの重要性

リンは水に溶けやすく，陸から海へと一方向に運ばれる．人間による生産活動が活発化した産業革命以降，陸から海に運ばれるリンの量はほぼ倍増し，今や年間約0.2億トンに達しているといわれている．驚くことに，この速度は人間が地下からリンを掘り出す速度にほぼ等しい．すなわち人間は，毎年せっせと地下から約0.2億トンのリンを掘り出しては海に捨て続けていることになる．

一方，世界の食料生産のために年間約1400万トンものリンが肥料として使われているが，食卓に上るリンはその約20％にあたる280万トンにすぎない．捨てられたリンは，湖沼や内湾に流れ込んで赤潮やアオコを発生させ，水利用や栽培漁業などに甚大な被害を与える．人間が生きるために食料を生産して食べるという行為そのものが，地球の栄養素の流れを大きく歪めてしまっている．

リンを無駄に使うことは貴重なリン資源の枯渇を早めるばかりか，かけがえのない生命の栄養素を汚染物質に変え，環境を破壊して大きな経済的損失を招くことになる．私たちは，人間もまた地球を循環する「生命の栄養素」の大きな流れのなかにいて，誰もがその恩恵にあずかっていることを，もっとよく理解する必要がある．

リンは元素であるから，煮ても焼いてもリンであることに変わりはない．リンは石油のように燃えてなくなることもない．リン資源の消費とは，自然が長い年月をかけてリン鉱石にまで濃縮したリンを，人間が土や水のなかに低い濃度で分散させる行為のことである．ひとたび分散したリンを再びリン鉱石の濃度にまで濃縮するには，膨大なエネルギーとコストがかかる．

貴重なリン資源を持続的に使い続けるためには，リンが土や水に分散してしまう前に再利用することができるような仕組みをつくらなければならない．これまで人間は生命の栄養素であるリンの流れを地球規模で管理することなど考えもしなかった．しかし，限りあるリン資源を持続的に使い続けるためには，人間により歪められたリンの流れを閉じた循環系に変えていかなければならない．

◆ リサイクルの可能性

日本はリン鉱石資源をもたず，リンを海外からの輸入に頼っている．2014年を例にとると，日本はリン鉱石，リン肥料やリン酸などのリン製品として，年間約23万トンものリンを海外から輸入している．日本にはこれ以外に，年間約16万トンものリンが食料や家畜飼料に含まれて持ち込まれている．さらには基幹産業である製鉄業の分野においても，原料の鉄鉱石や石炭などに含まれて，年間約11万トンのリンが国内に流れ込んでいる．合計すると，日本は年間約50万トンものリンを海外から持ち込んでは消費を続ける世界第8位のリン消費大国であり，地球の生命の栄養素の流れからみると，日本はまるでリンを次々に飲み込んでは食い尽くす巨大なブラックホールのようである．

海外から日本に持ち込まれた食料，家畜飼料や鉄鉱石は国内で消費されて，下水汚泥（リン換算で年間約5万トン），畜産廃棄物（約

10万トン）および製鉄の副産物である製鋼スラグ（約11万トン）の二次リン資源になっている．この年間約26万トンにのぼる二次リン資源は，日本の農業分野における年間リン需要量の約27万トンにほぼ匹敵する．したがって，もしこれらの二次リン資源を有効に活用することができれば，日本は農業に必要なリンを「循環により自給」するリン先進国になる可能性がある．

◆ 国民の理解と政策支援

日本における二次リン資源を有効利用する取り組みは，まだ始まったばかりである．日本ではリン資源問題が人類の新たなグローバル問題であるとの認識はまだほとんどない．学校でもリンについては，せいぜい「チッソ・リン・カリ」が肥料の三要素であることぐらいしか教えられない．リン資源について書かれた書物も非常に少ないから，日本がリン資源をすべて海外に依存しているという事実すら国民にはあまりよく知られていない．国民にリン資源問題への関心が薄い限り，国も無策でいられる．

わが国では肥料の低価格化と使用量の削減が叫ばれるばかりで，日本がもともと「リンのない」国であるという根本問題はあまり話題にものぼらない．今地球のリン鉱石は安く品質のよいものから枯渇が始まっている．安くても品質の悪いリン鉱石には，天然放射性物質や有害重金属が多く含まれており，肥料製造時に完全に取り除くことはできないから，安いリン鉱石を使えば食の安全が脅かされる．使用量についても，肥料の消費量はどこまでも減らせるものでは決してない．国の農業生産の規模により，おのずからリン肥料の必要量は決まってくる．人はリンなしには生きることはできないから，日本が「リンのない」国であるという事実を念頭において，国民が必要とする安全なリンを長期かつ安定的に確保することは国の義務である．

◆ リンのバリューチェーン

わが国は世界第8位のリン消費大国でありながら，ほぼすべてのリンを海外からの輸入に頼ってきたため，持続可能なリンの需給体制（Pバリューチェーンと呼ぶ）は構築されることがなかった．わが国がPバリューチェーンを構築するためには，いくつかの技術イノベーションが必要となる．

すなわち，国内にある二次リン資源（下水汚泥，畜産廃棄物や製鋼スラグなど）からリン原料を調達するリン回収技術の開発，回収リンを原料に安全でよく効く肥料の製造技術，国内で調達されたリン原料から粗リン酸液を製造する技術，粗リン酸液などの低品位原料から最小の消費電力で炭素熱還元する黄リン製造技術，および黄リンを出発原料に高機能性リン化合物（有機リンモノマーなど）を製造できる技術の開発などが必要である．特に粗リン酸液から黄リンを製造する技術は世界でもまったく開発されておらず，この技術を開発できれば世界的にもきわめて大きなインパクトをもつことだろう．国内二次リン資源から回収したリンに付加価値をつけるPバリューチェーンの構築によりリン循環産業の基盤が確立されれば，「リンのない」日本は二次リン資源からリンを「自給する」世界の模範国になると考えられる．　（大竹久夫）

◆ 参考文献

1）大竹久夫編：リン資源枯渇危機とはなにか，大阪大学出版会，2011.
2）早稲田大学リンアトラス研究所ホームページ
www.waseda.jp/pri-p-atlas/

リンフロー

9-1-1

◆ 世界のリンフロー

リン鉱石は，主に肥料生産のための原料として世界中で取り引きされており，2015年には世界全体でおよそ2億2300万トンのリン鉱石が産出されている．しかしそのリン鉱石の鉱床は世界で偏在しており，産出の内訳は中国が44％（1億トン），モロッコが13％（3000万トン），米国が12％（2760万トン）と，上位3か国で7割近くを占めている．世界全体の埋蔵量は675億トンと推計されており，モロッコにその75％が存在していると推定されている．その一方で日本やEU諸国ではリン鉱石はまったく採掘されない[1]．

リン鉱石として地中から採掘され，経済圏に入ったリンはリン含有化学製品として加工された後，肥料として消費され農業生産において消費される．ここで示されたフローは1年間においてリン資源の供給と需要でバランスするものではないが，ヨーロッパはリン鉱石においても食料においてもリンを一方的に消費している地域である．

2013年の推計によれば，世界全体で年間約2000万トンの化学肥料を介したリンが農地に利用されており，畜産糞や汚泥の再資源化によるリンが1500万トン投入されている．さらに農業，畜産業を介して供給され，われわれの食糧として流れるリンフローは約6200万トンと推計されている．食糧消費以外の消費活動へのフローとして洗剤や食品添加物等の化学工業からのフローがあげられ，約4700万トンのリンフローがわれわれの消費活動を支えている[2–4]．これらをもとに消費活動を行い，その後，排水，し尿として排出されるリンは約1700万トン程度，食品残渣やその他廃棄物に含まれる排出物としてのフローは2300万トン程度と推計されている[3]．

国際貿易フローに含まれるリンの多くは，南北アメリカ，ヨーロッパから輸出されるリン量が大きい．モロッコやチュニジアなどでは産出されるリン鉱石をリン資源として輸出している一方で，ほかのアフリカ諸国においてはこれを購入する，あるいは非アフリカ諸国から肥料を購入するための経済力が乏しいことが読み取れる[5,6]．

総消費量については中国，米国，次いでインドが大きな消費量を示しているが，これらの国における人口あたりの消費量をみると中国，インドは世界平均よりもリン消費量は少なく，米国やブラジルは高いことが示された．今後のアジアにおける経済発展ならびに予想される人口増大を背景に，一人あたりのリン消費量が増大することが予想される．中国，インドにおける一人あたりのリン消費量も米国並みに増大する場合，世界におけるリン資源の需給逼迫はますます深刻なものになる恐れがある[2,7,8]．

工業用途の黄リンのフローに着目すると，ドイツ，日本，インドにおいて消費量が大きく，近年はポーランドの輸入量も増大傾向にある．ドイツにおいてはその半分程度をカザフスタンからの輸入に依存しており，日本においては2005年頃，中国からの輸入が9割を超えていたが，2014年には75％をベトナム，25％を中国からの輸入への調達構造が大きく変化した．インドも日本と同様に2005年は9割以上を中国からの輸入に依存をしていたが，2014年にはベトナムからの輸入が9割を超えており，調達先は変化したものの集中依存度は日本以上に一国集中の傾向が依然としてある[6]．

◆ 日本のリンフロー

わが国に流入するリンの流れの多くは肥料生産に向かい，食料・飼料生産に寄与するが，その多くは農地に残存している．2005年において食料消費に伴うリンの流れは9.8万トンと推計されており，産業分野におけるリンの起源は，鉱物資源やリン化合物などの半製品・原料の輸入である．産業分野においてリン製品の製造に用いられる原料としてはリン鉱石やリン化合物に限られるが，実際は石炭や石灰石，鉄鉱石といった鉱物資源に付随して輸入・使用されるリンの量も大きく，それらの量は全量輸入に頼るリン鉱石中に含まれるリンの量をも上回る．特に製鋼スラグ中に含まれるリンの量は，10.4万トンとリン鉱石の輸入量に匹敵する量であり，産業分野における流出フローのなかで，肥料製造の次に大きな値を示している．また，化学工業部門に流入するリンの7割程度は肥料の製造に使用されるが，肥料以外に使用される量も世界平均と比較すると比較的大きな比率を占めている[8,9]．

各リン化合物の投入量と用途別使用量をみると，リン酸は工業用途のリン化合物で最も多くの量が使用されており，その用途別生産割合は化学工業部門に投入されるリン6.99万トンのうち最も大きな用途は金属表面処理（26.5 %）であり，次いで食品添加物（21.2 %），界面活性剤（12.4 %）である[8]．大量生産されている自動車のボディなどの鋼板に施されるめっき処理の際にリン酸が使用されていること，さまざまな食料品にpH調整剤などの食品添加物が使用されていること，界面活性剤は洗剤のほか幅広い分野で使用されていることから，リンの使用量も多くなっていると考えられる．

わが国の経済を支えるリンの直接移動量は年間約70万トン程度であり，全体の約75 %は，①日本が輸入し，日本産業へ中間投入されるものであり，約5 %が，②日本が輸入し，最終需要部門へ直接向かう量であった．残りの約20 %は，③日本以外の国間で生じるものであった．窒素と同様，中間投入に由来する①よりも，直接最終需要へ投入される②のほうが圧倒的に小さい結果となった．

次に，日本の国内最終需要が引き起こすリンの移動量を国別に推計すると，全移動量の約50 %を米国と中国が占める結果となっている．食料・飼料系商品に起因するフローが日本への移動量の半分を占めている．米国の食料・飼料系商品に起因するフローは，リンの全移動量の約20 %を占めており，米国からの輸入が，日本の食料・飼料系商品の消費に及ぼす影響は特に大きいといえる．

（松八重一代）

◆ 参考文献

1）US Geological Survey（USGS）. http://minerals.usgs.gov/minerals/pubs/commodity/phosphate_rock/（Accessed 17.8.2010）
2）United Nations- Global Partnership on Nutrient Management, Our Nutrient World, 2013.
3）M. P. Chen and T.E. Graedel：*Global Environmental Change-Human and Policy Dimensions*, 36：139-152, 2016.
4）Y. Liu *et al.*：*Journal of Industrial Ecology*, 12(2)：229-247, 2008.
5）E. Webeck *et al.*：*Global Environmental Research*, 19(1)：10, 2015.
6）E. Webeck *et al.*：*SOCIOTECHNICA*, 11：119-126, 2014.
7）E. Webeck *et al.*：Phosphorus requirements for the changing diets of China, India and Japan. Environmental Economics and Policy Studies, 2014.
8）K. Matsubae *et al.*：*Chemosphere*, 84：767, 2011.
9）K. Matsubae-Yokoyama *et al.*：*Journal of the Industrial Ecology*, 13：706, 2009.

日本のリン輸入量

わが国のリン鉱石およびリン製品の輸入量は，財務省貿易統計の検索ページにある統計品別推移表の検索項目に，統計品目番号を入れて調べることができる．数字9桁の統計品目番号についても，輸入統計品目表としてまとめて検索ページに掲載されている．ちなみに粉砕していないリン鉱石の品目番号は251010000であるが，品目名はなぜか「天然のりん酸カルシウムおよびりん酸アルミニウムカルシウム並びにりん酸塩を含有する白亜」となっており，初めて検索する人にとっては少しわかりにくいかもしれない．

◆ わが国のリン輸入総量

2014年を例にとると，わが国の年間リン輸入量は，リン鉱石（以下リンとして約4.1万トン），リン肥料（約1.7万トン），リン安（約12万トン），リン酸や塩化リンなどのリン製品（約3.3万トン）および黄リン（1.8万トン）の総計約23万トンである．2005年から2014年までの10年間で，リン鉱石は約60％（約77万トンから30万トン），リン肥料が約50％（42万トンから21.5万トン），黄リンが40％（3.1万トンから1.8万トン）減少している．リン安についてはほとんど変化がみられない．リン鉱石，リン肥料および黄リンの輸入量の激減は，2008年に発生したリンショックの影響であり，リン鉱石と黄リンの輸入が厳しくなる一方で，国内農業において肥料の節約が進んだ結果と考えられる．

一方，リン酸や塩化リンなどのリン製品の輸入量は，2005年から2014年までの10年間にほぼ倍増している．その結果，黄リンとリン製品の輸入量の合計値は，この10年間でもほとんど変化していない．これは黄リンの輸入が困難となるなかで，リン酸や塩化リンなどの製品での輸入を増やしてきた結果であろう．以上のことは，安価で品質のよいリン鉱石がいくらでも手に入る時代が終わっても，わが国はものつくりに必要なリン製品の輸入量を減らすことはできず，リンショック以降もリン製品については海外への依存度が低下していないことを意味している．ちなみに，2014年のリン鉱石および肥料も含めたリン関連品の輸入総額は約636億円であるが，このうち黄リンとリン製品の輸入合計額が約30％を占めている．

◆ リン鉱石輸入量の経年変化

1988年から2014年までのリン鉱石年間輸入量の経年変化を図1に示す．1995年頃まで120万トンを越えていたリン鉱石の輸入量はその後減り続け，米国が事実上リン鉱石の輸出を停止した1997年頃には100万トンを切るようになった．それでもリンショック直前の2007年にはまだ約70万トンあったが，リンショックをはさんでリン鉱石の輸入量は激減し，2014年の輸入量約30万トンまで約60％も減っている．この2014年のリン鉱石輸入量は，1988年の142万トンと比べるとわずか20％にすぎない．

2008年には77万トンと前年2007年とほぼ同レベルの輸入量が確保されているが，2008年のリン鉱石輸入総金額は278億円となり，2007年の124億円に比べて2.2倍にも膨れ上がっている．このことは，リンショック時にいかに高値でリン鉱石が買い集められたかをよく物語っている．事実，リン鉱石の輸入単価（輸入総額（億円）÷輸入量（万トン））は，2005年に1.26万円/トンであったものが2008年の高騰期に3.61万円/トンになっている．2014年現在でもリン鉱石の輸入単価は2.4万円/トンと，リンショック前に比べて約2倍の高い水準にとどまっている．

◆ 黄リン輸入量の経年変化

わが国はリン鉱石を産出せず電力問題もかかえているため，黄リンを国内では生産する

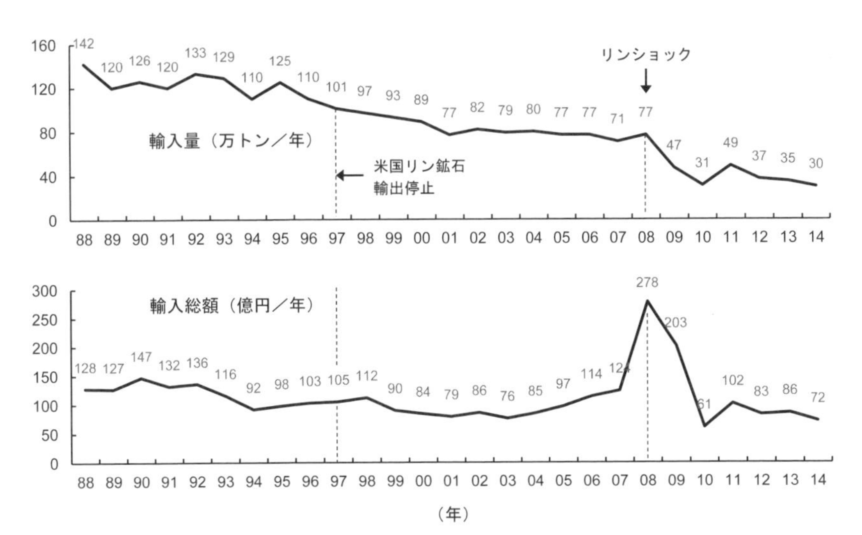

図1　1988年から2014年までのリン鉱石の輸入量および輸入総額の経年変化（出典財務省貿易統計）

ことができず，年間約2万トンの黄リンをすべて海外から輸入している．黄リンの年間輸入量にもリンショックの前後で断層があり，リン鉱石同様2009年に輸入量が激減している．2014年の黄リン輸入量は1.8万トンあるが，リンショック前の2007年の輸入量2.8万トンに比べると約40％も減少している．しかし，輸入総額でみると2014年の63億円は2007年の67億円とほとんど変わりがない．黄リンのトンあたりの輸入価格は，2008年の高騰が一段落した2010年以降も再び上昇を続けており，2014年の輸入価格は2007年と比べて約55％も増えている．

輸入相手国ごとの黄リン輸入量の推移をみてみると，米国からの輸入量は2002年頃にほぼゼロとなり，2003年には中国がほぼ唯一の輸入先となっている．その後，2006年頃から中国からの輸入も減り始め，不足分をオランダおよびベトナムからの輸入により補っていた．しかし，リンショックにより2009年の中国からの黄リンの輸入量は激減し，オランダからの黄リンも供給不足に陥って，わが国の黄リン輸入量は前年度比で約60％も減少している．この事態の背景には，中国四川省で発生した大地震直後の中国政府によるリン鉱石およびリン製品の輸出規制がある．しかし，2010年以降も中国からの黄リンの輸入量は回復せず，2014年には中国からの黄リン輸入量は最盛期の2005年と比べて約88％も減少した．現在わが国が黄リンを最も多く輸入している国はベトナムであるが，ベトナムもリン鉱石資源の枯渇によりいつまで黄リンの輸出を続けることができるかわからない．ベトナムからの輸入が途絶えた場合，わが国が年間約2万トンの黄リンを確保することは容易なことではないだろう．

（大竹久夫）

国内リン製品生産

9-1-3

国内では約47品目のリン製品が製造されている．リン酸と無水リン酸を別に数えれば，総計48品目になる．これらのリン製品のなかで，国内でリン鉱石から製造されているのは湿式リン酸のみであり，黄リンから製造されるものも乾式リン酸，赤リン，塩化リン，オキシ塩化リン，臭化リン，オキシ臭化リン，次亜リン酸だけである．残りのリン製品はすべてリン酸（主に乾式リン酸）を経由して製造されている．

◆ 国内の主な製造業者

わが国においてリン製品を製造している企業の数は約43社にのぼる（表1）．2014年現在，国内でリン鉱石から湿式リン酸を製造しているのは，千葉県の日本燐酸と山口県の東洋燐酸（下関三井化学，小野田化学工業および三井物産の合弁会社）の2社だけである．このうち日本燐酸が製造するリン酸は農業用に使用されており，工業用の湿式リン酸を製造しているのは，国内では東洋燐酸1社のみとなっている．

黄リンから乾式リン酸を製造しているのは，日本化学工業，ラサ工業および燐化学工業の3社である．塩化リンおよびオキシ塩化リンの製造は，日本曹達，日本化学工業，三國製薬工業および住友化学の4社であり，臭化リンおよびオキシ臭化リンは本荘ケミカル，キシダ化学および大道製薬の3社である．次亜リン酸は，日本化学工業，大道製薬，太平化学産業および富山薬品工業の4社が製造している．わが国で黄リンを原料として使用している企業は，乾式リン酸，塩化リン，オキシ塩化リン，臭化リン，オキシ臭化リンおよび次亜リン酸を製造している上記10社と考えられる．

◆ リン製品の国内生産量

2014年を例にとると，海外から輸入された約1.8万トンの黄リンから約7.6万トンの乾式リン酸（濃度約75％）および約2.2万トンの塩化リンが製造されている．約31万トンの輸入リン鉱石からは，約3.3万トンの湿式リン酸（濃度約35％）が主に農業用に製造され，約2.4万トンの湿式リン酸（濃度約75％）が工業用に製造されている．残りのリン鉱石はリン肥料の製造にまわるが，その量はリン鉱石全体の約60％である．

工業用に使われるリン酸，リン酸塩および縮合リン酸塩は，湿式リン酸と乾式リン酸からそれぞれ約2.6万および4.3万トン製造されている．また，国内で製造される湿式リン酸の約40％がリン肥料の原料に使われている．消火剤に使われる工業用リン安は，湿式リン酸から約0.2万トン製造されている．

◆ リン製品の主な用途

輸入黄リンの約60％は空気酸化と水添により乾式リン酸に変換され，約30％が塩化リンおよびオキシ塩化リンに，そして残りの約10％が無水リン酸や次亜リン酸などの製造に使われている．現在，黄リンは海外から全量輸入されているが，最終製品をみると日常生活によく浸透しているものが多く，黄リンの輸入なくしてはわが国の国民生活も成り立たないといってもいいすぎではではないだろう．

赤リンの場合，マッチの側薬（発火薬）としての需要はごくわずかであり，ほぼすべてが医薬，農薬および難燃剤などの原料として使われている．リン酸は，その約40％は各種リン酸塩の製造原料に使われている．表面処理液としても約30％が使われているが，これは自動車の車体鋼鈑の塗装下塗りや，電子部品製造でのウエットエッチングなどが主な用途と思われる．無水リン酸は医薬品，界面活性剤や農薬の原料などが主な用途であり，塩化リンおよびオキシ塩化リンの用途は多様で樹脂の安定剤や可塑剤などに多く使わ

表1　日本の主なリン製品製造業者[1)]

製品名	製造業者
赤リン	日本化学工業，リン化学工業，ラサ工業，古河ケミカルズ
リン酸アンモニウム	太平化学産業，太洋化学工業，東北化学工業，日本化学工業，米山化学工業，東亞合成，ミテジマ化学，三井化学，住友化学，寺田薬泉工業，ラサ晃栄，富山薬品工業，キシダ化学
リン酸カリウム	岩井化学薬品，オルガノ，関東化学，太平化学産業，太洋化学工業，東北化学工業，日本化学工業，米山化学工業，千代田商工，光化成，協友アグリ
ポリリン酸塩	オルガノ，関東化学，旭東化学産業，太平化学産業，太洋化学工業，東北化学工業，日本化学工業，松野製薬，米山化学工業，MCフードスペシャリティーズ，千代田商工，ミテジマ化学
リン酸および無水リン酸	日本化学工業，ラサ工業，三井化学，燐化学工業
リン酸ナトリウム	太平化学産業，太洋化学工業，東北化学工業，日本化学工業，米山化学工業，東亞合成，ミテジマ化学，三井化学，住友化学，ラサ晃栄，キシダ化学，ユニオン，燐化学工業
リン酸マグネシウム	赤穂化成，太平化学産業，太洋化学工業，米山化学工業
リン酸カルシウム	関東化学，協友アグリ，ラサ晃栄，セントラル硝子，太洋化学工業，太平化学産業，米山化学工業，東北化学工業，日本スワン化学，三井化学
亜リン酸	米山化学工業，大道製薬，太平化学産業
次亜リン酸	日本化学工業，大道製薬，太平化学産業，富山薬品工業
次亜リン酸塩	日本化学工業，大道製薬，太平化学産業
ピロリン酸塩	東北化学工業，太洋化学工業，太平化学産業，米山化学工業，日本化学工業，東亜合成
トリポリリン酸ソーダ	セントラル化学，千代田商工，上野製薬，オルガノ，松野製薬，東北化学工業，太洋化学工業，太平化学産業，米山化学工業，日本化学工業，燐化学工業，ミテジマ化学
ヘキサメタリン酸ソーダ	米山化学工業，日本化学工業，，ラサ晃栄，太洋化学工業，太平化学産業，ユニオン，東北化学工業，燐化学工業，ミテジマ化学，国産化学
メタリン酸塩	上野製薬，オルガノ，かわかみ，関東化学，太平化学産業，太洋化学工業，MCフードスペシャリティーズ，日本化学工業，ポリホス化学研究所，東北化学工業，米山化学工業，三井製糖，千代田商工，国産化学，ミテジマ化学
オキシ塩化リン	日本曹達，日本化学工業，三國製薬工業，住友化学
五塩化リン	日本化学工業，三國製薬工業
三塩化リン	日本曹達，日本化学工業，三國製薬工業
三臭化リン	本荘ケミカル，キシダ化学
オキシ臭化リン	大道製薬
六フッ化リン酸リチウム	関東電化工業
リン化亜鉛	大塚製薬工業，太洋化学工業，大丸合成薬品
ヒドロキシアパタイト	サンギ，オリンパステルモバイオマテリアル，富田製薬，太平化学産業

れている．工業用リン安の主な用途は粉末消火剤である．消火剤は一定期間ごとに新しいものと交換する必要があり，廃棄される粉末消火剤は肥料に再利用できる．リン酸のカリウム，カルシウムおよびナトリウム塩の最大の需要部門は食品分野であり，ポリリン酸ナトリウムなどの縮合リン酸塩もやはり食品分野での消費が多い．　（大竹久夫）

◆ 参考文献

1）化学工業日報社編：16615の化学商品，2015.

需要部門

工業用のリン化合物は主にリン酸，無水リン酸，塩化リン，リン酸アンモニウムやリン酸ナトリウムなどの各種リン酸塩類と赤リンがあり，その需要量は年間約6.5万トンである（表1参照）.

◆ リン酸の需要動向

このうち，リン酸の需要は，戦前は軍需用が重要な地位を占めていたが，戦後は各種リン酸塩類の原料や金属表面処理剤の原料などが需要の中心となり，現在ではこれに加え研磨・めっき処理液の主剤（アルミニウムの化学研磨剤，ステンレス鋼の電解研磨剤，塗装の下地処理剤など），医薬品用途（リンの補給），食品添加物（清涼飲料の酸味剤など），半導体・電子関連（半導体エッチング用途，アルミ電解コンデンサーの電解液など）や染料分散剤向け，リチウム二次電池の電解液など多岐にわたっている．リン酸の需要量は年間約4万トンで，用途別の需要量は各種リン酸塩類の原料向けに約40％が消費され，金属表面処理剤の原料向けが約30％，研磨・めっき向けに約8％，医薬，食品向けにそれぞれ約3％が消費されている（表2参照）.

無水リン酸は，生産当初の需要は医薬品，電球・真空管，農薬などであったが，需要量は数十トン程度で，その後，界面活性剤向け（繊維帯電防止剤用）や油脂硬化剤用などの需要が伸張し，医薬品，農薬向けなどの需要も増加し，現在の需要量は年間約2800トンで，用途別の需要量は医薬品向け，界面活性剤向けに約30％，農薬向けに約10％が消費されている（表3参照）.

◆ 塩化リンの需要動向

塩化リンの需要は，生産当初の需要は染料と医薬用，プラスチックの可塑剤（TCP）が主体であったが，その後，農薬（EPN），家庭用殺虫剤（DDVP），難燃剤，塩化ビニル安定剤などの有機合成原料などの新規用途が次々に台頭し需要量は拡大していったが，農薬向けや塩ビ安定剤向けは環境規制などの問題から需要量は減少傾向にあり，現在は可塑剤（TCP，TPPの原料）や難燃剤が需要の中心となっている．塩化リン（三塩化リン，オキシ塩化リン）の需要量は年間約7000トンで，用途別の需要量は可塑剤向けに約20％が消費されている（表4参照）.

◆ リン酸塩類の需要動向

リン酸塩類のうち，主な化合物の需要は次の通りである．リン酸ナトリウムは，戦後は清缶剤としての需要がけん引し，その後，金属表面処理剤，食品添加物（食肉結着剤など），染色助剤としての用途が加わり需要量も拡大したが，水質保全を目的とした環境規制が厳しくなるとともに需要量も減少し，現在の需要量は，食品添加物向けを中心に年間約4000トンである.

トリポリリン酸ナトリウムは，洗濯様式の近代化に伴って，合成洗剤のビルダーとして需要量が飛躍的に成長したが，環境問題の一環として水質汚濁が注視されたことから合成洗剤の規制の動きが起こり需要は急減し，現在では家庭用洗剤への添加はなくなり，需要量は，食品添加物や清缶剤向けに年間約2000トンである.

リン酸アンモニウムは生産当初の需要はマッチ，ほうろう，醸造，染色および印刷用など多岐にわたったが需要量は少量であった．その後，繊維製品，難燃剤や消火剤向けの需要が増加し，現在は醸造発酵助成剤，難燃剤，活性汚泥処理用栄養剤などに年間約1700トンが消費されている．リン酸カリウムは生産当初の需要は医薬品と醸造用程度であったが，新たに合成ゴムおよびほうろう用の需要が台頭し，需要量は伸びていった．その後，ゴム用は需要の不振から減少したものの，現在は食品添加物（乳製品加工，食肉結

表1 リン化合物生産出荷推移表（単位：トン）

	生産	出荷
2011年度	69,902	70,620
2012年度	65,995	66,347
2013年度	69,710	69,476
2014年度	70,151	70,314
2015年度	65,318	65,001

（日本無機薬品協会統計より）

表2 リン酸生産出荷推移表（単位：トン）

	生産	出荷
2011年度	40,552	40,907
2012年度	41,077	40,981
2013年度	42,457	42,482
2014年度	41,052	41,139
2015年度	39,909	39,821

（日本無機薬品協会統計より）

表3 無水リン酸生産出荷推移表（単位：トン）

	生産	出荷
2011年度	1,844	1,853
2012年度	1,795	1,839
2013年度	1,913	1,923
2014年度	2,646	2,704
2015年度	2,916	2,813

（日本無機薬品協会統計より）

表4 塩化リン生産出荷推移表（単位：トン）

	生産	出荷
2011年度	11,641	11,702
2012年度	8,732	8,833
2013年度	9,336	9,195
2014年度	11,052	11,056
2015年度	7,243	7,279

（日本無機薬品協会統計より）

着剤など），清缶剤などに年間約2400トン消費されている．

このほかのリン酸塩類は，リン酸カルシウムは食品添加剤（乳化剤，豆腐用凝固剤，かんすい，カルシウム強化剤やベーキングパウダーの配合剤など）などに年間約1300トン消費され，また，リン酸塩類のうち縮合リン酸塩類（ピロリン酸ナトリウム，メタ・ヘキサメタリン酸ナトリウム，テトラリン酸ナトリウム，ピロリン酸カリウム）の需要量は，食品や清缶剤向けなどに年間約3500トン消費されている．これらリン酸塩類の需要量の合計は約1万5000トンで，用途別の需要量は食品向けに約50％，工業薬品（金属表面処理剤，窯業用など）に約10％，清缶剤向けに約5％が消費されている（表5参照）．

表5 リン酸塩類生産出荷推移表（単位：トン）

	生産	出荷
2011年度	15,723	16,010
2012年度	14,249	14,534
2013年度	15,944	15,822
2014年度	15,256	15,253
2015年度	15,108	14,975

（日本無機薬品協会統計より）

◆ 赤リンの需要動向

このほか赤リンは生産当初はマッチの側薬用として主に輸出が需要の中心となり，その後も東南アジアやインド，米国向けなど輸出の販路が広がり需要量は1600トン程度まで増加していったが，製造コストの上昇による競争力の低下により輸出量は一気に減少するとともに，マッチの需要そのものも大幅に縮小していった．その後も需要は減少傾向をたどり，現在はリン青銅の製造や医薬・農薬の原料向けなどに年間約100トン程度の需要となっている．

（金古博文）

9-2 再利用技術

回収リンの肥料化

9-2-1

◆ 回収リン酸活用の意義

植物が生育するには，少なくとも17種類の元素が不可欠でそれらを必須要素という．それらのうち，酸素・水素・炭素については空気中の酸素・二酸化炭素・水蒸気を葉の気孔から吸収するが他の14元素は土壌中から養分として吸収する必要がある．野原に生える雑草では枯れても遺体が土壌に還元されるため，肥料を施さなくても毎年再生可能である．しかし，農産物の場合には，収穫により土壌中から養分が持ち出されるので，生産を繰り返すには養分の補給が不可欠で，そのための農業資材が肥料である．必須14元素のなかで，リンは植物の細胞膜成分や遺伝に携わる核酸などの構成成分として重要で，呼吸や体内におけるエネルギー伝達に関与する．また，根の生長を促進し，発芽や分けつ，あるいは開花や結実を促進し，成熟を早めるなど大変重要な役割を果たしている．そのため，窒素，カリウムとともに肥料の3要素と呼ばれるが，元来日本の土壌中には0.1％程度のリン酸しか含まれていない．

そこで，農業生産にはリン酸肥料の供給が不可欠となるが，わが国にはその原料となるリン鉱石が産出されないため，国内で利用するリン酸肥料の全量をリン鉱石あるいはそれから加工したリン酸肥料として輸入している．しかし，世界的なリン鉱石資源の枯渇と中国，インド，ブラジルなどの農業振興に伴う需要増加のため，2008年7月には「リンショック」ともいえるリン酸の価格高騰が生じた．それを契機として，下水や家畜排泄物などバイオマス資源や製鋼スラグ中のリン酸に対する関心が高まり，各種の回収リン酸肥料が実用化されている．

2005年のデータでは，わが国にはリンとして年間約73万トンのリン酸が輸入され，その約40％が肥料として使われている．また，輸入される食料や飼料中には約17万トンのリンが含まれ，その一方で大量に排出される家畜排泄物中に約22万トン，下水汚泥中には約8万トンのリンが含まれている．リン酸は肥料としては重要な資源であるが，土壌中から環境に放出されると水域の富栄養化をもたらす環境負荷物質に一変する．

2008年の「リンショック」以降はリン酸肥料の価格安定化により回収リン酸活用の機運が下火になったが，経済性より世界的なリン資源の節約あるいはわが国の環境保全の観点から，リン輸入量の削減や食糧自給率の向上を図りつつ，回収リン酸肥料の活用を進める必要がある．

◆ 家畜糞堆肥をリン酸肥料として使う

最も大量に発生するバイオマス資源である家畜排泄物中のリン酸量は現状で使われている肥料中のリン酸量にほぼ匹敵する．家畜排泄物の多くは，従来より堆肥として農業利用されてきた．堆肥とは本来，稲わらや麦わらを主原料として野外で堆積した資材であったため，土づくり資材（土壌改良資材）として使われてきたが，最近では家畜排泄物を主原料とする家畜糞堆肥が主流を占めるようになった．

また，1999年の家畜排せつ物法制定以降は屋根のある堆肥舎で製造されるようになったため，熟度の高い良質堆肥が入手しやすくなった．家畜糞堆肥は微生物による発酵が進み熟度が高まるほど，窒素がアンモニアガスとして揮散するため窒素は効きにくくなるが，逆にリン酸とカリウムは濃縮されて速効性化学肥料に匹敵する効果を示す．しかし，農家には「堆肥は肥やしではなく，土づくり資材」の意識が強すぎるため，良質堆肥を購入しやすい園芸農家が多量に施用して土壌のリン酸過剰をもたらしている．今後は，リン酸肥料として家畜糞堆肥を活用することが課題である．

なお，火力乾燥した鶏糞や一部の鶏糞堆肥については，「加工家きんふん肥料」という有機質肥料（普通肥料）として流通してきたが，そのほかの家畜糞堆肥は肥料取締法で特殊肥料に分類されるため，窒素質肥料などとの混合は認められていなかった．しかし，2012年の肥料取締法の改正により，普通肥料に家畜糞堆肥・生ごみ堆肥・鶏糞燃焼灰などを混合できるようになった．

◆ 下水処理場からの回収リン酸

下水中のリン酸量は家畜排泄物に比べて1/3程度にすぎないが，発生源が下水処理場であるため回収しやすいリン酸である．これまで主に下水汚泥堆肥（汚泥肥料）として農業利用してきたが，それらは下水汚泥発生量の10％程度にすぎず，約70％は焼却灰としてセメント原料あるいは埋め立て処分されている．

下水汚泥焼却灰中にはリン鉱石に匹敵するリン酸が含まれているので，それからリン酸を回収してリン酸カルシウムとする技術が実用化されている．また，下水汚泥処理過程で発生する脱水分離液にマグネシウム塩を添加して製造されるリン酸マグネシウムアンモニウム（MAP）も各地で実用化されている．

これら2種類の回収リン酸肥料はいずれも化学的処理を施す工程で有害元素だけでなく，植物生育に必須あるいは有用な元素まで除去されてしまう．それに対して，熔成汚泥灰複合肥料は有害元素のみを取り除いた資材で，水稲や麦など禾本科作物にはリン酸のほかにケイ酸も有効であるが，2016年現在では実用化に至っていない．

これら下水処理場からの回収リン酸はいずれも，水には溶けにくいく溶性リン酸肥料であるため，土壌中で緩効的な肥効を示す．また，りん酸アンモニウム（りん安）などの水溶性リン酸肥料に比べて環境に負荷を及ぼしにくい．

◆ 製鋼スラグは有望なリン酸肥料資源

食料と同様に人の生活に不可欠な鉄や鋼の原料となる鉄鉱石中のリン酸含有量は0.05～0.1％であるが，鉄鋼業にとっては製品の品質を下げる成分であるため，製鋼過程で徹底的に除去され，鉄鉱石中のリン酸のほとんどが脱リンスラグや転炉スラグ，電炉スラグなどの製鋼スラグ中に移行する．農業界ではこれまでほとんど注目されることはなかったが，それらに含まれるリン酸量は輸入リン鉱石にほぼ匹敵する有望な回収リン酸資源である．2009年には，経済産業省のプロジェクトにより，リン酸が30％にも及ぶリン酸濃縮スラグが試作された．それらを用いて肥効試験を行った結果，顕著な肥効が認められたが，その効果はリン酸含有量4～5％の脱リンスラグと同等であった．すなわち，多大な経費を要してリン酸を濃縮するより，製鉄所内で副産物として得られる脱リンスラグあるいは転炉スラグ（リン酸含有量1～2％）を2mm程度以下に粉砕し，農業資材として活用することが合理的である．製鋼スラグ中のリン酸はク溶性であるため，リン酸過剰土壌にも施用できる．また，水田にはリン酸肥料としてばかりでなく，水稲へのケイ酸供給や老朽化抑制のための含鉄資材として活用できる．

◆ 土壌診断分析結果に基づいた回収リン酸の適正施用

わが国の土壌は本来リン酸肥沃度が低いため，これまでに家畜糞堆肥の施用など「土づくり」と称する土壌改良を行ってきた．その結果，野菜や花卉などの園芸土壌や茶園などの樹園地などでは土壌リン酸の過剰蓄積が認められ，一部ではそれに伴う作物の生理障害が発生している．また，土壌リン酸過剰が土壌病害の発生を助長することも明らかになっている．

今後は，農耕地の土壌診断分析により土壌中のリン酸量を把握したうえで，適切な回収リン酸の施用を徹底するべきである．

（後藤逸男）

9-2 再利用技術

下水汚泥焼却灰のリン酸原料化

9-2-2

◆ 下水汚泥焼却灰の成分

下水汚泥焼却灰はリン酸カルシウム，リン酸アルミニウムとシリカを主成分とし，表1に分析例をリン鉱石と比較して示す．リン濃度はリン鉱石と遜色ないリンが含まれており，貴重なリン資源として期待されるが，リン鉱石に比べ金属（アルミニウム，鉄，マグネシウム），シリカ，重金属（鉛，亜鉛）が多く，通常はリン酸製造原料として単独で使用することができない．

◆ 焼却灰のリン酸原料化の条件

リン酸製造への焼却灰の再利用方法の基本的な考えは，リン鉱石の代替で原料の一部として混合使用することを前提とし，各下水処理場の焼却灰の品質を調査し比較的品質のよい焼却灰を選別収集し，リン酸製造のプラント性能および製品（リン酸液および石膏）の品質を維持できる範囲で使いこなすことである．

焼却灰をリン酸製造原料として使用したとき，プラント性能，および製品品質を維持するための課題は「石膏の鉛の溶出」「石膏の結晶形状」，および「肥料の有効成分」である．

石膏の鉛の溶出　リン酸製造時に副産する石膏の用途である石膏ボード原料として，石膏からの鉛の溶出が規制されている．焼却灰を使用すると焼却灰に含まれる鉛がリン酸製造工程で石膏に析出し，石膏中の鉛含有量が増加，石膏の品質規格である溶出試験の溶出液中鉛濃度増加の要因となる．したがって，焼却灰の使用可能な比率は焼却灰およびリン鉱石中の鉛含有量に依存して制限される．現在，リン酸製造に使用されているリン鉱石と鉛60 mg/kgの焼却灰を混合使用した場合，リン鉱石との混合比率2.5 %で焼却灰を使用すれば石膏の鉛の溶出は問題ない．

石膏の結晶形状　焼却灰を多く使用すると石膏の結晶が針状になる．これは焼却灰に多く含まれるシリカのためと推察される．一般にシリカが増加すると焼却灰中のP_2O_5含有量が低下する．そこで，P_2O_5含有量30 %以上の焼却灰に限定すれば，シリカ含有量が

表1　下水汚泥焼却灰とリン鉱石の成分の比較

		焼却灰成分		リン鉱石成分	
		最小	最大	最小	最大
P_2O_5	(wt%)	21	35	32	38
CaO	(wt%)	4	14	48	53
Al_2O_3	(wt%)	5	33	0.2	0.8
Fe_2O_3	(wt%)	2	30	0.2	0.7
MgO	(wt%)	1	6	0.2	1
SiO_2	(wt%)	22	46	2	11
As	(mg/kg)	2	44	2	20
Cd	(mg/kg)	1	20	0.1	15
Hg	(mg/kg)	0.01	2	0.01	1
Pb	(mg/kg)	20	100	1	15
Zn	(mg/kg)	1000	4900	10	300

(注)：焼却灰は下水処理場別に，リン鉱石は産地別の分析値をもとに範囲を示す．

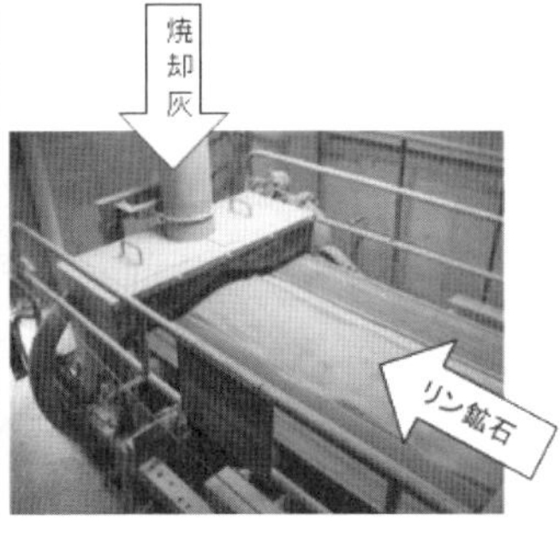

図1　リン酸製造設備への焼却灰の受け入れ貯蔵およびリン鉱石との混合設備

制限され，焼却灰の混合比率5％でも，リン酸製造においてろ過しやすく，石膏ボードに適した菱形板状または粒状の結晶の石膏を製造することができる．

肥料の有効成分規格　焼却灰に含有する金属（鉄，アルミニウム，マグネシウム）はリン酸製造工程でリン酸液に溶ける．したがってリン酸液を原料に肥料を製造したとき，アンモニアとの中和反応で（Fe，Al）$NH_4HF_2PO_4$，$MgNH_4PO_4$ などの水に溶けにくい化合物を生成するので肥料中の水溶性リン酸（WP）が低下する．現在流通している肥料用のりん安（$(NH_4)_2HPO_4$）の水溶性リン酸を保証するため，金属含有量（Fe_2O_3，Al_2O_3，MgO 含有量合計）25％以下の焼却灰ならば，混合比率7％が使用限界である．

◆ 焼却灰利用の再資源化事業について

焼却灰をリン酸製造原料として利用しようとしたとき，石膏の鉛の溶出に関する製品基準を維持することが焼却灰使用の制約条件になる．日本燐酸株式会社においては，焼却灰の2.5％使用を目標に，使用する焼却灰の鉛含有量の基準を設け，各地の下水処理場から基準に適合した焼却灰を収集し，2013年1月からリン酸製造の原料としての本格的使用を開始している．この焼却灰の再資源化事業の概略を表2に示す．使用する焼却灰の品質について，鉛含有量以外に P_2O_5 含有量，金属濃度にもガイドラインを設け，安定的な使用を目指している．

表2　焼却灰のリン酸製造原料としての再資源化事業の概略

焼却灰由来	下水処理場の下水汚泥焼却灰	
	乾灰使用	
使用量	リン鉱石に対して2.5％混合使用	
	年間3000トン	
運搬方法	粉体ローリー運搬	
	7～10トン/車	
品質基準	P_2O_5 含有量	30％以上
	鉛含有量	60 mg/kg 以下
	金属含有量	25％以下

◆ リン酸製造の原料として焼却灰の使用拡大に向けた課題

さらに，焼却灰を使用増量するためのリン酸製造技術の開発研究の課題，下水処理場での焼却灰の品質改善への期待を次に示す．

焼却灰の鉛，シリカはリン酸製造工程ではリン酸液に溶けないので分離する手段はある．抽出されたリン酸液を肥料用に使用するためには溶け出した金属の除去が必要になる．リン酸液からの金属分離について実用可能な技術の開発研究が必要である．

下水処理場においては，焼却灰の金属低減のために無機凝集剤を使用しているところではこれに替わる方法の検討，焼却灰中の鉛，シリカ，アルミニウム低減のための焼却方法の検討などの開発研究と実用化が待たれる．

（用山徳美）

コンクリートスラッジの利用

9-2-3

現状の多くのリンリサイクル技術のコストはリン鉱石価格よりも高価であり，このことが技術導入の障壁の1つとなっている．リン鉱石は多くの化学薬品よりは安価であり，高価な薬剤をリンリサイクルのために利用（消費）することは多くの場合不可能である．リンのリサイクルに経済合理性をもたせるためには使用する薬剤をより安価なもので代替することが有効である．

そこで，廃コンクリート塊[1,2]やコンクリートスラッジ[3-6]などのコンクリート由来の副産物のリンリサイクルへの利用が検討されている．このうち，特に検討が進んでいるのは，コンクリートスラッジのリンリサイクルへの利用である．

◆ コンクリートスラッジについて

コンクリートスラッジとは，建設工事現場，生コン工場，コンクリート二次製品工場などで発生する余剰な生コンクリートに由来する副産物である．現在，生コン使用量の1～2%がコンクリートスラッジとして排出されていると予測されており，日本国内でも数百万トンものコンクリートスラッジが毎年発生していると考えられる．

コンクリートスラッジは生コンクリートが水で希釈された組成をしており，骨材，水和しつつあるセメント微粒子，水酸化カルシウムで飽和したスラッジ水から構成される．コンクリートスラッジは，建設・製造工程から直接発生する副産物であるため，組成や由来は明らかである．また，重金属の含有も少ない．現在は骨材の回収後に固液分離され，固形分は路盤材への混ぜ込みや最終処分，液体分は硫酸などによる中和処理を経て河川などに放流されている．コンクリートスラッジ1トンあたりの処理費用は約5,000～10,000円とされており，生コンクリートを取り扱う業者に多額の処理費用支出を強いているのが現状である．

図1　PAdeCS®（左：SP-00，右：P-05）

◆ リンリサイクルへの利用

コンクリートスラッジは，水酸化カルシウムを多く含有するため，リン含有廃水と接触させることで水中のリン酸イオンをヒドロキシアパタイト（HAP）として除去・回収する目的で用いることができる．日本コンクリート工業株式会社は，これに着目し，コンクリートスラッジを利用したリンリサイクルに関する技術開発を行っている．コンクリートスラッジから製造したリン回収剤をPAdeCS®（Phosphorus Adsorbent derived from Concrete Sludge，パデックス）と名づけ，全国のコンクリートポールメーカーを中心にPAdeCS研究会を2012年5月に立ち上げ，商品化を行っている[3-6]．

（飯塚　淳・吉田浩之）

◆ 参考文献

1）茂原伍郎ほか：化学工学論文集，35：12-19, 2009.
2）G. Mohara *et al.*：*J. Chem. Eng. Jpn.*, 44：48-55, 2011.
3）A. Iizuka *et al.*：*Ind. Eng. Chem. Res.*, 51：11266-11273, 2012.
4）佐々木猛ほか：化学工業，1月号：57-62, 2013.
5）佐々木猛ほか：化学工学論文集，40：443-448, 2014.
6）飯塚淳，谷内英仁：再生と利用：7月号：85-88, 2015.

9-2 再利用技術

非晶質ケイ酸カルシウムの利用

9-2-4

◆ 非晶質ケイ酸カルシウム水和物 (A-CSHs) とは

A-CSHsは，もともとセメント水和物の成分として知られており，ケイ酸イオン (SiO_4^{4-}) が複数連なったケイ酸ポリマーをカルシウムイオン (Ca^{2+}) が架橋した構造を有する．その構造に三次元的な規則性はなく，結晶性を有さない．化学合成が容易であり，ケイ酸ポリマーと生石灰 (CaO) または生石灰の水和物である消石灰 ($Ca(OH)_2$) をアルカリ条件下で反応させるだけで合成できる[1)]．原料であるケイ酸ポリマーはケイ質頁岩などのシリカ含有物からアルカリ抽出によって得られる．また生石灰も石灰岩などの岩石の主成分である $CaCO_3$ を高温で加熱することで容易に得られる．したがって，A-CSHsはわが国に無尽蔵に存在する資源から安価に調製することが可能である．枯渇資源であるリン資源の再利用において，回収材自体が資源制約を受けないということは非常に重要な点である．

◆ A-CSHsによるリン回収

A-CSHsの最大の特徴は，リン吸着剤と凝集剤の2つの機能を兼ね備えている点にある[2)]．A-CSHsは下水などの排水に添加すると速やかにリン酸–カルシウム–ケイ酸の複合体を形成し，リンを吸着できる．リン吸着反応後は自重により沈降するため容易に分離が可能であり，凝集剤の役割も担う．したがって $Ca(OH)_2$ や $CaCl_2$ などを用いたリン回収のように,化学凝集剤を添加する必要がない．A-CSHsはろ過性にも優れ，脱水・乾燥後そのまま副産りん酸肥料として利用が可能である．また，従来のカルシウム系の資材と異なり，炭酸の存在による反応阻害を受けにくいことから，消化汚泥脱離液のような高濃度の炭酸を含む排水に対しても直接利用が可能である．さらにトバモライトなどの結晶性ケイ酸カルシウム水和物を種晶とする晶析法と異なり，結晶を成長させるための特別な反応装置と操作が不要である．

図1 モバイル型リン回収装置［巻頭口絵11］

◆ A-CSHsを用いた新たなリン回収ビジネスの可能性

以上のようなA-CSHsの特徴を生かすことで，モバイル型のリン回収装置の開発が可能となる[3)]．本装置は撹拌機を備えた1000L容の反応器と，ろ布を筒状に編んだろ過装置からなり，リン回収に必要な装置がすべてトラックで運搬できる（図1）．現在日本には約2100の下水処理場が存在するが，その約半数は1日あたりの処理量が1000トン以下と小規模である．このような小規模処理場において高価なリン回収設備を導入することは現実的でなく，リン回収のために人員を割くことも難しい．今後はリンを必要とする側が，下水処理場などに出向いてリンを回収・販売する，といった新たなビジネスの展開が期待される．

（岡野憲司）

◆ 参考文献

1) K. Okano *et al.*：*Water Research*, 47：2251–2259, 2013.
2) K. Okano *et al.*：*Separation and Purification Technology*, 144：63–69, 2015.
3) K. Okano *et al.*：*Separation and Purification Technology*, 170：116–121, 2016.

9-2 再利用技術

下水汚泥溶融スラグのリン資源としての利用

9-2-5

下水に流入したリンは水処理工程を経て下水汚泥中に濃縮される．下水汚泥を直接農地で利用することは下水汚泥中のリンの有効利用の一つと考えられるが，一方で水処理工程を経て下水汚泥中に濃縮した重金属類や医薬品由来の抗生物質などによる，土壌，地下水汚染のリスクが残る．下水汚泥中のリンを有効利用するうえで将来のさらなる安全安心のためには重金属類の分離，微量有害有機物の分解が必要になるものと考えられる．

溶融技術は約1300℃の高温雰囲気を利用した熱化学的分離・濃縮プロセスであり，ダイオキシン類などの有機系有害物質の分解，重金属類の分離といった機能を有するため固形廃棄物の焼却残渣や下水汚泥の資源化技術として利用されてきた．溶融処理による主な生成物である溶融スラグ（以下，スラグ）は，従来，砂の代替品として土木・建設資材として利用されてきたが，下水汚泥のスラグ中にはリンが濃縮されることからリン肥料としての代替性に着目した研究開発が進められている．

下水汚泥は有機分を約80％，灰分を約20％（ともに乾燥重量基準）含む．灰分中には主成分である SiO_2，CaO，Al_2O_3，P_2O_5 などの鉱物元素に加え，微量のCd，Pb，Znなどの重金属類が含まれる．1300℃の高温雰囲気で有機分は高温分解される．灰分中の鉱物元素はスラグ中に残り，有害な低沸点重金属類は揮散し排ガス処理工程で凝縮し分離回収される．リンについては炉内雰囲気，汚泥中の他成分との比率などを制御することによりスラグ中に高効率（約90％）で固定化することが可能である（図1）．

スラグはガラス構造をもつ安定な物質であるため，スラグ中のリンは水にはほぼ不溶性を示すが，植物が出す根酸の作用によって溶出するクエン酸への溶性を示す．下水汚泥溶融スラグと市販リン肥料による肥効性を比較した栽培試験では，市販リン肥料と同等の肥効性が確認された．

このように，下水汚泥の溶融処理は，汚泥の処理とリンの回収・資源化の機能を併せもつプロセスといえる．（寳正史樹）

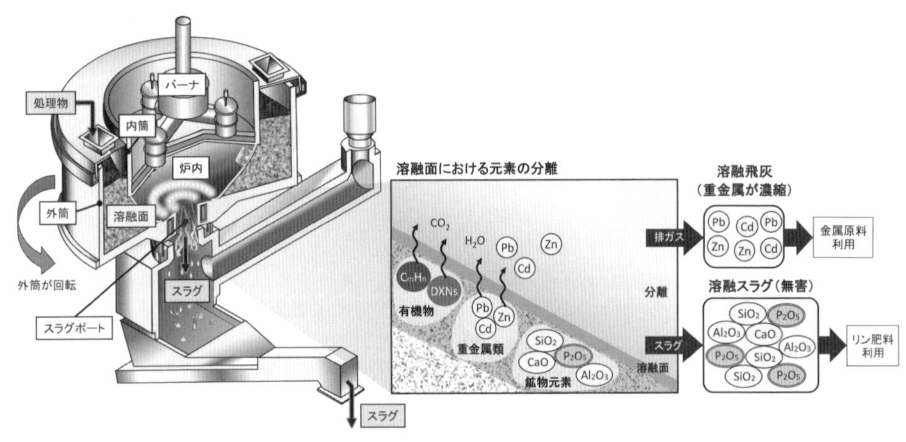

図1 溶融炉の構造および元素の分離精製機能の概念図

トピックス ◇22◆ 二酸化炭素で廃棄物からリンを取り出す

現在，地球温暖化の原因として二酸化炭素があげられ，世界中で排出量を削減する努力が行われている．世界中の認識としては「二酸化炭素は役に立たないもの」と考えられているが，本当なのであろうか．二酸化炭素のもとになる炭素は地球上に0.08％程度存在するが，それはわれわれのよく知る「有機物」ではなく，カルシウムやマグネシウムなどと結合した炭酸塩という形の「無機物」として存在している．すなわち，二酸化炭素はアルカリ土類金属など（マグネシウム，カルシウムなど）と強い親和性をもっているといえる．

一方，われわれは意識して消費してはいないが，普段口にする食べ物を生産する際にリンを消費しており，さらには食品添加物，洗剤のビルダーなどにも使用しており，リンは生活に必須の元素である．当然ながらこれらを消費した後，われわれは排泄物として排出し，洗剤なども下水に流れ，下水処理場で処理される．その際にリンを含む下水汚泥が発生し，燃焼させて最終的に下水汚泥焼却灰となる．この下水汚泥焼却灰はリンがリンの原料となるリン鉱石とほぼ同濃度にまで濃縮されている．したがって，下水汚泥焼却灰からリンを回収して肥料とすることは，人類が夢見る持続可能な社会の構築のための手法となる．

下水汚泥焼却灰からリンを回収するにはどのようにしたらよいのか．化学を知る人は，「酸」で下水汚泥焼却灰を溶かしてリンを取り出す方法を考える．しかし，下水汚泥焼却灰中にはいろいろな元素が不純物として混ざっている．そのなかには鉄，アルミニウム，鉛，ニッケルなど植物に有害なものも含まれており，この抽出液から作り出した肥料は植物にとって有害であり，肥料として使用するためには抽出液から有害金属を取り出す処理をしなければならない．

そこで二酸化炭素に注目してみよう．二酸化炭素はアルカリ土類金属と強い親和性をもっている．また，気体の二酸化炭素はほかの物質と反応はしないが，水に溶けることで「炭酸」となり，ほかの物質と反応するようになる．そこで，下水汚泥焼却灰の懸濁液に二酸化炭素ガスを吹き込むと，下水汚泥焼却灰中に含まれるリン化合物がリン酸となって溶液に溶け出してくる．この方法の面白いところは，下水汚泥焼却灰中の鉄やアルミニウムとは反応せず，カルシウムやマグネシウムと優先的に反応し，溶解させる点である．このため，得られる水溶液は有害物をほとんど含んでおらず，さらに，この溶液に石灰を混ぜることでリン鉱石の成分に類似したリン酸カルシウムを得ることができる．

この方法は二酸化炭素の特性を利用した方法であり，使用する化学物質は「水」と「二酸化炭素」だけである．特に，二酸化炭素は不要なものとしてとらえられているが，人類が生きていくために必要なリンの回収という点からみると，貴重な「資源」といわざるをえない．この方法はこれまで検討されている方法と比較して反応速度が遅く，実用化に向けて最適化を行わなければならない未来の反応であるが，わが国に非常に適したプロセスである．近い将来，肥料を作るために「どのように二酸化炭素を回収しようか？」と議論される日が来ることを期待したい．

（遠山岳史）

9-3 社会実装と課題

産官学連携の取り組み

9-3-1

リンは生命の必須元素であり，肥料・医薬品・自動車・精密電子機器など，身近な産業・社会分野で大量かつ幅広く利用されている．しかし，わが国は，国内消費のほぼ全量を，枯渇が懸念されているリン鉱石のみならず，食料・飼料・鉄鋼原料・工業原料や製品などとしても輸入に頼っており，持続的な資源供給の面から不安材料となっている．

一方で，国内で消費されたリンのうち，家畜排泄物・生ごみ・し尿や排水処理汚泥の一部は，古くから堆肥（コンポスト）として肥料利用され，一部の化学工業や食品工業では再利用やリサイクルされているが，最終的にはほとんどが排水や廃棄物として焼却後に埋め立てなどにより「使い捨て」られている．

近年は，公共用水域の富栄養化対策などに代表される優れた環境技術や，「もったいない精神」にも通ずる各種リサイクル技術，高度な産業技術によって，多様なリン資源リサイクル技術が開発されている．しかし，回収したリン資源の効率的な再利用技術やシステムの開発・流通・コストなどの課題から，実用化や事業化の事例はまだ少なく，わが国のリン資源リサイクルは十分に機能していないのが現状であり，早急なリン資源リサイクルシステムの確立が必要となっている．

◆ リン資源リサイクル推進協議会の設立

リン資源の調達（輸入）・加工・商品化・流通・利用・リサイクルなどのプロセス，各プロセスの研究開発・実用化・普及には広範な産業・社会分野が関係しており，国や地方自治体の関与はもちろん，産業界や大学などの研究機関の協力を必要とする．リン資源のリサイクルは，地球上における偏在性や人類が必要とする「いのちの元素」である点からも，国内のみならず海外展開も含めて大きな社会的貢献が可能な事業分野であり，持続的リン利用システムを確立するためには国家戦略的な対応が必要である．

わが国では，石油・LNGなどの化石資源やベースメタル・レアメタル・レアアースなどの鉱物資源については具体的な戦略が立てられているが，リンやカリウムについては記述がない[1]．2008年のリン鉱石価格急騰（リンショック）のときも，商社などが主体となって調達（輸入）し国内需要者に供給されたが，高騰した価格の吸収などにより国内のリン関連産業は大きな影響を受けた．

肥料については，リンショックの後に農林水産省が主体となって，関係省庁により肥料原料の安定確保に向けた取り組みの方向性が整理された[2]．しかし，省リン技術の適用やリン資源リサイクルの推進に関する記述はあるものの，新たな輸入相手国探索などの海外原料の安定確保に重点がおかれている．

このため，リンショックを大きな契機として，リン資源に関わる多様な関係者が，民間企業間の壁，学際，行政の縦割りを越えて，一体となってリン資源リサイクルの実現や推進について戦略的かつ総合的に協議する場を設けることが不可欠であるとの認識が高まり，有識者や関係団体を発起人として2008年12月18日にリン資源リサイクル推進協議会が設立されている（設立時会員数77会員）．会員の内訳は民間企業や団体が8割以上を占めており，2016年8月時点では140会員に増加していることから，安定確保や価格などのリン関連産業への影響，実用化・事業化に向けたリサイクル技術の開発や利用推進に対する関心の高まりがうかがえる．

◆ 産学官連携の取り組み

協議会の重点的な活動は，リン資源の重要性，利用動向や取り組み事例などの現状，持続的利用のための課題などをより多くの国民に理解し行動してもらうことを目的とした，社会的認知度向上のための普及啓発である．

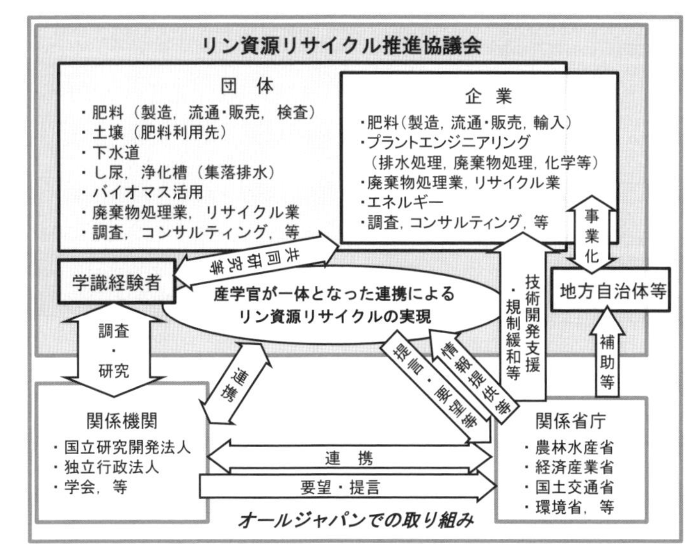

図1　わが国のリン資源リサイクルに関する産学官連携概念図

主な取り組みの一つであるシンポジウムでは，多様な二次リン資源の回収・利用技術，国内外のリサイクルの取り組みなどについて情報提供・意見交換・課題や方策の検討を行い，関係事業者間のマッチングや関係省庁・機関との連携強化を図っている．また，先進的な事例の現地視察やリン資源リサイクル功績者の表彰なども行っている．近年は，特に欧州を中心とした海外で持続的リン利用やリン資源リサイクルの検討・取り組みがわが国よりも急速に進められているため，海外の有識者や関係機関とのより積極的な交流の機会を拡大して，わが国の技術や取り組みを発信している．

国際的な枠組み作りにも対応した，持続的なリン資源の確保と環境管理に関する国家戦略の具体的な立案と施策提言のための調査・検討を行う学際的な総合プラットフォームとして 2012 年に立ち上げた「リン資源の確保と管理に関する産官学戦略会議」では，事業化促進のための産業界と関係省庁との情報共有や意見交換を重点的に行っている．

そのほかリン資源リサイクルの事業化促進のため，リン資源に関する相談・支援，メール配信やホームページなどによる情報の提供と共有，会員活動の後援・協賛などを行っており，特にマッチングシートを活用した二次リン資源の回収・供給側と利用側のニーズ把握と事業者連携に取り組んでいる（図 1）．

これに対し，関係省庁でも支援の動きが広がっている．国土交通省では社会資本整備総合交付金で下水道事業におけるリン回収を，環境省では循環型社会形成推進交付金でし尿や浄化槽汚泥を処理する汚泥再生処理センターにおけるリン回収を支援している．農林水産省では省資源・省エネ生産技術対策事業で，未利用リン資源の農業利用技術確立に対する支援が始まっている．経済産業省では，製鋼スラグからのリン回収技術の開発と事業化の検討が進められている．今後も産官学連携によるリン資源リサイクルの取り組み拡大に期待したい．　　　　（菅原　良）

◆ 参考文献

1）経済産業省資源エネルギー庁：資源確保戦略，2012.

2）肥料原料安定確保戦略会議：肥料原料の安定確保に関する論点整理，2010.

9-3　社会実装と課題

世界の取り組み

9-3-2

リンのリサイクルの社会実装に向けて，世界のさまざまな地域において，大学，産業，政府を含めたステークホルダーが連携したさまざまな取り組みが始まっている．ヨーロッパでは，ニュートリエント・プラットフォーム（Nutrient Platform）が2011年にオランダで設立され，20社以上の企業，研究機関，政府機関，非政府機関（NGO）がリン・バリュー・チェーン協定（Phosphate Value Chain Agreement）に署名を行っている[1]．ニュートリエント・プラットフォームは，世界的なリンの枯渇と社会にけるリンの取り扱われ方に対する懸念を供するオランダの組織のセクター間を跨いだネットワークであり，オランダ政府とともに，リンのサイクルを閉じたものにするためにバリュー・チェーンに関わっている組織を支援することを目的としている．持続可能なマーケットを数年以内に形成するという野心的な目標を共有しながら，再利用可能なリンの流れを環境に配慮した形でサイクルに戻し，オランダ市場に余剰が存在する限り，できるだけリサイクルされたリンを輸出し，ほかの場所における土壌改善や食糧生産に貢献することを目指している．

ドイツでは，ドイツ・リン・プラットフォーム（German Phosphorus Platform：DPP）が2013年11月に発足した[2]．DPPは，持続可能なリン利用を達成することを目的として，関連する産業，民間および公的機関，研究開発期間からの参加者の知識と経験をもち寄ることを意図して設立された．特に，農業，食品，建設，洗剤などの産業や，ハイテク，リサイクル，廃棄物企業からの参加者のネットワーク形成を積極的に行っている．科学技術に関するプロジェクトを連携することで，リンの使用とリサイクルの方法を最適化することを追求している．また，リンの効率的な利用と二次的なリン資源の回収と提供に関して，透明性と品質確保のためにインタラクティブな情報・モニタリングのデータベースの開発と維持が強調されている．DPPは，技術開発者，企業家，政治的組織の間のコミュニケーションを促進するため，セクターを跨いだ複数の技術を扱うフォーラムを組織することを目指している．

ヨーロッパレベルでは，資源効率的なヨーロッパ（Resource Efficient Europe）の文脈において，より持続可能なリンのマネジメントの必要性に関する認識を上げることを目的として，第1回ヨーロッパ持続可能なリン会議（First European Sustainable Phosphorus Conference）が2013年3月にブリュッセルで開催された[3]．イノベーションを促進する環境，二次的なリンの持続可能なヨーロッパレベルでの市場，およびより効率的なリンの使用を促すため，明確で整合性の取れた立法枠組みに対する支援を行うことを目的としている．ヨーロッパ内における持続可能な栄養素のチェーンをさらに発展させるため，さまざまなセクターの民間企業，研究機関，政府，非政府組織の間で，異なる栄養素のフローと市場の可能性をつなげることを目指している．この会議において，ヨーロッパリン・プラットフォーム（European Phosphorus Platform）を立ち上げることが同意され，リンの課題に関する対話を継続し，一般における認識を上げて行動を促すことで，食料安全保障や地政学的安定性，および環境持続可能性を確保することを目指している．

北米では，2013年5月にワシントンDCにおいて，研究連携ネットワーク（Research Coordination Network：RCN）を設立するためのワークショップが開催された[4]．ここでは，世界をリードする科学者や技術者，専門家が集まり，リンの持続可能性に向けた解決策を構想するためのデータや視点，知見の学際的な統合が行われた．農家，食品加工業者，肥料製造業者，廃棄物管理者，水質管理者，規制担当者，政治家を含めた関連するセクターにおける主要なステークホルダーの間で，グローバルなリン・システムのさまざまな側面に関する知識と専門性が共有され，リンの効率性とリサイクルという2つの課題が明確になった．リンに関する研究の連携を目指すRCNは，全米科学財団（National Science Foundation：NSF）によって財政的な支援を受けており，持続可能な食料システムを構築することを意図している．2015年5月には，ワシントンDCで政策担当者を交えたワークショップが開催された．

こうした各地域における試みでは，関係するステークホルダーが参加して，リンの供給や使用を含めたフローに関するデータや知識を共有し，リンの持続可能な利用に向けた目標を設定して，共同で取り組むことを始めている．しかしながら，まだいくつかの深刻な課題が存在している．たとえば，異なる認識や関心をもつステークホルダーの間でどのようにして真剣な参加や有意義な連携を促すことができるのか，また望ましい目標やターゲットを共有し，必要となる資源や能力を共同で活用するためには，どのような形態の組織やネットワークが適しているのか，こうした活動を効果的に実行するためにはどのような要因が寄与するのか，などに取り組む必要がある[5]．グローバルなレベルでは，持続可能なリンサミット（Sustainable Phosphorus Summit）などの場を通じて，各地域で行われている活動に関する情報を交換し，蓄積された経験や知見を共有することも行われてきている．それによって，将来的に地球レベルでのリンのリサイクルを進めていくことが期待されている．　　　　　　　　　（鎗目　雅）

◆ 参考文献

1) Dutch Nutrient Platform：Phosphate Value Chain Agreement, 2011.
2) Fraunhofer Project Group IWKS：German Phosphorus Platform. Fraunhofer ISC, 2013.
http：//www.deutsche-phosphor-plattform.de/en/german-phosphorus-platform.html.
3) European Phosphorus Platform：Joint declaration for the launch of a European Phosphorus Platform. 1st European Sustainable Phosphorus Conference 2013.
4) Sustainable P Initiative：Sustainable Phosphorus Research Coordination Network. 2013.
http：//sustainablep.asu.edu/prcn（accessed on August 19).
5) M. Yarime *et al.*：Dissipation and Recycling：What losses, what dissipation impacts, and what recycling options? In R. Scholz *et al.*（eds.), Sustainable Phosphorus Management：A global transdisciplinary roadmap. Springer, 2014.

社会政策的課題

9-3-3

◆ リン資源問題の「政策の窓」

「なぜある問題は政治的課題として対応がなされるのに他の問題はそうならないのか」は，社会実装を考えるうえで大きな命題である．しばしば「政策の窓」は大きな事件を契機として開くとされ，リンの問題に関していえば，2008年の世界的リン価格の急激な高騰（リンショック）がそれになりえた．リンショックを契機として日本におけるさまざまなリン資源リサイクルの試みが開始され，またリン資源リサイクル推進協議会の設置にもつながった．しかし，日本の動きは当時としては国際的にも先進的であったものの，その後リン資源の問題は，国の省庁横断的な政策としてプライオリティを付与されるまでには十分に発展しきれておらず，国民の認識に深く浸透するに至っていない．

国や国際レベルの「政策の窓」をこじ開けることは容易でない．ヨーロッパでも，2013年に行政，企業，アカデミアなど多様な主体から成るプラットフォーム（European Sustainable Phosphorus Platform：ESPP）ができ，2014年に欧州委員会の重要原材料にリン鉱石が追加されるなど，政策的にも一定の進展がみられた．しかし2012年に欧州委員会が打ち出すとしていたGreen paperは合意が得られず，持続的リン利用に関する公開意見公募に切り替えられた経緯がある．国際レベルでは，国連環境計画（UNEP）の2011年の年報にリンの問題が取り上げられるなど国際的な関心の高まりもみられた．また2015年に採択された持続可能な開発目標（SDG）の交渉過程では，リンを窒素とともに目標項目に入れることが謳われたが，具体的数値として盛り込まれることはなかった．

◆ リン資源問題に対する社会的・政策的コンセンサスの欠如

リン資源安定供給の確保のための政策が社会実装できない大きな要因は，「リン資源の問題をどれだけ真摯に受け止めるべきか」についての社会的・政策的なコンセンサスがないためである．リン資源は，肥料など農業生産のみならず，日本の産業の中核である工業生産の電子部品や金属加工などにおいても必須の資源であるが，国内での生産はなく100%海外に依存している．他方で，仮に将来にもわたって安く安定的に海外からの調達が可能でかつ環境上の問題がないのなら，国内でリン資源確保のために汗水流す必要はない．社会にはリン資源問題以外にも多くの問題があり，限られた国家予算と数ある政策のなかで優先度を付与されるためには，ほかの優先事項に勝る理由が必要となる．そこで必要となるのが，社会的・政策的コンセンサス形成のためのプロセスである．

◆ 社会的・政策的コンセンサス形成のためのエビデンス構築に向けて

リン問題の難しさは，リンの需要が社会に「広く・薄く」存在しており，その分多様なステークホルダーが関連すること，リンの利用が最終製品に「見えない」こと，またリサイクルにおいてはローカルコンテクストの要素が大きいこと，があげられる．以下では社会実装の前提となる，社会的・政策的コンセンサス形成のための方策として，①リン資源問題の実態把握，②エビデンスに基づく課題の特定（問題構造化のためのマッピング）と対応の模索（マッチング機能，シナリオ作成）をあげる．

リン資源問題の実態把握　第一に，「広く・薄く」存在する国内外のリン資源の「見える化・可視化」が必要である．たとえば国内二次リン資源の全体量とリン・フローを，セクター別，地域別にさらに精緻化させ，定期的にアップデートし，どの程度のリンがどのような形態でどこに集約されているのかを把握する必要がある．現在リン資源としてあまり注目されていないリン資源，たとえば食品の形態で輸入されるリンの総量，食品廃棄物として廃棄されている二次リン資源もバーチャル・リンとして量的に把握することが必要である．

第二に，リン・リサイクルのための技術や省リンのための取り組みについての現状把握が必要である．すでに取り組みがある下水汚泥からのリン回収・資源化の実施事例や，二次リン資源のポテンシャルが高い鉄鋼スラグからのリン資源化に関する技術開発動向など，さまざまなセクターの現状と実施事例からの教訓をデータベース化して共有することが必要である．

第三に，リン資源問題の解決には，技術だけでなく，それを取り巻く社会制度，法規制の制約，価値観の転換や人の行動変容が求められる．このため関連する国内外の法規制や政策動向の把握をするデータベースの整備とその共有が大事である．前述のヨーロッパのESPP，国際リンワークショップ（International Phosphorus Workshop），持続可能なリンサミット（Sustainable Phosphorus Summit）などの国際会議に参加し，情報収集や国際連携の強化を図ることも必要である．

エビデンスに基づく課題の特定と対応構築

課題の特定と対応構築をするには，上記実態把握をベースとして，以下の作業が必要である．第一に，問題構造のマッピングと，その利害関係者が優先する事項やインセンティブ（たとえばリサイクルの場合は，コスト，流通，量と質の確保，技術力，環境配慮など）の特定である．このマップの作成過程で自らをリン資源問題の利害関係者だと認識していないアクターに利害関係者であるとの自覚をさせて巻き込んでいくことが重要である．そして，戦略的にアクター間がウィン・ウィンの関係になれるマッチングや，政策とリンケージさせることも検討する．たとえば，ヨーロッパのように，循環型経済の推進という政策目標のなかでリンの回収と資源化を位置づけることなども考えられる．

第二に，上記のマッピングは，自治体や地域レベルのボトムアップの対応と国レベルのトップダウンの対応の相互作用を通じて展開していくことが大事である．日本では下水道分野において，地方自治体や企業によるボトムアップ的な個別展開がある．しかし，特にリサイクルの実際の設計はローカルコンテクストに制約され，one fits all的な解決はない．したがって，政策や法制度，技術開発動向の把握などシステマティックに展開すべきものと，ローカルレベルで個別条件に応じて検討すべきものとを相互作用的に展開することが重要である．

第三に，現状把握の俯瞰マッピングだけでなく，長期的リスクシナリオ作成と，大きなビジョンにおける位置づけ検討も必要である．シナリオ作成は，利害関係者を集めたワークショップなどにより検討する．たとえば，価格変動シナリオ別に業界や社会に対する影響評価をしてどれだけ順応・緩衝可能なリスクかを検討したり，社会構造シナリオ別にリサイクルパターンを試案し，そのリサイクル手段のメリット・デメリットを検討したりすることが考えられる．たとえば，農業国のオーストラリアのグループでは，将来の農業スタイルごとにリンの需要のシナリオを検討する相互作用のツール開発の試みをしている．

上記の活動で可視化した情報，シナリオや選択肢などのエビデンスの蓄積は，リン資源問題の中長期的なリスク分析に有用であり，また政策形成の正当化の重要なソースとなる．次のリンショックへの備えとして，社会的・政策的コンセンサス形成のためにも，こうした地道な活動の継続が求められる．

（松尾真紀子）

9-3　社会実装と課題

環境教育の役割

9-3-4

◆ リンの持続的利用のための環境教育の役割

リンの持続的利用とは，「世界のすべての農民が，食料生産に必要なリンを十分に入手でき，しかもリンの利用に伴う環境や社会への負の影響を最小限に抑えること」を意味する．世界の食料安定供給のためにリンの存在が不可欠であるものの，現在，リンを浪費する行為により，リン鉱石資源の寿命が縮まるばかりか，余剰リンから環境汚染が生じる矛盾をも引き起こし，ひいては国際的コンフリクトまで発生させている．

そこで持続的リン利用へのパラダイムシフトを図るためには，未来世代に配慮する「環境教育」の果たす役割が，今後ますます注目されることは間違いない．環境教育は，環境問題を未然に防止し解決する人材ならびに持続可能な社会を構築する人材の育成を目的とする営為とされるが，特にリンの持続的利用に鑑みれば，食や農を通じた「人間と自然との関わりの全体性」を回復していくための社会実装が求められるであろう．

本項では，リンの利用効率を高めて無駄を減らしつつリンの再利用を促進する試みとして，環境教育実践のなかから生まれた宮古島の先駆的事例を紹介しつつ，今後の展望について述べていく．

◆ 高校生開発による土壌蓄積リンで資源循環型の有機肥料作り

沖縄県立宮古農林高等学校（現宮古総合実業高校）では，1997年より宮古島のいのちの源である地下水保全に焦点をあてた独自の有機肥料開発研究プロジェクトとして，地域に根ざした環境実践がなされてきた[1]．その有機肥料開発に至る研究成果は，「水のノーベル賞」と称される第8回ストックホルム青少年水大賞（2004年）をはじめ，各種受賞の栄誉に輝いている．

宮古島は，川や湖などの水資源がなく，島民の飲料のすべてを地下水に依存するという世界的にも類をみない島であり，それゆえに地下水汚染が人々の生活や生命にさえ影響を及ぼしかねない状況にあった．島の基幹産業は農業であり，特にサトウキビ栽培が盛んであるが，畑に施用される化学肥料に含まれる余分な硝酸態窒素が，島の地下水を汚染し，当時危機的状況にまで達していたのである．

環海性の島嶼地域では，島外から運ばれてくる化学肥料のみに頼った施肥方法を取らざるをえないものの，宮古島の地下水汚染の主要原因が農業に由来しているという事実を知り，農業を学ぶ高校生たちは危機感を抱いた．また彼らはこの当時より，肥料の源泉となるリン鉱石資源には有限性があり，それゆえに世界レベルの持続的食料生産にも大きな陰りを投じていることに気づいていたのである．よって「地下水汚染の回避」と「農業の振興」という対峙する課題の同時解決を目指さなくては，島の未来はないこと，そして解決を担うべき人材は，まさに地元の農業の担い手となる自分たち高校生であることを強く認識したうえで，彼らの地道な研究はスタートしていく．

まず土壌を分析すると，施肥された化学肥料のリン酸の80～90％が，琉球石灰岩土壌のカルシウムと反応して固定化されることにより難溶解性のリン酸を形成し，土壌に蓄積していることがわかってきた．ただし，これら土壌蓄積リンが作物に再利用できれば，化学肥料の施肥料を節約でき，ひいては地下水汚染の防止にもつながるという発想の転換を図り，化学肥料の低投入型施肥技術による作物栽培を目指したのである．

1998年には島に分布する琉球石灰岩土壌を分離源として土着菌のなかから能力の高いリン酸溶解菌を分離・選抜することに成功す

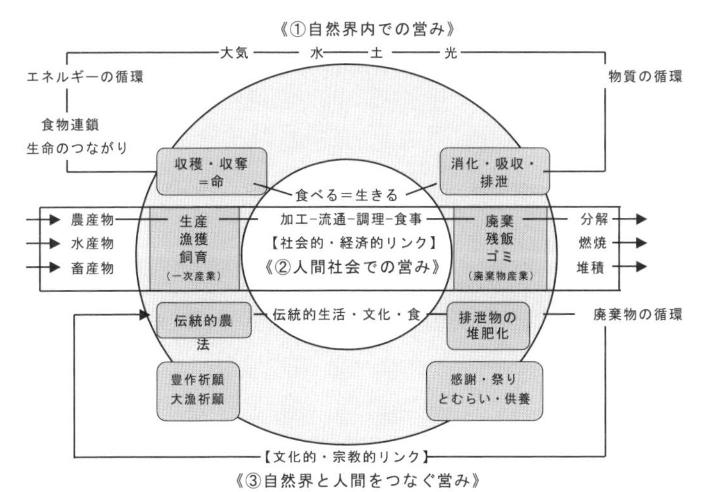

図1 「食」の関わりの全体性

る．そしてこのリン酸溶解菌を活用し，サトウキビ製糖工場の副産物であるバガスや廃糖蜜など島内で出る有機系廃棄物と混合して土壌に添加することで，分解・生成する有機酸により土壌蓄積リン酸を再び植物が吸収できるようになった．

高校生たちが数々の困難を乗り越えて開発した資源循環型の有機肥料は，低価格も売りとして地域の農家に還元されるとともに，福祉活動を通じて地域コミュニティの維持に助力してきた．また2013年には量産化に向けた製造工場が建設され，現在は産官学連携のもとに島の農業の未来を力強く支えている．

◆ 食の関わりの全体性から持続可能な社会を見据える

上述の宮古島の事例からもみえてくるように，通常の生活のなかではみえにくくなっている事柄について再考し，それらをつなぎ合わせていく営みが，リンの持続的利用を目論む環境教育に求められるであろう．その基点として，農業，さらには生態系の自然循環システムに密接に関わり，身近な存在でもある「食」からとらえる社会的リンク[2]について，ここでは提起したい．

すなわち人間の「食べる」という行為が，自然界や社会においてどのような役割を果たしているかを考える場合，食のもつ3つの側面から観察する（図1）ことが重要になる．現代社会に暮らす人々は，食べ物を「自然の恵」や「いのちあるもの」としてとらえることができずに，大量消費・廃棄といったさまざまな食環境の歪みを生じさせている．したがって，食の生産から廃棄までのつながりをみえるようにして，リンクのネットワークの総体を回復させることが，さまざまな課題の改善につながると期待される．

われわれは，現状の利害だけにとらわれず，未来世代へも配慮を示しながら意志決定・行動すべき時代の局面に達しており，リンの持続的利用へのパラダイムシフトについても，いかにしてそれぞれの環境意識の変革に結びつけていくかにかかっているといえよう．

（三好恵真子）

◆ 参考文献

1）前田和洋：しまたてぃ（沖縄しまたて協会），27：22-25, 2003.
2）三好恵真子ほか：*New Food Industry*, 48：41-58, 2006.

9-3　社会実装と課題

リンの地産地消

9-3-5

◆ リン資源地域内循環の問題点

日本国内では，下水汚泥焼却灰などリンを含む廃棄物が多量に排出されている．これら廃棄物からのリン回収技術にはさまざまな方法が提案されているが，実際にはリン資源のリサイクルはなかなか進んでおらず，地域で発生する未利用リン資源の有効活用はまだあまり進んでいない．

その主な理由としては，地域においてリン含有廃棄物排出元から回収リン最終利用者までのリンのサプライチェーンが確立されていないことがあげられる．リン資源の地域内循環を実現するためには，関係分野による地域連携が重要であるが（図1），岩手県において地域連携を模索する先導的な取り組みが行われており，そのなかから次のような課題が指摘されている．

①リン資源に対する危機感が乏しい：将来的にリン資源が枯渇し入手難になることは知られているが，当面のリン資源は確保されており地域に危機感が乏しい．

②廃棄物利用への不安：廃棄物から得られた回収リンを肥料として利用することへの不安があり，リン資源が確保されている現時点では，リン資源のリサイクルに消極的．

③廃棄物処理に困っていない：リン含有廃棄物の処理ルートはすでに確立されており，廃棄物の排出元ではリサイクル処理を必要としているわけではない．

④関係者を結ぶネットワークがない：肥料関係者だけ，廃棄物関係者だけ，あるいは下水道関係者だけのネットワークは存在するが，各分野を横断的に結ぶネットワークがない．

その後，岩手県工業技術センターが中心となり，リン資源地産地消のための地域連携ネットワーク（図2）を構築するため，岩手県リン資源地産地消研究会（以下，リン研究会という）が設置されている．その活動の経験は各地におけるリンの地産地消を実現するうえで参考になる[1-3]．

◆ リン研究会の経験

本研究会では，リン含有廃棄物の排出元やリン回収技術保有企業，肥料メーカー，回収リン利用予定者，廃棄物処理法令担当者，リン資源に係る大学研究者らが講師となり講演などを行っている（図3）．研究会への参加者は，下水処理場や養鶏場などのリン含有廃棄物の排出元や産業廃棄物処理事業者，肥料メーカー，農協関係者，県や市町村の行政担当者（下水道，産廃，肥料など），大学や試

図1　リン資源地域内循環のイメージ

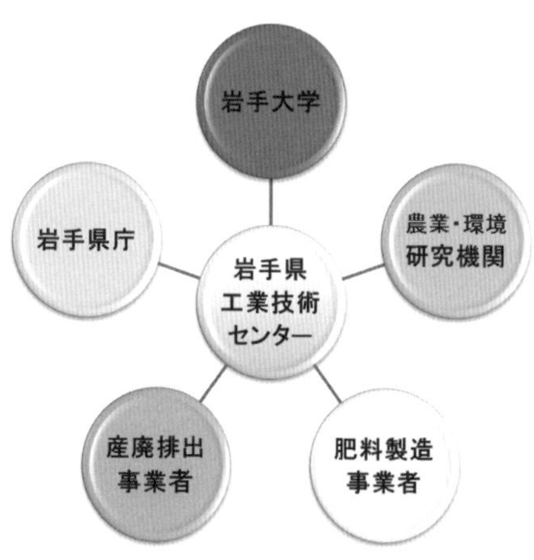

図2　リン資源地産地消のための地域連携ネットワーク

図3　第6回研究会（パネルディスカッション）

験研究機関などの研究者らである．リン研究会での取り組みにより，次のような経験が得られている．

①リン資源がおかれている現状を正しく把握することにより，リン回収の必要性について理解が深まった．

②岩手県内で排出されるリン含有廃棄物（下水汚泥など）について情報共有が進み，有効活用への認識が高まった．

③リン回収技術の情報交換により，廃棄物からのリン回収の可能性が理解されるようになった．

④回収リンの利用および流通のための情報交換が進み，回収リン活用の利点や課題が明らかになった．

⑤分野が異なるリン回収の関係者が定期的に集まることから，横断的な人的ネットワークが新たに構築され，異分野の関係者間において情報交換・交流が行われるようになった．

◆ リンの地産地消実現の課題

岩手県内には，岩手ネットワークシステム（INS）という産学官交流のための組織がある（事務局は岩手大学内）．これは，岩手の科学技術と産業の振興を図ることを目的としているもので，このなかには50ほどの研究会が設置されている．今般，その新しい研究会としてINS岩手県リン資源地産地消研究会（会長：八代仁岩手大学副学長）が2016年6月に設置され，新たな活動を開始している．

これまで，リン研究会が中心となり地域連携の仕組みを構築してきたが，リン資源のリサイクルは，岩手県ではまだ実現していない．その最大の理由は，リン回収事業を実施する事業主体を見出せないことにある．下水汚泥焼却灰からリンを回収する設備を設置するには，初期投資として数億円の事業費が必要となる．その際，下水処理場のトップが決断すれば，下水処理場内にリン回収施設に設置され，リサイクルが可能となるが，流域下水道では合議制のため（トップがいない）関係する全市町村の合意が必要となる．

一時的にせよ負担増となる事業への合意形成は難しいのが現状である．合意形成のためには，下水処理場などでのリン回収事業の成功事例を増やし，ほかの下水処理場の目標となる施設にしていくことが有効と考えられる．また，リン回収施設を民間企業が設置して運営する方式も有効であるが，そのためには事業として利益を上げられる仕組みが不可欠である．リン地産地消の社会実装を実現するためには，これらの課題を着実にクリアしていく熱意と実行力が求めらる．（菅原龍江）

◆ 参考文献

1）菅原龍江：環境技術，43(2)：90-95, 2014.
2）佐々木昭仁ほか：再生と利用，38(143)：87-95, 2014.
3）菅原龍江ほか：環境資源工学2014冬季号，61(4)：201-217, 2014.

リン利用の関与物質総量

9-3-6

◆ 関与物質総量とは

リン鉱石の採掘活動は大きな土地改変をもたらし，それが環境問題へとつながる可能性がある．したがって採掘に関わる環境影響を比較・分析するため，この土地改変量を定量化することは重要である．2-3-7項では，1 kgのリン精鉱を得るために，採掘しなければならない捨て石（ずり）を含む粗鉱の量を示してきたが，これをより一般化した概念が関与物質総量（total material requirement：TMR）である[1,2]．

関与物質総量＝直接投入量＋間接投入量＋隠れたフロー

と表すことができる指標で，対象とする材料・製品，あるいはサービスに必要な直接，間接の物質・エネルギー投入だけでなく，その背後にある採掘に伴う岩石や土砂の移動量，森林の伐採，さらには土地の再生や景観保護のために必要とする物質の総量（隠れたフロー）を考慮した指標である．なお，石油採掘（水攻法）などに必要とされる水を含めた変更された水系について考慮する場合もある．

たとえば，金を自然鉱石から採取する際の関与物質総量はおよそ1,100,000 kg/kgと見積もられている．これは鉱石中に含まれる金の濃度が1 ppm程度であることが反映されている．これは，わずか1 gの金を得るためには，採掘現場において1.1トンに相当する「ずり」や「捨て石」などを改変しなければならないことを示唆している．このように関与物質総量を用いることで，われわれが資源を利用する際にどのように「地球」を改変しているかを定量的にみることが可能となる．

なお関与物質総量が小さいほど採掘活動量は小さい．関与物質総量の数値は鉱石に含まれる対象物質の濃度に強く依存し，濃度が低ければ関与物質総量は大きくなるという関係にある．また，製錬やリサイクルプロセスに種々の物質やエネルギーが投入されるほど関与物質総量は大きくなる．このことから関与物質総量（厳密には関与物質総量の逆数）は対象物質の含有濃度をベースとして，製錬やリサイクルに必要な投入を負の影響として加味した「拡張した鉱石品位」とみなすことも可能である．

◆ リン酸の関与物質総量

リン鉱石採掘の場合，上述のボタ石やずりが隠れたフローに相当する．最終製品がリン精鉱の場合はこれらの隠れたフローを考慮するのみで問題ないが，黄リンやリン酸を最終製品として扱う場合，それらの生産過程において破砕や輸送あるいは昇温のためのエネルギー（電力），あるいは溶解や化学反応を起こすために硫酸などを加える場合もある．したがって関与物質総量の推算では，これらのエネルギーや化学薬品の生産に伴う隠れたフローのすべてを考慮しなければならない．

天然のリン鉱石からリン酸を生産する場合を考える．比較的良質のリン鉱床（リン精鉱1 kgを得るために必要な全採掘量が2 kg程度）を仮定すると，リン酸製造の関与物質総量は6～12 kg/kgとなる[3]．数値のばらつきはリン鉱石をどの程度有効利用しているのかに起因する．たとえば，リン鉱石からリン酸とリン酸石膏の両方が生産されると仮定すると，関与物質総量として6 kg/kgという値が得られる．一方，2-3-7項で述べたようなNORMsの問題から，リン酸石膏を生産せずリン酸のみを生産する場合，リン酸石膏分が「隠れたフロー（ずり）」と扱われるため，リン酸の関与物質総量は12 kg/kgとなる．一方，ヨルダンのリン鉱床のように，1 kgのリン精鉱を得るために約9 kgの採掘活動を必要とする場合，リン酸の関与物質総量は約29 kg/kgに増加する[4]．参考までに筆者は鋼材の関与物質総量を8～10 kg/kgと推算しており，リン酸は鉄よりも大きな採掘活動を要する物質といえる．

◆ 都市鉱山から得られるリン酸の関与物質総量

さて，山末らは2種類の関与物質総量を定義している[5]．一つは自然鉱石TMR（Natural ore TMR：NO-TMR）で，ある材料1 kgを自然鉱石から得る場合の関与物質総量（kg/kg）である．もう一つは都市鉱石TMR（Urban ore TMR：UO-TMR）で，ある材料1 kgを都市鉱石からリサイクルするために必要な関与物質総量（kg/kg）である．後者の特徴は，リサイクルされない部分を「都市鉱石ずり」と定義して，自然鉱石における「ずり」と似た扱いをしている点である．評価対象となる材料について自然鉱石TMRと都市鉱石TMRを比較することで，その材料のリサイクル性を関与物質総量の観点から評価できる．上記のリン酸の関与物質総量は自然鉱石TMRともいえる．

この概念を用い，鉄鋼プロセスから排出される脱リンスラグをリン源として使用する場合の関与物質総量（都市鉱石TMR）を検討する．まず，脱リンスラグからリン酸のみを得る場合を考えると，リン酸の都市鉱石TMRは約30 kg/kgとなり，これはヨルダンの鉱床を用いて得られるリン酸の自然鉱石TMR（約29 kg/kg）とほぼ同じである[4]．しかし，リン酸に加えてリン酸石膏も得る場合のリン酸の都市鉱石TMRは13 kg/kgまで低下する．脱リンスラグにはリンをほとんど含まない相もあるが，これを高炉に投入するなどして利用すると，リン酸の都市鉱石TMRは8 kg/kgまで低下する．ここまで低下すると，比較的良質の鉱床を用いて得られる天然資源由来のリン酸と十分に比較しうるほど関与物質総量は低下する．なお，脱リンスラグの場合，究極的には都市鉱石TMRは5 kg/kgまで低下する．今後，天然のリン鉱石に含まれるリンの品位は低下する傾向にあり，その場合，リン酸の自然鉱石TMRは現状より増加する．このような状況を鑑みると，脱リンスラグは新しいリン資源として十分なポテンシャルを有すると考えられる．

（山末英嗣）

◆ 参考文献

1）原田幸明：日本LCA学会誌，8(2)：112-119, 2012.
2）山末英嗣ほか：廃棄物資源循環学会誌，21(1)：11-18, 2011.
3）E. Yamasue *et al.*：*J. Industrial Ecology*, 17(5)：722-730, 2013.
4）E. Yamasue *et al.*：*Global Environmental Research*, 19(1)：97-104, 2015.
5）E. Yamasue *et al.*：*Materials Transactions*, 50(6)：1536-1540, 2009.

索　　引

あ　行

か　行

さ　行

た　行

な　行

は　行

ま　行

や　行

ら　行

わ　行

編集代表略歴

大竹久夫（おおたけひさお）

1949 年　熊本県に生まれる

1978 年　大阪大学大学院工学研究科博士課程修了

広島大学工学部教授，大阪大学大学院工学研究科教授を経て

現　在　大阪大学名誉教授，広島大学名誉教授

早稲田大学総合研究機構リンアトラス研究所 客員教授

工学博士

〔おもな編著書〕

『生き物たちのソフトウェア』（共立出版，1998 年）

『バイオプロダクション』［共著］（コロナ社，2006 年）

『リン資源枯渇危機とはなにか』［編著］（大阪大学出版会，2011 年）

リンの事典　　定価はカバーに表示

2017 年 11 月 15 日　初版第 1 刷

編集者　大竹久夫（おおたけひさお）
小野寺真一（おのでらしんいち）
黒田章夫（くろだあきお）
佐竹研一（さたけけんいち）
杉山茂（すぎやましげる）
竹谷豊（たけたにゆたか）
橋本光史（はしもとみつふみ）
三島慎一郎（みしましんいちろう）
村上孝雄（むらかみたかお）

発行者　朝倉誠造

発行所　株式会社 朝倉書店

東京都新宿区新小川町 6-29
郵便番号　162-8707
電話　03（3260）0141
FAX　03（3260）0180
http://www.asakura.co.jp

〈検印省略〉

教文堂・渡辺製本

ISBN 978-4-254-14104-7　C 3543　Printed in Japan